Käuferverhalten

Lizenz zum Wissen.

Sichern Sie sich umfassendes Wirtschaftswissen mit Sofortzugriff auf tausende Fachbücher und Fachzeitschriften aus den Bereichen: Management, Finance & Controlling, Business IT, Marketing, Public Relations, Vertrieb und Banking.

Exklusiv für Leser von Springer-Fachbüchern: Testen Sie Springer für Professionals 30 Tage unverbindlich. Nutzen Sie dazu im Bestellverlauf Ihren persönlichen Aktionscode C0005407 auf www.springerprofessional.de/buchkunden/

Jetzt 30 Tage testen!

Springer für Professionals.
Digitale Fachbibliothek. Themen-Scout. Knowledge-Manager.

- Zugriff auf tausende von Fachbüchern und Fachzeitschriften
- Selektion, Komprimierung und Verknüpfung relevanter Themen durch Fachredaktionen
- Tools zur persönlichen Wissensorganisation und Vernetzung

www.entschieden-intelligenter.de

Springer für Professionals

Thomas Foscht • Bernhard Swoboda
Hanna Schramm-Klein

Käuferverhalten

Grundlagen – Perspektiven – Anwendungen

5., überarbeitete und erweiterte Auflage

Thomas Foscht
Institut für Marketing
Karl-Franzens-Universität Graz
Graz, Österreich

Hanna Schramm-Klein
Lehrstuhl für Marketing
Universität Siegen
Siegen, Deutschland

Bernhard Swoboda
Professur für Marketing und Handel
Universität Trier
Trier, Deutschland

ISBN 978-3-658-08548-3   ISBN 978-3-658-08549-0 (eBook)
DOI 10.1007/978-3-658-08549-0

Die Deutsche Nationalbibliothek verzeichnet diese Publikation in der Deutschen Nationalbibliografie; detaillierte bibliografische Daten sind im Internet über http://dnb.d-nb.de abrufbar.

Springer Gabler
© Springer Fachmedien Wiesbaden 2004, 2005, 2007, 2011, 2015
Das Werk einschließlich aller seiner Teile ist urheberrechtlich geschützt. Jede Verwertung, die nicht ausdrücklich vom Urheberrechtsgesetz zugelassen ist, bedarf der vorherigen Zustimmung des Verlags. Das gilt insbesondere für Vervielfältigungen, Bearbeitungen, Übersetzungen, Mikroverfilmungen und die Einspeicherung und Verarbeitung in elektronischen Systemen.
Die Wiedergabe von Gebrauchsnamen, Handelsnamen, Warenbezeichnungen usw. in diesem Werk berechtigt auch ohne besondere Kennzeichnung nicht zu der Annahme, dass solche Namen im Sinne der Warenzeichen- und Markenschutz-Gesetzgebung als frei zu betrachten wären und daher von jedermann benutzt werden dürften.
Der Verlag, die Autoren und die Herausgeber gehen davon aus, dass die Angaben und Informationen in diesem Werk zum Zeitpunkt der Veröffentlichung vollständig und korrekt sind. Weder der Verlag noch die Autoren oder die Herausgeber übernehmen, ausdrücklich oder implizit, Gewähr für den Inhalt des Werkes, etwaige Fehler oder Äußerungen.

Lektorat: Barbara Roscher, Birgit Borstelmann

Gedruckt auf säurefreiem und chlorfrei gebleichtem Papier

Springer Fachmedien Wiesbaden ist Teil der Fachverlagsgruppe Springer Science+Business Media
(www.springer.com)

Vorwort zur 5. Auflage

Im Jahre 2011 kam die 4. Auflage des Lehrbuchs Käuferverhalten auf den Markt und hat erfreulicherweise eine sehr gute Aufnahme am Markt erfahren. Neben den Universitäten in Graz und Trier wird das Lehrbuch heute an vielen weiteren Institutionen als Standardlehrbuch für Einzelveranstaltungen zum Käuferverhalten eingesetzt. In der fünften Auflage wurden, vor dem Hintergrund eigener Erfahrungen sowie auf der Basis von Rückmeldungen, die wir von Kollegen und Studierenden erhalten haben, sowie vor dem Hintergrund der dynamischen Entwicklung der Onlinemedien sämtliche Kapitel vollständig überarbeitet und um neue Forschungsergebnisse sowie Beispiele zu eben diesen Aspekten erweitert. Die etablierte Grundstruktur wurde beibehalten. Darüber hinaus basiert das Buch optisch weiterhin auf dem vollständig neuen Facelifting, das seit der vierten Auflage weiter entwickelt wurde.

Die fünfte Auflage ist auch durch eine veränderte Autorenschaft geprägt. Als weitere Autorin wurde Hanna Schramm-Klein kooptiert, die bereits die vorherigen Auflagen des Buches an der Universität Siegen nutzte und wertvolle Hinweise für frühere Überarbeitungen gab. Ihre Lehrerfahrung an der Universität Siegen und ihre Forschungsprojekte sind in diese Auflage eingeflossen. Die Autoren teilen sich nun die Bearbeitung der einzelnen Kapitel, wobei Thomas Foscht für die Teile II.4-5, Bernhard Swoboda für die Teile I und II.1-2 und Hanna Schramm-Klein für die Teile II.3 und III verantwortlich sind.

Wie gewohnt stellen wir ergänzend zum gedruckten Buch auch für die fünfte Auflage auf der Web-Site zum Lehrbuch (*www.kaeuferverhalten.com*) für Studierende Fragen zur Selbstkontrolle und für Dozenten eine Foliensammlung sowie weitere Informationen zur Verfügung. Letztendlich entscheiden diese beiden Gruppen über den weiteren Erfolg des Buches. Insofern sind wir für jede Art von Anmerkungen und Anregungen dankbar. Richten Sie diese bitte an thomas.foscht@uni-graz.at, b.swoboda@uni-trier.de oder schramm-klein@marketing.uni-siegen.de.

Zum Gelingen der fünften Auflage trugen viele Personen bei. Für ihre Beiträge zu den einzelnen Abschnitten danken wir in Trier Frau Dipl.-Kffr. Julia Weindel, in Graz Frau Ass.-Prof. Dr. Marion Brandstätter, Frau Christina Cichy, M.Sc und Frau Dr. Judith Schloffer sowie in Siegen Frau Carmen Richter, Frau Theresia Jung und Frau Kim-Kathrin Kunze, M.Sc. Frau Weindel danken wir zudem für die redaktionelle Fertigstellung des Manuskripts. Von Verlagsseite wurde das Projekt in bewährter Art und Weise von Frau Barbara Roscher betreut, bei der wir uns für die angenehme Zusammenarbeit ebenfalls herzlich bedanken.

Graz, Trier und Siegen, im Frühjahr 2015

                                 Thomas Foscht, Bernhard Swoboda und Hanna Schramm-Klein

Vorwort zur 1. Auflage

Das Verhalten von Kunden steht unstrittig im Zentrum des Marketing und verleiht der Marketingforschung ihren originären Charakter. Dies schlägt sich nicht zuletzt in der empirischen Forschungsanlage dieses betriebswirtschaftlichen Faches nieder. Entsprechend umfassend ist die Forschungstradition im Käuferverhalten und vor allem im Konsumentenverhalten. Zum Letztgenannten liegt mit dem Werk von Werner Kroeber-Riel und Peter Weinberg ein mittlerweile unverzichtbares Standardlehrbuch im deutschsprachigen Raum vor. Ganz ähnlich ist es im Industriegüterbereich mit dem Werk von Klaus Backhaus.

Schwieriger gestaltet sich indessen die Entscheidung für ein Lehrbuch, in dem in einer kompakten Form die Grundlagen des Käuferverhaltens behandelt werden und das als Basis für eine singuläre Veranstaltung zum Käuferverhalten herangezogen werden kann. Diese im Vorfeld der Vorbereitung entsprechender Lehrveranstaltungen an den Universitäten in Graz und Trier gemachte Beobachtung war letztendlich der Anstoß, der zur Entstehung dieses Buches führte. Zugleich war es ein gleichwohl arbeitsintensives Vergnügen dem Wunsch des Verlages Dr. Th. Gabler nachzukommen und ein neues Lehrbuch zum Käuferverhalten zu konzipieren. Es verfolgt im Wesentlichen drei Zielsetzungen, welche auch im Untertitel zum Ausdruck gebracht werden. Primär sollen die Grundlagen zum Käuferverhalten – sowohl von Konsumenten als auch von Organisationen – behandelt werden. Zugleich soll der Blick auf jene Perspektiven gerichtet werden, die über die traditionellen Erkenntnisse hinausgehen. In diesem Zusammenhang steht vor allem der Kaufphasenansatz im Mittelpunkt der Betrachtung langfristiger Kundenbeziehungen. Darüber hinaus wird ein Augenmerk auf die Anwendung von Erkenntnissen und Einsichten der Käuferverhaltensforschung in der Unternehmenspraxis gelegt, u. a. in Form von Beispielen, die sich auf Aktivitäten von Hersteller-, Dienstleistungs- und Handelsunternehmen beziehen. Der praktischen Bedeutung und der empirischen Messung sind jeweils gesonderte Abschnitte gewidmet. Optisch werden praktische Beispiele zudem durch grau umrandete, vertiefende theoretische Ansätze durch grau hinterlegte Felder gekennzeichnet.

Insgesamt deckt das Buch zwar wesentliche, bei weitem aber nicht alle Facetten des Käuferverhaltens ab. Wir hoffen dennoch, dass diese Mischung traditioneller und neuerer Grundlagen, Perspektiven und Anwendungen das Buch für die Anwendung in der Lehre und Praxis interessant machen wird. Für Studierende sollen entsprechende Literaturhinweise am Ende einzelner Abschnitte bzw. Kapitel ermöglichen, den Stoff auch im Selbststudium weiter zu vertiefen. Darüber hinaus finden sich auf der Web-Site zum Lehrbuch (*www.kaeuferverhalten.com*) zu den einzelnen Abschnitten bzw. Kapiteln entsprechende Fragen zur Selbstkontrolle sowie weitere Informationen. Für jene Personen, die in ihrer täglichen Arbeit mit Verhaltensweisen von Käufern konfrontiert sind, kann das Buch einen ersten Einblick oder eine Auffrischung des Wissens bieten. Die Summe der traditionellen und neueren Perspektiven und insb. das Verständnis der Verhaltensweisen von Käufern in Kundenbeziehungen soll dazu anregen, sich mit dem Thema Käuferverhalten (wieder) zu beschäftigen. Zugleich sind wir uns bewusst, dass letztlich die Kunden über die Akzeptanz dieses Buches entscheiden. Insofern sind wir für kritische Anmerkungen und Anregungen sehr dankbar. Richten Sie diese bitte an thomas.foscht@uni-graz.at oder b.swoboda@uni-trier.de.

Vorwort zur 1. Auflage

Zu Dank verpflichtet sind wir unseren Mitarbeitern in Graz und Trier. Frau Roswitha Kernstock, Frau Angelika Monsberger sowie Frau Judith Giersch, Herr Frank Hälsig und Frau Sandra Schwarz haben an der Entstehung des Buches mitgewirkt. Frau Kernstock sind wir für die Durchführung der Layoutarbeiten zu Dank verpflichtet. Herr Hälsig hat wesentliche Beiträge zur Entstehung des Buches beigesteuert. Frau Barbara Roscher und Frau Renate Schilling vom Verlag Dr. Th. Gabler danken wir für die erneut überaus angenehme und professionelle Zusammenarbeit.

Wenn im vorliegenden Buch bei unterschiedlichen Personenbezeichnungen, wie z. B. beim Begriff Konsument, die männliche Form gewählt wird, so soll dies keineswegs eine Diskriminierung von Frauen darstellen. Es wäre grundsätzlich ein Gebot der Höflichkeit, jeweils auch von Konsumentinnen zu sprechen oder beide Geschlechter anzusprechen und sich der Wortschöpfung KonsumentInnen zu bedienen. Beide Varianten würden unserer Meinung nach aber die Lesbarkeit des Textes stark einschränken. Die verwendete männliche Form ist somit jeweils als Kurzform für Personen beiderlei Geschlechts zu verstehen.

Graz und Trier, im Frühjahr 2004

Thomas Foscht und Bernhard Swoboda

Inhaltsverzeichnis

Vorwort V
Abkürzungsverzeichnis XIII

Kapitel I: Grundlagen

1 Relevanz des Käuferverhaltens 3
2 Besonderheiten des Käuferverhaltens 5
   2.1 Herausforderungen in der Käuferverhaltensforschung 5
   2.2 Publikationsschwerpunkte und Synopse wissenschaftstheoretischer Grundlagen 6
3 Kaufentscheidungen von Konsumenten und Organisationen 11
   3.1 Träger und Grundtypen von Kaufentscheidungen 11
   3.2 Merkmale der Kaufentscheidungen von Konsumenten und Organisationen ... 14
   Literatur 15

Kapitel II: Kaufprozesse bei Konsumenten

1 Bezugsrahmen zur Analyse der Kaufprozesse bei Konsumenten 19
   1.1 Grundlagen 19
   1.2 Synopse ausgewählter theoretischer Erklärungsansätze bzw. -strömungen 21
      1.2.1 Ökonomische Theorien und Ansätze 21
      1.2.2 Verhaltenswissenschaftliche Theorien und Ansätze 23
   1.3 Vorherrschende Erklärungsansätze und Modellierungen 25
      1.3.1 Synopse von Totalmodellen bzw. -betrachtungen 25
      1.3.2 SR-Modelle und SOR-Modelle 28
      1.3.3 Phasenmodelle 31
   1.4 Zusammenfassung und Bezugsrahmen 32
   Literatur 36

Inhaltsverzeichnis

2 Psychische Erklärungskonstrukte des Konsumentenverhaltens 37
  2.1 Aktivierende Prozesse und Zustände 37
    2.1.1 Aktivierung 37
      2.1.1.1 Theoretische Grundlagen und Charakteristika 37
      2.1.1.2 Bedeutung und Messung 41
    2.1.2 Emotionen 45
      2.1.2.1 Theoretische Grundlagen und Charakteristika 45
      2.1.2.2 Bedeutung und Messung 49
    2.1.3 Motivation 55
      2.1.3.1 Theoretische Grundlagen und Charakteristika 55
      2.1.3.2 Bedeutung und Messung 62
    2.1.4 Einstellungen 69
      2.1.4.1 Theoretische Grundlagen und Charakteristika 69
      2.1.4.2 Bedeutung und Messung 73
  2.2. Kognitive Prozesse und Zustände 85
    2.2.1 Kognitionen 85
      2.2.1.1 Theoretische Grundlagen und Charakteristika 85
      2.2.1.2 Bedeutung und Messung 88
    2.2.2 Informationsaufnahme 89
      2.2.2.1 Theoretische Grundlagen und Charakteristika 89
      2.2.2.2 Bedeutung und Messung 92
    2.2.3 Informationsverarbeitung 99
      2.2.3.1 Theoretische Grundlagen und Charakteristika 99
      2.2.3.2 Bedeutung und Messung 104
    2.2.4 Informationsspeicherung – Lernen und Gedächtnis 112
      2.2.4.1 Theoretische Grundlagen und Charakteristika 112
      2.2.4.2 Bedeutung und Messung 121
  Literatur 129

3 Moderatoren des Konsumentenverhaltens 133
  3.1 Überblick 133
  3.2 Persönliche Determinanten 133
    3.2.1 Persönlichkeit 133
    3.2.2 Involvement 136
    3.2.3 Lebensstil 139
  3.3 Soziale Determinanten 145
    3.3.1 Primär- und Sekundärgruppen 145
    3.3.2 Rolle und Status 151
    3.3.3 Familie 152

3.4 Kulturelle Determinanten 157
    3.4.1 Soziale Schicht 157
    3.4.2 Kultur und Subkultur 158
Literatur 164

4 Typen von Kaufentscheidungen 167
4.1 Überblick 167
4.2 Extensives Kaufverhalten 170
4.3 Limitiertes Kaufverhalten 172
4.4 Habituelles Kaufverhalten 175
4.5 Impulsives Kaufverhalten 177
Literatur 181

5 Konsumentenverhalten in Kundenbeziehungen 183
5.1 Überblick 183
5.2 Vorkaufphase 187
    5.2.1 Theoretische Grundlagen und Charakteristika 187
    5.2.2 Bedeutung und Messung 197
5.3 Kaufphase 211
    5.3.1 Theoretische Grundlagen und Charakteristika 211
    5.3.2 Bedeutung und Messung 218
5.4 Nachkauf- und Nutzungsphase 229
    5.4.1 Theoretische Grundlagen und Charakteristika 229
    5.4.2 Kundenzufriedenheit 236
    5.4.3 Kundenloyalität 241
    5.4.4 Bedeutung und Messung 247
5.5 Integrative Betrachtung von Kundenbeziehungen 257
    5.5.1 Theoretische Grundlagen und Charakteristika 257
    5.5.2 Bedeutung und Messung 259
Literatur 265

Kapitel III: Kaufprozesse bei Organisationen

1 Bezugsrahmen zur Analyse des Käuferverhaltens 273
1.1 Grundlagen 273
1.2 Güterkategorien und Geschäftstypen 279
1.3 Charakteristika des organisationalen Käuferverhaltens 284
1.4 Synopse theoretischer Erklärungsansätze als Bezugsrahmen 287
Literatur 292

2 Typen von Kaufentscheidungen 294
2.1 Individuelle Kaufentscheidungen 294
2.2 Kollektive Kaufentscheidungen 297
    2.2.1 Arten kollektiver Kaufentscheidungen 297
    2.2.2 Struktur und Prozess monoorganisationaler Kaufentscheidungen 297
        2.2.2.1 Buying Center-Konzept 297
        2.2.2.2 Strukturmodelle des organisationalen Kaufverhaltens 303
        2.2.2.3 Prozess-/Phasenmodelle des organisationalen Kaufverhaltens ... 309
        2.2.2.4 Zusammenfassendes Modell unter besonderer Berücksichtigung des Einflusses des wahrgenommenen Risikos 315
    2.2.3 Struktur und Ablauf poly- bzw. multiorganisationaler Kaufentscheidungen – Interaktionsansätze 317
        2.2.3.1 Überblick 317
        2.2.3.2 Typen der Interaktion 318
        2.2.3.3 Geschäftsbeziehungen und Kooperationen 325
Literatur 334

Stichwortverzeichnis 339

Abkürzungsverzeichnis

AFA-System	Automatic Facial Analysis-System
AU	Action Unit
Aufl.	Auflage
Bd.	Band
bspw.	beispielsweise
bzw.	beziehungsweise
ca.	circa
C/D-Paradigma	Confirmation/Disconfirmation-Paradima
CLV	Customer Lifetime Value
CRM	Customer Relationship Management
d. h.	das heißt
Diss.	Dissertation
ELM	Elaboration-Likelihood-Modell
e. V.	eingetragener Verein
etc.	et cetera
EDR	elektrodermale Reaktion
EV-Hypothese	Einstellungs-Verhaltens-Hypothese
evtl.	eventuell
f.	folgende
ff.	fortfolgende
FACS-System	Facial-Action-Coding-System
FMRT	funktionelle Magnetresonanztomographie
ggf.	gegebenenfalls
GfK	Gesellschaft für Konsumforschung
Hrsg.	Herausgeber
IDM	Informations-Display-Matrix
i. d. R.	in der Regel
i. e. S.	im engeren Sinne
insb.	insbesondere
i. S.	im Sinne
i. S. v.	im Sinne von
i. w. S.	im weiteren Sinne
Jg.	Jahrgang
k. A.	keine Angabe
Mio.	Millionen
Nr.	Nummer
o. Ä.	oder Ähnliches
o. O.	ohne Ort
o. V.	ohne Verfasser
p	Irrtumswahrscheinlichkeit
PAD	Pleasure, Arousal, Dominance
POS	Point of Sale

Abkürzungsverzeichnis

r	Korrelationskoeffizient
RFM	Recency, Frequency, Monetary
S.	Seite
sog.	so genannte
SOR-Modell	Stimulus Organismus Response-Modell
Sp.	Spalte
SR-Modell	Stimulus Response-Modell
TAT	Thematischer Apperzeptionstest
TPB	Theory of Planned Behaviour
TRA	Theory of Reasoned Action
u. a.	unter anderem/und andere
u. Ä.	und Ähnliches
u. U.	unter Umständen
usw.	und so weiter
v. a.	vor allem
VE-Hypothese	Verhaltens-Einstellungs-Hypothese
vgl.	vergleiche
vs.	Versus
WOM	Word of Mouth
z. B.	zum Beispiel
ZFP	Zeitschrift für Forschung und Praxis
z. T.	zum Teil

Kapitel I
Grundlagen

Grundlagen

1 Relevanz des Käuferverhaltens

Das Verstehen der Kunden, deren Beeinflussung und das Interagieren mit Kunden bilden traditionell den Kern des Marketing, ebenso wie die Führung des Unternehmens vom (Absatz-) Markt her auf den (Absatz-) Markt hin. Die Kundenorientierung, die lange Jahre die alleinige Domäne des Marketing bildete, hat heute Eingang in andere betriebswirtschaftliche Disziplinen gefunden oder wurde auf verschiedene Wertschöpfungsfunktionen übertragen.

Die konkrete Analyse des Käuferverhaltens ist allerdings weiterhin eine Domäne der Marketingforschung, in der letztendlich die betriebswirtschaftliche (Ur-) Quelle sprudelt. In diesem Sinne ist Marketing zu begreifen als Planung, Koordination und Kontrolle aller auf die aktuellen und potenziellen Märkte ausgerichteten Unternehmensaktivitäten mit dem Ziel, eine dauerhafte Befriedigung der Kundenbedürfnisse zu erreichen und Wettbewerbsvorteile zu realisieren (Meffert/Burmann/Kirchgeorg 2012, S. 10 f.). Auf Basis dieser Begriffsfassung entwickelte sich das Marketing zu einer speziellen, prozessorientierten Betriebswirtschaftslehre (BWL) mit interdisziplinären Zügen.

Generell ist die Bedeutung der Kundenorientierung umso stärker ausgeprägt, je stärker die Konkurrenz in den einzelnen Märkten ist, je stärker die Distanz zu den Kunden ist bzw. je stärker die Absatzmärkte und damit die Kunden zentrale Engpässe in Unternehmen bilden. Die Perspektiven sind jedoch durchaus unterschiedlich. Ein gutes Beispiel bilden die Märkte für Industrie- und Konsumgüter. Während es im erstgenannten, volkswirtschaftlich sicherlich als zentral zu bewertenden Bereich, heute oft noch darum geht, die Entscheidungsträger von der großen Relevanz der Analyse des Käuferverhaltens zu überzeugen, sind die Entscheidungsträger im zweitgenannten Bereich traditionell für die Belange des Konsumentenverhaltens sensibilisiert. Es existieren beachtliche Differenzen zwischen der Kundenorientierung in Industriegüterunternehmen einerseits und in Konsumgüter-, Handels- oder Dienstleistungsunternehmen andererseits. Entsprechend abzugrenzen sind daher auch die Begriffe des Käuferverhaltens und des Konsumentenverhaltens.

> *Käuferverhalten i. e. S. beschäftigt sich mit dem Verhalten von Nachfragern beim Kauf, Ge- und Verbrauch von wirtschaftlichen Gütern bzw. Leistungen, während sich das Konsumentenverhalten i. e. S. mit dem Verhalten von Endverbrauchern beim Kauf und Konsum von wirtschaftlichen Gütern bzw. Leistungen beschäftigt.*

Eine weite Begriffsfassung des Käufer- und insb. des Konsumentenverhaltens würde zur Betrachtung des allgemeinen Verhaltens der Letztverbraucher von materiellen und immateriellen Gütern, d. h. auch dem Verhalten von Wählern, von Patienten usw., führen. Zwar wird manchmal dieser weitere Begriff benutzt, was u. a. dazu geführt hat, dass sich immer mehr wissenschaftliche Disziplinen an der Konsumentenverhaltensforschung beteiligen. Nachfolgend wird im Schwerpunkt jedoch auf die engere Begriffsfassung zurückgegriffen. Darüber hinaus kommt es in diesem Buch auch auf die Interdependenzen zwischen angewandter Käuferverhaltensforschung einerseits und der Umsetzung der Erkenntnisse für Unternehmen andererseits an. D. h., der Fokus berücksichtigt die klassischen Dreiecksbeziehungen des Marketing im Zusammenspiel von Kunden, Anbietern und Konkurrenten, die in ein politisch-rechtliches, sozio-ökonomisches, technologisches und sonstiges Umfeld eingebettet sind (siehe Übersicht 1). In diesem Sinne entstehen Wettbewerbsvorteile für ein Unternehmen nur, wenn sie

- wahrgenommen werden (vom Kunden registriert werden),
- bedeutsam sind (im Hinblick auf wichtige Kaufmerkmale) und
- dauerhaft sind (von der Konkurrenz nicht unmittelbar kopiert werden können).

Dies bedeutet, dass für ein Unternehmen auch die Kenntnis der aus Kundensicht relevanten Konkurrenten (Konkurrenzprinzip) erforderlich ist.

Übersicht 1: *Marketing-Dreieck als Leitfaden*

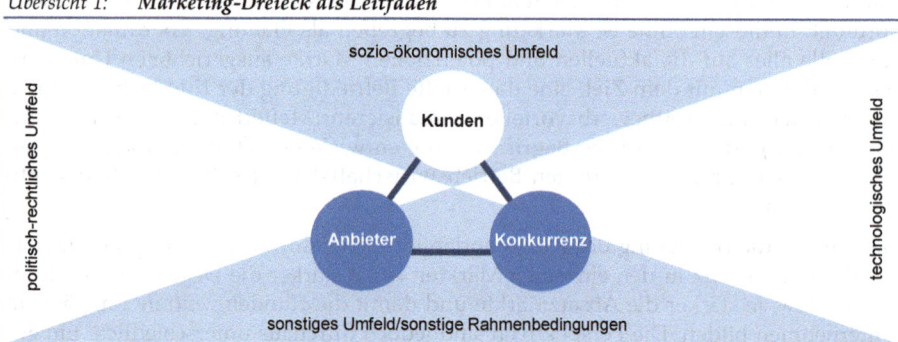

Die interdependente Sichtweise und die Kundenorientierung kennzeichnen auch die Betrachtungsperspektive, die diesem Buch zu Grunde liegt. Diese inkludiert traditionelle und neue Anwendungsfelder der Käuferverhaltensforschung im Marketing in Bereichen wie

- der Marktsegmentierung, also der Identifikation von und der Ausrichtung der Marketingaktivitäten und -prozesse an den Zielkunden,
- dem Verstehen der psychischen Prozesse, die zum Verhalten von Käufern führen,
- der langfristigen Bindung von Kunden und der permanenten Gewinnung von Neukunden oder
- dem Verstehen der Rollen und der Interaktionen, die zum Verhalten bzw. Nicht-Verhalten z. B. von Buying Centern in Unternehmen oder von Familien führen und
- der Integration von Kunden in Leistungserstellungsprozesse von Unternehmen.

Dies ist nur eine Auswahl der Forschungsfragen, mit denen sich die Käuferverhaltensforschung beschäftigt. Alleine der kursorische Blick auf einzelne Jahrgänge des Journal of Consumer Research zeigt die breite Palette an Publikationsschwerpunkten: Aktivierung/Emotionen, Motivation, Einstellungen, Erinnerung/Imagery, Lernen/Gedächtnis, Involvement/Prädispositionen, kollektives Kaufverhalten, kulturzentrierte Studien, Präferenz/Konsumwahl, Marken, Kommunikation/Werbung, Preiseffekte und Sonstiges (mit einer ähnlichen Anzahl von jeweils 5 bis 8 Beiträgen in den Jahrgängen 27 bis 37 des Journals).

Grundlagen

2 Besonderheiten des Käuferverhaltens

2.1 Herausforderungen in der Käuferverhaltensforschung

Unternehmen sind heute mit Entwicklungen konfrontiert, die vor wenigen Jahren nicht abschätzbar waren und die zu einem Umfeld geführt haben, das als turbulent bezeichnet werden kann. Dabei durchlief die *Umfeldentwicklung* mehrere Stadien. Während das Umfeld bis in die 1980er Jahre relativ stabil war, d. h., es gab relativ wenige Marktteilnehmer, das Marketing war oft auf regionale/nationale Märkte konzentriert usw., traten schon mit der ersten Ölkrise Faktoren auf, welche die Umfeldsituationen nicht mehr einfach prognostizierbar machten. Bspw. wird das Umfeld durch die internationale Vernetzung, die Integration von Wirtschaftsräumen (wie EU, NAFTA, ASEAN) und die damit verbundene wachsende Zahl der Marktteilnehmer, aber auch durch die Krise der Jahre 2008/09 komplexer und instabiler. Emergente Phänomene tauchen spontan auf und entstehen ohne erkennbare Vorgeschichte.

Auch das *Verhalten von Kunden* selbst ist einem Wandel unterworfen. Dieser kann zwar schon seit Jahren beobachtet werden, relativ neu ist aber seine Dynamik. Dahinter steht u. a. ein Wandel der Selbstkonzepte von einem Konsumenten, dessen Leben vom Motto „Ich bin, was ich habe", „Ich bin, wie ich lebe" bis hin zum Motto „Ich lebe, wie ich gerade bin" geprägt ist. Während sich bspw. Konsumenten früher noch weitgehend konsistent verhalten haben und in den 1990er Jahren ein zunehmend hybrides Verhalten beobachtet wurde (z. B. kaufte dieselbe Person in Feinkostgeschäften und Discountern ein) können heute Verhaltensweisen skizziert werden, bei denen mehrere Handlungsprinzipien parallel verfolgt werden, der Konsument die Rollen oder seine Gruppenzugehörigkeit wechselt und daher ein divergierendes (multioptionales) Verhalten bis hin zu einem paradoxen Verhalten vorliegt (siehe Übersicht 2).

Übersicht 2: **Dynamik des Käuferverhaltens**

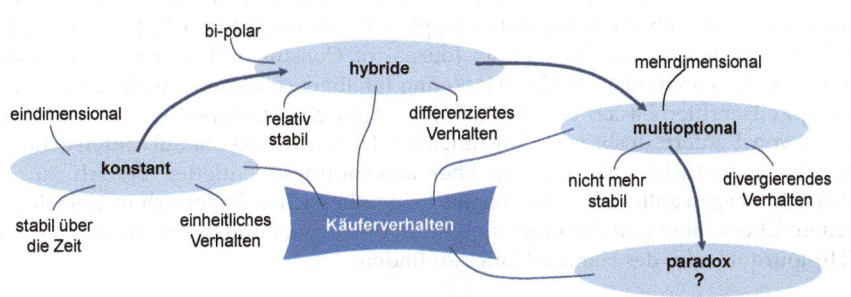

Quelle: Liebmann 1996, S. 45.

Neben diesen Verhaltensänderungen existieren weitere Entwicklungen im Konsumentenverhalten. Dazu zählen die Änderung in den Haushaltsstrukturen (in manchen Großstädten sind bereits die Hälfte aller Haushalte Single-Haushalte), sozio-demografische Veränderungen (steigende durchschnittliche Lebenserwartung, stagnierende Geburtenrate) oder der Wandel der Werte (vgl. hierzu Foscht/Swoboda/Brandstätter 2011; Angerer/Foscht 2009; Prisching 2009).

2.2 Publikationsschwerpunkte und Synopse wissenschaftstheoretischer Grundlagen

Wie kaum ein anderer Forschungsschwerpunkt im Rahmen der BWL ist die Käuferverhaltensforschung der theoriegeleiteten empirischen Analyse verhaftet. Es ist daher lohnenswert, ihre wissenschaftstheoretische Position und die zentralen betriebswirtschaftlichen Institutionen und Publikationsorgane zu kennen.

Ausgewählte Institutionen und Publikationsorgane der Käuferverhaltensforschung

Im Bereich der Konsumentenverhaltensforschung haben sich im Laufe der Zeit einige Institutionen gebildet, in denen sich Konsumentenverhaltensforscher organisiert haben. Hervorzuheben ist in diesem Zusammenhang v. a. die Association of Consumer Research (ACR) (www.acrwebsite.org), die laufend Fachkonferenzen veranstaltet und das renommierteste Publikationsorgan in diesem Bereich – das Journal of Consumer Research – herausgibt, sowie die Society for Consumer Psychology (SCP) (www.myscp.org).

Daneben existiert eine Reihe von Organisationen, die sich zwar schwerpunktmäßig mit dem Bereich Marketing beschäftigen, die aber jeweils auch eigene Fachgruppen zum Thema Käuferverhalten umfassen. Auf internationaler Ebene sind hier z. B. die American Marketing Association (AMA) (www.marketingpower.com), die Academy of Marketing Science (AMS) (www.ams-web.org) oder die European Academy of Marketing (EMAC) (www.emac-online.org) zu nennen. Im deutschsprachigen Bereich ist der Verband der Hochschullehrer für Betriebswirtschaft e.V. (www.vhbonline.org) anzuführen, der die Kommission Marketing beheimatet.

Im Bereich der Publikationsorgane liegt eine Fülle betriebswirtschaftlich, psychologisch oder soziologisch orientierter Zeitschriften vor, die sich vorwiegend mit dem Käuferverhalten beschäftigen. Zu den wichtigsten zählen – neben dem Journal of Consumer Research – etwa das Journal of Applied Psychology, Journal of Consumer Psychology, Psychology and Marketing, Journal of Consumer Behaviour, Advances in Consumer Research oder der GfK Marketing Intelligence Review. Auch in vielen Marketing-Zeitschriften basiert ein Großteil der empirischen Untersuchungen auf Evaluationen von Käufern, insb. von Konsumenten. Dies trifft sowohl auf Untersuchungen im wissenschaftlichen als auch im eher anwendungsorientierten Bereich zu. Eine Übersicht ausgewählter Zeitschriften aus beiden Bereichen findet sich in Übersicht 3 – weitere Übersichten und Rankings sind im Internet u. a. auf der Website der AMS, des VHB-Jourqual oder des Handelsblattes zu finden.

Übersicht 3: Ausgewählte Publikationsorgane

wissenschaftliche Zeitschriften*	anwendungsorientierte Zeitschriften
■ Journal of Marketing (A+)	■ Absatzwirtschaft. Zeitschrift für Marketing
■ Journal of Consumer Research (A+)	■ Consumer Policy Review
■ Journal of Marketing Research (A+)	■ European Retail Research
■ Journal of the Academy of Marketing Science (A)	■ GfK Marketing Intelligence Review
■ Journal of Service Research (A)	■ Horizont
■ Journal of Applied Psychology (A)	■ Lebensmittel-Zeitung
■ Journal of Retailing (A)	■ Lebensmittel Praxis
■ Journal of Consumer Psychology (A)	■ Marke 41 – Das Marketingjournal
■ Marketing Letters (B)	■ Markenartikel
■ Psychology and Marketing (B)	■ Marketing News
■ Industrial Marketing Management (B)	■ Marketing Review St. Gallen
■ Marketing. Zeitschrift für Forschung und Praxis (C)	■ Textilwirtschaft
■ Journal of Retailing and Consumer Services (C)	■ Transfer – Werbeforschung und Praxis
■ Journal of Consumer Behaviour (C)	■ Werben und Verkaufen

* Ranking gemäß VHB-Jourqual 3

Wissenschaftstheoretische Grundlagen – eine Synopse

Das dominierende theoriegeleitete empirische Vorgehen der Käuferverhaltensforschung folgt dem wissenschaftstheoretischen Paradigma des *kritischen Rationalismus*.

> Die Wissenschaftstheorie kann als Lehre vom Wesen, den Methoden, Grundlagen und Voraussetzungen sowie von der Einteilung der Wissenschaft bezeichnet werden. Im Mittelpunkt des Interesses stehen der methodologische Aufbau der Wissenschaft und die Einordnung spezieller Disziplinen in das System der verschiedenen Wissenschaften.

Im Rahmen der Wissenschaftssystematik ist die Wissenschaftstheorie Teil der allgemeinen Erkenntnistheorie und beschäftigt sich mit den Vorgehensweisen, Ergebnissen und Zielen der verschiedenen Wissenschaften. Unterschieden wird zwischen Formalwissenschaften (Mathematik etc.) und Realwissenschaften (Naturwissenschaften (Biologie etc.) und Sozialwissenschaften (Psychologie etc.)). Formalwissenschaftliche Aussagen beanspruchen Wahrheit im logischen Sinne, während es bei Realwissenschaften auf die faktische Bewährung der in der Realität vorhandenen Objekte ankommt.

Die wissenschaftstheoretische Diskussion um die zentralen methodologischen Grundfragen der Wirtschafts- und Sozialwissenschaften ist auch nach der Adoption der Popperschen Logik des *kritischen Rationalismus* gegen Ende der 1950er Jahre fortgeführt worden. Im Anschluss an den Positivismusstreit der 1960er Jahre ergab sich zu Beginn der 1970er Jahre eine erneute Kontroverse um die Praktikabilität und die Sinnhaftigkeit der Forderung nach einer wertfreien – also Soll-Aussagen enthaltenden – BWL. Damit verbunden ist die Kontroverse um das Selbstverständnis der BWL als praktisch-normative Wissenschaft (Schmalenbach, Mellerowicz) oder reine Wissenschaft (Rieger, Gutenberg). Anstatt diese Kontroverse hier aufzugreifen, ist darauf zu verweisen, dass bzgl. des Werturteilspostulats im Rahmen dieses Buches eine der modernen praktisch-normativen BWL entsprechende Haltung eingenommen wird. Obwohl es in den Sozialwissenschaften kaum möglich ist, sich auf ein Gerüst logischer Deduktion zu stützen, ist dennoch eine deduktive Vorgehensweise anzustreben, was

Hypothesen empirisch überprüfbar macht: Dies erfüllt das Postulat der Falsifizierbarkeit, da es bestimmtes Verhalten ausschließt und Hypothesen widerlegbar sind. Entsprechend der Phasen einer Forschungsarbeit sind drei Untersuchungsbereiche zu trennen:

- Entdeckungszusammenhang – Wie kommen wissenschaftliche Aussagen zustande?
- Begründungszusammenhang – Welche Aussagen tragen zur wissenschaftlichen Erkenntnis bei und welche nicht?
- Verwertungszusammenhang – Wie werden wissenschaftliche Aussagen verwertet?

Unter *Entdeckungszusammenhang* ist der Anlass zu verstehen, der zu einem Forschungsprojekt geführt hat, also eine vorliegende Theorie bzw. Studie, ein praktisches Problem oder ein Auftrag. Es ist für das Ergebnis von Forschungsarbeiten keineswegs unerheblich, wie Wissenschaftler arbeiten und welche Motive ihrer Arbeit zu Grunde liegen. Neben dem Interesse an gesellschaftlich relevanten Problemen oder der Suche nach der „Wahrheit" gelten fachliches Prestige und materielle Chancen als Antriebskräfte der Wissenschaftler. Abgesehen von den Motiven der Wissenschaftler, bilden forschungsmethodische und forschungsökonomische Bedingungen begrenzende Faktoren des Entdeckungszusammenhangs.

Unter *Begründungszusammenhang* sind die methodologischen Schritte zu verstehen, mit deren Hilfe ein Problem untersucht werden soll. Nach der Schule des kritischen Rationalismus ist das Ziel einer Forschungsarbeit eine möglichst exakte, nachprüfbare und objektive Ableitung, Operationalisierung und Prüfung von Hypothesen. Pauschal ausgedrückt, erfolgt die Umsetzung der Problemstellung des Entdeckungszusammenhangs in eine wissenschaftliche Untersuchung anhand der Abgrenzung und Formulierung des Forschungsziels und der Problemstellung, der Recherche nach bereits existierenden Analysen, Theorien und Hypothesen (die den Problembereich berühren), der Ableitung forschungsleitender Hypothesen sowie deren Operationalisierung und Überprüfung mittels geeigneter (Mess- und Marktforschungs-) Methoden. Übersicht 4 gibt einen kursorischen Einblick in den forschungslogischen Ablauf empirischer Untersuchungen.

Unter *Verwertungszusammenhang* sollen die Effekte einer Untersuchung verstanden werden, also ihr Beitrag zur Lösung des anfangs gestellten Problems. Demnach sind Entdeckungs- und Begründungszusammenhang eng miteinander verbunden. Bspw. kann die Entdeckung eines Wissenschaftlers durch die Verwendung von Erkenntnissen eines anderen Wissenschaftlers zustande kommen. Die Verwertung geschieht schrittweise durch ihre Anwendung. Sie kann durch Veröffentlichungen, Vorträge oder durch die Arbeit des Forschers mit den Betroffenen einer Studie erfolgen. Je exakter die Aussagen der Studie begründet werden und je mehr die Untersuchung dem Umfang des formulierten Problems entspricht, desto eher werden sich auch Handlungsmöglichkeiten ableiten lassen. Die Exaktheit des Begründungszusammenhangs ist die Bedingung einer begründbaren Verwertung, wobei in diesem Zusammenhang der angedeutete Werturteilsstreit der Wissenschaften ein zentrales Problem darstellt.

Neben dieser Perspektive soll aber nachfolgend ein forschungsheuristisches Moment nicht völlig ausgeschlossen werden. Es sollen also auch induktive Schlussverfahren und hermeneutische Methoden zugelassen werden.

Grundlagen

Übersicht 4: Forschungslogischer Ablauf empirischer Untersuchungen

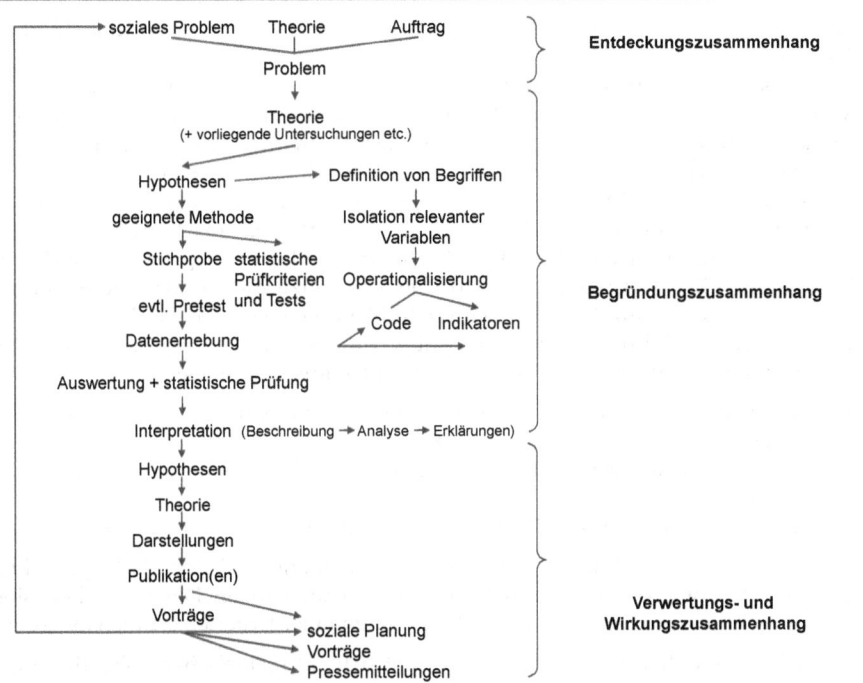

Quelle: In Anlehnung an Friedrichs 1990, S. 51.

Damit ist die seit Jahren in Verbindung mit der Käuferverhaltensforschung, aber auch mit der Organisationsforschung anzusprechende Frage verbunden, inwiefern von einem objektiven Handlungskontext oder ob von einer unaufhebbaren Subjektivität der „Wirklichkeit" auszugehen ist. Diese eng mit dem *radikalen Konstruktivismus* verhaftete Frage besitzt nicht nur forschungsmethodische Konsequenzen, denn sie führt zur Abkehr vom Prinzip des kritischen Rationalismus. Sie besitzt auch forschungslogische Konsequenzen. Insb. die hermeneutische Erkenntnismethode, die sich als Methode des nachfühlenden Verstehens beschreiben lässt, ist trotz aller Vorzüge aus wissenschaftstheoretischer Perspektive angreifbar. Zu kritisieren ist, dass sie zumindest partiell das Verstehen gegenüber dem Erklären für überlegen hält, wenngleich das Verstehen eines Sachverhalts sein Erklären nicht ersetzen kann. Ferner kann das Verstehen selbst zum Gegenstand wissenschaftlicher Erklärung werden, und schließlich fehlt der Hermeneutik ein methodisches Kriterium, anhand dessen die gewonnenen Aussagen überprüft werden könnten. Dennoch kann die selektive Nutzung des noch relativ jungen Forschungszweigs empfohlen werden, wie bspw. die verstärkten Bemühungen zur Integration traditioneller, ökonomischer und interpretativer Erklärungsversuche. Schließlich sei zu den forschungsleitenden Theorien, Ansätzen und Konzepten angemerkt, dass deren Auswahl auch subjektive Momente enthält, weil ein Forscher nicht sämtliche in Betracht kommenden Theorien bzw. Ansätze zur Hypothesengenerierung heranziehen kann. Somit liegt in diesem Bereich ein Werturteil im Basisbereich vor.

2 Besonderheiten des Käuferverhaltens

Grundlagen der empirischen Sozialforschung

Ausgangspunkt der empirischen Sozialforschung ist die Untersuchung bestimmter Merkmale von Untersuchungsobjekten bzw. der unterschiedlichen Ausprägungen der Merkmale. Um diese Sachverhalte untersuchen zu können, wird der Begriff der Variable verwendet. Eine Variable ist ein Symbol für die Ausprägungen eines Merkmals. Bspw. steht die Variable „Geschlecht" für die Ausprägungen männlich und weiblich. Üblicherweise werden den einzelnen Merkmalsausprägungen Zahlen zugeordnet (wie z. B. 1 für männlich und 2 für weiblich), wodurch Daten entstehen. Die Herausforderung insb. im Bereich der Käuferverhaltensforschung liegt aber darin, dass häufig nicht unmittelbar beobachtbare Merkmale (sog. latente Merkmale bzw. Konstrukte) vorliegen (wie z. B. die Kundenzufriedenheit). Diese müssen dann indirekt über einzelne oder mehrere Indikatoren gemessen werden, d. h. quasi in Variablen überführt und operationalisiert werden, was eine anspruchsvolle Aufgabe darstellt. Grundsätzlich lassen sich Variablen folgendermaßen unterscheiden:

- nach ihrer Bedeutung für die Untersuchung in unabhängige oder abhängige Variablen, Moderator-, Mediator- oder Kontrollvariablen,
- nach der Art der Merkmalsausprägungen in diskrete/stetige, dichotome/polytome Variablen sowie
- nach der empirischen Zugänglichkeit in manifeste und latente Variablen.

Am Anfang von Forschungsarbeiten stehen interessant erscheinende Fragestellungen oder Phänomene. Um diese für eine Untersuchung zugänglich zu machen, sind sie in Hypothesen zu überführen, die die folgenden vier Kriterien erfüllen müssen:

- Eine wissenschaftliche Hypothese bezieht sich auf reale Sachverhalte, die empirisch untersuchbar sind.
- Eine wissenschaftliche Hypothese ist eine allgemeingültige, über den Einzelfall oder ein singuläres Ereignis hinausgehende Behauptung.
- Eine wissenschaftliche Hypothese muss zumindest implizit die Formalstruktur eines Konditionalsatzes („Wenn-dann-" bzw. „Je-desto-Satz") aufweisen.
- Der Konditionalsatz muss potenziell falsifizierbar sein, d. h., es müssen Ereignisse denkbar sein, die dem Konditionalsatz widersprechen.

Hervorzuheben ist, dass eine empirisch vorläufig bestätigte (exakt heißt es: eine nicht falsifizierte) Beziehung zwischen zwei Variablen (z. B. in Form einer Korrelation) im Regelfall nicht mit einer Ursache-Wirkungs- bzw. mit einer Kausalbeziehung gleichgesetzt werden darf. Für die Beantwortung der Frage, ob eine Kausalbeziehung vorliegt, sind auch das Untersuchungsdesign (eigentlich sind Experimente erforderlich) sowie inhaltliche Überlegungen relevant. Um Kausalhypothesen handelt es sich, wenn ein Vertauschen der Ursache (Wenn-Teil) mit der Wirkung (Dann-Teil) nicht sinnvoll ist. Zu erwähnen ist in diesem Zusammenhang, dass das beschriebene Vorgehen als deduktiv zu bezeichnen ist. Dabei bilden eine Theorie, ein Ansatz oder ein Modell und schließlich die Hypothese den Ausgangspunkt. Gerade in der Käuferverhaltensforschung sind aber auch induktive Vorgehensweisen sinnvoll, bei denen eine Hypothese das Ergebnis einer empirischen Untersuchung bilden kann (Bortz/Döring 2006, S. 358). Die beiden Zugänge widersprechen sich nicht, sondern ergänzen einander, wobei die systematische Ergänzung der Zugänge unter dem Begriff *„Mixed Methods"* diskutiert wird (Foscht/Angerer/Swoboda 2009, S. 247 ff.).

Grundlagen

3 Kaufentscheidungen von Konsumenten und Organisationen

3.1 Träger und Grundtypen von Kaufentscheidungen

Träger von Kaufentscheidungen sind private Personen oder Organisationen (Unternehmen, staatliche Institutionen, Behörden etc.). Dabei kommt v. a. in der exportabhängigen deutschen Wirtschaft dem organisationalen Käuferverhalten eine höhere wertschöpfende Bedeutung zu als dem privaten Konsum. Relativ ist dies in binnenmarktgeprägten Volkswirtschaften wie den USA zu sehen, in denen das Konsumentenverhalten eine höhere Bedeutung hat.

Obwohl sich die Komplexität des Marketing darin zeigt, dass Unternehmen auf verschiedenen Stufen Trägern von Kaufentscheidungen gegenüberstehen (Sinha/Foscht 2007), herrscht in der Käuferverhaltensforschung die Differenzierung in private und organisationale Kaufentscheidungen vor. Die Grundtypen von Kaufentscheidungen werden darüber hinaus nach der Zahl der an der Entscheidung beteiligten Personen differenziert, nämlich nach dem Kriterium, ob eine Person der Träger der Entscheidung ist oder ob es mehrere Personen sind. Eine Kombination dieser Sichtweisen führt zu einer Matrix, in der vier Grundtypen von Kaufentscheidungen abgebildet werden können (siehe Übersicht 5). Diese lassen sich wie folgt charakterisieren:

- *Individuelle Kaufentscheidungen, die ein Konsument* in seiner Rolle als Privatperson trifft (Konsumentenentscheidungen); ein Segment, welches den Schwerpunkt bzw. den klassischen Fall der Konsumentenverhaltensforschung darstellt.
- *Kollektive Kaufentscheidungen in privaten Haushalten*; ein Segment, welches berücksichtigt, dass z. B. bei vielen Gebrauchsgütern kollektive Kaufentscheidungen getroffen werden und dabei z. B. Familienmitglieder unterschiedliche Rollen einnehmen.
- *Individuelle Kaufentscheidungen in Organisationen*; ein Segment, in das z. B. das Verhalten eines Einkäufers in einer Organisation fällt.
- *Kollektive Kaufentscheidungen in Organisationen*; ein Segment, in das die Gremienentscheidungen beim Kauf von Industrie- bzw. Investitionsgütern fallen.

Übersicht 5: *Grundtypen von Kaufentscheidungen*

	Individuell	Kollektiv
Konsument	Individuelle Kaufentscheidungen von Privatpersonen (Konsumentenentscheidungen)	Kaufentscheidungen in privaten Haushalten (Familienentscheidungen)
Organisation	Individuelle Kaufentscheidungen in Organisationen (Einkäuferentscheidung)	Kollektive Kaufentscheidungen in Organisationen (Gremienentscheidungen)

Vielfalt der realen Träger von Kaufentscheidungen und Komplexität der Entscheidungsstrukturen

In der Realität sind unterschiedliche Kundengruppen zu unterscheiden, wie dies das folgende Wertkettensystem der Konsumgüterwirtschaft in Übersicht 6 andeutet. In Endverbrauchermärkten sind bspw. aus Herstellersicht in vertikaler Richtung mindestens drei Kategorien von Käufern zu unterscheiden: Großhandel, Einzelhandel (inkl. elektronischer Händler) und (End-) Kunde bzw. Konsument.

Übersicht 6: *Wertkettensystem in der Konsumgüterwirtschaft*

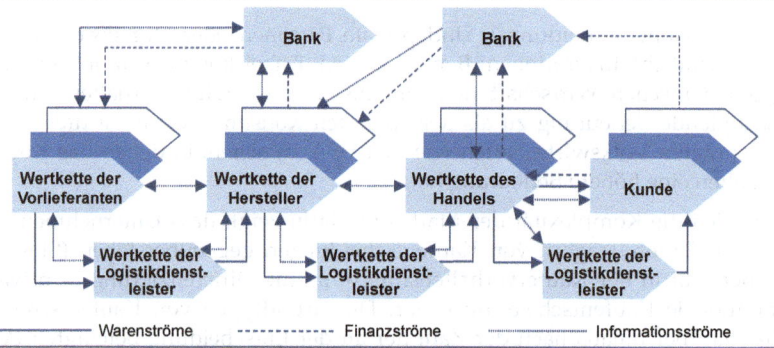

Quelle: In Anlehnung an Zentes/Swoboda/Foscht 2012, S. 591.

Für die Hersteller ist im auf Endkunden ausgerichteten Marketing die Kommunikationspolitik eines der zentralen Instrumente, da hierdurch die Bekanntheit und das Image von Produkt und Marke geprägt und die Nachfrage ausgelöst bzw. erhöht werden kann. Die Marktforschung wird dabei eingesetzt, um z. B. einen potenziellen Bedarf bei den Konsumenten zu erkennen bzw. deren Verhalten zu beobachten und zu beeinflussen. Grundsätzlich streben Unternehmen an, dass bei den Konsumenten Präferenzen zu ihren Gunsten gebildet werden.

Hersteller müssen jedoch auch die Kaufentscheidungen von Groß- und Einzelhandel berücksichtigen. In den meisten Fällen erfolgt die endgültige Weitergabe der Produkte an die Konsumenten durch den stationären Einzelhandel (zunehmend durch den Online-Handel), die beide über ihre Preis- und Sortimentspolitik auf Kaufentscheidungen einwirken, wobei sie sich z. B. über enge und tiefe Sortimente als Fachgeschäfte spezialisieren können. Der Handel hat – über das Instrument der Listung – häufig eine zentrale Filterfunktion, d. h., selbst wenn Herstellerunternehmen ein Produkt lancieren wollten, käme es nicht auf den Markt, wenn der Handel einer Neueinführung ablehnend gegenüber stünde. Zugleich richten sich Unternehmen des Groß- und Einzelhandels mit eigenen Zielen, Strategien und Instrumenten an ihre Kunden, wobei deren Bindung an die Einkaufsstätte und nicht jene an eine einzelne Produktmarke im Vordergrund steht (siehe Übersicht 7). Zudem verfolgen Handelsunternehmen durch den verstärkten Aufbau von Handelsmarken, d. h. durch die von ihnen exklusiv angebotenen Produkte oder Sortimente, eine zusätzliche Profilierung im Wettbewerb. Folglich hat ein Hersteller sein Marketing sowohl gegenüber den Konsumenten als auch gegenüber dem Handel auszurichten, wobei bei beiden Gruppen unterschiedliche Ziele, Strategien und Instrumenten relevant sind. Seit den 1990er Jahren werden entsprechende Konzepte des Marketing gegenüber dem Handel diskutiert (als traditionelles Kontraktmarketing oder Trade Marketing), da der Handel die Wandlung vom reinen Verteiler zum autonomen Partner vollzogen hat bzw. noch vollzieht. Mit einer zunehmend stärkeren Position des Kunden „Handel" greifen seit Mitte der 1990er Jahre partnerschaftliche Konzepte zwischen Herstellern und Händlern, deren Ziel – vereinfacht formuliert – in einer nachfragegesteuerten Gestaltung der Wertschöpfungskette liegt. Dabei wird versucht, mittels der beim Handel anfallenden Käuferverhaltensdaten sowohl die Logistik- als auch die Marketingprozesse in der gesamten Wertschöpfungskette zu steuern. Somit kann festgehalten werden, dass die Informationsströme zunehmend die Waren- und Geldströme im Wertkettensystem der Konsumgüterwirtschaft steuern.

Übersicht 7: **Dimensionen der Kundenbindung bei vertikaler Marktbearbeitung**

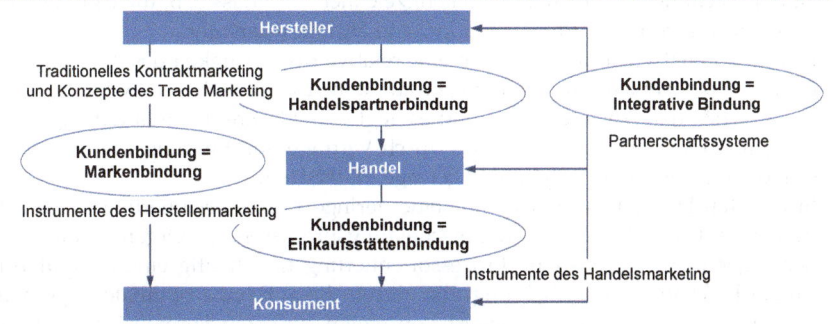

Quelle: In Anlehnung an Zentes/Swoboda/Morschett 2014, S. 209.

Die angeführten Entwicklungen stellen die vorherrschende, traditionelle Perspektive im Käuferverhalten aus Produktsicht eines Herstellers in Frage. Die Grenzen zwischen den Unternehmen scheinen zu verschwimmen oder anders ausgedrückt – es zeichnet sich eine Entwicklung in Richtung einer Händlergesellschaft ab. Der Handel emanzipiert sich deutlich, man denke nur an die überaus erfolgreichen Discounter (wie Aldi/Hofer, Lidl, Kaufland) oder an vertikale Systeme (wie Zara, IKEA), die Händler und zugleich Hersteller sind. Die Umsetzungskonzepte werden aber nicht nur vom Handel bzw. den Konsumenten beeinflusst, sie hängen auch von der Konkurrenz bzw. deren Wettbewerbsvorteilen, Ressourcen etc. ab, was insb. auf wettbewerbsintensiven, stagnierenden Märkten relevant ist.

Diese originäre Differenzierung kann in der Realität verkompliziert werden, wenn Personen betrachtet werden, die in mehreren Rollen als Käufer auftreten können. Bspw. sind in vielen Bereichen die Käufer von Produkten nicht deren Verwender, z. B. bei Babynahrung oder Herrenoberhemden, d. h., hier liegt ein Auseinanderfallen von Verwender und Käufer vor. Auch im Business-to-Business-Bereich ist eine heterogene Nachfragerstruktur zu beobachten. Bspw. werden Investitionsgüter von Herstellern, Groß- und Einzelhändlern, öffentlichen Betrieben usw. nachgefragt. Die unterschiedlichen Gruppen von Nachfragern zeigen unterschiedliche Verhaltensweisen. Bspw. ist die Nachfrage der öffentlichen Hand (manchmal) durch Bürokratisierung von längerer Dauer geprägt oder hat u. U. eine Nachfragemonopolstellung zur Grundlage.

3.2 Merkmale der Kaufentscheidungen von Konsumenten und Organisationen

Privates und organisationales Käuferverhalten unterscheiden sich deutlich, sodass differente Erklärungsansätze zu Grunde zu legen sind. Die Unterschiede lassen sich anhand ihrer Merkmale (siehe Übersicht 8) verdeutlichen. Zu den wichtigsten zählen (siehe ausführlich Backhaus/Voeth 2014, S. 9 f.):

- Private Kaufentscheidungen beziehen sich schwerpunktmäßig auf materielle oder immaterielle Güter bzw. Dienstleistungen, während bei organisationalem Käuferverhalten eher beide gemeinsam auftreten.
- Das Marketing gegenüber privaten Haushalten vollzieht sich in einem anonymen Markt, während die Kaufentscheidung bei Organisationen durch eine starke Aktivität der Nachfrager und Anbieter gekennzeichnet ist, sodass z. B. für Unternehmen X Maschine Z gefertigt wird – die Märkte sind also transparenter.
- Private Kaufentscheidungen weisen eine relative Kurzfristigkeit des Beziehungsgefüges zwischen Anbieter und Nachfrager auf, d. h., es findet ein relativ häufiger Wechsel zwischen den Anbietern statt und es liegt – im Gegensatz zu langfristigen Beziehungen in Organisationen, die etwa durch Verträge und Bindungen an Systeme begründet werden – eine zunehmend geringe Markentreue vor.
- In privaten Haushalten gibt es nur eine geringe Prozessorientierung, Automatisierung und Formalisierung von Entscheidungsprozessen. In Organisationen liegen demgegenüber meistens eine Prozessorientierung und häufig eine computerunterstützte Beschaffungsentscheidung vor, durch die z. B. eine optimale Lagerhaltung eingehalten werden soll. Zudem ist von einem stärkeren Formalisierungsgrad der Entscheidungsprozesse auszugehen, sodass ein Einkäufer mehrere Angebote einholen kann, bevor er eine Kaufentscheidung trifft und Investitionen tätigt.

Übersicht 8: **Merkmale des privaten und organisationalen Käuferverhaltens**

Privates Käuferverhalten	Organisationales Käuferverhalten
■ Bezugsschwerpunkte sind materielle oder immaterielle Güter	■ Bezugsschwerpunkte sind materielle und immaterielle Güter
■ Anonymität der Märkte	■ (eher) transparente Märkte
■ relative Kurzfristigkeit des Beziehungsgefüges	■ relative Langfristigkeit des Beziehungsgefüges
■ geringe Prozessorientierung der Beschaffungsentscheidung	■ Prozessorientierung der Beschaffungsentscheidung
■ geringer Formalisierungsgrad der Entscheidungsfindung	■ hoher Formalisierungsgrad des Beschaffungsablaufs
■ geringe Automatisierung von Entscheidungsprozessen	■ EDV-Unterstützung (Automatisierung)
■ keine Bedeutung von Anreiz- und Sanktionsmechanismen	■ Bedeutung von Anreiz- und Sanktionsmechanismen
■ üblicherweise individuelle Entscheidungen	■ Fremddeterminiertheit von Entscheidungen
	■ Multipersonalität/-organisationalität

- In privaten Haushalten liegen geringere Anreiz- und Sanktionsmechanismen vor, während in Organisationen Anreizmechanismen durch Vergünstigungen wie Provisionen eingesetzt werden und die Einkäufer sind zudem mit einer Fremddeterminiertheit der Entscheidungen konfrontiert, da sie z. B. aus vorgegebenen Lieferanten wählen müssen.

Grundlagen

- Schließlich dominieren bei privaten Kaufentscheidungen das Forschungs- und Praxisinteresse individuelle Entscheidungen, während in Organisationen die Multipersonalität und Multiorganisationalität vorherrschend sind.

In der Forschungspraxis sind durchaus Abweichungen von den Merkmalen, postulierten Rollen oder den skizzierten Handlungsspielräumen zu beobachten. In diesem Zusammenhang ist bspw. zu prüfen, ob das Phänomen der dualen Persönlichkeit vorliegt.

Beispiel zum Phänomen der dualen Persönlichkeit

Prinzipiell lässt sich privates und organisationales Käuferverhalten dahingehend unterscheiden, dass eine Person privat eher nach emotionalen und beruflich eher nach rationalen Kriterien entscheidet (siehe Übersicht 9). Es sei aber betont, dass diese Grenzen nicht eindeutig zu ziehen sind.

Übersicht 9:   *Privater und beruflicher Handlungsspielraum*

Privater Handlungsspielraum	Beruflicher Handlungsspielraum
■ emotionale und impulsive Entscheidungen	■ rationale und objektive Entscheidungen
■ Habitualisierungstendenzen und Streben nach Vereinfachung	■ frei von Images, persönlichen Bindungen und Stimmungen, unermüdlicher Informationsverarbeiter
■ Entscheidungs- und Risikomeidung	■ professionell ausgebildeter Entscheidungsspezialist
■ selektive Wahrnehmung	■ objektive Beurteilungsfähigkeit
■ subjektiven Neigungen folgend	■ ausschließlich faktenorientiert
■ soziale Beeinflussbarkeit	■ eingebunden in Entscheidungsgremien

Dies wird bspw. beim Kauf eines Dienstwagens deutlich. Laut des vorgestellten Verständnisses müsste ein Außendienstmitarbeiter seinen Dienstwagen nur anhand objektiver Fakten auswählen. Im Gegensatz dazu sollte er im privaten Bereich die Entscheidung seinen subjektiven Neigungen folgend treffen. In der Praxis stellt sich die Situation oft anders dar. Er bekommt im beruflichen Bereich – innerhalb eines gewissen Rahmens – die Freiheit, seinen Wagen selber zu wählen. Bspw. entscheidet er weder aufgrund eines günstigen Verbrauchs, noch nach geringen Wartungsintervallen. Für ihn stellt der Wagen mitunter ein Statussymbol dar und befriedigt sein Bestreben nach Prestige/Anerkennung. Im privaten Bereich ist eine andere Entscheidungsfindung denkbar. Hier kann die Entscheidung aufgrund eher rationaler, ökonomischer Gesichtspunkte erfolgen. Die Wahl fällt bspw. auf einen sparsamen Wagen, der zusätzlich gewisse Abgasnormen erfüllt.

Literatur

Angerer, T./Foscht, T. (2009): Konsumenten zwischen Anti-Aging und Pro-Aging als neue Herausforderung für Unternehmen, in: Klingenböck, U./Niederkorn-Bruck, M./Scheutz, M. (Hrsg.): Alter(n) hat Zukunft: Alterskonzepte, Wien, S. 287-309.

Backhaus, K./Voeth, M. (2014): Industriegütermarketing, 10. Aufl., München.

Bortz, J./Döring, N. (2006): Forschungsmethoden und Evaluation für Human- und Sozialwissenschaftler, 4. Aufl., Berlin.

Foscht, T./Angerer, T./Swoboda, B. (2009): Mixed Methods: Systematisierung von Untersuchungsdesigns, in: Buber, R./Holzmüller, H. H. (Hrsg.): Qualitative Marktforschung. Theorie, Methode, Analyse, 2. Aufl., Wiesbaden, S. 247-259.

3 Kaufentscheidungen von Konsumenten und Organisationen

Foscht, T./Swoboda, B./Brandstätter, M. (2011): HandelsMonitor 2011: Konsequenzen der soziodemografischen Veränderungen für den Handel, Frankfurt a. M.

Friedrichs, J. (1990): Methoden der empirischen Sozialforschung, Opladen.

Liebmann, H.-P. (1996): Auf den Spuren der „Neuen Kunden", in: Zentes, J./Liebmann, H.-P. (Hrsg.): GDI-Trendbuch Handel Nr. 1, Düsseldorf, S. 37-54.

Meffert, H./Burmann, C./Kirchgeorg, M. (2012): Marketing, 11. Aufl., Wiesbaden.

Prisching, M. (2009): Die zweidimensionale Gesellschaft: Ein Essay zur neokonsumistischen Geisteshaltung, 2. Aufl., Wiesbaden.

Sinha, I./Foscht, T. (2007): Reverse Psychology Marketing, The Death of traditional Marketing and the Rise of the new „Pull" Game, Houndmills.

Zentes, J./Swoboda, B./Foscht, T. (2012): Handelsmanagement, 3. Aufl., München.

Zentes, J./Swoboda, B./Morschett, D. (2014): Kundenbindung im vertikalen Marketing, in: Bruhn, M./Homburg, C. (Hrsg.): Handbuch Kundenbindungsmanagement, 11. Aufl., Wiesbaden, S. 201-234.

Kapitel II

Kaufprozesse bei Konsumenten

1 Bezugsrahmen zur Analyse der Kaufprozesse bei Konsumenten

1.1 Grundlagen

Um das komplexe (individuelle) Konsumentenverhalten einer Analyse zuzuführen, sind verschiedene Kategorisierungen denkbar, deren Anwendung letztlich von der Problemstellung und der zu Grunde liegenden Forschungsperspektive abhängen kann. Vier Perspektiven sind in diesem Zusammenhang hervorzuheben.

(1) Perspektive: Güterkategorien

Eine erste mögliche Differenzierung folgt unterschiedlichen *Güterkategorien*. Traditionell ist die Unterscheidung zwischen freien Gütern und knappen Gütern (Wirtschaftsgütern), wobei Letztere in Nominalgüter (z. B. Geld, Beteiligungswerte) und Realgüter (materielle Güter (Sachgüter, Waren) und immaterielle Güter (Dienstleistungen, Patente, Lizenzen)) differenziert werden können. Eine darüber hinausgehende Gliederungsebene betrifft die Strukturierung nach den Wirtschaftseinheiten, die diese Güter nachfragen (siehe Übersicht 10).

Übersicht 10: **Ausgewählte Güterkategorien**

Konsumtiv- bzw. Konsumgüter (nachfragende Einheiten sind private Haushalte)	Produktiv- bzw. Industriegüter (nachfragende Einheiten sind Organisationen)
■ private Verbrauchsgüter (Verbrauchsgüter)	■ gewerbliche Verbrauchsgüter (Produktionsgüter)
■ private Gebrauchsgüter (Gebrauchsgüter)	■ gewerbliche Gebrauchsgüter (Investitionsgüter)

In Abhängigkeit hiervon wird das *Käuferverhalten* weiter unterschieden. Dabei kann bspw. eine Betrachtung der Entscheidungsprozesse beim Kauf folgender *Konsumgüterkategorien* vorgenommen werden (Meffert/Burmann/Kirchgeorg 2012, S. 107):

- *Convenience Goods* – Konsumgüter, die ein Konsument häufig, ohne größeres Zögern, mit einem Minimalaufwand an externer Information und Preisvergleichen kauft (täglicher Bedarf).
- *Shopping Goods* – Konsumgüter, deren Auswahl und Kauf nach dem Preis-/Leistungsverhältnis, der Qualität oder Angemessenheit erfolgt. Der Konsument stellt Vergleiche in Bezug auf Substitutionsmöglichkeiten an (z. B. Haushaltsgeräte).
- *Speciality Goods* – Konsumgüter, die einzigartige Eigenschaften aufweisen, sodass die Konsumenten hohe Kaufanstrengungen und hohen Informationsbeschaffungsaufwand in Kauf nehmen, denn die Güter belasten ihr Budget stark. Hinzu kommt oft eine hohe Identifikation mit dem Produkt oder der Marke (z. B. Autos).

(2) Perspektive: Grad der kognitiven Steuerung

Eine zweite Differenzierung kann an den Kaufentscheidungstypen ansetzen, also an ihrer Gliederung in Abhängigkeit vom *Grad der kognitiven* (gedanklichen) *Steuerung*.

Hier wird der Entscheidungsprozess als Einheit betrachtet, die unterschiedlich stark kognitiv gesteuert ist. In der Reihenfolge abnehmender Steuerung sind folgende graduell zu sehende Typen zu unterscheiden: Echte Kaufentscheidungen (Entscheidungen mit stärkerer kognitiver Steuerung, also extensive Entscheidungen und vereinfachte, limitierte Entscheidungen) und Gewohnheitsverhalten (Entscheidungen mit geringer kognitiver Steuerung, also habituelle und impulsive Entscheidungen; siehe Abschnitt 4 in diesem Kapitel).

(3) Perspektive: Psychische Determinanten

Die dominierende Betrachtung der verhaltensorientierten Konsumentenverhaltensforschung folgt der Analyse der *psychischen Determinanten* (*Erklärungskonstrukte*) des Konsumentenverhaltens. Hier werden unterschiedliche – nicht beobachtbare – psychische Zustände und Prozesse als Erklärungsgrundlage genutzt, wodurch besonders die für das Käuferverhalten entscheidende Psyche des Konsumenten transparent gemacht wird. Diese Systematik liegt Kapitel II primär zu Grunde.

(4) Perspektive: Phasen

Schließlich werden *Phasenansätze* aufgegriffen, deren Fokus nicht auf einzelnen psychischen Größen liegt, sondern welche die Beziehung des Kunden zum Anbieter in den Vordergrund stellen und die Kundenbeziehung in Teilphasen unterteilen. Im Extremfall wird der gesamte Prozess während der Geschäftsbeziehung zum Kunden betrachtet (siehe Übersicht 11). Dadurch wird u. a. ein Kundenbeziehungsmarketing akzentuiert, in dessen Mittelpunkt nicht die einmalige Wirkung/Transaktion, sondern die langfristige Kundenbeziehung steht (siehe Abschnitt 5 in diesem Kapitel).

Übersicht 11:   **Kundenbeziehungs-Lebenszyklus**

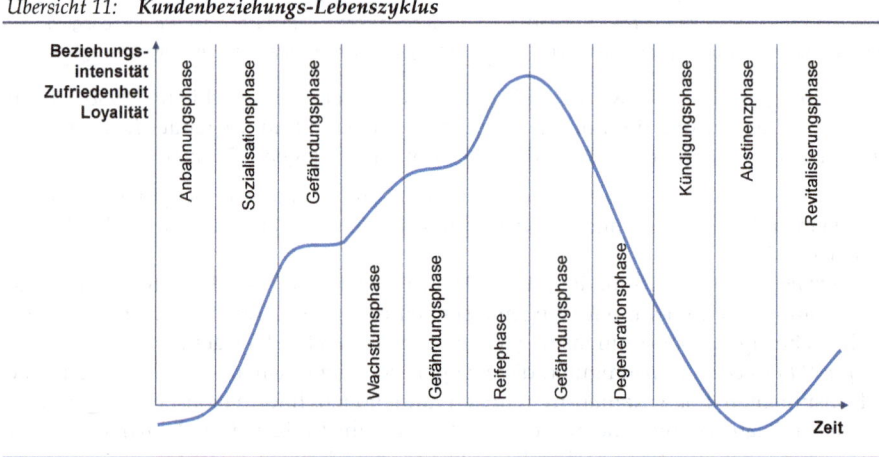

Quelle: Stauss/Seidel 2014, S. 6.

Die häufig noch vernachlässigte *langfristige Beziehungs-Perspektive* stellt ohne Zweifel eine praktische Herausforderung in immer komplexeren Märkten dar. Darüber hinaus ist die Betrachtung des Käuferverhaltens aus einer Beziehungsperspektive auch ein zentrales Merkmal dieses Buchs. Zunächst ist aber ein Bezug auf unterschiedliche theoretische Wurzeln der Konsumentenverhaltensforschung unerlässlich. Mit theoretischen Ansätzen ist erklärbar, warum eine Marketingmaßnahme in einer bestimmten Situation zum angestrebten Käuferverhalten geführt hat oder nicht. Mit Erklärungen, die an der Realität überprüft werden, können im Idealfall wiederum Prognosen ermöglicht werden. Theoretische Ansätze stellen also die Basis des Verständnisses der Verhaltensweisen von Käufern dar. Schon der Motivforscher Dichter (1961, S. 48) sprach in diesem Zusammenhang von der erforderlichen Einsicht, die heute auch als *„Consumer Insight"* bezeichnet wird. Aufbauend auf diesem tiefgehenden Verständnis des Käufers ist es möglich, sein Verhalten zu erklären. Mit ökonomischen und verhaltenswissenschaftlichen Forschungsströmungen liegen zwei grundsätzlich zu unterscheidende Perspektiven vor, die in einer Synopse kurz skizziert und dann im Folgenden aufgegriffen und vertieft bzw. durch andere ergänzt werden.

1.2 Synopse ausgewählter theoretischer Erklärungsansätze bzw. -strömungen

1.2.1 Ökonomische Theorien und Ansätze

(1) Normativer Ansatz der Haushaltstheorie

Die grundlegenden ökonomischen Ansätze basieren i. d. R. auf Axiomen, wie vollkommener Information, unbegrenzter Problemlösungskapazität, transitiver Präferenzordnung oder Rationalität. Die zunächst hervorzuhebenden *Normativen Ansätze* der Preistheorie gipfeln in Empfehlungen für richtiges, i. S. von optimalem Verhalten. Als Beispiel kann die Haushaltstheorie angeführt werden, deren Aussagen auf einem Axiomensystem mit Prämissen basieren, auf dessen Grundlage optimale Entscheidungen abgeleitet werden. Es wird eine übergeordnete Zielfunktion (Nutzenmaximierung) inkl. Nebenbedingungen (Restriktionen) aufgestellt und ein sich (weitgehend) rational verhaltender Mensch unterstellt. Daraufhin werden Empfehlungen für optimales Verhalten abgeleitet, wobei den Ansätzen i. d. R. folgende Prämissen zu Grunde liegen:

- vollständige Kenntnis der eigenen Präferenzstruktur.
- Nutzenmaximierungsannahme, d. h. die Annahme rationalen Verhaltens.
- vollständige Markttransparenz, d. h. vollständige Information.
- unbegrenzte Kapazität der Informationsverarbeitung.
- keinerlei zeitliche, sachliche oder räumliche Präferenzen.
- keine Beeinflussung durch andere Personen/frühere Kauferfahrung.

Die breite Kritik richtet sich, wie bei vielen ökonomischen Theorien, auf die Prämissen und weniger auf die oft in einer formallogischen Weise gewonnenen Schlüsse. Übereinstimmend wird die relativ geringe Erklärungskraft der Ansätze festgestellt, aufgrund wenig realistischer Annahmen zum Käuferverhalten (das eben nicht durch Einkauf nach Rationalprämissen, vollständige Information etc. gekennzeichnet ist), der Abstraktion von verhaltenswissenschaftlichen Erklärungsgrößen (z. B. kulturelle, soziale, psychologische Determinanten des Käuferverhaltens) oder der Reduktion des Marketing (-Instrumentariums) auf den Preis als „alleiniges Steuerungsinstrument".

Bezugsrahmen zur Analyse der Kaufprozesse bei Konsumenten

(2) Informationsökonomischer Ansatz

Die Kritik bietet Ansatzpunkte für Weiterentwicklungen ökonomischer Ansätze, die sich v. a. von einzelnen Prämissen lösen. *Informationsökonomische Ansätze* gehen bspw. explizit von unvollständiger Information und von unterschiedlich gelagerten Unsicherheitsproblemen der Kaufentscheidung aus. Vor diesem Hintergrund lässt sich eine Kategorisierung der Informationsbedarfe der Käufer vornehmen, nämlich bzgl. folgender Eigenschaften (Nelson 1970; Darby/Karni 1973, S. 69):

- *Sucheigenschaften*, d. h., die Nachfrager können die Leistungseigenschaften per Inspektion bereits vor dem Kauf vollständig beurteilen.
- *Erfahrungseigenschaften*, d. h., Nachfrager können die Leistungseigenschaften erst nach dem Kauf vollständig beurteilen.
- *Vertrauenseigenschaften*, d. h., Nachfrager können die Leistungseigenschaften weder vor noch nach dem Kauf beurteilen.

Wie Übersicht 12 zeigt, kann auf dieser Basis eine Typologisierung von Kaufprozessen vorgenommen werden, wobei die Anteile an Such-, Erfahrungs- und Vertrauenseigenschaften unterschiedlich stark ausgeprägt sind und zugleich bei einzelnen Produkten bzw. Käufen unterschiedlich dimensioniert ausfallen. In jüngeren Untersuchungen erfolgt eine Verbindung der informationsökonomischen Ansätze mit der verhaltenswissenschaftlichen Kognitions- bzw. Gedächtnisforschung. Da i. d. R. der Informationsbedarf am Anfang der Argumentationskette steht, können etwa ungeplante, impulsive oder (pauschal) emotional geprägte Käufe dadurch bisher nicht erfasst werden. Hier kann sich allerdings eine, in weiteren Forschungsarbeiten zu erweiternde, ökonomische Erklärungsperspektive des Käuferverhaltens eröffnen.

*Übersicht 12: **Positionierung von Kaufprozessen im Informationsökonomischen Dreieck***

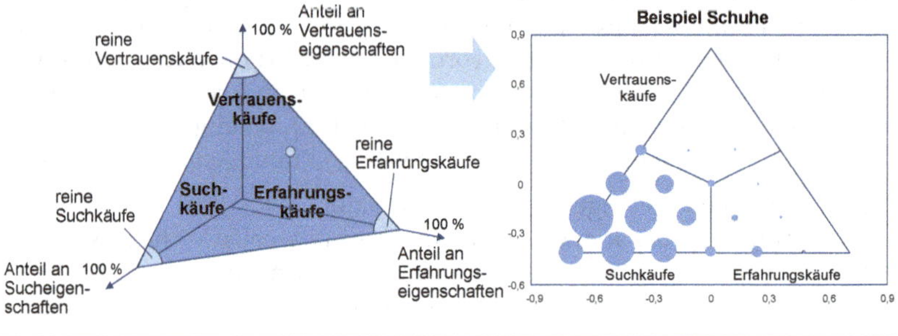

Quelle: Weiber/Adler 1995a, S. 61; Weiber/Adler 1995b, S. 111; Swoboda/Weiber 2013, S. 46.

(3) Weitere Ansätze

Ähnlich einzustufen sind weitere Ansätze der *Neuen Institutionenökonomik*, insb. die Transaktionskostentheorie, wobei eher Einzeltransaktionen im Vordergrund stehen. Die Transaktionskostentheorie ist allerdings im Hinblick auf die Erklärung der Kundenbeziehungen und v. a. der psychischen Wirkungszusammenhänge bisher der verhaltenswissenschaftlichen Käuferverhaltensforschung unterlegen. Die Dominanz verhaltenswissenschaftlicher Erklärungsansätze wird mit ihren nicht-ökonomischen, also psychologischen, soziologischen oder sonstigen Erklärungsbezügen „erkauft".

1.2.2 Verhaltenswissenschaftliche Theorien und Ansätze

(1) Vergleichende Verhaltensforschung

Unter den verhaltenswissenschaftlichen Theorien und Ansätzen ist zunächst die vergleichende Verhaltensforschung hervorzuheben, die durch eine Übertragung von Gesetzmäßigkeiten tierischen Verhaltens auf das menschliche Verhalten gekennzeichnet ist. In ihrem Rahmen erfolgt der Rückschluss auf angeborene Verhaltensdispositionen beim Menschen (z. B. Reaktion auf bestimmte emotionale Reize) und eine daraus resultierende Ableitung von Beeinflussungstechniken. Die „Aktivierung" stellt ein zentrales Konstrukt dieser psychobiologischen Forschungsrichtung dar (siehe zu weiteren Perspektiven Übersicht 13).

(2) Tiefenpsychologie

Die Tiefenpsychologie (Psychoanalyse) beschäftigt sich mit unbewussten Teilen der Persönlichkeit („inneren Welten") und führt zu folgender Struktur der Persönlichkeit: das *Es* (als primitiver unbewusster Teil der Persönlichkeit/Sitz der Triebe), das *Über-Ich* (als Sitz der Werte und der geltenden moralischen Regeln und Normen) und das *Ich* (als realitätsorientierter Aspekt der Persönlichkeit) (siehe auch Abschnitt 3.2.1 in diesem Kapitel).

(3) Biologischer (physiologischer) Ansatz

Beim biologischen (physiologischen) Ansatz stehen Fakten des menschlichen Körpers im Fokus. Untersucht werden in diesem Zusammenhang die Arbeitsweise und Leistungsfähigkeit des zentralen Nervensystems. Die Psychobiologie (Psychophysiologie) beantwortet etwa die Frage, welche biologischen Ereignisse (z. B. Gehirnaktivitäten) die psychischen Vorgänge (z. B. Emotionen) begleiten. Die biologische Psychologie (physiologische Psychologie) versucht die Frage zu beantworten, welche Wirkungen biologische (physiologische) Ereignisse haben.

(4) Behaviorismus und Neobehaviorismus

Der Behaviorismus zieht als Grundlage zur Erklärung des Verhaltens lediglich beobachtbare Größen heran. Er basiert ausschließlich auf der Beobachtung von Reizen und Reaktionen. Das *behavioristische Forschungsparadigma* wird als das Stimulus-Response- (SR-) Modell bezeichnet, dessen Kernaussagen lauten: Wenn ein bestehender Reiz (S) auf einen Organismus trifft, ist eine bestimmte Reaktion (R) mit einer bestimmten Wahrscheinlichkeit zu erwarten. Ausgeklammert wird, wie ein Außenreiz (z. B. ein Produkt) auf das Innere des Konsumenten wirkt, d. h. wie also psychologische Vorgänge im Organismus ablaufen. Im Gegensatz dazu gibt der *Neobehaviorismus* die Black-Box Betrachtung des Organismus auf und nutzt zur Erklärung des Verhaltens auch Aussagen über nicht-beobachtbare interne Vorgänge (siehe dazu auch Abschnitt 1.3.2). In diesen Stimulus-Organism-Response- (SOR-) Modellen werden zwei Variablenklassen unterschieden: beobachtbare und intervenierende Variablen. Durch die intervenierenden Variablen erfolgt eine inhaltliche Strukturierung der Black-Box, wodurch eine Erklärung der psychischen Wirkung einzelner Marketinginstrumente ermöglicht wird. Allerdings werden zur Messung der intervenierenden Variablen beobachtbare Phänomene (Indikatoren) benötigt, deren Güte (Objektivität, Reliabilität und Validität) jedes Mal kritisch zu hinterfragen ist.

(5) Kognitive Psychologie

Die kognitive Psychologie ist eine traditionelle Forschungsrichtung im Rahmen der Käuferverhaltensforschung, welche oft das bewusste Entscheidungsverhalten der Konsumenten (z. B. das Lernverhalten oder die Repräsentation von Wissen im Gedächtnis) untersucht. Dominant ist dabei der Informationsverarbeitungsansatz, in dem die kognitiven Prozesse in Phasen zerlegt werden und zur (traditionellen) Unterscheidung von Wahrnehmung, Denken, Lernen oder zur (aktuelleren) Unterscheidung von Informationsaufnahme, -verarbeitung und -speicherung führen.

(6) Soziologische Ansätze

Soziologische Ansätze suchen nach allgemeinen Strukturen des Lebens. Ihr Ziel liegt in der Untersuchung sozialer Auswirkungen biologischer Gegebenheiten und sie setzen sich mit den sozialen Aspekten des Verhaltens auseinander. Dabei beschäftigt sich die Mikrosoziologie mit kleineren sozialen Einheiten (z. B. Familien, Gruppen), während die Makrosoziologie größere soziale Gebilde (z. B. Unternehmen, Parteien) sowie gesamtgesellschaftliche Erscheinungen analysiert. Die Sozialpsychologie untersucht das menschliche Verhalten im sozialen Kontext und wird am häufigsten für die Konsumentenverhaltensforschung herangezogen. Sie ist z. T. deckungsgleich mit der Mikrosoziologie.

Übersicht 13: **Synopse theoretischer Perspektiven der Psychologie**

Perspektive	Annahmen über die menschliche Natur	Determinanten des Verhaltens	zentraler Untersuchungsgegenstand	wichtigste Forschungsansätze
Psychodynamisch	instinktgeleitet	Vererbung, frühe Erfahrungen	unbewusste Triebe, Konflikte	Verhalten als Ausdruck unbewusster Motive
Behavioristisch	Reaktion auf Reize modifizierbar	Umwelt, Reize (Stimuli)	spezifische beobachtbare Reaktionen	Reiz-Reaktions-Beziehungen, Verhaltensursachen und -konsequenzen
Humanistisch	aktiv, unbegrenztes Wachstumspotenzial	potenziell selbstgesteuert	menschliches Erleben und Potenziale	Biographien und Lebenserfahrungen, Werte, Ziele
Kognitiv	auf Informationen reagieren, aktiv verarbeiten	Prozesse und Strukturen der Informationsverarbeitung	kognitive Strukturen und Prozesse, Sprache und Gedächtnis	Erschließen kognitiver Strukturen und Prozesse aus Input und Output
Biologisch	passiv, mechanistisch	Vererbung, biochemische Prozesse	Prozesse im Gehirn und Nervensystem	biochemische Grundlagen des Verhaltens; psychische Prozesse
Evolutionär	Ergebnis von Anpassungsprozessen während der Menschheitsgeschichte	Evolutionäre Anpassung, Selektion	evolutionär entstandene psychische Anpassungsprozesse	mentale Mechanismen als evolutionär entstandene adaptive Funktion
Kulturvergleichend	geprägt durch die Kultur	Kultur	interkulturelle Muster von Handlungen und Verhaltensweisen	universelle und kulturspezifische Aspekte menschlicher Erfahrung

Quelle: In Anlehnung an Gerrig 2015, S. 18.

1.3 Vorherrschende Erklärungsansätze und Modellierungen

1.3.1 Synopse von Totalmodellen bzw. -betrachtungen

> *Totalmodelle versuchen, das komplexe System des Käuferverhaltens als Ganzes abzubilden und zu erklären, d. h. viele denkbare Konstrukte, die das Käuferverhalten determinieren, in eine Gesamtbetrachtung einzubeziehen. Zu unterscheiden sind:*
> - *Strukturmodelle des Käuferverhaltens*
> - *Stochastische Modelle des Käuferverhaltens*
> - *Simulationsmodelle des Käuferverhaltens*

Häufig werden in der Konsumverhaltensforschung Totalmodelle und insb. Strukturmodelle benutzt, v. a. dann, wenn es um die Erklärung kognitiv dominierter Entscheidungen geht. Zu den Totalmodellen, die die weiteste Verbreitung erfahren haben, zählen jene von Blackwell/Miniard/Engel (2006, ursprünglich Engel/Kollat/Blackwell 1968) und Howard/Sheth (1969), die das Zusammenwirken der zur Kaufentscheidung führenden psychischen Vorgänge systematisieren.

Das *Modell von Engel/Kollat/Blackwell* (siehe Übersicht 14) ist ein Phasenmodell, das die Kaufentscheidung in drei Hauptkomponenten (Entscheidungs-, Informationsverarbeitungs- und Bewertungsprozess) bzw. detaillierter in mehrere aufeinanderfolgende Prozessphasen gliedert: *Problemerkennung, Informationssuche, Informationsverarbeitung, Alternativenbewertung, Auswahl einer Alternative, Entscheidung und Entscheidungsfolgen.* Der Entscheidungsprozess kann wie folgt strukturiert werden: Er wird (1) durch ein Mangelempfinden bzw. ein wahrgenommenes Bedürfnis angestoßen, das wiederum (2) durch aktivierende Motive und (3) auf das Individuum wirkende Stimuli ausgelöst wird. (4) Es setzt die Informationssuche ein, wobei deren Intensität von den Informationskosten und dem antizipierten Informationsnutzen abhängt. Die aufgenommenen Informationen werden im Rahmen der (5) Informationsverarbeitung fortlaufend selektiert, wodurch es zu Informationsverlusten und -verzerrungen kommt. (6) Diese Informationen werden mit den eigenen Überzeugungen, Meinungen und Verhaltensabsichten überprüft, worauf sie im Anschluss (7) die Grundlage des Bewertungsprozesses von unterschiedlichen Produktalternativen und Entscheidungsprozessen bilden. (8) In Letzteren gehen individuelle Charakteristika des Konsumenten und Einflüsse des externen Umfelds, wie kulturelle Normen und Werte, determinierend mit ein. (9) Nach der Entscheidung und dem sich anschließenden (10) Kauf gelangt der Konsument zu einer Nachkauf-Alternativenbewertung, (11) die zu Zufriedenheit oder Unzufriedenheit führt. (12) Diese Erfahrung wird vom Konsumenten gespeichert und dient als Basis für zukünftige Einkäufe. (13) Bei Unzufriedenheit versucht der Konsument, seine Entscheidung mit zusätzlichen Informationen nachträglich zu rechtfertigen (vgl. auch Bänsch 2002, S. 134 f.).

Prinzipiell fokussiert dieses Modell auf den Verlauf einer extensiven Kaufentscheidung, erhebt aber den Anspruch, durch schrittweise Vereinfachung, d. h. durch Überspringen oder Modifikation einzelner Phasen, ebenfalls zur Erklärung von Entscheidungsprozessen mit geringerer kognitiver Steuerung (limitierte und habitualisierte, nicht aber impulsive Kaufentscheidungen, siehe Abschnitt 4.1 in diesem Kapitel) herangezogen werden zu können.

Übersicht 14:   Ansatz von Engel/Kollat/Blackwell bzw. Blackwell/Miniard/Engel

Input	Informationsverarbeitungsprozess	Entscheidungsprozess	Einflussvariable des Entscheidungsprozesses
Stimuli • Marketing dominiert • andere externe Suche	Kontakt Aufmerksamkeit Wahrnehmung Annahme/Akzeptanz Aufnahme Gedächtnis	Problemerkennung Kontakt → Informationssuche Vorkauf-Alternativenbewertung Kauf Nutzung Nachkauf-Bewertung Unzufriedenheit / Zufriedenheit Desinvestition	**Umwelteinflüsse** • Kultur • soziale Schicht • Familie • Situation **individuelle Charakteristika** • Einkommen • Motive und Involvement • Einstellung • Kognition • Werte, Persönlichkeit, Lebensstil

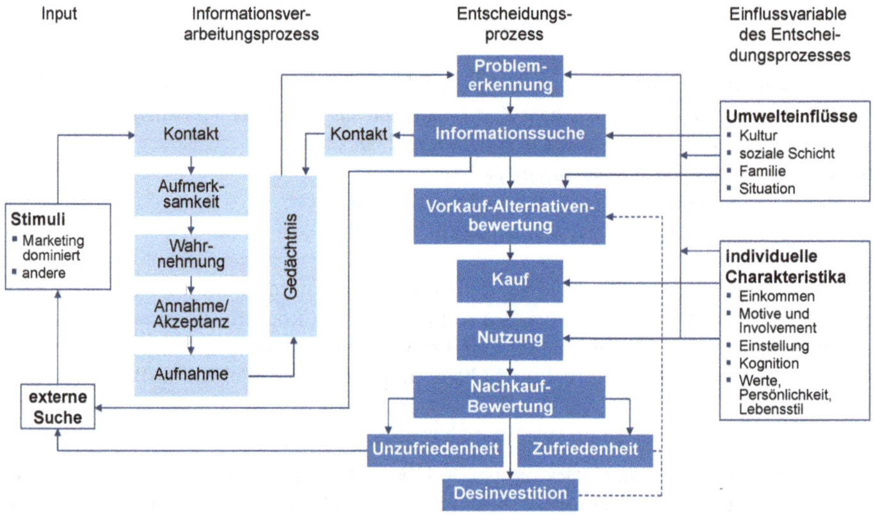

Quelle: In Anlehnung an Blackwell/Miniard/Engel 2006, S. 80.

Das ebenfalls umfassende *Modell von Howard/Sheth*, das den Kaufentscheidungsprozess für eine bestimmte Marke aus einer Gesamtheit alternativer Marken zu erklären versucht, gilt als klassisches, häufig zitiertes Totalmodell (siehe Übersicht 15). Es vermeidet die Schwächen des Phasenmodells, indem es das Zustandekommen des Käuferverhaltens über verschiedene Konstellationen der in das Modell aufgenommenen Variablen erklärt. Der generelle Aufbau gleicht dem SOR-Schema, sodass Wahrnehmungs- und Lernkonstrukte zwischen die Inputvariablen (z. B. Produktdarbietungen) und Outputvariablen (z. B. Kauf, Einstellung) geschaltet sind. Die unterschiedlichen Inputvariablen (bzw. Stimuli), auch als systemendogene Variablen bezeichnet, setzen sich aus den Marketingaktivitäten des Unternehmens und den Einflüssen des sozialen Umfelds auf den Konsumenten zusammen. Falls diese Informationen aus Sicht des Konsumenten Inkonsistenzen enthalten, d. h., wenn bspw. Mehrdeutigkeiten auftreten, da die erhaltenen Informationen von den gespeicherten symbolischen Informationen (z. B. Preis, Qualität) abweichen, kann es u. a. in Abhängigkeit der Einstellung gegenüber der Informationsquelle oder der Marke zu einem erneuten Suchverhalten oder einer gesteigerten Aufmerksamkeit kommen. Auf die Wahrnehmungskonstrukte folgen die Lernkonstrukte.

Während auf der einen Seite die Markenkenntnis als Lernkonstrukt das Wissen um die Existenz und die Eigenschaften von Marken beschreibt, dienen auf der anderen Seite die Entscheidungskriterien dazu, die Alternativen unter Berücksichtigung der Motive zu bewerten. Die Einstellung ordnet den Marken ihre Möglichkeit zur Motiverfüllung zu und es bildet sich in Abhängigkeit des empfundenen Grades an Sicherheit die Kaufabsicht bzw. es kommt zum erneuten Suchverhalten. Falls alle Erwartungen und Wünsche durch den Kauf erfüllt werden, kommt es u. a. zur Stabilisierung der Einstellung zur Marke bzw. zu einer empfundenen Sicherheit über die Richtigkeit des Handelns.

Übersicht 15: Ansatz von Howard/Sheth

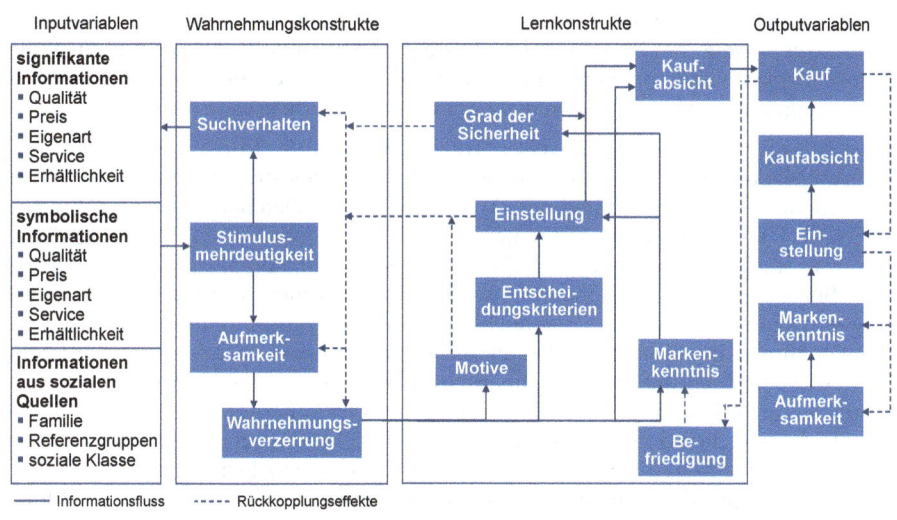

Quelle: In Anlehnung an Howard/Sheth 1969, S. 30.

Im Gegensatz zu den systemendogenen Inputvariablen beziehen Howard/Sheth Einflussfaktoren, wie Persönlichkeitsmerkmale des Käufers, indirekt in das entwickelte System ein. Sie weisen darauf hin, dass diese von ihnen als exogen definierten Faktoren in der in Übersicht 16 dargestellten Form auf die Konstrukte einwirken, erfassen diese aber nicht direkt in ihrem Modell (siehe dazu Bänsch 2002, S. 127).

Übersicht 16: Weitere exogene Faktoren des Modells von Howard/Sheth

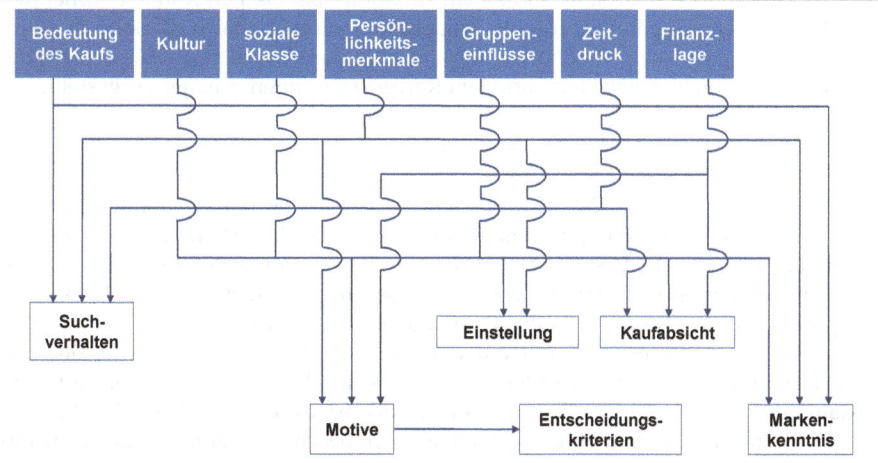

Quelle: In Anlehnung an Howard/Sheth 1969, S. 92.

Generell zeichnen sich Totalmodelle durch ihren didaktischen Wert aus. Darüber hinaus greifen sie die Kritik an Partialmodellen auf, denen vorgeworfen wird, dass sie nur einen schmalen und unscharf definierten Realitätsausschnitt abbilden (Mazanec 1978, S. 40). Dennoch überwiegen die *Kritikpunkte an den Totalmodellen,* dass sie ausschließlich von einer High Involvement-Situation ausgehen und das Konstrukt Gefühl vernachlässigen. Weiterhin ist der Fokus auf extensive Kaufentscheidungen zu kritisieren, denn ungeplante und spontane Käufe, die unmittelbar durch Stimuli am Point of Sale (POS) ausgelöst werden, beginnen nicht mit dem Suchverhalten des Kunden.

Aus methodischer Perspektive weisen Totalmodelle häufig trotz offenkundiger Präzisierungsbemühung der Autoren wesentliche Deutungsspielräume auf und setzen hohe sowie schwer zu realisierende Ansprüche an die Datenbeschaffung (Mazanec 1978, S. 41). Darüber hinaus fehlen großteils überzeugende empirische Überprüfungen, was weniger die Berechnung als die Messung der komplexen Konstrukte betrifft. Bezogen auf das Modell von Howard/Sheth ist ferner die Variablenzuordnung schwer nachvollziehbar: Die Persönlichkeitsmerkmale zählen zu den exogenen Variablen, während die Motive des Käuferverhaltens zu den endogenen gezählt werden und soziale Einflussfaktoren (Familie, Referenzgruppen) sich sowohl unter den exogenen als auch den endogen Inputvariablen finden. Außerdem sind diese Modelle nicht widerspruchsfrei und nicht pragmatisch, d. h., sie dienen nur eingeschränkt als Informationsquelle bzw. Hilfestellung für die Praxis zur Ableitung von Prinzipien zur Beeinflussung des Konsumentenverhaltens. Im Gegensatz zu Howard/Sheth erheben Blackwell/Miniard/Engel nicht einen hohen wissenschaftlichen Anspruch eines Totalmodells. Ihr „Strukturmodell des Konsumentenverhaltens" hat eher den Charakter einer grafischen Gliederung, nicht den einer geschlossenen Theorie des Konsumentenverhaltens, und dient v. a. der didaktischen Strukturierung ihres Lehrbuchs.

Prinzipiell besteht Konsens darüber, dass Totalmodellierungen nur bedingt in der Lage sind, das Käuferverhalten in variierenden Kaufsituationen zu erfassen. Insofern wurde im Laufe der Zeit Partialmodellen bzw. -betrachtungen der Vorzug gegeben, die Analysen des Kaufverhaltens in einem situationsspezifischen Kontext vornehmen. Für Marketingentscheidungen in sich wandelnden, internationalen Märkten ist gerade der situationsspezifische Kontext wichtig. Im Folgenden werden die für den Bezugsrahmen dieses Buchs relevanten partiellen Kategorisierungen genauer vorgestellt.

1.3.2 SR-Modelle und SOR-Modelle

Die Erklärungsgrundlage für *SR-* und *SOR-Modelle* bildet der erwähnte Behaviorismus. Sein Forschungsparadigma findet Ausdruck in SR-Modellen, mit der Annahme folgender Muster (siehe Übersicht 17): Wenn ein bestimmter Reiz S (Stimulus, z. B. ein attraktiv präsentiertes Produkt) auf einen Organismus trifft, ist die Reaktion R (Response, z. B. der Kauf dieses Produkts) zu beobachten bzw. zu erwarten. Das Verhalten des Individuums wird nur auf der Basis der Input- und Outputgrößen der Black-Box untersucht. Somit werden die psychischen Vorgänge im Organismus ausgeklammert. Auf diese Weise kann also nicht erklärt werden, weshalb einzelne Konsumenten das Produkt kaufen und andere es nicht beachten oder nach kurzer Fixation nicht kaufen.

Übersicht 17: **Behavioristisches SR-Modell – Prinzipiendarstellung**

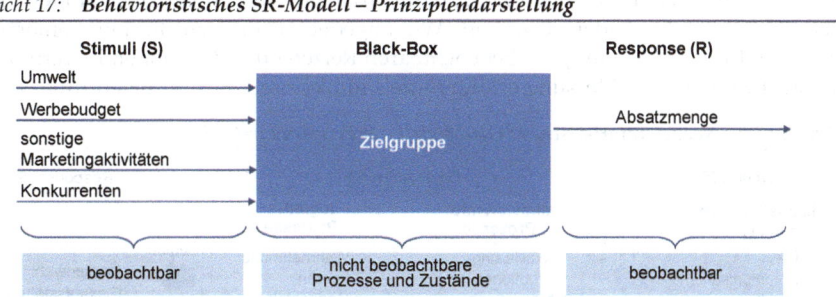

Die SR-Modelle reichen nicht aus, um so komplexe Vorgänge wie das Käuferverhalten zu erklären. Sie können bspw. nicht erklären, warum eine Person ein Produkt kauft und eine andere Person nicht, obwohl sie mit den gleichen Stimuli konfrontiert waren.

> **Gültigkeit des SR-Modells – wider besseren Wissens**
>
> Klassisch konditionierte Reaktionen, also auch solche, die nicht unbedingt durch bewusstes Denken aufgebaut werden, sitzen sehr tief. Diese können daher auch nicht einfach durch bewusstes Argumentieren „entlernt" werden. Es sind z. B. folgende Situationen denkbar, in denen der Mensch wider besseren Wissens handelt:
>
> - Auf dem Teller vor einer Person befindet sich gute Schokoladencreme, aber sie ist in der Form von Hundekot angeordnet. Ist die Person bereit, diese dennoch zu essen?
> - In ein Glas mit Apfelsaft wird eine Kakerlake in absolut sterilem Zustand eingetaucht. Ist jemand bereit, den Apfelsaft zu trinken?
>
> Wenn sich ein Mensch in all diesen Situationen unbehaglich fühlt, kann dies durchaus als natürlich bezeichnet werden. Die klassisch konditionierte Reaktion – „Das ist eklig" oder „Das ist gefährlich" – setzt sich gegen das Wissen, dass der Reiz eigentlich „ganz in Ordnung" ist, durch (vgl. Gerrig 2015, S. 210).

Die Beobachtung des äußeren Verhaltens (R) muss um die des inneren Verhaltens ergänzt werden. Wie erwähnt, geben die weiterführenden SOR-Modelle des Neobehaviorismus die *Black-Box Betrachtung* auf und berücksichtigen das „innere" Verhalten. In Erweiterung der SR-Modelle wird von zwei Variablenklassen ausgegangen,

- den beobachtbaren Variablen und
- den intervenierenden Variablen.

Die beobachtbaren Variablen sind die Stimuli, die auf den Organismus einwirken, sowie die beobachtbaren Reaktionen (Response). Mit Hilfe der intervenierenden Variablen wird die Black-Box beschrieben und konkretisiert. Hierbei handelt es sich um theoretische Konstrukte für die Erklärung der Vorgänge innerhalb des Organismus. Das System der intervenierenden Variablen besteht aus (Kroeber-Riel/Gröppel-Klein 2013, S. 35 f.)

- aktivierenden Prozessen (wie Emotion, Motivation und Einstellung) sowie
- kognitiven Prozessen (wie Wahrnehmung, Lernen und Gedächtnis).

1 Bezugsrahmen zur Analyse der Kaufprozesse bei Konsumenten

Die beobachtbaren und intervenierenden Variablen werden im SOR-Modell (siehe Übersicht 18) miteinander verknüpft. Wie angedeutet, müssen die intervenierenden Variablen für eine Messung mit beobachtbaren Reizen oder Reaktionen in Verbindung gebracht werden; ihre Messung erfolgt mittels Indikatoren, z. B. verbalen Äußerungen.

Übersicht 18: *Neobehavioristisches SOR-Modell – Prinzipiendarstellung*

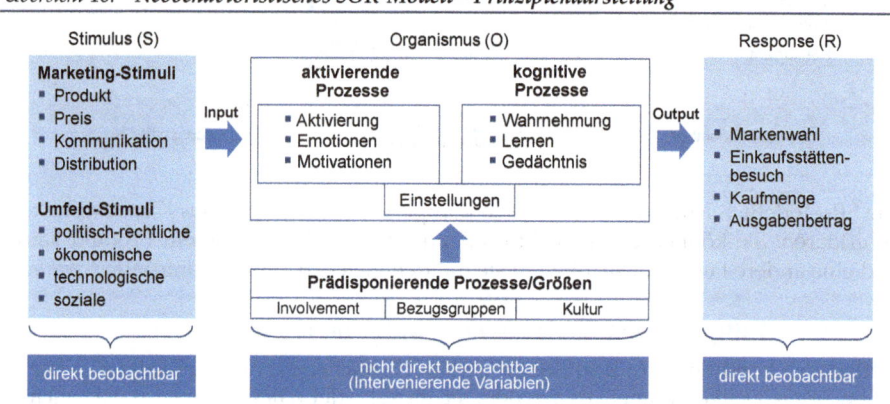

Quelle: In Anlehnung an Kroeber-Riel/Gröppel-Klein 2013, S. 51 ff.

Nach heutigem Erkenntnisstand bilden die intervenierenden (mediierenden) Variablen die Grundlage zur Erforschung des Käuferverhaltens. Im Idealfall kann jedes zu erklärende Kaufverhalten auf aktivierende und kognitive Prozesse als Erklärungsgrundlage bezogen werden. Hinzuweisen ist darauf, dass aktivierende Prozesse nicht immer den kognitiven Prozessen vorgelagert sein müssen, sondern umgekehrte oder mediierende und moderierende Beziehungen zwischen den Konstrukten bestehen können. Ist ein Konsument bspw. im Stadium geringer Aufmerksamkeit (geringes Involvement) mit emotionaler Werbung konfrontiert, wird diese nach mehreren Wiederholungen doch verhaltenswirksam (es wirken emotionale Vorgänge unter geringer kognitiver Beteiligung auf das Kaufverhalten). Ist ein Konsument im Stadium hoher Aufmerksamkeit (hohes Involvement), kann auch informative Werbung verarbeitet werden und führt stärker über die kognitiven Prozesse, u. U. unter geringer emotionaler Beteiligung, zum Verhalten. Ferner dominieren aufgrund der Komplexität des Käuferverhaltens Partialanalysen, die zudem weitere psychische, persönliche, soziale und kulturelle Determinanten berücksichtigen. Ihre Bedeutung soll (auch in den folgenden Abschnitten jeweils) anhand von drei Beispielen aus den Bereichen Kommunikation, Markenpolitik und Handelsmarketing verdeutlicht werden:

■ I. S. des *Erlebnismarketing* hat insb. die Kommunikation die Aufgabe, das Angebot in der emotionalen Erfahrungs- und Erlebniswelt der Konsumenten zu verankern und ganz bestimmte Emotionen bzw. Motive anzusprechen. V. a. in gesättigten Märkten, in denen die Produkte weitgehend als ausgereift und qualitativ ähnlich, teilweise aus der Sicht der Konsumenten sogar als austauschbar gelten, ist es bedeutsam, an die Emotionen der Konsumenten zu „appellieren", um sich von der Konkurrenz abzuheben. Während die Vermittlung von Konsumerlebnissen durch emotionale Werbung besonders bei Gütern des täglichen Bedarfs verbreitet ist, war die emotionale Ansprache der Kunden z. B. im Automobilbereich in den 1980er Jahren noch schwer

vorstellbar. Heutzutage lässt sich der Erfolg mancher Automarken im Wettbewerb durch die erfolgreiche, emotionale Ansprache von Konsumenten erklären, z. B. Jugendlichkeit, Fahrspaß, Dynamik. Bspw. differenzieren sich Autobauer nicht nur über Qualität, sondern zunehmend über den Fahrspaß („Freude am Fahren") und das Design („Schöne Kombis heißen Avant").
- In der *Markenpolitik* ist es wichtig, dass die Marke im Gedächtnis des Konsumenten ein lebendiges, assoziationsreiches und eigenständiges Bild hinterlässt. Hierbei ist es bedeutsam, sich mit den Gedächtnisbildern der Konsumenten zu beschäftigen, um so deren Einfluss auf das Konsumentenverhalten zu bestimmen, wobei u. a. auch das Selbst-Bild der Konsumenten eine Rolle spielt (Ng/Houston 2006). Eine der wichtigsten Erkenntnisse in diesem Zusammenhang besteht darin, dass Präferenzen für Marken (oder generell für Produkte und Dienstleistungen) wesentlich davon abhängen, wie lebendig das innere Bild ist, das sich der Konsument von dem Objekt macht. Eng hiermit verbunden ist der Begriff des Markenwerts, der sich in den Köpfen der Konsumenten bildet und in der Markenführung als Ziel- bzw. Kontrollgröße angesehen wird. Hierbei setzen die verhaltenswissenschaftlichen Untersuchungen bezogen auf den Markenwert an den Gedächtnisstrukturen der Kunden an, wodurch ein Einblick in das Markenwissen möglich wird, das die Triebfeder für einen starken oder schwachen Markenwert bildet. Emotional verankerte Marken sind dabei grundsätzlich erfolgreicher (Esch 2014).
- Für Handelsunternehmen ist es wichtig, den Kunden an sich zu binden. U. a. auch deshalb, um eine gewisse Unabhängigkeit von der Industrie und deren Herstellermarken zu erlangen. Somit gewinnt das Konstrukt Einstellung zum Unternehmen eine entscheidende Bedeutung, um das Verhalten der Konsumenten zu verstehen und es dahingehend zu beeinflussen, dass sie eine Bindung gegenüber dem Handelsunternehmen aufbauen. In diesem Zusammenhang kommt dem Begriff der *Retail Brand* oder der *Store Brand* eine wichtige Rolle zu: Aus Unternehmenssicht muss das Handelsunternehmen sich selbst in den Köpfen der Konsumenten als Marke etablieren (vgl. dazu Hälsig 2008).

1.3.3 Phasenmodelle

Nach dem Kaufphasenansatz kann das Konsumentenverhalten zeitlich differenziert werden, d. h., der Kaufentscheidungsprozess wird in Phasen unterteilt. Die Phaseneinteilung orientiert sich an den Stufen extensiver Entscheidungen, wie sie für organisationale Entscheidungsprozesse modelliert werden, bestehend aus:

- *Prozessanregungsphase*, z. B. i. S. einer Bedürfniserkennung.
- *Such- und Vorauswahlphase*, in der nach Objekten zur Bedürfnisbefriedigung gesucht wird (im Gedächtnis oder in externen Informationen) und eine Vorauswahl auf der Basis von Merkmalen erfolgt, die im Urteil des Konsumenten in einem Mindest- oder Maximalausmaß vorhanden sein müssen.
- *Bewertungs- und Auswahlphase*, d. h. Bewertung auf der Basis der relevanten Merkmale und der Auswahl des Objekts, das die beste (bzw. im Falle des sog. Satisficers optimale) Bedürfnisbefriedigung verspricht.
- Realisierungsphase, als Vollzug der Kaufhandlung.
- *Nachkaufphase*, in der das Objekt genutzt und evaluiert wird.

Bezugsrahmen zur Analyse der Kaufprozesse bei Konsumenten

Wie Totalmodelle, treffen auch Phasenmodelle nicht für alle Kaufsituationen zu. Insb. bei Konsumgütern werden nicht alle Phasen durchlaufen, wenn etwa im Zuge eines impulsiven Kaufs das Bedürfnis und seine Befriedigung zusammenfallen und sich keine eindeutige Such- und Vorauswahlphase oder eine Bewertungs- und Auswahlphase einstellen. Pauschal werden dann von den Vertretern des Phasenansatzes einzelne Phasen ausgeklammert. Darüber hinaus wird aber die Realisierung des Produktkaufs, z. B. als Besuch einer Einkaufsstätte, betrachtet. Dass in dieser Einkaufsstätte – infolge einer erlebnisorientierten Marketingkonzeption – auch die Such- und Vorauswahlphase und/oder die Bewertungs- und Auswahlphase erfolgen kann, wird ausgeklammert, ebenso wie emotionales Verhalten, als dessen Resultat ein völlig anderes Produkt gekauft werden kann. Kaufentscheidungen mit geringer kognitiver Steuerung erlauben oft keine Phaseneinteilung.

Von großer Bedeutung sind die Kaufphasenansätze im Bereich des Business-to-Business-Marketing im Allgemeinen bzw. des Investitions- bzw. Industriegütermarketing im Speziellen, da dort oftmals langwierige und komplexe Beschaffungsentscheidungsprozesse vorliegen, sodass die Phasendifferenzierung stark ausgeprägt ist (siehe dazu Kapitel III). Dabei werden in den einzelnen Phasen sogar unterschiedliche Personen mit unterschiedlich starker Kompetenz aktiv, ein Phänomen, das auch bei kollektivem Käuferverhalten beim Kauf von Konsumgütern (z. B. bei Familienentscheidungen) auftreten kann. Insofern verwundert es nicht, dass die Phasenmodelle oft in Verbindung mit den genannten ökonomischen Theorien herangezogen werden, weniger jedoch in der psychologisch-basierten Konsumentenverhaltensforschung.

Dennoch sind die Phasenkonzepte wertvoll. Sie bringen Vorteile, zu denen bspw. eine reduzierte Unterscheidung von drei Phasen zählt: der *Vorkaufphase*, der *Kaufphase* und der *Nachkaufphase* (Nutzungs- und Nachnutzungsphase). Dies entspricht einem *Buying Cycle*, der den Gedanken eines integrativen Gesamtmarketing ausdrückt, da er sich auf die zielorientierte Gestaltung sozialer Austauschbeziehungen in allen Kundenkontaktphasen bezieht, denn die letzte Phase kann eine neuerliche Vorkaufphase im Zuge eines Wiederholungs- und Folgekaufverhaltens einleiten. Somit stehen im Buying Cycle nicht isolierte, zeitpunktbezogene Transaktionen, sondern die Bedürfnisse und Erwartungen der Kunden über den gesamten Zeitraum des Kaufprozesses oder sogar der (lebenslangen) Kundenbeziehung mit dem Unternehmen im Mittelpunkt von Marketingentscheidungen (Kuß/Tomczak 2007, S. 171 f.).

1.4 Zusammenfassung und Bezugsrahmen

Der *Bezugsrahmen der folgenden Ausführungen* lässt sich durch ein Streben nach Traditionalität, Prozessualität und Ganzheitlichkeit charakterisieren. Traditionell bilden die im Kontext der SOR-Modelle skizzierten psychischen und sozialen Determinanten des Käuferverhaltens die Basis der Erklärung bzw. den Ansatzpunkt der Betrachtung. Einen zweiten Ansatzpunkt liefern die Kaufentscheidungstypen und einen dritten die Perspektiven der Kaufentscheidungsphasen, die in Verbindung mit dem Buying Cycle, den Gedanken eines integrativen und prozessualen Marketing ausdrücken. Das folgende Vorgehen gliedert sich in drei Schritte, wobei es sukzessive ausfällt, d. h., die traditionellen Konstrukte werden zunächst isoliert voneinander betrachtet und dann sukzessive miteinander bzw. mit den weiteren Ansatzpunkten verwoben.

(1) Determinanten als Erklärungsgrundlage des Käuferverhaltens

Die zentrale Grundlage jedweder verhaltenswissenschaftlicher Erklärung des Käuferverhaltens bilden – ganz in der Tradition der Konsumentenverhaltensforschung – die psychischen Determinanten des individuellen Käuferverhaltens, wie sie in Partialmodellen dezidiert auf situative Fragen des Kaufverhaltens bezogen werden und hier zur enormen Vielfalt von Determinanten, Analysen und verschiedenen Blickwinkeln führen oder in Totalmodellierungen gesamthaft – allerdings zu starr – verbunden werden. In diesem Buch wird der Konvention gefolgt, dass es aufgrund der Komplexität des Käuferverhaltens sinnvoll ist, Teilbetrachtungen vorzunehmen, z. B. einen Kommunikationserfolg (Meinungs-/Einstellungsänderung) in Teilergebnisse aufzulösen, wie Aufmerksamkeit der Empfänger, Wahrnehmung usw. Die Vielfalt der Teilbetrachtungen bzw. Sichtweisen wird von Weiber (1996, S. 54) in einem Schalenmodell zusammengetragen (siehe Übersicht 19), das zwar die Beziehungen zwischen den Determinanten vernachlässigt, aber eine didaktisch wertvolle Trennung ermöglicht zwischen

- psychischen Determinanten,
- persönlichen Determinanten,
- sozialen Determinanten und
- kulturellen Determinanten.

Übersicht 19: **Schalenmodell des Käuferverhaltens**

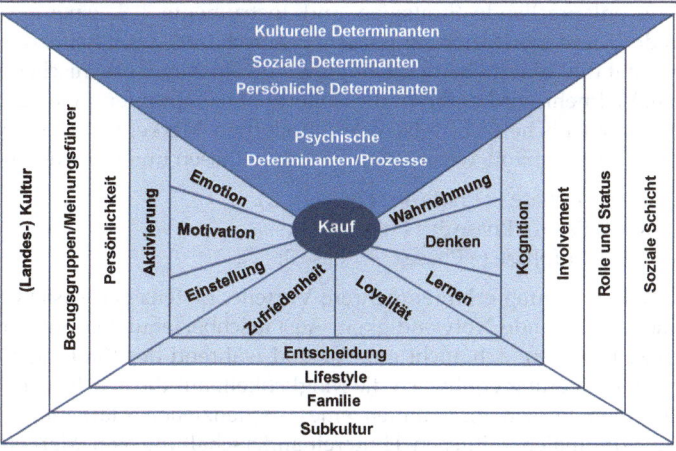

Hierbei entsprechen die *psychischen Determinanten* bzw. *Prozesse* (*Erklärungskonstrukte*) im Wesentlichen den Kernüberlegungen der SOR-Modelle mit der Trennung von aktivierenden und kognitiven Prozessen bzw. Zuständen. Hinzu kommen mit der Kundenzufriedenheit und der Loyalität Konstrukte, die in der Marketingforschung große Bedeutung erlangt haben und häufig (pauschal) der Nachkaufphase zugeordnet werden. In Wirkungsmodellen bilden Sie die abhängige Variable, z. B. zur Untersuchung der emotionalen Wirkung eines Neuprodukts. Diese determinieren – dem Prozessgedanken folgend – auch das zukünftige Verhalten. Darüber hinaus sind *Umweltdeterminanten* für das Käuferverhalten relevant, die nach den *persönlichen Determinanten* sowie den *sozialen* und den *kulturellen Determinanten* gegliedert sind. Bei den letzten beiden könnte auch von der näheren und weiteren Umwelt der Konsumenten gesprochen werden. Während Bezugsgruppen (z. B. Primär- und Sekundärgruppen), Familie und Rolle/Status Ausprägungen der näheren Umwelt eines Konsumenten darstellen, bilden die (Landes-) Kultur, Subkultur und soziale Schicht die weitere Umwelt. In Modellen werden die angeführten Determinanten (z. B. das Involvement) häufig als Moderatoren (positive oder negative Verstärker) einer Wirkungsbeziehung berücksichtigt.

(2) Kaufentscheidungstypen als Erklärungsgrundlage des Käuferverhaltens

Eine zweite Basis der Ausführungen bilden die Typen von Kaufentscheidungen. Hierbei geht es um die Systematisierung der komplexen Verhaltensweisen bei individuellen Kaufentscheidungen (Kaufentscheidungen i. e. S.) in Abhängigkeit vom Grad der kognitiven Steuerung. D. h., es handelt sich um das konkrete (Entscheidungs-) Verhalten, welches letztlich nur aus einer kombinierten Zugrundelegung sowohl aktivierender als auch kognitiver Determinanten erklärt werden kann. Zu betrachten sind Entscheidungen mit stärkerer kognitiver Kontrolle (extensiv und limitiert) sowie Entscheidungen mit geringer kognitiver Kontrolle (habituell und impulsiv).

(3) Prozessphasenmodelle als Erklärungsgrundlage des Käuferverhaltens

Wie angedeutet, ist es zunehmend notwendig, die spezifischen Problemstellungen bzw. die spezifischen Verhaltensweisen von Konsumenten in einzelnen Phasen zu beachten, sowie entsprechende Strategien und Instrumente i. S. einer geschlossenen Konzeption der Kundenorientierung phasenspezifisch und -übergreifend einzusetzen. Dies ersetzt nicht die isolierte Berücksichtigung von einzelnen psychischen Wirkungen und Effekten. Vielmehr wird dadurch die isolierte Einzeloptimierung ergänzt, um eine prozessuale, ganzheitliche Sichtweise eines modernen Marketing. Eine ganzheitliche Sichtweise erscheint sinnvoll, wenn zumindest drei Phasen unterschieden werden:

- Phase 1 – Vorkaufphase (= Phase 4; = Phase 7; …).
- Phase 2 – Kaufphase (= Phase 5; = Phase 8; …).
- Phase 3 – Nachkaufphase (= Phase 6; = Phase 9; …).

Eine derartige Betrachtung eröffnet mehrere Vorteile. Erstens berücksichtigt der Buying Cycle die zunehmende Notwendigkeit, Austauschbeziehungen mit Konsumenten ganzheitlich zu beachten, d. h. nicht nur vor und während des Kaufvorgangs. Aus einer Phasendifferenzierung ergibt sich die Möglichkeit, auf die spezifischen Bedingungen der einzelnen Phasen im Rahmen eines sequenziellen Marketing einzugehen, bspw. bei der optimalen zeitlichen Hintereinanderschaltung von Marketingaktivitäten. Kernfragen beziehen sich in diesem Zusammenhang z. B. auf die Wahl des Zeitpunkts für einen Strategiewechsel (Switch-Problem), die Wahl der optimalen Strategiesequenz (monoinstrumental/polyinstrumental), die Wahl des Einsatzes der Marketinginstrumente (z. B. unterschiedliche Instrumente in einer Phase oder ein Instrument in allen Phasen). Ferner entspricht dies auch einer informationstechnischen Stützung der Prozesse der Kundenbetreuung in den Phasen i. S. eines professionellen Kundenmanagements. Ein wesentlicher Grund für den Bedeutungsanstieg von Kundenmanagementsystemen liegt nämlich u. a. in der informationstechnologischen Durchdringung von Konsumgüterunternehmen, die es ermöglicht, Informationen über Kunden zu gewinnen und zu nutzen. Zu erwähnen ist in diesem Zusammenhang, dass etwa im stationären Handel früher der Kunde als Betrachtungseinheit eher nicht im Mittelpunkt von Analysen stand, da er an der Kasse anonym auftrat. Demgegenüber liegt der Fokus heute in der Informationsgewinnung, -verarbeitung und -umsetzung in Marketingmaßnahmen, die auf kundenindividuellen Informationen beruhen. Ins. im elektronischen Handel stehen den Unternehmen eine Vielzahl von phasenspezifischen Kundendaten zur Analyse zur Verfügung. Die Gestaltung von Beziehungen mit dem Kunden stellt somit das Ziel der Bemühungen dar. Übersicht 20 zeigt ausgewählte Instrumente und die Kundeninformationsinfrastruktur im Handel.

Übersicht 20: Exemplarische Marketingmaßnahmen und Kundeninformationen als Basis eines prozessorientierten Kundenbindungsmanagements im Buying Cycle

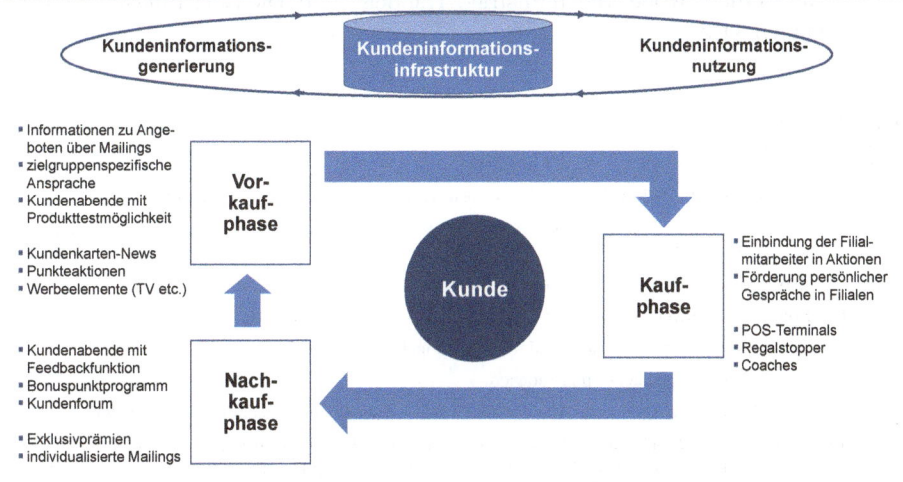

Quelle: In Anlehnung an Zentes et al. 2002, S. 423.

Zweitens lenkt der Buying Cycle vor dem Hintergrund der zunehmenden Herausforderungen in der Kundenbindung den Blick verstärkt auf das Nachkauf-Marketing. Prinzipielles Ziel aller Marketinginstrumente ist es, die Loyalität der Kunden zu erhöhen; sie bildet in vielen Modellen die zentrale abhängige Variable. Darüber hinaus versuchen Kundenbindungskonzepte aus der Kenntnis des einzelnen Kunden sowie der mehr oder weniger direkten Ansprache individueller Kunden besondere Anreize für den Wiederholungskauf bzw. für die Einkaufsstättentreue zu geben. In der Diskussion des Kundenbindungsmanagements stehen indessen explizit oder implizit Kundenbindungsprogramme als Instrumente des Nachkauf-Marketing im Mittelpunkt. Darunter können alle Marketingaktivitäten verstanden werden, die in der Nachkaufphase eingesetzt werden oder ihre Wirkung entfalten und die darauf gerichtet sind, Konsumenten im Rahmen sozialer Austauschbeziehungen dauerhaft zufrieden zu stellen und langfristig an das Unternehmen zu binden. Entsprechend lauten die Ziele: hohe Kundenloyalität, positive Weiterempfehlung, positives Marken- und Unternehmensimage usw. Zu den Instrumenten, die im Nachkauf-Marketing eingesetzt werden, zählen etwa (vgl. dazu Homburg/Bruhn 2014, S. 21 ff.):

- produkt- und personenbezogener Nachkaufservice, wie z. B. Transport und Wartung.
- *persönliche und unpersönliche Nachkaufkommunikation*, wie z. B. Nachkaufberatung, Kundenschulung, Gebrauchsanweisungen, Kundenkarten und -clubs.

Bezugsrahmen zur Analyse der Kaufprozesse bei Konsumenten

- *Beschwerdemanagement*, i. S. eines konstruktiven Umgangs mit Kundenbeschwerden durch ihre Erfassung, Bearbeitung und Auswertung.
- *Redistribution*, durch Rückführung von Konsumgütern zur Entsorgung oder Weitervermarktung.
- *Integration* des Kunden in den Wertschöpfungsprozess des Unternehmens.

Drittens wird es so möglich, die in der jeweiligen Phase besonders relevanten Determinanten des Käuferverhaltens, die Kaufentscheidungstypen oder sonstige Besonderheiten zu betrachten. Insb. soll hier auf die eingangs genannte Anwendungsperspektive eingegangen werden. D. h., es soll ein Querverweis zu Beispielen aus Unternehmen hergestellt werden, wobei die Industrie-, Handels- und Dienstleistungsperspektive eingenommen wird.

Literatur

Bänsch, A. (2002): Käuferverhalten, 9. Aufl., München.

Blackwell, R. D./Miniard, P. W./Engel, J. F. (2006): Consumer Behavior, 10. Aufl., Fort Worth.

Darby, M. R./Karni, E. (1973): Free Competition and the optimal Amount of Fraud, in: The Journal of Law and Economics, 16. Jg., Nr. 1, S. 67-88.

Dichter, E. (1961): Strategie im Reich der Wünsche, New York.

Engel, J. F./Kollat, D./Blackwell, R. D. (1968): Consumer Behavior, Fort Worth.

Esch, F.-R. (2014): Strategie und Technik der Markenführung, 8. Aufl., München.

Gerrig, R. J. (2015): Psychologie, 20. Aufl., München.

Hälsig, F. (2008): Branchenübergreifende Analyse des Aufbaus einer starken Retail Brand, Wiesbaden.

Homburg, C./Bruhn, M. (2014): Kundenbindungsmanagement – Eine Einführung in die theoretischen und praktischen Problemstellungen, in: Bruhn, M./Homburg, C. (Hrsg.): Handbuch Kundenbindungsmanagement, 11. Aufl., Wiesbaden, S. 3-39.

Howard, J. A./Sheth, J. N. (1969): The Theory of Buyer Behavior, New York.

Kroeber-Riel, W./Gröppel-Klein, A. (2013): Konsumentenverhalten, 10. Aufl., München.

Kuß, A./Tomczak, T. (2007): Käuferverhalten, 4. Aufl., Stuttgart.

Mazanec, J. (1978): Strukturmodelle des Konsumentenverhaltens, Wien.

Meffert, H./Burmann, C./Kirchgeorg, M. (2012): Marketing, 11. Aufl., Wiesbaden.

Nelson, P. (1970): Information and Consumer Behaviour, in: Journal of Political Economy, 78. Jg., Nr. 2, S. 311-329.

Ng, S./Houston, M. J. (2006): Exemplars or Beliefs? The Impact of Self-View on the Nature and Relative Influence of Brand Associations, in: Journal of Consumer Research, 32. Jg., Nr. 4, S. 519-529.

Stauss, B./Seidel, W. (2014): Beschwerdemanagement, 5. Aufl., München.

Swoboda, B./Weiber, R. (2013): Grundzüge betrieblicher Leistungsprozesse, München.

Weiber, R. (1996): Was ist Marketing? – Ein informationsökonomischer Erklärungsansatz, Arbeitspapier Nr. 1 zur Marketingtheorie, 2. Aufl., Trier.

Weiber, R./Adler, J. (1995a): Informationsökonomisch begründete Typologisierung von Kaufprozessen, in: Zeitschrift für betriebswirtschaftliche Forschung, 47. Jg., Nr. 1, S. 43-65.

Weiber, R./Adler, J. (1995b): Positionierung von Kaufprozessen im informationsökonomischen Dreieck, in: Zeitschrift für betriebswirtschaftliche Forschung, 47. Jg., Nr. 2, S. 99-123.

Zentes, J./Janz, M./Kabuth, P./Swoboda, B. (2002): Best-Practice-Prozesse im Handel – Customer Relationship Management und Supply Chain Management, Frankfurt a. M.

2 Psychische Erklärungskonstrukte des Konsumentenverhaltens

2.1 Aktivierende Prozesse und Zustände

2.1.1 Aktivierung

2.1.1.1 Theoretische Grundlagen und Charakteristika

> *Die Aktivierung stellt die Grunddimension aller Antriebsprozesse dar, versorgt den Organismus mit Energie und versetzt ihn in einen Zustand der Leistungsfähigkeit und -bereitschaft.*

Aktivierend sind solche Vorgänge, die mit *innerer Erregung* und *Spannung* verbunden sind. Sie versorgen das menschliche Verhalten mit Energie und treiben es an. Zu den aktivierenden Vorgängen zählen i. w. S. Emotionen, Motivation und Einstellungen (Kroeber-Riel/Gröppel-Klein 2013, S. 55 ff.). *Emotionen* sind subjektiv erlebte innere Erregungsvorgänge, die angenehm oder unangenehm empfunden werden und mehr oder weniger bewusst erlebt werden. Bei der *Motivation* tritt zur inneren Spannung eine Zielorientierung (Trieb) für das Verhalten hinzu. *Einstellungen* umfassen ferner eine innere Haltung und Reaktionsbereitschaft hinsichtlich eines Objekts. Emotionen sind nach innen gerichtet, Motivationen auf ein Handeln und Einstellungen auf ein Objekt. Die drei Konstrukte bauen aufeinander auf und erklären zusammen das Zustandekommen des menschlichen Verhaltens, wobei die Aktivierung als Basis aller Antriebskräfte gilt (siehe Übersicht 21).

Übersicht 21: **Zusammenhang zwischen Aktivierung, Emotion, Motivation und Einstellung**

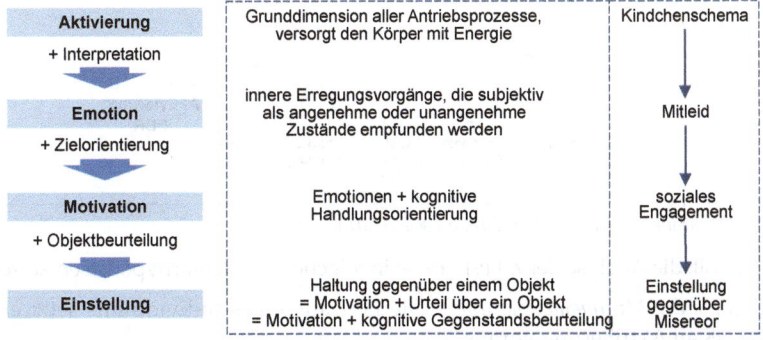

Zur Aktivierung (begriffen als zentralnervöses Erregungsmuster, als Aufmerksamkeit oder Orientierungsreaktion) treten kognitive Komponenten hinzu, sodass Emotionen als Aktivierung ergänzt um die (kognitive) Interpretation begreifbar sind, die Motivation als Emotion ergänzt um die (kognitive) Zielorientierung zu verstehen ist und die Einstellung als Motivation ergänzt um die (kognitive) Gegenstandsbeurteilung begreifbar ist. Da es sich bei psychischen Prozessen um komplexe, innere Vorgänge handelt, ist die Zuordnung zu aktivierenden und kognitiven Prozessen nicht immer eindeutig möglich. Psychische Prozesse werden dann als aktivierend bezeichnet, wenn die aktivierenden Komponenten dominieren. Aktivierung sorgt dafür, dass das Individuum aktiv wird und handelt. Sie kann somit einerseits direkt auf das Verhalten wirken, andererseits beeinflusst sie die kognitiven Prozesse wie die Informationsaufnahme, -verarbeitung und -speicherung.

Die Aktivierung ist in Zusammenhang mit der Funktion des zentralen Nervensystems zu sehen, wobei in der Aktivierungsforschung zwischen tonischer und phasischer Aktivierung unterschieden wird. *Tonische Aktivierung* bezeichnet das allgemeine Aktivierungsniveau (Wachheitsgrad) und damit die länger anhaltende Bewusstseinslage (Wachheit) und die allgemeine Leistungsfähigkeit des Individuums. Diese verändert sich nur langsam. Die *phasische Aktivierung* bezieht sich dagegen auf kurzfristige Aktivierungsschwankungen, die die Leistungsfähigkeit eines Individuums in bestimmten Reizsituationen determinieren können und die z. B. durch bestehende Außenreize ausgelöst werden können. Sie steuert die jeweilige Aufmerksamkeit und damit auch die kognitive Leistungsfähigkeit in einer bestehenden Situation. Der Zusammenhang von Aktivierung und Leistung wird durch die „λ-Hypothese" (*Lambda-* bzw. *Yerkes-Dodson-Kurve*) beschrieben. Sie gibt die Wirkung der Aktivierungsstärke auf die Leistung bzw. Leistungsfähigkeiten wieder (siehe Übersicht 22).

Übersicht 22: **Beziehung zwischen Aktivierung und Leistung (λ-Hypothese)**

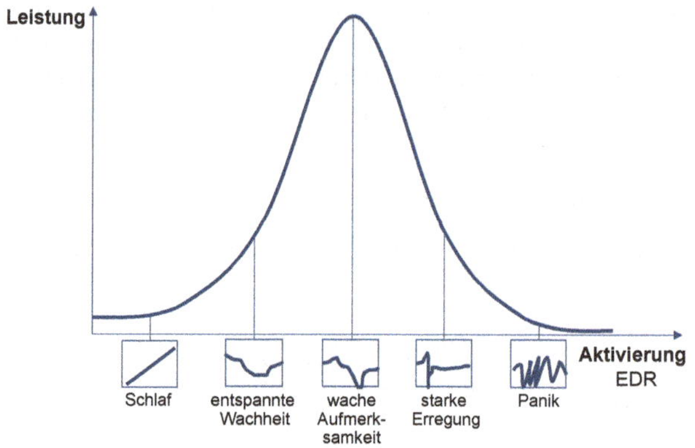

Quelle: In Anlehnung an Kroeber-Riel/Gröppel-Klein 2013, S. 87.

Es ist sinnvoll, die Analyse der λ-Hypothese in folgende Elementarhypothesen zu zerlegen:

1. *Hypothese der Minimalaktivierung* – Die Leistung eines Individuums setzt ein Mindestmaß an Aktivierung voraus.
2. *Hypothese der Normalaktivierung* – Die Leistung des Individuums steigt mit zunehmender Aktivierung. Bei der Normalaktivierung betrachtet man den Bereich von entspannter Wachheit bis wacher Aufmerksamkeit. Die Normalaktivierung wird weiterhin in die tonische und phasische Aktivierung unterteilt. Je höher das allge-

meine Aktivierungsniveau (tonische Aktivierung) ist, umso effizienter ist die gesamte Informationsverarbeitung. Je höher die kurzfristige, durch einen Reiz ausgelöste phasische Aktivierung ist, umso effizienter wird dieser Reiz verarbeitet.
3. *Hypothese der Überaktivierung* – Ab einem bestimmten Grad der Aktivierung (z. B. starke Erregung) fällt die Leistung des Individuums bei weiterer Steigerung der Aktivierung.
4. I. S. der Vollständigkeit wird noch die *Hypothese der Maximalaktivierung* angeführt, die besagt, dass bei einem extremen Grad an Überaktivierung (z. B. Panik) keine Leistung mehr möglich ist.

Für das Marketing ist i. e. S. der Bereich der Normalaktivierung und nur bedingt der Bereich der Überaktivierung relevant, Letzterer z. B. in einer Beschwerdesituation. Es ist davon auszugehen, dass nur selten eine Überaktivierung durch eingesetzte Reize im Marketing ausgelöst wird. Statt von Leistung wird oft auch von Leistungsfähigkeit, -bereitschaft oder -effizienz gesprochen. Es wird damit betont, dass sich die λ-Hypothese nur auf einen bestimmten Teil der Leistung bezieht. In diesem Sinne stimuliert oder hemmt die Aktivierung die Effizienz einer Leistung (also den Ablauf eines psychischen oder motorischen Vorgangs), jedoch nicht die Richtung und den Inhalt.

Absolute Schwelle

Bei der Aktivierung stellt sich die Frage, wie gering eine Reizenergie sein kann, um vom Organismus noch bemerkt zu werden. Hierbei wird in der Psychophysik, welche die gesetzmäßigen Beziehungen zwischen physikalischen Stimuli, die auf die Sinnesorgane einwirken, quantitativ exakt untersucht, von der absoluten Schwelle gesprochen. Übersicht 23 zeigt einige Beispiele für die Intensität eines Reizes, der in der Hälfte der Fälle durch eine Person wahrgenommen wird.

Übersicht 23: **Beispiele für absolute Schwellen für einige vertraute Sinnesreize**

Sensorische Modalität	Absolute Schwelle
Licht	Die Flamme einer Kerze kann in einer dunklen, klaren Nacht aus etwa 50 km Entfernung gesehen werden.
Hören	Das Ticken einer Uhr kann, wenn es ansonsten ganz ruhig ist, aus etwa 6 m Entfernung gehört werden.
Geschmack	Zucker kann geschmeckt werden, wenn die Menge eines Teelöffels in 7,6 l Wasser aufgelöst wird.
Geruch	Einen Tropfen Parfüm riecht man noch, wenn er sich auf ein ganzes Drei-Raum-Appartement verteilt hat.
Tastsinn	Der Flügel einer Biene wird gefühlt, wenn er aus 1 cm Abstand auf die Wange fällt.

Quelle: Gerrig 2015, S. 116.

Die λ-Hypothese wird vor dem Hintergrund neuerer Erkenntnisse hinsichtlich der möglichen Interpretationen kritisch bewertet, bspw. hinsichtlich des Verlaufs der Kurve (flach vs. steil), der beliebigen Rechts und- oder Linksverschiebung des Optimums usw. Darüber hinaus wird die Aktivierung mit den ähnlichen Konstrukten der selektiven Aufmerksamkeit (als vorübergehende Erhöhung der Aktivierung, d. h. Sensibilisierung gegenüber bestimmten Reizen) und Orientierungsreaktionen (als unmittelbare, reflexartige Zuwendung zu einem neuen Reiz) verbunden. Das Zusammenspiel von selektiver Reizaufnahme und -verarbeitung wird durch ein Zusammenwirken von Aktivierungsvorgängen erreicht, das zur selektiven Aktivitätserhöhung bei wichtigen (weniger redundanten) und zur Aktivierungshemmung bei unwichtigen (redundanten) Reizen führt (Kroeber-Riel/Gröppel-Klein 2013, S. 62 f.). Folgende Aufmerksamkeitsreaktionen, die zur Reizauswahl (zur Reduktion der Überflutung durch einströmende Reize) führen, werden unterschieden:

- *Selektive oder fokussierte Aufmerksamkeit* – Beschreibt das Richten der Aufmerksamkeit auf einen Stimulus, eine Eigenschaft eines Objekts oder einen bestimmten Bereich im Laden, während andere ignoriert werden.
- *Orientierende Aufmerksamkeit* – Beschreibt die Lenkung der Aufmerksamkeit in eine bestimmte Richtung des Raums oder auf einen zeitlichen Verlauf.
- *Geteilte Aufmerksamkeit* – Beschreibt die Verarbeitung mehrerer einströmender Reize bis hin zur „Multi-Tasking-Fähigkeit" (gleichzeitige Erfüllung mehrerer Aufgaben).
- *Dauerhafte Aufmerksamkeit* – Beschreibt eine längerfristige, über Sekunden bis Minuten aufrechterhaltene Aufmerksamkeitssituation.

Party-Phänomen als Orientierungsreaktion

Ein klassisches Beispiel für nicht beachtete, aber dennoch unbewusst wahrgenommene Reize ist unter dem Party-Phänomen bekannt. Voraussetzung hierfür ist die Existenz eines gewissen Aktivierungsniveaus. Es stellt sich folgende Situation: Eine Person unterhält sich auf einer lebhaften Party angeregt mit einem attraktiven Gesprächspartner. Sie ist so engagiert, dass sie, wie sie meint, von den anderen Gesprächen um sie herum nichts mitbekommt – bis auf einmal in einem anderen Gespräch der Name der Person erwähnt wird. Dadurch wird deutlich, dass die Person auf irgendeine unbewusste Art auch das weiter entfernte Gespräch mitverfolgt hat, sodass sie dieses spezielle Signal – den Namen – trotz des Geräuschpegels aufschnappt.

Wird des Weiteren angenommen, dass die Person im Partygedränge mehrfach gestoßen wird, ist davon auszugehen, dass diese beim zehnten oder fünfzehnten Stoß spontan verärgert reagiert und sich in der Absicht umdreht, direkt zuzuschlagen – die Faust ist ausgefahren, aber der Schlag bleibt aus. Die Person realisiert, dass der Drängler 2 m groß und muskelbepackt ist. Würde nun der Schlag erfolgen, läge eine Aktivierungsreaktion vor. Tauchen zwei Finger aus der ausgefahrenen Faust auf und bestellen zwei Bier, dann haben kognitive Prozesse eingesetzt und die Oberhand gewonnen.

Für die Konsumentenverhaltensforschung und das Marketing ist es wichtig festzuhalten, dass aktivierende Prozesse nicht eindimensional sind. Sie können mehrere Dimensionen umfassen, z. B. bei Einstellungen eine emotionale, kognitive und konative Komponente (siehe Abschnitt 2.1.4 in diesem Kapitel) oder bei Emotionen eine aktivierende und kognitive Komponente (bzw. auch konative Komponente; siehe Abschnitt 2.1.2 in diesem Kapitel). Diese konzeptionelle Klarheit ist wichtig für das Verständnis von empirischen Studien, die Messung und für Implikationen für das Marketing.

2.1.1.2 Bedeutung und Messung

Da sich die Aktivierung gezielt beeinflussen lässt, ergeben sich im Marketing viele Möglichkeiten der Anwendung. Das Ziel von Aktivierungstechniken liegt häufig in der Herstellung des Kundenkontakts. Aktivierungsmechanismen lassen sich nach äußeren und inneren Reizen unterscheiden.

- Zu den *äußeren Reizen* zählen emotionale Reize (die i. d. R. mit der inneren Erregung verknüpft sind), kognitive, gedankliche Reize (bspw. kognitive Inkonsistenzen durch neuartige und überraschende Reize) sowie physische Reize (z. B. Bilder, Texte, Gerüche, Töne).
- Zu den *inneren Reizen* zählen kognitive, gedankliche Aktivitäten (bei denen gespeicherte Informationen ins Bewusstsein gerufen werden, z. B. beim Einkauf an Koplementärprodukte denken) oder Vorstellungsbilder, emotionale Reize sowie Stoffwechselvorgänge (z. B. physisch ausgelöst durch koffein-, taurinhaltige Getränke).

Die äußeren und meist komplexen Reize lösen i. d. R. nicht direkt Aktivierung aus (sieht man von einfachen Schlüsselreizen ab), sondern bedürfen einer Dechiffrierung. Zudem wirken sie subjektiv unterschiedlich, d. h., auf der elementaren Ebene einfacher Reize (z. B. einzelne Gerüche) können verschiedene Gesetzmäßigkeiten zwischen objektiven Reizen (z. B. frische Backwaren) und subjektiven Reizerlebnissen (z. B. wahrgenommene Geruchsintensität) formuliert werden. Folgende äußere Reize (visuell, taktil, olfaktorisch) können als gezielte Auslöser der Aktivierung betrachtet werden:

- *Affektive Reize* – Sie sind angeborene Reiz-Reaktionsmechanismen oder Konditionierungen, z. B. Schlüsselreize (Kindchenschema, Natur, Erotik) oder individuell bedeutende Reize (z. B. Bilder eines Laufstegs bei Frauenmode).
- *Physikalische Reize* – Sie wirken durch physikalische Eigenschaften und lösen reflexartige Orientierungsreaktionen bzw. provozieren Aktivierung, z. B. Helligkeit, Farben, Lautstärke.
- *Kognitive Reize* – Sie wirken aufgrund ihrer Vielfältigkeit, Neuartigkeit oder ihres Überraschungsgehalts, z. B. überraschende Ladendekorationen.

Ein Kernanwendungsbereich der Aktivierungstechniken im Marketing liegt in der *Werbung*, die sich aktivierender Reize bedient, um ihre Wirkung zu erhöhen. Die Werbung ist bspw. so zu gestalten, dass in relativ kurzer Zeit die Werbebotschaft wahrgenommen wird. Die λ-Hypothese beschreibt dabei die prinzipielle Wirkung der Aktivierung auf die Leistungsfähigkeit: Bei zunehmender Stärke der Aktivierung steigt zunächst die Leistung des Individuums, bevor sie von einer bestimmten Aktivierungsstärke an wieder abfällt. Durch gezielte aktivierende Reize in der Werbung nehmen Kunden mehr Informationen auf, verarbeiten sie schneller und speichern sie besser. Dabei ist die Aktivierung eine notwendige, aber nicht hinreichende Voraussetzung dafür, dass eine Werbebotschaft auch zur Geltung kommt. Durch die Aktivierung wird die Bereitschaft gesteigert, die Anzeige anzusehen und deshalb wird sie als eine Vorsteuerungsgröße für Kognitionen angesehen. Übersicht 24 zeigt unterschiedliche Formen optischer Reize, mittels derer Aktivierung ausgelöst werden kann. Sieht der Konsument verschiedene Werbeanzeigen, wird er seine Aufmerksamkeit nur einigen dieser Reize zuwenden und nur diese aufnehmen und verarbeiten (i. S. einer Reizauswahl in Zeiten der Reizüberflutung).

2 Psychische Erklärungskonstrukte des Konsumentenverhaltens

Übersicht 24: **Aktivierung durch affektive, physikalische und kognitive Reize**

Kaufprozesse bei Konsumenten

Die Bedeutung der Aktivierungstechniken in der Werbung wird insb. durch sich verändernde Rahmenbedingungen deutlich: Es kommt vermehrt zu einer Inflation von Produkten und Marken, da deren Fülle für den Konsumenten unmöglich zu überschauen ist und deren Qualitäten sich weiter annähern. Somit kommt den kommunikativen Maßnahmen für die Differenzierung von Produkten und Marken im Wettbewerb immer häufiger eine entscheidende Bedeutung zu (Esch 2014, S. 25 ff.).

Die Umsetzung der Erkenntnisse zur Aktivierungsforschung dokumentiert sich auch in dem Versuch der Auslösung eines erhöhten tonischen Aktivierungsniveaus durch eine *erlebnisorientierte Ladengestaltung* (ebenfalls bei Webshops, siehe hierzu bereits Diehl 2002). Diese soll den Konsumenten zum Kauf bzw. bei keiner oder geringer kognitiver Kontrolle zum Impulskauf (siehe Abschnitt 4.5 in diesem Kapitel) anregen. Weinberg (1982, S. 165) definiert Impulskäufe durch folgende Merkmale:

- affektiv – hohe emotionale Aufladung, d. h. starke Aktivierung.
- kognitiv – geringe gedankliche Steuerung der Kaufentscheidung.
- reaktiv – besondere Reizsituation, die ein weitgehend automatisches Handeln in der Kaufsituation auslöst.

Aufmerksamkeitsstarkes Displaymaterial, auffällige Schaufenster, stimulierende Musik, anregende Verbundpräsentationen oder Zweitplatzierungen sind typische Reizkonstellationen, die am POS Impulskäufe fördern sollen. Beispiele hierfür sind die Kühltruhen, welche dem Handel von den Herstellern zur Verfügung gestellt werden oder Zweitplatzierungen, z. B. von Aktionsware in den Gängen (nicht nur im Regal) im Lebensmitteleinzelhandel. Mit Hilfe des Truhendesigns oder der Anordnung/dem häufigen Wechsel der Zweitplatzierungen soll die Aufmerksamkeit der Kunden z. B. auf das Speiseeis oder Pralinen gelenkt bzw. die Kunden sollen zu Impulskäufen angeregt werden. Hierbei ist bedeutsam, dass die Auslösung von Aufmerksamkeit teilweise von einzelnen Farben, von Konstruktionsdetails oder dem Wandel der Platzierung abhängt. In Abschnitt 4.5 in diesem Kapitel wird genauer auf Impulskäufe und deren Abgrenzung gegenüber ungeplanten Käufen eingegangen, obwohl die Bedeutung der Aktivierung durch Ladengestaltung durch folgende Zahlen deutlich wird: Es wird geschätzt, dass 40 bis 70 % der Käufe nicht geplante Käufe sind. Echte Impulskäufe dürften 20 %.

Messung der Aktivierung

Die zentralnervösen Erregungen im Aktivierungssystem und in den anderen Gehirnregionen können nicht direkt gemessen werden. Daher wurden *mehrere Messebenen* entwickelt, um die Aktivierung zu erfassen.

Bei der Messung auf der *subjektiven Erlebnisebene* steht die Ermittlung von Verbalaussagen im Mittelpunkt. Eine bekannte Skala zur verbalen Messung der Aktivierung ist die PAD-Skala (Pleasure, Arousal, Dominance) von Russel/Mehrabian, auf die in den Abschnitten 5.3.1 und 5.3.2 in diesem Kapitel eingegangen wird. Allerdings besteht bei verbaler Messung die Gefahr, nur die subjektive Wahrnehmung von Erregungen im Nervensystem, nicht aber die Erregung selbst zu messen. Befragte sind entweder nicht in der Lage oder nicht Willens, ihre innere Erregung mitzuteilen und ferner sind in verbalen Äußerungen Manipulationsmöglichkeiten enthalten (z. B. Herunterspielen des Erregungsgrads aufgrund sozialer Unerwünschtheit). Darüber hinaus kann eine verbale Aktivierungsmessung (mit Ausnahme der Protokolle lauten Denkens, siehe Abschnitt

2.2.3.2 in diesem Kapitel) stets nur mit einer gewissen Zeitverzögerung erfolgen, also nach dem Einkauf, nach einer Anzeigenbetrachtung usw.

Auf der *motorischen Ebene* werden Verhaltensweisen *beobachtet*, die bei Aktivierungsvorgängen auftreten. Hierzu gehört die Beobachtung des emotionalen Verhaltens durch Analyse von unmittelbar beobachtbaren Verhaltensweisen (z. B. Gestik, Mimik). Messtheoretische Probleme bestehen hier in der Zuordnung zu Beobachtungskategorien, insofern empfiehlt sich die Messung primär dann, wenn aktivierende Prozesse mit emotionalen Reaktionen einhergehen, der Konsument also bspw. Freude, Ärger oder Überraschung zeigt. Auf die beiden bislang angeführten Ebenen wird im Zusammenhang mit der Messung von Emotionen näher eingegangen (siehe Abschnitt 2.1.2.2 in diesem Kapitel).

Ein valides Maß zur Messung der Stärke der Aktivierung bieten *psycho-physiologische Indikatoren*. Hierzu zählen traditionell Messungen körperlicher Funktionen, bspw. die *elektrodermale Aktivierungsmessung* (EDA, Hautwiderstand), *Messungen des Kreislaufsystems* (Herzschlag (EKG), Blutdruck, Stimmfrequenz), Messungen der Aktionsströme der Muskeln oder der Hirnaktionsströme mit dem Elektroenzephalogramm (EEG), die als Indikatoren einer psychischen Erregung gelten. Neuere Methoden der Computer- und Kernspinntomographie zeigen, welche Gehirnareale bei der Betrachtung von Stimuli aktiviert werden. Sie sind zwar anspruchsvoll, kostspielig und für Werbespots oder am POS schwer anwendbar, führten aber mit den ihnen immanenten begrenzten Stichproben zur Validierung der traditionellen Verfahren. Sie stützen u. a. die Tatsache, dass die Aktivierung ein mehrdimensionales Konstrukt darstellt, welches der Anwendung mehrerer Verfahren bedarf. Die in der Forschung am häufigsten verwendete biopsychologische Aktivierungsmessung ist die EDA (Kroeber-Riel/Gröppel-Klein 2013, S. 67 ff.). Übersicht 25 zeigt schematisch die mit den Aktivierungsschwankungen verbundenen Veränderungen des elektrischen Hautwiderstands.

Übersicht 25: **Messung der Aktivierung durch die elektrodermale Reaktion**

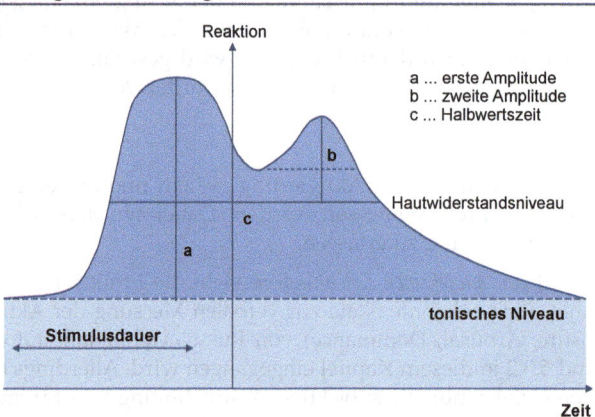

Quelle: In Anlehnung an Boucsein 1992, S. 134.

Zur Messung werden am Handrücken bzw. auf der Handinnenfläche Elektroden befestigt, die elektrische Impulse übermitteln. Diese elektrischen Impulse werden dann in digitale Werte umgewandelt und in Form von Kurven aufgezeichnet, wobei zwei Werte relevant sind: Das *elektrodermale Level* (EDL zur Erfassung der tonischen Aktivierung) und die *elektrodermale Reaktion* (EDR zur Erfassung der phasischen Aktivierung). Letztere gilt als Indikator, um die Aktivierungsintensität zu messen, wobei meist sowohl die Anzahl der Reaktionen (Frequenz) wie auch die Summe der Stärke der einzelnen Reaktionen (Summenamplitude) erfasst werden. Die Messergebnisse werden generell als valide und reliabel gesehen: „Hautelektrische Veränderungen zeigen besonders gut phasische Aktivierungsprozesse bei Reizverarbeitung an und sind bereits bei niedrigen Aktivierungsgraden [...] als Indikatoren einsetzbar" (Fahrenberg et al. 1979, S. 185).

Die beispielhafte Darstellung der elektrodermalen Reaktion unterstreicht die Aussagen von Fahrenberg et al. (1979, S. 185), da besonders phasische Aktivierungsschwankungen gezeigt werden. Ausgehend von einem relativ konstanten, tonischen Aktivierungsniveau kommt es aufgrund eines Stimulus zu einer ersten, unmittelbaren Reaktion (erste Amplitude), die aufgrund der Nähe zum Stimulus den höchsten Ausschlag besitzt. Nach dem Ende der Reizdarbietung kommt es – u. U. mit einer Verzögerung – zu einer Rückkehr zum ursprünglichen, tonischen Niveau, wobei die Geschwindigkeit des Rückgangs oder der genaue Verlauf (mit einer zweiten Amplitude) in Abhängigkeit von mehreren Faktoren unterschiedlich sein kann. Mit Hilfe der Stärke des Ausschlags und der dargestellten Halbwertszeit der Reaktion lassen sich unterschiedliche Stimuli hinsichtlich ihrer Aktivierungspotenziale vergleichen. Diese Art der Messung zeichnet sich gegenüber Befragungen und Zuordnungsverfahren dadurch aus, dass sie weitgehend unabhängig davon ist, ob die Versuchspersonen fähig bzw. bereit sind, ihre innere Erregung anzugeben. Die physiologisch erfassten Aktivierungsdaten können mit Daten aus Befragungen oder Beobachtungen (z. B. Vergleich der mit Elektroden ausgestatteten Kunden mit Normalkunden) verbunden werden, um die Ergebnisse zu kontrollieren oder um zusätzliche Informationen zu gewinnen.

Die Aktivierung wird zunehmend beachtet, da sie wichtig ist, um das Informationsverarbeitungsverhalten von Konsumenten und damit die kognitiven Anstrengungen zu prognostizieren, und psychobiologische Ansätze bei der Messung unbewusster Prozesse mittels moderner, bildgebender Methoden (bspw. funktionelle Magnetresonanztomographie, FMRT; siehe Abschnitt 4.3 in diesem Kapitel) an Bedeutung gewinnen. Vordringlich sind Fragen, wie Aktivierung ausgelöst werden kann und wie sie das Verhalten bestimmt (Kroeber-Riel/Gröppel-Klein 2013, S. 79 f.).

2.1.2 Emotionen

2.1.2.1 Theoretische Grundlagen und Charakteristika

> *Emotionen sind Erregungsvorgänge, die angenehm oder unangenehm empfunden werden und mehr oder weniger bewusst sind. Sie ergeben sich aus einer Aktivierung und einer subjektiven Interpretation.*

Emotionen sind das trojanische Pferd, um Menschen (kognitiv) zu erreichen. Sie sind ein im Marketing (z. B. bei der emotionale Marken- und Einkaufsstättenbindung) zunehmend wichtiges und damit grundlegendes Element im System der intervenierenden Variablen und der Antriebskräfte von Konsumenten. In der Literatur wird der Begriff der Emotionen teils weit gefasst, wobei es auch Überschneidungen mit anderen Konstrukten gibt. Emotionen sind aber deutlich von verwandten Konstrukten, wie Gefühlen, Stimmungen und Affekten abzugrenzen (vgl. z. B. Kroeber-Riel/Gröppel-Klein 2013, S. 100 ff.).

- *Stimmungen* (ungerichtete Befindlichkeiten) werden als lang anhaltende, diffuse Emotion beschrieben (z. B. sorglos, launenhaft), als Dauertönungen des Erlebens, die nicht auf einen bestimmten Sachverhalt bzw. ein bestimmtes Objekt bezogen sind, aber Informationsverarbeitungsprozesse beeinflussen.
- *Affekte* werden als grundlegende, kurzfristig auftretende Gefühle der Akzeptanz oder der Ablehnung verstanden oder als Emotionen aufgefasst, die kognitiv wenig kontrolliert werden und inhaltlich kaum differenziert sind (anders im anglo-amerikanischen Raum, wo Affekte als Oberkategorie angesehen werden).
- *Gefühle* beziehen sich auf das mit einer Emotion verbundene subjektive Erlebnis, womit ein bewusstes, subjektives Empfinden der Emotion und damit ein kognitiver Interpretationsaspekt angesprochen wird. Es handelt sich um die Erlebnisse bzw. Assoziationen, d. h. um Verknüpfungen von Vorstellungsinhalten bzw. mentalen Inhalten, die bei einer Emotion auftreten.

Kulturunabhängige emotionale Gesichtsausdrücke

Menschen auf der ganzen Welt drücken, unabhängig von kulturellen Unterschieden, Rasse, Geschlecht oder Erziehung, die grundlegenden Emotionen gleich aus bzw. lesen diese bei anderen Personen aus deren Gesichtsausdruck gleich ab. In kulturvergleichenden Untersuchungen wurden Menschen verschiedener Kulturzugehörigkeit gebeten, die Emotionen zu bestimmen, die in standardisierten Aufnahmen von Gesichtern – ähnlich den in Übersicht 26 dargestellten – zu sehen waren. Sogar Mitglieder einer analphabetischen Kultur Neu-Guineas, die vor dem Experiment kaum Kontakt mit westlichen Kulturen hatten, identifizierten Emotionen von kulturell Fremden richtig. Sie taten dies, indem sie sich auf die Situation bezogen, in denen sie die gleichen Emotionen erlebt hatten, bspw. bei Furcht das Gejagtwerden von einem Eber oder bei Trauer den Tod des eigenen Kindes. Die einzige Verwechslung ereignete sich in der Unterscheidung von Überraschung und Furcht, vielleicht weil diese Menschen furchtsam sind, wenn sie eine Überraschung erleben (Gerrig 2015, S. 460 f.).

Übersicht 26: *Emotionale Gesichtsausdrücke*

Freude — Furcht — Überraschung — Trauer — Ärger — Verachtung — Ekel

Emotionen dienen v. a. der Aktivierung (zentralnervöses Erregungsmuster) und beinhalten noch wenige kognitiv-ausgerichtete Komponenten (Interpretation), wenngleich zur Erklärung von Emotionen biologische und kognitive Theorien herangezogen werden (bspw. Attributionstheorien).

> *Attributionstheorie*
> Ziel der Attributionstheorie ist die Identifikation der Regeln, an denen sich Menschen orientieren, wenn sie nach Ursachen oder Gründen für Handlungen oder Ereignisse suchen. Hiernach wird davon ausgegangen, dass Menschen das Bedürfnis haben, Ursachen für ein Verhalten zu suchen und dieses kausal zu erklären.
>
> Die Ursachen für dieses Verhalten sind zumeist nicht offenkundig und müssen aus den augenscheinlichen (Teil-) Informationen erschlossen werden (vgl. dazu Heider 1958; Fincham/Hewstone 2002).

Grundsätzlich sind Emotionen durch die Dimensionen Erregung, Richtung, Qualität und Bewusstsein gekennzeichnet:

- Die *Erregung* kennzeichnet die Stärke bzw. Intensität einer inneren Aktivierung.
- Die *Empfindungsrichtung* einer Emotion wird positiv/angenehm (z. B. Glück) oder negativ/unangenehm (z. B. Angst) wahrgenommen.
- Die *Qualität* wird auf die angeführte Gefühlskomponente bezogen, d. h., durch sie wird ein Gefühl, bei gleicher emotionaler Stärke und Richtung, von anderen unterschieden; sie gibt dem Gefühl eine Bedeutung (z. B. Liebe).
- Das *subjektive Bewusstsein* wird problematisiert, da Emotionen oft wenig oder nicht klar bewusst sind. Einigkeit herrscht darüber, dass nicht mehr ausschließlich emotionale Vorgänge in der rechten Gehirnhälfte (Hemisphäre) ablaufen und dass gerade diese Vorgänge oft im Hintergrund des Bewusstseins bleiben, weil unser Bewusstsein von den analytischen, linkshemisphärischen Gehirnaktivitäten beherrscht wird. Emotionen evozieren Reaktionen in beiden Gehirnhälften. Kontrovers diskutiert wird aber, ob ein Stimulus erst dekodiert/bewertet werden muss, um Emotionen auszulösen (Einschätzung der Signifikanz) oder ob Emotionen auch unabhängig von kognitiven Prozessen als unbewusste, affektive Reaktion auf den Stimulus entstehen.

Die Diskussion darüber, ob Emotionen unabhängig von Kognitionen ausgelöst werden können, hat ihre Wurzeln in grundlegenden Emotionstheorien, bspw. der James-Lange-Theorie (mit einer kognitionsreduktiven, biologischen Sicht; siehe hierzu z. B. James 1884) bzw. der Cannon-Bard-Theorie (ein eher kognitiver, einschätzungstheoretischer Ansatz; siehe dazu z. B. Cannon 1927) oder der Zwei-Faktoren-Theorie von Schachter/Singer (1962), in der die physiologische Erregung und deren subjektive Interpretation als untrennbare Teile von Emotionen angesehen werden. Sie wird aktuell in der Zojanc-Lazarus-Debatte wieder thematisiert (Gerrig 2015, S. 464 ff.; Kroeber-Riel/Gröppel-Klein 2013, S. 106 ff.). Letztere ist bedeutend, weil beide emotionstheoretische Sichtweisen (1) ein unterschiedliches Verständnis und damit einhergehend verschiedene Konstruktoperationalisierungen nutzen, (2) unterschiedliche Schlussfolgerungen hinsichtlich der emotionalen Wirkung von Marketinginstrumenten implizieren und (3) relevant sind, um die neuesten Erkenntnisse der Gehirn- für die Emotionsforschung zu verstehen. Sie sind wie folgt zu umreißen:

- *Appraisal-Theorien* (z. B. die kognitive Einschätzungstheorie von Lazarus 1991) gehen davon aus, dass Emotionen nur entstehen, wenn ein Mensch ein bestimmtes Interesse am Ereignis hat und gleichzeitig (z. B. anhand individueller Ziele) bewertet, inwiefern das Ereignis den erwünschten Zustand fördert oder bedroht. Betrachtet werden

i. d. R. nur die Richtung der Emotion oder nur bestimmte Emotionen wie Ärger oder Stolz.
- *Biologische Theorien* (siehe hierzu z. B. Zajonc 1980) gehen davon aus, dass Menschen aufgrund angeborener primärer Emotionen, sog. Basisemotionen, die sich auf keine weiteren Emotionen zurückführen lassen, auf Reize reagieren und Emotionen ohne Kognitionen entwickeln. Die mehrfach gestützte sog. Mere-Exposure-Hypothese besagt, dass eine positive Grundhaltung zu einem Objekt – aufgrund eines häufigen Kontakts des Individuums mit diesem Objekt – unbewusst entwickelt werden kann.

Es gibt nach Izard (1999, S. 66) zehn angeborene *Basisemotionen*: Interesse, Überraschung, Freude, Geringschätzung, Scham, Kummer, Zorn, Ekel, Furcht und Schuldgefühl. Alle weiteren Emotionen entstehen als Mischung daraus. Plutchik (2003) unterscheidet – basierend auf seinen evolutionstheoretischen Überlegungen – acht primäre Emotionen, die sich weitgehend mit denen von Izard decken. Er integriert zusätzlich die Emotion Akzeptanz, die aber vergleichbar mit der gegenpoligen Emotion Geringschätzung von Izard ist. Die beiden Emotionen Schuldgefühl und Scham treten bei Plutchik lediglich als gemischte Emotionen auf und nicht wie bei Izard als primäre (Kroeber-Riel/Gröppel-Klein 2013, S. 115 f.).

Übersicht 27 enthält die Aufstellung von Plutchik (2003) und illustriert die acht primären Emotionen (wie Freude, die eine mittlere Ausprägung widerspiegelt und mit Ekstase auch eine hohe bzw. mit Gelassenheit eine geringe Intensitätsausprägung aufweist) sowie die Entstehung gemischter Emotionen (bspw. setzt sich Enttäuschung aus Traurigkeit und Überraschung zusammen).

Übersicht 27: **Überblick der primären (hellblau) und der gemischten Emotionen (dunkelblau)**

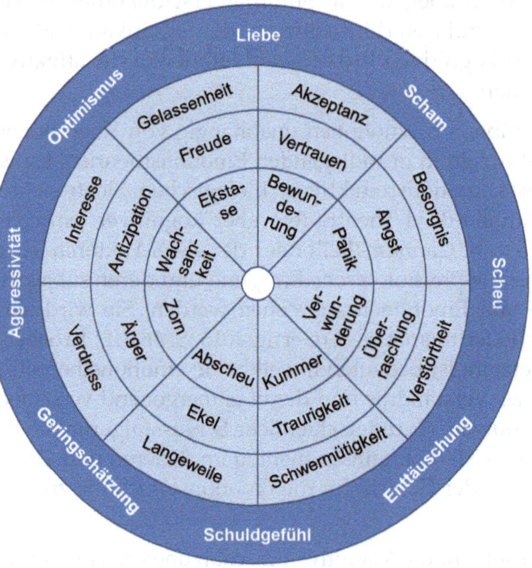

Quelle: In Anlehnung an Plutchik 2003, S. 104.

Basisemotionen bzw. primäre Emotionen werden bereits in früher Kindheit manifestiert, gelten als interkulturell übertragbar und gehen mit einer bestimmten Mimik bzw. mit bestimmten physiologischen Reaktionen einher. Komplexe Emotionen werden durch „Vermischung" der Primäremotionen ausgebildet.

Neuropsychologische und neurochemische Studien untermauern (1) die Notwendigkeit zur Trennung emotionaler und kognitiver Prozesse, (2) das Auftreten unbewusster affektiver und kognitiver Effekte in unterschiedlichen Gehirnarealen sowie (3) unterschiedliches Auftreten biologischer Reaktionen (z. B. Kreislauf, Erstarren) und kognitiver Beteiligung (oft mit Abwägung von Zielerreichungsgraden und Bewältigungsmöglichkeiten). Insofern liegt es nahe, zur adäquaten Konzeptualisierung von Emotionen sowohl aktivierende als auch kognitive Elemente zu berücksichtigen, wie dies die Zwei-Faktoren-Theorie bzw. ihre Weiterentwicklungen bekräftigen. Gegenwärtig scheint es, dass die kognitionsdominanten Ansätze (Appraisal-Theorien) den Kern der Emotion, nämlich die Aktivierung, weitgehend vernachlässigen.

2.1.2.2 Bedeutung und Messung

Die Anwendungen der Emotionsforschung im Marketing sind vielfältig, denn Emotionen können Folge des Marketing sein, sie können Ursache einer Kaufentscheidung sein, sie können aber auch mediierend oder moderierend wirken.

Wie ausgeführt, ist in der Werbepraxis die Erkenntnis verbreitet, dass die Konsumenten durch emotionale Reize eher aktiviert werden, mehr Informationen aufnehmen, verarbeiten und sie besser und länger behalten, dass also durch die Aktivierung die kognitive Leistungsfähigkeit gesteigert werden kann. *Emotionale Reize* stellen ein klassisches Instrument der Werbung dar, welches insb. dann wirksam ist, wenn es biologisch vorprogrammierte Reaktionen im Menschen auslöst, d. h. die Einstellung zu einer Marke durch emotionale Werbung kann auch ohne jede Produktinformation verbessert werden. Dies geschieht bspw. durch emotionale *Schlüsselreize*, wie das sog. *Kindchenschema* oder *erotische Reize* (siehe Übersicht 28).

Das Kindchenschema (d. h. Kinder mit kleinkindtypischen Merkmalen wie einem großem Kopf und Kulleraugen) löst beim Betrachter automatische Reaktionen wie Sympathie und Fürsorgeinstinkt aus. Erotische Reize lösen im Vergleich zu anderen Schlüsselreizen die stärksten Wirkungen aus, dennoch besteht die Gefahr der Ablenkung, d. h., die aktivierenden Reize werden bevorzugt beachtet und überdecken damit die eigentliche Werbebotschaft. Dennoch zeichnen sie sich dadurch aus, dass sie bei Erwachsenen relativ unabhängig von Alter, Geschlecht und soziodemografischen Merkmalen einsetzbar sind und es somit zu relativ geringen Streuverlusten kommt. Eine weitere Form der Werbung ist jene, die Kognitionen anspricht. Diese soll zu gedanklichen Konflikten führen, welche durch Widersprüche oder Überraschungen ausgelöst werden. Diese überraschenden Reize regen die Informationsverarbeitung des Konsumenten an und steigern dessen Erinnerungsleistung (Labroo/Ramanathan 2007). Neben den emotionalen und kognitiven Reizen setzt die Werbung auf physisch intensive Reize wie Farben oder Töne. In der Werbung kommt dies bspw. durch die Größe und die Farbe eines Werbesujets zum Ausdruck.

Im Marketing wird eine Reihe weiterer Basisemotionen wie Interesse, Liebe, Optimismus oder Scheu angewandt (Kroeber-Riel/Gröppel-Klein 2013, S. 141 ff.).

Übersicht 28: **Ansprache von Emotionen durch kindliche, erotische, überraschende Reize**

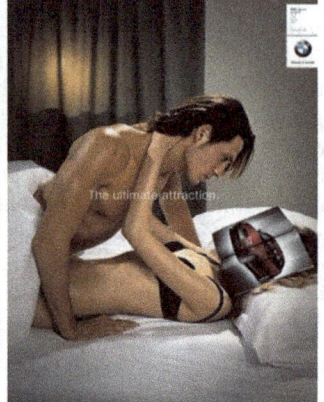

Weitere marketingpolitische Implikationen dokumentieren sich in den Bemühungen um eine emotionale Produktdifferenzierung und eine Vermittlung emotionaler Konsumerlebnisse bspw. am POS. Ziel der *emotionalen Produktdifferenzierung* ist es, das eigene Produkt von anderen Produkten abzuheben und durch Produktgestaltung, Werbung usw. einen monopolistischen Spielraum (akquisitorisches Potenzial) i. S. von Gutenberg (1984) zu schaffen. Der Konsument fragt Unternehmensleistungen nicht nur zur funktionellen Beseitigung empfundener Mangelzustände nach, sondern auch wegen der damit verbundenen Aktivierungserlebnisse (emotionale Zusatzerlebnisse). Ziel des Marketing ist die Vermittlung von spezifischen Erlebnissen (Prestige, Erotik, Sicherheit u. Ä.). Konsumenten sollen mit dem Produkt emotionale Zusatzerlebnisse verbinden und es daher bevorzugen. Durch diese Zusatzerlebnisse wird der Belohnungswert des Produkts erhöht und ein emotionales Profil aufgebaut. Es ist zu betonen, dass die emotionale Erlebnisvermittlung generell in gesättigten Märkten und insb. in Konsumgütermärkten eine wichtige Rolle spielt. Darüber hinaus gewinnt sie auch im Business-to-Business Bereich zunehmend an Bedeutung.

Messung der Emotionen

Die Messung kann anhand physiologischer, verbaler und motorischer Indikatoren erfolgen. Die *physiologischen Indikatoren* messen die Stärke der Emotionen valide. Als valider Indikator wird häufig die elektrodermale Reaktion (EDR) angesehen. Sie wird als geeignetes Mittel zur Messung von Emotionen betrachtet, weil die Emotion weitgehend als spezifischer Aktivierungsvorgang zu sehen ist, der sich in messbarer Aktivierung niederschlägt. Ähnliches gilt bei den *psychobiologischen Verfahren*, wie der Messung des Blutdrucks, der Stimmfrequenz, der Gehirnströme sowie der Herzfrequenz, die als Indikatoren für Aufmerksamkeit, Anstrengung und Aktivierung gelten. Mit physiologischen Indikatoren ist nur die Stärke der Emotion messbar, nicht deren Qualität und Richtung, wozu bspw. ergänzende Befragungen notwendig sind. Mittels bildgebender Technologien der Gehirnforschung, bspw. der Positronen-Emissions-Tomographie (PET) oder der Magnetresonanztomographie (MRT), können Gehirnareale identifiziert werden, die durch verschiedene Stimuli angesprochen werden.

Emotionale Produktdifferenzierung: Andrex

Der Erfolg vieler Werbekampagnen basiert auf nichtsprachlichen Codes. In England hält bspw. der Marktführer für Toilettenpapiere, Andrex, einen mehr als doppelt so hohen Marktanteil wie der Hauptwettbewerber Kleenex. Beide Marken haben ähnlich hohe Werbeausgaben, verkaufen ihre Produkte zu einem vergleichbaren Preis und in vergleichbarer Qualität und setzten ähnliche sprachliche Kommunikationsbotschaften ein. Kleenex steht für extra sanft und stark und Andrex für sanft, stark und extra lang.

Der Markterfolg von Andrex liegt primär in den impliziten, nichtsprachlichen Codes begründet. Das Unternehmen setzt einen Hunde-Welpen in der Werbung ein und emotionalisiert dadurch ein Produkt, das für gewöhnlich mit einer hohen Austauschbarkeit zu kämpfen hat, da die Kaufentscheidungen oftmals habitualisiert sind (Scheier/Held 2012, S. 48).

Zur Messung der Richtung und besonders der Qualität der Emotion sind ergänzende Indikatoren erforderlich. *Verbale Indikatoren* messen die Richtung und Qualität der Emotion adäquat. Darüber hinaus basieren diese Messungen auf subjektiven Selbsteinschätzungen der Probanden. In Übersicht 29 zeigt das Beispiel einer verbalen Messung Ratingskalen, die retrospektiv eingesetzt werden (Abfrage der Erinnerung an bestimmte Ereignisse).

Übersicht 29: Nonverbale und verbale Messung der Emotionen (Beispiele)

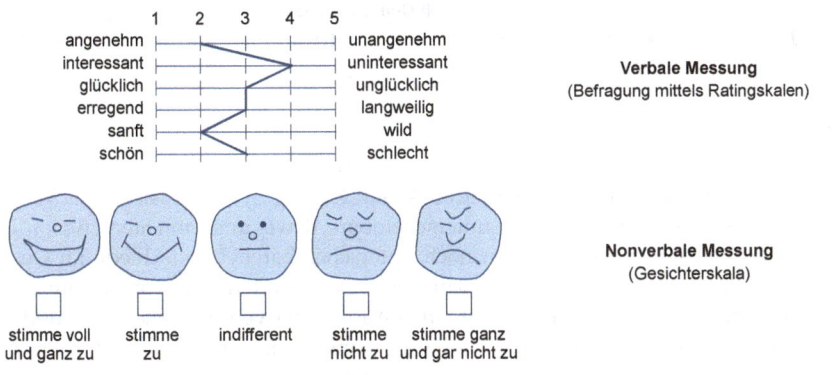

Ähnlich wie bei der Aktivierung liegen hier bewährte, von biologisch-orientierten Forschern genutzte Skalen, z. B. jene von Mehrabian/Russel oder von Izard und Plutchik, vor. Seltener werden Assoziationstests eingesetzt, um Assoziationen zu ermitteln, die bestimmte Reize bei den Versuchspersonen auslösen oder um zu prüfen, ob es durch eine emotionale Werbung auf der Basis der Konditionierung (siehe dazu Abschnitt 2.2.4.1 in diesem Kapitel) gelungen ist, bestimmte Assoziationen mit einem Markennamen oder einem Symbol zu verknüpfen. Bei den Forschungsarbeiten, die sich auf kognitive Einschätzungstheorien stützen, dominieren – neben retrospektiven Befragungen – Experimente, Tagebücher, Protokolle lauten Denkens (siehe Abschnitt 2.2.3.2 in diesem Kapitel) und damit kognitionszentrierte Messungen.

Nonverbale Messungen verwenden (1) Gesichterskalen, bei welchen der Proband seine Emotion einem Gesichtsausdruck zuordnet, wie in dem visualisierten Beispiel mit einer Ratingskala verknüpft, (2) Piktogramme, die Emotionen darstellen können, (3) Bilderskalen zur Erfassung von Stimmungen/bildhaft gespeicherter Emotionen oder (4) Programmanalysatoren, bei denen Probanden die Stärke ihrer emotionale Reaktion durch Drücken eines Knopfes oder eines Hebels angeben. Bedeutend ist auch die *Beobachtung* des Ausdrucksverhaltens, also der Körpersprache und der Mimik. Motorische Indikatoren (z. B. Körpersprache) werden eingesetzt, um die Richtung und Stärke der Emotionen zu bestimmen. Verbreitete Verfahren zur Beobachtung des Ausdrucksverhaltens sind das *Automatic Facial Analysis-System (AFA-System)*, der *GfK EmoScan* und die *faziale Elektromyographie*.

Übersicht 30: **Action Units des AFA-Systems**

Upper Face Action Units					
AU 1	AU 2	AU 4	AU 5	AU 6	AU 7
Inner Brow Raiser	Outer Brow Raiser	Brow Lowerer	Upper Lid Raiser	Cheek Raiser	Lid Tightener
Lower Face Action Units					
AU 15	AU 16	AU 17	AU 18	AU 20	AU 22
Lip Corner Depressor	Lower Lip Depressor	Chin Raiser	Lip Puckerer	Lip Stretcher	Lip Funneler
Action Unit Combinations					
AU 1+4	AU 4+5	AU 1+2+5	AU1+6	AU 6+7	AU 15+17

Quelle: in Anlehnung an De la Torre/Cohn 2011, S. 380.

Das *AFA-System* ist ein Analyseverfahren zur Interpretation der Mimik, das auf dem von Ekman/Friesen (1978) entwickelten Facial Action Coding System basiert. Das Verfahren unterteilt das Gesicht in 46 visuell unterscheidbare Bewegungseinheiten (Action Units, AUs). Die AUs stellen die kleinsten noch unterscheidbaren Unterschiede im Gesichtsausdruck dar. Die Kombination verschiedener AUs sind dabei repräsentativ für bestimmte Emotionen. Übersicht 30 zeigt einen Auszug der verschiedenen AUs und deren Kombinationsmöglichkeiten. Das AFA-System kann Gesichter automatisch unter realen Bedingungen erkennen und ist auch bei moderaten Gesichtsbewegungen zuverlässig.

Der *GfK EmoScan* basiert auf der *Shore*-Software des Frauenhofer Instituts und kann Emotionen in Echtzeit erfassen und analysieren. Das Verfahren kann vier verschiedene Gesichtsausdrücke (glücklich, überrascht, ärgerlich, traurig) differenzieren, sowie Alter und Geschlecht der Probanden erkennen (Unfried/Iwanczok 2013, S. 6). Die mit Hilfe von Webcams aufgenommene Mimik wird automatisiert analysiert. Bei der Analyse greift die Software auf eine Datenbank mit Gesichtsprototypen zu und vergleicht pixelgenau relevante Gesichtsfelder, so Stirn, Augenpartie und Mund. Da zur Durchführung der Messung lediglich Webcams und eine Internetverbindung benötigt werden, kann die biometrische Emotionsmessung kosteneffizient und in großen Stichproben erfolgen (GfK 2014, S. 5 ff.).

Übersicht 31: **Der GfK EmoScan**

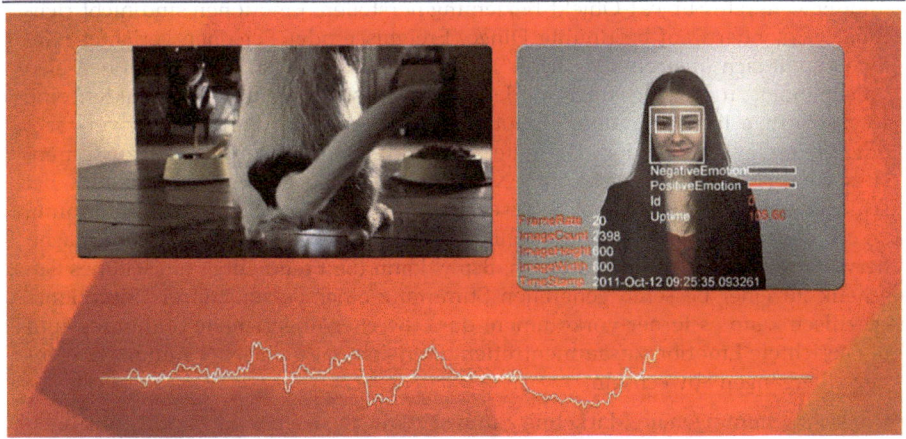

Quelle: www.gfk.com, 07. März 2015.

Die *faziale Elektromyographie* misst Gesichtsmuskelaktivitäten und somit Emotionen mittels Muskelspannungen. Das Verfahren ist in der Lage selbst kleinste, unsichtbare Veränderungen in der Gesichtsmuskulatur zu messen und somit auf Basis spontaner Aktivitätsveränderungen der Gesichtsmuskulatur Rückschlüsse auf zu Grunde liegende Emotionen zu ziehen. Wird eine Information bspw. positiv wahrgenommen, so steigt die Aktivität des Lachmuskels, während die Aktivität des Stirnrunzlers sinkt (Larsen/Norris/Cacioppo 2003, S. 776 ff.).

Weitere Verfahren zur Analyse von Emotionen, so das Berner-System, beschränken sich nicht auf die Mimik, sondern betrachten die gesamte Körpersprache (Frey 1984, S. 26 ff.). Der Vorteil der Beobachtung liegt darin, dass eine relativ objektive Erfassung der Aktivierungsstärke möglich ist und keine Verbalisierungsanforderungen bestehen. Nachteilig wirken hingegen die Laborsituation, der Kostenaufwand und z. T. auch die Notwendigkeit ergänzender Erhebungen, um genauere Informationen über die Qualität der Emotion zu gewinnen. Die erlebnishafte Komponente wird zusätzlich durch verbale und nichtverbale Verfahren erfasst, bspw. mittels der genannten, bewährten Skalen. Um den Einsatz des FACS direkt am POS zu ermöglichen, wurde das System bspw. von Rüdell (1993) vereinfacht, da es in seiner ursprünglichen, komplexen Form nicht praktikabel war.

Stimmungen

Es existieren verschiedene Definitionen von Stimmung: Als ungerichtete, subjektive Befindlichkeiten, als ungerichtete, schwach intensive und länger andauernde Befindlichkeiten oder als temporäre Verhaltensdispositionen. Im Marketing ist das Verständnis der *Stimmung als relativ ungerichtete subjektive Befindlichkeit* relevant. Danach kennzeichnen Stimmungen einen subjektiven Zustand einer Person, der nicht auf ein spezifisches Objekt gerichtet ist. Sie beziehen sich vielmehr auf das gesamte Subjekt bzw. dessen grundsätzliche Befindlichkeit („Jemand ist in schlechter Stimmung"). Dieses Begriffsverständnis deckt sich weitgehend mit dem gängigen Sprachgebrauch. Das Definitionskriterium der Richtungslosigkeit erlaubt es, Stimmungen von Emotionen abzugrenzen, die stets eine mehr oder minder konkrete Subjekt-Objekt-Beziehung herstellen. Emotionen sind nicht richtungslos, sondern auf bestimmte Dinge, Ereignisse oder Personen gerichtet („Jemand freut sich über ein Geschenk"). Obwohl Stimmungen und Emotionen also voneinander zu unterscheiden sind, besteht zwischen beiden Konstrukten eine wechselseitige Interdependenz. Emotionen können durch Stimmungen verstärkt oder abgeschwächt werden. Die gute Stimmung einer Person kann dazu führen, dass sie sich über eine schlechte Nachricht nicht so sehr ärgert wie dies bei schlechter Stimmung der Fall gewesen wäre (man lässt sich die gute Stimmung „nicht verderben"). Umgekehrt können Emotionen bestimmte Stimmungslagen hervorrufen oder diese beeinflussen. Bspw. kann die Freude über ein schönes Geschenk zu einer besseren generellen Stimmung einer Person führen. Situationsspezifisch kann es ferner vorkommen, dass die eher ungerichtete Stimmung und die gerichtete Emotion zusammentreffen oder sich mit mehr oder minder fließenden Übergängen abwechseln.

Um sich Stimmungen im Marketing zunutze zu machen, ist es notwendig, Aussagen über ihre Wirkungen machen zu können. Nur so ist es möglich, abzuschätzen, in welcher Stimmung ein Beeinflussungsversuch mehr Erfolg haben dürfte, wie eine Beeinflussung an vorhandene Stimmungen anzupassen ist und in welche Richtung Stimmungen verändert werden sollen, um die Beeinflussungsziele zu erreichen. Im Marketing interessiert die Art und Weise, wie sich Stimmungen auf das Verhalten auswirken. Dies geschieht primär indirekt über die Auswirkungen von Stimmungen auf die Informationsverarbeitung sowie die Veränderung von Einstellungen, die ihrerseits wiederum das Verhalten beeinflussen können. Die Stimmung eines Menschen wirkt zum einen darauf ein, welche Informationen verarbeitet werden, beeinflusst zum anderen jedoch auch die Kapazität, die Motivation sowie Tiefe, Breite und Dauer von Informationsverarbeitungsprozessen.

Im Hinblick auf die Wirkung von Stimmungen auf die Einstellungen muss – in Abhängigkeit von der Fähigkeit und Motivation zur Informationsverarbeitung, die wiederum von der Stimmung beeinflusst wird – zwischen direkten und indirekten Wirkungen unterschieden werden. Die indirekte Wirkung ist dadurch gekennzeichnet, dass die Stimmung eines Menschen zunächst seine Gedanken und dann seine Einstellung beeinflusst. Im Prinzip lässt sich sagen, dass sich Menschen in guter Stimmung leichter beeinflussen lassen als in schlechter Stimmung. Darüber hinaus haben Stimmungen einen Einfluss darauf, über welche Art von Informationen sich Menschen beeinflussen lassen. Bspw. wirken in schlechten Stimmungen Argumente stärker als schwache Hinweise, in guten Stimmungen ist dies umgekehrt. Auch lässt sich das Verhalten in schlechten Stimmungen tendenziell wirksamer beeinflussen. Entsprechende Einstellungen sind dauerhafter und verhaltenswirksamer als Einstellungen, die sich in guter Stimmung herausbilden.

Grundsätzlich ist zu konstatieren, dass die Gesamtwirkung von Stimmungen auf Einstellungen und Verhaltensweisen differenziert zu beurteilen ist. Aussagen darüber, ob sich Menschen in guten oder schlechten Stimmungen besser beeinflussen lassen, sind also nicht pauschal, sondern situationsspezifisch zu treffen. Dies ist bei Anwendungen im Marketing zu berücksichtigen (Silberer/Jaekel 1996, S. 14 ff.).

2.1.3 Motivation

2.1.3.1 Theoretische Grundlagen und Charakteristika

> *Motivation ist die innere Antriebskraft, die Handlungen initiiert, in eine Richtung lenkt und für die Aufrechterhaltung psychischer und physischer Aktivitäten sorgt. Sie resultiert aus grundlegenden und kognitiven Antriebskräften. Zu den grundlegenden Antriebskräften gehören Triebe und Emotionen und zu den kognitiven Antriebskräften Zielorientierung und Handlungsprogramme.*

Die Kernfrage der Motivationsforschung lautet: Was veranlasst uns, so zu handeln, wie wir es tun? Motivation resultiert aus inneren Spannungen, die verbunden mit einer bestimmten Zielorientierung für das Verhalten verantwortlich sind. Ein *Motiv* kann definiert werden als ein wahrgenommener Mangelzustand, der die Veranlassung impliziert, nach Möglichkeiten zu suchen, diesen Mangelzustand zu beseitigen.

Im Vergleich zu den Emotionen enthält die Motivation eine zusätzliche (kognitive) Handlungsorientierung. Motivation versorgt das Handeln mit Energie (aktivierende Antriebskräfte) und ist auf bestimmte Ziele gerichtet (Handlungsprogramme als kognitive Antriebskräfte). Die Motivation kann daher i. S. eines Steuerungsmechanismus verstanden werden und nicht nur als Energiequelle. Der Zusammenhang kann exemplarisch im Streben nach Prestige (Motiv) und im Kauf eines entsprechenden Produkts gesehen werden. Das Vorhandensein von Emotionen genügt also nicht, um das Verhalten auf spezielle Ziele auszurichten. Dazu sind zusätzliche kognitive Prozesse nötig, was die Motivation zu einem komplexen, zielorientierten Antriebsprozess macht.

Neben der kognitiven Motivation gibt es weitere grundlegende Motivationsformen, nämlich die der *Triebe* und *Anreize*. Triebe werden aks internale Zustände definiert, die als Reaktion auf die Grundbedürfnisse des Organismus entstehen. Soe versuchen Lebewesen grundsätzlich, den Zustand des Gleichgewichts, die sog. Homöostase, beizubehalten. Bei einer Störung des Gleichgewichts (der sog. *Deprivation*) oder bei inneren Spannungen im Körper werden die Triebe angeregt. Als Reaktion auf diese Triebe versucht der Organismus, Spannungsabbau zu betreiben und die Handlung wird erst eingestellt, wenn ein Gleichgewichtszustand wieder hergestellt ist. Darüber hinaus wird das Verhalten nicht nur durch Triebe, sondern auch durch Anreize der äußeren Umwelt motiviert, die keine direkte Verbindung zu den biologischen Bedürfnissen des Menschen haben. Experimente haben gezeigt, dass Situationen existieren, in denen sich Lebewesen eher dem Umfeld zuwenden, statt den internalen Grundbedürfnissen zu folgen. Es ist erkennbar, dass die Ursachen der Verhaltensweisen in einer Mischung aus internalen und externalen Quellen bestehen (Gerrig 2015, S. 422).

Bezogen auf das Käuferverhalten können verschiedene Motive unterschieden werden. Diese werden definiert als grundlegende, zielorientierte innere Kräfte, die durch Einkaufsaktivitäten befriedigt werden (Kroeber-Riel/Gröppel-Klein 2013, S. 206). Dabei ist zu betonen, dass nicht nur Kaufaktivitäten i. e. S. in Betracht zu ziehen sind, sondern auch sämtliche Aktivitäten des Konsumenten, die im Rahmen der Vorkauf-, Kauf- und Nachkaufphase auftreten können. Auf der Basis von Motiven wurden unterschiedliche Typologien entwickelt, die den einzelnen Konsumentengruppen klingende Namen wie z. B. Variety Seeker, Cherry Picker oder Schnäppchenjäger zuweisen. In der Forschung hingegen werden die Motive in Gruppen zusammengefasst. Auf der einen Seite vertreten Autoren eine Zweiteilung in *hedonistische (hedonic)* und *nutzenorientierte (utilitarian)* Kaufmotive (vgl. hierzu z. B. Swoboda/Hälsig/Morschett 2005; zur Unterscheidung in ökonomische und nicht-ökonomische Motive vgl. Chia et al. 2010) und auf der anderen Seite nehmen andere Autoren eine stärkere Differenzierung vor. Sie unterscheiden zwischen Preisorientierung, Stimulierung, Orientierung an Markenzeichen, Kommunikation, Verhandlungsorientierung, Kaufoptimierung und Praktikabilität.

Arten von Motiven und Bedürfnissen

In der Konsumentenverhaltensforschung werden Motive und *Bedürfnisse* als Beweggründe des Handelns oft synonym verwendet. Dabei wird zwischen *Grundbedürfnissen der physiologischen Art*, wie bspw. das Essen und Trinken, und *psychologischen Bedürfnissen*, wie bspw. das Streben nach Leistung und Anerkennung, unterschieden (Gerrig 2015, S. 420). Letztere werden maßgeblich von der Kultur beeinflusst, in der das Individuum lebt.

> *Unter einem Bedürfnis wird allgemein ein subjektives, eher irrationales Mangelempfinden verstanden, das auf subjektiven und oft gefühlsbetonten Wertschätzungen beruht und nach Beseitigung strebt. Gemeinsam mit den Emotionen (und den biologisch vorprogrammierten Trieben, d. h. den physiologischen Mangelzuständen) können Bedürfnisse den Motiven zugeordnet werden (Kroeber-Riel/Gröppel-Klein 2013, S. 181).*

In der Forschung ist grundsätzlich zwischen den *primären* und *sekundären Motiven* zu unterscheiden. Diese Differenzierung verweist auch auf das unterschiedliche Zustandekommen der Motive. Bei den primären bzw. physiologischen Motiven handelt es sich um die angeborenen Motive des Menschen, die durch biologische Vorgänge im Organismus aktiviert werden. Dagegen handelt es sich bei den sekundären Motiven um gelernte Motive. Der Mensch lernt die sekundären Motive bewusst und unbewusst von der Umwelt und durch seine Sozialisation. Häufig sind die sekundären Motive auf primäre Motive zurückzuführen und können im Zusammenhang mit dem Problem der Fremdbestimmung des Konsumenten (originäre und fremdbestimmte Bedürfnisse) gesehen werden.

Einer der bekanntesten Ansätze zur Klassifizierung von Motiven findet sich bei Maslow (1975). Er konzeptualisierte eine fünfstufige *Bedürfnispyramide*, die hierarchisch aufgebaut ist (siehe Übersicht 32), worin niedere und höhere Motive unterschieden werden und die menschliche Motivation somit nach ihrer unterschiedlichen Vordringlichkeit für das Verhalten gestaffelt wird. Daneben finden sich in der Motivationsforschung weitere Ansätze der *kognitionspsychologischen* und *emotionspsychologischen Motivationsforschung* sowie jene der *Affektantizipation*.

In der *kognitionspsychologischen Motivationsforschung* steht die bewusste Zielorientierung des Menschen im Mittelpunkt, wobei v. a. kognitive Komponenten der Motivation untersucht werden. Ansätzen dieser Forschungsrichtung liegt die Annahme zu Grunde, dass Handlungen mit mehr oder weniger intensiv ausgeprägten Tendenzen zum einen vom subjektiv wahrgenommenen Ziel-Mittel-Zusammenhang und zum anderen vom subjektiv erwarteten Befriedigungswert des Zieles abhängen.

Motiv- und Bedürfnistheorien von Dichter und Maslow

Dichter (1961), einer der Pioniere der Motivforschung, geht davon aus, dass alle menschlichen Handlungen das Ergebnis von inneren Spannungen sind. In umfangreichen (qualitativen) Untersuchungen ging er u. a. der Frage nach, welche Motive zum Kauf welcher Produkte führen. Auf Basis der Psychoanalyse stellte er grundsätzlich fest, dass bspw. hinter dem Kauf von Wurst das Motiv der Geborgenheit steht. Diesbezügl. ist hervorzuheben, dass diese Erkenntnisse nur in jenem Kontext zu interpretieren sind, in dem sie gewonnen wurden.

In *Maslows* (1975) polythematischer Motivtheorie wird eine fünfstufige hierarchische Klassifikation von Bedürfnissen vorgenommen, wobei auf der untersten Stufe die physiologischen Grundbedürfnisse stehen und auf der obersten Stufe das Streben nach Selbstverwirklichung. Nach der Hypothese von Maslow wendet sich ein Individuum erst dann einem höher stehenden Bedürfnis zu, wenn die in der Hierarchie tiefer liegenden Bedürfnisse befriedigt sind.

Übersicht 32: **Motive nach Maslow**

Motive nach Maslow	Konkretisierung beim Konsum	Marketingbezogene Verhaltens- und Leistungskategorien
Bedürfnisse nach Selbstverwirklichung	Erlebnisstreben Genussstreben Freude am Können Spaß an der Technik	Alternative Lebensweise, Do-it-yourself, Hobbys (Lesen, Musizieren, Basteln), Reparaturen in Haus und Hof sowie am Auto, Jogging und Leistungssport, (Weiter-) Bildung und religiöse Erbauung
Geltungsbedürfnisse	Anerkennung Prestige Ruhm	Luxuslokale, Nobelautos, „edle" Getränke, exklusive Kleidung, Zweitwohnung und exotische Reiseziele
Soziale Bedürfnisse	Liebe Zuneigung Geselligkeit Nächstenliebe soziales Engagement	Nachbarschaftsläden, Gastronomie, Hotellerie und Spendenmarkt
Sicherheitsbedürfnisse	Schutz von ■ Gesundheit ■ Hab und Gut ■ Umwelt Absicherung gegen ■ Versorgungsengpässe ■ Kaufrisiken ■ Unwissenheit ■ Krankheit ■ Arbeitslosigkeit ■ Alter	Biokost, naturbelassene Lebensmittel, Krankenversicherungen, Lebensversicherungen, Sanatorien, Altenheime, Sicherheitsdienste, Finanzberatung, Markenartikel, Katalysatoren und bleifreies Benzin
Fundamental physiologische Bedürfnisse	Sicherung der Daseinsgrundlagen	Essen, Trinken, Kleidung, Wohnung, Möbel und Auto

Quelle: In Anlehnung an Maslow 1975, S. 358 ff.

Diese Hypothese ist insofern dynamisch, als höherrangige Motive erst dann verhaltenswirksam werden, wenn die niederrangigen Motive mindestens bis zu einem bestimmten Anspruchsniveau befriedigt sind. Sie ist jedoch empirisch kaum belegt und hat daher für die Konsumentenverhaltensforschung nur bedingte Bedeutung erlangt. Anzumerken ist zudem, dass das Bedürfnis nach Selbstverwirklichung (sog. Wachstumsbedürfnis) nie vollständig befriedigt werden kann.

2 Psychische Erklärungskonstrukte des Konsumentenverhaltens

Dazu zählt die *Means-End-Analyse*, bei welcher der Konsument den Befriedigungswert eines Zieles bewertet und abwägt, inwiefern der Gegenstand als geeignetes Mittel zur Zielerreichung wahrgenommen wird. Darüber hinaus kann die Motivation ebenfalls nach den beteiligten kognitiven Komponenten eingeteilt werden. Erstens, nach dem *Umfang des Produktwissens*, das für eine Kaufmotivation erforderlich ist, wobei diese Unterscheidung das abweichende Zustandekommen der Kaufmotivation für erklärungsbedürftige oder nicht erklärungsbedürftige Güter betrifft. Zweitens, nach der *Art des Lernvorgangs*, durch den das Produktwissen erworben wird. Danach kann die Motivation dahingehend unterschieden werden, ob sie durch rationale Einsicht, durch Konditionierung, durch Imitationslernen usw. entsteht.

In der *emotionspsychologischen Motivationsforschung* wird hervorgehoben, dass nicht vor jeder Handlung eine bewusste Zielorientierung stattfindet. Hier stehen die inneren Antriebskräfte im Mittelpunkt. Bspw. ist es für einen Durstenden in der Wüste irrelevant, ob er ein Markenprodukt oder ein no-name Getränk erhält, die Hauptsache ist, dass er seinen Durst stillt. Hiermit soll gezeigt werden, dass hinter den primären Motiven biologische Prozesse stattfinden, die diese Motive zu besonders starken Antriebskräften machen und sich dieses System von Motivation und Antriebskraft in einem Lernprozess selbst verstärkt.

Eine relativ neue Forschungsrichtung beschäftigt sich mit der sog. *Affektantizipation*. Sie untersucht die Intensität und Hartnäckigkeit, mit der Ziele verfolgt werden, quasi die gerichtete Stärke der Motivation. Hier liegt die Annahme zu Grunde, dass Individuen bestrebt sind, ihre Affektbilanz zu maximieren. Dabei werden Handlungen, mit denen positive Affekte einhergehen, verstärkt ausgeführt und solche, mit denen negative Affekte verbunden sind, nach Möglichkeit vermieden, um so die individuelle Affektbilanz zu verbessern.

In den Analysen zu den Konsummotiven bzw. im Allgemeinen bei der Bemühung, die Bestimmungsgründe menschlichen Handelns zu erklären, wird zumeist eine antriebsbezogene Sichtweise zu Grunde gelegt, d. h., es wird die Frage nach den Antriebskräften für eine bestimmte Motivation gestellt, bspw. welche Antriebe die Motivation bestimmen, Kleidung zu kaufen. Anderseits ist die Fragestellung möglich, wie sich die gleiche Antriebskraft (z. B. Prestige) in unterschiedlichen Motivationen (Zielorientierungen) äußern kann.

Motivtheorien

Aus einer antriebsbezogenen Sichtweise sind *monothematische, polythematische und athematische Motivtheorien* zu unterscheiden (Bänsch 2013, S. 17 ff.).

Monothematische Ansätze suchen die Erklärung des Verhaltens in lediglich einem Motiv, bspw. dem Streben nach Lust bzw. der Vermeidung von Unlust (Freud 1965) oder dem Streben nach Geltung (Adler 1928). Diese auf einen Grundtrieb bzw. eine Sammelgröße fokussierende Motivstruktur eignet sich allerdings nur in einem eingeschränkten Maße zur Erklärung des Käuferverhaltens. Um Lust- und Geltungsgewinne über Marketingaktivitäten vermitteln zu können, wäre jeweils nach den Einzelfaktoren zu fragen, die derartige Gewinne zu erbringen vermögen, somit müsste es zu einer Untergliederung kommen, welche dem monothematischen Ansatz widerspräche.

Diese Problematik greifen die *polythematischen Motivtheorien* auf, welche das Verhalten über mehrere unterschiedliche Motive erklären. Diese Suche nach unterschiedlichen Motiven führte zu Aufstellungen mit mehr als fünftausend unterschiedlichen Trieben (Wiswede 1973, S. 70). Dies ist für das Marketing wenig zweckmäßig. Ein komprimierter Ansatz, der häufig zitiert wird, ist der schon erwähnte von Maslow (1975).

Den monothematischen wie den polythematischen Motivtheorien ist die Kritik gemein, dass sie die individuelle Komplexität und insb. die Instabilität bzw. Dynamik des Verhaltens nicht erfassen können. Aus dieser Kritik entwickelt sich die Auffassung der *athematischen Motivtheorien*, die besagt, dass eine allgemeine Theorie des Käuferverhaltens keine generellen Motivinhalte angeben sollte, sondern vielmehr athematisch zu formulieren und lediglich im konkreten Fall mit den dafür relevanten Motivinhalten auszufüllen sei. Somit sind verschiedene Motivlisten und -rangordnungen nicht allgemeingültig, sondern hängen vom jeweiligen Zeitpunkt und dem jeweiligen Käufer ab. Sinnvoll bzw. denkbar erscheinen lediglich Kristallisationsformen von Motiven, die entweder allen Menschen gemein sind oder für bestimmte Gruppen angenommen werden können. Zu diesen Kristallisationsformen gehören (Bänsch 2013, S. 17 ff.): Gewinn-, Zeitersparnis-, Bequemlichkeits-, Sicherheits-, Geltungs-, Nachahmungs-, Emotions-, Ökologie- und Abwechslungsmotiv.

Ein anderer Ansatz der Motivationsforschung, die sog. *Reversal-Theorie*, geht speziell auf die divergierenden motivationalen Zustände ein (siehe Übersicht 33).

Übersicht 33: **Vier Zustandspaare der Reversal-Theorie und deren Charakteristika**

Telisch	Paratelisch
■ Ernst	■ Verspielt
■ Zielorientiert	■ Tätigkeitsorientiert
■ Vorausplanend	■ Lebt für den Augenblick
■ Angstvermeidung	■ Sucht Erregung
■ Fortschritts- und Leistungsorientiert	■ Wünscht sich Spaß und Freude
Konformistisch	**Negativistisch**
■ Fügsam	■ Rebellierend
■ Regeln befolgend	■ Regeln brechend
■ Konventionell	■ Unkonventionell
■ Freundlich	■ Verärgert
■ Möchte sich anpassen	■ Möchte unabhängig sein
Beherrschung	**Sympathie**
■ Machtorientiert	■ Fürsorglich
■ Betrachtet das Leben als Kampf	■ Betrachtet das Leben als Kooperation
■ Hart	■ Sensibel
■ Kontrollbedürfnis	■ Freundlichkeit
■ Dominanzstreben	■ Zuwendungsstreben
Autozentrisch	**Allozentrisch**
■ In erster Linie um sich selbst besorgt	■ In erster Linie um andere besorgt
■ Selbstzentriert	■ Identifikation mit anderen
■ Konzentriert auf die eigenen Gefühle	■ Konzentriert sich auf die Gefühle anderer

Quelle: In Anlehnung an Apter 1989, S. 30 ff.

2 Psychische Erklärungskonstrukte des Konsumentenverhaltens

Im Einklang mit neuen Untersuchungen wird das Konzept von Motivation als Mittel zur Spannungsreduktion abgelehnt und stattdessen von der Existenz von vier Paaren *metamotivationaler* Zustände ausgegangen (Apter 1989). Diese Paare stehen sich gegenüber und die Kernaussage der Reversal-Theorie lautet, dass zu jedem Zeitpunkt jeweils nur einer der beiden Zustände wirkt. Die Reversal-Theorie erklärt menschliche Motivation mit Hilfe der Reversion, d. h. der Umkehr von einem Zustand in den entgegengesetzten. Ein Beispiel für die antagonistische Struktur ist der telische und paratelische Zustand. Ein paratelischer Zustand wird erreicht, wenn Tätigkeiten verfolgt werden, die keine konkreten Ziele implizieren, sondern nur Spaß machen und der telische Zustand wird erreicht, wenn konkrete Zielhandlungen erfolgen, bspw. beim Lernen für eine Prüfung. Die Kernaussage der Reversal-Theorie lautet, dass Menschen sich immer nur in einem der beiden Zustände befinden können, aber niemals in beiden gleichzeitig.

Motivationale Konflikte

Zu den marketingrelevanten Konflikten gehören intrapersonelle, interpersonelle und interinstitutionelle Konflikte. An dieser Stelle soll der Fokus auf intrapersonellen Konflikten liegen, die im Bereich des Käuferverhaltens eine wichtige Rolle spielen. Daneben sind – abgeschwächter – auch interpersonelle Konflikte von Bedeutung, die bei Gruppenentscheidungen auftreten. Intrapersonelle Konflikte entstehen, wenn zwei Verhaltensweisen in Widerspruch zueinander geraten. Sie werden in motivationale und kognitive Konflikte unterteilt (Kroeber-Riel/Gröppel-Klein 2013, S. 222 f.):

- Zu einem *motivationalen Konflikt* kommt es, wenn bspw. ein Käufer aufgrund des Sicherheitsmotivs die Automarke A und aufgrund des Prestigemotivs die Marke B bevorzugt. Es werden also unter motivationalen Konflikten grundsätzlich diejenigen Konflikte verstanden, die auf widersprüchliche Antriebskräfte zurückzuführen sind und somit unterschiedliche, sich ausschließende Handlungsalternativen implizieren.
- *Kognitive Konflikte* liegen eher im assoziativen Bereich. Sie führen zur Umorganisation von Kognitionen, aber nicht unmittelbar zu Handlungstendenzen. Ein zentrales Beispiel für einen kognitiven Konflikt ist die kognitive Dissonanz (siehe zur Theorie Abschnitt 2.1.4.2 in diesem Kapitel) als ein gedanklicher Konflikt, den ein Käufer nach einem getätigten Kauf erleben kann.

Motivation ist durch die Annäherung an ein subjektiv erstrebenswertes Verhaltensziel gekennzeichnet. Dieses Annäherungsverhalten ist die Appetenz. Bspw. führt das Bestreben, ein bestimmtes Auto besitzen zu wollen, zu einer positiven Appetenz. Dagegen sind negative Verhaltensziele solche, die zu Aversion führen, bspw. wird das Auto doch nicht erworben, weil der hohe Preis gemieden werden soll. Die anziehende oder abstoßende Wirkung eines Verhaltenszieles wird durch emotionale Vorgänge und Triebe bestimmt. Durch die Kombination widersprüchlicher Motivationen entstehen Konflikte (Kroeber-Riel/Gröppel-Klein 2013, S. 223). Bei Kaufentscheidungen treten besonders Appetenz-Appetenz- und Ambivalenzkonflikte als Präferenzkonflikte auf. Im ersten Fall präferiert das Individuum verschiedene Produktalternativen gleichzeitig und im zweiten Fall liegen alternative Merkmale mit positivem und negativem Anreizcharakter vor (siehe auch Übersicht 34). Bei motivationalen Konflikten werden daher drei Arten unterschieden:

- Von einem *Präferenzkonflikt* wird gesprochen, wenn mehrere Alternativen jeweils eine positive Verhaltenstendenz bewirken, d. h., mehrere Alternativen gleichzeitig bevorzugt werden. Bspw. steht ein Konsument vor der Entscheidung, ob er in den Ferien nach Florida fährt oder nach Mallorca (Appetenz-Appetenz-Konflikt).
- Ein *Aversionskonflikt* liegt vor, wenn mehrere Alternativen jeweils negative Verhaltenstendenzen auslösen, d. h., mehrere Alternativen gleichzeitig gemieden werden. Bspw. hat ein Autofahrer die Wahl, entweder mehr Geld in ein altes Auto zu investieren oder ein neues Auto zu kaufen (Aversions-Aversions-Konflikt).
- In diesen beiden ersten Fällen besteht jeweils Hinwendung zu bzw. Ablehnung von zwei Zielen. Diese Konflikte sind nicht stabil, denn eine geringfügige Annäherung an ein Ziel lässt dieses dominieren. Als dritte Kategorie treten *Ambivalenzkonflikte* (Appetenz-Aversions-Konflikt) auf. Sie sind dadurch gekennzeichnet, dass eine Alternative sowohl eine positive als auch eine negative Verhaltenstendenz auslöst: Ein Konsument hat ein schlechtes Gewissen, nachdem er eine köstliche Tafel Schokolade gegessen hat. In diesem Fall kann ein stabiler Konflikt entstehen, wenn das Individuum ein Stadium gleichgroßer Appetenz und Aversion erreicht.

Übersicht 34: **Unterschiedliche Konfliktsituationen**

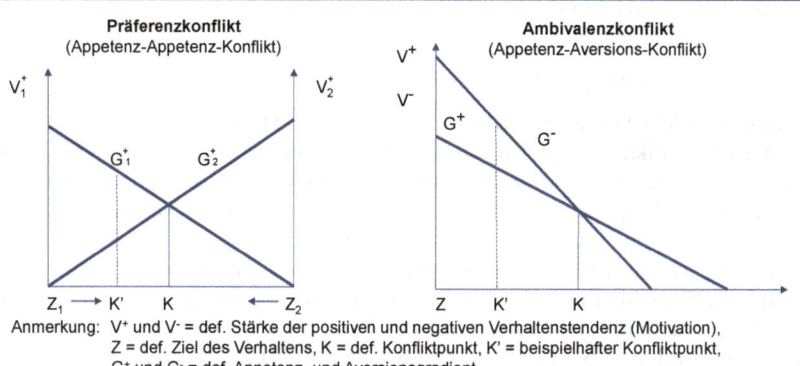

Anmerkung: V^+ und V^- = def. Stärke der positiven und negativen Verhaltenstendenz (Motivation), Z = def. Ziel des Verhaltens, K = def. Konfliktpunkt, K' = beispielhafter Konfliktpunkt, G^+ und G^- = def. Appetenz- und Aversionsgradient.

Quelle: In Anlehnung an Kroeber-Riel/Gröppel-Klein 2013, S. 225 f.

Zur Entstehung und Lösung der Konflikte hat Miller (1964, S. 99 f.) unterschiedliche Hypothesen formuliert, wobei hier die vier wichtigsten genannt werden. Die Validität dieser Hypothesen ist empirisch mit Tierversuchen belegt und obwohl die Übertragung der Hypothesen auf das menschliche Verhalten eine Analogie darstellt, wird sie von den meisten Forschern akzeptiert.

- Die Stärke der positiven Verhaltenstendenz nimmt mit der Zielnähe zu.
- Die Stärke der negativen Verhaltenstendenz nimmt mit der Zielnähe zu.
- Die Stärke der negativen Verhaltenstendenz nimmt mit der Zielnähe stärker zu als die Stärke der positiven Verhaltenstendenz.
- Von zwei sich entgegenstehenden Verhaltenstendenzen setzt sich in einem Konflikt die stärkere durch.

Weitere Formen motivationaler Antriebskräfte resultieren aus dem Unbewussten. So umfasst das persönlich Unbewusste alles, was im Moment nicht bewusst ist, also sowohl

Erinnerungen, die leicht ins aktive Gedächtnis gerufen werden können, als auch traumatische Ereignisse, die zum Schutz der eigenen Psyche unterdrückt worden sind. Einen weiteren Bereich der Psyche prägt Jung mit dem Begriff des kollektiven Unbewussten. Es repräsentiert das psychische Erbe oder eine Art kollektiven Wissens, das allen Menschen angeboren ist.

Dieses Wissen manifestiert sich in den *Archetypen*, die in der Tiefenstruktur der menschlichen Psyche verankert sind. Viele Mythen, Märchen und Sagen thematisieren Archetypen, wie bspw. Odysseus, Nibelungen oder die Märchen der Brüder Grimm. Zwei immer wiederkehrende Archetypen sind Helden und Jungfrauen. In der heutigen Zeit sind Archetypen in den unterschiedlichsten Medien präsent, wie bspw. in Harry Potter oder in Sex and the City. Diese Filme sind auch deswegen so erfolgreich, weil die thematisierten Archetypen die mehr oder weniger bewussten, menschlich angeborenen Wünsche und Bedürfnisse im Unbewussten direkt ansprechen. Im Marketing wurde die Wirksamkeit von Archetypen in der Kommunikationspolitik empirisch untersucht (Gröppel-Klein/Domke/Bartmann 2005). Dabei zeigte sich, dass das Produkt „Prinzenrolle" – eingebettet ins Dornröschen-Märchen – bei den Probanden zu stärkeren Reaktionen führte als ohne den Archetypen-Bezug. Insb. Konsumenten mit einer Präferenz für Romantik reagierten auf das Archetyp-Motiv (Kroeber-Riel/Gröppel-Klein 2013, S. 214 ff.).

2.1.3.2 Bedeutung und Messung

Das Marketingziel ist es, Konsumentenbedürfnisse im Hinblick auf die Interaktion von Marken, Kommunikation und Produkten zu verstehen, um diese durch konsumentenorientierte Leistungen zu befriedigen. Die bisher bekannten Verfahren, Theorien und Instrumente bewähren sich jedoch nur bedingt, um erfolgreiche, kundenorientierte Innovationen auf den Markt zu bringen. Gemäß der Gesellschaft für Konsumforschung (GfK) scheitern rund 80 % der neu eingeführten Produkte und jedes Jahr werden rund 20.000 Artikel nach kurzer Zeit wieder vom Markt genommen. Vor diesem Hintergrund müssen in der Motivationsforschung nicht nur die offen geäußerten und deutlich empfundenen Bedürfnisse ermittelt werden, sondern auch tiefergehend, die unbewussten Wunschvorstellungen der Kunden. Damit ist die Messung und Kenntnis von objektivierten Daten der unterschiedlichsten Kundenmotive und -bedürfnisse für den Erfolg von essenzieller Bedeutung.

Ein klassisches, ökonomisches Beispiel für die Bedeutung der Konsumentenmotivation ist der Veblen-Effekt (Veblen 2000). Dabei neigen Konsumenten dazu, von einem Produkt mehr zu kaufen, je höher der Preis ist. Beim Streben des Konsumenten nach Prestige werden sozial auffällige Produkte wie Kleidung, Uhren, Autos und exotische Reisen erworben. Der nachfragefördernde Einfluss eines hohen Preises wird als Veblen-Effekt bezeichnet (siehe hierzu auch Abschnitt 5.2.1 in diesem Kapitel).

Ein weiteres Beispiel, in dem der Konsument ein Produkt oder eine Dienstleistung als Schlüssel zur Bedürfnisbefriedigung wahrnimmt, ist dann gegeben, wenn die Angst vor sozialer Missbilligung, bspw. die Angst vor Unsauberkeit oder Körpergeruch zum Gebrauch von Deodorants, Shampoos oder Zahncremes führt. Diese Angst kann (z. B. bei Kindern) dazu führen, „sichere" Marken kaufen zu „müssen". Der Wunsch bzw. das Motiv nach Wertschätzung, lässt sich (überraschenderweise) häufig in der Werbung für Katzennahrung wiederfinden (siehe Übersicht 35), denn durch den Kauf des

Produkts erhält der Käufer die Zuneigung des Tieres bzw. dessen Wertschätzung und befriedigt damit sein Bedürfnis.

Übersicht 35:   *Werbebeispiele für Katzennahrung*

Ein weiteres bedeutendes Motiv ist die Erotik. Häufig wird in unterschiedlichster Form an dieses Bedürfnis appelliert. Hier reichen die Variationen von der eindeutigen Darstellung erotischer Signale bis zur indirekten Darstellung einer erotischen Situation, die vom Rezipienten individuell zu interpretieren ist.

Die fundamentalen Grundbedürfnisse des Menschen nach Nahrung werden von der Lebensmittelbranche befriedigt. Der Trend zur bewussten und gesunden Ernährung wird zunehmend von Nahrungsmitteln befriedigt, die nicht nur den Hunger stillen, sondern auch einen Beitrag zur Gesundheit des Kunden leisten und ihn mit Lebensenergie versorgen (Functional Food).

Im Konsumgüterbereich mit der stark verhaltenswissenschaftlich orientierten Handelsforschung finden sich viele empirische Studien, welche die Relevanz von bestimmten Kaufmotiven für das Kaufverhalten bspw. am POS untersuchen. In den 1970er Jahren stellte Tauber (1972) als einer der ersten die Frage nach den Ursachen, warum Menschen einkaufen. Er führte explorative Untersuchungen mit Tiefeninterviews durch und fand heraus, dass es verschiedene Einkaufstypen mit unterschiedlichen Kaufmotiven gibt. Bspw. war das Hauptmotiv einer Konsumentengruppe sich selbst zu belohnen, während eine andere Konsumentengruppe beim Einkaufsbummel lediglich die Abwechslung vom Alltag suchte und wieder eine andere empfand die Reizvielfalt beim Shopping bzw. am POS als stimulierend und angenehm.

Das Spaß oder Freude bringende Motiv beim Verhandeln von Preisen, das sog. *Pleasure of Bargaining*, ist ein weiteres Untersuchungsfeld. Vor dem Hintergrund, dass die meisten Preise in den Geschäften nicht verhandelbar sind, versuchen Kunden ihre Bedürfnisse dadurch zu befriedigen, dass sie die Preise aus verschiedenen Geschäften miteinander vergleichen und nach Sonderangeboten suchen.

> **Das Motiv des „Variety Seeking"**
>
> Unter dem Motiv des Variety Seeking ist der Wunsch bzw. das Streben nach neuartigen Reizen zu verstehen. Im Rahmen des Konsumentenverhaltens kommt dies in der Auswahl einer neuen Marke, eines neuen Produkts, einer neuen Einkaufsstätte oder der Verlagerung des Kaufes in einen anderen Kanal (z. B. Webshops) zum Ausdruck. Variety Seeking stellt eine allgemeine Triebkraft für „erforschendes Käuferverhalten" dar und ist das Ergebnis verschiedener Antriebskräfte, die in wechselseitiger Beziehung zueinander stehen und ihrerseits von verschiedenen Persönlichkeitsmerkmalen des Konsumenten determiniert werden. Zu den Persönlichkeitsmerkmalen mit einem potenziell positiven Einfluss auf das Variety Seeking zählen die Extravertiertheit, die Fähigkeit mit komplexen Reizsituationen umzugehen sowie die Fähigkeit der Kreativität. Bspw. ist bei dogmatischen und autoritären Persönlichkeiten das Variety Seeking-Motiv unterdurchschnittlich stark ausgeprägt. Im Hinblick auf die zu Grunde liegenden motivationalen Faktoren, ist davon auszugehen, dass das Streben nach Abwechslung, nach Einzigartigkeit, nach Risiko, Gefahr und Nervenkitzel sowie Neugierde verstärkend auf das „erforschende" Käuferverhalten wirken.
>
> Das Motiv des Variety Seeking variiert zwischen Produktkategorien. Bspw. wird ein Marken- oder Produktwechsel umso wahrscheinlicher sein, je größer die Zahl der zur Verfügung stehenden Alternativen, je kürzer die Wiederkaufzeit und je geringer das Produktinvolvement sowie der wahrgenommene Unterschied zwischen den Produkten ist. Variety Seeking ist dadurch zu erklären, dass Konsumenten durch die Suche nach etwas Neuartigem versuchen, ihre Langeweile abzubauen, die immer dann entsteht, wenn die Stimulierung bzw. die Anregung bzgl. eines bestimmten Objekts unter ein bestimmtes Wahrnehmungsniveau fällt. Im Marketingkontext bedeutet dies, dass der wiederholte Kauf eines Produkts den Nutzwert vermindern kann, was bei Kunden das Abwechslungsbedürfnis hervorruft.

Messung der Motivation

In den meisten Fällen werden die emotionalen und kognitiven Komponenten der Motivation getrennt gemessen, denn die kognitiven Komponenten sind nur durch verbalisierte Indikatoren und die Motivstärke nur durch physiologische Indikatoren zu ermitteln. Die kognitive Komponente wird anhand der verbal geäußerten Indikatoren gemessen, wobei hier die Motivforschung einen zentralen Forschungszweig darstellt, während die aktivierende Komponente (die Motivstärke) anhand psychobiologischer Indikatoren erfasst wird. Zwar scheint in der Konsumentenverhaltensforschung die Bedeutung der Motivation zurückgegangen zu sein, da insb. die Befragung der Konsumenten hinsichtlich ihrer wahren Motive problematisch ist. Die Motivforschung widmet sich aber explizit der Analyse menschlicher Motivation, indem Ziele, Wünsche, Triebe und Neigungen erforscht werden. Diese Disziplin der Psychologie ist seit ihrer Entwicklung auch zunehmend zur Analyse des Konsumentenverhaltens herangezogen worden, da sich mit den üblichen Methoden der direkten Befragung kaum Aufschlüsse über die Beweggründe menschlichen Verhaltens gewinnen ließen. Dies liegt einerseits in der Unwilligkeit der Probanden, über ihre wahren Beweggründe zu sprechen, begründet, andererseits in ihrer Unfähigkeit, ihre Motive zu erkennen und zu verbalisieren. In der Motivforschung werden daher *Assoziations- und Projektionsver-*

fahren sowie verbale und nonverbale Abfragen, bspw. durch Bilder oder psychobiologische Verfahren genutzt (Kroeber-Riel/Gröppel-Klein 2013, S. 194 ff).

Die *Befragung* erfolgt vorwiegend über das offene Interview und das Tiefeninterview (Hanna/Wozniak/Hanna 2013, S. 41 f.). Beim offenen Interview werden im Gegensatz zum geschlossenen Interview dem Befragten keine Antworten vorgegeben, sondern er kann frei und ungebunden antworten. Dabei ist es zweckmäßig, dem Interviewer gewisse Freiheiten beim Ablauf der Befragung zu lassen und eher indirekte Fragen zu verwenden. Das Tiefeninterview dauert wesentlich länger und ist gründlicher als standardisierte Befragungen. Probleme bestehen dabei in dem Ausmaß der irrelevanten Aussagen und dem u. U. starken Interviewereinfluss.

Projektive Tests gehören zu den Methoden der indirekten Befragungen. Der Begriff der Projektion geht auf Freud zurück und beschreibt die Operation, „durch die ein neurologischer oder psychologischer Tatbestand nach außen verschoben und lokalisiert wird" (Laplanche/Pontalis 1982, S. 399 f.). Bei der Projektion ordnet die Versuchsperson einer Reizkonstellation, besonders anderen Personen, Eigenschaften und Verhaltensweisen zu, die sie sich selbst zuschreibt oder die sie von anderen erwartet. Die Interpretation der Ergebnisse projektiver Tests erfordert großen psychologischen Sachverstand. Die Tests müssen so konzipiert sein, dass sich die Projektionen in möglichst eindeutigen Antworten niederschlagen, sodass eine quantitative Analyse möglich ist. Originär stammen diese Verfahren aus der Psychologie. Sie basieren auf den psychoanalytischen Theorien, der klinischen Sozialpsychologie und der Kulturanthropologie (Gröppel-Klein/Königstorfer 2009, S. 537 ff.).

Zu den bekanntesten Testverfahren gehören der *Thematische Apperzeptionstest* (TAT) und der *Rorschach-Test*. Dabei sollen Auskunftspersonen ihre subjektiven Wünsche und Vorstellungen in die Testantworten „projizieren", sodass man aus den Antworten auf die Wünsche schließen bzw. Verhaltensweisen ableiten kann (Hanna/Wozniak/Hanna 2013, S. 41 f.). Der TAT wird in der Forschung oft eingesetzt, um Kaufmotive aufzudecken. Den Testpersonen werden verschiedene Bilder mit typischen Lebens-, Konsum- oder Kaufsituationen vorgelegt. Anschließend schildern die Probanden, was auf dem jeweiligen Bild gerade geschieht, wie es zu der Situation kam und wie es weitergehen könnte. Typische Fragen können sein:

- Was denken Sie über die Geschichte der Werbeanzeige?
- Können Sie sich vorstellen, selbst ein Teil dieser Geschichte zu sein? Wenn ja, in welcher Rolle und warum? Und wie wird die Geschichte wohl weitergehen?
- Passen in der Werbeanzeige Produkt und Hintergrundgeschichte zusammen? Wenn ja, warum? Wenn nein, welche anderen Produkte passen besser zu der Geschichte? Können Sie sich mit der Geschichte und/oder dem Produkt identifizieren?

Analysiert wird insb. die Rolle des Produkts, die Verhaltensweise und Beweggründe in der Erzählung des Probanden. Der TAT ist in erster Linie auch ein Persönlichkeitstest. In Übersicht 36 wird ein Projektionstest gezeigt, mit dessen Hilfe versucht werden soll, zu analysieren, aus welchen Beweggründen sich Konsumenten Selbstgeschenke machen, z. B. wie sie ihr Verhalten (ihren Kauf) erklären (siehe Solomon 2015). In diesem Beispiel könnte häufig durch die Rezipienten darauf verwiesen werden, dass die Dame auf dem Bild einen besonders aufreibenden Arbeitstag hatte und nun eine kleine Aufmunterung in Form eines neuen Parfüms braucht. Auf diese Weise kann auf den

Wunsch nach einer Belohnung geschlossen werden, der wiederum in der Werbung für dieses Parfüm aufgegriffen werden kann.

Übersicht 36: **Projektionszeichnung zur Untersuchung der Motivationen für Selbstgeschenke**

Quelle: Solomon/Bamossy/Askegaard 2001, S. 444.

Eine Variation des TAT ist der *Cartoon-* bzw. *Comic-Strip-Test* (Zinkhan et al. 1999). Diese Methodik geht auf Rosenzweig (1945) zurück. Er entwickelte den sog. *Picture-Frustration-Test* (PFT). Hierbei werden den Probanden karikaturartige Zeichnungen vorgelegt, oftmals von zwei Personen, die ein Gespräch führen. Der Dialog wird in Sprechblasen wiedergegeben, wobei nur ein Teil des Dialogs in den Sprechblasen enthalten ist. Die Versuchsperson ergänzt dann den fehlenden Teil. Dabei wird angenommen, dass die Probanden unbewusst für sie typische Antworten abgeben, die sie bei direkten Befragungen nicht offen äußern würden. Zu den projektiven Tests gehören auch der *Wortassoziationstest* (WAT) und der *Satzergänzungstest* (SET) (Zinkhan et al. 1999). Beim Wortassoziationstest werden dem Probanden einzelne Worte vorgegeben, zu denen er die damit assoziierten Gedanken verbalisiert, bspw. Assoziationen zu bestimmten Markennamen. Oft wird der Satzergänzungstest in Kombination mit Cartoon-Tests durchgeführt, um neben der verbalen auch eine visuelle Assoziation abzufragen.

Die *Collage-Technik* wird eingesetzt, um durch Idealbilder bewusste und unbewusste Kaufmotivationen aufzudecken. Probanden bekommen unterschiedliche Magazine, aus denen sie selbst Bilder ausschneiden und diese zu einem neuen Gesamtbild, die sog. Collage zusammenstellen. Dabei werden die Probanden bspw. nach der Idealvorstellung ihrer Zukunft gefragt. Mittels der ausgewählten Bilder können Rückschlüsse auf dahinterliegende Motive gezogen werden, ohne dass die Versuchsperson die tatsächlichen Empfindungen direkt artikuliert.

Ein weiteres projektives Verfahren ist das *Autodriving*. Versuchspersonen werden Fotos oder Filme gezeigt, die sie selbst in bestimmten Kaufsituationen darstellen. Dabei nehmen die Probanden zu ihrem Verhalten Stellung, kommentieren und erklären ihre Beweggründe. Aus projektiven Verfahren gewonnene Informationen finden immer mehr in Marketing-Entscheidungen, wie in der Produktgestaltung sowie bei Werbe- und Preismaßnahmen, Anwendung.

Die kognitivorientierte Motivforschung benutzt die sog. *Laddering-Technik (Leitertechnik)*, um nach den Beweggründen für den Kauf eines Produkts zu suchen. Mit Hilfe spezieller Befragungstechniken bringt man Konsumenten dazu, ihre Ziel-Mittel-Vorstellung, die sog. *Means-End-Chain* zu äußern, von der untersten Ebene der Produkteigenschaften bis hin zur obersten Ebene der angesprochenen Motivation. Somit werden die funktionalen und psychischen Beweggründe eines konkreten Produktkaufs abgebildet (Botschen/Thelen/Pieters 1999). Übersicht 37 zeigt die Means-End-Chain am Beispiel eines Motorrads und die dadurch befriedigte Motivation, angefangen von der untersten Ebene mit dem Preis bis hin zur obersten Ebene des Selbstbewusstseins.

Übersicht 37: Ziel-Mittel-Analyse einer Kaufmotivation nach der Means-End-Chain

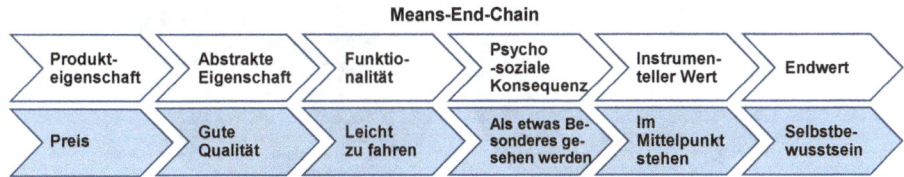

Quelle: In Anlehnung an Botschen/Thelen/Pieters 1999, S. 42.

Wie eingangs erwähnt, stoßen klassische Verfahren der Psychologie in grundlegenden Bereichen der Käuferverhaltensforschung an ihre Grenzen (Christensen/Hall/Cook 2006, S. 56). Neu entwickelte Produkte, die eigentlich erfolgreich gewesen wären, „fallen bei der Marktforschung durch" und werden erst gar nicht eingeführt. Bspw. wären beim Produkttest von Red Bull Kundenäußerungen wie „pfui", „eklig", „schmeckt wie Medizin" und „das würde ich nie kaufen" keine Überraschung gewesen sein. Bekanntlich ist Red Bull aber in vielen Ländern der Welt erfolgreich. Fehlprognosen können einerseits auf die Anwendung nicht-adäquater Forschungsmethoden, andererseits auf Schwächen bei den vorhandenen Messverfahren zurückgeführt werden.

Vor diesem Hintergrund wird seit einigen Jahren auf dem Gebiet der Consumer Neuroscience geforscht, das in der Literatur unter dem Begriff des Neuromarketing diskutiert wird. Mit Hilfe der Hirnforschung wird u. a. versucht, Kaufmotive zu eruieren. Dabei werden die Hirnaktivitäten der Probanden mit Hilfe von Tomographen untersucht. Aktivitäten der unterschiedlichen Gehirnareale werden bspw. während eines virtuellen Einkaufs durch den Supermarkt beobachtet. Das Bedürfnis nach objektivierten Daten resultiert aus dem Umstand, dass Konsumenten häufig keine Auskunft über die wahren Motive ihrer Präferenzen geben können. Die Limitationen von Befragungen sind offensichtlich, bspw. können Probanden wenig Auskunft über die in ihnen ablaufenden Prozesse geben. Deshalb sind Instrumente und Verfahren zu entwickeln, die Indikatoren für nicht bewusst vorhandene bzw. nicht artikulierte Motive messen.

Ein weiteres Instrument ist das *Reaktionszeitverfahren*. Bei diesem werden Versuchspersonen mit spezifischen Reizen wie bspw. Wörtern, Symbolen oder Bildern konfrontiert, auf die mittels Tastendruck reagiert werden muss. Dabei wird die Reaktionszeit gemessen. Auf diese Weise können Motive, auf die Konsumenten keinen bewussten Zugriff haben, offen gelegt werden.

Eine ähnliche Problemstellung lag auch den folgenden zwei Experimenten zu Grunde (siehe Übersicht 38 und Übersicht 39). Beim ersten Experiment ist die folgende Frage spontan zu beantworten: Welche der beiden Madonnen wirkt eher selbstbewusst?

Übersicht 38:   Werbewirkungstest mit Madonnenbildern

Quelle: Scheier/Held 2012, S. 19 ff.

Die meisten werden zu dem Schluss gekommen sein, dass die linke Madonna eher bescheiden und demütig wirkt, während die rechte Madonna selbstbewusst erscheint. Tatsächlich sind die beiden Bilder identisch, d. h. lediglich dadurch, dass der zur Seite geneigte Kopf der Madonna gerade gerückt wurde, verwandelt sich in der Wahrnehmung die demütige und bescheidene Frau (linkes Bild) in eine selbstbewusste Herrin (rechtes Bild). Beim zweiten Beispiel ist die Frage zu beantworten: Welche der drei Frauen wirkt am attraktivsten?

Übersicht 39:   Werbewirkungstest mit Frauen-Figuren

Quelle: Scheier/Held 2012, S. 19.

Die Mehrheit der Befragten wählt die Frau in der Mitte. Der Unterschied ist für die meisten nicht sofort erkennbar, weil die Ursache der Präferenz im Unbewussten liegt. Die Präferenz für die Frau in der Mitte liegt an der Relation der Taille zur Hüfte. Bei der Frau in der Mitte beträgt das Verhältnis 0,67 (Taille) zu 1 (Hüfte). Damit liegt der Quotient bei 0,67, dieser Wert gilt heute als das 90-60-90-Idealmaß. Je größer der Wert in der Relation von Taille und Hüfte, desto unattraktiver wird die Frau wahrgenommen. Die Taille-Hüfte-Relation im linken Bild beträgt 0,8 und im rechten Bild 0,9. Diese beiden Experimente verdeutlichen die Problematik, dass von Konsumenten entschieden werden kann, ohne die eigentlich dahinter liegenden Motive zu kennen.

2.1.4 Einstellungen

2.1.4.1 Theoretische Grundlagen und Charakteristika

> *Die Einstellung ist die wahrgenommene Eignung eines Gegenstandes zur Befriedigung von Motiven und somit die Schlüsselvariable zur Erklärung und Prognose des Käuferverhaltens. Aus dieser vereinfachten Sicht folgt, dass die Einstellung die Motivation und die (kognitive) Gegenstandsbeurteilung umfasst.*

Die Einstellung ist eine wesentliche Variable zur Erklärung des Käuferverhaltens und zählt zu den Antriebskräften menschlichen Verhaltens. Einstellungen sind auf bestimmte Objekte, z. B. ein Produkt, gerichtet, über das ein subjektiv und emotional ausgerichtetes Urteil entsteht. Sie haben aus dem Bereich der aktivierenden Prozesse die größte Bedeutung für das Marketing und dienen der Prognose von Kaufentscheidungen. Bis heute ist jedoch eine eindeutige Zuordnung als aktivierender oder kognitiver Prozess strittig. Einstellungen beruhen vielmehr auf kognitiven, affektiven und konativen Erfahrungen (Petty/Unnava/Strathman 1991, S. 242).

Ferner sind Einstellungen dadurch gekennzeichnet, dass sie eine hohe zeitliche Stabilität aufweisen. Einstellungen verfestigen sich im Zeitablauf mit zwei Konsequenzen, nämlich Produkte oder Unternehmen, die ein gutes Image haben, behalten dieses mittelfristig, auch wenn inzwischen die Produkte nicht mehr die gewohnte Qualität haben und Unternehmen behalten ihr Image, auch wenn sie es verändern wollen (Cohen/Reed 2006). Die Veränderung von Einstellungen ist ein langwieriger Prozess. Einstellungen entsprechen dem Image reziprok, d. h., Einstellungen sind immer subjektbezogen (eine Person hat gegenüber einer anderen Person oder Sache eine Einstellung), während das Image immer objektbezogen ist (ein Gegenstand bzw. eine Person hat ein bestimmtes Image bei anderen Personen). Hier geht der Blickwinkel vom Objekt aus. Bspw. hat ein Student eine positive Einstellung gegenüber der Universität Graz und der Universität Trier. Das ist darauf zurückzuführen, dass er eine praxisnahe Universitätsausbildung wünscht (Motivation) und weiß, dass die Universitäten eine solche Ausbildung bieten (kognitive Gegenstandbeurteilung).

Dieser Betrachtungsweise liegt wiederum die Ziel-Mittel-Analyse *(Means-End-Analysis)* der Einstellungen zu Grunde. Ein Konsument verfolgt ein Ziel, welches er – seiner Meinung nach – mit einem bestimmten Mittel erreichen kann. Diesem Prinzip folgt das klassische Muster der Einstellungsbeeinflussung: Es wird an ein ganz bestimmtes Bedürfnis des Konsumenten appelliert und im folgenden Schritt wird ihm das Mittel zur Befriedigung des Bedürfnisses angeboten.

Die Anzeigen in Übersicht 40 folgen diesem Muster: Links wird an das Bedürfnis nach „sich selber etwas Gutes tun" appelliert. Konkret geht es darum, dass es gut für die eigene Haut ist, das für den jeweiligen Hauttyp passende Reinigungstuch zu verwenden. Das Produkt „zum Hauttyp passendes Reinigungstuch" kann genau dieses Bedürfnis befriedigen. Die Botschaft der rechten Anzeige lautet: „Wenn du (als Katze) so schlank sein möchtest, um durch ein Mäuseloch zu kommen, dann trinke Diet Pepsi."

Übersicht 40:   Einstellungsbeeinflussung nach dem Muster der Ziel-Mittel-Analyse

In der wissenschaftlichen Forschung sind die Theorie des begründeten Verhaltens (Theory of Reasoned Action, TRA; Ajzen und Fishbein 1980; siehe auch Übersicht 50) sowie die Theorie des geplanten Verhaltens (Theory of Planned Behaviour, TBP; Ajzen 1991) bedeutsam. Ihr Erklärungsgehalt ist kognitiver Natur, da sie zur Prognose von geplantem und bewusst durchgeführtem Verhalten herangezogen werden.

Die TRA erklärt das Zustandekommen des Verhaltens durch die Verhaltensabsicht, welche von den Einstellungen des Subjektes gegenüber dem Verhalten (persönlicher Faktor) sowie von subjektiven Normen (sozialer Umfeldfaktor) beeinflusst wird. Letzteres sind Eindrücke, die das Individuum bezügl. der möglichen Bewertung des eigenen Verhaltens durch dritte Personen hat. Das Anwendungsgebiet der TRA wird durch die Relevanz von sozialen Einflüssen (bspw. Erwartungen anderer, soziale Normen) bestimmt, die eine Vielzahl von Verhaltensabsichten erklären, insb. beim öffentlichen Konsum oder bei Motiven, die eine Wertschätzung von Dritten einschließen. Kritik hat die TRA erfahren, weil sie kognitiv orientiert und nicht auf impulsives Verhalten anwendbar ist und somit emotional basiertes Verhalten nicht erklärt (Sheppard/Hartwick/Warshaw 1988).

Ergänzend fügt die TPB eine dritte, erklärende Komponente hinzu: die Verhaltenskontrolle. Sie ergibt sich aus den Möglichkeiten und Ressourcen, die dem Individuum zur Ausführung des eigenen Verhaltens zur Verfügung stehen und kann daher als empfundene Leichtigkeit der Ausführung des Verhaltens interpretiert werden (Ajzen 1991, S. 183).

Ein Vergleich der beiden Theorien hat gezeigt, dass die Erklärungskraft der TPB durch die Hinzunahme der Verhaltenskontrolle erhöht wird (Armitage/Conner 2001, S. 471). Anwendung hat die TPB bereits in zahlreichen Studien zur Verhaltenserklärung gefunden. Bspw. konnte gezeigt werden, dass die Kaufintention für Plagiate (siehe Übersicht 41) in kollektivistischen Kulturen wie China stärker durch subjektive Normen bestimmt wird als in individualistischen Kulturen wie Deutschland (zur Kultur bzw. den Kulturdimensionen vgl. auch Abschnitt 3.4.2 in diesem Kapitel).

Übersicht 41: TPB am Beispiel der Verhaltensintension zum Kauf von Plagiaten

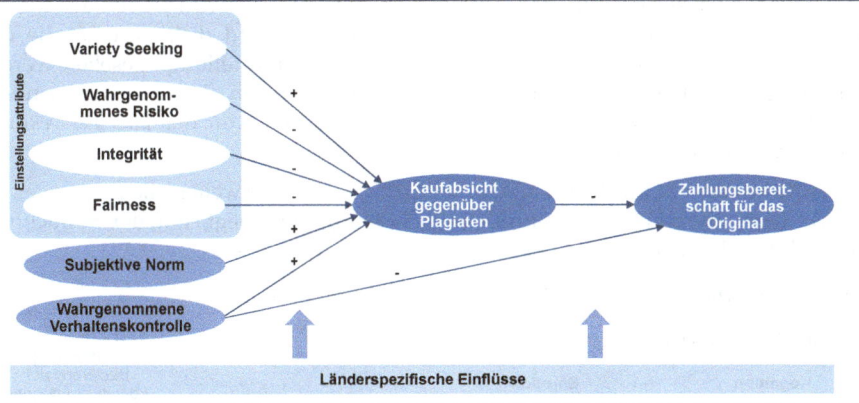

Quelle: Swoboda/Pennemann/Taube 2013, S. 26.

Der Kritik der stark kognitiv orientierten Sicht entgeht die *Drei-Komponenten-Theorie*, nach der Einstellungen – neben der bereits aufgeführten affektiven (emotionalen, motivationalen) und kognitiven Komponente – zusätzlich eine Verhaltenskomponente haben (siehe Übersicht 42).

Übersicht 42: Drei-Komponenten-Theorie der Einstellungen

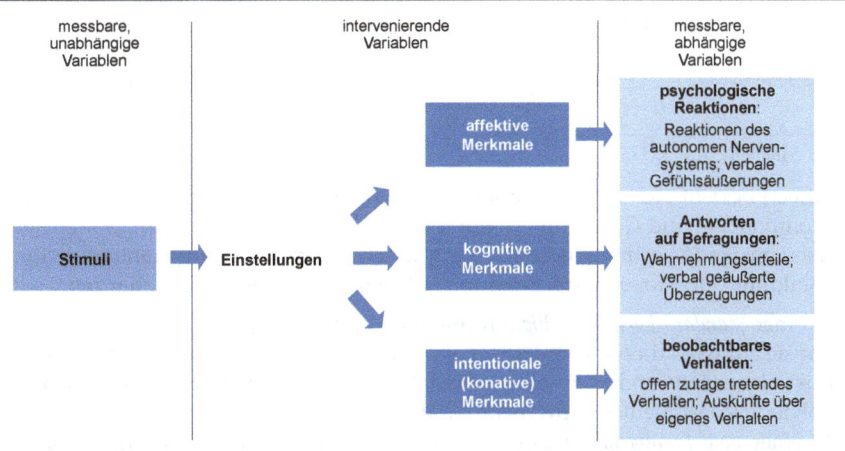

Demnach sind folgende drei Komponenten der Einstellung anzuführen:

- *affektive Komponente* (gefühlsbedingt), d. h., in ihr manifestieren sich emotionale und motivationale Elemente.
- *kognitive Komponente*, in der sich das Wissen (z. B. über technische Werte) und die Erfahrung des Individuums (die die Einstellung kennzeichnet) niederschlägt.

- *konative* (intentionale) Komponente, die die Verhaltensneigung symbolisiert (z. B. die Absicht, ein bestimmtes Produkt zu kaufen).

Nach der Konsistenzhypothese sind alle drei Komponenten aufeinander abgestimmt und miteinander konsistent. Die Drei-Komponenten-Theorie wird jedoch aus formal-logischen Gesichtspunkten auch kritisch betrachtet. Es wird diskutiert, ob die drei Komponenten als unabhängige Faktoren „hinter einer Einstellung" gesehen werden können. Insb. die konative (intentionale) Komponente wird in diesem Zusammenhang als problematisch angesehen. Daher wird vorgeschlagen, von der *Drei-Perspektiven-Theorie* zu sprechen (Trommsdorff/Teichert 2011, S. 131).

Das ABC-Modell der Einstellung (Solomon 2015, S. 324 ff.) erweitert die Frage, welcher Aspekt (kognitiv, affektiv, konativ) der Einstellung überwiegt, mit der Betrachtung unterschiedlicher Hierarchien von Effekten (siehe Übersicht 43).

Übersicht 43: *ABC-Modell zur Erklärung der Einstellungsbildung*

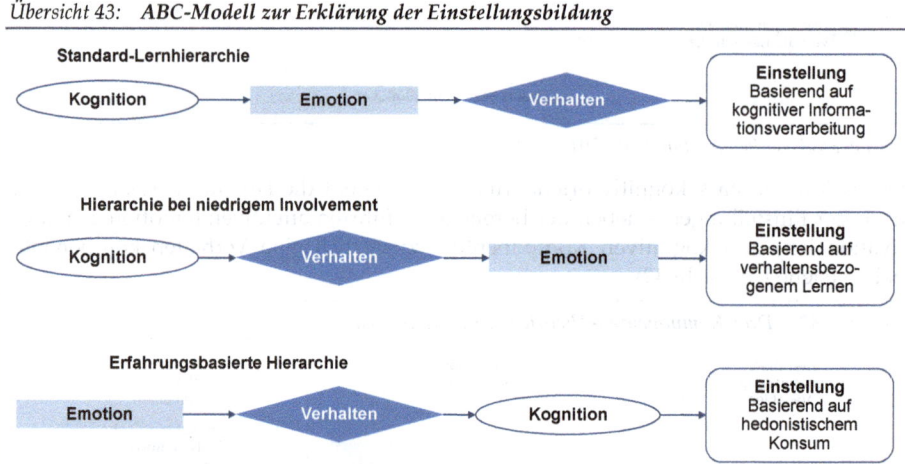

Quelle: Solomon 2015, S. 325.

A (Affect) bezieht sich auf die emotionale Komponente, B (Behavior) auf die Verhaltenskomponente und C (Cognition) auf die kognitive Komponente. Im Modell sind situative Umstände bestimmend dafür, von welcher der drei Komponenten die Einstellungsbildung angestoßen wird. Solomon (2015) unterscheidet drei Sequenzen:

- In einer *Standard-Lernhierarchie* informieren sich Konsumenten über ein Produkt, bevor sie auf Basis dieser Kognitionen eine emotionale Haltung gegenüber diesem Produkt einnehmen und es zu einem Verhalten kommt. Zutreffend ist das für hoch involvierte Konsumenten bspw. beim Kauf eines Computers.
- In einer *Low Involvement-Hierarchie* kaufen Konsumenten ein Produkt, ohne zuvor spezifische Präferenzen für dieses zu haben. Erfahrungen mit dem Produkt sind die Grundlage für eine affektive Evaluation. Zutreffend ist dies für niedrig involvierte Konsumenten bspw. beim Kauf von Toilettenpapier.
- In einer *Erfahrungshierarchie* handeln Konsumenten auf Basis emotionaler Erfahrungen, die bspw. durch intangible Produktattribute ausgelöst werden. Diese Abfolge ist bedeutend, wenn aufgrund ähnlicher funktioneller Eigenschaften, wie bspw. bei Fernsehgeräten, keine Differenzierung erreicht werden kann.

2.1.4.2 Bedeutung und Messung

Im Marketing nimmt die Einstellung einen zentralen Stellenwert ein. Dies liegt u. a. daran, dass zahlreiche Studien die Wirkung der Marketinginstrumente auf die Einstellung belegen konnten und darüber hinaus die sog. *Einstellungs-Verhaltens-Hypothese* (EV-Hypothese) zu Grunde gelegt wird, die den Kern der Drei-Komponenten-Theorie bildet. In der *EV-Hypothese* wird postuliert, dass die Einstellungen das Verhalten bestimmen und dass somit die Kaufwahrscheinlichkeit von der Stärke der Einstellung abhängt. Hier findet die genannte zeitliche Stabilität von Einstellungen Berücksichtigung, wonach die heute gemessenen Einstellungen das Verhalten von morgen bestimmen. Daher beschränken sich viele Studien auf die Erhebung der Einstellungen. Allerdings ist dieser Zusammenhang nur unter gewissen Vorbehalten aufrechtzuerhalten, wenn nämlich situative, objekt- und personenspezifische Aspekte dem nicht widersprechen (siehe hierzu Balderjahn 1993).

In der neueren Literatur wird das Involvement (siehe hierzu Abschnitt 3.2.2 in diesem Kapitel) als Determinante der Einstellungsbildung hervorgehoben. Aufgrund eines schwächer ausgeprägten Informationsverhaltens wie auch einer weniger extensiven gedanklichen Beschäftigung mit dem Entscheidungsproblem bei Low Involvement-Produkten bildet sich die Einstellung in einer anderen Weise. Low Involvement-Kaufentscheidungen werden nicht notwendigerweise durch vorher gebildete Einstellungen gesteuert, sondern ein Produkt wird aufgrund flüchtig erinnerter Produkteigenschaften oder Sympathien gekauft. Eine Einstellung bildet sich erst nach dem Kauf durch Verwendungserfahrungen. Bei geringem Involvement herrscht somit die Verhaltens-Einstellungs-Hypothese (VE-Hypothese) vor (Kroeber-Riel/Gröppel-Klein 2013, S. 242 f.). Insb. bei einem impulsiven Kauf eines aus der Sicht des Kunden unbekannten, neuen Produkts ist die VE-Hypothese von Relevanz. Mummendey (1988, S. 16 f.) geht daher von einer Wechselseitigkeit zwischen Einstellung und Verhalten aus. Bspw. kann eine Personen einen weiterempfohlenen Finanzdienstleister wählen und sich durch die Inanspruchnahme der Leistung eine Einstellung bilden, die den Kunden zur Wahl einer weiteren komplementären Leistung bewegt. Des Weiteren sind bei einer Kaufentscheidung individuelle Einflüsse (z. B. Persönlichkeitsfaktoren) und soziale Einflüsse (z. B. Gruppendruck) zu beachten (siehe Übersicht 44). Störfaktoren der EV-Hypothese können situative Faktoren, ökonomische Bedingungen, soziale Einflüsse, Zeitdiskrepanz zwischen Einstellungsmessung und Verhalten etc. sein (Brown/Stayman 1992, S. 40 ff). Zur Verhaltensprognose kann auch die näher zum Verhalten stehende Kaufabsicht gemessen werden, wobei diese aber nur schwer zu antizipieren ist.

Aufgrund der Erklärungskraft für das Käuferverhalten sowie guter Operationalisierungsmöglichkeiten und der vielfältigen Methoden der Einstellungsmessung haben Einstellungen eine große Bedeutung für das Marketing erlangt, bspw.

- als Basis der Erklärung und Prognose des Konsumentenverhaltens,
- als Basis der Erfolgskontrolle absatzpolitischer Maßnahmen (z. B. Kontrolle der Wirkung der Markenpolitik),
- als Basis der Marktsegmentierung,
- zur Ermittlung des „idealen Produkts",
- zur Produkt-, Einkaufsstätten- und Leistungspositionierung oder
- zur Konzeption der Kommunikationspolitik.

Übersicht 44: Einstellung und EV-Hypothese – Modellzusammenhang

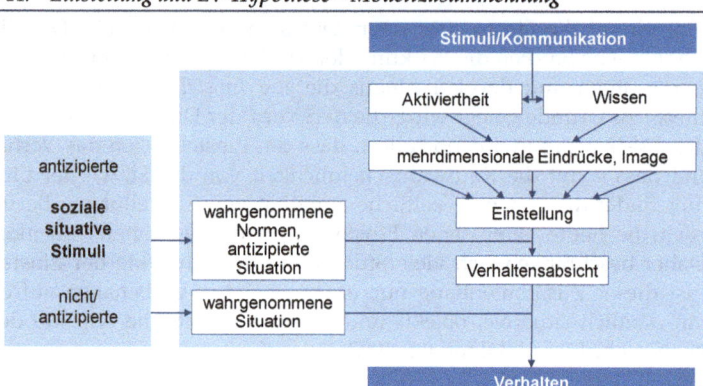

Quelle: Trommsdorff/Teichert 2011, S. 127.

Einstellungsänderung

Nachdem die Wichtigkeit der Einstellung für das Marketing dargelegt wurde, interessiert nun, inwiefern eine Einstellungsänderung herbeigeführt werden kann. Dazu wird auf vier Theorien Bezug genommen (vgl. hierzu auch Solomon 2015, S. 330 ff.):

- Die *Konsistenztheorien* postulieren die Präferenz eines widerspruchsfreien Erlebens und Verknüpfens von Erfahrungen und damit ein Meiden und Beseitigen von Dissonanzen im Einstellungssystem.
- Die *Selbswahrnehmungstheorie* (*Self-Perception Theory*; Bem 1967) erklärt das eigene Verhalten als ausschlaggebend für die Evaluation der eigenen Einstellung.
- Die *Assimilations-Kontrasttheorie* (*Social Judgement Theory*; Sherif/Hovland 1961) postuliert den Einfluss der bestehenden Einstellung auf die Bewertung von neuen Stimuli. Sind diese mit den bisherigen Einstellungen kompatibel, fallen sie in einen Assimilationsbereich, werden akzeptiert und eine Einstellungsverfestigung folgt. Hierbei wirkt ein höheres Involvement auf den Assimilationsbereich begrenzend.
- Die *Balance-Theorie* (Heider 1958) nimmt an, dass Individuen die Beziehungen der Einstellungsobjekte analysieren und versuchen, innerhalb des Einstellungsgefüges ein konsistentes Verhältnis herzustellen. Bspw. hat ein Fußballfan eine positive Einstellung gegenüber Lukas Podolski und sieht, dass der Fußballstar immer Kleidung mit der Marke eines großen deutschen Sportartikelherstellers trägt. Der Fan ist jedoch nach einem einschlägigen Erlebnis der Marke gegenüber ablehnend eingestellt. Somit herrscht eine Inkonsistenz im Einstellungsgefüge, die bspw. durch eine positive Einstellungsänderung gegenüber der Marke aufgehoben werden kann.

Zur erfolgreichen Anwendung der Einstellungsänderung gibt es psychologische Prinzipien, die im Marketing Beachtung finden. Hierzu zählt das Prinzip der

- *Reziprozität*, d. h., Individuen sind eher bereit zu geben, wenn sie zuvor etwas erhalten.
- *Begrenztheit*, d. h., limitierte Editionen sind oftmals attraktiver.
- *Autorität*, d. h., eine seriösere und angesehenere Quelle eines Stimulus ist wirkungsvoller.

- *Sympathie*, d. h., die Zustimmung bei Personen, die sympathisch sind, ist wahrscheinlicher.
- *Konsens*, d. h., das Verhalten wird an soziale Stimuli (bspw. an das Verhalten Dritter) angepasst.

> **Sozialpsychologische Theorie der kognitiven Dissonanz** *(Dissonanztheorie)*
>
> Festinger (1957) definiert kognitive Dissonanzen als einen konflikthaften Zustand, den jemand, nach einer Entscheidungsfindung, nach einer bestimmten Handlung oder einer Informationskonfrontation erlebt, der zu bisherigen Einstellungen (bzw. Meinungen, Gefühlen oder Werten) im Widerspruch steht. Die Person wird versuchen, diese Dissonanz zu reduzieren oder zu beseitigen, um unter den Kognitionen (wieder) eine Konsonanz herzustellen. Prinzipiell kommen hierfür unterschiedlichste Maßnahmen in Betracht. Diese können am Beispiel dissonant kognitiver Elemente – das Wissen über sich selbst („Ich bin Raucher.") und die Annahmen über das Rauchen („Rauchen verursacht Lungenkrebs.") – verdeutlicht werden:
>
> - Änderung der Annahme über die Folgen des Rauchens, z. B. Zweifel am Befund
> - Verhaltensänderung, z. B. Beendigung des Rauchens
> - Neueinschätzung des Verhaltens, z. B. Aussagen wie „Ich rauche nicht viel."
> - Hinzufügen neuer Kognitionen, z. B. das Rauchen von leichten Zigaretten
>
> Diese Theorie wurde von Festinger/Carlsmith (1959) in einem Experiment (Dissonanzreduktion nach einer Lüge) nachvollzogen. Studenten hatten eine sehr langweilige Aufgabe zu bearbeiten (u. a. 30-minütiges Drehen von viereckigen Pflöcken im Uhrzeigersinn) und wurden danach gebeten, dem Versuchsleiter einen Gefallen zu tun und die nächsten Teilnehmer anzulügen, indem sie behaupteten, die Aufgabe hätte Spaß gemacht und sei äußerst interessant gewesen. Dabei erhielt die eine Hälfte der Teilnehmer 20 $ für diese Lüge, die andere 1 $. Diese Bezahlung betrachtete die erste Gruppe als ausreichende Rechtfertigung für ihre Lüge, was für die zweite nicht zutraf. Diese unzureichende externale Rechtfertigung veranlasste diese Teilnehmer, eine eigene Rechtfertigung für das dissonante Verhalten zu erfinden und änderte ihre Bewertung der Aufgabe. Die andere Gruppe blieb bei ihrer Ansicht, obwohl auch sie gelogen hatten, allerdings aufgrund des Geldes. Dissonanzen wirken motivierend und führen zu Reaktionen, welche das Ziel haben, diesen aus der Sicht der betroffenen Personen negativen Zustand zu beheben. Dabei gilt: Je stärker die Dissonanz, desto größer die Motivation, diese zu reduzieren bzw. zu beheben (Festinger 1957; Gerrig 2015, S. 669 ff.).

Das Elaboration-Likelihood-Modell (ELM) zeigt im Kontext der Einstellungsänderung, wie wahrscheinlich es ist, dass Konsumenten ihre kognitiven Prozesse fokussieren, um eine persuasive Botschaft zu elaborieren. Im Modell werden zentrale und periphere Routen der Persuasion unterschieden. Elaboriert ein Konsument nach der zentralen Route, ist die Stärke der Argumente ausschlaggebend für die Einstellungsänderung, da ein sorgfältiges Evaluieren stattfindet (High Elaboration). Schlägt der Konsument die periphere Route ein, setzt er sich nicht kritisch mit der Botschaft auseinander, sondern reagiert auf Hinweisreize (Low Elaboration) (Gerrig 2015, S. 667). Die Elaboration (Verarbeitungstiefe) wird durch (1) die Motivation zur Verarbeitung (bspw. Relevanz der Botschaft und Involvement des Rezipienten) und (2) die Fähigkeit zur Verarbeitung (beeinflusst durch den Grad der Ablenkung während der Rezeption, Wiederholungen und Vorwissen) bestimmt (Kroeber-Riel/Gröppel-Klein 2013, S. 286.).

Messung von Einstellungen

Zur Erfassung der Einstellung existiert eine Reihe von unterschiedlichen Ansätzen, die sich jeweils an der Drei-Komponenten-Theorie orientieren:

- Die affektive Komponente wird gemessen durch verbale Gefühlsäußerung und durch Erfassung der Reaktionen des autonomen Nervensystems.
- Die kognitive Komponente wird gemessen durch verbal geäußerte Urteile über den Meinungsgegenstand (Wahrnehmungsurteile).
- Die konative Komponente wird gemessen durch die Beobachtung offen zutage tretenden Verhaltens und Auskünfte über eigenes Verhalten.

Übersicht 45: **Verfahren der Einstellungsmessung**

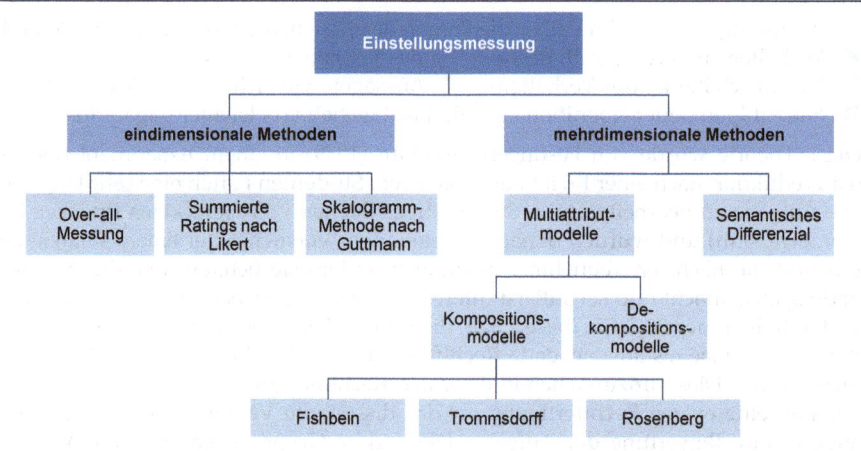

Die verschiedenen Verfahren und deren Unterschiede werden anhand eines Beispiels aufgezeigt. Der Konzern CARNIVAL Corporation & PLC mit Hauptsitz in Miami ist einer der größten Reise- und Kreuzfahrt-Anbieter, bekannt mit Marken wie u. a. AIDA, A'ROSA, Princess Cruises, P&O Cruises. CARNIVAL möchte für zwei seiner Marken feststellen, welche Einstellung Konsumenten diesen gegenüber haben. Hierbei soll zum einen die Kreuzfahrt auf dem Clubschiff AIDA und zum anderen die Kreuzfahrt auf der A'ROSA beurteilt werden. Es sind die Spezifika der Einstellungen (z. B. sind sie nicht beobachtbare, psychische Größen (theoretische Konstrukte) und nur mit Indikatoren zu erfassen) bekannt. Die bei CARNIVAL bekannte Einstellungs-Verhaltens-Hypothese, die eine (grundsätzliche) Relevanz der Einstellungen für das tatsächliche (Kauf-) Verhalten postuliert, führt dazu, dass man nicht das Kaufverhalten, sondern die Einstellungen messen will. CARNIVAL möchte alle Verfahren der eindimensionalen und mehrdimensionalen Einstellungsmessung anwenden, ausgenommen Dekompositionsmodelle, die im Unternehmen weitgehend unbekannt sind (siehe Übersicht 45). Den Unternehmensvorstellungen folgend, wird die Einstellungsmessung über verbale Indikatoren im Rahmen einer Befragung durchgeführt. Die Ansätze der physiologischen Messungen (affektive Komponente) und der Beobachtung (Verhaltenskomponente) werden vernachlässigt.

Vor diesem Hintergrund werden mittels der in Befragungen gewonnenen Werte jeweils entsprechende Berechnungen vorgenommen. Für die multidimensionalen Methoden haben Pre-Tests folgende Dimensionen (Items) als analyserelevant identifiziert: erlebnisreich (erholsam), exklusiv (alltäglich), bildend (unterhaltsam), sportlich (elegant), herzlich (distanziert), gruppenorientiert (personenbezogen). Am Ende der Präsentation sollen auch die grundsätzlichen Möglichkeiten weiterer Messverfahren, insb. von Dekompositionsmodellen, aufgezeigt werden. Die Ergebnisse sehen wie folgt aus:

Eindimensionale Einstellungsmessung

Die eindimensionale Messung erfasst die affektive Einstellungskomponente. Die in der *Over-all-Messung* berechneten Mittelwerte auf Basis der Antworten zur Frage, wie Konsumenten die Reisen mit den beiden Kreuzfahrt-Linien insgesamt anhand einer Rating-Skala beurteilen, sind in Übersicht 46 (aus Sicht eines AIDA-Kunden) dargestellt. Rating-Skalen sind einfache Zuordnungsskalen. Die abgetragenen Werte sind ordinaler Natur. Sie können aber, unter der Annahme, dass die Abstände zwischen den Antwortkategorien in der Vorstellung des Befragten als gleich groß interpretiert werden, wie metrische Daten behandelt werden (sog. quasi-metrisches Datenniveau). Dieses Vorgehen wird in der Forschungspraxis mit Blick auf die Anwendung multivariater Verfahren der Datenanalyse oftmals (implizit) unterstellt.

Übersicht 46: *Ergebnisse einer Over-all-Messung*

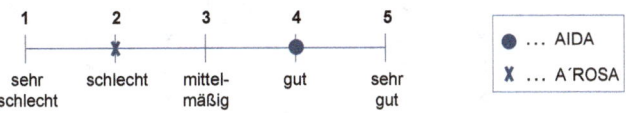

Nach der *Methode der summierten Ratings nach Likert* werden gleich viele günstige und ungünstige Statements zu einem Messobjekt gesammelt und Personen über ihre Ablehnung oder Zustimmung zu den Items unter Verwendung bipolarer Skalen befragt. Die Vorgehensweise dieser Methode erklärt sich aus Übersicht 47.

Übersicht 47: *Ergebnisse der summierten Ratings nach Likert*

	Einschätzungen	
Stimuli zur Messung von Einstellungen gegenüber AIDA	Person 1	Person 2
1. Die Kreuzfahrt auf der AIDA ist zu erlebnisreich. [-]	+2	-2
2. Die Kreuzfahrt auf der AIDA ist zu gruppenorientiert. [-]	0	0
3. Die Kreuzfahrt auf der AIDA ist sehr exklusiv. [+]	+1	-1
4. Die Kreuzfahrt auf der AIDA ist sehr bildend. [+]	+1	-1
5. Auf der AIDA herrscht eine herzliche Atmosphäre. [+]	+2	0
6. Die Kreuzfahrt auf der AIDA ist mir zu elegant. [-]	+1	-2
Summe der Einschätzungen	+7	-6

Skala für positive Stimuli [+]: +2 (uneingeschränkte Zustimmung), 0 (weder/noch), -2 (völlige Ablehnung)
Skala für negative Stimuli [-]: -2 (uneingeschränkte Zustimmung), 0 (weder/noch), +2 (völlige Ablehnung)

Demnach werden die Skalenwerte zu einem Einstellungswert addiert, wobei die Anwendung unterschiedlicher Bewertungsskalen für positive und negative Stimuli ein Charakteristikum der Methode darstellt. Im Ergebnis ist ersichtlich, dass Person 1 eine positivere Einstellung gegenüber AIDA hat.

Bei der *Skalogramm-Methode nach Guttman* werden mehrere Items zu einem Einstellungsobjekt ausgewählt und dann wird eine dichotome Befragung der Personen über Zustimmung (1) oder Ablehnung (0) durchgeführt. Die Aussagen aller Personen werden im Skalogramm aufgeführt. Auf der Basis der Gesamtpunktzahl jeder Person, können diese in eine Rangfolge gebracht werden, woraus eine eindimensionale Rangskala resultiert. Die Ergebnisse dieser Methode zeigt der in Übersicht 48 dargestellte Auszug aus einem Fragebogen (Rangfolge der Fragen verändert).

Übersicht 48: **Ergebnisse der Skalogramm-Methode nach Guttman**

Auszug aus einem Einstellungsfragebogen für Kreuzfahrten	Person 1	Person 2
1. Die Kreuzfahrt auf der AIDA ist sehr exklusiv. [+]	Zustimmung (1)	Ablehnung (0)
2. Die Kreuzfahrt auf der AIDA ist sehr bildend. [+]	Zustimmung (1)	Ablehnung (0)
3. Die Kreuzfahrt auf der AIDA ist zu erlebnisreich. [-]	Zustimmung (0)	Ablehnung (1)
4. Die Kreuzfahrt auf der AIDA ist mir zu elegant. [-]	Zustimmung (0)	Ablehnung (1)

Personen	Aussage 1		Aussage 2		Aussage 3		Aussage 4		Gesamtpunktzahl
	1	0	1	0	1	0	1	0	
1	x		x		x		x		4
2	x		x		x		x		4
3	x		x		x		x		4
4	x		x			x	x		3
5	x		x		x			x	3
6		x	x			x	x		2
7		x	x			x	x		2
8		x	x			x		x	1
9		x	x			x		x	1
10		x		x		x		x	0

Mehrdimensionale Einstellungsmessung

Das *Semantische Differenzial nach Osgood* nutzt eine Anzahl von gegensätzlichen Eigenschaftswörtern, die eine metaphorische Bedeutung haben sollen (siehe Übersicht 49).

Übersicht 49: **Ergebnisse des Semantischen Differenzials nach Osgood**

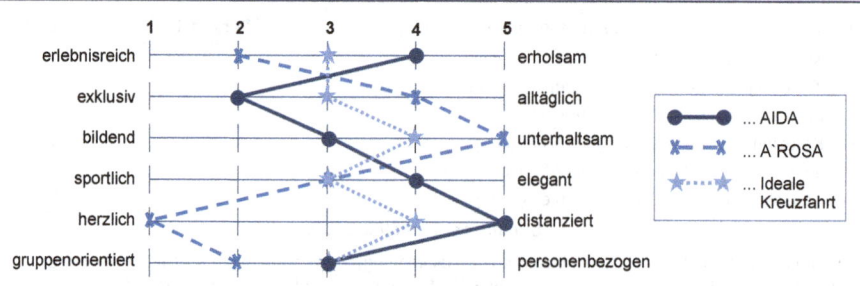

Durch diese metaphorische Bedeutung sollen sie nicht wörtlich, sondern in einem übertragenen Sinne verstanden werden. Die Wörter werden mit Rating-Skalen verbunden. Auf diesen Skalen geben die Probanden durch Ankreuzen eines Werts an, inwieweit die jeweiligen Eigenschaftswörter mit ihren Assoziationen zu dem Objekt übereinstimmen. Werden diese Mittelwerte grafisch verbunden, ergibt sich das Eigenschafts- oder Polaritätsprofil des Objekts (z. B. der Dienstleistung oder des Produkts).

Das grundsätzliche Merkmal des *Fishbein-Modells* besteht in der getrennten Erfassung der affektiven und der kognitiven Einstellungskomponente. Dem Modell liegen zwei Hypothesen zu Grunde:

- Die Konsumenten nehmen bei jedem Objekt nur einige für ihre Einstellung entscheidende Eigenschaften wahr und
- die Einstellung zu einem Objekt ergibt sich aus der subjektiven Wahrnehmung der Eigenschaften (kognitives Element) und ihrer Bewertung (affektives Element).

Die Vorgehensweise des Modells ist in der folgenden Übersicht und formalen Schreibweise dargestellt. Im Ergebnis wäre die Einstellung zur AIDA positiver.

Übersicht 50: **Ergebnisse des Einstellungsmodells von Fishbein**

Eigenschaften K	Eigenschaftsausprägung B_{ijk}		Bewertung d. Eigenschaft a_{ijk}		Teileindruckswerte $E_{ijk} = B_{ijk} * a_{ijk}$	
	AIDA	A'ROSA	AIDA	A'ROSA	AIDA	A'ROSA
erlebnisreich	5	2	7	5	35	10
exklusiv	3	6	4	5	12	30
bildend	3	5	2	4	6	20
sportlich	5	2	4	4	20	8
herzlich	4	3	5	5	20	15
gruppenorientiert	5	2	3	3	15	6
E_{ij}					**108**	89

$$E_{ij} = \sum_{k=1}^{6} B_{ijk} * a_{ijk} \quad \text{mit}$$

E_{ij} = Eindruckswert von Testperson i zu Objekt j
B_{ijk} = Wahrscheinlichkeit, mit der Person i Eigenschaft k am Objekt j für vorhanden hält
a_{ijk} = Bewertung von Eigenschaft k am Objekt j durch Person i
$E_{ijk} = B_{ijk} * a_{ijk}$ = Eindruckswert

Das *Rosenberg-Modell* geht davon aus, dass Konsumenten Produkte oder Dienstleistungen danach beurteilen, inwieweit sie geeignet sind, ihre Motive zu befriedigen (Means-End-Analysis). Es wird dazu die Hypothese formuliert, dass die Einstellung einer Person zu einem Objekt von der Wichtigkeit (affektive Komponente) ihrer Motive und der wahrgenommenen Eignung (kognitive Komponente) des Objekts zur Motivbefriedigung abhängt. Die Vorgehensweise dieses Modells wird in Übersicht 51 verdeutlicht. Im Ergebnis wäre die Einstellung zur AIDA positiver.

Die Kritik an dem Fishbein- und Rosenberg-Modell wendet sich besonders gegen die multiplikative Verknüpfung der Wahrscheinlichkeiten und der Bewertungen. Beide

2 Psychische Erklärungskonstrukte des Konsumentenverhaltens

Werte können sich gegenseitig ausgleichen, d. h. z. B. beim Fishbein-Modell, wenn eine Wahrscheinlichkeit den Wert 4 und eine Bewertung den Wert 2 hat, ergibt sich (bei faktisch unterschiedlichen Einstellungen) der gleiche Gesamtwert wie bei einer Wahrscheinlichkeit mit dem Wert 2 und einer Bewertung mit dem Wert 4.

Übersicht 51: Ergebnisse des Einstellungsmodells von Rosenberg

Eigenschaften K	Wichtigkeit des Motivs a_{ik}	Eigenschaftsbewertung B_{ijk}		Teileindruckswerte $E_{ijk} = B_{ijk} * a_{ik}$	
		AIDA	A'ROSA	AIDA	A'ROSA
erlebnisreich	7	4	2	28	14
exklusiv	4	3	5	12	20
bildend	2	3	3	6	6
sportlich	5	4	1	20	5
herzlich	2	3	4	6	8
gruppenorientiert	3	6	3	18	9
E_{ij}				<u>90</u>	62

$$E_{ij} = \sum_{k=1}^{6} a_{ik} * B_{ijk} \quad \text{mit}$$

E_{ij} = Eindruckswert von Person i zu Objekt j
a_{ik} = Wichtigkeit des Motivs k für die Person i
B_{ijk} = subjektive Meinung der Person i über die Eignung des Objekts j zur Befriedigung des Motivs k (perceived instrumentality)

Das *Trommsdorff-Modell (Trommsdorff/Teichert 2011, S. 129)* vermeidet die multiplikative Verknüpfung bei der Ermittlung des Eindruckswerts (E_{ij}) (siehe Übersicht 52).

Übersicht 52: Ergebnisse des Einstellungsmodells von Trommsdorff

Eigenschaften K	Eigenschaftsausprägung B_{ijk}		Ideale Eigenschaftsausprägung der Kreuzfahrt I_{ik}	Teileindruckswert $E_{ijk} = \| B_{ijk} - I_{ik} \|$	
	AIDA	A'ROSA		AIDA	A'ROSA
erlebnisreich	4	2	5	1	3
exklusiv	2	4	3	1	1
bildend	3	5	4	1	1
sportlich	5	3	4	1	1
herzlich	4	2	4	0	2
gruppenorientiert	3	2	3	0	1
E_{ij}				<u>4</u>	9

$$E_{ij} = \sum_{k=1}^{6} \left| B_{ijk} - I_{ik} \right| \quad \text{mit}$$

E_{ij} = Eindruckswert von Testperson i zu Marke j
B_{ijk} = Wahrnehmung der Eigenschaft k am Objekt j durch Person i
I_{ik} = ideale Eigenschaftsausprägung der gleichen Produktklasse k bei der Person i

$E_{ijk} = |B_{ijk} - I_{ik}|$ = Eindruckswert

Die getrennte Erfassung von affektiver und kognitiver Komponente der Einstellung wird dabei nicht aufgegeben; die kognitive Komponente wird direkt über die wahrgenommenen Merkmalsausprägungen (B_{ijk}) gemessen, während die affektive Komponente indirekt gemessen wird, indem die Probanden nach der aus ihrer Sicht idealen Merkmalsausprägung (I_{jk}) gefragt werden. Im Ergebnis wäre die Einstellung zur AIDA positiver, da näher an der Idealvorstellung.

Problematisch ist hierbei, wie auch beim Fishbein- und Rosenberg-Modell, die Additivitätshypothese, nach der die Einstellung sich additiv aus den Einzeleindrücken zusammensetzt. Die einzelnen Eigenschaften werden hier als kompensatorisch und voneinander unabhängig betrachtet.

Modellvergleich und Erweiterung

Die Varianten können anhand von zwei Modellen erläutert werden, welche den Nutzenverlauf in Abhängigkeit von der Ausprägung einer Eigenschaft zeigen: Idealpunkt- und Vektormodell (siehe Übersicht 53).

Übersicht 53: **Idealpunkt- und Vektormodell**

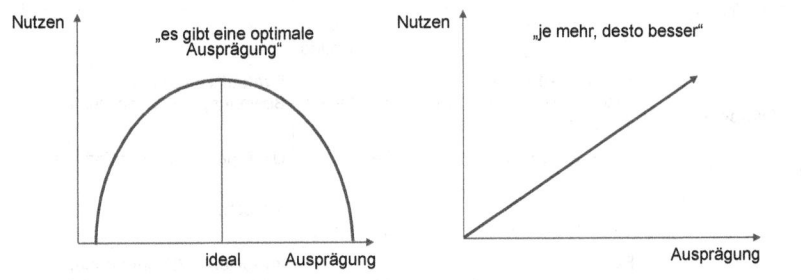

Quelle: Backhaus/Erichson/Weiber 2013, S. 370.

Welches dieser Modelle zur Anwendung kommt, hängt vom Typ der zu betrachtenden Eigenschaften der Objekte bzw. den sie repräsentierenden Dimensionen ab. Beispiele für Eigenschaften eines Idealpunktmodells wären z. B. bei einer Tasse Kaffee dessen Stärke, Temperatur oder Süße. Für die Mehrzahl der Kaffeetrinker ist sowohl ein Zuviel als auch ein Zuwenig von Nachteil. Der Idealpunkt markiert hier die als ideal empfundene Kombination von subjektiv wahrgenommenen Eigenschaften. Hingegen wären bspw. die Eigenschaften eines Autos (Sicherheit, Leistung und Komfort) eher nach dem „je mehr, desto besser"-Prinzip des Vektormodells zu beurteilen.

Aufbauend auf dieser grundlegenden Differenzierung in Modelle mit bzw. ohne Berücksichtigung von Idealpunkten, gibt Freter (1979, S. 163 ff.) einen Überblick über unterschiedliche Modellvarianten. Übersicht 54 fasst mögliche Varianten zusammen. Der Schwerpunkt des wissenschaftlichen Interesses liegt auf den mehrdimensionalen Einstellungsmodellen ohne die Ermittlung eines Idealpunkts (Freter 1979, S. 164). Hierbei ergibt sich die Einstellung zu einem bestimmten Objekt aus der Summe der einzelnen Einstellungen zu speziellen Eigenschaften des Objekts. Die wichtigsten Varianten dieses Grundmodells sind die beschriebenen Ansätze von Rosenberg und von Fishbein und darüber hinaus das Adequacy-Importance-Modell und das Adequacy-Value-Modell. Das Adequacy-Importance-Modell stellt im Gegensatz zum Fishbein-Modell darauf ab, in welchem Ausmaß (mengenmäßige Ausprägung) die einzelnen Eigenschaften beim Objekt vorhanden sind (Belief). Die Eigenschaften sind nach ihrer Bedeutung zu gewichten (Importance Weight). Das Adequacy-Value-Modell zielt ebenso auf mengenmäßige Merkmalsausprägungen ab, allerdings wird das Bedeutungsgewicht nicht mittels einer Skala mit den Polen wichtig-unwichtig, sondern mittels einer wertgeladenen Skala mit den Polen gut bzw. schlecht erfasst.

Übersicht 54: Mehrdimensionale Einstellungsmodelle ohne Idealpunkt

allgemeiner Ansatz: $E_{ij} = \sum_{k=1}^{n} A_{ijk} * B_{ijk}$

Modellbezeichnung	Eindruck (kognitive Komponente, A_{ijk})	Bedeutungsgewicht (motivationale/affektive Komponente, B_{ijk})
Rosenberg (Stärke der Zielerreichung)	**Perceived Instrumentality** Eindruck/Vorstellung über die Eignung der Marke j zur Förderung des Ziels i	**Value Importance** Wertwichtigkeit des Ziels i
	Durch die Automarke xy ergibt sich eine Verhinderung der Zielerreichung — Vollständige Zielerreichung	Der Wert/das Ziel „Sicherheit" ist bei Autos schlecht — gut
Fishbein (Wahrscheinlichkeit der Zielerreichung)	**Strength of Belief** Wahrscheinlichkeit, inwieweit die Marke j die Eigenschaft i besitzt	**Evaluative Aspect** Bewertung der Eigenschaft i
	Die Automarke xy ist *komfortabel* sehr unwahrscheinlich — sehr wahrscheinlich	Die Eigenschaft „Komfort" beim Auto xy ist schlecht — gut
Adequacy-Importance	**Belief** Eindruck/Vorstellung, in welchem Ausmaß Eigenschaft i an der Marke j vorhanden ist	**Importance (Prominence)** Wichtigkeit der Eigenschaft i
	Die Automarke xy ist nicht sicher — sicher	Die Eigenschaft „Sicherheit" beim Auto ist nicht wichtig — wichtig
Adequacy-Value	**Belief** wie beim „adequacy-importance"-Modell	**Value** wie der "evaluative aspect" im Fishbein-Modell
	Die Automarke xy ist nicht sicher — sicher	Die Eigenschaft "Komfort" beim Auto xy ist schlecht — gut

Quelle: In Anlehnung an Freter 1979, S. 167.

Abschließend ist das erweiterte Fishbein-Modell (basierend auf der Theorie des geplanten Verhaltens) hervorzuheben, welches einige der genannten „Störfaktoren" zwischen Einstellungen und Verhalten (wie die sozialen Einflüsse und die Kaufsituation) explizit berücksichtigt (siehe Übersicht 55). Diesem Modell liegen einige Annahmen zu Grunde (Kuß/Tomczak 2007, S. 62 f.):

- Die Verhaltensabsicht ist der unmittelbare „Vorläufer" des tatsächlichen Verhaltens.
- Die Verhaltensabsicht ist auf bestimmte Situationen bezogen.

- Der Zeitabstand zwischen der Messung der Verhaltensabsicht und dem tatsächlichen Verhalten muss relativ kurz sein.

Übersicht 55: **Erweitertes Fishbein-Modell nach Kuß/Tomczak**

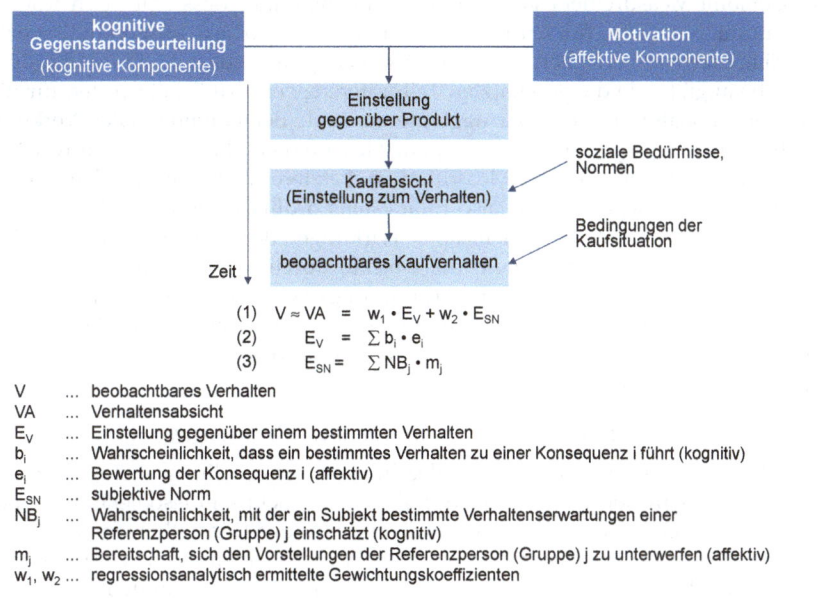

V	... beobachtbares Verhalten
VA	... Verhaltensabsicht
E_V	... Einstellung gegenüber einem bestimmten Verhalten
b_i	... Wahrscheinlichkeit, dass ein bestimmtes Verhalten zu einer Konsequenz i führt (kognitiv)
e_i	... Bewertung der Konsequenz i (affektiv)
E_{SN}	... subjektive Norm
NB_j	... Wahrscheinlichkeit, mit der ein Subjekt bestimmte Verhaltenserwartungen einer Referenzperson (Gruppe) j einschätzt (kognitiv)
m_j	... Bereitschaft, sich den Vorstellungen der Referenzperson (Gruppe) j zu unterwerfen (affektiv)
w_1, w_2	... regressionsanalytisch ermittelte Gewichtungskoeffizienten

Quelle: In Anlehnung an Kuß/Tomczak 2007, S. 62 f.

Conjoint-Analyse

Die Conjoint-Analyse eröffnet ebenfalls die Möglichkeit zur mehrdimensionalen Messung, indem sie u. a. sowohl kompositionelle als auch dekompositionelle Verfahren kombiniert. Als multivariates Verfahren der Interdependenzanalyse untersucht das Conjoint-Measurement die Beziehungen zwischen (meist) nicht-metrischen Variablen und ist in formaler Hinsicht eine Verallgemeinerung der Multidimensionalen Skalierung. Ziel in der klassischen Form der Conjoint-Analyse ist es, aus den Kombinationen von Objektmerkmalen, die durch Befragungen nach Maßgabe der Vorziehenswürdigkeit in eine Rangfolge gebracht wurden, den relativen Beitrag jedes Merkmals zum Zustandekommen der geäußerten Präferenzordnung auf einer metrischen Skala zu bestimmen (vgl. dazu im Einzelnen Backhaus/Erichson/Weiber 2013, S. 174 ff.). Bezogen auf das Beispiel differenzieren sich die Marken von CARNIVAL durch den Preis (hoch/mittel/niedrig), die Unterhaltung (viel/wenig), das Erlebnis (viel/wenig) und die Exklusivität (hoch/gering). Die gewonnenen Daten besitzen für alle Merkmale die gleiche Skaleneinheit. Sie sind daher direkt miteinander vergleichbar und können zur Ermittlung der relativen Bedeutung der Merkmale für die Bildung eines Gesamturteils zueinander in Beziehung gesetzt werden (Selka/Baier 2014, S. 54 ff.). Um die zur Durchführung einer Präferenzmessung notwendigen Daten zu erheben, kann auch auf moderne Technologien, z. B. auf Funketiketten (Radio Frequency Identifier, RFID), zurückgegriffen werden (vgl. hierzu Foscht et al. 2008). Neben der Präferenzmessung kann die Conjoint-Analyse aber bspw. auch eingesetzt werden, um die Preiselastizität von bereits am Markt erhältlichen Produkten zu analysieren (vgl. hierzu z. B. Foscht/-Kehl/Schloffer 2010).

Das Conjoint-Measurement geht von der Annahme aus, dass empirisch festgestellte Gesamtpräferenzwerte für ein komplexes Beurteilungsobjekt in merkmalsspezifische Teilpräferenzwerte zerlegbar sind. Für diese Zerlegung bedarf es einer Verknüpfungsregel, die angibt, wie die geschätzten Teilpräferenzwerte zu Schätzwerten für die empirischen Globalurteilswerte zu aggregieren sind. Bei polynominaler Verknüpfung spricht man von polynominalem Conjoint-Measurement, bei linear-additiver Verknüpfung von additivem Conjoint-Measurement. Letzteres ist bei ordinalskalierten Daten der übliche Fall. Gegeben sind also mindestens ordinalskalierte Werte einer Globalpräferenz, die das Ergebnis gemeinsamer Wirkungen der Objektmerkmale sind, sowie ein bestimmtes Design, nach dem die Objekte durch Merkmalskombinationen konstruiert werden. Gesucht sind eine Verknüpfungsregel (Messmodell), die geeignet ist, die kognitive und affektive Verarbeitung der wahrgenommenen Merkmalskombinationen zu repräsentieren, sowie intervallskalierte Messwerte mit der gleichen Maßeinheit für alle Merkmalsausprägungen.

> *Präferenzen (im Unterschied zu Einstellungen)*
>
> Die Präferenz ist ein eindimensionaler Indikator (Einstellung: mehrdimensional), der das Ausmaß der Vorziehenswürdigkeit eines Beurteilungsobjekts für eine bestimmte Person während eines bestimmten Zeitraums (Einstellungen: langfristiger) zum Ausdruck bringt. Charakteristika von Präferenzen sind: Individualsicht, Vorziehenswürdigkeit von Alternativen, Gültigkeit für einen bestimmten Zeitraum und eine bestimmte Bedingungskonstellation. Präferenzen sind das Ergebnis von Bewertungsvorgängen, wobei die Elemente eines Bewertungsvorgangs (diese sind bei der Bildung von Einstellungen nicht vonnöten) die Existenz einer Menge von Alternativen, die Existenz eines Bewertungskriteriums (z. B. Nutzempfinden) sowie das Vorliegen einer Entscheidungsregel (z. B. Dominanzkriterium und Anspruchsniveau) sind. Der Prozess der (individuellen) Präferenzbildung besteht aus:
>
> (1) Problembestimmung und Informationssuche,
>
> (2) Bewertung der subjektiv wahrgenommenen Alternativen unter Rückgriff auf ein Beurteilungsmodell (Vektormodell, Idealpunktmodell, Teilnutzenmodell) und
>
> (3) Verdichtung zur Gesamtpräferenz.

Für Marketinganwendungen werden die empirischen Daten durch (computergestützte) Anwendung von psychometrischen Skalierungsalgorithmen verarbeitet, denen eine bestimmte Verknüpfungsregel zu Grunde liegt. Die Eignung dieser Regel wird vereinfacht durch einen Indikator beurteilt, der die Güte der Anpassung der Modellwerte an die Ausgangsdaten misst. Ferner existieren Programme, die eine computergestützte Befragung ermöglichen, die bspw. im Rahmen der Choice-Based-Conjoint- oder der Adaptive-Conjoint-Analyse genutzt werden (Wittink/Vriens/Burhenne 1994, S. 41 ff.).

Ein wesentliches Problem des Conjoint-Measurement ist die Frage, in welchem Umfang die Merkmale der Objekte tatsächlich kognitiv oder affektiv von den Befragten verarbeitet werden. Bei gewohnheitsmäßig gekauften Gütern oder anderen Produkten, die ohne persönliches Interesse beurteilt werden, kann die Verlässlichkeit der Ergebnisse daher unbefriedigend sein. Außerdem sind i. d. R. Vorstudien erforderlich, um realistische und entscheidungsrelevante Merkmalsausprägungen und -kombinationen für die Beurteilung zu erhalten (Swoboda 2000, S. 151 ff.).

2.2 Kognitive Prozesse und Zustände

2.2.1 Kognitionen

2.2.1.1 Theoretische Grundlagen und Charakteristika

> *Kognitionen sind Vorgänge bzw. Prozesse, mit denen das Individuum sich selbst und seine Umwelt erkennt, d. h., es sind Prozesse der gedanklichen Informationsverarbeitung. Sie dienen der gedanklichen Kontrolle und willentlichen Steuerung des Verhaltens.*

Nicht jedes Verhalten ist kognitiv gesteuert, wie z. B. automatisch ausgelöste (reaktive) Verhaltensweisen, bei denen aufgrund einer automatischen Schaltung im zentralen Nervensystem ein bestimmter Anreiz ausgelöst wird. Dennoch wird in der Konsumverhaltensforschung auf kognitive Prozesse fokussiert. Sie werden in der Theorie des Konsumentenverhaltens als Informationsverarbeitung analog der maschinellen Informationsverarbeitung aufgefasst. Die ältere Einteilung der kognitiven Prozesse in Wahrnehmung, Denken und Problemlösen, Lernen und Gedächtnis wurde durch diesen Ansatz abgelöst. Dabei können die kognitiven Prozesse, analog zur maschinellen Datenverarbeitung, als Informationsverarbeitungsprozess verstanden werden, zu dem i. w. S. zählen (vgl. nachfolgend Kroeber-Riel/Gröppel-Klein 2013, S. 307 ff.; Trommsdorff/Teichert 2011, S. 212 ff.):

- Informationsaufnahme (Wahrnehmung)
- Informationsverarbeitung (Wahrnehmung, Denken, Entscheiden)
- Informationsspeicherung (Denken, Lernen und Gedächtnis).

Die Informationsverarbeitung beginnt (bereits) mit der Aufnahme eines Reizes und dessen Entschlüsselung. Im weiteren Verlauf werden die vom Reiz vermittelten Informationen in Verbindung mit bereits vorhandenen Informationseinheiten gebracht und unter bestimmten Umständen letztlich im Gedächtnis langfristig gespeichert (Schiffman/Wisenblit 2015, S. 161 ff.). Von zentraler Bedeutung sind die Prozessoren, über die sich die kognitive Verarbeitung von der Aufnahme bis zur Speicherung von Informationen vollzieht. Übersicht 56 zeigt das Dreispeichersystem, das sog. Mehrspeichermodell bzw. treffender modales Modell der kognitiven Psychologie (Baddeley 2000, S. 421), das folgende Komponenten umfasst:

- der sensorische Informationsspeicher (auch sensorisches Register),
- das Arbeitsgedächtnis (auch zentrale Exekutive) und
- der Langzeitspeicher (auch Langzeitgedächtnis).

Der *sensorische Informationsspeicher* (das *sensorische Register*) speichert Sinneseindrücke nur für ganz kurze Zeit und zwar indem die Wahrnehmungen (Reize) in bioelektrische

Impulse umgewandelt und dann vom zentralen Nervensystem weiterverarbeitet werden. Voraussetzung dafür ist, dass die Reize nicht sofort nach der Beendigung der Reizaufnahme erlöschen, sondern zum Gesamtbild einer Reizkonstellation zusammengesetzt werden. Aufgabe dieses Speichers ist es also, Sinneseindrücke für kurze Zeit passiv festzuhalten. Dabei muss die Kapazität groß sein, da bei einer sehr kleinen Speicherdauer (0,1 bis 1 sec) vieles über die Sinnesorgane wahrgenommen wird. Das sensorische Register wird auch als Verbindung zwischen Wahrnehmung und Gedächtnis gesehen.

Übersicht 56: **Modales Gedächtnismodell zur Darstellung elementarer kognitiver Prozesse**

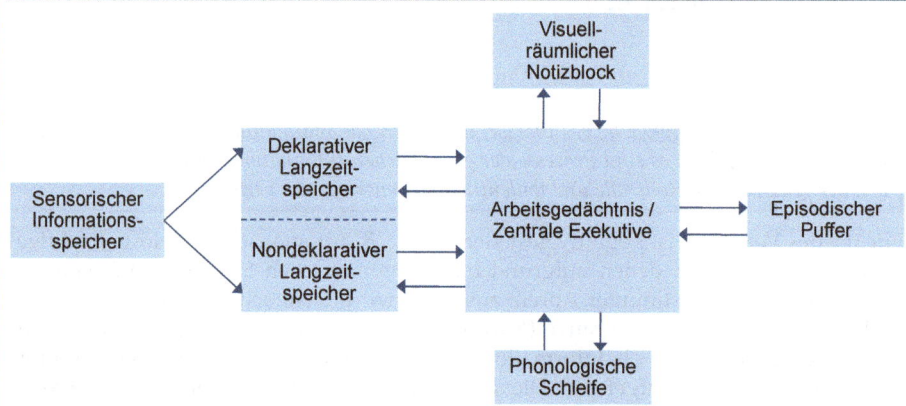

Der *Langzeitspeicher* (*Langzeitgedächtnis*, LZG) ist mit dem Gedächtnis des Menschen gleichzusetzen und die innere Repräsentation von Wissen. Dieses Vorwissen dient als Rahmen, in dem neue Informationen eingeordnet und interpretiert werden. Zur Systematisierung der Gedächtnisstruktur wird das *deklarative Gedächtnis* (verbalisiertes Wissen über Fakten und Ergebnisse) vom *nondeklarativen Gedächtnis* (bewusste und unbewusste Erfahrungen, die nicht verbalisierbar sind) unterschieden (siehe Abschnitt 2.2.4 in diesem Kapitel). Zur Systematisierung der Gedächtnisprozesse werden die neuronalen Prozesse und insb. die Verarbeitungstiefe betrachtet, die das Individuum bei der Informationsverarbeitung aufbringt. Folgende Gedächtnisprozesse können unterschieden werden (Kroeber-Riel/Gröppel-Klein 2013, S. 312 ff.):

- Die Erinnerungsleistung steigt mit der Verarbeitungstiefe und der Kongruenz von Informationen.
- Die Erinnerungsleistung steigt bei gleicher Stimmung während dem Encodieren und dem Abruf der Information.
- Informationen (bspw. Werbung) werden besser erinnert, wenn ihr Kontext aufgegriffen wird, in welchem sie gesendet wurden.
- Wird ein Element aus einem Schema (siehe Abschnitt 0 in diesem Kapitel) angesprochen, ist es wahrscheinlich, dass die dem Schema zugehörigen Elemente mitabgerufen werden.

Das *Arbeitsgedächtnis* (die *zentrale Exekutive*) ist anders als das LZG in seiner Kapazität auf 7 +/- 2 Elemente beschränkt. Nach Baddeley (2000) gibt es drei Subsysteme, die von der zentralen Exekutive gesteuert werden:

- Die *phonologische Schleife* zur Verarbeitung von akustischen und artikulatorischen Informationen. Zur Speicherung findet eine Art Nachsprechen statt, welches in der Kapazitätsgrenze von zwei Sekunden liegen sollte, um eine bessere Erinnerungsleistung zu erzielen. Daher werden längere Wörter weniger gut erinnert.
- Der *visuell-räumliche Notizblock* zur Verarbeitung von visuellen Stimuli (siehe dazu Abschnitt 2.1.4.2).
- Der *episodische Puffer* erklärt Informationsverknüpfungen bspw. zwischen verbalen Informationen und bildlichen Vorstellungen. Bspw. zeigte Langner (2003), dass assoziative Markennamen besser erinnert werden als sinnfreie Markennamen.

Untersuchungen im Bereich der Gedächtnisforschung haben ergeben, dass die Speicher nicht als festgelegte Gedächtnisinformationen, sondern vielmehr als eine unterschiedliche Verarbeitungstiefe der wahrgenommenen Reize (Gedächtnismodell der Verarbeitungstiefe) zu interpretieren sind. Reizmaterial (z. B. Information) kann danach umso besser erinnert werden, je stärker der Konsument involviert ist und je stärker die Aufmerksamkeit auf das zu lernende Material gerichtet ist. Die Tiefe der Verarbeitung nimmt zu, je mehr kognitive Anstrengungen bei der Informationsverarbeitung aufgewendet werden.

Spezialisierung der Hirnhemisphären

Die *Hemisphärenforschung* beschäftigt sich mit der dominierenden Rolle einer der beiden Gehirnhälften bei der Kontrolle bestimmter körperlicher oder geistiger Funktionen (siehe Übersicht 57). Bspw. erfolgt der Informationserwerb durch zwei miteinander korrespondierende Systeme. Die beiden Hemisphären sind jeweils auf unterschiedliche Bereiche spezialisiert, wobei sich die Gewichtung individuell unterscheidet. Z. B. ist die Sprache eine linkshemisphärische Funktion. Dies bedeutet, dass die Schädigung der linken Hirnhälfte bei den meisten Menschen Sprachstörungen zur Folge haben kann usw.

Übersicht 57: Charakteristika der linken und der rechten Hemisphäre

linke Hemisphäre	rechte Hemisphäre
■ spontanes Sprechen	■ Nachsprechen, aber kein spontanes Sprechen
■ Reaktionen auf komplexe Anweisungen	■ Reaktionen auf einfache Anweisungen
■ Worterkennung	■ Gesichtserkennung
■ Gedächtnis für Wörter und Zahlen	■ Gedächtnis für Umrisse und Musik
■ Bewegungsabfolgen	■ Räumliches Interpretieren
■ positive Emotionen	■ negative Emotionen
	■ emotionale Ansprechbarkeit (Responsivität)

Prinzipiell lässt sich an dieser Stelle nur festhalten, dass Menschen offensichtlich charakteristische Wahrnehmungsasymmetrien besitzen und das Gehirn in einer individuell typischen und stabilen Weise Aufgaben auf die beiden Hirnhälften verteilt. So kommen auch unterschiedliche kognitive Leistungen zustande (Gerrig 2015, S. 99 ff.).

Die Hemisphärenforschung ist heute umstritten, da nicht von einer klaren Funktionsaufteilung ausgegangen werden kann – vielmehr sind die Hirnhälften miteinander korrespondierende Systeme.

2.2.1.2 Bedeutung und Messung

Für das Marketing stellt sich die Herausforderung, den Konsumenten Informationen zu vermitteln, die sie langfristig speichern. Diese Aufgabe wird aufgrund des seit Jahren wachsenden Informationsangebots und der damit verbundenen Informationsüberflutung der Konsumenten immer schwerer. Es wird angenommen, dass nur knapp 2 % der durch Massenmedien verbreiteten Informationen von den Konsumenten aufgenommen werden. Angesichts der zunehmenden Informationsüberlastung, die bereits 1987 bei 98,1 % lag, kommt der Generierung von Aufmerksamkeit eine große Bedeutung zu (Esch/Wicke/Rempel 2005, S. 17).

Diese Problematik der Informationsüberlastung bzw. der begrenzten Aufnahmefähigkeit der Konsumenten ist v. a. bei der Konzeption einer Werbeanzeige zu beachten. Bei der flüchtigen Betrachtung einer Werbeanzeige von fünf Sekunden ist die Zahl der Informationseinheiten begrenzt, die aus dem sensorischen Speicher in den Kurzzeitspeicher übernommen werden können. Eine genaue Angabe der Zahl der Informationseinheiten ist schwierig; Bernhard (1978, S. 18 ff., S. 60 ff.) spricht von ungefähr 20.

Da die Betrachtungszeit einer Werbeanzeige von fünf Sekunden bereits als relativ lange angesehen werden kann, ist in vielen Werbeanzeigen ein Großteil der Informationen unwirksam, da sie vom Konsumenten nicht gespeichert werden. Dem Unternehmen muss es gelingen, die Werbeanzeige so zu gestalten, dass die wichtigsten Informationen vom Betrachter aufgenommen werden. Übersicht 58 zeigt Beispiele für die Messapparatur und für die fixierten Punkte in einer Anzeige.

Übersicht 58: *Einsatz des Eye Tracking zur Aufzeichnung des Blickverlaufs*

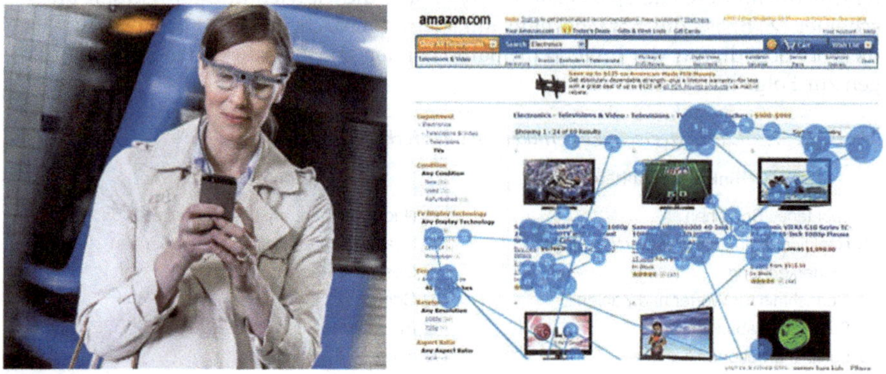

Quelle: Tobii Technology GmbH 2014.

In diesem Zusammenhang ist die sog. *Sensorische Adaptation* zu nennen, die der Informationsüberlastung entgegenwirkt. Sie bezeichnet die abnehmende Reaktionsstärke des Wahrnehmungssystems bei andauerndem, konstantem Reizinput. Auf diese Weise erlaubt es dieser Anpassungsmechanismus, die Aufmerksamkeit auf neue Informationen zu richten und rasch auf diese zu reagieren (Gerrig 2015, S. 117).

2.2.2 Informationsaufnahme

2.2.2.1 Theoretische Grundlagen und Charakteristika

> Der Bereich der Informationsaufnahme umfasst alle Vorgänge bis zur Übernahme von Reizen bzw. Informationen in den zentralen Prozessor (Kurzzeitspeicher bzw. -gedächtnis), wo die eigentliche kognitive Verarbeitung stattfindet, d. h., es werden nur jene Reize betrachtet, die vom sensorischen Speicher in den Kurzzeitspeicher gelangen.

Im Rahmen der Informationsaufnahme und insb. der Informationsverarbeitung werden auch die internen, gespeicherten Informationen (im Langzeitgedächtnis gespeichertes Wissen) abgerufen. Insofern umfasst das Informationsverhalten in einer weiteren Abgrenzung sowohl die Informationsbeschaffung (siehe Übersicht 59) als auch die Informationsverarbeitung (d. h. das gesamte Informationsverarbeitungssystem).

Übersicht 59: **Arten der Informationsaufnahme von Konsumenten**

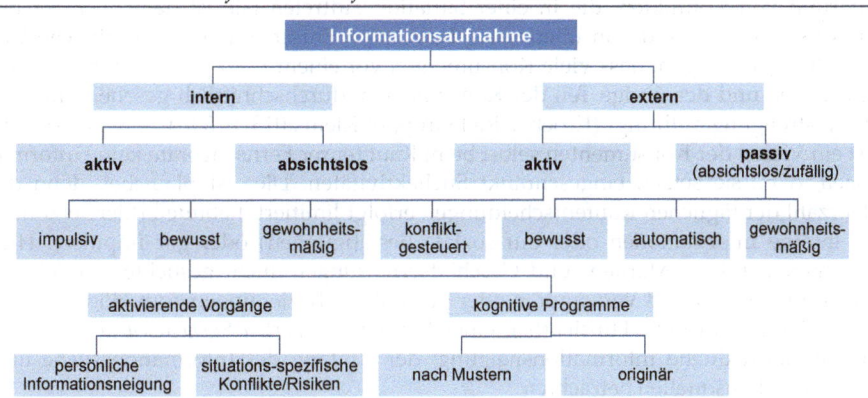

Quelle: Kroeber-Riel/Gröppel-Klein 2013, S. 338.

Die Informationsbeschaffung der Konsumenten kann wie folgt gegliedert werden:

- die interne Informationsaufnahme (aus dem Gedächtnis) und externe Informationsaufnahme (aus dem Umfeld) sowie jeweils in
- das absichtslose, zufällige (passive) Aufnehmen von Informationen und
- das aktive Suchen nach Informationen, wobei die interne Informationssuche vor der externen präferiert wird, sodass

letztlich die Stärke der hinter der Informationsaufnahme stehenden Antriebskräfte den Umfang und die Intensität der Informationsaufnahme bestimmt. Nachfolgend werden zunächst die Formen der externen Informationsaufnahme – (1) passiv und (2) aktiv – behandelt, bevor (3) die interne Aufnahme zur Sprache kommt.

Die *externe Informationssuche* kann sich auf die gesamte Umwelt des Konsumenten, also z. B. auf Werbeinformationen, Ladengestaltung oder generell Beobachtungen, Empfehlungen von Freunden, Leistungstests, Beratungsgespräche oder auf Diskussionsgruppen im Internet beziehen. Sie sind v. a. auf einer aktiven Ebene bei extensiven Entscheidungen, aber zugleich auf einer passiven Ebene bspw. bei Impulskäufen relevant.

(1) Die externe *passive (absichtslose/zufällige) Informationsaufnahme* erfolgt einerseits im Rahmen der persönlichen (Face-to-Face-) Kommunikation und wird andererseits durch Informationen aus der Umwelt, bspw. der Massenkommunikation oder der POS-Gestaltung, ausgelöst. Der Konsument nimmt unbewusst Informationen auf, z. B. auch aufgrund von automatischem oder gewohnheitsmäßigem Reagieren auf bestimmte Reizeigenschaften; bspw. werden – wie erwähnt – die Bilder einer Anzeige als erstes fixiert und meistens länger betrachtet. Durch geeignete Platzierung von visuellen Informationseinheiten und durch ihre aktivierende Gestaltung lässt sich diese Informationsaufnahme der Empfänger beeinflussen. Hier liegt eines der zentralen Anwendungsfelder zur Verbindung der behandelten aktivierenden Prozesse und der Informationsaufnahme, bspw. im Zuge der Gestaltung von Werbeanzeigen und Blickverlaufsstudien (Kroeber-Riel/Gröppel-Klein 2013, S. 347 f.).

(2) Die externe *aktive Informationssuche* bildet das zentrale Anwendungsfeld. Sie kann auf verschiedene Weise geschehen: impulsiv (häufig auf Neugier (Explorationsverhalten) beruhend), gewohnheitsmäßig (auf verfestigten Verhaltensmustern beruhend), aufgrund von Konflikten, die in einer Situation auftreten (sie ist dann weniger bewusst) sowie aufgrund von überlegten, bewussten Entscheidungen. Empirische Untersuchungen belegen, dass viele Konsumenten vor einem Kauf gar keine Informationen suchen und der übrige Teil der Konsumenten, durchschnittlich gesehen, nur wenig Anstrengung aufbringt (Kroeber-Riel/Gröppel-Klein 2013, S. 337 ff.). Bspw. suchen fast ein Viertel der Konsumenten selbst beim Kauf teurer Fernsehgeräte keine Informationen, d. h., sie setzen eingeschränkt Suchaktivitäten. Dies ist plausibel, denn die Mehrzahl der täglichen Kaufentscheidungen erfolgt limitiert, habituell (hier setzt man auf interne Informationen oder auf soziale Bestätigungen) oder gar impulsiv. Hier dominieren frühere Marken- und Geschäftserfahrungen, nicht gesuchte Empfehlungen von Freunden und Verwandten oder persönliche Beziehungen zum Händler oder einem Berater am POS. Hinsichtlich einer *bewusst gesteuerten Suchentscheidung* lassen sich die individuelle Informationsneigung, der Umfang der Informationssuche und die Informationsquellen betrachten.

Zur hier zunächst relevanten Erklärung, wie Konsumenten ihre Informationssuche bewusst steuern, ist es (wie für alle Verhaltenserklärungen) zweckmäßig,

(a) die aktivierenden Vorgänge, d. h. situationsspezifische und persönliche Triebkräfte der Informationssuche und
(b) die kognitiven Programme, nach denen Suchstrategien ausgewählt werden (nach bestimmten Mustern oder originär),

zu unterscheiden. Denn damit können die vielen Variablen (vgl. dazu Raffée/Silberer 1981), die in Verbindung mit der Informationssuche diskutiert werden, geordnet werden.

(a) Grundsätzlich kann die Aktivierung der Informationssuche der Konsumenten aus psychologischer Sicht unter *situationsspezifischen Merkmalen* (d. h. bei der Wahrnehmung eines Produkts, einer Einkaufsstätte etc. entsteht ein Informationsbedarf) und *personenspezifischen* (d. h., Konsument A hat eine stärkere Informationsneigung als Konsument B) analysiert werden. Je höher das wahrgenommene Kaufrisiko in einer Kaufsituation, umso stärker der Antrieb zusätzliche Informationen zu suchen (Kroeber-Riel/Gröppel-Klein 2013, S. 353). Im Gegensatz dazu sind die personenspezifischen oder Persönlichkeitsmerkmale als Informationsneigung bzw. individuelle Prädisposition zu verstehen, d. h. als ein Persönlichkeitszug wie die Neigung zu Kritik oder zu Risiko, wobei dieses Verhalten in der Konsumentenverhaltensforschung – neben dem situativen oder produktspezifischen Involvement – auch als persönliches Involvement aufgefasst wird (siehe Abschnitt 3.2.2 in diesem Kapitel). Informationsbewusste Personen (*Informationssucher*) sind stets darauf bedacht, vor einer Kaufentscheidung hinreichend informiert zu sein. Insb. *Meinungsführer* und *Innovatoren* (siehe dazu Abschnitt 3.3.1 in diesem Kapitel) gelten als Informationssucher. Allerdings ist es noch nicht befriedigend gelungen, Informationssucher in einer praktikablen Weise anhand bestimmter Einstellungen zu charakterisieren, sodass sie indirekt über sozioökonomische Merkmale – bspw. gute Ausbildung, hohes Einkommen – beschrieben werden. Zugleich zeigen Studien, dass Informationssucher zwar aktiv Informationen suchen, aber nicht notwendigerweise eine ausgesprochen kritische Haltung zum Konsum haben, was eine Verhaltensinkonsistenz andeutet.

Der *Informationssuche* kommt im Rahmen *informationsökonomischer Ansätze* (siehe Kapitel I, Abschnitt 1.2.1) eine zentrale Rolle zu. Sie wird zugleich an den Beginn der *(kognitiven) Totalmodelle* (siehe Kapitel I, Abschnitt 1.3.1) und der *Vorkaufphase*, in Systematiken des *Konsumentenverhaltens in Kundenbeziehungen* gestellt (siehe Abschnitt 5.2.1 in diesem Kapitel). Dabei wird oftmals pauschal davon ausgegangen, dass ein bestimmtes Maß an Aktivierung und ein erkanntes Problem/Bedürfnis die Suche nach relevanten Informationen zur Lösung des Problems einleitet, wobei zunächst im eigenen Gedächtnis (interne Informationssuche) und dann in der Umwelt (externe Informationssuche) gesucht wird. Dies ist ein kognitiver Zugang, indem die aktivierende Wirkung von Informationsquellen oder generell die absichtslose, passive/zufällige Informationsaufnahme und -suche im Hintergrund stehen. Ebenso wird hier die Trennung zwischen Informationsaufnahme, -verarbeitung und -speicherung aufgegeben.

(b) Sheth/Mittal/Newmann (1999, S. 526 f.) fokussieren eher auf die aktive Informationssuche und unterscheiden – anders als Kroeber-Riel/Gröppel-Klein (2013) – aber lediglich auf der Ebene der *kognitiven Programme* – zwei Suchstrategien:

- Bei der *systematischen Suche* sucht der Konsument tiefgehend, zielgerichtet und bereitet eine objektive Evaluierung vor. Personen, die systematisch evaluieren, nutzen meist mehrere Informationsquellen, kaufen meist mit anderen Personen gemeinsam ein, nehmen sich fürs Einkaufen viel Zeit, überlegen sehr viel und sind sog. Preisvergleichs-Käufer.
- Die *heuristische Suche* entspricht schnellen „Daumenregeln", d. h., sie ist nicht systematisch, kann aber dennoch vom Konsumenten als rational bzgl. der Kosten und des Nutzens der weiteren Suche eingestuft werden. Sie kann u. a. wie folgt entstehen:
  - Weitreichende Rückschlüsse werden schnell aus einer Detailinformation gezogen (z. B. der Schluss von hohem Preis auf hohe Qualität).
  - Rückschlüsse auf neueste Technologie werden aus fortschrittlich klingenden technischen Termini gezogen (z. B. wissen nicht alle Konsumenten, die ein Fernsehgerät mit „CI+", „HDMI", „3D" etc. kaufen, was sich dahinter verbirgt, gehen aber davon aus, damit ein Gerät auf dem letzten Stand der Technik zu erwerben).
  - Erfahrungen aus der Vergangenheit werden herangezogen.
  - Marken werden zur Entscheidung herangezogen.
  - Die Entscheidung anderer (Vorbild-) Personen wird herangezogen.

Neben den strategischen Aspekten können bzgl. der externen Suche mehrere Dimensionen unterschieden werden. Konkret spricht man vom Suchumfang, von der Suchrichtung und von der Suchreihenfolge, die in Übersicht 60 mit jeweils charakteristischen Fragestellungen dargestellt sind (Blackwell/Miniard/Engel 2006, S. 106 ff.).

Übersicht 60: **Dimensionen der externen Suche**

Suchumfang	Suchrichtung	Suchreihenfolge
■ Wie viele Marken werden in Erwägung gezogen? ■ Wie viele Produktattribute werden in die Suche einbezogen? ■ Wie viele Informationsquellen werden genutzt? ■ Wie viel Zeit wird für die Informationssuche verwendet?	■ Welche Marken werden in Erwägung gezogen ■ Welche Geschäfte werden besucht/kontaktiert? ■ Welche Produktattribute werden einbezogen?	■ In welcher Reihenfolge werden Marken erwogen/Geschäfte besucht/kontaktiert? ■ In welcher Reihenfolge werden die Produktattribute verarbeitet? ■ In welcher Reihenfolge werden Informationsquellen genutzt?

(3) Folgt man des Weiteren der für den Abschnitt 5 relevanten Perspektive, dann ist die *interne Informationssuche*, d. h. der Rückgriff auf das eigene Wissen bzw. Gedächtnis und damit auf Informationen aus bisherigen Erfahrungen und Kenntnissen bzgl. verschiedener Produkte und Dienstleistungen, einsichtig. Hier ist zwischen verschiedenen Typen von Informationen – bspw. verbalen, non-verbalen etc. (siehe Abschnitt 2.2.4 in diesem Kapitel) – zu trennen. Es kommt also auf die Menge des Wissens und die Zugriffsmöglichkeiten an. Für konkrete Entscheidungen heißt das, dass sich die Informationssuche dann auf den internen Bereich beschränken kann, wenn Erfahrungen vorliegen, was bspw. bei Erstkäufen nicht der Fall ist. Handelt es sich um Wiederholungskäufe, dann kann, je nach ihrer Art, die Kaufentscheidung bereits nach der internen Suche erfolgen oder eine externe Informationssuche auslösen (vgl. dazu auch Foscht 1998, S. 181). Die Beschränkung auf die interne (und der Verzicht auf eine externe) Suche ist (wie erwähnt) bei habitualisierten oder auch limitierten Käufen zu beobachten. Gründe dafür, warum die interne Informationssuche als tendenziell „nicht ausreichend" geeignet erscheint, sind nach Sheth/Mittal/Newmann (1999, S. 532) bspw. negative Erfahrungen in der Vergangenheit, radikale Änderung der Technologie seit dem letzten Kauf, unregelmäßige/lange zurückliegende Käufe, hohes Kaufrisiko usw. Dies trifft auch bei Produkten zu, bei denen die Suche nach Neuigkeiten – das „Shopping" – einen Selbstzweck darstellt. Die Einzelgründe sind diskutabel, weil bspw. erstens eine der beliebtesten Strategien zur Kaufrisikoreduktion die auf „internen Informationen" fußende Markentreue ist und es zweitens zweckmäßig ist, die Gründe auf aktivierende Vorgänge und kognitive Programme zurückzuführen.

2.2.2.2 Bedeutung und Messung

Die Informationsaufnahme hat eine hohe Bedeutung für Marketingaktivitäten, da sie einen zentralen Filter des Kaufverhaltens bildet. Wenngleich verschiedene Formen der Informationsaufnahme zu differenzieren sind, liegt ein Schwerpunkt der Konsumentenverhaltensforschung auf der externen Aufnahme von Informationen und dabei auf visuellen Informationen, z. B. Werbe-/Bildinformationen oder POS-Informationen (stationäre oder elektronisch). Als *Informationsquellen* werden Verkaufsgespräche, Gespräche mit Bekannten, Testinformationen in Zeitschriften und die Werbung genannt. Dabei hat die persönliche Kommunikation und zunehmend die elektronische Informationsbeschaffung eine größere Bedeutung als die Massenkommunikation.

> ### POS-Displays erzeugen Aufmerksamkeit
>
> POS-Displays werden von Unternehmen dazu verwendet, im Handel, der immer stärker mit neuen Produkten „überfüllt" wird, die Aufmerksamkeit zu wecken. Zur Verdeutlichung der Effekte von Displays auf das Käuferverhalten ist eine Studie in Lebensmittel- und Spirituosenläden zu erwähnen. Einige dieser Läden wurden mit einem Display ausgestattet, andere nicht. Die Läden ohne Display stellten dabei die Vergleichsgruppe dar, anhand der ermittelt wurde, ob die Displays in den anderen Läden die Verkaufszahlen beeinflussten. Darüber hinaus wurden zwei unterschiedliche Typen von Displays getestet: bewegte Displays und statische Displays. In den Läden wurden nun die Verkaufszahlen über einen Zeitraum von vier Wochen beobachtet. In Übersicht 61 sind die Ergebnisse der Untersuchung dargestellt.
>
> *Übersicht 61:* **Wirkung unterschiedlicher POS-Displays**
>
> | | Statisches Display | Bewegtes Display |
> |---|---|---|
> | **Lebensmittelgeschäft** | 18 % | 49 % |
> | **Spirituosengeschäft** | 56 % | 107 % |
>
> Diese Ergebnisse lassen erkennen, wie wirksam Displays dazu beitragen können, die Verkaufszahlen zu erhöhen. Durchschnittlich führte die Installation eines Displays zu einem Anstieg des Absatzes der herausgestellten Produkte um mehr als 50 %. Der stärkere Anstieg der Verkäufe zeigte, dass die Möglichkeit, Bewegungen darzustellen, die Effektivität der Displays wesentlich erhöhte. Durch eine entsprechende Bewegungsdarstellung wurden in den Lebensmittelläden dreimal höhere, in den Spirituosenläden nahezu doppelt so hohe Verkaufszahlen im Vergleich zu einem statischen Display erzielt (Blackwell/Miniard/Engel 2006, S. 444).

Die Häufigkeit und die Art der Nutzung der unterschiedlichen Informationsquellen hängen v. a. vom entsprechenden Produkt, der Branche, dem Involvement des Konsumenten und den situativen Einkaufsbedingungen ab. Bspw. sind etwa für involvierte, modebewusste Kundinnen im Textilbereich hauptsächlich Mode-Zeitschriften, das Internet und das direkte, persönliche Verkaufsgespräch als Informationsquelle relevant (Gröppel 1991, S. 215), wohingegen Buchkäufer v. a. die Beratung im Bekanntenkreis, im Geschäft und im Internet bevorzugen. Bereits früh wurde gezeigt, dass Konsumenten beim Kauf eines Produkts nicht unbedingt diejenigen Informationsquellen heranziehen, die sie besonders schätzen, sondern häufig auf andere zurückgreifen. Dies gilt insb. für Verbraucherberatungsstellen sowie Test- und Fachzeitschriften, die als Informationsquelle am besten beurteilt werden, aber in der Nutzungshäufigkeit eine untergeordnete Rolle spielen. Diejenigen, die Verbraucherberatungsstellen als sehr informativ bezeichnen, nahmen diese zu 58 % bei ihrer letzten größeren Anschaffung nicht in Anspruch. Zugleich ist festzuhalten, dass für die Konsumenten die Grenzen zwischen den einzelnen Absatzkanälen und Informationsquellen verschwimmen. D. h., Konsumenten unterscheiden immer weniger, wo sie eine Information aufgenommen haben (ob im Internet oder in einem persönlichen Gespräch), wichtig ist vielmehr, dass die Erlebnisse den Erwartungen entsprechen und die Konsumenten mit den Leistungen des Unternehmens zufrieden sind.

> **Die Macht der Blogger im Web 2.0**
>
> Auch die schnelllebige Welt der Mode hat sich in Zeiten des Web 2.0 geändert. Früher saßen Einkäufer und Journalisten bei Modeschauen exklusiv in der ersten Reihe. Heute müssen sie sich die Plätze in der ersten Reihe mit Modebloggern teilen. Noch während die Models auf dem Laufsteg die neuste Kollektion präsentieren, fotografieren die Modeblogger und schreiben ihre Artikel zu den Kleidungsstücken, um die Informationen sofort in ihren Modeblog einzustellen. Es gibt inzwischen tausende Fashion-Blogger in aller Welt. Sie fotografieren Unbekannte auf der Straße, jagen Prominenten hinterher, suchen Trends, beschreiben, kritisieren, testen, bewerben Kleidung, Parfüms, Brillen, Schmuck, Schuhe, Uhren und Taschen.
>
> Unternehmen wissen bereits um die Macht der Blogger, die täglich tausende von Lesern auf ihren Blogs begrüßen. Bspw. werden einflussreiche Modeblogger zu Pressekonferenzen, Modeschauen und Ausstellungen eingeladen oder es werden ihnen sogar Publikationsangebote unterbreitet. So lud Apple zur Vorstellung der Apple Watch neben Vertretern der Elektronikbranche auch namhafte Herausgeber von Fashionmagazinen und Fashion-Blogger ein um die Positioinierung der Smartwatch als Accessoire zu unterstützen (reuters.com 2014).

Wie angedeutet, ist es sinnvoll, Partialerklärungen für die Steuerung der Informationssuche durch Konsumenten auf *aktivierende Vorgänge* und *kognitive Programme* zurückzuführen. In der Literatur wird eine Reihe von Größen betrachtet, die in einer Einzelbetrachtung die Informationssuche bestimmt.

U. a. folgende *Determinanten* bestimmen die Art und Weise der *Informationssuche* bzw. -*aufnahme* (vgl. Solomon 2015, S. 70 ff.):

- subjektiv wahrgenommene Bedeutung des Kaufs bzw. der Entscheidung
- Nutzen der Suche
- subjektiv wahrgenommenes Kaufrisiko
- Komplexität und Erklärungsbedürftigkeit des Produkts
- Einstellung zum Einkaufen
- positive oder negative Erfahrungen aus früheren Entscheidungen (Wissen)
- Dringlichkeit der Entscheidung
- Involvement

Die Rolle der meisten dieser determinierenden Faktoren erscheint als weitgehend selbsterklärend. Betrachtet man an dieser Stelle bspw. den Nutzen der Suche, dann suchen Konsumenten – den Grundideen der Informationsökonomie folgend – so viele Informationen wie nötig, um wohl überlegte Entscheidungen zu treffen.

Da jede Information (psychische) Kosten verursacht, werden nur jene Informationen gesucht, die eine Aussicht auf Belohnung (i. S. einer besseren Entscheidung) – also einen höheren Nutzen – bieten. Aus dieser Grundüberlegung folgt auch, dass zuerst jene Informationen gesucht werden, die den höchsten Nutzen versprechen. Weitere Informationen werden sukzessive entsprechend ihres potenziellen Nutzens herangezogen und zwar so lange, bis die Kosten für zusätzliche Informationen (finanziell, zeitlich, psychologisch) nicht größer sind als der erwartete Nutzen. Dies ist eine kognitive Erklärung.

Kundenkommunikation auf Social Media-Plattformen

Das Internet bietet dem Konsumenten verschiedene Möglichkeiten, Meinungen und Erfahrungen anderer Konsumenten bzgl. einzelner Produkte und Dienstleistungen zu erfahren bzw. diese anderen selbst zugänglich zu machen. In diesem Zusammenhang wird von Kundenartikulationen im Internet gesprochen, welche definiert werden als negative oder positive Äußerungen von potenziellen, aktuellen oder ehemaligen Kunden über ein Produkt, eine Dienstleistung oder ein Unternehmen, die über das Internet einer Vielzahl anderer Personen zugänglich gemacht werden (Hennig-Thurau/Hansen 2001, S. 562). V. a. Kundenartikulationen auf verschiedenen virtuellen Meinungsplattformen (Virtual Communities) wie bspw. www.ciao.de sowie eine Reihe von Weblogs (kurz: Blogs) bieten dem Konsumenten eine Vielzahl von Informationen an. Der Konsument hat – im Gegensatz zur klassischen Werbung – Gelegenheit, seine Informationen selbst zu selektieren. Im Vergleich mit z. B. einem Verkaufsgespräch liegt der Vorteil von Meinungsplattformen in der Unabhängigkeit des „Gegenübers". Eine der bekanntesten Internetplattformen zum Ausbau sozialer Netzwerke (Social Media) ist Facebook, das mit 500 Mio. Mitgliedern das weltgrößte soziale Netzwerk ist. Während erst knapp 15 % der Deutschen Facbook nutzen, sind es in Großbritannien bereits über 50 %. Auch Unternehmen haben die Macht des Netzwerkes zur Inszenierung der Marke erkannt und haben ihren eigenen Account bei Facebook. Z. B. ist die Adidas-Gruppe mit verschiedenen Marken vertreten (Reebok, Adidas Originals, Adidas Sport) und spricht über 20 Mio. Fans an.

Comparison Shopping

Eine Form der Suche nach kaufrelevanten Informationen, die eng mit dem Internet und dessen Möglichkeiten zusammenhängt, wird unter dem Begriff „Comparison Shopping" diskutiert. Häufig stellt sich die Situation so dar, dass ein Konsument über Internet-Plattformen Preisinformationen über ein Produkt sucht und den entsprechenden Händler vor Ort mit dem günstigsten Angebot konfrontiert. Es treten aber auch umgekehrte Fälle auf, in denen zuerst ein Fachhändler besucht und dessen Beratung in Anspruch genommen wird und danach im Internet nach dem günstigsten Angebot für das in Frage kommende Produkt gesucht wird. Unter Comparison Shopping kann also die Weiterentwicklung des klassischen Produktvergleichs unter Zuhilfenahme des Internet verstanden werden, im Rahmen dessen verkaufskanalübergreifend verglichen wird. Als Beispiele können in diesem Zusammenhang Websites wie www.idealo.de oder www.billiger.de angeführt werden.

In diesem Zusammenhang ist der Begriff des *wahrgenommenen Risikos* aufzugreifen, das mit dem Produktinvolvement zusammenhängt. Dieses Risiko entsteht, wenn der Konsument aufgrund der verfügbaren Informationen bspw. Abweichungen zwischen seinen Erfahrungen bzw. Erfolgserwartungen und den zu erwartenden Folgen seines Handelns (seines Kaufs) erkennt. In der Literatur wird oftmals die Hypothese wiedergegeben, dass die kognitive Inkonsistenz bzw. dieser kognitive Konflikt dazu führen, dass der Antrieb, zusätzliche Informationen zu suchen, umso größer ist, je stärker das wahrgenommene Kaufrisiko ist (Kroeber-Riel/Gröppel-Klein 2013, S. 349 ff.). Dies wird v. a. beim Kauf von neuen Produkten angeführt, da hier der Konsument versucht, dieses Risiko durch die Inanspruchnahme von persönlicher Kommunikation zu minimieren bzw. gänzlich auszuräumen. Diese Argumentation verdeckt die motivationale Funktion des wahrgenommenen Risikos. Dieses ist zunächst nur der Anlass für eine Informationssuche.

Inwieweit tatsächlich Informationen gesucht werden, hängt von der Auswahl der zur Verfügung stehenden Risiko-Reduktions-Strategien ab. Neben der aktiven Informationssuche gibt es nämlich eine Reihe weiterer Strategien, um das Risiko zu reduzieren. Am stärksten verbreitet ist immer noch die gewohnheitsmäßige (habituelle) Wahl der Produkte, Marken, Einkaufsstätten, d. h. letztlich loyales Konsumentenverhalten. Genau genommen ist der Zusammenhang zwischen wahrgenommenem Risiko und Informationssuche ein indirekter: Das wahrgenommene Risiko beeinflusst die Wahl der Risiko-Reduktions-Strategien und diese die Ausprägung der Informationssuche.

> **Risikoarten**
>
> Das Risiko, das Konsumenten im Zusammenhang mit einer bevorstehenden Kaufentscheidung wahrnehmen, kann vielfältig sein und lässt sich in folgende Gruppen einteilen (Schiffman/Wisenblit 2015, S. 143 f.; Solomon 2015, S. 65):
>
> - *Finanzielles Risiko* besteht, wenn es darum geht, Geld oder Eigentum zu verlieren. Dieses ist dann groß, wenn es um finanziell gewichtige Kaufentscheidungen (z. B. Haus, Auto etc.) bei relativ geringem Einkommen geht.
> - *Funktionales Risiko* besteht, wenn es um die funktionale Befriedigung von Bedürfnissen geht. Groß ist dieses Risiko insb. bei jenen Konsumenten, die sehr praktisch orientiert sind.
> - *Psychologisches Risiko* liegt vor, wenn es darum geht, dass der persönliche Status oder die Zugehörigkeit in Gefahr sind. Besonders groß ist diese Risikoform bei Menschen mit geringer Selbstachtung oder Attraktivität.
> - *Physisches Risiko* besteht, wenn die Gesundheit, Vitalität oder die körperliche Kraft in Gefahr sind.
> - *Soziales Risiko* liegt vor, wenn die soziale Anerkennung in Gefahr zu sein scheint bzw. gesichert werden soll. Berücksichtigt werden diese Aspekte bei symbolträchtigen Produkten wie z. B. Auto, Kleidung oder Schreibgerät.
> - *Zeitliches Risiko* besteht, wenn der Kauf eines Produkts bis zu einem bestimmten Zeitpunkt abgeschlossen werden muss. Dies kann der Fall sein, weil man noch knapp vor Ladenschluss „etwas" kaufen muss oder bei Geschenken. Das Risiko besteht darin, dass das Produkt – im ersten Fall – nach Ablauf der Zeit nicht mehr erhältlich ist oder – im zweiten Fall – nach dem jeweiligen Zeitpunkt sozusagen wertlos ist (z. B. Weihnachts-/Geburtstagsgeschenk).
> - *Versäumnis-Risiko* liegt vor, wenn Produkte nur eingeschränkt verfügbar sind bzw. Dienstleistungen nur eingeschränkt angeboten werden. Das Risiko liegt hier insb. darin, das Einmalige (z. B. Sondereditionen, Sammlerstücke, handsignierte Stücke, aber auch kurzfristige Preise) nicht zu versäumen.

Die hinsichtlich der Konsumenten getroffenen Aussagen gelten grundsätzlich auch für industrielle Einkäufer (siehe im Einzelnen Kapitel III), was etwa in der Typologie des Informationsverhaltens von Strothmann (1979) zum Ausdruck kommt, d. h. im Einkäuferverhalten. Tendenziell gilt jedoch, dass bei den stärker phasendifferenzierten, multipersonalen Beschaffungsentscheidungsprozessen beim Kauf von Investitionsgütern eine intensivere und bewusster gesteuerte aktive Informationsbeschaffung vorliegt. Dies schließt jedoch eine zufällige Informationsaufnahme – die, anders als im Konsumgüterbereich, hier nicht dominiert – nicht aus.

Messung der Informationsaufnahme

Neben den genannten Ergebnissen bzgl. der genutzten Informationsquellen stehen zur Messung der Informationsaufnahme (i. e. S.) mehrere Möglichkeiten zur Verfügung.

Die *Befragung* wird oft als Messmethode der Informationsaufnahme angewandt, was allerdings gerade bei der Erforschung des externen, passiven (absichtslosen, zufälligen) Suchverhaltens mangelhaft ist. Faktisch lässt sich verbal nur ein Teil der Informationsaufnahme ermitteln und zwar jener, der bewusst kontrolliert und erinnert wurde. D. h., es können nur Informationen wiedergegeben werden, die der Proband mindestens im Kurzzeitgedächtnis hat, sodass die tatsächliche Informationsaufnahme wesentlich größer ist und insb. die reaktive und nicht-bewusst kontrollierte Informationsaufnahme nicht erfasst wird. Daher liegt ein Validitätsproblem vor, d. h., der Zusammenhang zwischen Messabsicht und Messergebnis ist nur unzureichend gegeben. Zudem ist die häufig aus forschungsökonomischen Gründen ex-post, verbal erfasste Informationsaufnahme problematisch, denn dabei erinnert sich der Kunde nur an gespeicherte Informationen. Zu bedenken ist, dass zwar alle gespeicherten Informationen auch aufgenommene Informationen sind, aber nicht alle aufgenommen Informationen auch gespeichert werden. Idealtypisch wäre also eine Messung zu mehreren Zeitpunkten, z. B. zum Zeitpunkt der Informationsaufnahme und zum Zeitpunkt der Kaufentscheidung, notwendig.

Ein weiteres Verfahren ist die *Beobachtung des motorischen Verhaltens* der Konsumenten bspw. am POS und eine detaillierte Messung körperlicher Kommunikationssignale. Der Vorteil liegt hier in der realen Situation der Informationsbeschaffung, während aber neben der Praktikabilität das Problem zu berücksichtigen ist, dass nur ein Teil der tatsächlich aufgenommenen Informationen im beobachtbaren Verhalten zum Ausdruck kommt. Zur Erfassung dieser nonverbalen Indikatoren wird folgendes Vorgehen empfohlen (Weinberg 1986, S. 27 ff.):

- Man beobachtet das Konsumentenverhalten, sei es im Feld oder im Labor. Dabei kann die Festlegung des Standorts hinsichtlich Präzision und Vergleichbarkeit der Beobachtung gewisse Probleme bereiten.
- Das Verhalten wird in einzelne Signalsysteme zerlegt, z. B. Mimik, Gestik und Körperhaltung. Es empfiehlt sich, per Videofilm etc. einzelne Verhaltenssequenzen festzuhalten.
- Geschulte Beobachter interpretieren die Signalsysteme zunächst einzeln in der Kommunikationssituation bzw. anhand der Aufzeichnungen, dann gemeinsam mit anderen Beobachtern. Dabei ist die Verwendung eines standardisierten Notationssystems unumgänglich.

Psychische Erklärungskonstrukte des Konsumentenverhaltens

- Zur Validierung der Ergebnisse kann teils auf bewährte Befunde zurückgegriffen werden, teils wird es möglich sein, eine nachträgliche Befragung der Testpersonen vorzunehmen (Selbsteinschätzung).
- Zur Prüfung der Reliabilität bieten sich z. B. das Test-Retest-Verfahren, Paralleltests oder varianzanalytische Tests an.

In neuen Medien bspw. im Internet, in Webshops oder bei POS-Terminals besteht eine Reihe weitergehender Möglichkeiten zur Messung der Informationsaufnahme bzw. -suche, die i. d. R. aber auf die Suche in diesen Medien begrenzt ist. Zu erwähnen ist hier die Protokollierung der Informationsabrufe (Hits, Page-Impressions, Visits, Click-Rates etc.) in sog. Log-Files sowie die entsprechende Analyse bis hin zur Kombination mit verbalen oder psychobiologischen Analyseverfahren. Die (klassische) Blickaufzeichnungstechnik (Eye Tracking) kann als weit entwickelte Technik bzw. psychobiologische Methode zur Messung der visuellen Informationsaufnahme genannt werden.

Übersicht 62: Mobile Blickaufzeichnungstechnik und Anwendung am POS

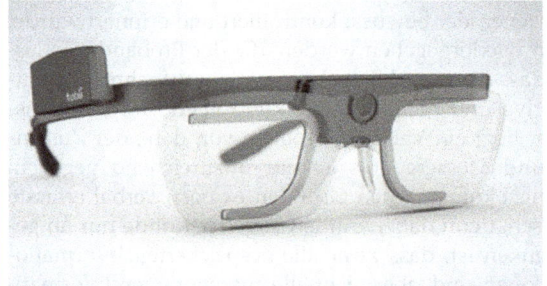

Quelle: Tobii Technology GmbH 2014.

Ihr Vorteil liegt in der Erfassung der reaktiven Muster der Informationsaufnahme, also der gewohnheitsmäßigen und automatischen Reaktionen. Mit Hilfe spezieller Brillen (siehe Übersicht 62) wird die Bewegung der Pupillen im mobilen Einsatz aufgezeichnet. Im stationären Einsatz werden fixmontierte Infrarotkameras für die Aufzeichnung der Pupillenbewegungen verwendet, wobei alle Punkte z. B. einer Zeitungsseite identifiziert werden, die das Auge aufgenommen hat; ob sie gespeichert werden, ist fraglich. Im Ergebnis wird deutlich, dass eine Zeitungsseite nicht systematisch betrachtet wird, sondern der Blick die Zeitungsseite mit unregelmäßigen Sprüngen abtastet, die dem Betrachter nicht bewusst werden. Jeder Blickverlauf zerfällt in Fixationen und Saccaden. Bei Fixationen verweilt der Blick auf einem bestimmten Punkt der Zeitungsseite (Dauer: 200 bis 400 msec), während der Blickverlauf bei Saccaden von einem bestimmten Punkt zum nächsten springt (30 bis 90 msec). Fixationen sind die eigentlichen Indikatoren der Informationsaufnahme, denn nur hier können die visuellen Informationen, die der Blick eine Mindestzeit lang fixiert, ins Kurzzeitgedächtnis gelangen. Diese Tatsache hat Auswirkungen (insb.) auf die Werbe- oder Websitegestaltung. Darüber hinaus zeigen entsprechende Untersuchungen, dass es zumindest zwei Muster der Informationsaufnahme gibt:

- Bei der gewohnheitsmäßigen Informationsaufnahme folgt der Proband einem gelernten Blickverhalten, das aufgrund wiederkehrender Erfahrungen habitualisiert ist,

z. B. erlerntes Lesen (von links nach rechts). Die Textbetrachtung des Blickverhaltens sieht so aus, dass – auf einer Seite – oben mehr fixiert wird als unten, oben links am meisten und unten links am wenigsten fixiert wird, und dass Bilder (z. B. in einer Anzeige) tendenziell zuerst betrachtet werden, was zur Umkehrung des Blickverhaltens führen kann. Zu beachten ist darüber hinaus die Bildgröße.
- Beim automatischen Reagieren besteht durch die Reizangebote visueller Art die Chance für die Werbung, das gewohnheitsmäßige Verhalten zu durchbrechen. Dadurch steigt die Wahrscheinlichkeit, dass eine, aus vielen Anzeige wahrgenommen wird.

Übersicht 63 zeigt die Ergebnisse eines Experiments, wobei in der linken Abbildung die Fixationen durch Heatmaps visualisiert werden mit denen die aufmerksamkeitsstärksten Elemente der Website identifiziert werden können. In der rechten Abbildung werden die Fixationen und Saccaden dargestellt, anhand derer analysiert werden kann anhand welche Elemente der Website der Blick des Betrachters gelenkt wird und welche Informationen in den ersten Betrachtungsaugenblicken vermittelt werden.

Übersicht 63: **Heatmaps und Blickverlauf beim Betrachten von Websites**

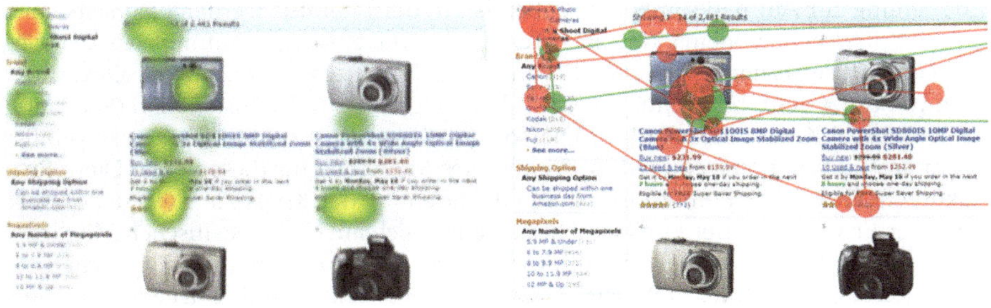

Quelle: Tobii Technology GmbH 2014.

Die Größe der Kreise indiziert dabei die Betrachtungsdauer und gibt somit Hinweise für das Ausmaß der Informationsaufnahme.

2.2.3 Informationsverarbeitung

2.2.3.1 Theoretische Grundlagen und Charakteristika

Die Informationsverarbeitung wurde als ein über die Informationsaufnahme hinausgehender kognitiver Prozess definiert, der mit Vorgängen wie Wahrnehmen, Denken und Entscheiden verbunden ist. Wie üblich ist in diesem Zusammenhang einerseits auf die Wahrnehmung als subjektivem, selektivem und aktivem Vorgang, anderseits auf die Beurteilung des Reizes als kognitiver Informationsverarbeitung zu fokussieren.

> *Wahrnehmung ist ein kognitiver Prozess der Informationsverarbeitung, bei dem vom Individuum aufgenommene Umweltreize und innere Signale entschlüsselt zu einem inneren Bild der Umwelt und der eigenen Person verarbeitet werden, sodass sie einen Sinn (Informationsgehalt) erhalten (Schiffman/Wisenblit 2015, S. 114).*

Wahrnehmung bedeutet Gegenstände, Vorgänge, Beziehungen in einer bestimmten Weise zu sehen, hören, tasten, schmecken, riechen, empfinden und diese Sinneseindrücke zu interpretieren und in einen sinnvollen Zusammenhang zu bringen (Solomon 2015, S. 69). Sie ist zunächst ein Vorgang der Informationsgewinnung, und zwar von Umweltreizen und von Innen- bzw. Körperreizen (äußere und innere Wahrnehmung). Die äußere Wahrnehmung erfolgt primär durch bewusste Informationsaufnahme, wobei zusätzlich auch Reize unterhalb einer Wahrnehmungsschwelle (*unterschwellige Wahrnehmung*) aufgenommen werden (Koeppler 1972). Nicht nur die passive Aufnahme von Reizen, z. B. bei der *Orientierungsreaktion*, sondern auch die aktive Informationsaufnahme und -weiterverarbeitung ist Bestandteil des Wahrnehmungsprozesses. Die subjektive Interpretation der Reize umfasst auch ihre Bewertung. Somit handelt es sich bei der Wahrnehmung um einen komplexen kognitiven Vorgang, der mit anderen kognitiven Vorgängen wie Aufmerksamkeit, Denken und Gedächtnis verknüpft ist.

> *Orientierungsreaktion*
>
> Beim Begriff der Orientierungsreaktion handelt sich um ein Phänomen, das in enger Beziehung zur Aufmerksamkeit zu sehen ist. In der Literatur werden einerseits beide Begriffe nicht voneinander abgegrenzt, andererseits wird Aufmerksamkeit als Oberbegriff angesehen. Die Orientierungsreaktion ist eine kurzzeitige, reflexartige Hinwendung des Organismus zu einem Reiz oder einer Reizkonstellation (Kroeber-Riel/Gröppel-Klein 2013, S. 61 f.). Die so ausgelöste *phasische Aktivierung* sensibilisiert das Informationsverarbeitungssystem des Menschen für diesen Reiz. Diese Reaktion äußert sich z. B. motorisch durch die Drehung des Kopfs zur Reizquelle oder in einer Erweiterung der Pupillen. Hierin zeigen sich auch die spezifischen Möglichkeiten zur Messung der Orientierungsreaktion. Sie wird durch die Eigenschaften von Reizen, z. B. Intensität, Farbe, Größe, Neuartigkeit und Ungewissheit, bestimmt.

Wichtig ist das Begreifen des komplexen Wahrnehmungsprozesses als einen subjektiven, selektiven und aktiven Vorgang (Kroeber-Riel/Gröppel-Klein 2013, S. 363 ff.).

- Die Wahrnehmung unterliegt der Subjektivität des Individuums, d. h., nicht die objektive, sondern die subjektiv wahrgenommene Umwelt (Unternehmen, Produkte, Einkaufsstätten etc.) wird erlebt. Die komplexe Umwelt wird in eine vereinfachte, subjektive Umwelt transformiert und durch subjektive Interpretation und Bewertung entstehen Abweichungen zwischen Realität und wahrgenommener Umwelt sowie bspw. inneren Bildern von Gegenständen, Vorgängen oder Personen.
- Wahrnehmung ist nicht nur eine passive Aufnahme von Reizeindrücken, die „von außen" kommen, sondern ein aktiver Vorgang der Informationsaufnahme und -verarbeitung, durch den sich der Einzelne seine subjektive Umwelt konstruiert.
- In engem Zusammenhang mit der Subjektivität steht die Selektivität der Wahrnehmung (Behrens 1991, S. 14 ff.), denn aus der Vielzahl der auf die Sinnesorgane einwirkenden Reize wird bzw. muss ein bestimmter, kleiner Teil herausgefiltert werden. Ohne diesen Auswahlvorgang wäre das Informationsverarbeitungssystem überfordert. Welche Reize ausgewählt werden, ist von den reaktiven und bewusst gesteuerten Formen der Informationsaufnahme abhängig. Dabei werden verschiedene Selektionsformen angewendet, die bspw. auf der biologischen Entwicklung des Menschen,

speziell seiner Sinnesorgane, beruhen. Dies gilt z. B. für die Selektion bzw. Konzentration auf die für den Einzelnen wichtigen Reizarten und die Bandbreiten der verschiedenen Reizarten (Schiffman/Wisenblit 2015, S. 124 ff.).

Die menschliche Wahrnehmung ist ein bevorzugter Gegenstand kognitiver Theorien, die meistens die Informationsverarbeitung anhand eines modalen Gedächtnismodells erklären (siehe Abschnitt 2.2.1.1 in diesem Kapitel). D. h., dass die von der Umwelt, bspw. beim Ladenbesuch, ausgelösten Sinneseindrücke zunächst eher passiv und kurz im sensorischen Speicher festgehalten werden, wobei nur ein kleiner Teil dieser Sinneseindrücke ins Kurzzeitgedächtnis – die zentrale Verarbeitungseinheit – gelangt und unter Rückgriff auf im Langzeitspeicher vorhandene Erfahrungen verarbeitet wird. Ein zentraler Vorgang liegt dabei in der Entschlüsselung der äußeren und inneren Reize, d. h., diese müssen identifiziert, dechiffriert und als relevant erkannt werden (Mowen/Minor 2001, S. 47 f.).

Übersicht 64 zeigt mehrdeutige Reize und Wahrnehmungstäuschungen. Bspw. kann der Rubinsche Becher als weißer Gegenstand auf einem dunklen Grund gesehen werden oder als zwei dunkle Profile, zwischen denen sich eine weiße Fläche befindet. Bei der Müller-Lyerschen Täuschung werden gleich lange Linien und bei der Ebbinghausschen Täuschung gleich große Kreise subjektiv unterschiedlich wahrgenommen. Das Hermannsche Gitter erzeugt die Wahrnehmung kleiner Quadrate in den Zwischenräumen zwischen den großen, dunklen.

Übersicht 64: **Subjektivität der Wahrnehmung**

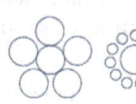

Rubinscher Becher | Müller-Lyersche Täuschung | Ebbinghaussche Täuschung | Hermannsches Gitter

Quelle: In Anlehnung an Rosenstiel/Kirsch 1996, S. 82; Felser 2007, S. 76.

Eine der grundlegenden Eigenschaften des Wahrnehmungsprozesses besteht also darin, Mehrdeutigkeiten und Ungewissheiten über die Umgebung in eine subjektiv klare Interpretation zu übersetzen (Gerrig 2015, S. 141 f.). Da es sich letztlich um einen komplexen Vorgang der Aufnahme, Zusammenführung und Interpretation externer und interner Informationen, Reize, Eindrücke, Einstellungen/Images usw. handelt, ist es kaum möglich, die menschliche Wahrnehmung als einen eigenständigen Vorgang abzugrenzen und zu untersuchen. Dies würde in letzter Konsequenz die Untersuchung des gesamten menschlichen Verhaltens bedeuten (Kroeber-Riel/Gröppel-Klein 2013, S. 363 ff.), weshalb zur Analyse der in der Wahrnehmung aufgehenden psychischen Teilprozesse folgende Unterscheidung vorgeschlagen wird:

- aktivierende Bestimmungsgrößen (welche zur selektiven und intensiven Informationsverarbeitung führen) und
- kognitive Bestimmungsgrößen (welche mit der Produktwahrnehmung und -beurteilung gleichgesetzt werden).

Gestaltpsychologie

Die Gestaltpsychologie, begründet Anfang des 20. Jahrhunderts, hob die Rolle angeborener Strukturen (Anlagen) des Menschen bei der Wahrnehmung bzw. der sog. Wahrnehmungsorganisation hervor. Die Vertreter der Gestaltpsychologie waren überzeugt, dass gewisse Phänomene nur zu verstehen sind, wenn sie als organisierte, strukturierte Ganzheit betrachtet werden, nicht aber, wenn sie in die Grundeinheiten der Wahrnehmung zerlegt werden. Gestalt steht in diesem Zusammenhang für „Form", „Ganzes", „Konfiguration" oder „Wesen". Die Vertreter der Gestaltpsychologie bauen ihre Implikationen auf der Aussage auf, dass „das Ganze mehr als die Summe seiner Teile ist" bzw. „eine Gestalt ist mehr als die Summe der Einzelteile", wie bspw. in der Musik, in der ganze Melodien wahrgenommen werden, obwohl diese aus einzelnen Noten bestehen. Sensorische Informationen werden so strukturiert, dass es sich dabei um die ökonomischste und einfachste Art handelt, Sinnesreize zu strukturieren.

Auf diesem Ansatz basieren unterschiedliche weitere Prinzipien der Wahrnehmung (-sorganisation):

- Ähnlichkeiten und Nähe (ähnlich Beschaffenes und Benachbartes gehört zusammen)
- Prägnanz (einfache Muster, stabile Strukturen werden bevorzugt)
- Geschlossenheit (fehlende Elemente werden ergänzt)
- Figur-Grund-Wahrnehmung (visuelle Stimuli werden zu Figur-Informationen und zu Hintergrund-Informationen organisiert)
- Fortsetzung und Richtung (fortlaufende Konturen werden bevorzugt) (Gerrig 115, S. 143 f).

Die Prinzipien der Geschlossenheit und der Figur-Grund-Wahrnehmung machen sich die in der folgenden Übersicht dargestellten Anzeigen bzw. Logos zunutze.

Übersicht 65: **Anwendungsbeispiele**

Quelle: www.interaction-design.org; www.nike.com, 04. Dezember 2010.

Im Rahmen der angeführten Differenzierung werden v. a. emotionale und motivationale Aspekte betont, wobei die Aufmerksamkeit eine große Rolle spielt. Denn nur solche Reize, die Aufmerksamkeit erzeugen, werden bewusst wahrgenommen und effizient verarbeitet. Ferner werden solche Reize wahrgenommen, die den Bedürfnissen und Wünschen der Konsumenten entsprechen. Schließlich ist zu berücksichtigen, dass Wahrnehmung unbewusst erfolgen kann (bspw. bei schwachen Reizen, welche nur kurz dargeboten werden, oder bei Reizen, die bewusst wahrgenommen werden können, aber nicht bewusst verarbeitet werden, weil die Aufmerksamkeit nicht oder nicht ausschließlich auf die Stimuli gerichtet ist).

Produktwahrnehmung und -beurteilung

Wie hervorgehoben, steht der *kognitive Prozess der Produktbeurteilung* bzw. des Entscheidens in engem Zusammenhang mit der Wahrnehmung. So sind die allgemeinen Ansätze bezogen auf das Konstrukt der Wahrnehmung auch für die Produktbeurteilung von Bedeutung, die besonders aufgrund ihrer praktischen Relevanz zu beachten ist (siehe auch Abschnitt 2.2.3.2 in diesem Kapitel).

> *Entscheiden bedeutet, eingeschränkt auf den Bereich der (Produkt-) Beurteilung, das Ordnen und Bewerten von aufgenommenen Produktinformationen, sodass daraus ein Qualitätsurteil entsteht.*

I. e. S. ist die Produktbeurteilung als ein Unterbegriff bzgl. der Wahrnehmung zu sehen, zumal die Wahrnehmung die Prozesse von der Entschlüsselung von Reizen und ihre gedankliche Weiterverarbeitung bis hin zur Beurteilung des wahrgenommenen Gegenstands umfasst. Entsprechend ist die *Produktwahrnehmung* als ein aktueller, meist durch Reizdarbietung ausgelöster Prozess zu begreifen und die Einstellung zu einem Produkt repräsentiert ein verfestigtes (gelerntes) Ergebnis von vorausgegangenen Wahrnehmungsvorgängen (Schiffman/Wisenblit 2015, S. 114 ff.). Die Produktdarbietung, definiert als komplexe Reizkonstellation, gliedert sich in:

- Die *unmittelbare Produktinformationen*, bspw. die wahrgenommenen physikalisch-technischen Eigenschaften des Produkts (Farbe, Form, Design) oder die wahrgenommenen sonstigen Merkmale des Angebots (Preis, Garantieleistungen) und
- die *Produktumfeldinformationen*, bspw. die wahrgenommene Angebotssituation der jeweiligen Produktdarbietung (Layout, Ladenausstattung, die Präsentation des Produkts im Laden, Verkaufspersonal) oder die wahrgenommene sonstige Situation, die in keinem direkten Zusammenhang mit der Produktdarbietung steht (z. B. Einkauf in Begleitung eines Kindes oder alleine).

Von der Gestalttheorie wird die Abhängigkeit der Wahrnehmung eines Reizes vom Umfeld postuliert, während sich komplexe Reizkonstellationen (wie sie bei Produkten, Läden, Anbietern usw. vorherrschen) nur beim Verständnis des gesamten Wahrnehmungszusammenhangs und der Interdependenzen zwischen den Elementen verstehen lassen. D. h., einzelne Elemente des Wahrnehmungsumfeldes können die gesamte Produktbeurteilung bestimmen und bei ihrer Änderung zu einer Modifizierung der Produktbeurteilung führen. Dies wird bspw. bei wechselnden Präferenzen für ein Produkt deutlich, das alleine oder gemeinsam mit Konkurrenzprodukten (Sortimentsverbund) präsentiert wird (zur Verbundpräsentation vgl. auch Zentes/Swoboda/Foscht 2012, S. 534). In beiden Fällen, bei Produkt- und Produktumfeldinformationen können die Informationen aus der Umwelt (aktuelle Informationen) und aus dem Gedächtnis (gespeicherte Informationen) stammen (siehe Übersicht 66).

Interdependenzen zwischen Informationen können sich darin offenbaren, dass der Konsument von den direkt wahrgenommenen Informationen über die Produktdarbietung und das Umfeld auf weitere Informationen über das Produktangebot (sog. abgeleitete Informationen über das Produkt) schließt. Z. B. schließt der Konsument von der Darbietungsart auf die Qualität, Nützlichkeit, Lebensdauer etc. In diesem Zusammenhang ist der Begriff der *Schlüsselinformationen* essenziell.

Übersicht 66: **Einflussfaktoren der Produktbeurteilung**

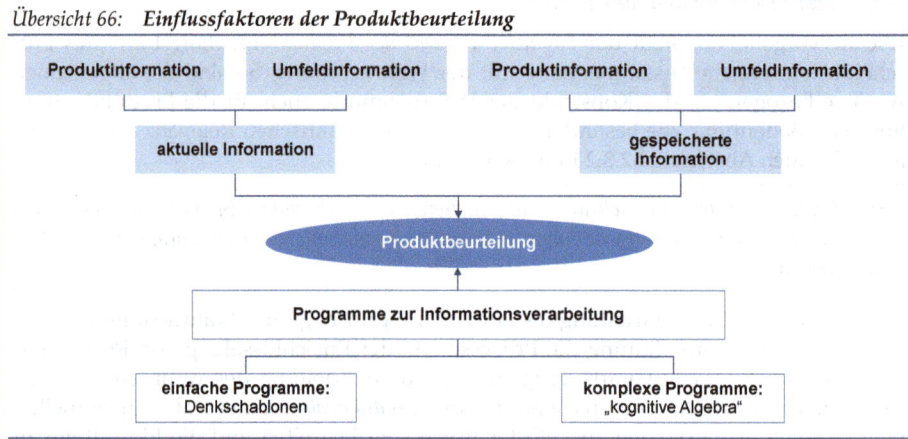

Quelle: Kroeber-Riel/Gröppel-Klein 2013, S. 372.

Darunter sind Informationen zu verstehen, die für die Produktbeurteilung besonders wichtig sind und mehrere Informationen bündeln oder substituieren können. Sie werden, wie auch die einfachen sowie komplexen psychologischen (Entscheidungs-) Programme, d. h. Denkschablonen und „kognitive Algebra", im folgenden Abschnitt in Verbindung mit der praktischen Bedeutung und Messung behandelt (siehe auch Abschnitt 4.3 in diesem Kapitel).

2.2.3.2 Bedeutung und Messung

Für das Marketing hat die Wahrnehmung eine enorme Bedeutung, denn sie steht als kognitiver Prozess in Wechselwirkung zu den aktivierenden Prozessen.

Es ist bspw. wichtig, wie lang die durchschnittliche Betrachtungszeit einer Anzeige (einer Website etc.) ist, woraus sich eine Wahrnehmungswahrscheinlichkeit der Anzeigenelemente bzw. eine minimale Expositionszeit berechnen lässt. Entsprechend sind die Anzeigenelemente (Werbebanner auf einer Website) zu platzieren. In diesem Zusammenhang ist ferner die begrenzte Fähigkeit der Konsumenten bedeutsam, gleichzeitig über verschiedene Sinne Informationen aufzunehmen. Wie ebenfalls erwähnt, beeinflussen aktivierende Prozesse, wie Emotion und Motivation (moderiert vom bspw. Involvement), bewusst und unbewusst insb. die Intensität und Selektivität der Wahrnehmung. Bspw. wird die Aufmerksamkeit aufgrund eines starken Bedürfnisses (siehe Abschnitt 2.1.3 in diesem Kapitel) auf bestimmte Reize gelenkt. Nur solche Reize, die Aufmerksamkeit erzeugen, werden bewusst wahrgenommen und effizient weiterverarbeitet, d. h., der Aufmerksamkeit folgt die Bereitstellung von kognitiver Verarbeitungskapazität für einen Reiz. Für die Aufmerksamkeit bzw. Wahrnehmung sind nicht nur das Aktivierungspotenzial der Reize, sondern auch Richtung und Qualität der von den Reizen angesprochenen Antriebskräfte entscheidend. Der Konsument nimmt primär die Reize wahr, die seinen Bedürfnissen und Wünschen entsprechen (Schiffman/Wisenblit 2015, S. 124 f.). Unangenehme Reize werden gemieden oder schlechter wahrgenommen (*Wahrnehmungsabwehr*).

Unterschwellige Wahrnehmung

In den 1950er Jahren behauptete James Vicary, Eigentümer eines privaten Forschungsunternehmens in den USA, er habe eine Möglichkeit entdeckt, Konsumenten zu Ausgaben zu bewegen, ohne dass sich die Personen diesbezügl. einer Beeinflussung bewusst sind. Er berichtete, er habe Anzeigen für Popcorn und Coca-Cola auf einer Kinoleinwand so kurz eingeblendet, dass sie von den Betrachtern nicht bewusst wahrgenommen wurden, d. h., dass sich die gegebenen Reize in Form der Slogans „drink Coke" und „eat Popcorn" unterhalb der absoluten Reizschwelle befanden. Nach einem Zeitraum von sechs Wochen führten diese unterbewussten Werbungen nach Vicarys Aussagen dazu, dass sich die Verkaufszahlen von Popcorn um 18 %, die von Coca-Cola um 58 % erhöht hatten.

Es entstand ein großes allgemeines Interesse an Vicarys Befunden. Sogar der US-Kongress diskutierte die Möglichkeit, unterschwellige Werbung zu untersagen, da diese als eine Form des „Brainwashing" angesehen werden könnte. Wissenschaftler versuchten, die Ergebnisse Vicarys unter kontrollierten Bedingungen zu bestätigen. Dies gelang nicht. Vicary selbst war herausgefordert, seine eigene Untersuchung zu wiederholen; seine ursprünglichen „bahnbrechenden" Ergebnisse konnte er jedoch ebenfalls nicht bestätigen. Dies war insofern nicht verwunderlich, als Vicary später gestand, seine ursprünglichen Ergebnisse gezielt „fabriziert" zu haben, um Werbung für sein scheiterndes Unternehmen zu machen.

Dennoch ist die Existenz der unterschwelligen Beeinflussung nicht ganz auszuschließen. Es gibt bspw. Befunde, die zeigen, dass sich die Häufigkeit, mit der eine Person einem bestimmten Reiz ausgesetzt wird, positiv auf die Bewertung des Reizes auswirkt. Dasselbe scheint auch für Reize auf einem unterbewussten Niveau zu gelten, aber in einem schwächeren und weniger zuverlässigeren Umfang. Grundsätzlich sind verschiedene Möglichkeiten denkbar, Reize unterhalb des für die bewusste Wahrnehmung nötigen Niveaus zu setzen. Dazu gehören die Präsentation visueller Reize für eine sehr kurze Dauer, die Präsentation akustischer Nachrichten in sehr schneller Sprechweise und bei geringer Lautstärke oder das Verstecken von Bildern in bildhaftem Material. Es ist z. B. möglich, dass ein Konsument durstiger wird, nachdem er – ohne dies wahrzunehmen – dem Wort „Coke" ausgesetzt wurde. Die Nachricht „drink Coke" wird ein Verhalten aber nicht wahrscheinlicher machen. Heute kann gesagt werden, dass die Effekte unterschwelliger Wahrnehmung nicht sehr groß oder spezifisch sind, gleichwohl ist aber ein gewisser Einfluss nicht auszuschließen. Die Forschung legt nahe, dass der Einfluss eines Reizes umso stärker ist, je bewusster der entsprechende Reiz wahrgenommen wird (Loudon/Della Bitta 1993, S. 379).

Nicht deutlich genug kann die Bedeutung der Subjektivität, Aktivität und Selektivität der Wahrnehmung für das Marketing hervorgehoben werden. Daraus folgt, dass nicht das objektive, sondern das subjektiv wahrgenommene Angebot eines Unternehmens entscheidend für seinen Erfolg ist. Ausschlaggebend sind die subjektiv wahrgenommenen Preise (Bolton/Warlop/Alba 2003, S. 475), Qualitäten, Einkaufsbedingungen oder letztlich Images. Es reicht nicht, Leistungen anzubieten, die objektiven Kriterien genügen, sondern entscheidend ist, dass die Leistungen von den Konsumenten entsprechend wahrgenommen werden.

Die Produktdarbietung beeinflusst die Wahrnehmung und diese die Produktbeurteilung. Dabei kommt es aus verhaltenswissenschaftlicher Sicht nicht darauf an, ob eine Information objektiv richtig oder relevant ist, sondern vielmehr darauf, wie diese von den Konsumenten wahrgenommen wird. Ein typisches Wahrnehmungsphänomen bildet in diesem Zusammenhang die durch (1) *Produktinformationen* und ihre Darbietung ausgelöste *Irreführung des Verbrauchers*. Irreführung aus Empfängersicht liegt vor, wenn die vermittelten Informationen einen falschen Eindruck über einen bestimmten Sachverhalt hervorrufen und Verhaltensrelevanz besitzen, ohne dass diese Einflussnahme erkannt wird (z. B. optisch hervorgehobene Preisauszeichnungen) (Kroeber-Riel/Gröppel-Klein 2013, S.372). Im Rahmen der Gestalttheorie wurde bereits gezeigt, wie (2) *Produktumfeldinformationen* als Reizumfeld die Wahrnehmung des Reizes beeinflussen können. Eingesetzt wird dieses bspw. in der Werbung. Z. B. zeigten Experimente von Smith/Engel (1968) wie die Wahrnehmung eines Autos von der Anwesenheit einer Frau beeinflusst wird. Das Auto mit Frau in der Anzeige wurde als jugendlicher, aufregender, aber weniger sicher wahrgenommen. Wie in der Schematheorie erläutert, beeinflusst das (3) *Produktwissen* (als gespeichertes Schema) die Wahrnehmung des Konsumenten. Informationen, die einem (Marken-/Produkt-) Schema entsprechen, werden vom Konsumenten schneller verarbeitet und erinnert (Kroeber-Riel/Gröppel-Klein 2013, S. 386).

Aus diesem Prozess sind zwei Sozialtechniken im Marketing ableitbar, welche die Konsumentenwahrnehmung beeinflussen können.

- Es werden die angebotenen Reize auf die vorhandenen Voraussetzungen für ihre Interpretation abgestimmt, d. h., man stellt auf die stereotypen Erwartungen beim Konsumenten ab (z. B. stellen sich Konsumenten einen Manager auf eine bestimmte Weise vor, folglich wird er in der Kommunikation genau so dargestellt).
- Es werden selbst die Voraussetzungen, d. h. ein für die Produktwahrnehmung subjektiv günstiger Interpretationsrahmen, geschaffen. Man stellt nicht auf das vorhandene Wahrnehmungsmuster ab, sondern versucht, ein solches zu formen.

Die Verarbeitung der Informationen erfolgt mit Hilfe kognitiver Programme im Kurzzeitgedächtnis. Hier geht es also um die internen Informationsverarbeitungsprogramme des Konsumenten, wobei im Rahmen einer Entscheidung zwei Programmarten wirksam werden (Kroeber-Riel/Gröppel-Klein 2013, S. 389):

- *Beurteilungsprogramme* zur Informationsverarbeitung bei der Beurteilung eines einzelnen Produkts.
- *Auswahlprogramme* zur Wahl eines Produkts aus mehreren Alternativen.

Nicht selten wird bei den kognitiven Programmen eine mathematisch-logische Form unterstellt, die als „kognitive Algebra" bezeichnet wird. Dies heißt aber nicht, dass menschliche Informationsverarbeitung generell den Regeln objektiver mathematischer Logik folgt. Vielmehr ist die Logik der menschlichen Informationsverarbeitung stets eine *subjektive Psycho-Logik*. Auch wenn logische Regeln zur Urteilsbildung angewendet werden, treten doch aufgrund von Emotionen, Schemata (Vorurteile) und intuitiven Schlüssen (Urteils-) Verzerrungen auf. Subjektive Einschätzungen von Kausalbeziehungen lassen sich auch mit Hilfe der Attributionstheorie erklären. Kelly (1978) geht dabei der Frage nach Art und Ausmaß der Information zur Kausalattribution nach und unterscheidet in diesem Zusammenhang das Kovariationsprinzip von der Konfiguration. Nach der *Kovariationsregel* wird die Wirkung derjenigen Ursache aus der Menge möglicher Ursachen zugeschrieben, mit der sie über die Zeit hinweg kovariiert. Ursachen können Personen, Reizen oder Umständen zugeschrieben werden. Eine Personenattribution ist wahrscheinlich, wenn das Informationsmuster durch Konsistenz (Verhaltensweise tritt konsistent bei einer Person auf), niedriger Distinktheit (Situationsgebundenheit des Verhaltens) und niedriger Konsistenz (Verhalten ist über Personen hinweg generalisierbar) gekennzeichnet ist. Kellys (1978) *Prinzip der Konfiguration* findet Anwendung, wenn die Attribution aufgrund einer Einzelbeobachtung und mittels eines kausalen Schemas erfolgt. Die Kausalattribution hängt hier von ähnlichen, früheren Erfahrungen ab (Vereinfachung durch Denkschablonen) (Kroeber-Riel/Gröppel-Klein 2013, S. 397 f.). Die Programme zur Informationsverarbeitung unterscheiden sich in einfache Programme (Denkschablonen) und komplexe Programme (kognitive Algebra).

Die *einfachen Programme* sind dadurch gekennzeichnet, dass der Konsument in vereinfachter, aber nur schwer „objektiv" nachvollziehbarer Weise zum Urteil gelangt. Er folgt seinen subjektiven Denkgewohnheiten und -präferenzen und vereinfacht den Vorgang mit den folgenden Beurteilungsmustern, die nicht i. S. einer kognitiven Algebra formalisierbar sind (vgl. Kroeber-Riel/Gröppel-Klein 2013, S. 397 ff.):

- EP, wobei von einem einzelnen Eindruck (E) auf die gesamte Produktqualität (P) geschlossen wird. Die einzelnen Eindrücke übernehmen die Funktion von *Schlüsselinformationen*, die dem Konsumenten die Verarbeitung weiterer Informationen ersparen. Beispiele für Schlüsselinformationen sind:
  - *Preis-Qualitäts-Assoziationen*, d. h., es wird vom Preis auf die Qualität geschlossen, oder auch aus der hochstiligen *Form des Layouts* wird auf die Qualität geschlossen.
  - *Testurteile*, d. h., durch ein positives Urteil werden Detailinformationen substituiert.
  - *Marken* bzw. *Markennamen*, d. h. war eine frühere Erfahrung positiv, wird die Wahrnehmung des Markennamens zur positiven Schlüsselinformation, obwohl der Konsument noch keine Erfahrung mit einem neuen Produkt der Marke gemacht hat.
- E1E2, wobei von einem Eindruck (E1) auf einen anderen Eindruck (E2) geschlossen wird. Der Schluss kann auf logischen Ableitungen beruhen (Analogieschluss) oder er kann aufgrund von subjektiven Eindrucksverknüpfungen auf logisch nicht nachvollziehbare Weise zustande kommen. Diese subjektiven Eindrucksverknüpfungen werden als Irradiation (Hineinwirken von einem Bereich der Wahrnehmung in einen anderen), Ausstrahlungs- oder Übertragungseffekt bezeichnet. Bspw. wird vom Geruch eines Shampoos auf dessen Pflegewirkung geschlossen.
- PE, wobei von der gesamten Produktqualität (P) auf einen einzelnen Eindruck (E) geschlossen wird. Ist einmal ein Qualitätsurteil vorhanden, beeinflusst es auch retrograd die Wahrnehmung anderer Eigenschaften (*Halo-Effekt*).

Die *komplexen Programme* beschäftigen sich in einer systematischen und eher rational durchschaubaren Weise mit der Informationsbeurteilung. Dazu gehören Beurteilungen und Entscheidungen, denen der Konsument mehr Mühe und Aufmerksamkeit zuwendet und bei denen er relativ vernünftig vorgeht.

> **Bedeutung von Marken bei der Produktbeurteilung**
>
> Überragende Bedeutung für die Wahrnehmung des Konsumenten haben die Erwartungen, die aus der Kenntnis einer bekannten Marke (eines Markennamens oder auch einer Herkunftsbezeichnung) abgeleitet werden. Dies wurde anhand mehrerer Marketingexperimente belegt:
>
> - Makens (1965, S. 262) legte den Testpersonen Putenfleisch vor, das objektiv die gleiche Qualität besaß, markierte es jedoch mit unterschiedlichen Markenschildern (Marke A war den Personen sehr bekannt, Marke B jedoch unbekannt). Die bekannte Marke A wurde von 56 % der Testpersonen vorgezogen, die Marke B lediglich von 34 % (10 % waren indifferent).
> - Das wohl bekannteste Experiment (DeChernatony/McDonald/Wallace 2013, S. 16 f.) bezieht sich auf den Vergleich der Blindverkostung der beiden Marken Pepsi und Coca-Cola und der anschließenden Verkostung mit Darbietung des Markennamens. Hierbei wird die „Macht" der Marke deutlich (siehe Übersicht 67).
>
> *Übersicht 67: Blindverkostung vs. Verkostung mit Darbietung der Marken*
>
>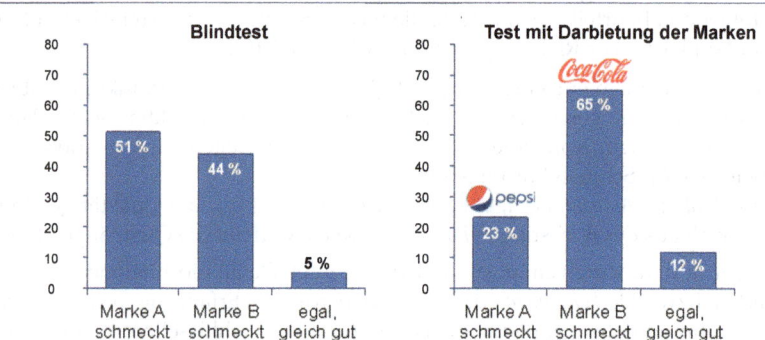
>
> Die Basis hierfür bildet der sog. *Halo-Effekt*: Ist ein Urteil über das Gesamte gebildet worden (das gute Image einer Marke), beeinflusst dieses wiederum die Wahrnehmung von einzelnen Eigenschaften (Geschmack eines koffeinhaltigen Getränks) (Esch 2014, S. 10). Dahinter steht das Streben nach kognitiver Konsistenz der Konsumenten. Dies ist in allen Bereichen der menschlichen Urteilsfindung zu beobachten. Bspw. wird das gleiche Lächeln einer Person bei einer grundsätzlich negativen Einstellung zu dieser als „gemein" oder „arrogant", bei einer positiven Einstellung jedoch als „freundschaftlich" oder „gewinnend" wahrgenommen.

Die Darstellung erfolgt in Modellen, wobei die Basishypothese lautet: Die wahrgenommene Produktqualität bildet sich aufgrund einer systematischen Wahrnehmung von einzelnen Produkteigenschaften, d. h., die Beurteilung setzt sich aus mehreren

Teilen zusammen. Es kommen klassische Typen der *Multiattributmodelle* zum Einsatz, die auch im Rahmen der Ermittlung von Einstellungen verwendet werden, wobei sie in der Einstellungsforschung die gespeicherte Produktbeurteilung („verfestigte Wahrnehmung") und nicht den aktuellen Vorgang bei der Darbietung eines Produkts wiedergeben. Ein Beispiel für ein solches komplexes Programm bzw. ein Multiattributmodell sind die *Tests der Stiftung Warentest*.

Vergleichende Tests der Stiftung Warentest

Seit der Gründung hat die Stiftung Warentest rund 100.000 Produkte geprüft. Darüber hinaus hat sie auch Dienstleistungsuntersuchungen durchgeführt, wobei Testobjekte von Bügeleisen über Ferienparks bis hin zu Versicherungen reichen.

Der Gesamtablauf eines Warentests ist in Übersicht 68 dargestellt, in der sowohl die einzelnen Bearbeitungsstufen zu erkennen sind als auch Einflüsse, die bei der Abwicklung dieser Stufen berücksichtigt werden müssen, bspw. das Einholen von Informationen beim Handel bzw. den entsprechenden Herstellern oder auch frühere Testergebnisse.

Übersicht 68: **Bearbeitungsstufen beim vergleichenden Warentest**

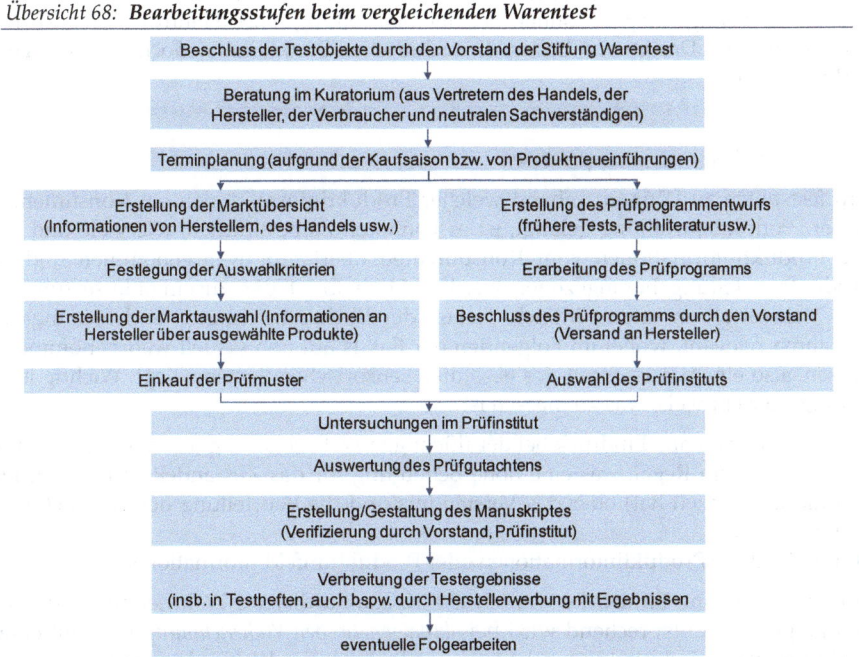

Quelle: In Anlehnung an Stiftung Warentest 2012, S. 127 ff.

Der Test beginnt mit der Auswahl des Testobjekts. Anregungen für Untersuchungsvorhaben ergeben sich u. a. aus Umfragen oder Vorschlägen der Verbraucher-Beratungsstellen. Wegen des vielfältigen Produktangebots müssen die Tester anschließend für nahezu jeden Warentest eine Marktauswahl treffen. Sie suchen die Prüfprodukte nach objektiven Gesichtspunkten, wie Marktbedeutung, technische Merkmalen und Preisklasse, aus. Sobald die Auswahl feststeht, kaufen Mitar-

2 Psychische Erklärungskonstrukte des Konsumentenverhaltens

beiter der Stiftung die Prüfmuster wie gewöhnliche Verbraucher ein – als anonyme Kunden in normalen Geschäften. Eine Ausnahme von diesem Verfahren wird bspw. bei Saisonartikeln gemacht, die bei Prüfbeginn noch nicht im Handel sind. Anschließend ist ein Prüfprogramm zu entwickeln, das festlegt, welche Eigenschaften zu untersuchen sind und mit welchen Gewichtungsfaktoren diese in das Test-Qualitätsurteil einfließen. Die Bewertung dieser Eigenschaften geschieht auf Basis einer fünfstufigen Beurteilungsskala. Das Gesamtqualitätsurteil ergibt sich somit aus der Addition der gewichteten Beurteilungen der einzelnen Eigenschaften. Ein Testbericht stellt abschließend die einzelnen Ergebnisse der Waren- oder Dienstleistungsuntersuchungen gegenüber. Weiterhin nutzen viele Unternehmen ein positives Testergebnis für ihre Kommunikation, wovon wiederum die Stiftung Warentest profitiert (Stiftung Warentest 2012 und www.test.de 2014).

Es ist kritisch anzumerken, dass die Auswahl der zur Beurteilung herangezogenen Eigenschaften und die Festlegung der Gewichtungsfaktoren bei den Gutachtern der Stiftung Warentest liegt und damit prinzipiell deren subjektive Meinung darstellt. Demnach spiegelt dieses Qualitätsmaß nicht unbedingt auch die Auffassung der Konsumenten wider. Ferner bleiben hier zumeist subjektiv erlebbare Produktmerkmale wie Design, Schönheit, soziale Auffälligkeit in den meisten Fällen unberücksichtigt. Bspw. können bei der Beurteilung eines Handys der Markenname und das Design von hoher, die technischen Funktionen jedoch von geringer Relevanz sein.

Messung von Wahrnehmungsprozessen

Um feststellen zu können, anhand welcher Produktinformationen ein Konsument zu seiner Produktbeurteilung gelangt, ist es vonnöten zu bestimmen, wie viele und welche Produktinformationen vom Konsumenten überhaupt wahrgenommen und zur Produktbeurteilung herangezogen werden. Deshalb ist die Auseinandersetzung mit den Messverfahren unumgänglich. Neben der Blickaufzeichnung sind hier mehrere Verfahren relevant, wobei im Folgenden der Fokus auf den visuell wahrgenommenen Reizen, also einem Ausschnitt des gesamten sensorischen Systems liegt. Wichtig ist allerdings der Hinweis, was zu messen ist:

- der erste spontane Eindruck bei der flüchtigen Wahrnehmung (etwa im Schaufenster oder vor dem Regal, was eine hohe Bedeutung für das Zustandekommen von Produktpräferenzen hat) oder das Verständnis und die Beurteilung der Wahrnehmung und
- unmittelbare Produktinformationen oder Produktumfeldinformationen.

Für erste spontane Eindrücke werden i. d. R. standardisierte Wahrnehmungssituationen hergestellt. Entsprechend wird bei *aktualgenetischen Wahrnehmungstests* mit einem (elektronischen) *Tachistoskop* gearbeitet, um die Phase des Wahrnehmungsprozesses zu analysieren. Das Tachistoskop ist ein Gerät bzw. eine Software, das/die in Verbindung mit einem Diaprojektor, einem Videobeamer oder einem Computerbildschirm verwendet wird und durch das/die die Zeitdauer des dargebotenen Materials (Expositionszeit) gesteuert wird. Durch die Verkürzung der Darbietungszeit tritt eine Wahrnehmungserschwerung ein, wodurch eine Aussage darüber, ab wann ein Reiz wahrgenommen wird, ermöglicht wird. Zwei Stufen der Wahrnehmung sind in der Aktualgenese (der Wahrnehmungsentfaltung von der ersten Anmutung bis zur kognitiven Interpretation) hervorzuheben:

- die Expositionszeit mit einer Dauer von 1 bis 10 msec, während der nur eine gefühlsmäßige Interpretation von Anzeigen erfolgt. Die Interpretation der aufgenommenen Reize stellt eine Anmutung dar.
- die längere Expositionszeit, während der ein genaues Erkennen und Verstehen der Anzeige möglich ist. Indem die Expositionszeit sequenziell gesteuert wird, ist erforschbar, welche Elemente der Anzeige erkannt bzw. verstanden werden.

Für die Bewertung der unmittelbaren Produktinformationen kann die *Informations-Display-Matrix* (IDM) herangezogen werden. Sie bringt den Konsumenten dazu, aus einem Informationsangebot durch direkt beobachtbares Verhalten bestimmte Informationen auszuwählen, die er benötigt, um zur Produktbeurteilung zu kommen. Die Matrix lehnt sich an die Struktur des Entscheidungsfeldes der Entscheidungstheorie an. Die dargebotenen Informationen geben alle Kategorien von möglichen Produkteigenschaften (Informationsdimensionen) in den entsprechenden konkreten Ausprägungen (Informationswerte) wieder, die zur Produktunterscheidung beitragen (siehe Übersicht 69).

Die konkrete Umsetzung ist in verschiedener Weise denkbar, wobei der Ablauf ursprünglich folgendermaßen aussah: Der Proband steht vor einer IDM, bei der die Produkteigenschaften und -alternativen aufgelistet, die Informationswerte aber verdeckt sind. Der Proband kann gegen Entgelt die Informationswerte aufdecken. Er wird so lange Informationswerte aufdecken, bis er eine Entscheidung treffen kann. Hierauf baut die Kritik an der IDM auf: Die dargebotenen Produktinformationen werden nicht in dem konkreten, realen Kontext dargeboten, sondern in einer abstrakten Art und Weise. Außerdem wird dem Konsumenten eine Vielzahl von Informationen zur Verfügung gestellt, was in der Realität so nicht der Fall ist. Es kommt zu einer „Überrationalisierung" des Entscheidungsverhaltens.

Übersicht 69: **Formale Informations-Display-Matrix**

Produkteigenschaften	Produktalternativen						
	A_1	A_2	A_3	.	.	A_j	.	A_m
E_1	e_{11}	e_{12}	e_{13}	.	.	e_{1j}	.	e_{1m}
E_2	e_{21}	e_{22}	e_{23}	.	.	e_{2j}	.	e_{2m}
E_3	e_{31}	e_{32}	e_{33}	.	.	e_{3j}	.	e_{3m}
.	.	.	.			.		.
E_i	e_{i1}	e_{i2}	e_{i3}	.	.	e_{ij}	.	e_{im}
.								
E_n	e_{n1}	e_{n2}	e_{n3}	.	.	e_{nj}	.	e_{nm}

Anmerkung: Die Elemente e_{ij} geben die Ausprägungen der Eigenschaften E_i (i = 1,...,n) für die Produktalternativen A_j (j = 1,...,m) an.

Quelle: Kroeber-Riel/Gröppel-Klein 2013, S. 375.

Die Messmethode der *direkten Beobachtung* versucht hingegen, das Vorgehen produktnäher umzusetzen: Ein Proband steht bspw. vor einem Regal (oder mit internen Validitätsproblemen behaftet, einem Tisch) und wird dabei beobachtet, wie er die für ihn nicht unmittelbar und vollständig sichtbaren Informationen aufnimmt, d. h., er nimmt unter Umständen das Produkt aus dem Regal und versucht, bestimmte Informationen auf dem Produkt bzw. auf dessen Verpackung zu erkennen. Hierbei sind jedoch nur solche Informationen zu berücksichtigen, deren Wahrnehmung unmittelbar zu beobachten ist (vgl. nachfolgend auch Kroeber-Riel/Gröppel-Klein 2013, S. 376).

Eine besonders zeitaufwändige Methode ist das *Protokoll des lauten Denkens*. Bei diesem werden verbale Auskünfte über die gerade stattfindende Aufnahme und Verarbeitung von Informationen gewonnen. Die Versuchspersonen sollen alle Gedanken, die ihnen beim Ablauf einer (kognitiven) Tätigkeit (bspw. beim Einkaufen bzw. bei der Betrachtung eines Produkts) in den Sinn kommen, sofort laut äußern. Für die Beobachter ist es besonders wichtig, gewisse *Schlüsselinformationen* zu erfahren bzw. welche Informationen vom Konsumenten als solche angesehen werden. „Überrationalisierung" des Entscheidungsverhaltens, die Erhebung direkt am POS und die schwierige, arbeits- und kostenintensive Auswertung sind die Kernprobleme dieser Messmethode. Begrenzte Schlüsselinformationen können auch mit der Methode der Blickaufzeichnung ermittelt werden. Sie können auch durch eine Kombination statistischer Verfahren gewonnen werden, z. B. eine erste Studie mittels der Conjoint-Analyse und eine zweite Studie mit Protokollen lauten Denkens oder einer einfachen Befragung.

Zur Ermittlung der Wirkung von Umfeldinformationen können bspw. Alternativbewertungen genutzt werden, d. h., zwei Gruppen von Konsumenten betrachten das Produkt im unterschiedlichen Kontext (einer Anzeige). Derartige Tests zeigen, dass ein emotionales Umfeld (1) ein Wahrnehmungsklima erzeugt, das zu einer selektiven Betonung der wahrgenommenen Produkteigenschaften führt oder (2) spezifische Assoziationen zu Umfeld- und Produktinformationen erzeugt (Kroeber-Riel/Gröppel-Klein 2013, S. 385). Diese können dazu genutzt werden, um das optimale Wahrnehmungsumfeld eines Produkts festzustellen.

2.2.4 Informationsspeicherung – Lernen und Gedächtnis

2.2.4.1 Theoretische Grundlagen und Charakteristika

Wichtige Prozesse oder Zustände im Zusammenhang mit der Informationsspeicherung sind Denken, Wissen, Lernen und Gedächtnis. Diese hängen eng zusammen. Das vorhandene Wissen spielt bspw. eine Schlüsselrolle für das Lernen, da das Lernen von neuem Wissen (bzgl. Produkten, Marken, Leistungen oder generell Objekten) nur möglich ist, wenn es zu dem bereits gespeicherten Wissen in Beziehung gebracht wird.

> *Denken ist als Prozess der Beurteilung, Ordnung, Abstraktion und Weiterentwicklung von (aktuellen) Wahrnehmungen zu beschreiben, aber auch als Erinnerung, Umstrukturierung und Weiterentwicklung von Gedächtnisinhalten. Demnach ist Denken die Verknüpfung von Wissen nach allgemeingültigen oder subjektiven Regeln zu neuem Wissen. Dieses aus dem Denkvorgang entstandene neue Wissen kann eine verdichtete Information, ein Werturteil oder ein Verhaltensanstoß sein.*

Denken ist ein Prozess der Informationsverarbeitung, wobei dieser Prozess nicht unbedingt auf Außenreize angewiesen ist (im Gegensatz zur Wahrnehmung, die einen Prozess von Informationsaufnahme und -verarbeitung darstellt). Das Denken wird in der Literatur auf zahlreiche kognitive Aktivitäten bezogen. Das Lösen von Rechenaufgaben gehört bspw. ebenso dazu wie die Textinterpretation, die Kaufentscheidung oder das Bemühen um eine Betriebssanierung (Behrens 1991, S. 158).

Behrens (1991, S. 158) unterscheidet zwei grundsätzliche, aber sich nicht ausschließende Verständnisse des Denkens. Einerseits wird es als Erkenntnisprozess aufgefasst, d. h., es geht darum, Zusammenhänge und Strukturen zu entdecken, andererseits wird es als ein Prozess der kognitiven Informationsverarbeitung angesehen, bei dem es darum geht, abstrakte und konkrete Hindernisse systematisch zu überwinden, um einen Zielzustand zu erreichen. Die Denkforschung versucht zu erklären, unter welchen Umständen, d. h. in welcher Reizkonstellation, bei welchen Prädispositionen, Produktkategorien usw. der Konsument zu welchem Grad des Denkengagements neigt.

> *Wissen ist allgemein definiert als Kenntnis von bestimmten Sachverhalten (Mustern) oder als Bewusstsein entsprechender Denkinhalte.*

Übersicht 70 stellt den Prozess der Bildung von *Wissen* dar. Über die Unterscheidung in implizites und explizites Wissen hinaus ist die Unterscheidung in deklaratorisches und prozedurales Wissen hervorzuheben.

Übersicht 70: **Entstehungsprozess von Wissen und Weisheit**

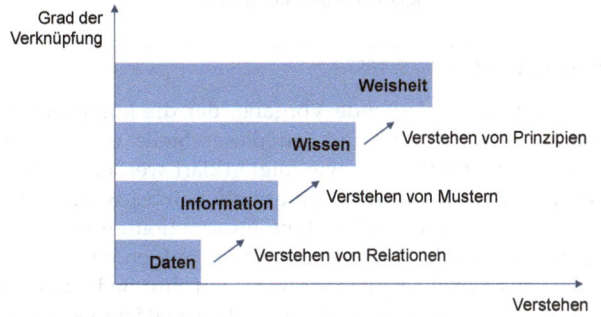

Quelle: In Anlehnung an Voß/Gutenschwager 2001, S. 10 ff.

Das *deklaratorische (deklarierte) Wissen* bezieht sich auf Fakten, d. h., auf Gegenstände und deren Eigenschaften (Informationen i. e. S.) und elementar wahrgenommene Reize wie grafische Muster, Bildelemente usw. Es wird in semantisches und episodisches Wissen unterteilt: Unter semantischem Wissen werden Gedächtnisinhalte wie die Bedeutung von Worten, Begriffen oder Eigenschaften einer Marke verstanden, bspw. bezogen auf das Produkt „Balsamico-Essig" die Inhalte „kommt aus Italien" oder „schmeckt süßlich", wohingegen das episodische Wissen eher auf Erkenntnisse und Erfahrungen der jeweiligen Person zurückzuführen ist, wie die Gedächtnisinhalte zur Verwendung von Balsamico-Essig (z. B. „schmeckt am besten mit Walnuss-Öl") (Kuß/Tomczak 2007, S. 22). Demgegenüber besteht das *prozedurale Wissen* aus Fertigkeiten, die zwar auch gelernt und gespeichert werden, häufig aber wesentlich schwerer zu verbalisieren sind als das deklaratorische Wissen. Es handelt sich um das Wissen, wie etwas getan wird. Grunert (1990, S. 83) spricht in diesem Zusammenhang von

Handlungsplänen, Kuhlmann/Brünne/Sowarka (1992, S. 84) von Produktionssystemen, Erkennen-Handeln- oder Zuordnen-Ausführen-Schleifen. Solche Handlungsabläufe (oder Skripte) können nach häufiger Wiederholung auch unbewusst, mit geringer gedanklicher Kontrolle oder automatisch ablaufen. Die Vermittlung dieses Wissens ist teilweise recht problematisch. Prozedurales Wissen entsteht durch *Lernprozesse*, auf die im Weiteren näher eingegangen wird, und es hat insb. im Rahmen des habitualisierten Kaufverhaltens (siehe Abschnitt 4.4 in diesem Kapitel) große Bedeutung. Übersicht 71 zeigt diese Wissensstrukturen bei der multimedialen, interaktiven Kommunikation, wie jener im Internet.

Übersicht 71: **Komponenten eines Produktionssystems der Informationsverknüpfung**

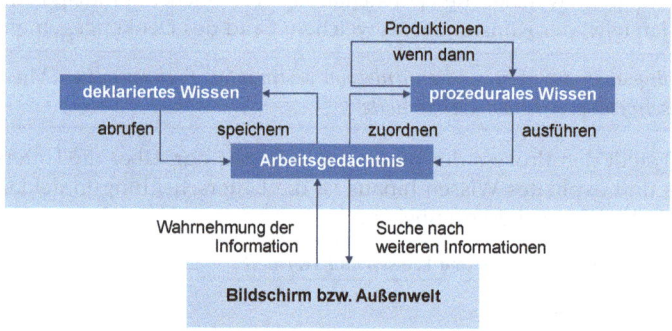

Quelle: In Anlehnung an Swoboda 1996, S. 105.

Der in Sekundenbruchteilen ablaufende Vorgang, der die komplexen Regeln der Informationsaufnahme, -verarbeitung und (an dieser Stelle relevanten) -speicherung beim Konsumenten verdeutlicht, kann wie folgt erklärt werden: Während der Benutzung eines Informationssystems kommen Informationen bspw. als Fließtext vom Bildschirm, werden perzipiert und encodiert. Eine Informationseinheit, die im Arbeitsgedächtnis als sog. propositionale Bedeutungsstruktur aufgenommen wurde, wird mit Netzwerkstrukturen aus dem Langzeitgedächtnis auf ihre Bedeutung hin verglichen. Dazu wird ein deklarativer Netzwerkteil ins Arbeitsgedächtnis abgerufen und der neuen Informationseinheit zugeordnet.

> *Merkmale von Weisheit*
>
> Aus der Zusammenstellung von Wissensformen haben Gerrig (2015, S. 387) versucht, sich dem Begriff „Weisheit" zu nähern. Diese sehen sie als
>
> - reichhaltiges Faktenwissen: Allgemeines und spezifisches Wissen über die Umstände und vielfältigen Ausprägungen des Lebens von Menschen
> - reichhaltiges prozedurales Wissen: Allgemeines und spezifisches Wissen über Strategien zur Beurteilung und Ratschläge in Dingen des Lebens
> - Kontextualität über die Lebensspanne: Wissen über die Begleitumstände des Lebens und deren zeitliche (entwicklungsbedingte) Beziehungen zueinander
> - Unsicherheit: Wissen über die relative Unbestimmtheit und Unvorhersagbarkeit des Lebens und Wege damit umzugehen

Entspricht dieser der Netzwerkstruktur, was als Erfüllung des Konditions- bzw. „Wenn-Teils" einer Produktion gilt, kommt es zur Ausführung des an diese Kondition gekoppelten Aktions- bzw. „Dann-Teils" einer Produktion. Wenn z. B. die visuelle Wahrnehmung einer Textzeile anhand des Vergleichs mit den deklarativen Wissenseinheiten verifiziert („verstanden") werden kann, ist der Konditionsteil erfüllt. Die daran gekoppelte Aktion, etwa das Lesen der Textzeile, kann ausgeführt werden (Leseverhalten), was wiederum bedeutet, dass die Aktion dem Arbeitsgedächtnis zugeführt und von dort ausgehend in Leseverhalten umgesetzt wird (Kuhlmann/Brünne/Sowarka 1992, S. 84). Ähnlich lassen sich Produktionen modellieren, die den Wissenserwerb oder eine weitergehende Informationssuche in anderen interaktiven Systemen nach sich ziehen.

Repräsentation von Wissen

Das *gespeicherte Wissen* ist im Gedächtnis in Form von *Wissensstrukturen* repräsentiert (innere Repräsentanten von Wissen), die zumeist entweder in Form

- semantischer Netzwerke bzw.
- Schemata

abgebildet werden.

Mithilfe von semantischen Netzwerken werden vorhandene Wissensstrukturen, ihr Zustandekommen und ihre Veränderungen verdeutlicht (siehe hierzu Lawson 2002). Am Beispiel der Marke „Milka" in Übersicht 72 ist zu erkennen, dass unterschiedliche Arten von Wissen so gespeichert und in Verbindung gebracht werden können.

Übersicht 72: **Semantisches Netzwerk am Beispiel von Milka**

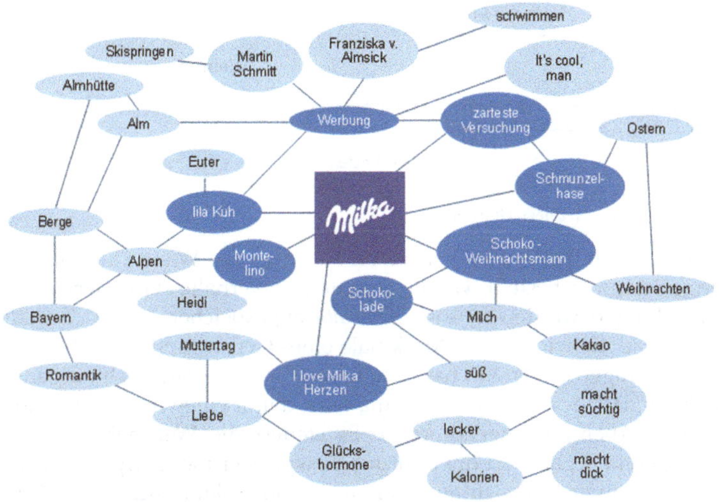

Zugleich zeigt Übersicht 73 rechts ein positionales Netzwerk und links ein Ebenenkonzept zur Repräsentation des Wissens bei dem, so die Annahme, die Knoten und Kanten des Netzwerks auf unterschiedlichen Ebenen im Gedächtnis präsent sind. Eine Ebene ist ein Teil des Netzwerkes, in dem eine bestimmte kognitive Kategorie durch

2 Psychische Erklärungskonstrukte des Konsumentenverhaltens

Assoziationen zu anderen kognitiven Kategorien definiert wird. Für die Repräsentation des Wissens in Netzwerken gehen entsprechende Theorien (assoziative Netzwerktheorie) auf die Bedeutung der *Knoten* und *Kanten* ein. In dem angeführten Beispiel wird das *Konzept* „Zeitung" definiert, welches aber auch als kognitive Kategorie „Zeitung" in anderen Ebenen zur Definition anderer kognitiver Kategorien auftreten kann (wie hier „Zeitung kaufen"). Eine kognitive Kategorie wird daher nur einmal eindeutig festgelegt (als *Type-Knoten*), kann aber im Kontext zahlreicher anderer Definitionen auftreten (als *Token-Knoten*) (Grunert 1990, S. 66). Im eher normativ aufgebauten positionalen Netzwerk wird jedem Knoten bzw. Wissenselement eine bestimmte Position innerhalb von kognitiven Kategorien (hier: Produktalternativen, Produktmerkmale und Produktanwendungen) zugewiesen. Hierbei lassen sich Alternativen-, Merkmals- und Anwendungsebenen unterscheiden (Grunert 1990, S. 70 f.).

Übersicht 73: **Wissensrepräsentation in Netzwerkmodellen – Gegenüberstellung eines Ebenenkonzepts und eines positionalen Netzwerkansatzes**

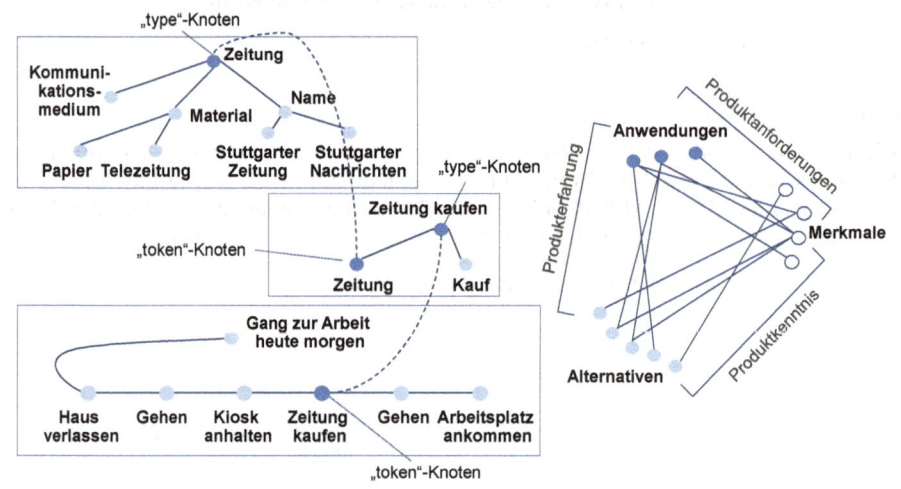

Quelle: In Anlehnung an Grunert 1990, S. 65, S. 71.

Schematheorien gehen demgegenüber davon aus, dass das Wissen aus standardisierten Vorstellungen darüber besteht, wie bestimmte Sachverhalte typischerweise aussehen. Diese Vorstellungen werden in sog. *Schemata* abgespeichert, die sich dadurch auszeichnen, dass sie die wichtigsten Merkmale eines Gegenstandsbereichs wiedergeben, mehr oder weniger abstrakt bzw. konkret und hierarchisch organisiert sind (Mowen/Minor 2001, S. 67). Einem Schema wird damit eine wichtige Funktion bei der Informationsverarbeitung zugesprochen. Es steuert die Wahrnehmung, vereinfacht Denkvorgänge und organisiert die Informationsspeicherung. Skripte sind eine spezielle Form von Schemata, die sich auf Ereignisse und Abläufe beziehen (Kuß/Tomczak 2007, S. 25). Damit diese im Gedächtnis gespeicherten Schemata wirklich verhaltenswirksam sind, müssen nach Abelson (1981) folgende Bedingungen erfüllt werden:

- Ein Schema muss als eine stabile gedankliche Repräsentation der Ereignisfolge beim Individuum bestehen.

Kaufprozesse bei Konsumenten

- Die Situation muss das entsprechende Schema ansprechen bzw. aktivieren.
- Das Individuum muss erkennen, dass sich die Handlungssituation und das Handlungsskript entsprechen.

Schemata sind im Gedächtnis mit verbalen oder visuellen Vorstellungen verbunden, woran sich die folgende Unterteilung orientiert (siehe Übersicht 74).

Übersicht 74: Einteilung der gedanklichen Schemata

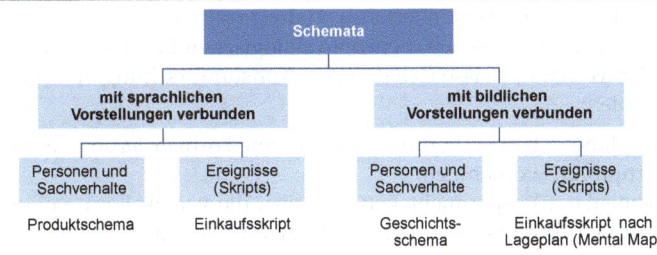

Quelle: Kroeber-Riel/Gröppel-Klein 2013, S. 319.

Schemata spielen auch bei der Produktbeurteilung eine wichtige Rolle, da die Präferenzen für ein Produkt u. a. davon abhängen, inwieweit das wahrgenommene Produkt den vorhandenen Vorstellungen entspricht (Solomon 2015, S. 252).

Wissenskompilierung beim Telefonieren

Anhand des Wählens einer Telefonnummer (ähnlich einer Nutzerenennung im Web), die im Laufe der Zeit immer vertrauter wird, kann der Unterschied zwischen deklaratorischem und prozeduralem Wissen illustriert werden. Zunächst ist eine Liste *deklaratorischer Fakten* abzuarbeiten: Zuerst muss eine 0 gewählt werden, dann die 1, dann die 9 usw. Wenn die Nummer oft genug gewählt wurde, kann sie als eine Einheit produziert werden: Eine schnell ausgeführte Abfolge von Handlungen auf den Zifferntasten des Telefons. Dieser Prozess wird Wissenskompilierung genannt. Durch Übung ist man in der Lage, eine längere Sequenz von Tätigkeiten ohne bewusstes Eingreifen auszuführen; aber während dieses „automatischen" Wählens hat man keinen bewussten Zugriff zum Inhalt der zu einer Einheit zusammengestellten Ziffern. Es kann durchaus sein, dass sich jemand an Telefonnummern nicht erinnert, es sei denn, er stellt sich vor, dass er sie wählt.

Wissenskompilierung ist dafür verantwortlich, dass es schwierig ist, *prozedurales Wissen* mit anderen zu teilen. Bspw. können Eltern ihren Kindern das Autofahren schwer beibringen. Obwohl diese gute Autofahrer sind, haben sie große Probleme, ihnen die Inhalte des kompilierten Wissens über die Prozeduren mitzuteilen (Gerrig 2015, S. 241).

Lernen

Lernen kann eine Veränderung des Verhaltens bewirken und auf Erfahrungen (Übung) beruhen; es repräsentiert im Informationsprozess insb. die Vorgänge der Informationsspeicherung (Solomon 2015, S. 229).

2 Psychische Erklärungskonstrukte des Konsumentenverhaltens

> *Lernen wird definiert als Veränderung der Wahrscheinlichkeit für das Auftreten einer bestimmten Verhaltensweise in einer bestimmten Reizsituation. Es bezieht sich damit nicht nur auf konkrete Verhaltensänderungen, sondern häufig auf kognitive Veränderungen, z. B. Veränderungen im Wissensstand oder im System der Einstellungen. Auf dieser Basis können motorische und kognitive Veränderungen unterschieden werden, die sich gegenseitig beeinflussen.*

Diese Begriffsauffassung orientiert sich an den *psychologischen Lerntheorien*, die in Relation zu den neurobiologischen, neurophysiologischen Lerntheorien eine größere Relevanz in der verhaltenswissenschaftlichen Konsumforschung haben. Zu den Erstgenannten zählen:

- die modelltheoretischen Lerntheorien, die eine Formalisierung der Erkenntnisse über den Lernprozess vornehmen,
- die (elementaren) experimentellen Theorien, die v. a. in Form von SR-Theorien und den Theorien des bildlichen Lernens (Imagery-Forschung) relevant sind (siehe auch Abschnitt 0 in diesem Kapitel) sowie
- die komplexen Theorien des sozialen Lernens am Modell, die auf die Interaktionsbeziehungen mit der sozialen Umwelt abstellen und im Rahmen der sozialen Determinanten des Kaufverhaltens (i. e. S. der Konsumentensozialisation) relevant sind (siehe Abschnitt 3.3 in diesem Kapitel).

Ein Individuum hat gelernt, wenn es wiederholt einem bestimmten Stimulus ausgesetzt wird und daraufhin häufiger als vorher in einer bestimmten Weise reagiert (Kroeber-Riel/Gröppel-Klein 2013, S. 411 f.). Hierbei spielen die Prozesse der Reizgeneralisation und -diskrimination eine wesentliche Rolle.

- Die Reizgeneralisation beruht auf einer Verallgemeinerung von Reizen; d. h., eine Person reagiert aufgrund des Lernprozesses nicht nur auf die gleichen Reize mit der gelernten Reaktion, sondern die Reaktion erfolgt auch nach der Wahrnehmung vergleichbarer oder assoziierter Reize. Die Bedeutung eines Reizes wird also verallgemeinert. Je nachdem, ob sich der Prozess auf physikalische oder semantische Reize bezieht, ist eine physikalische und semantische Reizgeneralisation zu unterscheiden. Dieser Zusammenhang lässt sich im Marketing durch die Nachahmung erfolgreicher Produkte und im Wege des Imagetransfers nutzen, wenn etwa das positive Image eines vorhandenen Produkts auf ein neues Produkt übertragen wird (vgl. auch den folgenden Abschnitt).
- Reizdiskriminierung liegt vor, wenn ein Individuum lernt, Reize zu unterscheiden und entsprechend der vollzogenen Reizdifferenzierung unterschiedlich zu reagieren. Es entsteht ein differenziertes Verhaltensrepertoire. Diesen Lernprozess macht sich die Produktdifferenzierung, z. B. durch Markenzeichen, zunutze.

Die Speicherung von Informationen bedeutet, dass diese nicht nur gelernt, sondern auch behalten werden. Dazu sind zum einen Wiederholungen für das erstmalige Lernen einer Information (z. B. Werbebotschaft) notwendig; zum anderen verlangt das Behalten einer Information deren Wiederholung, um dem Vergessen entgegenzuwirken (Janiszewski/Noel/Sawyer 2003, S. 139 ff.). Die idealtypischen Lernkurven, i. S. von Ergebnissen von Lernprozessen sind durch einen S-förmigen Verlauf gekennzeichnet (siehe Übersicht 75). Der untere, konvexe Teil der Lernkurve wird oft vernachlässigt, da von einer gewissen Lernerfahrung des Individuums ausgegangen werden kann. Der konkave Teil der Lernkurve drückt aus, dass von einer bestimmten Lernbasis aus der Umfang des behaltenen Materials bei fortlaufender Übungszeit bzw. Konfrontation mit dem Material degressiv ansteigt bis zur Beherrschung des Lernmaterials (Sättigungsniveau).

Übersicht 75: **Behaltenes verbales Material bei wiederholter Darbietung**

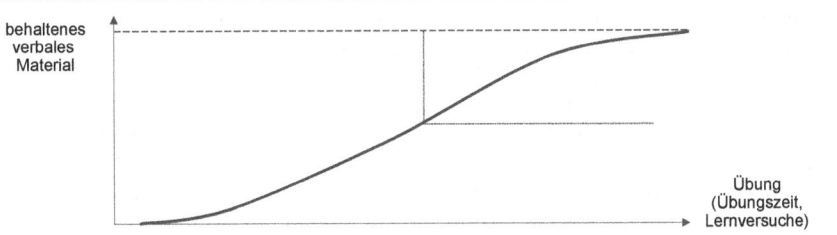

Quelle: Rosenstiel/Ewald 1979, S. 126.

Diese Aussage der Lernkurve ist allerdings nicht als generelle Gesetzmäßigkeit anzusehen, da die Lernleistung von der Anzahl der Wiederholungen und von der Verarbeitungstiefe des ausgelösten Lernvorgangs abhängt (Campbell/Keller 2003, S. 295 ff.). Bei der Untersuchung von Lernprozessen ist auch die sich an die Lernphase anschließende Vergessensphase zu berücksichtigen, woraus sich die Notwendigkeit kombinierter Lern- und Vergessenskurven ergibt. Kombinierte Lern- und Vergessenskurven von Werbebotschaften ermittelte bereits Zielske (1959) (siehe Übersicht 76).

Übersicht 76: **Wirkung der massierten (steilere Kurve) und der verteilten Werbung (Sägezähne)**

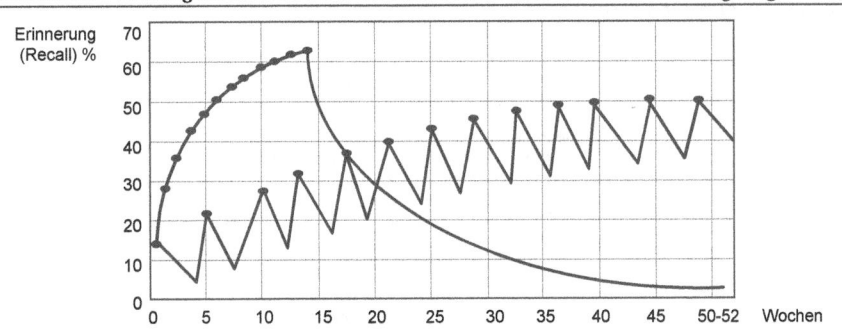

Quelle: In Anlehnung an Kroeber-Riel/Gröppel-Klein 2013, S. 456.

Er untersuchte die unterschiedliche Werbewirkung (Erinnerung) bei pulsierendem und bei massiertem Einsatz einer Werbekampagne. Der für das gesamte Jahr ermittelte durchschnittliche Recallwert lag bei der massierten Werbung bei 21 % (der höchste erreichte Wert war 63 %), bei der verteilten Werbung waren es 29 % (bzw. 48 %). Massierte Werbung hat also einen höheren Spitzenwert der Lernleistung erreicht, aber einen geringeren Durchschnittswert über den gesamten Zeitraum. Sie ist nur in Sonderfällen sinnvoll einsetzbar, z. B. bei einmaligen, saisonalen Produkten. Pulsationsstrategien werden dann eingesetzt, wenn die Vergessenskurve einen kritischen Punkt erreicht hat, d. h., es soll an das Produkt erinnert werden (Zielske 1959, S. 242 f.).

(Experimentelle, empirische) **Lerntheorien**

Experimentelle, empirische Lerntheorien lassen sich in elementare und komplexe Theorien einteilen (siehe Übersicht 77). Die elementaren Theorien liefern grundlegende und voneinander abgrenzbare Hypothesen, wohingegen die komplexen Lerntheorien unterschiedliche Bestandteile aus den verschiedenen Theorien vereinen.

Theorien des verbalen und bildlichen Lernens widmen sich der unterschiedlichen Kodierung und Speicherung entsprechender Informationen und haben in der modernen Konsumentenverhaltensforschung eine enorme Bedeutung (zur Imagery-Forschung siehe Abschnitt 0). Die *SR-Theorien* konzentrieren sich auf das Verhalten bzw. die Reaktion als Folge gewisser umweltspezifischer Reizkonstellationen. Nach den *kognitiven Theorien* werden dagegen kognitive Orientierungen gelernt, insb. Erwartungen über die Umwelt. Hierbei wird das Verhalten von diesen kognitiven Orientierungen bestimmt und steht nicht direkt unter der Kontrolle der Umweltreize. Sowohl die kognitiven Theorien als auch die SR-Theorien tragen dazu bei, auch das verbale und bildliche Lernen zu erklären.

Eine fundamentale SR-Theorie, die das *Lernen nach dem Kontiguitätsprinzip* erklärt, stellt die Theorie der klassischen Konditionierung von Pawlow dar, auf die im folgenden Abschnitt eingegangen wird. Auf dem *Lernen nach dem Verstärkungsprinzip* bauen die Theorien der instrumentellen und operanten Konditionierung auf, welche die Wahrscheinlichkeit einer Verhaltensänderung anhand der Konsequenzen, die dieses Verhalten für das Individuum hat, erklären. Diese Konsequenzen bestehen aus Umweltreizen, die als Folge des Verhaltens auf das Individuum einwirken und von diesem als positiv/belohnend oder negativ/bestrafend empfunden werden.

Übersicht 77: Elementare experimentelle Lerntheorien

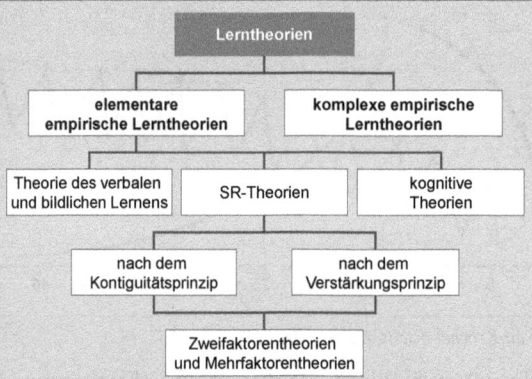

Quelle: Kroeber-Riel/Gröppel-Klein 2013, S. 422.

In diesem Zusammenhang ist das *Vergessen von Gedächtnisinhalten* relevant, denn es handelt sich hier um einen zum Lernen gegenläufigen Prozess. Es liegt vor, wenn ein einmal abgespeichertes Material nicht mehr aktivierbar ist. Traditionell befassen sich zwei Theorien mit der Erklärung des Vergessens (Behrens 1976, S. 47 f., S. 123):

- Nach der Theorie des autonomen Verfalls *(Decay Theory)* ist das Vergessen ein passiver Vorgang, der von der Zeit abhängig ist. Danach bauen sich Gedächtnis-

inhalte nach der Lernphase zeitlich bedingt wieder ab. Aus dieser Theorie ergibt sich eine typische Vergessenskurve.
- Nach der *Interferenztheorie* ist Vergessen ein aktiver Vorgang, der nicht von der Zeit abhängt, sondern vom Einfluss des vorher und nachher gelernten Materials. Nach der führenden Vergessenstheorie werden gelernte Informationen dauerhaft im Langzeitgedächtnis gespeichert. Die spätere Wiedergabe einer gelernten Information wird gehemmt, weil die Information mit der Zeit von anderen gespeicherten Informationen überlagert und deswegen nicht erinnert wird. Diese stetige Abnahme der Fähigkeit der Wiedergabe ist ebenfalls anhand der Vergessenskurve darstellbar.

Heute wird davon ausgegangen, dass sowohl Interferenzen als auch ein autonomer Verfall zum Vergessen von Inhalten führen.

2.2.4.2 Bedeutung und Messung

Die praktische Bedeutung, insb. von Lernen und Gedächtnis im Marketing, ist enorm, sodass hier nur drei Bereiche exemplarisch hervorgehoben werden können, nämlich die kognitive Werbewirkungsforschung (und in diesem Verbund die Messung von Lernprozessen), die Imagery Forschung sowie das Image/der Imagetransfer.

Kognitive Werbewirkungsforschung (Messung von Lernprozessen)

Werbewirkungen können zum einen die Aktivierung der Empfänger zum Ziel haben und zum anderen auf die kognitiven Vorgänge des Konsumenten abzielen. Zu diesen kognitiven Wirkungen zählen die Wahrnehmung, die Akzeptanz und Glaubwürdigkeit sowie das Lernen und Erinnern einer Werbebotschaft. Die Werbewirkungskontrolle bezieht sich auf die Überprüfung der effektiven Durchsetzungskraft der eingesetzten Werbemittel und der eingeschalteten Werbeträger. Hierzu wird der Grad der Zielerreichung hinsichtlich verschiedener Aspekte der Werbewirkung, z. B. in Bezug auf die Werbeziele, durch geeignete Verfahren gemessen. Bspw. werden zur Kontrolle der Lern- und Erinnerungswirkung einer Werbebotschaft (Gedächtniswirkung der Werbung) Erinnerungs- und Wiedererkennungsverfahren (Recall- und Recognition-Tests) eingesetzt (Schiffman/Wisenblit 2015, S. 168; Solomon 2015, S. 259).

Grundsätzlich lassen sich zwei Formen der *Erinnerungsverfahren* unterscheiden:

- das ungestützte Erinnerungsverfahren (*Unaided Recall Test*) und
- das gestützte Erinnerungsverfahren (*Aided Recall Test*).

Bei ungestützten Erinnerungsverfahren wird die Testperson ohne jegliche Hilfestellung gefragt, woran sie sich erinnern kann. Bei den gestützten Erinnerungsverfahren wird den Versuchspersonen nicht nur die Frage gestellt, ob sie sich an eine Anzeige erinnern, sondern es werden Gedächtnisstützen in Form von Werbeslogans, Markennamen u. Ä. gegeben. Als Beispiel eines *Aided Recall Tests* kann das *adVisor-Verfahren* des Spiegel Instituts vorgestellt werden. Dabei werden mindestens 130 Versuchspersonen durch Quotenverfahren ausgewählt; ihnen wird ein Werbespot gezeigt. Übersicht 78 zeigt das methodische Vorgehen. Der Befragte hat anzugeben, ob er sich an den Spot für das Unternehmen oder die Marke erinnert. Das daran anschließende Interview soll klären, inwieweit er den Spot beschreiben kann, was er beim Ansehen des Spots gedacht und welchen Eindruck dieser hinterlassen hat. Ermittelt werden u. a.:

- wie viele der Befragten sich an eine Anzeige erinnern konnten,
- wie stark sich die Anzeige bzw. Anzeigenelemente den Befragten eingeprägt haben,
- ob die Anzeige auch richtig verstanden wurde,
- welche Assoziationen die Anzeige ausgelöst hat und
- ob sie eine positive oder negative Resonanz ausgelöst hat.

Im Anschluss werden diese Ergebnisse mit einer Kontrollgruppe verglichen, welche den Werbespot nicht gesehen hat (sog. Pre-Advertising Situation).

Übersicht 78: *adVisor-Verfahren (Prinzipiendarstellung)*

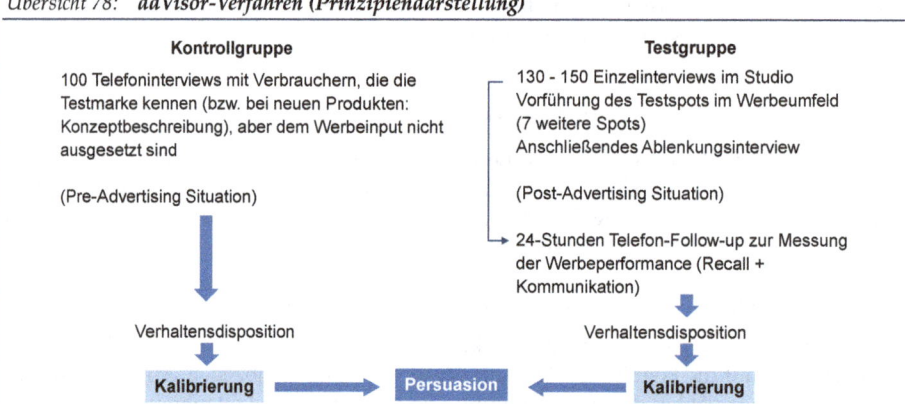

Beim *Wiedererkennungsverfahren (Recognition-Test)* wird das zu untersuchende Werbemittel zunächst einer bestimmten Zielgruppe vorgelegt. Anschließend werden die Versuchspersonen gefragt, ob sie die entsprechenden Werbemittel, die ihnen erneut vorgelegt werden, schon einmal gesehen oder gehört haben.

Ein klassisches Wiedererkennungsverfahren ist der Starch-Test für Anzeigen (Finn 1988, S. 168 ff.). Interviewer gehen dabei mit den Versuchspersonen die Seiten einer Zeitschrift durch. Der Interviewer darf nur die Seiten umblättern. Anschließend wird gefragt, ob die Versuchsperson bestimmte Anzeigen gesehen bzw. bestimmte Produkte bemerkt hat. Ermittelt wird für jede Anzeige der Prozentsatz der Leser, welche die Anzeige ganz oder teilweise wiedererkannt haben. Der Starch-Test verwendet eine Reihe von Messgrößen:

- „noted" = Prozentsatz der Leser, die angeben, eine Anzeige in der betreffenden Zeitschrift früher gesehen oder bemerkt zu haben
- „seen/associated" = Prozentsatz der Leser, die eine Anzeige gesehen, Teile davon gelesen haben und sich deutlich an den Namen des umworbenen Produkts, der Dienstleistung oder des Werbetreibenden erinnern
- „read most" = Prozentsatz der Leser, die nicht nur die Anzeige gesehen haben, sondern auch bestätigen, dass sie mehr als die Hälfte des Textes gelesen haben.

Problematisch bei der Anwendung ist die Gefahr der Verwechslung bei der Identifikation einzelner Anzeigen. Um diese Gefahr auszuschalten, wird ein kontrolliertes Wiedererkennungsverfahren vorgeschlagen. Dabei werden neben tatsächlich erschienenen Werbemitteln fiktive präsentiert. Es werden die Personen herausgefiltert, die unglaubwürdig erscheinen und dennoch gibt es Fehlerursachen:

- die echte Verwechslung mit anderen Werbeanzeigen
- das Raten der Versuchspersonen bei Ungewissheit
- die bewusste Übertreibung
- die Behauptung, man kenne die Anzeige, obwohl man in Wirklichkeit nur das sie umgebende Material wiedererkennt
- die Bereitwilligkeit, dem Interviewer zu gefallen bzw. die Hemmungen, unwissend zu erscheinen
- die Missverständnisse der erhaltenen Instruktionen.

Aus methodischer Sicht können die Erinnerungsverfahren und die Wiedererkennungsverfahren sowohl als Pretest als auch als Posttest durchgeführt werden. Dabei sind die Recall-Verfahren einfacher durchführbar, z. B. in telefonischen Befragungen, während Recognition-Verfahren den Einsatz eines Interviewers bzw. Laborbedingungen voraussetzen und zugleich mit Verzerrungseffekten verbunden sind.

Messung von Lernprozessen

Grundsätzlich sind direkte und indirekte Messverfahren zu unterscheiden, wobei Erstere darauf abzielen, die gespeicherten Informationen aufzuzeigen. Hierzu können Recall-Tests (die Testperson muss das Gelernte frei und ohne Hilfen wiedergeben) oder Recognition-Tests (der Testperson wird das gelernte Material zusammen mit anderen Materialien vorgelegt und nach deren Erinnerung gefragt) eingesetzt werden. Bei Letzteren ist die kognitive Leistung geringer. Der Ablauf kann grundsätzlich in mehrere Phasen unterteilt werden:

- Phase I – Einprägung durch Übung, d. h., das Individuum prägt sich das verbale Material, meist aufgrund wiederholter Darbietung, ein (Übungsphase). Hier kann die Messung von Eingeprägtem und jene der Artikulationsfähigkeit erfolgen.
- Phase II – Keine Übung i. e. S., sondern Informationsspeicherung (Gedächtnisphase).

Die Langzeitspeicherung von Informationen ist mit dem Aufbau von materiellen Gedächtnisspuren (im Gegensatz zu bio-elektrischen Prozessen im Kurzzeitgedächtnis) verbunden. Dieser führt dazu, dass man von einer Festigungszeit spricht, die etwa ¼ bis 1 Stunde beträgt, wobei Gedächtniserinnerungen erst danach erfolgen. Vorher wird die Speicherung im Kurzzeitgedächtnis erfasst.

Auch vor dem Hintergrund der Vergessenskurven bestehen Messprobleme und zwar deshalb, weil die gespeicherte Information nicht objektiv gemessen werden kann (siehe hierzu Bailey 1989). Wenn nämlich versucht wird, die behaltene Information durch einen Abrufprozess zu messen, ist dies selbst eine kognitive Leistung; sie stellt eine Übung und damit einen Verfälschungseffekt dar. Durch die zusätzliche kognitive Leistung des Abrufs liegt das Niveau der Erinnerung höher als es tatsächlich ist.

Imagery-Forschung

Die *Imagery-Forschung* beschäftigt sich mit den internen Prozessen der nicht-verbalen, gedanklichen Entstehung, Verarbeitung und Speicherung von inneren Bildern. Solche Gedächtnisbilder lassen sich als gelernte, visuelle Eindrücke eines Menschen kennzeichnen (siehe Übersicht 79). Die Imagery-Forschung basiert auf zwei grundlegenden Forschungsrichtungen,

- der psychologisch orientierten Theorie der dualen Codierung und
- der biologisch orientierten Hemisphärentheorie.

Übersicht 79: *Begriffsnetz der Imagery-Forschung*

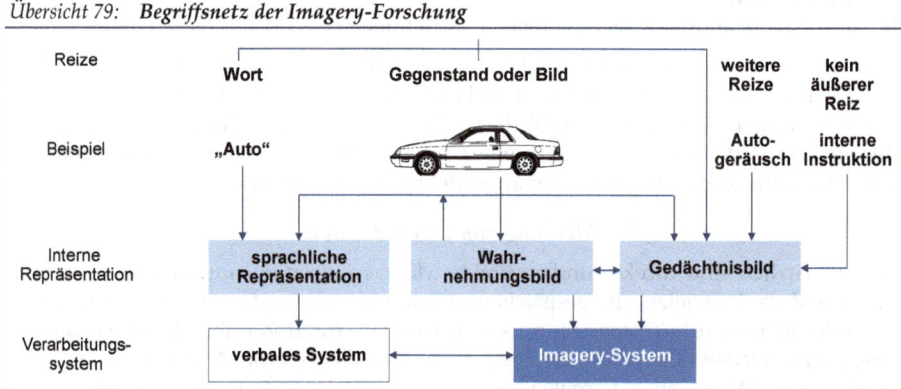

Quelle: Kroeber-Riel/Gröppel-Klein 2013, S. 440.

Nach der *Theorie der dualen Codierung* werden „verbale und nicht-verbale Informationen in unabhängigen, aber miteinander verbundenen Systemen repräsentiert und verarbeitet" (Paivio 1977, S. 60), d. h. in einem bildlichen und einem verbalen Code (siehe Übersicht 80).

Übersicht 80: *Schematische Darstellung einer dualen Codierungstheorie*

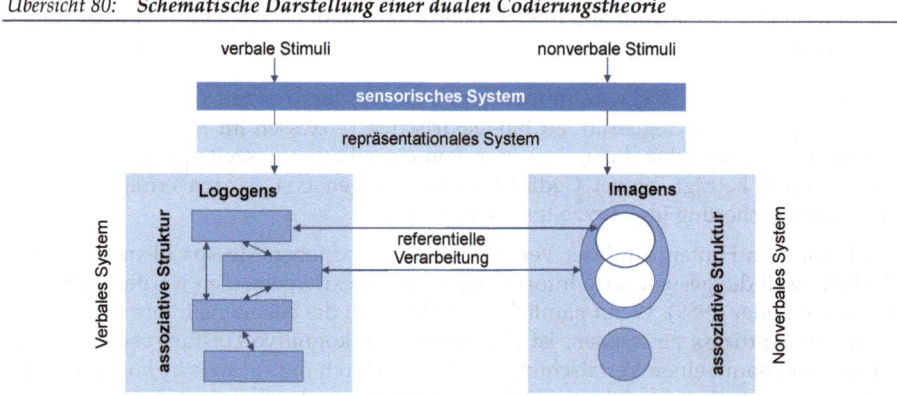

Quelle: In Anlehnung an Paivio 1986, S. 67, zitiert nach Swoboda 1996, S. 114.

Kaufprozesse bei Konsumenten

Wie angedeutet (siehe Abschnitt 2.2.1.2 in diesem Kapitel), stützt die Hemisphärentheorie die Ergebnisse der Theorie der dualen Codierung insofern, als sie feststellt, dass die beiden menschlichen Gehirnhälften (Hemisphären) – obwohl untereinander verbunden – auf bestimmte Funktionen spezialisiert sind. Bei rechtshändigen Menschen ist die linke Hemisphäre für verbal-logische Aktivitäten und die rechte Hemisphäre für nichtverbal-emotionale Aktivitäten „zuständig" und die Prozesse der rechten Gehirnhälfte laufen eher „ganzheitlich" (holistisch) sowie wenig bewusst ab.

Aus diesen Befunden können u. a. mit der Imagery-Forschung folgende Schlüsse über die kognitiven und emotionalen Wirkungen innerer Bilder auf das Konsumentenverhalten abgeleitet werden:

- Bilder werden ganzheitlich verstanden und weitgehend automatisch verarbeitet, was zur schnelleren Aufnahme und Verarbeitung führt. Bildinformationen werden wesentlich schneller und besser gespeichert als sprachliche Informationen.
- In emotionaler Hinsicht haben Bilder die Eigenschaft, gefühlsmäßige Inhalte besser übermitteln zu können, als es verbal möglich ist.
- Die Bildverarbeitung läuft nach einem analogen und nicht nach einem sequenziell-logischen gedanklichen Schema ab, was dazu führt, dass räumlich nah dargestellte Bildelemente auch als kausal zusammengehörig interpretiert werden.
- Konkrete Wörter (z. B. Center) können sowohl bildlich als auch verbal codiert und gespeichert werden, abstrakte Wörter (z. B. Moral) im Allgemeinen lediglich verbal. Abstrakte bildliche Informationen lassen sich nur bedingt verbal speichern (siehe Übersicht 81).

Die Forschung von Paivio sowie die Aussagekraft der Hemisphärentheorie werden von Ergebnissen der Functional Magnetic Resonance-Technik (FMRT) unterstützt. Mit Röntgenstrahlen wird ein elektronisches Abbild vom Gehirn erzeut, was die Durchblutung einzelner Hirnregionen sichtbar macht und Aussagen über deren Aktivitäten zulässt (Kroeber-Riel/Gröppel-Klein 2013, S. 444).

Übersicht 81: Nachweis der überragenden Gedächtniswirkung von Bildinformationen

Bilder	konkrete Worte	abstrakte Worte
🎹	Klavier	Gerechtigkeit
☎	Uhr	Ich
☆	Stern	Tapferkeit
🏠	Haus	Moral

Quelle: In Anlehnung an Paivio 1979, zitiert nach Kroeber-Riel/Gröppel-Klein 2013, S. 443.

Für die *Anwendung im Marketing* lassen sich aus den Ergebnissen der Imagery-Forschung wichtige Schlüsse ziehen (MacInnis/Price 1987, S. 473 ff.; Kroeber-Riel/Gröppel-Klein 2013, S. 447 ff.):

- In der *Werbung* ist es infolge der Überlastung des menschlichen Informationsverarbeitungssystems und gering involvierter Konsumenten wichtig, Informationen schnell, prägnant und aktivierend zu vermitteln. Die wichtigsten zu übermittelnden Informa-

tionen sollten entsprechend der Imagery-Forschung in Wort und Bild dargestellt werden, wobei Bilder eher emotionale Sachverhalte und Erlebnisse übermitteln können.
- In der *Marktforschung* gewinnen Bilderskalen an Bedeutung. Zum einen eignen sich Bilder für Bildrecallverfahren oder -recognitionverfahren. Zum anderen werden Bilderskalen zur Messung von inneren Bildern und anderen, nur schwer verbalisierbaren Sachverhalten herangezogen. Auch gedankliche Lagepläne (sog. Mental Maps) zählen zu inneren Bildern einer räumlichen Ordnung, z. B. der Warenanordnung in einem Geschäft. Sie dienen zur räumlichen Orientierung.
- Eine weitere Anwendung findet sich in der Visualisierung von Informationen in nicht verbaler oder zahlenmäßiger Form, sondern durch leicht eingängige Grafiken (Balken-, Kurven- oder Kreisdiagramme). So können die wesentlichen Informationen, z. B. Trends oder Aufteilungen, schnell erfasst werden.
- Für das Marketing ist ferner die bereits erwähnte Konditionierung – als klassische SR-Theorie – relevant (siehe Übersicht 82). Bei der klassischen Konditionierung ist die Kontiguität, die zeitliche Nähe zwischen dem unkonditionierten und dem konditionierten Reiz, von entscheidender Bedeutung. Nur wenn sie zeitlich benachbart sind, kann der Organismus diejenige Assoziation zwischen ihnen herstellen, die die Grundlage des Lernprozesses bildet.

Übersicht 82: Anwendung der klassischen und der instrumentellen Konditionierung

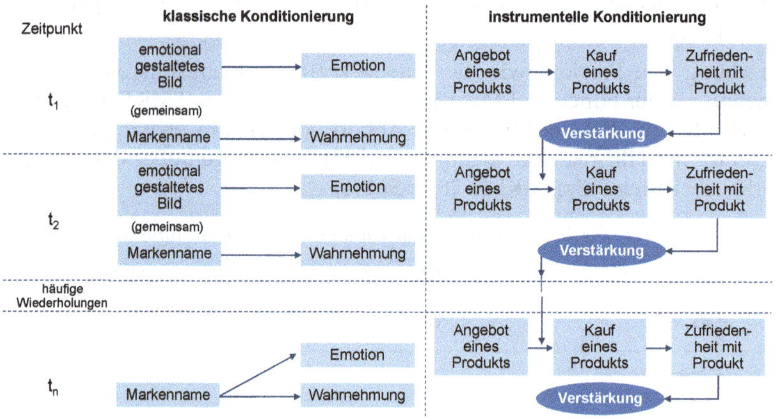

Quelle: Kuß/Tomczak 2007, S. 36.

Image und Imagetransfer

Das Image eines Objekts und die Einstellungen von Individuen zu diesem Objekt stehen in einem engen Bedeutungszusammenhang. Grundsätzlich gilt, dass ein Image Objekten eigen ist, während Einstellungen sich auf ein Objekt beziehen und Individuen zu eigen sind. Je nach Objekt können folgende Imagearten unterschieden werden (Zentes/Swoboda 2001):

- Produktimage, d. h. das Image einer Produktgruppe
- das Markenimage, d. h. das Image einer bestimmten Marke
- Unternehmensimage, d. h. das Image eines Unternehmens.

Emotionale Konditionierung

Eine der wichtigsten Techniken, um bspw. eine Marke oder ein Produkt emotional anzureichern, ist die emotionale Konditionierung, die auf den Gesetzmäßigkeiten der Theorie der klassischen Konditionierung von Pawlow (1928) beruht. Letztere basiert auf dem berühmten Hunde-Experiment (siehe Übersicht 83): Die Darbietung von Futter (Stimulus) ruft beim Hund die Absonderung von Speichel hervor (Response). Dies ist eine angeborene, reflexartige Reaktion. Wird im Folgenden die Darbietung von Futter wiederholt mit einem neutralen Reiz kombiniert, etwa mit einem Glockenton, ruft der neutrale Reiz (ohne Futter) nach einer Zeit auch die Absonderung von Speichel hervor.

*Übersicht 83: **Schematische Darstellung des Experimentes von Pawlow***

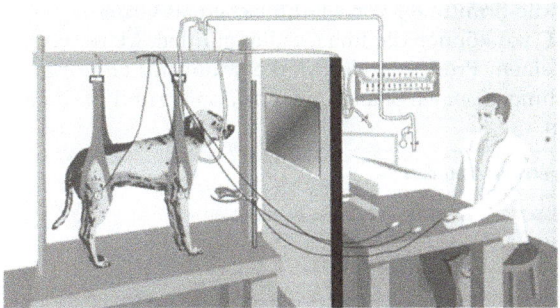

Übertragen auf das Marketing wird von emotionaler Konditionierung gesprochen, die Folgendes aussagt: Wird eine Marke bzw. ein Produkt wiederholt zusammen mit einem emotionalen Reiz dargeboten, erhält die Marke bzw. das Produkt für die Umworbenen einen emotionalen Erlebnisgehalt. Somit ist es möglich, einen neutralen Produktnamen derart emotional zu bewerben, dass dieser den Konsumenten zum Konsum anregt.

Die klassische Konditionierung ist in ihrer ursprünglichen Form ein Mechanismus, der unabhängig von weiteren (kognitiven) Prozessen abläuft. Da die Reflexbögen in den entwicklungsgeschichtlich älteren Teilen des Zentralnervensystems liegen, kann das Bewusstsein den Verlauf der Reaktionen nicht beeinflussen. Diese Form der Konditionierung lässt sich in Tierexperimenten nachvollziehen. Auch beim Menschen gibt es diese Art der Reflexkonditionierung, wobei sich daneben andere Formen herausgebildet haben, denn dieser Lernmechanismus war im Laufe der phylogenetischen Entwicklung nicht isoliert, sondern hat sich mit den höheren Abschnitten des Zentralnervensystems verknüpft. Es werden Lernprozesse wirksam, die mit kognitiven Prozessen verknüpft sind, welche die Konditionierungswirkung modifizieren oder auch unterdrücken können. Daher fällt die Wirkung emotionaler Werbestimuli unterschiedlich stark aus (Behrens 1991, S. 279 f.).

Das Markenimage ist nach Keller (1993, S. 3) durch Markenassoziationen in den Köpfen der Konsumenten geprägt. Diese Assoziationen werden u. a. hinsichtlich ihrer Vorteilhaftigkeit, Stärke und Einzigartigkeit unterschieden (siehe Abschnitt 5.2.2 in diesem Kapitel). Zum Aufbau einer starken Marke ist ein klares Markenimage und die positive Ausprägung der genannten Dimensionen von Bedeutung (Keller 1993, S. 7).

Als Hauptaufgabe der *Imageanalyse* ist zunächst die Diagnose des bestehenden Ist-Images eines Objekts zu nennen. Dabei sind Ursachen, Prämissen, Entstehungszusammenhänge und Bestandteile des Images zu ermitteln, um aus der Analyse der Stärken und Schwächen eine „Therapie" zur Verbesserung bzw. Veränderung des Images entwickeln zu können. Darüber hinaus ist es für ein Unternehmen wichtig zu wissen, ob und evtl. aus welchen Gründen eine Divergenz zwischen dem Image verschiedener Objekte, z. B. zwischen dem Unternehmens- und Markenimage oder zwischen dem eigenen Image und dem Image der Konkurrenz zu verzeichnen ist.

Für die „Image-Therapie" ist es also Voraussetzung, ein Soll- oder Ideal-Image festzulegen, an welches das Ist-Image angeglichen werden soll. Eine weitere Aufgabe der Imageanalyse ist die Ermittlung von Marktnischen als Grundlage für die Entwicklung neuer Produkte. Dazu können die Images aller auf dem Markt vorhandenen Produkte oder Marken in einem Produkt- oder Markenraum mit Hilfe bestimmter Techniken, bspw. der Multidimensionalen Skalierung, positioniert und noch nicht besetzte Räume abgeleitet werden.

Übersicht 84: **Imagetransfermodell**

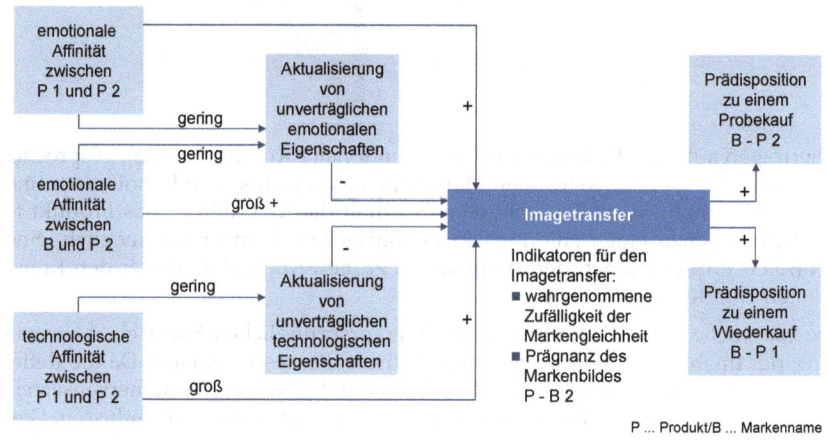

Quelle: Schweiger/Schrattenecker 2013, S. 108.

Der Begriff *Imagetransfer* kennzeichnet die wechselseitige Übertragung und Verstärkung von Objektassoziationen zwischen Objekten unterschiedlicher Kategorien. Es handelt sich zugleich um eine Strategie, die versucht, das vorhandene positive Image einer Marke auf eine andere zu übertragen, z. B. im Zuge einer Markenerweiterung (Line oder Brand Extension) (Echambadi et al. 2006). Instrumental erfolgt der Imagetransfer durch Nutzung des bekannten Markennamens und der dazugehörigen Merkmale (Schriftzug, Symbole usw.) und es erfolgt eine vereinheitlichte Kommunikationspolitik. Neben der Partizipation am Goodwill (Goodwilltransfer), dem Vertrauenskapital einer etablierten Marke, bestehen die Vorteile einer Imagetransferstrategie v. a. in der Verminderung des Floprisikos, der besseren Akzeptanz neuer Produkte und der Kosteneinsparung. Durch diese Strategie können ferner Markenfamilien geschaffen werden. Oftmals wird der Terminus Imagetransfer weiter gefasst und in Zusammenhang mit dem Leitbildmarketing und Sponsoring genannt. Hierbei sollen die mit einem Leitbild oder bspw. einer Sportart verknüpften, positiven Assoziationen auf ein Unternehmen oder bestimmte Produkte übertragen werden.

Aus Sicht des Konsumentenverhaltens steht die Übertragung von denotativen und konnotativen Assoziationen im Mittelpunkt des Imagetransfers. Unter Denotationen versteht man die technische Beschaffenheit eines Objekts, die objektiv nachvollziehbar ist. Konnotationen bezeichnen die emotionalen Assoziationen, die ein Objekt auslöst. Nach dem Imagetransfermodell von Schweiger/Schrattenecker (2013, S. 107 f.) bildet die technologische und emotionale Affinität zwischen den Objekten eine Voraussetzung für einen erfolgreichen Imagetransfer (siehe Übersicht 84). Probleme ergeben sich v. a. bei denotativen und konnotativen Unverträglichkeiten zwischen den Partnerprodukten.

Ein wichtiger moderierender Effekt, der die Stärke des Imagetransfers determiniert, ist der *wahrgenommene Fit* (Kohärenz) zwischen der ursprünglichen Marke und der Markenerweiterung. Dieser bestimmt die Leichtigkeit der Übertragung der Markenassoziationen von der ursprünglichen Marke auf die Markenerweiterung. Nach Park/Milberg/Lawson (1991) setzt sich der Fit aus der wahrgenommenen Produkteigenschaftsähnlichkeit und der wahrgenommenen Konzeptkonsistenz zwischen dem existierenden Markenprodukt und der Markenerweiterung zusammen. Dabei zeigte sich, dass für Prestigemarken die Konzeptkonsistenz wichtiger ist, als für funktionale Marken. Dies impliziert für emotional besetzte Marken ein höheres Erweiterungspotenzial.

Literatur

Abelson, R. P. (1981): Psychological Status of Script Concept, in: American Psychologist, 36. Jg., Nr. 7, S. 715-729.
Adler, A. (1928): Über den nervösen Charakter, München.
Apter, M. J. (1989): Reversal Theory. Motivation, Emotion and Personality , London.
Ajzen, I. (1991): The theory of planned behavior, in: Organizational Behavior and Human Decision Processes, 50. Jg. 50, Nr. 2, S. 179-211.
Ajzen, I./Fishbein, M. (1980): Understanding attitudes and predicting social behavior, Englewood Cliffs.
Armitage, C. J./Conner, M. (2001): Efficancy of Theory of Planned Behaviour: A meta-analytic review, in: British Journal of Social Psychology, 40. Jg., Nr. 4, S. 471-499.
Backhaus, K./Erichson, B./Weiber, R. (2013): Fortgeschrittene Multivariate Analysemethoden, 2. Aufl., Berlin, Heidelberg.
Baddeley, A. D. (2000): The episodic buffer: a new component of working memory?, in: Trends in Cognitive Science, 4. Jg., Nr. 11, S. 417-423.
Bailey, C. D. (1989): Forgetting and the Learning Curve: A Laboratory Study, in: Management Science, 35. Jg., Nr. 3, S. 340-352.
Balderjahn, I. (1993): Marktreaktionen von Konsumenten, Berlin.
Bänsch, A. (2013): Verkaufspsychologie und Verkaufstechnik, 9. Aufl., München
Behrens, G. (1991): Konsumentenverhalten, 2. Aufl., Heidelberg.
Bem, D. J.(1967): Self-Perception: an alternative interpretation of cognitive dissonance phenomena, in: Psychological Review, 74. Jg., Nr. 3, S. 183-200.
Bernhard, U. (1978): Blickverhalten und Gedächtnisleistung beim visuellen Werbekontakt unter besonderer Berücksichtigung von Plazierungseinflüssen, Frankfurt a. M.
Blackwell, R. D./Miniard, P. W./Engel, J. F. (2006): Consumer Behavior, 10. Aufl., Mason.
Bolton, L. E./Warlop, L./Alba, J. W. (2003): Consumer perceptions of price (un)fairness, in: Journal of Consumer Research, 29. Jg., Nr. 4, S. 474-491.

Botschen, G./Thelen, E. M./Pieters, R. (1999): Using means-end structures for benefit segmentation – An application to services, in: European Journal of Marketing, 33. Jg., Nr. 1/2, S. 38-58.

Boucsein, W. (1992): Electrodermal Activity, New York.

Brown, S. P./Stayman, D. M. (1992): Antecedents and Consequences of Attitude Toward the Ad: A Meta-Analysis, in: Journal of Consumer Research, 19. Jg., Nr. 1, S. 34-51.

Campbell, M. C./Keller, K. L. (2003): Brand familiarity and advertising repetition effects, in: Journal of Consumer Research, 30. Jg., Nr. 2, S. 292-304.

Cannon, W. B. (1927): The James-Lange theory of emotions: A critical examination and an alternative theory, in: American Journal of Psychology, 39. Jg., Nr. 1, S. 106-124.

Chia, S.-L./Foscht, T./Maloles, C./Reisel, W. (2010): Toward an integrated Typology of Consumer Motives for Buying Gray Market Goods, in: Review of Business Research, 10. Jg., Nr. 2, S. 45-55.

Christensen, C. M./Hall, T./Cook, S. (2006): Wünsche erfüllen statt Produkte verkaufen, in: Harvard Business Manager, Nr. 3, S. 70-87.

Cohen, J. B./Reed, A. (2006): A Multiple Pathway Anchoring and Adjustment (MPAA) Model of Attitude Generation and Recruitment, in: Journal of Consumer Research, 33. Jg., Nr. 1, S. 1-15.

DeChernatony, L./MacDonald, M./Wallace, E. (2013): Creating Powerful Brands, 4. Aufl., London.

De la Torre, F./Cohn, J. F. (2011): Facial Expression Analysis, in : Moeslund, T. B./Hilton, A./Krüger, V./Sigal, L. (Hrsg.): Visual Analysis of Humans – Looking at People, London et al., S. 377-409.

Dichter, E. (1961): Strategie im Reich der Wünsche, New York.

Diehl, S. (2002): Erlebnisorientiertes Internetmarketing, Wiesbaden.

Echambadi, R./Arroniz, I./Reinartz, W./Lee, J. (2006): Empirical generalizations from brand extension research: How sure are we?, in: International Journal of Research in Marketing, 23. Jg., Nr. 3, S. 253-261.

Ekman, P./Friesen, W. (1978): Manual for the Facial Action Coding System, Palo Alto.

Esch, F.-R./Wicke, A./Rempel, J. E. (2005): Herausforderungen und Aufgaben des Markenmanagements, in: Esch, F.-R. (Hrsg.): Moderne Markenführung, 4. Aufl., Wiesbaden S. 5-55.

Esch, F.-R. (2014): Strategie und Technik der Markenführung, 8. Aufl., München.

Fahrenberg, J./Walschburger, P./Foerster, F./Myrtek, M./Müller, W. (1979): Psychophysiologische Aktivierungsforschung, München.

Felser, G. (2007): Werbe- und Konsumentenpsychologie, 3. Aufl., Stuttgart.

Festinger, L. (1957): A Theory of Cognitive Dissonance, Stanford.

Festinger, L./Carlsmith, J. M. (1959): Cognitive Consequences of Forced Compliance, in: Journal of Abnormal and Social Psychology, 58. Jg., Nr. 2, S. 203-211.

Fincham, F./Hewstone, M. (2002): Attributionstheorie und -forschung, in: Stroebe, W./Jonas, K./Hewstone, M. (Hrsg.): Sozialpsychologie, 4. Aufl., Berlin, S. 215-263.

Finn, A. (1988): Print Ad Recognition Readership Scores: An Information Processing Perspective, in: Journal of Marketing Research, 25. Jg., Nr. 2, S. 168-177.

Foscht, T. (1998): Interaktive Medien in der Kommunikation, Wiesbaden.

Foscht, T./Kehl, L./Schloffer, J. (2010): Conjoint-Design: Concluding impact on Price-Elasticity and Validity, in: Proceedings of the 32nd INFORMS Marketing Science Conference, 17.-19. Juni, Köln.

Foscht, T./Kotzab, H./Maloles, C./Schröder, C. (2008): Potentials of RFID Application in Retailing: A Conjoint-based Preference Analysis, in: European Retail Research, 22. Jg., Nr. 1, S. 159-176.

Freter, H. W. (1979): Interpretation und Aussagewert mehrdimensionaler Einstellungsmodelle im Marketing, in: Meffert, H./Steffenhagen, H./Freter, H. (Hrsg.): Konsumentenverhalten und Information, Wiesbaden, S. 163-184.

Freud, S. (1965): Gesammelte Werke, London.

Frey, S. (1984): Die nonverbale Kommunikation, Stuttgart.

Gerrig, R. J. (2015): Psychologie, 20. Aufl., München.

GfK SE (2014), GfK EmoScan: Recording emotions – The face tells it, Nürnberg.

Gröppel, A. (1991): Erlebnisstrategien im Einzelhandel, Heidelberg.

Gröppel-Klein, A./Domke, A./Bartmann, B. (2005): Bewußte und unbewußte Wirkungen von Archetypen in der Werbung und in Kinofilmen – Ergebnisse einer experimentellen Studie, in: Posselt, T./Schade, C. (Hrsg.): Quantitative Marketingforschung in Deutschland, Berlin, S. 33-57.

Gröppel-Klein, A./Königstorfer, J. (2009): Projektive Verfahren in der Marktforschung, in: Buber, R./Holzmüller, H. (Hrsg.): Qualitative Marktforschung. Konzepte – Methoden – Analysen, Wiesbaden, S. 537-554.

Grunert, K. (1990): Kognitive Strukturen in der Konsumforschung, Heidelberg.

Gutenberg, E. (1984): Grundlagen der Betriebswirtschaftslehre, 2. Bd.: Der Absatz, 17. Aufl., Berlin.
Hanna, N./Wozniak, R./Hanna M. (2013): Consumer Behavior, Kendall Hunt Publishing.
Heider, F. (1958): The Psychology of Interpersonal Relationships, New York.
Hennig-Thurau, T./Hansen, U. (2001): Kundenartikulationen im Internet, in: Die Betriebswirtschaft, 61. Jg., Nr. 5, S. 560-580.
Izard, C. E. (1999): Die Emotionen des Menschen, 9. Aufl., Weinheim.
James, W. (1884): What is an Emotion?, in: Mind, 9. Jg., Nr. 34, S. 188-205.
Janiszewski, C./Noel, H./Sawyer, A. G. (2003): A meta-analysis of the spacing effect in verbal learning: Implications for research on advertising repetition and consumer memory, in: Journal of Consumer Research, 30. Jg., Nr. 1, S. 138-149.
Keller, K. L. (1993): Conceptualizing, Measuring, and Managing Customer-Based Brand Brand Equity, in: Journal of Marketing, 57. Jg., Nr. 1, S. 1-22.
Kelly, H. H. (1978): Kausalattribution: Die Prozesse der Zuschreibung von Ursachen, in: Stroebe, W. (Hrsg.) Sozialpsychologie. Darmstadt. S. 212-265.
Koeppler, K.-F. (1972): Unterschwellig wahrnehmen – unterschwellig lernen, Stuttgart u. a.
Kroeber-Riel, W./Gröppel-Klein, A. (2013): Konsumentenverhalten, 10. Aufl., München.
Kuhlmann, E./Brünne, M./Sowarka, B. H. (1992): Interaktive Informationssysteme in der Marktkommunikation, Heidelberg.
Kuß, A./Tomczak, T. (2007): Käuferverhalten, 4. Aufl., Stuttgart.
Labroo, A. A./Ramanathan, S. (2007): The Influence of Experience and Sequence of Conflicting Emotions on Ad Attitudes, in: Journal of Consumer Research, 33. Jg., Nr. 4, S. 523-528
Langner, T. (2003): Integriertes Branding. Baupläne zur Gestaltung erfolgreicher Marken, Wiesbaden.
Laplanche, J./Pontalis, J.-B. (1982): Das Vokabular der Psychoanalyse, 2. Bd., Frankfurt a. M.
Larsen, J. T./Norris, C. J./Cacioppo, J. T. (2003): Effects of positive and negative affect on electromyographic activity over zygomaticus major and corrugator supercilii. Psychophysiology, 40(5), 776-785.
Lawson, R. (2002): Consumer knowledge structures: Background issues and introduction, in: Psychology & Marketing, 19. Jg., Nr. 6, S. 447-455.
Lazarus, R. S. (1991): Emotion und Adaption, New York.
Loudon, D./Della Bitta, A. (1993): Consumer Behavior, 4. Aufl., New York.
MacInnis, D. J./Price, L. L. (1987): The Role of Imagery in Information Processing: Review and Extensions, in: Journal of Consumer Research, 13. Jg., Nr. 4, S. 473-491.
Makens, J. C. (1965): Effects of Brand Preference Upon Consumers' Perceived Taste of Turkey Meat, in: Journal of Applied Psychology, 19. Jg., Nr. 4, S. 261-263.
Maslow, A. (1975): Motivation and Personality, in: Levine, F. (Hrsg.): Theoretical Readings in Motivation, Chicago, S. 358-380.
Miller, N. E. (1964): On the Functions of Theory, in: Sanford, F. H./Capaldi, E. J. (Hrsg.): Research in Perception, Learning and Conflict, Belmont, S. 97-103.
Mowen, J./Minor, M. (2001): Consumer Behavior, Upper Saddle River.
Mummendey, H. D. (1988): Die Beziehung zwischen Verhalten und Einstellung, in: Mummendey, H.D. (Hrsg.): Verhalten und Einstellung, Berlin u. a., S. 1-26.
Paivio, A. (1977): Images, Propositions, and Knowledge, in: Nicholas, J. M. (1977): Images, Perception, and Knowledge, Dordrecht et al.., S. 47-71.
Paivio, A. (1979): Imagery and Verbal Processes, New York.
Paivio, A. (1986): Mental Representations – A Dual Coding Approach, New York.
Park, C. W./Milberg, S./Lawson, R. (1991): Evaluating Brand Extensions: The Role of Product Feature Similarity and Brand Concept Consistency, in: Journal of Consumer Research, 18. Jg., Nr. 2, S. 185-193.
Pawlow, J. (1928): Lectures on Conditioned Reflexes, New York.
Petty, R. E./Unnava, R./Strathman, A. (1991): Theories of attitude change, in: Kassarjian, H./Robertson, T. (Hrsg.): Handbook of consumer theory and research. Englewood Cliffs, S. 241-280.
Plutchik, R. (2003): Emotions and Life. Perspectives from Psychology, Biology, and Evolution, Washington.
Raffée H./Silberer, G. (1981) (Hrsg.): Informationsverhalten des Konsumenten. Ergebnisse empirischer Studien, Wiesbaden.
Rosenstiel, L. v./Ewald, G. (1979): Marktpsychologie, 2. Bd.: Psychologie der absatzpolitischen Instrumente, Stuttgart.
Rosenstiel, L. v./Kirsch, A. (1996): Psychologie der Werbung, Rosenheim.

Rosenzweig, S. (1945): The Picture-Association Method and its Application in a Study of Reactions to Frustration, in: Journal of Personality, 14. Jg., Nr. 1, S. 3-23.

Rüdell, M. (1993): Konsumentenbeobachtung am Point of Sale, Ludwigsburg.

Schachter, S./Singer, J. (1962): Cognitive and Physiological Determinants of Emotion State, in: Psychological Review, 69. Jg., Nr. 5, S. 379-399.

Scheier, C./Held, D. (2012): Wie Werbung wirkt. Erkenntnisse des Neuromarketing, 2. Aufl., Freiburg.

Schiffman, L./Wisenblit, J. (2015): Consumer Behavior, 11. Aufl., Boston.

Schweiger, G./Schrattenecker, C. (2013): Werbung, 8. Aufl., Stuttgart.

Selka, S./Baier, D. (2014): Kommerzielle Anwendung auswahlbasierter Verfahren der Conjointanalyse, in: Marketing ZFP – Journal of Research and Management, Jg. 36, Nr. 1, 54-64.

Sheppard, B. H./Hartwick, J./Warshaw, P. R (1988): The theory of reasoned action: A meta-analysis of past research with recommendations for modifications and future research, in: Journal of Consumer Research, 15. Jg., Nr. 3, 325-343.

Sherif, M./Hovland, C. I. (1961): Social Judgement, New Haven.

Sheth, J. N./Mittal, B./Newman, B. I. (1999): Customer Behavior – Consumer Behavior and Beyond, Fort Worth.

Silberer, G./Jaekel, M. (1996): Marketingfaktor Stimmungen, Stuttgart.

Smith, G. H./Engel, R. (1968): Influence of a female model on perceived characteristics of an automobile: Proceedings of the 76th Annual Convention of the American Psychological Association, S. 681-682.

Solomon, M. (2015): Consumer Behavior: Buying, Having, and Being, 11. Aufl., Upper Saddle River.

Solomon, M./Bamossy, G./Askegaard, S. (2001): Konsumentenverhalten, München.

Stiftung Warentest (2012): Markt & Warentest: Wie der informierte Käufer das Marktgeschehen beeinflusst, Berlin, S. 127-157.

Strothmann, K.-H. (1979): Investitionsgütermarketing, München.

Swoboda, B. (1996): Interaktive Medien am Point of Sale, Wiesbaden.

Swoboda, B. (2000): Messung von Einkaufsstättenpräferenzen auf der Basis der Conjoint-Analyse, in: Die Betriebswirtschaft, 60. Jg., Nr. 2, S. 151-168.

Swoboda, B./Hälsig, F./Morschett, D. (2005): Perception of Store Attributes and Overall Attitude towards Grocery Retailers: The Role of Shopping Motives, in: International Review of Retail, Distribution and Consumer Research, 15. Jg., Nr. 4, S. 423-447.

Swoboda, B./Pennemann, K./Taube, M. (2013), Purchasing the Counterfeit: Antecedences and Consequences from Culturally diverse Countries, European Retail Research, 27. Jg., Nr. 1, S. 23-41.

Tauber, E. M. (1972): Why do people shop?, in: Journal of Marketing, 36. Jg., Nr. 4, S. 46-49.

Trommsdorff, V./Teichert, T. (2011): Konsumentenverhalten, 8. Aufl., Stuttgart.

Unfried, M./Iwanczok, M. (2013), Reduktion des Signalrauschens bei softwaregestützter Mimikanalyse, Nürnberg.

Veblen, T. (2000): Theorie der feinen Leute, 6. Aufl., Köln.

Voß, S./Gutenschwager, K. (2001): Informationsmanagement, Berlin.

Weinberg, P. (1986): Nonverbale Marktkommunikation, Heidelberg.

Wiswede, G. (1973): Motivation und Verbraucherverhalten, 2. Aufl., München.

Wittink, D. R./Vriens, M./Burhenne, W. (1994): Commercial use of Conjoint Analysis in Europe, in: International Journal of Research in Marketing, 11. Jg., Nr. 1, S. 41-52.

Zajonc (1980): Feeling and Thinking. Preferences Need no Inferences, in: American Psychologist, 35. Jg., Nr. 2, S. 151-175.

Zentes, J./Swoboda, B. (2001): Grundbegriffe des Marketing, 5. Aufl., Stuttgart.

Zielske, H. A. (1959): The Remembering and Forgetting of Advertising, in: Journal of Marketing Research, 23. Jg., Nr. 3, S. 239-243.

Zinkhan, G. M./Conchar, M./Gupta, A./Geissler, G. (1999): Motivations Underlying the Creation of Personal Web Pages: An Exploratory Study, in: Advances in Consumer Research, 26. Jg., Nr. 1, S. 69-74.

3 Moderatoren des Konsumentenverhaltens

3.1 Überblick

Zu weiteren Determinanten und Moderatoren des Käuferverhaltens – die (im Schalenmodell) die psychischen Prozesse determinieren, aber weiter vom Verhalten entfernt sind – zählen insb. die Umweltdeterminanten des Käuferverhaltens, also die psychische Umwelt, die Determinanten der näheren Umwelt, insb. Primärgruppen, Sekundärgruppen und Familie als unmittelbare nähere soziale Umwelt und die Determinanten der weiteren Umwelt, insb. Kultur, Subkultur und soziale Schicht. Auf der Basis des Schalenmodells (siehe Abschnitt 1.4 in diesem Kapitel) werden folgende Determinanten betrachtet:

- *persönliche Determinanten*, insb. Persönlichkeit, Involvement und Lebensstil.
- *soziale Determinanten*, insb. Rolle/Status, Bezugsgruppe/Meinungsführer und Familie.
- *kulturelle Determinanten*, insb. soziale Schicht, Subkultur und (Landes-) Kultur.

Tendenziell kann davon ausgegangen werden, dass die relative Bedeutung der weiteren Determinanten für das individuelle Käuferverhalten – von innen nach außen betrachtet – abnimmt. Zum Beispiel ist die Relevanz des Involvements höher als die der Familie und diese wiederum höher als die der (Landes-) Kultur etc. In Wirkungsmodellen bilden diese Determinanten (insb. Persönlichkeitsdeterminanten und – in internationalen Studien – kulturelle Determinanten) oftmals Moderatoren. Demnach wirken das Involvement oder die spezifische Kultur verstärkend oder abschwächend auf eine Wirkungsbeziehung, bspw. zwischen Einstellung und Produktpräferenzen. Resultierende Variablen können aber auch direkt determiniert werden.

3.2 Persönliche Determinanten

3.2.1 Persönlichkeit

Bekanntlich sind Individuen, die u. a. durch ihre Persönlichkeitsstruktur, Erfahrungen und ihre soziale Umwelt (vor-) geprägt sind, Zielobjekte von Marketingaktivitäten, die auf eine Beeinflussung des Käuferverhaltens abzielen.

> Als Prädisposition wird das auf unterschiedliche psychische und soziale Determinanten zurückzuführende „Vorgeprägtsein" eines Individuums bezeichnet.

Die Prädispositionen bestehen im Wesentlichen aus einem System von *Einstellungen* und *Persönlichkeitsmerkmalen* wie Risikoneigung, persönliches *Involvement* und Informationsniveau. Sie sind wesentliche Einflussgrößen des menschlichen Verhaltens.

> Die Persönlichkeit stellt einen Grundrahmen dar, in welchem aktivierende und kognitive Verhaltensmuster ablaufen, wobei die grundsätzlichen Prädispositionen (z. B. Involvement, Werte) mit der Persönlichkeit in wechselseitiger Beziehung stehen.

Freuds Theorie der psychodynamischen Persönlichkeit

Freud hat die Psychoanalyse, Tiefenpsychologie und psychoanalytische Persönlichkeitstheorie begründet bzw. grundlegend beeinflusst. Einer seiner Schwerpunkte bezog sich auf die Struktur der Persönlichkeit (vgl. u. a. Hanna/Wozniak/Hanna 2013, S. 253 ff.; Schiffman/Wisenblit 2015, S. 95 ff.). Persönlichkeitsunterschiede erklärt er, indem er diese auf die unterschiedlichen Arten der Bewältigung von grundlegenden Trieben zurückführt. Er zeigt dies an einem Kampf zwischen zwei Teilen der Persönlichkeit, dem *Es* und dem *Über-Ich*, gemildert durch einen dritten Aspekt, dem *Ich* (siehe Übersicht 85). Auf der einen Seite steht das *Es* als primitiver unbewusster Teil der Persönlichkeit (Sitz der primären Triebe, von sexueller, körperlicher und emotionaler Lust), welchem das *Über-Ich* als Sitz der Werte gegenübersteht. Zwischen den Impulsen des *Es* und den Anforderungen des *Über-Ich* vermittelt das *Ich* als realitätsorientierter Teil der Persönlichkeit (bzw. wägt dies ab) und versucht die Impulse zu befriedigen, um unerwünschte Konsequenzen zu vermeiden.

Übersicht 85:   *Freuds „psychischer Apparat" (Originalskizze)*

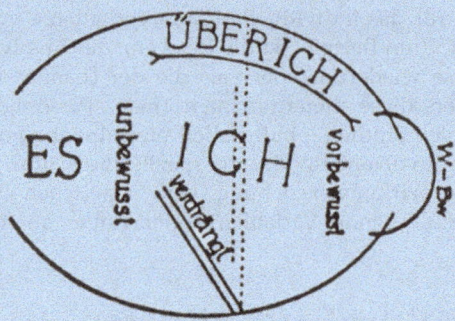

Autoren, die Freuds Theorie auf die Konsumentenverhaltensforschung anwenden, sehen das Einkaufsverhalten als Reflexion der individuellen Persönlichkeit an. Dabei wird das Verhalten als Ergebnis des beschriebenen Konfliktes gesehen, wobei dem Konsumenten seine eigentlichen Hintergründe bzw. Antriebe seines Kaufs zum größten Teil nicht bewusst sind (Schiffman/Wisenblit 2015, S. 97).

Bspw. lassen sich *Werte* nach Raffée/Wiedmann (1987, S. 15) als grundlegende explizite und/oder implizite Konzeptionen des Wünschenswerten charakterisieren. Werte haben einerseits z. T. den Charakter von Zielen; andererseits verkörpern sie Kriterien zur Beurteilung von Zielen, Objekten und Handlungen, übernehmen mithin die Funktion von Orientierungsstandards, Leitlinien und kanalisieren das Verhalten in bestimmte Richtungen. Wertewandel oder Wertedynamik lassen sich allgemein als eine Veränderung im Wertesystem begreifen. Solche Veränderungen treten bspw. dann auf, wenn neue Werte in das Wertesystem aufgenommen bzw. in die Wertehierarchie eingeordnet werden (Werteinnovationen). Im Kern äußert sich ein Wertewandel aber v. a. in Werteverschiebungen, also in der Verschiebung einzelner Werte auf einer subjektiven Bedeutungsskala innerhalb der Hierarchie des Wertesystems (Raffée/Wiedmann 1987, S. 22). Ändern sich die Werte in der Gesellschaft, spiegelt sich dies auch im Verhalten der Konsumenten wider. Marketingrelevante Aspekte der Wertedynamik sind u. a.:

- die stärkere Akzentuierung ökologie- und gesundheitsbezogener Werte,
- die zunehmende Sorge um Arbeitsplätze,
- die steigende Tendenz zu Kritik und Widerspruch in breiten Bevölkerungskreisen und
- der Wunsch nach sozialen Kontakten sowie sozialer Einbindung einerseits und Streben nach mehr Individualität andererseits.

Die gesellschaftliche *Wertedynamik* bzw. der *Wertewandel* manifestiert sich auch in Trends (siehe Übersicht 86). Auch die Verschiebung der privaten Konsumausgaben zu Gunsten von Reisen und „Kulturprodukten" ist Ausdruck veränderter Werte (siehe auch Abschnitt 3.4 in diesem Kapitel), sodass aus dem Wertewandel beachtliche Herausforderungen an die Käuferverhaltensforschung und an das Marketing resultieren, die mit Risiken oder mit Chancen für Unternehmen verbunden sein können.

Übersicht 86: **Entwicklung der Rocklänge als Indikator des Wertewandels**

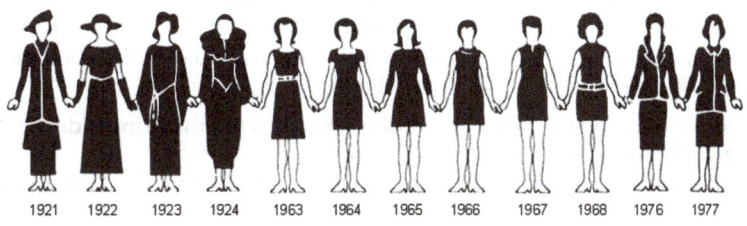

Quelle: Morris 1978, S. 332.

Zur Bestimmung der unterschiedlichen Persönlichkeitstypen bzw. Eigenschaftsstrukturen der Personen haben sich in der Psychologie prinzipiell fünf Dimensionen durchgesetzt, die auch als „Big Five" bezeichnet werden (siehe Übersicht 87).

Übersicht 87: **Das Fünf-Faktoren-Modell der Persönlichkeit**

Extraversion		
gesprächig, energiegeladen, durchsetzungsfähig	←→	ruhig, zurückhaltend, schüchtern
Verträglichkeit		
mitfühlend, freundlich, herzlich	←→	kalt, streitsüchtig, unbarmherzig
Gewissenhaftigkeit		
organisiert, verantwortungsbewusst, vorsichtig	←→	sorglos, leichtsinnig, verantwortungslos
Neurotizismus (i.S. emotionaler Stabilität)		
stabil, ruhig, zufrieden	←→	ängstlich, instabil, launisch
Offenheit für Erfahrungen		
kreativ, intellektuell, offen	←→	einfach, oberflächlich, nicht intelligent

Quelle: Gerrig 2015, S. 509.

Diese Dimensionen sind sehr breit gefasst, denn jede von ihnen vereinigt eine Vielzahl von Eigenschaften mit einer individuellen Note, aber einem gemeinsamen Thema. Die bipolaren Dimensionen sind aus den Arbeiten von McCrae/Costa (1999) hervorgegangen und resultieren aus einer Liste von Eigenschaften. Empirische Analysen zeigten die Konsistenz von fünf stabilen Faktoren, die den Eigenschaftsbegriffen zu Grunde liegen. Da dies ebenfalls kulturübergreifend festgestellt werden konnte, beschreibt das Fünf-Faktoren-Modell alle Menschen hinsichtlich der wichtigsten Faktoren, in denen sie sich unterscheiden (Gerrig 2015, S. 508 f.).

3.2.2 Involvement

> *Das Involvement-Konzept bezeichnet die Ich-Beteiligung, das innere Engagement, mit dem sich ein Individuum einem Sachverhalt oder einer Aufgabe widmet. Es wurde durch Krugman (1965, S. 349 f.) in die Theorie des Konsumentenverhaltens eingeführt.*

Das Involvement gibt Auskunft über die Motivation, Informationen zu verarbeiten. Dabei wird (aus didaktischen Gründen) zwischen den dichotomen Ausprägungen *Low* und *High Involvement* unterschieden. Während bei High Involvement-Situationen das Ausmaß der kognitiven Aktivitäten bspw. beim Lernprozess groß ist, wird unter Low Involvement-Lernen ein absichtsloses Lernen mit geringer Aufmerksamkeit und Verarbeitungstiefe verstanden. D. h., dass das Lernen bei geringem Involvement eine häufigere Wiederholung erfordert, die gedankliche Kontrolle aber, im Gegensatz zum High Involvement-Lernen, unterlaufen wird. Mühlbacher (1982, S. 188 ff.) und v. a. Trommsdorff/Teichert (2011, S. 50 ff.) differenzieren verschiedene Faktoren des Involvements (siehe Übersicht 88). Drei Typen sind hervorzuheben:

- *Persönlichkeitsinvolvement* (oder *Ego-Involvement*) – das durch die individuelle Werthaltung des Menschen bestimmte Involvement.
- *Objektinvolvement* (oft auf das *Produktinvolvement* fokussiert) – das Engagement bzgl. eines Produkts, einer Dienstleistung, einer Einkaufsstätte etc.
- *Situationsinvolvement* – das Engagement in unmittelbaren Kauf-/Kommunikationssituationen.

Übersicht 88: **Allgemeines Involvementmodell**

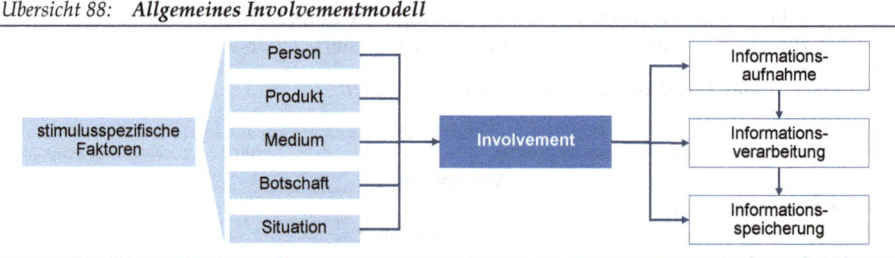

Quelle: in Anlehnung an Trommsdorff/Teichert 2011, S.52 ff.

Das Involvement hat wesentlichen *prädispositionalen Einfluss* auf das Käuferverhalten, besonders für die Informationsverarbeitung und die Einstellungsbildung. Empirische Studien belegen, dass hoch involvierte Konsumenten mehr Informationen suchen und verarbeiten als gering involvierte. Darüber hinaus müssen zur Einstellungsbildung bei hoch involvierten Konsumenten aufgrund der stärker kognitiven Verarbeitung von Informationen höhere Ansprüche an die Qualität der Argumente und die Glaubwürdigkeit der Quelle gestellt werden als bei wenig involvierten Konsumenten. Diese wiederum reagieren stark auf nicht thematische, z. B. bildliche Informationen (siehe die Beispiele in Übersicht 89 und Übersicht 90).

Übersicht 89: **Charakteristika von Low und High Involvement bei werblicher Kommunikation**

	Charakteristika des Marketing bei ...	
	Low Involvement	High Involvement
Werbeziel	oft kontaktieren	überzeugen
Inhalt der Botschaft	„etwas", wenig	alles Wichtige
Länge der Botschaft	kurz	ausführlich
Wiederholungsfrequenz	hoch	gering
Timing	ständig	Entscheidungszeitpunkt
Kommunikationsmittel	Bilder, Musik, Düfte	Sprache, Text
Einstellungsänderung via	Affekte	Argumente
Timing	ständig	Entscheidungszeitpunkt
Wechselwirkung mit	Point-of-Sales-Marketing	persönlicher Verkauf
Wirkungskontrolle	Wiedererkennungstest	Erinnerungstest, Einstellungsänderung

Quelle: In Anlehnung an Trommsdorff/Teichert 2011, S. 55.

Von den mittlerweile vielfachen Ergebnissen zur unterschiedlich determinierenden Rolle des Involvements für das Kaufverhalten soll hier ein Beispiel herausgegriffen werden. In der Werbewirkungsforschung wurde lange Zeit einer klassischen Hierarchie der Werbewirkungen gefolgt, d. h. starke Aufmerksamkeit, kognitive Wirkung, Einstellung, Kauf. Vor dem Hintergrund der Erkenntnisse der Low Involvement-Forschung kann dieser High Involvement-Hierarchie eine Low Involvement-Hierarchie gegenübergestellt werden. Danach ist der Konsument bei der Aufnahme von Werbung zumeist wenig involviert. Für die Werbewirkung bedeutet das, dass vor dem Kauf keine kognitive Einstellungsbildung erfolgt, sondern dass Werbebotschaften durch häufige Wiederholung lediglich die Produktwahrnehmung verändern und eine unbewusste emotionale Bindung hervorrufen. Dies geschieht ohne gedankliche (kognitive) Steuerung. Die Bildung einer produktspezifischen Einstellung erfolgt erst nach dem Kauf bzw. dem Gebrauch des Produkts. Die Low Involvement-Lernhierarchie lautet also: schwache Aufmerksamkeit, affektive Haltung, Kauf, Einstellung.

Darüber hinaus gilt, dass gebildete Einstellungen bei Low Involvement ihre verhaltenssteuernde Wirkung verlieren. Ferner sind entsprechend der EV-Hypothese (siehe Abschnitt 2.1.4 in diesem Kapitel) Einstellungen nur verhaltenswirksam, wenn das Verhalten kognitiv kontrolliert wird. Dies ist bei stärkerem Involvement der Fall, während bei niedrigem Involvement die Markenwahl stochastisch aus dem sog. *Evoked Set* erfolgt, auf das im Rahmen der limitierten Kaufentscheidungen (siehe Abschnitt 4.3 in diesem Kapitel) näher eingegangen wird. Dabei besteht keine Einstellung zur Marke, sondern es liegt nur Markenkenntnis vor. Eine Einstellung zur Marke bildet sich erst mit der Zeit durch den Gebrauch des Produkts heraus, sodass hier gilt: Das Verhalten bestimmt die Einstellung (VE-Hypothese).

In neueren Forschungsbeiträgen wird auf die Unterscheidung zwischen emotionalem und kognitivem Involvement verwiesen (Kroeber-Riel/Gröppel-Klein 2013, S. 461 ff.), d. h., das Konzept des Involvements wird sowohl mit kognitiven als auch mit aktivierenden Prozessen verbunden. Während in der angloamerikanischen Konsumentenverhaltensforschung ein stark kognitiv-orientiertes Involvementverständnis vorherrscht, dominiert im deutschsprachigen Raum eine eher emotional geprägte Begriffsauffassung (Gröppel-Klein 2003, S. 361). Die Unterscheidung der beiden Involvementarten basiert auf dem der Ich-Beteiligung zu Grunde liegenden Motiv (Park/Young 1983, S. 320): Beim kognitiven Involvement, das aus dem zweckorientierten Motiv der Informationsbeschaffung hervorgeht, wird auf das Ausmaß der Informationsaufnahme, -verarbeitung und -speicherung fokussiert. Dagegen resultiert das emotionale Involvement, das auch als emotionale Verbundenheit einem Objekt gegenüber verstanden werden kann (Neumann 2009, S. 34), aus affektiven Motiven, wie z. B. Begeisterung. In diesem Fall will der Konsument durch den Kauf einer Unternehmensleistung bspw. einen bestimmten emotionalen Zustand auslösen, aber nicht intensiv über die Leistung nachdenken. Demnach geht ein hohes kognitives Involvement mit einer verstärkten Informationssuche einher, wogegen ein hohes emotionales Involvement starke emotionale Reaktionen nach sich zieht (Mayer/Illmann 2000, S. 149).

Übersicht 90: **Pauschale Beispiele für Merkmale von High und Low Involvement-Käufen**
(idealtypisches Produktinvolvement)

	Autokauf (High Involvement)	**Kauf von Haushaltsreinigern (Low Involvement)**
Art der Informationsverarbeitung	sorgfältige Abwägung von Produkteigenschaften (z. B. Preis, Benzinverbrauch, Ps), Vergleich einer größeren Zahl angebotener Autos	Vertrautheit einer stark beworbenen oder im Supermarkt häufig gesehenen Marke
Art der Informationsaufnahme	Lektüre von Autotests, Prospekten etc., Probefahrten, Gespräche mit Kollegen über deren Erfahrungen	zufälliger Kontakt zu Werbung, Verkaufsförderung, Packungsaufschrift etc.
Art der Verarbeitung von Werbebotschaften	Studium der in Anzeigen und Prospekten erläuterten technischen Daten, Ausstattung etc.	zufälliger Kontakt zu Werbung mit geringem Informationsgehalt (Tv-Spots, Plakate etc.); geringes Interesse
Auswahl der besten oder einer akzeptablen Alternative	Suche nach einem den jeweiligen Bedürfnissen und Möglichkeiten möglichst gut entsprechenden Auto	Kauf eines gängigen Produkts, das zu akzeptablem Preis im Supermarkt gerade verfügbar ist
Beziehung zu Persönlichkeit und Lebensstil	oftmals große Bedeutung des Autos im Hinblick auf Selbstbild, Möglichkeiten zur Freizeitgestaltung etc.	keine nennenswerte Relevanz für irgendeinen Aspekt des Lebensstils
Einfluss von Bezugsgruppen	Ausrichtung an Standards der sozialen Schicht, der Subkultur etc.; Selbstdarstellung durch luxuriöse oder sportliche Autos	keinerlei Relevanz hinsichtlich Bezugsgruppen, da die Markenwahl von diesen überhaupt nicht wahrgenommen wird

Quelle: Kuß/Tomczak 2007, S. 77.

Es gibt eine Reihe von Operationalisierungsmöglichkeiten des Involvement-Konstrukts, von denen zwei im Folgenden vorgestellt werden. Kapferer/Laurent (1985, S. 290 ff.) messen z. B. die Stärke des Involvements, indem sie es in fünf (nicht völlig überschneidungsfreie) Intensitätskomponenten zerlegen, die mit Hilfe einer Faktorenanalyse gewonnen wurden:

- Interesse am Produkt
- Freude und Spaß beim Kaufakt bzw. Konsum
- Bedeutung von Haupt- und Zusatznutzen
- Kosten einer Fehlentscheidung (empfundenes Risiko) sowie
- die Wahrscheinlichkeit des Risikofalls.

Ein differenzierteres Messmodell stammt von Zaichkowsky (1985). Das Messinstrument („Personal Involvement Inventory") ist als semantisches Differential konzipiert und bewertet die Beziehung zwischen Individuum und Objekt (siehe Übersicht 91). Das Messinstrument kann kontextübergreifend zur Messung des Produkt- bzw. Situationsinvolvements oder des Involvements gegenüber Werbung eingesetzt werden.

Übersicht 91: **Skala zur Messung von Involvement**

Für mich ist (Objekt, das bewertet werden soll, z. B. eine Produktkategorie) ...		
wichtig	←→	unwichtig
interessant	←→	uninteressant
relevant	←→	irrelevant
aufregend	←→	nicht aufregend
bedeutungslos	←→	bedeutsam
ansprechend	←→	nicht ansprechend
faszinierend	←→	profan
wertlos	←→	wertvoll
involvierend	←→	nicht involvierend
unbrauchbar	←→	brauchbar

Quelle: in Anlehnung an Zaichkowski 1994, S. 70.

Eine Studie zum Retail Branding zeigte, dass die Wahrnehmung der Marketing-Instrumente den Markenwert abhängig vom jeweiligen Involvement der Person beeinflusst (Swoboda et al. 2009). Dies verdeutlicht die moderierende Rolle des Involvements beim Aufbau einer starken Marke. Zum Beispiel lassen sich hoch involvierte Konsumenten insb. von der Kommunikation beeinflussen. Unter hohem Involvement werden die Informationen (bspw. Preisangebote) mit einer höheren Aktivierung verarbeitet. Auch zeigte sich, dass hoch involvierte Konsumenten, die ein fundiertes Vorwissen über die Retail Brand, also den Händler als Marke haben, der Preis-/ Leistungsdimension zum Aufbau der Retail Brand eine höhere Relevanz zuordnen.

3.2.3 Lebensstil

Die Lebensstilforschung, die großteils soziologische Wurzeln hat, analysiert sowohl beobachtbares Verhalten (z. B. das Verhalten in der Freizeit, im Beruf) als auch psychische Größen (z. B. Einstellungen, Werte, Meinungen). Zur Erfassung des Lebensstils werden das Sport-, Urlaubs-, Media-, Arbeits- und Konsumverhalten sowie Einstellungen herangezogen. Anwendungen im Marketing sind häufig im Bereich der Segmentierung (z. B. im Textilbereich) zu finden.

> *Der Lebensstil (Lifestyle) kennzeichnet die charakteristischen kulturellen und subkulturellen Verhaltensmuster einzelner oder einer Gruppe von Personen. Im Lebensstil kommen die Wert- und Zielorientierung der Konsumenten zum Ausdruck (Statt 1997, S. 164).*

Innerhalb eines bestimmten Spielraums können Personen ihren Lebensstil aufgrund von Wertvorstellungen, Einstellungen, Erwartungen und Überzeugungen gestalten. Dieser Spielraum wird durch Faktoren wie die Kultur, das geltende Wertesystem, die verfügbaren finanziellen Mittel, die erlaubten Handlungsmöglichkeiten und den sozialen Druck bestimmt.

Der Lebensstil kann zur Erklärung und Prognose des Konsumentenverhaltens herangezogen werden, da in den hoch entwickelten Konsumgesellschaften viele Güter nicht nur wegen ihres Grundnutzens gekauft werden, sondern auch wegen ihres Symbolcharakters. Dabei ist das Handeln der Konsumenten auf den Lebensstil gerichtet, d. h., die Konsumenten präferieren solche Güter, die mit ihrem Lebensstil vereinbar sind bzw. einen gewünschten Lebensstil dokumentieren. Deshalb kann der Konsum als symbolisierter Lebensstil betrachtet werden, was im Rahmen der *Selbstkonzepttheorie* diskutiert wird.

Selbstkonzepttheorie

Die Selbstkonzepttheorie gehört zu den einflussreichsten sozialpsychologischen Persönlichkeitstheorien, bei der es darum geht, wie der Mensch mit seiner subjektiven Erfahrung des eigenen Selbst bzw. der eigenen Identität umgeht. Das Selbstkonzept schließt viele Komponenten ein, dazu zählen (vgl. hierzu Gerrig 2015, S. 532):

- persönliche Erinnerungen,
- Annahmen über Eigenschaften, Motive, Werte und Fähigkeiten,
- ein persönliches Idealbild (Ideal-Ich),
- Vorwegnahme der Veränderungen in den Vorstellungen (Mögliches-Ich),
- positive und negative eigene Bewertung (Selbstwertgefühl) und
- Bezeugungen über das Fremdbild.

Übersicht 92: **Selbstkonzept**

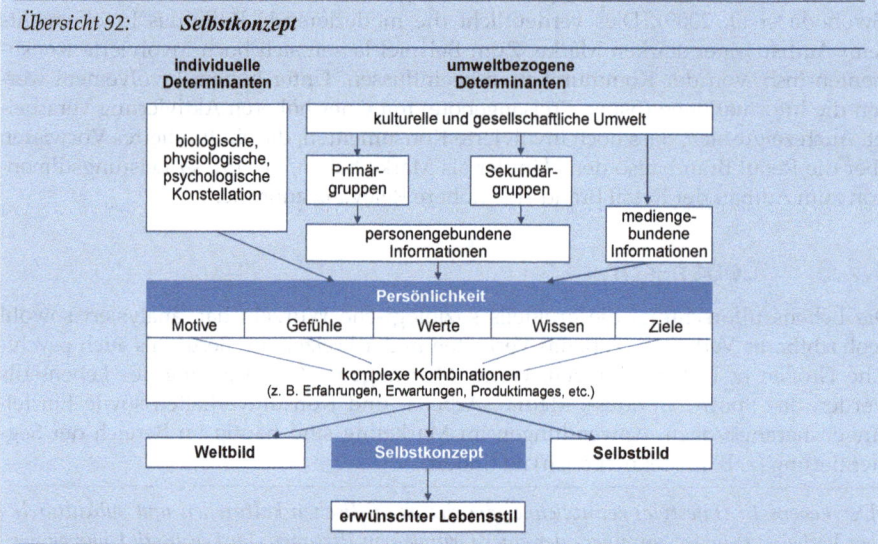

Quelle: Trommsdorff/Teichert 2011, S. 181.

Banning (1987) entwickelt aus diesem theoretischen Unterbau ein eigenes Lebensstil-Modell (siehe Übersicht 92), das der Erklärung komplexer, relativ stabiler und vom Selbstkonzept gesteuerter Verhaltensmuster von Individuen (und Gruppen) dient. Dabei stehen folgende Begriffe im Zentrum (Trommsdorff/Teichert 2011, S. 180 ff.):

- *Selbstbild* – Summe aller Vorstellungen in Bezug auf die eigene Persönlichkeit,
- *Weltbild* – Summe aller Vorstellungen über die Umwelt, was erlerntes Wissen, Erfahrungen, politische Meinungen oder Markenimages umfasst und

- *Selbstkonzept* – beschreibt die kognitiv geprägte Ausgestaltung der Persönlichkeit, versucht das Weltbild und das Selbstbild aufeinander abzustimmen und strebt grundsätzlich nach Kontinuität und Konsistenz.

Vom Selbstkonzept geht eine starke Steuerungsfunktion auf das Verhalten des Konsumenten aus. Dieser versucht, sich seinem Selbstbild entsprechend zu verhalten. Im Gegensatz zu den eher engeren Ergebnissen der Persönlichkeitsfaktorenforschung sind die Implikationen der Selbstkonzepttheorie fruchtbar für die Marketingforschung (Trommsdorff/Teichert 2011, S. 180). Der Konsument verhält sich möglichst so, dass die eigene Wahrnehmung seines Verhaltens zum Selbstbild konsistent ist und dieses möglichst noch verstärkt. Er wählt Produkte (oder ein Produkt), deren Image zu seinem Selbstbild passt (Kressmann et al. 2006; Escalas/Bettman 2005). Teilweise kommt es durch die hohe Identifikation mit dem Produkt zur Selbstverwirklichung des Konsumenten. In Übersicht 93 sind dazu als Beispiel die Tätowierung des Oberarms eines Konsumenten mit dem Harley-Davidson-Logo bzw. eines Nike-Logos auf dem Hinterkopf eines Konsumenten abgebildet.

Übersicht 93: **Beziehung zwischen Marke, Konsum und Selbstbild**

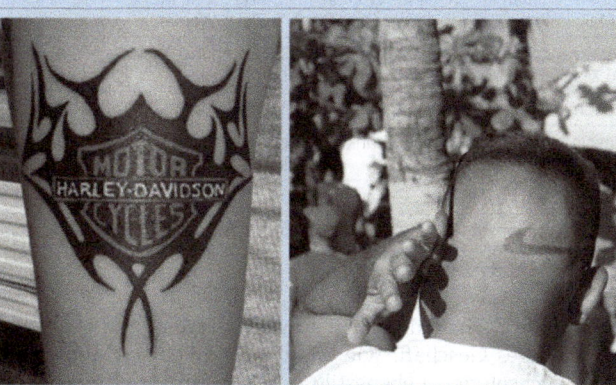

Quelle: www.ideaextended.com, 29. Oktober 2014.

Besondere Bedeutung für die Lebensstilforschung hat der *AIO-Ansatz* erlangt, der den Lebensstil, aber auch generell Persönlichkeitsmerkmale erfasst (Wells/Tigert 1971, S. 27 ff.). Er betrachtet drei wesentliche Formen menschlicher Lebensäußerungen:

- die beobachtbaren Aktivitäten (Activities), z. B. in der Freizeit, beim Einkauf, im Beruf und im sozialen Bereich,
- das emotional bedingte Verhalten (Interests), z. B. im Hinblick auf Familie, Beruf, Ernährung und
- die kognitiven Orientierungen (Opinions), z. B. Meinungen.

Durch Lebensstilanalysen kann versucht werden, aus den individuellen Verhaltensweisen und -mustern Lebensstilsegmente (Marktsegmentierung) auf der Grundlage der Interessen, Werte, Einstellungen, Meinungen, Persönlichkeitsmerkmale und der demografischen Merkmale zu bilden (Lebensstiltypologien). Die Analyse der Lebensstilsegmente führt zu Erkenntnissen über die segmentspezifischen Eigenheiten und Problemstellungen der

Konsumenten, über mögliche Marktlücken und über das Marktpotenzial bestimmter Produkte und Dienstleistungen (siehe hierzu Terlutter 2000). Weiterhin ergeben sich Hinweise für die Produktadaption und die Gestaltung des Kommunikationsmix.

Lebensstilkonzepte in der Textilbranche

Lebensstile spielen bei der Marktsegmentierung insb. in der Textilbranche eine wichtige Rolle (siehe dazu Janz/Swoboda 2007). Übersicht 94 stellt eine mögliche Segmenteinteilung für den Bereich der Damenoberbekleidung dar (Hachmeister & Partner Unternehmensberatung, Bielefeld). Für Unternehmen sind insb. die potenziellen Marktanteile dieser Segmente von Interesse. Darüber hinaus werden die Stilanteile der jeweiligen Lifestyle-Segmente illustriert.

Übersicht 94: Lebensstilsegmente

Lifestyle-Segment	Stilgruppe	Leitbild-Marken	Stilanteile
Trend	Girlie	Only, Viva, Dickies, Buffalo, Miss Sixty	100 % Szene
	Young Fashion	S. Oliver Girl, Vero Moda, EDC	90 % sportiv, 10 % City
Modern Woman	Modern Woman „Mainstream"	S. Oliver Woman, My Diary, Esprit, Mexx, Street One, Cecil, T. Tailor Woman	90 % sportiv, 10 % City
	Modern Woman „Medium"	Olsen, Rosner, Mac, Lisa Campone, Taifun, Apriori	50 % sportiv, 50 % City
Classic	Modern Classic	Bianca, Gerry Weber, Brax	60 % sportiv, 40 % City
	Classic Medium	Delmod, Frankenwälder, Trumpf, Marcona, Basler	40 % sportiv, 60 % City
Design	Fashion Design	Gucci, Prada, D&G, Versace	40 % sportiv, 60 % City
	Modern Woman Design	Max Mara, Joop, DKNY, Strenesse	30 % sportiv, 70 % City
	Classic Design	Jil Sander, Escada, Laurel	20 % sportiv, 80 % City

Übersicht 95 stellt beispielhaft die Themenwelten zweier Segmente dar. Für ein solches trendabhängiges Geschäft, wie das der Textil- bzw. Modebranche, ist es unerlässlich, die wechselnden Lebensstile der Konsumenten genauestens zu beobachten, um auf Veränderungen reagieren zu können.

Übersicht 95: Beispiele der Lebensstilsegmente Fashion Design und Modern Woman Design

Der Lebensstil wird darüber hinaus auch herangezogen, um kulturelle und subkulturelle Unterschiede im Konsumentenverhalten festzustellen (Kroeber-Riel/Gröppel-Klein 2013, S. 638 ff.).

Lebensstiluntersuchungen werden von Unternehmen in den verschiedensten Branchen durchgeführt, wobei entweder selbst entwickelte, oft heuristische oder standardisierte, wissenschaftliche Mess- bzw. Evaluationskonzeptionen wie der AIO-Ansatz zu Grunde gelegt werden. Mit zunehmendem Interesse an internationalen Märkten werden ebenfalls Lebensstiluntersuchungen im internationalen Marketing und Management angewandt, um auf deren Basis konkrete Implikationen für die interdependente Marktbearbeitung abzuleiten.

Eine praktische Umsetzung der Lebensstilforschung stellen die *Roper-Consumer-Styles* der GfK dar (siehe Übersicht 96), mit deren Hilfe versucht wird, aktuelle Entwicklungen in der Gesellschaft und damit die verschiedenen Lebensstile zu verfolgen sowie aufgrund dieser Erkenntnisse Handlungsempfehlungen zu generieren.

Übersicht 96: Roper-Consumer-Styles

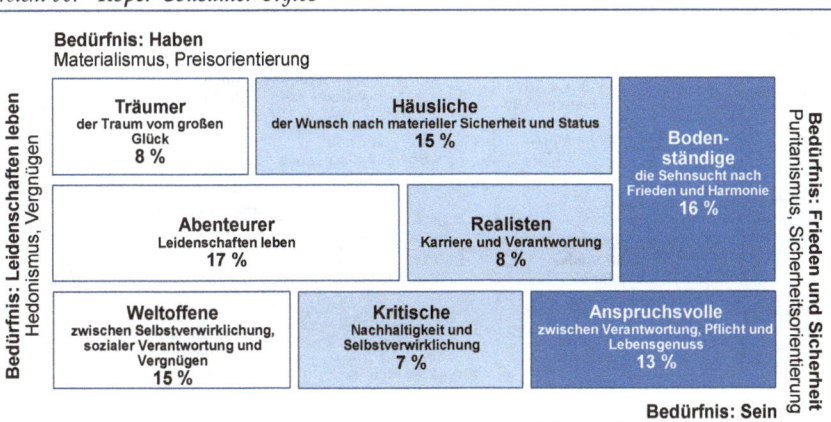

Quelle: Peichl 2014, S. 142 f.

Die Roper-Consumer-Styles sind eine Weiterentwicklung der *Euro-Socio-Styles*, ergänzt um eine internationale Anwendbarkeit und eine erweiterte Datengrundlage. Die Konsumententypologie ist derzeit für 38 Länder verfügbar und inkludiert pro Land 1.000 bis 1.500 Konsumenten. Die Verwendung einheitlicher Kriterien ermöglicht eine länderübergreifende Analyse des Lebensstils. Trotz unterschiedlicher Umwelten, sind die einzelnen Lebensstile von identischen Werten und Zielen geprägt. Die Nutzung einheitlicher Segmentierungskriterien ermöglicht einen direkten Vergleich der Länder, welcher im Ergebnis unterschiedliche Größen je Lebensstiltyp dokumentiert. Acht Lebensstile wurden länderübergreifend identifiziert und lassen sich auf einer Lebensstilkarte anordnen. Vier Pole ordnen die Lebensstile nach Wertorientierungen und Konsumpräferenzen: „Haben" (Materialismus und Preisorientierung) vs. „Sein" (Postmaterialismus und Qualitätsorientierung) und „Leidenschaften leben" (Hedonismus und Vergnügen) vs. „Frieden und Sicherheit" (Puritanismus und Sicherheitsorientierung). Die acht Roper-Consumer-Styles werden wie folgt charakterisiert (Peichl 2014, S. 142):

- *Bodenständige* – Die Sehnsucht nach Frieden und Harmonie,
- *Häusliche* – Der Wunsch nach materieller Sicherheit und Status,
- *Träumer* – Der Traum vom großen Glück,

3 Moderatoren des Konsumentenverhaltens

- *Abenteurer* – Leidenschaft erleben,
- *Weltoffene* – Zw. Selbstverwirklichung, sozialer Verantwortung und Vergnügen,
- *Realisten* – Harte Arbeit und Verantwortung,
- *Kritische* – Auf der Suche nach Nachhaltigkeit und Selbstverwirklichung und
- *Anspruchsvolle* – Die Sehnsucht nach Frieden und Harmonie.

Eine weitere Möglichkeit, Lebensstile zu beschreiben, bieten die Milieu-Studien von Sinus Sociovison. Sie stellen länderspezifische Milieus dar, die sich nach Ausprägung der sozialen Schicht (Unterschicht vs. obere Mittelschicht) und der Grundorientierung (Tradition vs. Neuorientierung) formieren. Zur Bildung der *Sinus-Milieus* werden in 18 Ländern länderspezifische Segmente erstellt. In Deutschland haben sich zehn Segmente herauskristallisiert (siehe Übersicht 97).

Übersicht 97: **Sinus-Milieus**

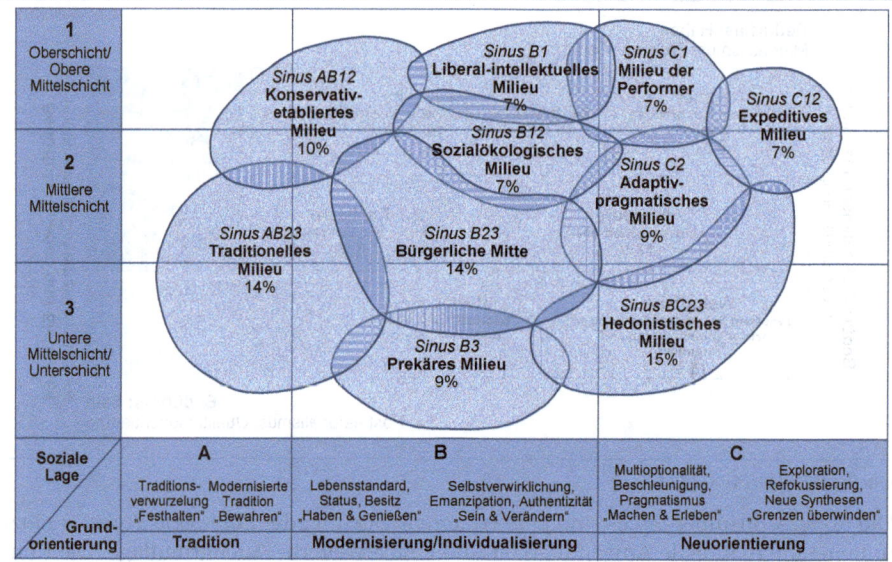

Quelle: Sinus Sociovision, Angaben des Unternehmens 2015.

Eines der am stärksten besetzten Segmente (15 %) ist das Hedonistische Milieu, das Personen der spaßorientierten modernen Unterschicht und unteren Mittelschicht umfasst. Dieses Segment lebt im Hier und Jetzt, verweigert Konventionen und Verhaltenserwartungen der Leistungsgesellschaft. Die Sinus-Meta-Milieus erfassen hingegen Basis-Zielgruppen im Internationalen Marketing wie auch die GfK-Roper-Styles.

Strategic Business Insights (SBI) bietet mit *VALS* eine Lebensstiltypologie, deren Entwicklungsidee die Bedürfnispyramide nach Maslow ist. In dieser Typologie spiegelt sich die Grundannahme wider, dass sich in verschiedenen Kulturen unterschiedliche Segmente in den Bedürfniskategorien ergeben. Die Segmente unterteilen sich nach den zwei Dimensionen „Primäre Motivation", also Motivation durch Ideale, Leistung oder Selbstdarstellung, und „Ressourcen", wie z. B. Energie, Selbstbewusstsein oder Impulsivität (Kahle/Beatty/Homer 1986).

3.3 Soziale Determinanten

3.3.1 Primär- und Sekundärgruppen

Zu den sozialen Determinanten (Determinanten der näheren Umwelt) zählen die soziale Gruppe (Primär- und Sekundärgruppe) und die Familie als unmittelbare nähere soziale Umwelt. Zugleich werden in diesem Zusammenhang die soziale Rolle und der soziale Status behandelt.

> *Als Gruppe wird eine Mehrzahl von Personen verstanden, die in wiederholten und nicht zufälligen, wechselseitigen Beziehungen zueinander stehen. Zu unterscheiden ist zwischen*
>
> - *Primärgruppen, d. h. kleinen Gruppen, für die eine persönliche Interaktion der Mitglieder kennzeichnend ist (z. B. Familie, Nachbarschaft, sozial Gleichgestellte); häufig liegt ein „Wir-Bewusstsein" vor, und*
> - *Sekundärgruppen, d. h. großen Gruppen, deren Mitglieder ein eher formal begründetes Verhältnis zueinander haben (z. B. in Betrieben und Vereinen); meist kennen sich nicht alle untereinander.*

I. e. S. geht es nachfolgend um wichtige Bezugsgruppen von Konsumenten. Kennzeichnend ist, dass die Mitglieder sozialer Gruppen ein Zusammengehörigkeitsgefühl („*Wir-Bewusstsein*") aufweisen. Dies zeigt sich auch in der Verfolgung gemeinsamer Ziele. Weiterhin ist eine soziale Gruppe durch ein enges Beziehungsgefüge gekennzeichnet, in dem jedes Individuum eine Position (soziale Rolle) einnimmt, an die wiederum gewisse Rollenerwartungen geknüpft sind.

Eine für das Marketing wichtige Unterscheidung der sozialen Gruppe umfasst:

- *Mitgliedschaftsgruppen,* d. h. Gruppen, denen ein Individuum selbst angehört.
- *Fremdgruppen,* d. h. Gruppen, denen ein Individuum nicht angehört, die aber oftmals einen Einfluss auf das Käuferverhalten haben, nämlich dann, wenn sich ein Individuum mit dieser Gruppe verbunden fühlt (Konsumentenverbände).
- *Bezugsgruppen,* d. h. Gruppen, nach denen das Individuum sich in seinem Verhalten ausrichtet. Sie können Mitgliedschafts- und Fremdgruppen umfassen und üben Einfluss auf Konsumenten aus, der zu konformen Verhaltensweisen führt (Anpassungsdruck).

V. a. die Bezugsgruppe ist mitentscheidend dafür, wie das Individuum seine Umwelt und sich selbst wahrnimmt und beurteilt. Sie liefert Normen für sein Verhalten. Der Bezugsgruppeneinfluss übt einen sozialen Anpassungsdruck auf das Individuum in Richtung Konformität aus. Zu unterscheiden ist zwischen einer *komparativen* und einer *normativen Funktion* der Bezugsgruppe (Kroeber-Riel/Gröppel-Klein 2013, S. 526 ff.).

Durch ihre *komparative Funktion* liefert sie Maßstäbe, an denen die Individuen ihre Wahrnehmungen, Meinungen und Urteile messen. Diese komparative Funktion lässt sich z. B. durch die *Theorie des sozialen Vergleichs* von Festinger (1954) erklären. Kernaussage dieser Theorie ist, dass eine Orientierung der individuellen Meinungen und Ansichten am sozial Üblichen erfolgt. In der zweitgenannten Funktion liefert die Gruppe Normen für das Verhalten und sorgt durch soziale Sanktionen für die Einhaltung dieser Normen (z. B. in Mitgliedschaftsgruppen). Die Marketingrelevanz beider

Funktionen liegt v. a. im sozialen Vergleich und wird in diesem Zusammenhang zur wichtigen Determinante des Verhaltens, denn die Bezugsgruppe setzt nicht nur Verhaltensnormen, sondern auch *Konsumnormen*. Unmittelbar deutlich wird dies in der Werbung, in der Werbeappelle umgesetzt und auf Konsumnormen hin konzipiert werden. Übersicht 98 zeigt Beispiele für den Einfluss der Bezugsgruppen auf die Kaufentscheidung.

Übersicht 98: **Arten von Bezugsgruppen**

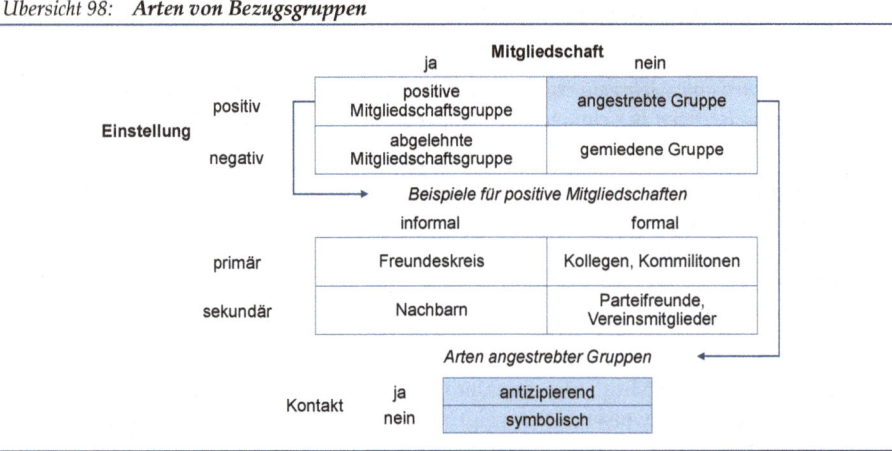

Quelle: Kuß/Tomczak 2007, S. 208.

Ein weiterer für das Marketing relevanter Bereich, in dem der Bezugsgruppeneinfluss wirksam wird, ist die *Produktbeurteilung*. Durch den Einfluss können individuelle Prädispositionen kompensiert und gruppenkonforme Beurteilungen hervorgebracht werden. Der Bezugsgruppeneinfluss wirkt insb. bei Produkten, deren Prestigewert und Demonstrationseffekt von großer Bedeutung sind (Foscht/Swoboda/Morschett 2006).

Übersicht 99: **Einfluss von Bezugsgruppen auf die Kaufentscheidung**

In der *normativen Funktion* von Bezugsgruppen beruht die marketingrelevante Wirkung von Konsumnormen bspw. darauf, dass bei Konsumentscheidungen von vornherein von allen möglichen Alternativen diejenigen ausgeschlossen werden, die sozialen *Normen* widersprechen. Wiswede (1972, S. 85) bezeichnet den verbleibenden Entscheidungsraum als soziale Konsumfreiheit.

Übersicht 99 systematisiert an dieser Stelle die denkbaren Einflüsse von Bezugsgruppen auf die Kaufentscheidung (Bearden/Etzel 1982, S. 185). Aufgrund ihrer praktischen Bedeutung wird nachfolgend ein Fokus auf die Kommunikation in kleinen Gruppen gelegt.

Persönliche Kommunikation in kleinen Gruppen

> *Die Kommunikation kann allgemein als Austausch von Informationen verstanden werden, sodass durch Kommunikation ein Mensch auf einen anderen einwirkt (Interaktion). Die bekannte Lasswell-Formel (Lasswell 1967, S. 178) beschreibt den Kommunikationsprozess: Wer (Kommunikator, Sender) sagt was (Kommunikationsinhalt) über welchen Kanal zu wem (Kommunikant, Empfänger) mit welcher Wirkung (Kommunikationseffekt)?*

Unter persönlicher Kommunikation ist eine direkt von Person zu Person gerichtete Kommunikation (face to face) zu verstehen. Für die Kommunikation in Primärgruppen sind zwar unterschiedliche Formen der Informationsübermittlung, z. B. sprachlich, bildhaft, musikalisch, nonverbal (Mimik, Gestik) etc. relevant. Zu den zentralen Determinanten der Kommunikationswirkung zählen aber (Kroeber-Riel/Gröppel-Klein 2013, S. 590 ff.):

- *Merkmale des Kommunikators* – Das Ergebnis einer Kommunikation wird von der Glaubwürdigkeit des Kommunikators beeinflusst. Die beiden wichtigsten Komponenten der Glaubwürdigkeit sind das Ansehen, das der Kommunikator als Experte genießt, und seine Vertrauenswürdigkeit. Mit steigender Glaubwürdigkeit steigt die Wahrscheinlichkeit, dass Informationen vom Kommunikanten übernommen werden.
- *Merkmale des Kommunikanten* – Die Übernahme der Information hängt von der allgemeinen Beeinflussbarkeit und den Einstellungen des Kommunikanten gegenüber der Kommunikation ab. Je stärker die Übereinstimmung der Information mit der vorhandenen Einstellung, desto größer die Übernahmewirksamkeit.
- *Merkmale der Kommunikationssituation* – Hierunter sind alle Bedingungen zusammenzufassen, unter denen Kontakte zwischen Personen zustande kommen. Die Wahrscheinlichkeit, dass es zu einem Kontakt zwischen Personen kommt, ist umso größer, je kleiner die räumlichen und sozialen Distanzen zwischen den Personen sind.

Die Konsequenzen für die Anwendung im Marketing sind zweifach. Zum einen soll in der Kommunikationspolitik die persönliche Kommunikation gefördert werden. Zum anderen wird in der Massenkommunikation versucht, die persönliche Kommunikation nachzuahmen, etwa durch Einsatz bekannter Persönlichkeiten in der Werbung, sofern ihnen Glaubwürdigkeit unterstellt werden kann (parasoziale Beziehung). Diese Persönlichkeit soll Expertenstatus aufweisen und sie soll Vertrauenswürdigkeit ausstrahlen. Sogar die Kommunikationssituation an sich wird – bspw. bezogen auf gewisse Medikamente oder Haushaltsmittel – in der Werbung nachempfunden und soll damit die Kommunikationswirkung erhöhen (Schiffman/Wisenblit 2015, S. 201).

> **Viral Marketing**
> Als Viral Marketing wird eine Vielzahl von Techniken bezeichnet, die es ermöglicht, eine Kommunikationsbotschaft mit exponentiell ansteigenden Kontaktzahlen (einem Virus ähnlich) kostengünstig zu verbreiten. Grundlage ist das auf Weiterempfehlung beruhende Prinzip der Word of Mouth-Kommunikation (WOM), welches durch die Kommunikationsmöglichkeiten des Internets einen Aufschwung erlebt. Die Herausforderung beim Viral Marketing besteht darin, den Prozess geschickt anzustoßen. Eines der erfolgreichsten Viral Marketing-Projekte ist der kostenlose E-Mail-Dienst Hotmail (www.hotmail.com). Hotmails Verbreitung ist gerade in der Gründerzeit fast ausschließlich auf Techniken des Viral Marketing zurückzuführen. Bereits vor rund zehn Jahren wurde die Grenze von 100 Mio. registrierten Nutzern des mittlerweile zum Microsoft-Konzern gehörenden Dienstes überschritten. Jeder versandten E-Mail wird eine Werbebotschaft angefügt, die auf den Dienst hinweist und zum Anmelden anregt. Ähnlich sind in Folge auch Anbieter wie GMX und web.de vorgegangen (Solomon 2015, S. 537).

Meinungsführer

Bei der Kommunikation in kleinen Gruppen hat nicht jedes Mitglied das gleiche Gewicht. Häufig üben einige Mitglieder (Meinungsführer) einen stärkeren persönlichen Einfluss aus als andere. I. S. der Theorie der zweistufigen Kommunikation treten Meinungsführer als aktiver Teil der Bevölkerung auf, die aus den Massenmedien Informationen aufgreifen und diese in persönlichen Gesprächen weiterverbreiten.

> *Meinungsführer (Opinion Leader) sind Personen mit großem persönlichen Einfluss auf die Meinungsbildung ihrer Mitmenschen und nehmen damit eine Schlüsselposition innerhalb einer kleinen Gruppe ein. Sie beeinflussen andere Konsumenten in ihren Kaufentscheidungen innerhalb einer Produktkategorie (Flynn/Goldsmith/Eastman 1996, S. 138).*

Charakteristika von Meinungsführern sind: hoher Informationsstand, anhaltend hohes Involvement, starke soziale Interaktion, höhere Innovationsfreude, höheres Einkommen, höherer Berufsstatus, höheres Bildungsniveau usw. Die Meinungsführer unterscheiden sich nicht markant hinsichtlich sozioökonomischer Merkmale von anderen Konsumenten. Innerhalb ihrer Bezugsgruppe kommt ihnen jedoch eine gewisse Schlüsselstellung zu. Dies kommt auch darin zum Ausdruck, dass sie gesellig und besonders stark sozial integriert sind bzw. ein entsprechend komplexes Kommunikationsverhalten aufweisen. Sie interessieren sich zunächst sehr für den Meinungsgegenstand und suchen aktiv und geplant nach Informationen. Dabei neigen sie weniger zu anbieterorientierten als vielmehr zu technisch-neutralen Informationen (z. B. Testzeitschriften, Ausstellungen). Darüber hinaus sind Meinungsführer durch eine höhere Risikobereitschaft gekennzeichnet. Zwei Funktionen von Meinungsführern sollen nachfolgend betrachtet werden, nämlich ihre Brückenstellung im zweistufigen Kommunikationsprozess und ihre Rolle im Diffusionsprozess.

In der Kommunikationspolitik wird häufig eine zweistufige Form der Kommunikation angestrebt, deren Aufgabe darin liegt, dass die durch Massenkommunikation initiierten Inhalte in persönlichen Gesprächen aufgegriffen werden. Zwar liegt die Kernbedeutung der Massenkommunikation weiterhin im Bereich der Werbung, sie wird aber durch diese Form ergänzt. Wichtig ist die Unterscheidung zwischen

- der *einstufigen Kommunikation*, die vorliegt, wenn ein Kommunikator den Empfänger unmittelbar anspricht und ihm seinen Kommunikationsinhalt vermittelt und
- der *zweistufigen Kommunikation*, bei der zuerst die Massenkommunikation auf die Meinungsführer einwirkt und diese dann das übrige Publikum, das von der Massenkommunikation nicht berührt wird, beeinflussen (siehe Übersicht 100).

Neuere Untersuchungen versuchen, die Kommunikationsbeziehungen detailgetreuer abzubilden und zeigen eine rege Kommunikation unter den Meinungssuchenden (jene, die sich innerhalb des passiven Publikums befinden). Dabei nehmen auch Meinungssuchende an einem Dialog mit dem Meinungsführer teil, die dann Bestandteil des Beeinflussungsnetzwerkes werden (Watts/Dodds 2007).

Übersicht 100: **Verbindung von Massen- und persönlicher Kommunikation**

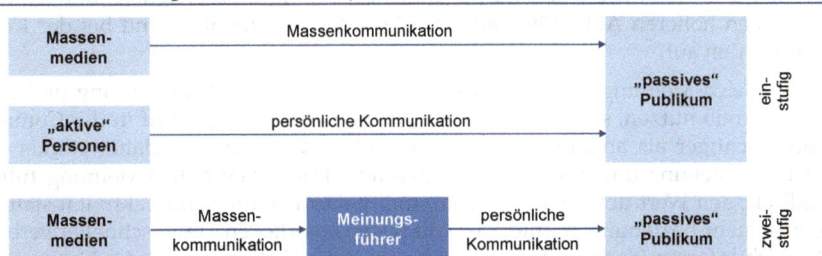

Meinungsführer haben – neben einer Relaisfunktion (Übermittlung von Informationen) – auch eine Verstärkerfunktion aufgrund ihrer Autorität und Glaubwürdigkeit in der Gruppe. Da sie häufig mit den Innovatoren einer Gruppe identisch sind, kommt ihnen aus der Sicht des Marketing, z. B. bei der Einführung bzw. Diffusion neuer Produkte, besondere Bedeutung zu. Unter Diffusion wird die Ausbreitung einer Neuigkeit bzw. eines neuen Produkts (Innovation) in einem sozialen System, von der Quelle bis zum letzten Übernehmer (*Adopter*), verstanden (Trommsdorff/Teichert 2011, S 206).

Übersicht 101: **Idealtypischer Verlauf der Diffusions- bzw. Adoptionskurve**

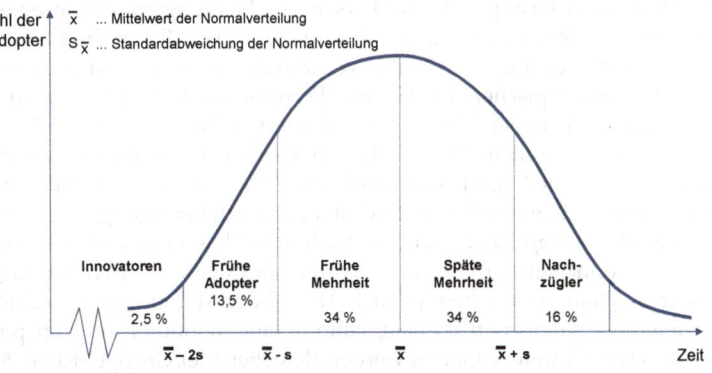

Quelle: In Anlehnung an Rogers 2003, S. 247.

Übersicht 101 illustriert den Diffusionsprozess bei einer Produktneueinführung und macht deutlich, dass Meinungsführer durch ihr Verhalten in der ersten Phase der Produktneueinführung die Diffusion massiv beeinflussen können.

Die Kritik am Modell der zweistufigen Kommunikation liegt darin, dass es dem Konsumenten eine weitgehend passive Rolle zuordnet, während Konsumenten auch Bedürfnisse haben, die sie aktiv zu erfüllen trachten (z. B. Lesen von Zeitschriften), d. h. sie suchen aktiv nach Kommunikation. Deshalb erscheint eine differenziertere Betrachtung des Modells der zweistufigen Kommunikation sinnvoll.

> **Meinungsführer in Online-Netzwerken**
>
> Meinungsführer sind nicht nur im realen Leben wichtige Multiplikatoren, sondern auch in Online-Netzwerken die treibende Kraft. Sie verhalten sich online ähnlich wie offline. Die Meinungsführer verfügen häufig über ein größeres Online-Netzwerk, ihnen ist es wichtiger, ihr persönliches Netzwerk zu erweitern und sie weisen einen höheren Aktivitätsgrad beim Erstellen von Inhalten und bei der Kommunikation auf.
>
> Wenngleich Meinungsführer Online-Netzwerke auch zur Unterhaltung und zum Zeitvertreib nutzen, sind ihnen soziale Anerkennung und ihr Ruf in der Community wichtiger als anderen Nutzern. Sie nutzen Communities daher stärker zur Selbstdarstellung und zur Meinungsäußerung. Dadurch erhöhen Meinungsführer indirekt den Wert der gesamten Community. Denn je mehr Interaktivität stattfindet, je mehr Beziehungen unter den Mitgliedern vorliegen, desto schneller verbreiten sich Informationen und desto größer wird die Verbundenheit der Nutzer zum Netzwerk. Insofern sind Meinungsführer für Online-Netzwerke essenziell.
>
> Unternehmen bzw. Anbieter von Netzwerken können sich die Motivation von Meinungsführern, nämlich das ausgeprägte Bedürfnis nach Selbstdarstellung, zunutze machen, indem für diese im Netzwerk zusätzliche Möglichkeiten zu ihrer Profilierung angeboten werden. Die weltweit steigenden Nutzerzahlen von Facebook, Twitter usw. zeigen die große Bedeutung, die Online-Netzwerke und Social Media bereits haben (i-cod 2009, S. 16 ff.).

Zudem gibt es keinen „Raster", mit dem ein Meinungsführer identifiziert werden könnte, denn in einer Gruppe ist eine Person der Meinungsführer, in einer anderen nicht. Die Problematik liegt also darin, ob es gelingt, Appelle an die Meinungsführer zu richten, um dann auf die kommunikative Kraft der Meinungsführer zu setzen. Aufgrund der fehlenden typischen allgemeinen Persönlichkeitsmerkmale wird das Kommunikationsverhalten bei der Messung der Meinungsführerschaft als Indikator herangezogen. Mit Hilfe soziometrischer Verfahren können Interaktionen zwischen Gruppenmitgliedern dargestellt und Kommunikationsknotenpunkte identifiziert werden. Als Alternative dazu kann die Selbsteinschätzung durch Befragung eingesetzt werden. Die Meinungsführerschaft ist aber als ein graduelles Phänomen zu betrachten. Je nach Umfang des persönlichen Einflusses wird von einer mehr oder weniger ausgeprägten Meinungsführerschaft gesprochen. Je nach Anzahl der Meinungsgegenstände, bei denen eine Meinungsführerschaft vorliegt, kann in eine monomorphe oder polymorphe Meinungsführerschaft unterschieden werden (Kroeber-Riel/Gröppel-Klein 2013, S. 610 f.). Die Kompetenz eines Meinungsführers ist aber nicht automatisch durchgängig. Sie bezieht sich eher auf einige Produkt- oder Funktionsbereiche (Mode, Kosmetik). Durch die Überschneidung von Meinungsführerschaften für verschiedene Bereiche kann es allerdings zu einer sog. Kompetenzgeneralisierung kommen; die Kompetenz eines Meinungsführers wird verallgemeinert und auf größere Sachbereiche übertragen. Letztlich kann dadurch eine generelle Meinungsführerschaft begründet werden. In der Massenkommunikation ist häufig die Nachahmung von Meinungsführern, z. B. in Form der symbolischen Meinungsführer in der Werbung, zu beobachten.

Eine Operationalisierung des Konstrukts Meinungsführerschaft, die im Rahmen einer Befragung angewendet werden kann, wurde von Flynn/Goldsmith/Eastman (1996) entwickelt. Der Befragte antwortet auf einer Zustimmungsskala mit elf Items, die ein valides und reliables Messinstrument darstellt und sich zu einer Dimension, die der Meinungsführerschaft, verdichten lässt. Beispielhaft gibt der Befragte seine Zustimmung zu Aussagen an wie „Andere Menschen kommen auf mich zu und fragen nach Rat, wenn sie eine Kaufentscheidung bzgl. [...] treffen."

3.3.2 Rolle und Status

Die soziale Rolle ist ein fest definiertes Verhaltensmuster, das von einer Person erwartet wird, wenn sie in einer bestimmten Umgebung/Gruppe fungiert. Unterschiedliche soziale Situationen stellen unterschiedliche Rollen bereit (Gerrig 2015, S. 651).

Zu jeder Rolle gehören bestimmte Verhaltensweisen, die man vom Träger dieser Rolle erwartet. Es gibt Rollen, die das gesamte Verhalten einer Person durchdringen (z. B. Rolle des Priesters, die all sein Tun überlagert) und Rollen, die nur eine begrenzte Reichweite für das Verhalten haben (z. B. Rolle des Clubvorsitzenden). Ferner gibt es objektive Rollen (die objektiv im Kaufprozess eingenommen werden) und subjektive Rollen (wie schätzt jemand seine Bedeutung ein). Die Ansprüche der Gesellschaft können von zweierlei Art sein (Bänsch 2002, S. 96 ff.):

- Ansprüche an das Verhalten der Träger von Positionen (Rollenverhalten) und
- Ansprüche an ihr Aussehen und ihren Charakter (Rollenattribute).

Zugleich kann jedes Individuum mehrere Positionen einnehmen, etwa die des Vaters, eines Wissenschaftlers, eines Unternehmensberaters usw. Zu jeder dieser Positionen in einem sozialen System gehört eine bestimmte Rolle (Dahrendorf 1977, S. 30 f.). Die sozialen Rollen üben Zwänge auf die Individuen aus – sie haben Weisungscharakter. Je nach Stärke der Sanktionen unterscheidet man Muss-, Soll- und Kann-Erwartungen. Die Nichterfüllung von Muss-Erwartungen kann bis hin zu gerichtlichen Konsequenzen führen. Auch Soll-Erwartungen haben eine fast zwingende Verbindlichkeit; die negative Sanktion liegt im sozialen Ausschluss. Positive Sanktionen bei Erfüllung der Erwartungen sind Sympathien. Das Erfüllen von Kann-Erwartungen bringt die Wertschätzung durch andere Menschen ein. Die Stärke bzw. Wirkung der möglichen negativen Sanktionen ist geringer. Mit diesem System von Sanktionen üben die Gesellschaft bzw. die Mitglieder von Gruppen sozialen Druck aus (Dahrendorf 1977, S. 36 ff.).

Als Beispiele für die Einwirkung der sozialen Rolle auf das Käuferverhalten können die genannten Wirkungen der Bezugsgruppe, die Entstehung von Familienentscheidungen (siehe folgender Abschnitt) und der Kauf sozial auffälliger Produkte erwähnt werden (Conspicious Consumption). Die Wirkung der sozialen Rolle auf das marketingrelevante Verhalten von Personen ist bedingt durch ihre Einbindung in ein soziales System. Konsumenten treffen ihre Kaufentscheidungen nicht unabhängig von den Erwartungen anderer Menschen; teilweise orientieren sie sich sogar daran. Jeder Käufer handelt auch als Träger verschiedener Positionen und unterliegt somit sozialem Einfluss. Durch unterschiedliche Rollenerwartungen, die an eine Person gestellt werden, können Rollenkonflikte entstehen.

Während die soziale Rolle die funktionale Einordnung von Personen in ein *soziales System* wiedergibt, kennzeichnet der *soziale Status* eine Bewertung dieser Position i. S. einer Wertschätzung des Inhabers einer Position oder ein mit einer sozialen Position verbundenes Wertbewusstsein. Dabei kommt es häufig vor, dass zwischen Position und Status Unterschiede bestehen. Im Marketing findet der soziale Status als ein Kriterium der Marktsegmentierung Anwendung. Hier wird davon ausgegangen, dass Personen mit gleichem sozialen Status tendenziell einer Schicht angehören (zur sozialen Schicht siehe Abschnitt 3.4.1 in diesem Kapitel).

3.3.3 Familie

> Zu den sozialen Determinanten des Konsumentenverhaltens zählt der Einfluss von Familien, Wohngemeinschaften, Kommunen usw. Verbreitet ist die Trennung in Kernfamilie (bestehend aus gemeinsam lebenden Eltern und Kindern), Netzwerkfamilie (mit Verwandtschaft, die gemeinsam Verantwortung trägt) und Freundesfamilie (mit Ersatzfunktion).

Aufgrund vieler Entwicklungstrends ist die Familie heute weiter zu fassen, bspw. aufgrund zeitweise dezentral lebender Kernfamilien, der zunehmenden Anzahl von Singlehaushalten, der Überalterung der Bevölkerung oder des wachsenden Einflusses von Bezugsgruppen außerhalb der Familie.

Zu differenzieren sind sozioökonomische und psychografische Analysen der familiären Interaktion. Die sozioökonomischen Faktoren kommen im Familienzyklus zum Zuge, der einen Unterbegriff zum Lebenszyklus (den in einzelne Phasen eingeteilten Lebenslauf) darstellt. Der Familienzyklus wird zur Analyse des Verhaltens von Familien und deren Mitgliedern herangezogen. Er gibt den simultanen Einfluss mehrerer sozioökonomischer Einflussgrößen wieder (Kroeber-Riel/Gröppel-Klein 2013, S. 532 f.) und ermöglicht eine spezifische Betrachtung der Konstellation eines Haushalts und dessen Kaufverhaltens in den einzelnen Phasen. Die Phasen des Familienzyklus sind bspw.

- Phase I – unverheiratet, jung (bis 27 Jahre),
- Phase II – verheiratet mit jungen Kindern (bis 37 Jahre),
- Phase III – verheiratet mit älteren Kindern (bis 47 Jahre) und
- Phase IV – verheiratet ohne Kinder (bis mittlere Lebenserwartung 71 Jahre).

In Phase I ist das Einkommen aufgrund der Berufstätigkeit von Mann und Frau hoch, während es nach der Geburt des Kindes einen Einbruch erleidet. Das Verhalten in Phase II ist dadurch geprägt, dass die Verschuldung ihr Maximum erreicht, zumal hier noch nicht das Verdienstmaximum erreicht ist, welches im Durchschnitt bei 50 Jahren vorliegt, und das Pro-Kopf-Einkommen bis zum fünften/sechsten Lebensjahr der Kinder niedrig ist, denn erst danach beginnt für viele Frauen wieder die Berufstätigkeit. Zugleich ist gerade in dieser Phase die Tendenz, Geld auszugeben, aufgrund von Erstausstattung mit

Gebrauchsgütern, Erstausstattungsbedarf für Kinder, hohem Bedarf an Konsumgütern bedingt durch die Kinder, demonstrativen Konsums (z. B. Auto, Reisen) usw. sehr hoch. Phase III ist durch die Zahl der Kinder, das Alter der Eheleute oder das Einkommen beeinflusst. Diese Einteilung kann dabei helfen, die Ausgaben der Haushalte, z. T. die Rollenverteilung der Haushaltsmitglieder in den einzelnen Phasen usw. zu kennzeichnen.

Übersicht 102: **Stufen des Familienzyklus**

■ Ledige I	jung, ledig, nicht zu Hause lebend
■ Junges Paar	jung, keine Kinder
■ Volles Nest I	jüngstes Kind weniger als 6 Jahre alt
■ Volles Nest II	jüngstes Kind mindestens 6 Jahre alt
■ Volles Nest III	älteres Paar mit abhängigen Kindern
■ Leeres Nest I	älteres Paar, keine Kinder im Haus, Haushaltsvorstand berufstätig
■ Leeres Nest II	älteres Paar, keine Kinder im Haus, Haushaltsvorstand nicht mehr berufstätig
■ Ledige II	überlebender Teil des Paars, berufstätig
■ Ledige III	überlebender Teil des Paars, nicht mehr berufstätig

Neben diesem Familienzyklusmodell wurden auch andere Phaseneinteilungen vorgenommen. Übersicht 102 zeigt ein Konzept von Wells/Gubar (1966) und Übersicht 103 ein Konzept von Gilly/Enis (1982). Letzteres versucht, neuere gesellschaftliche Entwicklungen einzubeziehen und rückt dadurch vom bisherigen, soziologisch dominierten Familienbegriff ab. Es trägt bspw. der Zunahme von Singlehaushalten und gemeinsamen Haushalten mehrerer Personen, auch wenn sie unverheiratet sind, Rechnung. Das Modell von Gilly/Enis (1982) gliedert die Konsumenten nach den Kriterien Alter, Familienstand i. w. S. sowie Zahl und Alter der im Haushalt lebenden Kinder.

Übersicht 103: **Fassung des Familienlebenszyklus**

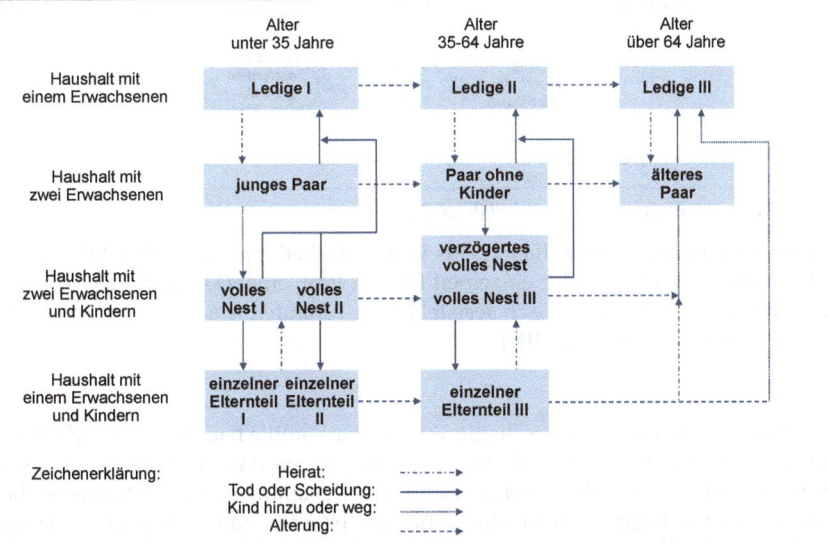

Den einzelnen Phasen lässt sich tendenziell ein bestimmtes Konsumentenverhalten zuordnen. Junge Erwachsene zeichnen sich durch einen verstärkten Konsum zur Befriedigung ihrer persönlichen Bedürfnisse sowie einen hohen Freizeitanteil aus. Auch die Nachfrage nach hochwertigen, längerlebigen Haushaltsgütern und Einrichtungsgegenständen nimmt verstärkt zu. Dem jungen Paar steht aufgrund der Tendenz zu doppeltem Einkommen ein hohes Familienbudget zur Verfügung. Einrichtungsgegenstände bilden den größten Teil der Ausgaben. In der Phase „volles Nest" geht aufgrund der Geburt der Kinder und der Aufgabe der Berufstätigkeit der Frau das Familieneinkommen zurück, die Ausgaben steigen rasch an. Die Verwendung der knappen Mittel (Haushaltsbudget) wird bei Konsumgütern verstärkt durch den Bedarf der Kinder geprägt. Bei Gebrauchsgütern werden vornehmlich Haushaltsgüter (oft auf Kredit) und erste Ersatzanschaffungen gekauft.

In der späteren Nestphase mit bereits erwachsenen Kindern steigt zumeist das Familienbudget aufgrund der beruflichen Karriere des Mannes und der Wiederaufnahme der Berufstätigkeit der Frau wieder an. Die Phase des „leeren Nests" ist anfangs tendenziell durch ein hohes Einkommen und hochwertigen Konsum geprägt. Mit zunehmendem Alter werden das Einkommen, aber auch die Konsumansprüche geringer.

*Übersicht 104: **Abläufe im Familienlebenszyklus***

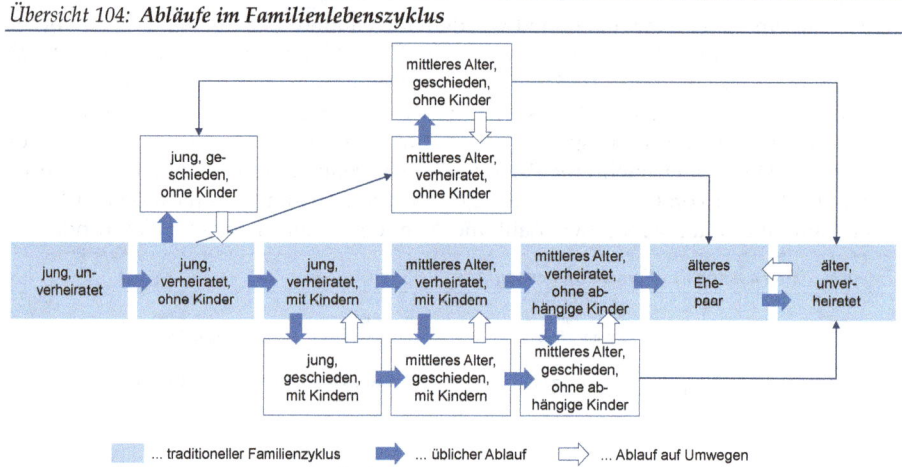

Quelle: In Anlehnung an Kuß/Tomczak 2007, S. 222.

Bei der Umsetzung des Familienzyklus in der Marketingplanung bereitet v. a. die Einteilung und Abgrenzung der einzelnen Phasen Probleme. Daher wurden bspw. idealtypische Abläufe den empirisch feststellbaren Abläufen – auf „Umwegen" – gegenübergestellt (siehe Übersicht 104).

Interaktionsfaktoren in Familien

Untersuchungen von Kaufentscheidungen in der Familie bauen i. d. R. auf einer Interaktionsanalyse auf. Dabei wird das Verhalten, durch das die Personen miteinander verkehren, analysiert. Meist stehen in diesem Zusammenhang die Kaufentscheidungen für Gebrauchsgüter im Vordergrund, da ihr Kauf umfangreichere Interaktionen auslöst als der Kauf von Konsumgütern (siehe Übersicht 105). Gegenstand der Betrachtung ist im Wesentlichen die soziale Rolle, d. h. die unterschiedlichen Verhaltensmuster, die dem Einzelnen zugewiesen werden und jene, die Familienmitglieder bei ihren Kaufentscheidungen zeigen. Diese Zuweisung dient der funktionalen Eingliederung des Individuums in ein soziales Gebilde und ist mit Erwartungen der Umwelt (bzw. Sanktionen) verbunden. Es kann sich dabei um Muss-Erwartungen (bindende Verhaltensmuster, Strukturen, die erfüllt werden müssen), Soll-Erwartungen (Erwartungen, bei denen Abweichmöglichkeiten bestehen) und Kann-Erwartungen (Erwartungen, die eigentlich nicht zur Rolle gehören, aber mit ihr zu vereinbaren sind) handeln.

Die Erfassung von Rollen – hier bezogen auf die Familie – erfolgt durch Beobachtung (Interaktionsanalysen), Befragung (Rolleninterviews) und Experiment.

Übersicht 105: **Rollenverteilung bei Kaufentscheidungen von Ehepartnern**

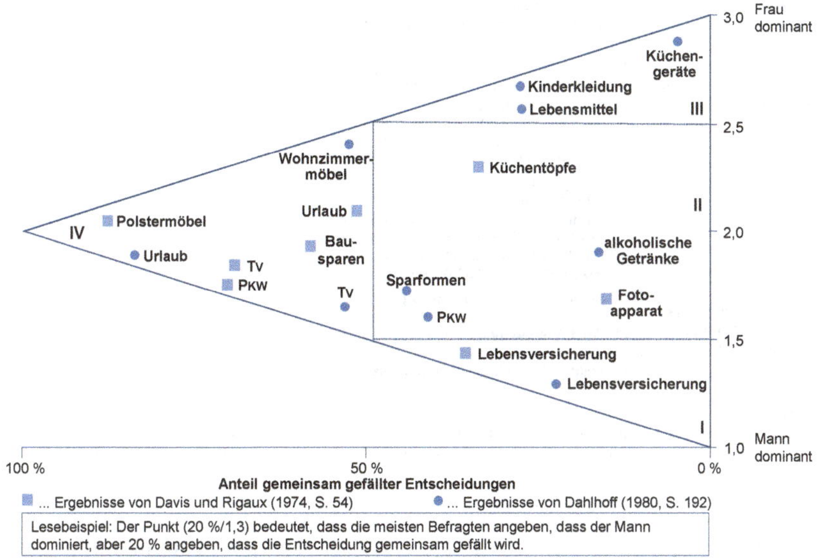

Lesebeispiel: Der Punkt (20 %/1,3) bedeutet, dass die meisten Befragten angeben, dass der Mann dominiert, aber 20 % angeben, dass die Entscheidung gemeinsam gefällt wird.

Quelle: Kroeber-Riel/Gröppel-Klein 2013, S. 453.

Das bekannteste standardisierte Beobachtungsverfahren, um das Rollenspiel und die Rollenbeziehungen in Kleingruppen zu erfassen, ist die *Interaktionsanalyse*, insb. das Verfahren von Bales (1971) (*IPA-Analyse*), das den Gruppenprozess und die ihn beeinflussenden Faktoren zum Gegenstand hat.

Zu diesem Zweck werden zwölf Kategorien genutzt, die zur Beobachtung des in kleinste Einheiten zerlegten Verhaltens dienen. Jede mögliche Handlung soll einer bestimmten Kategorie zugeordnet werden. Die Kategorien sind überschneidungsfrei und lassen sich nach verschiedenen theoretischen Bezugssystemen ordnen. Bales (1971, S. 254 ff.) gibt ein System von kognitiven und affektiven Interaktionseinheiten an (siehe Übersicht 106).

Danach wird zwischen Interaktionseinheiten, die der kognitiven Bewältigung eines Problems dienen (B und C) und solchen, die mehr der emotionalen/affektiven Regelung der interpersonellen Beziehungen dienen (A und D), unterschieden. Folglich sind B und C also auf den Entscheidungsprozess ausgerichtet und A und D auf die familiäre Situation abgestimmt. Durch Zuordnung zu den Kategorien wird für jede Person ein Interaktionsprofil erstellt. Ferner berücksichtigt die IPA eine quantitative Komponente (Wie oft hat sich jemand geäußert?) und eine qualitative Komponente (Von welcher Art und Weise waren die Beiträge?). Die Kritik an der IPA-Analyse richtet sich auf die Kategorien, bspw. ob sie manche Verhaltensunterschiede verschleiern, heterogenes Verhalten pauschal zu einer Kategorie zusammenfassen und ob durch die Kategorien die Intensität mancher Verhaltensweisen nicht hinreichend zum Ausdruck kommt.

Übersicht 106: **Kategoriensystem zur Klassifizierung des Verhaltens bei Interaktionen**

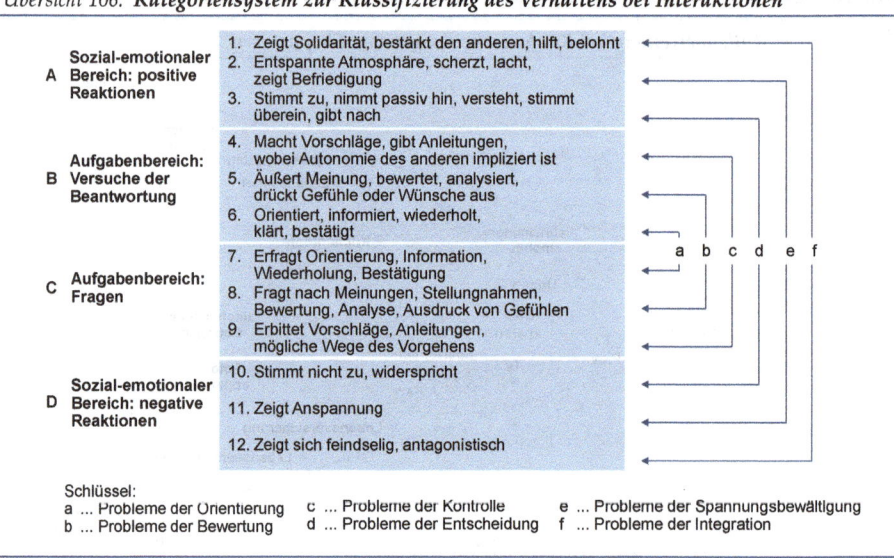

Quelle: In Anlehnung an Bales 1970, S. 92.

Beim *Interview* soll ermittelt werden, welche Rolle einzelne Familienmitglieder bei der Kaufentscheidung gespielt haben. Prinzipiell besteht hier die Gefahr eines systematischen Fehlers, denn eine Person wird nach der subjektiv eingeschätzten Rolle bei der Kaufentscheidung befragt. Die Größe des Fehlers hängt davon ab, wie weit die subjektiv wahrgenommene Rolle von der tatsächlich gespielten Rolle abweicht. Man versucht, diesen Fehler zu vermeiden, indem einzelne Familienmitglieder getrennt befragt und alle subjektiven Wahrnehmungen über die Rolle verglichen werden oder ggf. das arithmetische Mittel gebildet wird. Abweichungen zwischen den ermittelten Rollenwahrnehmungen der einzelnen Mitglieder können folgende Ursachen haben:

- *Konfliktäre Entscheidungen* – wenn Entscheidungsprozesse Konflikte enthalten und mit einem Kompromiss enden, entstehen für den Einzelnen Interpretationsspielräume (z. B. jemand stellt seine Rolle größer dar als sie wirklich ist), und
- *Methodologische Unzulänglichkeiten* bei der Erhebung (z. B. Suggestivfragen).

Für eine Erweiterung des *Rolleninterviews* durch andere Verfahren spricht auch, dass sich ein erheblicher Teil der Familieninteraktion auf nonverbaler Ebene abspielt. Dieses Verhalten erfolgt gewohnheitsmäßig und ist nicht durch verbale Aussagen zu erfassen. Relativ selten werden Familienentscheidungen experimentell geprüft, da die Künstlichkeit der Laborbedingungen zu einer Beeinträchtigung der Validität der Ergebnisse führt. Dennoch ermöglichen Experimente kausale Überprüfungen und eine Anwendung von sonst nicht einsetzbaren Messmethoden.

Als Fazit bleibt festzuhalten, dass sich die Rollenverteilung wandelt. Das familiäre Kaufverhalten wird zunehmend von Faktoren wie Gleichberechtigung der Partner, Trend zur Partnerschaftsfamilie oder einem zunehmenden Einfluss von Bezugsgruppen außerhalb der Familie geprägt. Insofern ist es sinnvoll, idealtypische Familien zu unterscheiden: matriarchalische, patriarchalische und Kooperations-/Partnerschaftsfamilien (O'Malley 2006).

Entscheidungsfindung in Familien mit Kindern

Übersicht 107 illustriert die Ergebnisse einer Studie, in der untersucht wurde, wer die Entscheidung bzgl. eines Restaurantbesuches innerhalb einer Familie trifft. Es lassen sich eindeutig zwei Gruppen unterscheiden: In traditionellen Familien trifft der Vater in mehr als der Hälfte der Fälle die Entscheidung. Demgegenüber dominiert die Mutter, gefolgt vom Kind, bei nicht-traditionellen Familien.

Übersicht 107: Entscheidungsfindung in Familien mit Kindern

	Kind	Vater	Mutter
traditionelle Familien	12,0 %	52,0 %	36,0 %
nicht-traditionelle Familien	25,0 %	12,5 %	62,5 %
gewichteter Durchschnitt	15,2 %	42,4 %	42,4 %

Es ist anzumerken, dass 75,8 % der Familien zu den traditionellen gezählt werden und der Einfluss der Eltern (egal ob Vater oder Mutter) somit (bezogen auf dieses Beispiel) im Allgemeinen noch eindeutig gewichtiger ist. Bei spezifischen Produkten wie Süßigkeiten, Sportbekleidung usw. sieht es anders aus (Labrecque/Ricard 2001, S. 175).

3.4 Kulturelle Determinanten

3.4.1 Soziale Schicht

Die kulturellen Determinanten bilden den weitesten Gürtel an Einflussfaktoren auf das Konsumentenverhalten. Dies bringt die Hierarchie der sozialen Gruppierungen in Übersicht 108 zum Ausdruck. Hier wird deutlich, dass die bislang behandelten Gruppeneinflüsse das Konsumentenverhalten stärker beeinfussen können als die nun zu betrachtende soziale Schicht, Subkultur und Kultur.

Grundsätzlich kann in diesem Zusammenhang auch vom *sozialen System* gesprochen werden, also der Gesamtheit aller Gruppen und Personen, die einen Einfluss auf das Verhalten anderer Personen ausüben. Da der Einzelne als Element eines sozialen Systems handelt, ist dieses eine relevante Determinante des Käuferverhaltens. Die Rolle und der Status wurden bereits angesprochen. Die Betrachtung der sozialen Schicht geht einen Schritt weiter.

3 Moderatoren des Konsumentenverhaltens

> *Die soziale Schicht umfasst Personen mit gleichem Status, der sich durch Merkmale wie Beruf, Herkunft, Einkommen, Besitz u. a. kennzeichnen lässt.*

Die Relevanz der Schichtzugehörigkeit für das Marketing ist in einem schichtspezifischen Konsumverhalten bzw. dem Streben von Personen, sich durch einen entsprechenden Konsum zu einer Schicht zugehörig zu fühlen, begründet. Das schichtspezifische Verhalten äußert sich darin, dass Personen aus der „Unterschicht" aufgrund ihres geringen Einkommens ein größeres Kaufrisiko wahrnehmen, während etwa die Mitglieder der „Oberschicht" das Einkaufen auch als gesellschaftliche Veranstaltung und demonstrative Selbstdarstellung ansehen (Kroeber-Riel/Gröppel-Klein 2013, S. 649 ff.).

Übersicht 108: **Schichtmodell der Umfelddifferenzierung – Hierarchien von sozialen Gruppen**

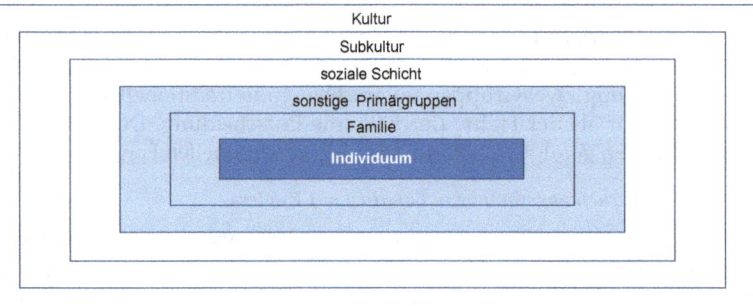

Als *Statuskriterien* und damit als *Schichtungskriterien* können allgemeine Kriterien wie Beruf, Ausbildung, Einkommen (i. S. des erworbenen Status), Vermögen und Abstammung (i. S. des übernommenen Status) sowie Macht und Interaktion (als Verhaltenskonsequenzen des Status) herangezogen werden. Für die *Messung der sozialen Schichten* ist es notwendig, die subjektive Einschätzung der befragten Person über ihre eigene Schichtzugehörigkeit – und die anderer – und ihre „tatsächliche" Schichtzugehörigkeit zu unterscheiden (Kroeber-Riel/Gröppel-Klein 2013, S.650). Die Messung erfolgt entweder direkt durch Befragung über die Einschätzung der eigenen Schichtzugehörigkeit und der anderer Personen oder indirekt mit Hilfe von Indikatoren, z. B. Einstellungen, Interaktionsmustern oder Statuskriterien. Zur Messung werden meist ein- oder mehrdimensionale Indizes gebildet. Blackwell/Minard/Engel (2006, S. 469) nennen neun Kriterien, die die Bevölkerung in verschiedene Schichten unterteilen:

- *Ökonomische Kriterien* – Beruf, Einkommen und Vermögen.
- *Interaktive Kriterien* – persönliches Prestige, Sozialisierung und Verbindungen.
- *Politische Kriterien* – Macht/Einfluss, Klassenbewusstsein und Mobilität.

3.4.2 Kultur und Subkultur

Während sich die soziale Schicht auf die Position eines Individuums bezieht, stellt der Begriff *Kultur* einen intergesellschaftlichen Terminus dar. Die Kultur stützt sich auf Merkmale und Gebräuche, die von den Mitgliedern einer Gesellschaft geteilt werden und umfasst z. B. Werte, Sprache und Überzeugungen. *Subkultur* als intragesellschaftlicher Begriff bezieht sich auf die Verhaltensweisen sozialer Gruppierungen innerhalb einer Gesellschaft.

> **Kritische Betrachtung der Aussagekraft
> der sozialen Schicht als Indikator für das Konsumentenverhalten**
>
> In der Vergangenheit wurde häufig ein Zusammenhang zwischen der Zugehörigkeit eines Individuums zu einer sozialen Schicht und dem Käuferverhalten hergestellt. Einzelne Verhaltensweisen wurden auf die Zuordnung des Käufers zur Unter-, Mittel- oder Oberschicht zurückgeführt. Für Personen aus der Unterschicht wurde bspw. der Einkauf bei Discountern als typisch angesehen, während die „sozialen Aufsteiger" der Mittelschicht annahmegemäß das Käuferverhalten der Oberschicht nachzuahmen versuchten. Mitglieder der Oberschicht wiederum befriedigten ihre Bedürfnisse hauptsächlich in exklusiven Fachgeschäften.
>
> Entgegen dieser Annahme zeigt sich heute jedoch, dass es oft nicht möglich ist, einen eindeutigen Zusammenhang zwischen dem Käuferverhalten und der Schichtzugehörigkeit eines Käufers herzustellen. In allen sozialen Schichten tritt sowohl „geiziges" als auch „verschwenderisches" Kaufverhalten auf. Dies kommt bspw. darin zum Ausdruck, dass in einem Feinkostladen oder einem Lebensmitteldiscounter Mitglieder aller sozialen Schichten einkaufen. Hierbei spielt das Phänomen des hybriden Käuferverhaltens eine wichtige Rolle, das schichtenübergreifend zu beobachten ist. Es ist dadurch charakterisiert, dass das Individuum im gleichen Produktfeld einmal viel Geld ausgibt, bei anderen Kaufanlässen jedoch als Schnäppchenjäger agiert und äußerst preiswert einkauft. Es besteht also ein differenziertes Verhalten in Abhängigkeit von der Situation. Aufgrund dieser Entwicklung ist ersichtlich, dass die soziale Schicht eines Konsumenten zur Erklärung des Käuferverhaltens zunehmend an Bedeutung verliert. Dies wird durch die Weiterentwicklung des hybriden hin zu einem multioptionalen Käuferverhalten verstärkt, bei dem ein Konsument mehreren Handlungsprinzipien gleichzeitig folgt (vgl. Zentes/Swoboda/Foscht 2012, S. 43 f. sowie Kapitel I, Abschnitt 2.1).

Kultur wird als Hintergrundphänomen bezeichnet, das unser Verhalten prägt, ohne dass wir uns dieses Einflusses bewusst sind. Sie besteht aus expliziten und impliziten Denk- und Verhaltensmustern, die durch Symbole erworben und weitergegeben werden. Die Kultur bildet eine spezifische, abgrenzbare Errungenschaft menschlicher Gruppen. Kernstück jeder Kultur sind die durch Tradition weitergegebenen Ideen, insb. Werte (Kroeber/Kluckhohn 1952, S. 181).

Bei den in der Definition genannten Gruppen kann es sich um Unternehmen, Länder, Regionen oder auch andere Gruppen handeln. Elemente einer Kultur sind *Werte*, Grundannahmen, Normen und Einstellungen. Daran orientiert sich auch das Verhalten der Personen, die der Kultur angehören. Wesentliche Faktoren, die als Medien der Kultur dienen, sind Helden, Symbole, Riten und Rituale (Hofstede/Hofstede/Minkov 2010, S. 8). Wie in Übersicht 109 gezeigt wird, stehen Kultur und das Konsumentenverhalten in einer direkten reziproken Beziehung. Für die folgenden Ausführungen wird jedoch nur die Perspektive betrachtet, dass Kultur als Determinante des Konsumentenverhaltens verstanden wird. Die Marketing-Kommunikation und auch Medienumwelt wirkt in dieser Beziehung mediierend. Zugleich werden durch die Marketing-Kommunikation kulturelle Werte und Bedeutungen auf markierte Angebote (Konsumgütermarken) übertragen (Luna/Gupta 2001, S. 47).

Werte sind Konzepte oder Überzeugungen über Wünschenswertes, anhand derer Menschen Handlungen, Personen und Ereignisse bewerten. Werte bilden dabei ein geordnetes System an Prioritäten und sind über Zeit und Situationen hinweg stabil (Schwartz 1999, S. 24 f.).

Übersicht 109: **Zusammenhang zwischen kulturellem Wertesystem und Konsumentenverhalten**

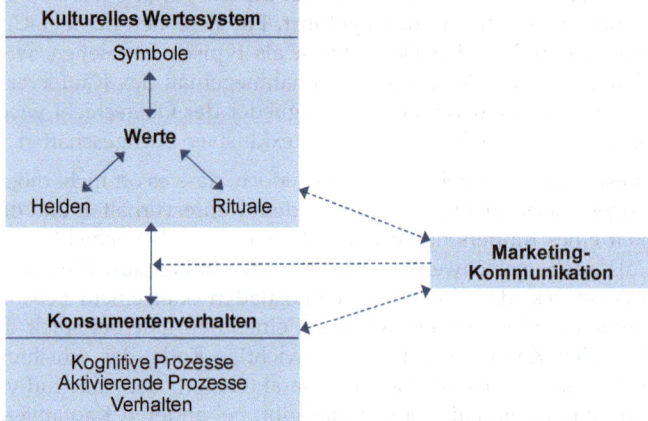

Werte sind in der Definition von Kultur zentral und geben eine Orientierung für Bewertungen und Verhalten. Natürlich können Individuen einer Kultur anhand unterschiedlicher Werthaltungen unterschieden werden, jedoch existieren in jeder Kultur universelle Werte, die darüber hinaus auch in allen Kulturen vorkommen können.

Übersicht 110: **Wertetypologie nach Schwartz**

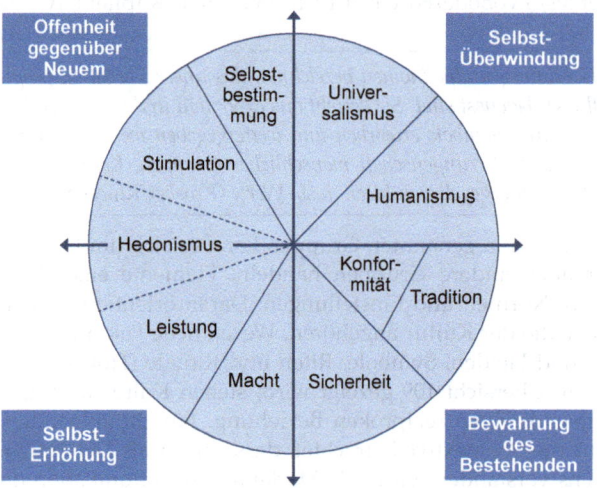

Werte repräsentieren somit motivationale Ziele, deren inhaltlicher Aspekt je nach Ziel abweicht, wodurch Werte unterscheidbar werden (Schwartz 1999, S. 24). Werte mit gemeinsamen Zielen lassen sich somit zu Wertetypen gruppieren, von denen es, über alle Kulturen gesehen, zehn Typen gibt. Durch die den Wertetypen inhärenten Konzeptualisierungslogik werden Werte mit kompatiblen Zielen innerhalb eines Kreises (sieheÜbersicht 110) angrenzend und Werte mit widersprüchlichen Zielen gegenüberliegend dargestellt. Dazu wurden zwei bipolare Achsen, auf denen übergeordnete Wertedimensionen verankert sind, formuliert (Schwartz/Sagiv 1995).

Eines der bekanntesten Kulturkonzepte in der Forschung hat Hofstede (Hofstede/Hofstede/Minkov 2010, S. 40) in den 1960er/70er Jahren entwickelt. Hofstede versteht Kultur als mentale Programmierung des Geistes, wobei der Geist das Denken, Fühlen und Handeln tangiert und Auswirkungen auf Wertvorstellungen, Einstellungen und Fertigkeiten hat. Inmitten der Kultur als System stehen Werte, die durch Rituale, Ideale und Symbole lebendig werden. Die Zielsetzung seiner Studie war es, Grunddimensionen herauszuarbeiten, auf denen sich Kulturen vergleichen lassen, da diese Grunddimensionen eine universale Relevanz unterschiedlichen Ausmaßes beanspruchen. In einem Forschungsprojekt im IBM-Konzern befragte Hofstede mehr als 116.000 Mitarbeiter aus unterschiedlichen Berufsgruppen und 71 Ländern (Hofstede/Hofstede/Minkov 2010, S. 34). An dieser Stelle setzte Hofstede voraus, dass ein Land eine einheitliche Kultur aufweist, was bspw. im Fall von Belgien oder China kritisch gesehen werden kann. Als Ergebnis präsentierte er vier kulturelle Dimensionen, die er später um eine fünfte bzw. sechste erweiterte. Die Dimensionen sind i. S. eines Kontinuums zu verstehen, an dessen Enden zwei gegensätzliche Pole stehen.

- *Machtdistanz* (Power Distance Index, PDI) bezieht sich auf die Ungleichverteilung von Macht. Ungleichheit kann bei Aspekten wie Prestige, Wohlstand und Macht auftreten. In Kulturen, in denen die Machtdistanz stark ausgeprägt ist, herrscht Respekt vor Alter und Status. Hierzu zählen Malaysia, Guatemala und Panama. Dänemark, Israel und Österreich verzeichnen dagegen eine geringe Machtdistanz (Hofstede/Hofstede/Minkov 2010, S. 53 ff.). Mit Blick auf das politische System und auf die Verteilung von Wohlstand ergibt sich ein äquivalentes Bild. Die Konsumentenverhaltensforschung zeigte zudem, dass die Machtdistanz einen Einfluss auf die Akzeptanz neuer Produkte hat (Yeniyurt/Townsend 2003).
- *Unsicherheitsvermeidung* (Uncertainty Avoidance, UAI) bezieht sich auf den empfundenen Stress, den Individuen einer Kultur empfinden, wenn sie mit zukünftiger Ungewissheit oder Mehrdeutigkeit konfrontiert werden. In Kulturen mit hoher Unsicherheitsvermeidung existiert ein Bedürfnis nach festen Regeln und Formalien zur Strukturierung des Lebens. Hierzu zählen Griechenland, Guatemala und Portugal. Singapur, Jamaika und Vietnam verzeichnen dagegen ein geringes Bedürfnis nach Unsicherheitsvermeidung (Hofstede/Hofstede/Minkov 2010, S. 187 ff.). Die Konsumentenverhaltensforschung zeigte, dass eine niedrige Unsicherheitsvermeidung die Akzeptanz neuer/innovativer Produkte erhöht (Steenkamp/Hofstede/Wedel 1999) und eine hohe Unsicherheitsvermeidung die Bedeutung der Glaubwürdigkeit der Marke für das Kaufverhalten steigert (Erdem/Swait/Valenzuela 2006).
- *Individualismus vs. Kollektivismus* (Individualism, IDV) bezieht sich auf die Integration des Individuums in seiner Primärgruppe. In kollektivistischen Kulturen sind individuelle Ziele denen der (engeren) Gemeinschaft untergeordnet. Die Identität beruht auf der sozialen Gemeinschaft, der das Individuum zugehörig ist. Es wird eher implizit kommuniziert. In individualistischen Kulturen sind die Ziele des Individuums wichtig. Mitgliedschaften werden eher aufgegeben, wenn diese für das Individuum

zu fordernd werden. Zu den kollektivistischen Kulturen zählen Venezuela, Taiwan und Thailand, wohingegen die USA, Australien und Großbritannien zu den individualistischen zählen (Hofstede/Hofstede/Minkov 2010, S. 89). Die Konsumentenverhaltensforschung zeigte, dass kollektivistische Kulturen anfälliger für Conspicious Consumption sind. Sie legen mehr Wert auf die Glaubwürdigkeit bei Marken als auf Qualität, da sich diese Kulturen stark am Kollektiv orientieren (Erdem/Swait/Valenzuela 2005). Aaker/Schmitt (1997) zeigten, dass Konsumenten Marken zum Ausdruck ihrer Persönlichkeit nutzen, wobei kollektivistische Konsumenten Gemeinsamkeiten mit ihrer Bezugsgruppe teilen, während individualistische Konsumenten Marken wählen, um sich zu differenzieren. Weiterhin zeigten Gürhan-Canli/Maheswaran (2000) kulturelle Unterschiede in der Bedeutung des Country of Origin-Effekts (siehe hierzu Abschnitt 5.2.1 in diesem Kapitel), der Ausstrahlung des Herkunftslandes auf die Positionierung und Bewertung von Produkten und Marken. Kollektivistische Kulturen bevorzugen ihre Heimat-Produkte unabhängig von der Position im globalen Wettbewerb. Individualistische Kulturen bevorzugen diese nur, wenn die Heimat-Produkte als führend wahrgenommen werden.

- *Maskulinität vs. Femininität* (Masculinity, MAS) bezieht sich auf die Verteilung von emotionalen Rollenbildern zwischen den Geschlechtern. Während in maskulinen Kulturen Leistung, Erfolg und Status hohe Wertschätzung erfahren, werden in femininen Kulturen Lebensqualität, Fürsorge und der Mensch an sich geschätzt. Maskuline Kulturen verfügen über eine starke Rollenteilung wie bspw. Japan und Österreich. Norwegen und Schweden zählen dagegen zu den femininen Kulturen (Hofstede/Hofstede/Minkov 2010, S. 135 ff.). An/Kim (2007) zeigten in einem Vergleich zwischen den USA und Korea, dass die geschlechtsspezifische Rollenbesetzung in der Werbung mit der Ausprägung des Maskulinitätsindexes übereinstimmt. Die Wahrscheinlichkeit, Trinkgeld zu geben, ist in stark maskulinen Kulturen aufgrund des stärkeren Fokus auf (monetäre) Leistung höher (Lynn/Zinkhan/Harris 1993).
- *Langzeitorientierung* (Long Term Orientation, LTO) bezieht sich auf die Wahl des Fokus für menschliche Anstrengung: Zukunft oder Gegenwart. Langfristig orientierte Kulturen schätzen Sparsamkeit, Ausdauer, Flexibilität und sind eher konfuzianistisch geprägt. Insb. asiatische Kulturen gelten als langfristig orientiert wie bspw. China, Japan und Vietnam. Deutschland, Norwegen und Kanada sind dagegen kurzfristig orientiert (Hofstde/Hofstede/Minkov 2010, S. 235 ff.). In einer Studie zu den Erwartungen hinsichtlich der Servicequalität zeigten Donthu/Yoo (1998), dass kurzfristig orientierte Kulturen höhere Erwartungen haben und begründeten dies mit einer geringeren Flexibilität hinsichtlich einer Verfehlung ihrer Erwartungen.
- *Genuss vs. Zurückhaltung* (Indulgence vs. Restraint, IDG) bezieht sich darauf, inwieweit es den Mitgliedern einer Gesellschaft erlaubt ist, ihre hedonistischen Bedürfnisse zu befriedigen bzw. in welchem Ausmaß eine derartige Bedürfnisbefriedigung durch Normen unterdrückt wird (Hofstede/Hofstede/Minkov 2010, S. 280 ff.).

In Übersicht 111 sind fünf unterschiedliche Länder mit ihren Ausprägungen auf den diskutierten Kulturdimensionen dargestellt. Entgegen der vielfachen Anwendung der Kulturdimensionen in der Konsumentenverhaltensforschung gibt es vielfache Kritik gegenüber der Anwendbarkeit und Aussagekraft des Modells, da die empirischen Befunde zur Konzeptualisierung der Kulturdimensionen auf einer Mitarbeiterstudie beruhen, was eigentlich die Verwendung des Konzepts in der Managementforschung nahelegen würde.

Übersicht 111: **Kulturdimensionen nach Hofstede**

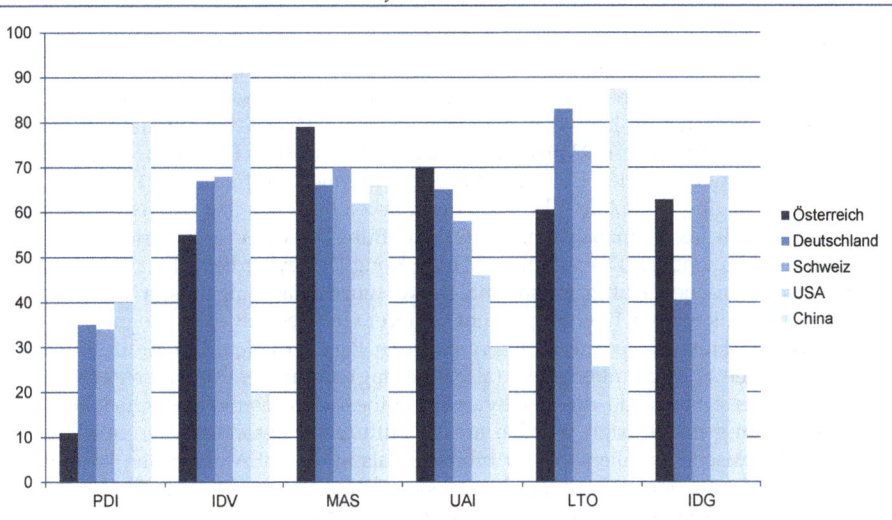

Quelle: In Anlehnung an www.geert-hofstede.com, 25. März 2015.

Eine Weiterentwicklung der Kulturdimensionen von Hofstede nimmt die *GLOBE-Studie* vor, die ebenfalls beabsichtigt, Zusammenhänge zwischen der Kultur einer Gesellschaft und der Organisationskultur darzustellen. Zur Differenzierung von Kulturen nutzt GLOBE neun Dimensionen: Unsicherheitsvermeidung, Machtdistanz, institutioneller Kollektivismus, Intra-Gruppen-Kollektivismus, Geschlechtergleichheit, Bestimmtheit, Zukunftsorientierung, Leistungsorientierung und soziale Orientierung (House et al. 2004). Die Kultur hat für das Marketing eine besondere Relevanz, wenn es um internationale Märkte geht. Hervorzuheben sind zwei Ebenen:

- Einerseits müssen Managementtechniken auf ihre interkulturelle Anwendbarkeit überprüft werden *(kulturvergleichende Managementforschung)*,
- andererseits muss auch das Internationale Marketing Kulturunterschiede beachten und dabei die Frage der Standardisierung oder Differenzierung beantworten *(interkulturelle Konsumentenverhaltensforschung)*.

Als Forschungsfeld beschäftigt sich Letztere als Teilbereich der Konsumentenverhaltensforschung mit der interkulturellen Gültigkeit von Aussagen über psychische und soziale Determinanten des Käuferverhaltens (Briley/Aaker 2006). Die Ergebnisse interkultureller Konsumentenstudien bilden die Grundlage für die Planung sämtlicher internationaler Marketingaktivitäten. Ein Problem ergibt sich jedoch daraus, dass in mehreren unterschiedlichen sozialen Systemen Daten erhoben werden, diese Daten jedoch über die Kulturgrenzen hinweg vergleichbar sein müssen. In der interkulturellen Psychologie wurden Methoden zur Übersetzung von Fragebögen entwickelt, die auf die Gleichwertigkeit (Äquivalenz) der jeweiligen Bedeutungsinhalte abstellen. Die Übersetzungsqualität wird dabei z. B. durch Rückübersetzungen überprüft. Auch die Erhebungsverfahren an sich (z. B. Telefoninterview, persönliche Befragung, Experiment) sowie die Anwendung von verschiedenen Skalen können nur in Abhängigkeit von kulturspezifischen Einflüssen gesehen werden (vgl. hierzu Wong/Rindfleisch/Burroughs 2003).

Moderatoren des Konsumentenverhaltens

> **Global denken und lokal handeln – Implikationen für das Marketing**
> Anders als in Disney World in Orlando, USA, hören Besucher des Euro Disney in Paris bei einer Tour keine amerikanischen Filmstars über den Kopfhörer der Audioguides, sondern europäische Filmgrößen wie Jeremy Irons, Isabella Rossellini oder Nastassja Kinski, die in ihrer Muttersprache sprechen. Disney hat aus den Anfangsschwierigkeiten im Jahre 1992 gelernt. Damals berücksichtigte Disney die kulturellen Unterschiede zwischen den USA und Europa und innerhalb Europas zu wenig. Das Unternehmen ging davon aus, allein mit der Marke überzeugen zu können, ohne sich auf lokale Bedürfnisse einzustellen. Heute bietet Euro Disney ein adaptiertes Angebot. Folglich implementierte Disney für das Hong Kong Disneyland eine lokale Strategie, die der chinesischen Kultur entspricht. Bspw. wurde das Eingangstor gemäß des Feng-Shui-Denkens um 12 Grad gedreht und der Gehweg mit einer Biegung versehen, um den Fluss der positiven Energie in den Park zu leiten. Der Eröffnungstag wurde auf den 12. September gelegt (als Glückstag) und in den Aufzügen der Hotels fehlt der vierte Stock, da die Zahl vier im chinesischen Denken Unglück bringt. Auch Werbung und Design wurden an die kulturellen Besonderheiten angepasst. Da die chinesische Familienstruktur breiter ist als in den USA, ist in den Werbeanzeigen eine Drei-Generationenfamilie zu sehen. Disney beobachtete darüber hinaus, dass sich Chinesen beim Essen zehn Minuten länger Zeit nehmen. Folglich wurde die Anzahl der Sitzplätze entsprechend aufgestockt (Solomon 2015, S. 138 f.).

Die *Messung* von Kultur bzw. kulturellen Werten kann nach den erläuterten Konzepten von Hofstede (siehe Übersicht 112) oder auch Schwartz vorgenommen werden. Andererseits bietet z. B. die Lebensstilforschung weitere Möglichkeiten der Erforschung der Kultur.

Übersicht 112: **Exemplarische Operationalisierung der kulturellen Dimensionen nach Hofstede**

■ Machtdistanz	Eine ungleiche Verteilung der Macht zwischen den Mitgliedern einer Gesellschaft ist akzeptabel. Den Mächtigen stehen Privilegien zu.
■ Unsicherheitsvermeidung	Unbekannte/uneindeutige Situationen sind bedrohend. Nur abschätzbare Risiken sind einzugehen.
■ Individualismus	In der individualistischen Gesellschaft soll jeder auf sich selbst und seine unmittelbare Familie schauen. Selbstorientierung ist am wichtigsten.
■ Maskulinität	In maskulinen Kulturen sollen die Rollen von Mann und Frau in der Gesellschaft strikt getrennt sein. Männer sollen eine herrschende Rolle in der Gesellschaft spielen, sich bestimmt, leistungsorientiert und materialistisch verhalten. Frauen sollen nach Lebensqualität streben.
■ Langzeitorientierung	In langfristig orientierten Kulturen ist Ausdauer/Beständigkeit ein sehr wichtiges Persönlichkeitsmerkmal. Das Leben ist auf die Zukunft auszurichten.
■ Genuss	In genussorientierten Kulturen steht das Genießen des Lebens und der Spass am Leben im Vordergrund. Im Vergleich gilt in zurückhaltenden Kulturen die Askese als lobenswert.

Quelle: In Anlehnung an Hofstede/Hofstede/Minkov 2010, S. 53 ff.

Literatur

Aaker, J. L./Schmitt, B. H. (1997): The Influence of Culture on the Self-Expressive Use of Brands, Working Paper, Nr. 274, UCLA Anderson Graduate School of Management.

An, D./Kim, S. (2007): Relating Hofstede's masculinity dimension to gender role portrayals in advertising: A cross-cultural comparison of web advertisements, in: International Marketing Review, 24. Jg., Nr. 2, S. 181-207.

Armitage, C. J./Conner, M. (2001): Efficancy of Theory of Planned Behaviour: A meta-analytic review, in: British Journal of Social Psychology, 40. Jg., Nr. 4, S. 471-499.

Bales, R. F. (1970): Personality and interpersonal behaviour. New York.

Bales, R. F. (1971): Interaction Process Analysis, in: Hollander, E.P./Hunt, R.G. (Hrsg.): Current Perspectives in Social Psychology, 3. Aufl., New York, S. 254-261.

Banning, T. E. (1987): Lebensstilorientierte Marketing-Theorie, Heidelberg.

Bänsch, A. (2002): Käuferverhalten, 9. Aufl., München.

Bearden, W. O./Etzel, M. J. (1982): Reference Group Influence on Product and Brand Purchase Decisions, in: Journal of Consumer Research, 9. Jg., Nr. 2, S. 183-194.

Blackwell, R. D./Miniard, P. W./Engel, J. F. (2006): Consumer Behavior, 10. Aufl., Mason.

Briley, D. A./Aaker, J. L. (2006): When Does Culture Matter? Effects of Personal Knowledge on the Correction of Culture-Based Judgments, in: Journal of Marketing Research, 43. Jg., Nr. 3, S. 395-408.

Dahlhoff, H.-D. (1980): Kaufentscheidungsprozesse von Familien, Frankfurt a. M.

Dahrendorf, R. (1977): Homo Sociologicus. Ein Versuch zur Geschichte, Bedeutung und Kritik der Kategorie der sozialen Rolle, 15. Aufl., Opladen.

Davis, H. L./Rigaux, B. P. (1974): Perception of Marital Roles in Decision Processes, in: Journal of Consumer Research, 1. Jg., Nr. 1, S. 51-62.

Donthu, N./Yoo, B. (1998): Cultural influences on service Expectations, in: Journal of Consumer Research, 1. Jg., Nr. 2, S. 178-186.

Erdem, T./Swait, J./Valenzuela, A. (2006): Brands as Signals: A Cross-Country Validation Study, in: Journal of Marketing, 70. Jg., Nr. 1, S. 34-49.

Escalas, J. E./Bettman, J. R. (2005): Self-Construal, Reference Groups, and Brand Meaning, in: Journal of Consumer Research, 32. Jg., Nr. 3, S. 378-389.

Festinger, L. (1954): A theory of Social Comparison Processes, in: Human Relations, 7. Jg., Nr. 7, S. 117-140.

Flynn, L. R/Goldsmith, R. E/Eastman, J. K (1996): Opinion Leaders and Opinion Seekers: Two new Measurement Scales, in: Journal of the Academy of Marketing Science, 24. Jg., Nr. 2, S. 137-147.

Foscht, T./Swoboda, B./Morschett, D. (2006): Electronic commerce-based internationalisation of small, niche-oriented retailing companies: the case of Blue Tomato and the Snowboard industry, in: International Journal of Retailing and Distribution Management, 33. Jg., Nr. 7, S. 556-572.

Gerrig, R. J. (2015): Psychologie, 20. Aufl., München.

Gilly, M. C./Enis, B. M. (1982): Recycling the Family Life Cycle, in: Advances in Consumer Research, 9. Jg., Nr. 1, S. 271-276.

Gröppel-Klein, A. (2003): Involvement, in: Bruhn, M./Homburg, C. (Hrsg.): Gabler Marketing Lexikon, Wiesbaden, S. 361-363.

Gürhan-Canli, Z./Maheswaran, D. (2000): Cultural variations in country of origin effects, in: Journal of Marketing Research, 37. Jg., Nr. 3, S. 309-317.

Hanna, N./Wozniak, R./Hanna, M. (2013): Consumer Behavior, Kendall Hunt Publishing.

Hofstede, G./Hofstede, G.J./Minkov, M. (2010): Cultures and Organizations: software of the mind, 3. Aufl., McGraw-Hill.

House, R. J./Hanges, P.M./Javidan, M./Dorfman, P./Gupta, V. (2004): Culture, Leadership and Organizations: The GLOBE Study of 62 Societies, Thousand Oaks.

Idea Extended (2014): Harley Davidson Tattoos, http://ideaextended.com/harley-davidson-tattoos/1690-harley-davidson-tattoos-tribal-harley-davidson-tattoos/, Stand: 29.10.2014.

i-cod (2009): Meinungsführer in Online-Social-Networks. i-cod-Studie (01). München: i-cod ltd.

Janz, M./Swoboda, B. (2007): Vertikales Retail-Management in der Fashion-Branche, Frankfurt.

Kahle, L. R./Beatty, S. E./Homer, P. (1986): Alternative Measurement Approaches to Consumer Values: The List of Values (LOV) and Values and Life Styles (VALS), in: Journal of Consumer Research, Jg. 13, Nr. 3, 405-409.

Kapferer, J. N./Laurent, G. (1985): Consumers' Involvement Profile, in: Advances in Consumer Research, 12. Jg., Nr. 1, S. 290-295.

Kressmann, F./Sirgy, M. J./Herrmann, A./Huber, F./Huber, S./Lee, D.-J. (2006): Direct and indirect effects of self-image congruence on brand loyalty, in: Journal of Business Research, 59. Jg., Nr. 9, S. 955-964.

Kroeber, A. L./Kluckhohn, C. (1952): Culture: A Critical Review of Concepts and Definitions, Nr. 1 der Harvard University Peabody Museum of American Archeology and Ethnology Papers, Cambridge.

Kroeber-Riel, W./Gröppel-Klein, A. (2013): Konsumentenverhalten, 10. Aufl., München.

Krugman, H. E. (1965): The Impact of Television Advertising: Learning Without Involvement, in: Public Opinion Quarterly, 29. Jg., Nr. 3, S. 349-356.

Kuß, A./Tomczak, T. (2007): Käuferverhalten, 4. Aufl., Stuttgart.

Labrecque, J./Ricard, L. (2001): Children's influence on Family Decision-Making, in: Journal of Business Research, 54. Jg., Nr. 2, S. 173-176.

Lasswell, H. D. (1967): The Structure and Function of Communication in Society, in: Berelson, B./Janowitz, M. (Hrsg.): Reader in Public Opinion and Communication, 2. Aufl., New York.

Luna, D./Gupta, S. F. (2001): An integrative framework for cross-cultural consumer behavior, in: International Marketing Review, 18. Jg. Nr. 1, S. 45-69.

Lynn, M./Zinkhan, G. M./Harris, J (1993): Consumer Tipping: A cross-Country Study, in Journal of Consumer Research, 20. Jg., Nr. 3, S. 478-488.

Mayer, H./Illmann, T. (2000): Markt- und Werbepsychologie, 3. Aufl., Stuttgart.

McCrae, R. R./Costa, P. T., Jr. (1999): A five-factor theory of personality, in: Pervin, L. A.; John, O. P. (Eds.): Handbook of personality: Theory and research, 2. Aufl., New York, S. 139-153.

Morris, D. (1978): Der Mensch mit dem wir leben. Ein Handbuch unseres Verhaltens, München.

Mühlbacher, H. (1982): Selektive Werbung, Linz.

Neumann, R. (2009): Die Involvementtheorie und ihre Bedeutung für das Lebensmittelmarketing, Bremen.

O'Malley, L. (2006): Consuming Families: Marketing, Consumption and the Role of Families in the Twenty-first Century, in: Journal of Marketing Management, 22. Jg., Nr. 9, S. 899-905.

Park, C. W./Young, S. M. (1983): Types and Levels of Involvement and Brand Attitude Formation, in: Advances in Consumer Research, 10. Jg., Nr. 1, S. 320-324.

Peichl, T. (2014): Von Träumern, Abenteurern und Realisten – Das Zielgruppenmodell der GfK Roper Consumer Styles, in: Halfmann, M. (Hrsg.): Zielgruppen im Konsumentenmarketing, Wiesbaden, S. 135-149.

Raffée, H./Wiedmann, K.-P. (1987): Dialoge 2: Konsequenzen für das Marketing, Hamburg.

Raju, S./Unnava, H. R. (2005): Brand Commitment and Size of the Consideration Set, in: Advances in Consumer Research, 32. Jg., S. 151-152.

Rogers, E. M. (2003): Diffusion of Innovations, 5. Aufl., New York.

Schiffman, L./Wisenblit, J. (2015): Consumer Behavior, 11. Aufl., Boston.

Schwartz, S. H. (1999): A Theory of Cultural Values and Some Implications for Work, in: Applied Psychology: An International Review, 48. Jg., Nr. 1, S. 23-47.

Schwartz, S. H./Sagiv, L. (1995): Identifying culture-specifics in content and structure in values, in: Journal of Cross-Cultural Psychology, 26. Jg., Nr. 1, S. 92-116.

Solomon, M. (2015): Consumer Behavior: Buying, Having, and Being, 11. Aufl., Upper Saddle River.

Statt, D. (1997): Understanding the Consumer: A Psychological Approach, London.

Steenkamp, J.-B. E. M./Hofstede, F./Wedel, M. (1999): A Cross-National Investigation into the Individual and National Cultural Antecedents of Consumer Innovativeness, in: Journal of Marketing, 63. Jg., Nr. 2, S. 55-69.

Swoboda, B./Haelsig, F./Schramm-Klein, H./Morschett, D. (2009): Moderating Role of Involvement in Building a strong Retail Brand, in: International Journal of Retail & Distribution Management, 37. Jg., Nr. 11, S. 952-974.

Terlutter, R. (2000): Lebensstilorientiertes Kulturmarketing, Wiesbaden.

Trommsdorff, V. (2009): Konsumentenverhalten, 7. Aufl., Stuttgart.

Trommsdorff, V./ Teichert,T. (2011): Konsumentenverhalten, 8. Aufl., Stuttgart.

Watts, D./Dodds, P. S. (2007): Influentials, Networks, and Public Opinion Formation, in: Journal of Consumer Research, 34. Jg., Nr. 1, S. 441-458.

Wells, W. D./Gubar, G. (1966): Life Cycle Concept in Marketing Research, in: Journal of Marketing Research, 3. Jg., Nr. 4, S. 355-363.

Wells, W. D./Tigert, D. J. (1971): Activities, Interests and Opinions, in: Journal of Advertising Research, 11. Jg., Nr. 4, S. 27-35.

Westbrook, R. A./Black, W. C. (1985): A Motivation-Based Shopper Typology, in: Journal of Retailing, 61. Jg., Nr. 1, S. 78-103.

Wiswede, G. (1972): Soziologie des Verbraucherverhaltens, Stuttgart.

Wong, N./Rindfleisch, A./Burroughs, J. E. (2003): Do reverse-worded items confound measures in cross-cultural consumer research? The case of the material values scale, in: Journal of Consumer Research, 30. Jg., Nr. 1, S. 72-91.

Yeniyurt, S./Townsend J. D. (2003): Does Culture Explain Acceptance of New Products in A Country? An Empirical Investigation, in: International Marketing Review, 20. Jg., Nr. 4, S. 377-396.

Zaichkowsky, J. (1985): Measuring the Involvement Construct, in: Journal of Consumer Research, 12. Jg., Nr. 3, S. 341-352.

Zaichkowski, J. (1994): The Personal Involvement Inventory: Reduction, Revision and Application to Advertising, in: Journal of Advertising, 23. Jg., Nr. 4, S. 59-70.

Zentes, J./Swoboda, B./Foscht, T. (2012): Handelsmanagement, 3. Aufl., München.

4 Typen von Kaufentscheidungen

4.1 Überblick

Um komplexe Verhaltensweisen bei individuellen Kaufentscheidungen zu systematisieren, werden Kaufentscheidungstypen traditionell in Abhängigkeit vom Grad der kognitiven Steuerung gebildet, wobei der Entscheidungsprozess vereinfacht als Einheit gedacht wird.

> *Der Begriff der Kaufentscheidung kann eng oder weit gefasst werden, je nachdem, ob nur das Zustandekommen des Kaufentschlusses (z. B. eine bestimmte Marke zu kaufen) oder der gesamte Kaufentscheidungsprozess (von der Angebotswahrnehmung bis zum Kauf) betrachtet wird.*

In diesem Abschnitt wird dem weit gefassten Entscheidungsbegriff gefolgt und von prozessualen (siehe Abschnitt 5 in diesem Kapitel) sowie psychologisch-deterministischen Teilanalysen (siehe Abschnitt 3 in diesem Kapitel) abstrahiert. Wird nun für eine Typologisierung der Kaufentscheidungen der gesamte Entscheidungsprozess zu Grunde gelegt, kann mit Katona (1960) zwischen echten und habitualisierten Entscheidungen unterschieden werden. Erstere werden dann gefällt, wenn Konsumenten mit neuen oder relativ unbekannten Kaufsituationen konfrontiert sind, die zu einer Umstrukturierung des „psychologischen Feldes" führen, d. h., Erwartungen, Pläne und andere, die Zukunft betreffende Einstellungen werden verändert (Katona 1960, S. 57, S. 61, S. 79) und ein umfassender Problemlösungsprozess wird angestoßen. Howard/Sheth (1969) differenzieren dagegen in extensive, habitualisierte und vereinfachte Entscheidungen, eine Typologie, der auch Blackwell/Miniard/Engel (2006, S. 89 ff.) folgen. Kroeber-Riel/Gröppel-Klein (2013, S. 458 ff.) präsentieren die weitestgehende Sicht und unterscheiden in der Reihenfolge abnehmender kognitiver Kontrolle:

1. Entscheidungen mit stärkerer kognitiver Steuerung („echte Kaufentscheidungen oder kognitive Entscheidungsmuster"), zu denen
   - extensives (Kauf-) Verhalten bzw. Entscheiden und
   - limitiertes (Kauf-) Verhalten bzw. vereinfachtes Entscheiden gehören.
2. Entscheidungen mit geringer kognitiver Steuerung, die sich in
   - habituelles (Kauf-) Verhalten bzw. Entscheiden (Gewohnheitsverhalten) und
   - impulsives (Kauf-) Verhalten bzw. Entscheiden differenzieren lassen.

Aufgrund des kognitiven Differenzierungsansatzes bieten die Kaufentscheidungstypen einen breiteren Zugang für ökonomische Theorien und Ansätze zur Analyse des Käuferverhaltens (siehe Abschnitt 1.2.1 in diesem Kapitel). Dies ist naheliegend, weil die Prämissen dieser Ansätze dem Muster extensiver und limitierter Kaufentscheidungen entsprechen. Deshalb beziehen sich die diesen Ansätzen verhafteten Arbeiten oft auf diese beiden Kaufentscheidungstypen, während sie die beiden anderen nicht oder nur rudimentär zu betrachten in der Lage sind. Ferner ziehen die ökonomischen Ansätze, wie auch die Totalmodelle, lediglich die Anzahl der durchlaufenen Phasen des Entscheidungsprozesses und die Intensität der kognitiven Kontrolle der Kaufent-

4 Typen von Kaufentscheidungen

scheidung als Kriterien zur Abgrenzung der einzelnen Typen heran. Dabei bleibt eine eingehende Validitätsprüfung der angeführten Indikatoren häufig aus.

Demgegenüber werden aus Sicht der heute vorherrschenden, psychologisch geprägten Konsumentenverhaltensforschung zahlreiche Determinanten bzw. Bestimmungsgründe für das Auftreten einzelner Kaufentscheidungstypen herangezogen, bspw. auf Konsumgütermärkten die Art des auszuwählenden Produkts, die Kaufsituation und die persönlichen Prädispositionen des Entscheidenden (Weinberg 1981, S. 16 ff.).

- Dabei werden als Produktarten einerseits Gebrauchs- und Verbrauchsgüter, andererseits Convenience, Shopping und Specialty Goods unterschieden (siehe Abschnitt 1.1 in diesem Kapitel).
- Hinsichtlich der Kaufsituation sind z. B. der emotionale Reizwert der Situation, der Zeitdruck und die Neuartigkeit der Situation als Bestimmungsgrößen zu nennen.
- Zu den persönlichen Prädispositionen zählen u. a. die Risikoneigung der Käufer, das persönliche Informationsniveau und v. a. das Involvement (siehe Abschnitt 3.2.2 in diesem Kapitel). Wichtig ist dabei die Rückführung der Einzelgrößen – wie im Falle des Involvements – auf aktivierende und kognitive Komponenten, da sonst eine unüberschaubare Anzahl an Determinanten und schwer vergleichbaren Perspektiven droht.

Übersicht 113: **Kaufentscheidungstypen**

persönliche Prädispositionen	Verbrauchsgüter		Gebrauchsgüter	
	reizstarke Situation	reizschwache Situation	reizstarke Situation	reizschwache Situation
stark engagierte Käufer (hohes Involvement)	I, L	L, H	E	E, L
schwach engagierte Käufer (geringes Involvement)	I	L, H	L, I	E, H

I... impulsives Verhalten, H... habituelles Verhalten, L... limitiertes Verhalten, E... extensives Verhalten

Quelle: In Anlehnung an Kroeber-Riel 1984, S. 322.

Durch die Kombination mehrerer der angeführten Determinanten mit je unterschiedlichen Ausprägungen konnte Kroeber-Riel (1984) verschiedene Verhaltenssegmente abgrenzen, die in Übersicht 113 dargestellt sind.

Übersicht 114: **Zusammenhang zwischen Kaufverhalten und Involvement**

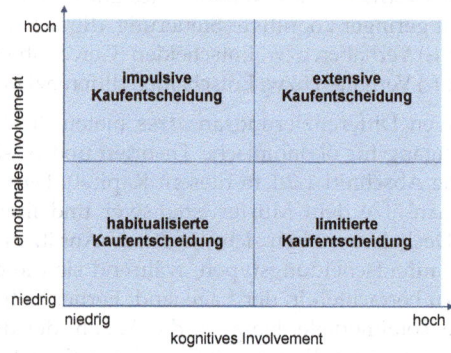

Quelle: In Anlehnung an Kroeber-Riel/Gröppel-Klein 2013, S. 463.

Diese Übersicht veranschaulicht u. a., dass extensive Entscheidungen einerseits insgesamt so häufig auftreten wie impulsives oder habituelles Verhalten und anderseits bei Verbrauchsgütern keine bzw. nur eine nachgeordnete Rolle spielen. Darüber hinaus wird deutlich, dass habituelles Verhalten nur in reizschwachen Situationen, impulsives Verhalten hingegen ausschließlich in reizstarken Situationen gezeigt wird.

In der neueren Konsumentenverhaltensforschung wird zur Typologisierung der Kaufentscheidungen im Rahmen des Entscheidungsprozesses stärker auf die Bedeutung des Involvements fokussiert, wobei tendenziell ein direkter Zusammenhang zwischen der Ausprägung des emotionalen/kognitiven Involvements (siehe Abschnitt 3.2.2 in diesem Kapitel) und dem Kaufentscheidungstyp unterstellt wird (siehe Übersicht 114).

Hinsichtlich der Relevanz der in Abschnitt 2 in diesem Kapitel betrachteten affektiven, kognitiven sowie reaktiven Prozesse deutet Übersicht 115 an, dass einzelne Kaufentscheidungstypen nur in der Hälfte der Fälle durch einen dominierenden Prozess gekennzeichnet sind. Zudem wird aufgezeigt, dass, je nach Kaufentscheidungstyp, neben kognitiven Prozessen auch affektive und reaktive Prozesse vordergründig sind. Deshalb greift eine rein kognitive Betrachtung des Entscheidungsprozesses häufig zu kurz, um eine adäquate Typologisierung der Kaufentscheidungen vorzunehmen.

Übersicht 115: **Dominante Prozesse bei den Kaufentscheidungstypen**

Kaufentscheidung	Dominante Prozesse		
	affektiv	kognitiv	reaktiv
extensiv	x	x	
limitiert		x	
habitualisiert			x
impulsiv	x		x

Quelle: Weinberg 1981, S. 16.

Generell wird den Emotionen mittlerweile ein höherer Stellenwert in der Konsumentenverhaltensforschung eingeräumt. In Bezug auf das Entscheidungsverhalten, können Konsumenten Emotionen, die sie in der Kaufsituation erleben, als Informationen für die Entscheidungsfindung heranziehen (sog. „How-do-I-feel-about-it?"-Heuristik; Schwarz/Clore 1988, S. 53). Darüber hinaus können Emotionen bspw. dazu beitragen, den Entscheidungsprozess zu beschleunigen (Pham 2004, S. 367). In diesem Zusammenhang sei nochmals darauf zu verweisen, dass affektive und reaktive Erklärungen in den ökonomischen Ansätzen (siehe Abschnitt 1.2.1 in diesem Kapitel) nicht oder nur selten beachtet werden.

> **Ökonomische vs. verhaltenswissenschaftliche Käuferverhaltensforschung**
> Ökonomisch orientierte Ansätze oder Arbeiten zum Käuferverhalten sind häufig auf rein extensive (z. T. auch limitierte) Entscheidungen begrenzt, d. h., zu Beginn der Arbeiten finden sich entsprechende Annahmen. Damit wird einerseits unterstellt, dass das untersuchte Käuferverhalten tatsächlich nur auf extensiven (bzw. limitierten) Entscheidungen basiert – eine Auffassung, die die Realität nicht vollständig widerspiegelt. Andererseits ermöglichen es diese Annahmen, dass traditionelle Kaufentscheidungsmodelle (z. B. Totalmodelle) herangezogen werden können, denen zufolge der Käufer vor Kaufentscheidungen sämtliche verfügbaren Informationen aufnimmt und rational verarbeitet (siehe Abschnitt 1.2.1 in diesem Kapitel).

4 Typen von Kaufentscheidungen

Diese Annahmen greifen aber aus mehreren Gründen zu kurz.

Erstens sind Konsumenten aufgrund psychischer Restriktionen in den meisten Kaufsituationen nicht in der Lage, alle verfügbaren Informationen zu verarbeiten. Zugleich greifen Emotionen in den Entscheidungsprozess ein und bestimmen die Effizienz der Informationsverarbeitung – ähnlich wie auch soziale Einflüsse.

Zweitens werden extensive Kaufentscheidungen vereinfacht, bspw. dadurch, dass der Käufer nur eine geringe Zahl von Alternativen prüft und sich von Prädispositionen, besonders Einstellungen etc. leiten lässt. Bspw. muss eine extensiv erscheinende Entscheidung bei der Buchung eines Urlaubs – der Besuch eines Reisebüros oder das Aufrufen der Website eines Reiseveranstalters und die Suche nach Reiseinformationen – nicht extensiv sein, denn eigentlich sind Limitierungen gegeben, wie Preis (z. B. maximal 800,-- EUR), Reiseziel (z. B. nicht Nordeuropa), Reiseart (z. B. nur Badeurlaub) etc. Ebenso kann die Informationssuche schnell abgebrochen werden; vielleicht wird auch impulsiv entschieden (bspw. wenn ein günstiges Fünf-Sterne-Hotel, „all inclusive" auf Ibiza angeboten wird).

Drittens finden sich extensive Kaufentscheidungen zwar tendenziell beim Vorliegen größerer Auswahlprobleme, z. B. bei neuen, hochwertigen Produkten. Dies ist aber nicht immer so, denn eine Kundengruppe mag nach diesem Muster entscheiden, während eine andere beim gleichen Produkt vielleicht impulsiv entscheidet, sodass eine situative Betrachtung vonnöten ist, die auf kognitive und aktivierende Prozesse des Entscheidungsprozesses fokussiert.

Viertens sind auch organisationale, stärker kognitiv gesteuerte Beschaffungsentscheidungen nicht immer extensiv, sondern limitiert, oftmals habitualisiert oder gar impulsiv. Dabei spielen für das Vorliegen eines bestimmten Entscheidungstyps insb. jene Faktoren eine Rolle, die als Kriterien zur Typologisierung von Investitionsgütern herangezogen werden (z. B. die Neuartigkeit der Problemdefinition, der organisationale Wandel beim Verwender, der Wert des Gutes usw).

4.2 Extensives Kaufverhalten

Bei extensiven Kaufentscheidungen ist die kognitive Beteiligung der Konsumenten hoch, da die Kaufabsichten erst während des Entscheidungsprozesses präzisiert werden (sog. *Suchkauf*). Die Merkmale einer extensiven Entscheidung sind ein hoher Informationsbedarf, eine lange Entscheidungsdauer und die Wahrnehmung der Notwendigkeit, Bewertungskriterien zu erarbeiten. Dieses Kaufverhalten entspricht weitgehend dem Verhalten, das in der klassischen ökonomischen Theorie unterstellt wird (Solomon 2015, S. 69). Es tritt tendenziell umso eher auf, je weniger der Konsument über bewährte Entscheidungsmuster verfügt, weil fehlende Erfahrungen Prozesse der Informationsbeschaffung und -verarbeitung auslösen. Diese nehmen einen gewissen Zeitraum in Anspruch und führen zu einer langen Entscheidungsdauer, wobei die ausgiebige Informationsaufnahme und -verarbeitung dazu dienen, Kaufrisiken abzubauen. Da derartige Entscheidungen hohe Anforderungen an die Konsumenten stellen, wird ein extensiv begonnener Prozess oft vereinfacht. Zu den wichtigsten Restriktionen zählen (Weinberg 1981, S. 55 ff.):

- Jeder Konsument besitzt nur eine beschränkte kognitive Fähigkeit, komplexe Problemlösungsmuster zu beherrschen. Ferner ist ein begrenztes persönliches Informationsniveau zu berücksichtigen, also die mangelnde Fähigkeit, Informationen differenziert aufzunehmen und zu verarbeiten.
- Situative Faktoren können den Handlungsspielraum eines Konsumenten in der Kaufsituation einengen (z. B. mangelnde Entscheidungszeit oder Ablenkung beim Einkauf). Dies kann zu einem Abbruch oder einer Vereinfachung des Entscheidungsprozesses (bspw. durch Rückgriff auf Erfahrungen) führen.
- Emotionale Erregungszustände, die das kognitive Entscheidungsverhalten begleiten, können derart dominieren, dass der extensiv begonnene Entscheidungsprozess eher impulsiv abläuft.

Die Struktur der extensiven Kaufentscheidungen kann zunächst anhand der Informationsaufnahme skizziert werden. Hier werden zwar Informationen auch zufällig, v. a. aber gezielt gewonnen. Dabei werden mehrere Quellen beansprucht:

- *interne Informationsquellen*, besonders die im Gedächtnis gespeicherten und als Wissen abrufbare vorangegangene Erfahrungen und
- *externe Informationsquellen*, wie anbieterdominierte Quellen (Werbung, Verpackung, Verkaufsberatung), konsumentendominierte Quellen (persönliche Kommunikation) oder neutrale Quellen (Warentesturteile). Das Heranziehen externer Quellen herrscht im Bereich extensiver Kaufentscheidungen vor.

Die Prozesse der Informationsverarbeitung und die beim extensiven Kaufverhalten geltenden Entscheidungsregeln können mit kognitiven Entscheidungsmustern (die z. T. in Abschnitt 2.2.3.2 in diesem Kapitel angesprochen wurden) verbunden werden. Kroeber-Riel/Gröppel-Klein (2013, S. 473 ff.) unterscheiden die Produktauswahl nach Alternativen und jene nach Attributen. Bei der Auswahl nach Produktalternativen werden diese ganzheitlich bewertet und in eine Reihenfolge gebracht. Bei extensiven Entscheidungen vollzieht der Käufer eine Kosten-Nutzen-Analyse und wählt jene Produktalternative, deren Differenz zwischen wahrgenommenem Nutzen (z. B. Qualität) und wahrgenommenen Kosten (z. B. Preis) am größten ist. Diese Ausrichtung der Entscheidung an einem Entscheidungswert aus einer Kosten-Nutzen-Analyse ist vereinbar mit der klassischen Haushaltstheorie. Zur Operationalisierung dieses Zusammenhangs zog Kaas (1977, S. 43 ff.) die Differenz aus der Einstellung zum Produkt und dem wahrgenommenen Preis als Entscheidungswert heran. Bei der Auswahl nach Produktattributen hingegen prüft der Käufer nicht jedes Produkt ganzheitlich, sondern alle Alternativen nach einzelnen Produkteigenschaften. Es wird jene Alternative ausgewählt, welche die (aus Kundensicht) wichtigste Eigenschaft am besten erfüllt, während alle anderen, die einen bestimmten Wert nicht erreichen, eliminiert werden. Dabei verwenden die Käufer z. T. stark vereinfachte Auswahlmodelle (sog. *heuristische Regeln*) (Statt 1997, S. 239):

- Nach der *konjunktiven Regel* werden mehrere wichtige Eigenschaften zur Bewertung herangezogen. Für jedes Attribut wird ein Mindestanspruchsniveau festgelegt. Wird dieses von mehreren Produkten oder von keinem Produkt erfüllt, erfolgt eine Anpassung des Anspruchsniveaus nach oben bzw. unten.
- Mittels der *disjunktiven Regel*, die mit einer geringeren kognitiven Steuerung einhergeht, wird jene Alternative gewählt, die bei einer wichtigen Eigenschaft einen besonders guten oder den höchsten Wert aufweist.

- Nach der *lexikografischen Regel* werden die Attribute entsprechend ihrer Bedeutung in eine Hierarchie gebracht. Es werden dann alle Alternativen in Bezug auf das wichtigste Attribut geprüft, wobei jene Alternative gewählt wird, die diesbezügl. den höchsten Wert aufweist. Werden mehrere Alternativen gleich bewertet, wird zur weiteren Überprüfung das zweitwichtigste Attribut herangezogen usw.

Unter Zeitdruck oder bei einem geringen Involvement der Käufer werden die angeführten Regeln durch weiter vereinfachte Heuristiken ersetzt, z. B. Betrachtung einer geringen Anzahl von Alternativen, Entscheidung nach einfachen Programmen oder auf der Basis vorgefertigter Präferenzen (zur Messung der Informationsverarbeitung mittels Informations-Display-Matrizen und Protokollen lauten Denkens sowie zu den sog. einfachen Programmen siehe Abschnitt 2.2.3.2 in diesem Kapitel).

4.3 Limitiertes Kaufverhalten

Bei limitierten Kaufentscheidungen verfügt der Konsument bereits über Kauferfahrung, ohne eine bestimmte Alternative eindeutig zu präferieren. Die konkrete Wahl in der Kaufsituation erfolgt auf der Basis bewährter Entscheidungskriterien. Bei kognitiver Vereinfachung des Entscheidungsverhaltens erreicht der Konsument ein Stadium, in dem er nicht mehr extensiv, jedoch noch nicht habitualisiert entscheidet. Der Prozess der Informationsaufnahme und -verarbeitung ist hier begrenzt, d. h., der Konsument strebt zwar nach Informationen, aber nicht in dem Maße wie bei extensiven Kaufentscheidungen. Die Charakteristika limitierter Kaufentscheidungen sind:

- Der Konsument berücksichtigt nur einen begrenzten Ausschnitt von Angebotsalternativen, d. h. ein *Evoked Set*, aber noch keine bestimmte Alternative, z. B. eine bestimmte Marke.
- Er verfügt über bewährte Bewertungs- und Beurteilungskriterien.
- Die Auswahl einer Alternative wird wesentlich vom jeweiligen Anspruchsniveau des Konsumenten bestimmt, d. h., sobald eine Alternative gefunden wird, die den Ansprüchen genügt, wird der Entscheidungsprozess beendet.

Das Evoked Set ist die individuell spontan erinnerte und für relevant erachtete Alternativenmenge in der Kaufsituation, zu der grundsätzlich eine positive Einstellung besteht und bzgl. derer nichts Gravierendes gegen den Kauf spricht.

Bei limitierten Entscheidungen konzentrieren sich die Informationsaufnahme und Informationsverarbeitung auf das Evoked Set, das in der Literatur auch als *Consideration Set* bezeichnet wird (vgl. z. B. Mowen/Minor 2001, S. 177). Die Informationsverarbeitung selbst wird vom Anspruchsniveau gesteuert, wobei dem Konsumenten bekannt ist, wie er bei der Kaufentscheidung vorgehen muss. Sie wird oftmals auf das Verarbeiten von Schlüsselinformationen, die den Entscheidungsprozess vereinfachen, reduziert. Die Realität zeigt, dass Konsumenten meist verfestigte Präferenzen haben. Diese bilden sich über einen längeren Zeitraum, etwa durch Produkterfahrungen, und spiegeln sich als kaufrelevant wahrgenommene Alternativenmenge im Evoked Set wider (Weinberg 1981, S. 90).

Um das Evoked Set in einer konkreten Kaufsituation zu bestimmen, empfiehlt sich folgende Vorgehensweise (siehe Übersicht 116: Grundsätzlich werden alle objektiv vorliegenden Alternativen, bspw. Marken (*Total Set* oder *Available Set*), in unterschiedliche Arten von Sets gruppiert. Die erste Selektionsstufe bildet im Anschluss an die

Feststellung des Total Sets die Abgrenzung zwischen den subjektiv bewusst wahrgenommenen Alternativen, dem *Awareness Set* und dem *Unawareness Set*, dessen Alternativen vom Konsumenten nicht wahrgenommen und damit nicht bewertet werden. Einige Autoren unterteilen das Awareness Set noch in das *Processed Set*, über das sich der Konsument Wissen angeeignet hat, und das für den Konsumenten eher unbekannte, aber wahrgenommene *Foggy Set* (Paulssen 2000, S. 33). Die entscheidende, abschließende Differenzierung besteht in der Unterscheidung zwischen dem *Evoked Set*, dem *Inert Set* (der Menge der als indifferent bewerteten Alternativen) und dem *Inept* bzw. *Reject Set* (der abgelehnten Alternativenmenge) (Narayana/Markin 1975, S. 2 ff.).

Übersicht 116: **Evoked Set nach Narayana/Markin**

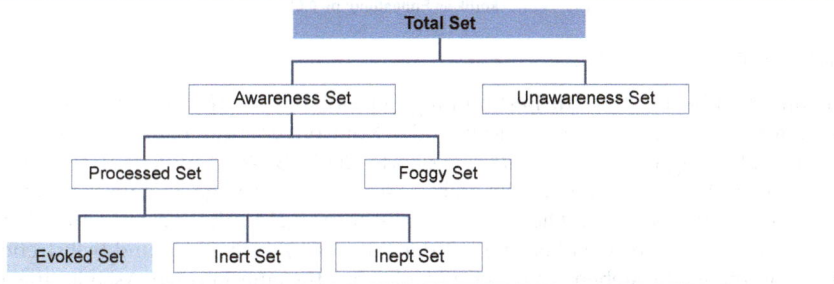

Quelle: In Anlehnung an Mowen/Minor 2001, S. 177.

Der Umfang des Evoked Sets ist in zweierlei Hinsicht bedeutsam: Ein kleineres Evoked Set bedeutet eine vereinfachte Entscheidungsfindung für den Konsumenten und aus Sicht der Unternehmen einen geringeren Wettbewerb. Ein Sonderfall ist gegeben, wenn überhaupt nur eine Alternative (z. B. eine bestimmte Marke) vom Konsumenten in Betracht gezogen wird. Dies ist bspw. im Segment der Energiegetränke denkbar, in dem die Marke „Red Bull" eine dominierende Rolle einnimmt. Dann bildet „Red Bull" ein Evoked Set vom Umfang eins bzw. nimmt gleichzeitig die sog. *„Top-of-mind"-Position* ein. Verfügt eine Marke über diese „Top-of-mind"-Awareness, übernimmt sie im Bewusstsein der Konsumenten eine außerordentliche Stellung und wird zuerst erinnert.

Neuroökonomischen Studien zufolge führt das Vorhandensein der subjektiv bevorzugten Marke zu einer kortikalen Entlastung in mehreren kognitiven Gehirnarealen (Kenning et al. 2002, S. 8). Diese Entlastung kann z. B. mittels FMRT (siehe Abschnitt 2.1.1.2 in diesem Kapitel) gemessen werden. Bei diesem bildgebenden Verfahren bedient man sich der unterschiedlichen magnetischen Eigenschaft von sauerstoffreichem und -armem Blut. Vereinfacht ausgedrückt weisen Gehirnareale, die durch einen Stimulus (bspw. durch die Darbietung einer Marke) aktiviert wurden, einen höheren Sauerstoffgehalt auf als solche, die nicht aktiviert wurden. Der erhöhte Sauerstoffgehalt führt letztendlich zu einer Änderung des Magnetresonanzsignals. Dies wird als sog. BOLD-Effekt („Blood Oxygen Level Dependency") bezeichnet (vgl. hierzu z. B. Ogawa et al. 1990). Die Ergebnisse eines entsprechenden Experiments, in dessen Rahmen Probanden die Aufgabe hatten, sich für eine Kaffeemarke zu entscheiden (Kenning et al. 2002, S. 7 f.), sind in Übersicht 117 veranschaulicht. In den beiden Abbildungen der Übersicht sind jedoch nicht alle Gehirnareale, die an der Markenentscheidung beteiligt waren, farblich hervorgehoben, sondern nur jene, die durch die Markenaffinität entlastet wurden, also eine geringere Aktivierung aufwiesen.

4 Typen von Kaufentscheidungen

Übersicht 117: **Kortikale Entlastung bei starken Marken**

Proband A   Proband B

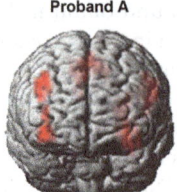 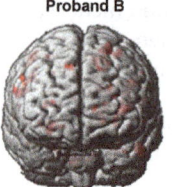

hohe Markenaffinität   geringe Markenaffinität

kortikale Entlastung: p< 0,05

Quelle: Kenning et al. 2002, S. 8.

Anzumerken bleibt, dass zur Bestimmung der Höhe des FMRT-Signals zwei Messungen erforderlich sind: eine unter Ruhe- oder Kontrollbedingungen und eine unter Experimentalbedingungen (Goebel/Kriegeskorte 2005, S. 32). Studien zeigten zudem, dass in jeder Warengruppe nur die Lieblingsmarke in der Lage ist, Entscheidungsprozesse zu emotionalisieren. Diese Emotionalisierung geht mit einer erhöhten Aktivierung jener Gehirnareale einher, die mit der Emotionsverarbeitung und Selbstreflexion in Zusammenhang stehen, und bedingt gleichzeitig eine geringe Aktivierung jener Areale, mit denen das Arbeitsgedächtnis oder Denkprozesse in Verbindung gebracht werden (sog. Winner-Take-All-Effekt oder First-Choice-Brand-Effekt; vgl. hierzu z. B. Deppe et al. 2005, S. 171 ff.).

Im Zusammenhang mit der Größe des Evoked Sets lassen sich einige grundsätzliche Erkenntnisse hervorheben (vgl. dazu z. B. Maddox et al. 1978, S. 168 f.; Schobert 1979, S. 51; Reilly/Parkinson 1985, S. 494 ff.; Punj/Srinivasan 1989, S. 510 ff.; Sambandam/Lord 1995, S. 57; Shapiro/MacInnis/Heckler 1997, S. 94; Raju/Unnava, 2005, S. 151):

- Je älter die Konsumenten sind und damit häufig einhergehend,
- je größer die Erfahrung/Vertrautheit in einer Produktklasse ist,
- je weniger Produktmerkmale zu beachten sind (Komplexität, Homogenität),
- je zufriedener der Kunde mit einer Marke bzw. einem Produkt ist,
- je stärker die Verbundenheit (das Commitment) der Marke gegenüber bzw. die Markenloyalität ist,
- je stärker die Marke ist,
- je vielseitiger ein Produkt eingesetzt werden kann (Problemlösungspotenzial) und
- je reifer das Produkt ist (Lebenszyklusphase),

desto kleiner ist das Evoked Set.

Übersicht 118 zeigt empirische Ergebnisse, bezogen auf die durchschnittliche Größe des Evoked Sets in einzelnen Produktgruppen und die von den Probanden in Betracht gezogene Anzahl an Produktalternativen.

Generell liegt die Struktur limitierter Kaufentscheidungen also darin, dass der Konsument über Erfahrungen verfügt, die er zur Kaufentscheidung nutzt. Vom erfolgreichen Einsatz dieser internen Information hängt es ab, ob nach externen Informationen gesucht wird. Zugleich können limitierte Kaufentscheidungen, als eine spezielle Art vereinfachenden Verhaltens, extensiven Kaufentscheidungen folgen.

Übersicht 118: **Beispiele für empirisch erhobene Evoked Sets**

Produktgruppe	Individuelles Evoked Set (Median)	Aggregiertes Evoked Set	Quelle
Bier	4	27	Narayana/Markin (1975)
Kanadisches Bier	7	15	Urban (1975)
Margarine	4	–	Reilly/Parkinson (1985)
Kaffee (gemahlen)	3	–	Reilly/Parkinson (1985)
Deodorant	3	20	Urban (1975)
Deodorant	2	15	Narayana/Markin (1975)
Hautcreme	5	30	Urban (1975)
Nicht verschreibungspflichtige Arzneimittel	3	20	Urban (1975)
Schmerzlinderungsmittel	3	18	Urban (1975)
Shampoo	4	30	Urban (1975)
Seife	4	–	Reilly/Parkinson (1985)
Mundwasser	1	8	Narayana/Markin (1975)
Zahnpasta	3	14*	Campbell (1969)
Zahnpasta	2	9	Narayana/Markin (1975)
Waschmittel	5	24*	Campbell (1969)
Waschmittel	4	–	Reilly/Parkinson (1985)

* ... alle im regionalen Teilmarkt verfügbaren Marken

Quelle: In Anlehnung an Schobert 1979, S. 58.

4.4 Habituelles Kaufverhalten

Unter Habitualisierung wird eine starke kognitive Entlastung von Entscheidungsprozessen bei wiederholtem Einkauf verstanden. Habituelles Verhalten beruht auf Einkaufsgewohnheiten, also verfestigten Verhaltensmustern: Es werden vorgefertigte Einkaufsentscheidungen in Kaufhandlungen umgesetzt (Kroeber-Riel/Gröppel-Klein 2013, S. 485). Aus einer Vielzahl von Entscheidungsvariablen, die ein Konsument als kaufrelevant ansieht, werden nur wenige in der wiederholten Entscheidungssituation explizit berücksichtigt. Der Konsument entscheidet demnach auf der Grundlage stark reduzierter kognitiver Prozesse eher reaktiv, sodass die kognitive Steuerung von Gewohnheitskäufen gering ist: Habitualisierte Entscheidungen laufen „quasi automatisch" ab. Das Ergebnis des habitualisierten Entscheidungsverhaltens ist meist der Kauf gleicher Leistungen oder Marken, der Besuch der gleichen Einkaufsstätte etc. Kennzeichen habitualisierter Kaufentscheidung sind (Dieterich 1986, S. 18 ff.):

- die Existenz vorgefertigter Entscheidungsmuster, keine Entscheidung i. e. S.,
- meist eindeutige Präferenz für eine einzige Alternative,
- geringe Entscheidungszeit,
- Gewährleistung schneller, risikoarmer Einkäufe (Risikominderungsstrategie) und
- Relevanz v. a. bei Gütern des täglichen Bedarfs.

Habitualisierte Kaufentscheidungen sind noch stärker vereinfacht als limitierte. Während limitierte Entscheidungen auf der Basis des Evoked Set getroffen werden, konzentriert sich der Konsument bei der habituellen Kaufentscheidung auf wenige Kognitionen, im Extremfall auf eine Alternative (Weinberg 1981, S. 119). Habitualisierte Entscheidungen gehen entweder aus dem Beibehalten bewährter Entscheidungen, der

4 Typen von Kaufentscheidungen

Adoption von Verhaltensmustern im Rahmen des Sozialisationsprozesses (*Konsumentensozialisation*) oder der Habitualisierungsneigung – einem Persönlichkeitsmerkmal – hervor (vgl. hierzu z. B. Kroeber-Riel/Gröppel-Klein 2013, S. 486 ff.). Insofern kann das habituelle Verhalten eine Fortführung und Vereinfachung ursprünglich extensiver oder limitierter Entscheidungen sein. Vorstellbar ist auch, dass ein Impulskauf gewohnheitsmäßige Kaufentscheidungen einleitet, wenn nämlich eine spontane Kaufentscheidung zu Zufriedenheit führt und der Konsument z. B. veranlasst wird, beim gleichen Anbieter zu bleiben (siehe Abschnitt 5.5 in diesem Kapitel).

Habitualisierung durch eigene Gebrauchserfahrungen

Die Entscheidung auf der Basis von Gewohnheiten wird üblicherweise als ein Ergebnis von Lernprozessen aufgefasst. Den Beginn bildet meist ein extensiver Kaufentscheidungsprozess, der bei wiederholt positiver Erfahrung mit einer Leistung zunehmend weniger kognitiv kontrolliert wird und in einen habitualisierten Kaufentscheidungsprozess übergeht. Denn gemäß der operanten Konditionierung (siehe Abschnitt 2.2.4.1 in diesem Kapitel) wird ein (durch das Auftreten von Zufriedenheit) belohntes Verhalten mit höherer Wahrscheinlichkeit wieder gezeigt. Bei dieser Form der Habitualisierung handelt es sich also um ein rational entstandenes Gewohnheitsverhalten, wobei Erfahrungen, Übung und Zufriedenheit einen habitualisiert einkaufenden Konsumenten auszeichnen. Der Übergang von einem extensiven in ein habitualisiertes Kaufverhalten könnte sich bspw. so gestalten, dass vor dem erstmaligen Kauf umfassende Informationen beschafft werden; beim zweiten Kauf wird – bei Zufriedenheit mit der Unternehmensleistung – der Informationsbedarf und damit das Ausmaß der Informationsbeschaffung reduziert und eine kognitive Entlastung tritt ein, sodass sich ab dem dritten Kauf ein habitualisiertes Verhalten zeigen kann.

Habitualisierung durch Imitation

Die kognitive Entlastung muss aber nicht auf eigenen Gebrauchserfahrungen basieren, sondern kann auch aus der Beobachtung und Übernahme von vorgegebenen Konsummustern hervorgehen (sog. *Lernen am Modell*; Bandura 1977, S. 22 ff.), wie Erfahrungen und Konsumnormen insb. bei kostenintensiven Produkten. Eine Habitualisierung ohne vorherige eigene Erfahrungen liegt also vor, wenn Empfehlungen bzw. Gebrauchserfahrungen anderer Konsumenten beim Erstkauf übernommen werden. Beispielhaft sind hier die von den Eltern geprägten Konsumgewohnheiten der Kinder, insb. bei Gütern des täglichen Bedarfs, hervorzuheben, während bei Gebrauchsgütern oft eine Individualisierung eintritt.

Habitualisierung als Persönlichkeitsmerkmal

Habitualisierung kann als Persönlichkeitsmerkmal verstanden werden, wenn das Bedürfnis nach Vereinfachung der Lebensführung als Prädisposition betrachtet wird. Die Habitualisierungsneigung führt zu einem geringeren Engagement beim Einkauf und wird u. a. von der Risikoneigung beeinflusst, wenn der Käufer möglichen negativen Konsequenzen des Kaufs z. B. durch markentreues Verhalten (Foscht 2002, S. 50 ff.) begegnet. Zudem schlägt sich die Habitualisierungsneigung im Anspruchsniveau des Konsumenten nieder: Je ausgeprägter die Neigung des Konsumenten zu gewohnheitsmäßigem Verhalten ist, umso mehr ist dieser an einem problemlosen, risikoarmen

Anspruchsniveau interessiert. Tendenziell steigt die Habitualisierungsneigung mit zunehmendem Alter und sinkt bei einem höheren sozialen Status.

Das Gewohnheitsverhalten bringt für das Marketing einen Langzeiteffekt: Der Konsument folgt verfestigten Kaufplänen und entwickelt eine Marken-, Produkt- oder Unternehmenstreue (siehe hierzu die Konsequenzen der Kundenbindung in Abschnitt 5.4.3 in diesem Kapitel). Zur Messung des Gewohnheitsverhaltens werden insb. die Kaufhäufigkeit, die Kaufmuster und der wiederholte Kauf einer Marke (Besuch der gleichen Einkaufsstätte) oder der Markenwechsel (Einkaufsstättenwechsel) als Indikatoren herangezogen.

4.5 Impulsives Kaufverhalten

Impulskäufe lassen sich durch eine hohe Aktivierung und ein rasches Handeln erkennen. Sie sind ungeplant, werden gedanklich kaum kontrolliert, unterliegen einer starken Reizsituation und zeichnen sich meist durch emotionale Auflaup aus. Es handelt sich zugleich um ein unmittelbar reizgesteuertes (reaktives) Verhalten: Der Käufer agiert nicht, sondern reagiert weitgehend automatisch auf die dargebotenen externen Reize (Weinberg 1981, S. 164). In dieser Reizabhängigkeit und geringen kognitiven Kontrolle liegt der wesentliche Unterschied zu anderen Formen der Kaufentscheidung. An den Bezeichnungen „Reizkauf" oder „Spontankauf" ist zu erkennen, dass zur Charakterisierung das geringe Maß an kognitiver Steuerung allein nicht ausreicht.

Einkaufsstimulierende Reize sind Produktplatzierung bzw. -präsentation, Display-Material, Gestaltung der Produkte usw. Zusätzlich wird das impulsive Kaufverhalten durch Persönlichkeitsmerkmale wie Reflektivität und Impulsivität begünstigt, wobei eine hohe Impulsivität und eine geringe Reflektivität zu impulsivem Verhalten führen. Klassifikationen bzw. Charakteristika von Impulskäufen und deren Messmöglichkeiten gehen zurück auf

- Stern (1962, S. 59 f.), der auf der Basis affektiver und kognitiver Erklärungselemente sog. reine Impulskäufe, erinnerungsgesteuerte und geplante Impulskäufe sowie Impulskäufe durch Überredung unterscheidet,
- unterschiedliche Studien, die sich mit dem Einfluss von Persönlichkeitsmerkmalen oder anderer Determinanten (z. B. Stimuli am POS, kulturelle Einflussfaktoren) auf das impulsive Kaufverhalten beschäftigen (z. B. Wood 1998; Baun 2003; Vohs/Faber 2007; Zhang/Winterich/Mittal 2010) und
- Studien, die basierend auf der Identifikation ungeplanter Käufe verbale Indizes zur Einordnung impulsiver Käufe vorschlagen (z. B. Rook 1987).

Hinsichtlich der Klassifikation von Stern (1962, S. 59 f.) ist anzuführen, dass reine Impulskäufe vorliegen, wenn von bestehenden Kaufmustern abgewichen und eine neue, emotional geprägte Kaufhandlung gesetzt wird. Dagegen werden erinnerungsgesteuerte Impulskäufe getätigt, wenn sich der Konsument am POS bspw. durch den Anblick eines Produkts an einen Bedarf erinnert. Geplante Impulskäufe sind dadurch gekennzeichnet, dass Konsumenten ein Geschäft betreten, um ein bestimmtes Produkt zu kaufen, aber auch vorhaben, am POS spontan andere Produkte (z. B. Sonderangebote) zu erwerben. Schließlich liegen Impulskäufe durch Überredung dann vor, wenn ein Konsument ein Produkt am POS erstmals sieht und einen Bedarf verspürt. Im Unterschied zum erinnerungsgesteuerten Impulskauf verfügt der Konsument hier also über keine Erfahrung mit dem betreffenden Produkt.

Display-Aktionen von Süßwarenherstellern

Im Einzelhandel kann u. a. über das Ladenlayout, die Regalplatzierung von Produkten, die Positionierung von Displays sowie Preisaktionen ein direkter Einfluss auf das Kaufverhalten genommen werden. Hersteller können diesbezügl v. a. auf die Gestaltung der In-Store-Stimuli einwirken, indem sie die Verpackung reizstark gestalten und spezielle Displays errichten. Bspw. nehmen Süßwarenhersteller saisonbedingte Anpassungen des Verpackungsdesigns vor und stellen dem Handel, wie in Übersicht 119 dem Lebensmitteleinzelhandelsunternehmen Spar, unterschiedliche Displays zur Verfügung.

Übersicht 119: **Displays von Süßwarenherstellern**

Quelle: Spar Österreichische Warenhandels-AG 2015.

Diese Displays werden vom Unternehmen u. a. zum Muttertag, zu Ostern oder in der Vorweihnachtszeit eingesetzt, um die Aufmerksamkeit der Konsumenten auf sich zu ziehen.

Der Einsatz von Displays kann Impulskäufe anregen und damit zu einer Steigerung der Abverkaufszahlen führen. Wenngleich sich die Auswertung der Abverkaufszahlen schwierig gestaltet, weil es nicht möglich ist, die aus dem Display stammende Ware von der Regalware zu unterscheiden, kann eine vergleichende Messungen der Abverkaufszahlen vor dem Einsatz eines Displays und während des Einsatzes – bei sonst gleichen Umfeldbedingungen – Rückschlüsse auf die Umsatzwirkung ermöglichen.

Das *Impulskaufverhalten* wird oft anhand der nicht geplanten Käufe gemessen, d. h., der Impulskauf resultiert in diesem Sinne aus der Differenz zwischen den tatsächlich getätigten Käufe und den vorher geplanten Käufe. Hierzu werden Konsumenten vor ihren Einkäufen befragt, was sie zu kaufen beabsichtigen. Die Abweichung zwischen diesen geplanten Käufen und den im Geschäft registrierten Käufen wird als Impulskauf interpretiert. Diese Definition überwiegt in der anglo-amerikanischen Literatur. Sie hat aber erhebliche Mängel, etwa bedingt durch die Ungenauigkeit von Einkaufsplänen.

Impulsives Verhalten ist aber nicht nur am Planungsprozess und am Ort der Kaufentscheidung festzumachen. Vielmehr sind die am Impulskauf beteiligten psychischen

Prozesse zu erfassen. Da impulsive Kaufentscheidungen durch eine hohe emotionale Aufladung (sehr starke Aktivierung), eine geringe gedankliche Steuerung der Kaufentscheidung und eine „hohe Reaktivität" in der Kaufsituation (Rook/Fisher 1995, S. 305 ff.; Mowen/Minor 2001, S. 187 f.) gekennzeichnet sind, sind dabei v. a. aktivierende und emotionale Prozesse von Interesse. Generell können für das Entstehen impulsiver Kaufentscheidungen folgende Ursachen angeführt werden:

- *Impulsivität als Folge der Reizsituation*, d. h., impulsives Verhalten hängt von situativen Faktoren und deren subjektiver Wahrnehmung ab, durch die letztlich Kaufprozesse ausgelöst werden.
- *Impulsivität als Folge psychischer Prozesse*, d. h., die emotionale Aufladung, welche die impulsive Kaufentscheidung kennzeichnet, kann nicht nur durch die situative Reizsituation entstehen, sondern auch Folge des Strebens nach affektivem Genuss (z. B. Erlebniskauf) sein, wobei insb. Menschen, die mit lebensnotwendigen Gütern bereits versorgt sind, danach streben. Um diesen Genuss zu erfahren, wird beim Auftreten bestimmter Reize versucht, bekannte und signalisierte Erlebnisse, welche die angestrebte Emotion auslösen können, spontan zu realisieren.
- *Impulsivität als Persönlichkeitsmerkmal*, d. h., impulsives Verhalten kann u. a. auch Ausdruck einer mangelnden Selbst- bzw. Impulskontrolle sein (Baumeister 2002, S. 670 ff.; Verplanken/Sato 2011, S. 203 ff.). Treten neben diese unzureichende Impulskontrolle noch Schuld- und/oder Schamgefühle nach dem Kauf und wird regelmäßig unkontrolliert – teils nur um des Einkaufens willen – gekauft, liegt ein zwanghaftes Kaufverhalten (sog. Compulsive Buying) vor (O'Guinn/Faber 1989, S. 150; Kearney/Stevens 2012, S. 247).

Eine erweiterte Typologie der Kaufentscheidungen

Auf der Basis des emotionalen und kognitiven Involvements (siehe Abschnitt 3.2.2 und Abschnitt 4.1 in diesem Kapitel) können bei einer Differenzierung in positives und negatives emotionales Involvement fünf Kaufentscheidungstypen unterschieden werden (siehe Übersicht 120).

Übersicht 120: Fünf Kaufentscheidungstypen nach Kraigher-Krainer

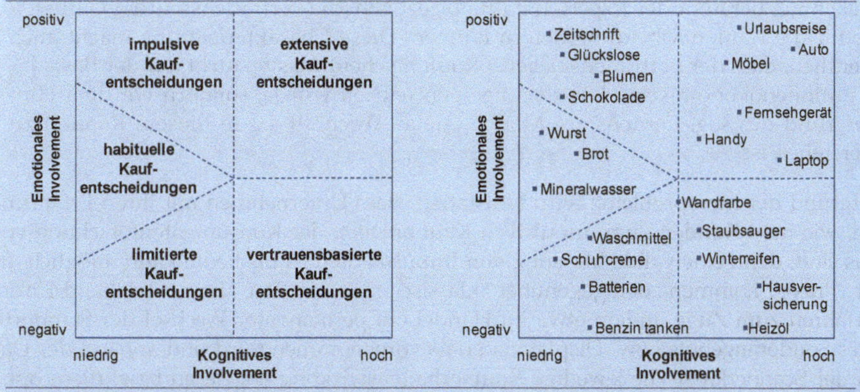

Linkes Diagramm (Emotionales Involvement positiv/negativ, Kognitives Involvement niedrig/hoch):
- oben links: impulsive Kaufentscheidungen
- oben rechts: extensive Kaufentscheidungen
- Mitte links: habituelle Kaufentscheidungen
- unten links: limitierte Kaufentscheidungen
- unten rechts: vertrauensbasierte Kaufentscheidungen

Rechtes Diagramm (Beispiele):
- Zeitschrift, Glückslose, Blumen, Schokolade, Urlaubsreise, Auto, Möbel
- Wurst, Brot, Handy, Fernsehgerät, Laptop
- Mineralwasser, Wandfarbe
- Waschmittel, Schuhcreme, Staubsauger, Winterreifen
- Batterien, Benzin tanken, Heizöl, Hausversicherung

Quelle: In Anlehnung an Kraigher-Krainer 2007, S. 131.

Im Gegensatz zur traditionellen Unterscheidung in vier Kaufentscheidungstypen wird hinsichtlich der Dimension des emotionalen Involvements nicht danach unterschieden, ob ein hohes oder niedriges emotionales Involvement vorliegt, sondern es wird danach differenziert, ob ein positives oder negatives emotionales Involvement besteht. In Bezug auf das emotionale Involvement steht also die Frage im Mittelpunkt, ob der Konsument ein Produkt gerne oder ungern einkauft bzw. eine Dienstleistung gerne oder ungern in Anspruch nimmt. Hinsichtlich des kognitiven Involvements wird – wie in der klassischen Typologisierung – eine Unterscheidung dahingehend vorgenommen, ob ein niedriges oder hohes kognitives Involvement vorliegt, das wahrgenommene Risiko also als niedrig oder hoch eingestuft wird.

Demnach tritt ein *impulsives Entscheidungsverhalten* dann auf, wenn ein Produkt gerne gekauft wird (ein positives emotionales Involvement vorliegt) und mit dem Kauf ein geringes Risiko assoziiert wird. Ist der Kauf eines Produkts jedoch mit einem hohen Risiko verbunden, liegt bei gleichzeitig positivem emotionalen Involvement ein *extensives Entscheidungsverhalten* vor. Der Konsument versucht dann, das wahrgenommene Risiko zu reduzieren, indem er Ressourcen mobilisiert (z. B. Zeit aufwendet, um sich über ein Produkt umfassend zu informieren).

Wird ein Produkt nicht gerne gekauft (liegt ein negatives emotionales Involvement vor) und ist mit der Kaufhandlung kein hohes wahrgenommenes Risiko verbunden, tritt ein *limitiertes Entscheidungsverhalten* auf. I. S. eines sog. Lazy Organism (vgl. hierzu McGuire 1969) bzw. eines sog. kognitiven Geizhalses (vgl. dazu Garbarino/Edell 1997) beschränkt der Konsument seinen Ressourceneinsatz dann auf das absolut notwendige Maß, indem er bspw. seine Aufmerksamkeit auf Schlüsselreize lenkt oder auf die (Produkt-) Kenntnisse anderer Personen vertraut (Kraigher-Krainer 2007, S. 25). *Habituelles Entscheidungsverhalten* wird nicht (mehr) als involvementbedingtes Verhalten verstanden, weil es routinisiert abläuft (Kraigher-Krainer 2007, S. 48).

Das *vertrauensbasierte Entscheidungsverhalten* stellt schließlich einen – im Vergleich zur traditionellen Typologisierung – neuen Kaufentscheidungstyp dar, der dadurch zu charakterisieren ist, dass ein Produkt ungern gekauft wird und mit dem Kauf ein hohes Risiko assoziiert wird. Um dieses hohe wahrgenommene Risiko zu reduzieren, werden externe Ressourcen mobilisiert, also z. B. Freunde, Bekannte, Berater oder Experten zu Rate gezogen, die vertrauenswürdige Hinweise für die Kaufentscheidung liefern können. Diese Charakterisierung macht auch deutlich, dass der vertrauensbasierte Kaufentscheidungstyp nicht auf der Basis institutionenökonomischer Überlegungen entwickelt wurde, sondern vor dem Hintergrund des sog. Lernens am Modell (siehe Abschnitt 4.4 in diesem Kapitel) zu verstehen ist.

Aufgrund der Messprobleme wird konstatiert, dass Unternehmen mit ihren Erfahrungen, wie man Kunden zum impulsiven Kauf anleitet, der Konsumentenforschung voraus sind, denn eine valide Messung von Impulskäufen ist bis heute kaum möglich. In der Praxis kommen demgegenüber klassische SR-Ansätze bzw. Trial-and-Error-Verfahren zum Zuge, indem etwa im Handel ein permanenter Wechsel der Standorte eines Sonderangebots bzw. Displaymaterials vorgenommen wird und anhand der Daten der Scannerkasse die jeweilige Kaufverhaltenswirkung abgelesen bzw. diese optimiert werden kann (siehe hierzu Gedenk 2002). Eine Erklärung des impulsiven Kaufverhaltens erfolgt hier induktiv, während die psychischen Wirkungsprozesse i. e. S. ausgeklammert werden.

Literatur

Bandura, A. (1977): Social Learning Theory, Englewood Cliffs.

Baumeister, R. F. (2002): Yielding to Temptation: Self-Control Failure, Impulsive Purchasing, and Consumer Behavior, in: Journal of Consumer Research, 28. Jg., Nr. 4, S. 670-676.

Baun, D. (2003): Impulsives Kaufverhalten am Point of Sale, Wiesbaden.

Blackwell, R. D./Miniard, P. W./Engel, J. F. (2006): Consumer Behavior, 10. Aufl., Fort Worth.

Campbell, B. M. (1969): The Existence of Evoked Set and Determinants of its Magnitude in Brand Choice Behavior, Diss., Columbia University.

Deppe, M./Schwindt, W./Kugel, H./Plaßmann, H./Kenning, P. (2005): Nonlinear Responses Within the Medial Prefrontal Cortex Reveal When Specific Implicit Information Influences Economic Decision Making, in: Journal of Neuroimaging, 15. Jg., Nr. 2, S. 171-182.

Dieterich, M. (1986): Konsument und Gewohnheit, Heidelberg.

Foscht, T. (2002): Kundenloyalität – Integrative Konzeption und Analyse der Verhaltens- und Profitabilitätswirkungen, Wiesbaden.

Garbarino, E. C./Edell, J. A. (1997): Cognitive Effort, Affect, and Choice, in: Journal of Consumer Research, 24. Jg., Nr. 2, S. 147-158.

Gedenk, K. (2002): Verkaufsförderung, München.

Goebel, R./Kriegeskorte, N. (2005): Datenanalyse für funktionell bildgebende Verfahren, in: Walter, H. (Hrsg.): Funktionelle Bildgebung in Psychiatrie und Psychotherapie. Methodische Grundlagen und klinische Anwendungen, Stuttgart, S. 31-58.

Howard, J. A./Sheth, J. N. (1969): The Theory of Buyer Behavior, New York.

Kaas, K. (1977): Empirische Preisabsatzfunktionen bei Konsumgütern, Berlin.

Katona, G. (1960): Das Verhalten der Verbraucher und Unternehmer, Tübingen.

Kearney, M./Stevens, L. (2012): Compulsive buying: Literature review and suggestions for future research, in: The Marketing Review, 12. Jg., Nr. 3, S. 233-251.

Kenning, P./Plaßmann, H./Deppe, M./Kugel, H./Schwindt, W. (2002): Die Entdeckung der kortikalen Entlastung, Neuroökonomische Forschungsberichte, Teilgebiet Neuromarketing, Nr. 1, Westfälische Wilhelms-Universität Münster, Münster.

Kraigher-Krainer, J. (2007): Das ECID-Modell. Fünf Kaufentscheidungstypen als Grundlage der strategischen Unternehmensplanung, Wiesbaden.

Kroeber-Riel, W. (1984): Konsumentenverhalten, 3. Aufl., München.

Kroeber-Riel, W./ Gröppel-Klein, A. (2013): Konsumentenverhalten, 10. Aufl., München.

Maddox, R. N./Gronhaug, K./Homans, R. E./May, F. E. (1978): Correlates of Information Gathering and Evoked Set Size for New Automobile Purchasers in Norway and the U. S., in: Advances in Consumer Research, 5. Jg., Nr. 1, S. 167-170.

McGuire, W. J. (1969): The Nature of Attitudes and Attitude Change, in: Lindzey, G./Aronson, E. (Hrsg.): The Handbook of Social Psychology, Bd. 3, 2. Aufl., Reading, S. 136-314.

Mowen, J./Minor, M. (2001): Consumer Behavior, Upper Saddle River.

Narayana, C. L./Markin, R. J. (1975): Consumer Behavior and Product Performance: An Alternative Conceptualization, in: Journal of Marketing, 39. Jg., Nr. 4, S. 1-6.

Ogawa, S./Lee, T. M./Kay, A. R./Tank, D. W. (1990): Brain magnetic resonance imaging with contrast dependent on blood oxygenation, in: Proceedings of the National Academy of Sciences of the United States of America, 87. Jg., Nr. 24, S. 9868-9872.

O'Guinn, T. C. /Faber, R. J. (1989): Compulsive Buying: A Phenomenological Exploration, in: Journal of Consumer Research, 16. Jg., Nr. 2, S. 147-157.

Paulssen, M. (2000): Individual Goal Hierarchies as Antecedents of Market Structures, Wiesbaden.

Pham, M. T. (2004): The Logic of Feeling, in: Journal of Consumer Psychology, 14. Jg., Nr. 4, S. 360-369.

Punj, G./Srinivasan, N. (1989): Influence of Expertise and Purchase Experience on the Formation of Evoked Sets, in: Advances in Consumer Psychology, 16. Jg. Nr. 1, S. 507-514.

Raju, S./Unnava, H. R. (2005) : Brand Commitment and Size of the Consideration Set, in : Advances in Consumer Research, 32. Jg., S. 151-152.

Reilly, M./Parkinson, T. L. (1985): Individual and Product Correlates of Evoked Set Size for Consumer Package Goods, in: Advances in Consumer Research, 12. Jg., Nr. 1, S. 492-497.

Rook, D. W. (1987): The Buying Impulse, in: Journal of Consumer Research, 14. Jg., Nr. 2, S. 189-199.

Rook, D. W./Fisher, R. J. (1995): Normative influences on impulsive buying behaviour, in: Journal of Consumer Research, 22. Jg., Nr. 3, S. 305-313.

Sambandam, R./Lord, K. R. (1995): Switching Behavior in Automobile Markets, in: Journal of the Academy of Marketing Science, 23. Jg., Nr. 1, Winter, S. 57-65.

Schobert, R. (1979): Die Dynamisierung komplexer Marktmodelle mithilfe von Verfahren der Mehrdimensionalen Skalierung, Berlin.

Schwarz, N./Clore, G. L. (1988): How do I feel about it? The information function of affective states, in: Fiedler, K./Forgas, J. P. (Hrsg.): Affect, cognition, and social behavior: New evidence and integrative attempts, Toronto u. a., S. 44-62.

Shapiro, S./MacInnis D. J./Heckler, S. E. (1997): The Effects of Incidental ad Exposure on the Formation of Consideration Sets, in: Journal of Consumer Research, 24. Jg., Nr. 1, S. 94-104.

Solomon, M. (2015): Consumer Behavior: Buying, Having, and Being, 11. Aufl., Upper Saddle River.

Statt, D. (1997): Understanding the Consumer: A Psychological Approach, London.

Stern, H. (1962): The Significance of Impulse Buying Today, in: Journal of Marketing, 26. Jg., Nr. 2, S. 59-62.

Urban, G. L. (1975): Perceptor: A Model for Product Positioning, in: Management Science, 21. Jg., Nr. 8, S. 858-871.

Verplanken, B./Sato, A. (2011): The Psychology of Impulse Buying: An Integrative Self-Regulation Approach, in: Journal of Consumer Policy, 34. Jg., Nr. 2, S. 197-210.

Vohs, K. D./Faber, R. J. (2007): Spent Resources: Self-Regulatory Resource Availability Affects Impulse Buying, in: Journal of Consumer Research, 33. Jg. Nr. 4, S. 537-547.

Weinberg, P. (1981): Das Entscheidungsverhalten der Konsumenten, Paderborn.

Wood, M. (1998): Socio-economic status, delay of gratification, and impulse buying, in: Journal of Economic Psychology, 19. Jg., Nr. 3, S. 295-320.

Zhang, Y./Winterich, K. P./Mittal, V. (2010): Power Distance Belief and Impulsive Buying, in: Journal of Marketing Research, 47. Jg., Nr. 5, S. 945-954.

5 Konsumentenverhalten in Kundenbeziehungen

5.1 Überblick

Der Fokus der Marketingaktivitäten auf die Pflege von Kundenbeziehungen erlebt – in Abgrenzung zur Neukundenakquisition – seit Jahren eine Renaissance, nachdem diese Überlegungen im Rahmen des Massenmarketing etwas aus den Augen gerieten. Ein Grund für die Wiederbelebung des Beziehungsdenkens waren die Ergebnisse von Reichheld/Sasser (1990), die andeuten, dass langfristige Kundenbeziehungen profitabler sind als kurzfristige. In der Folge wurde eine Reihe von Untersuchungen zum Problemkreis des Kundenbindungsmanagements durchgeführt. Während sich die Vertreter der traditionellen Konsumentenverhaltensforschung diesem Thema oft nicht oder nur zögernd widmeten und das Feld eher den ökonomischen Theorien öffneten, war die Auseinandersetzung mit den Themenbereichen der Kundenzufriedenheit und -bindung für die Unternehmenspraxis von großer Bedeutung. Den praktischen Bemühungen von Unternehmen, Kunden binden zu wollen, steht allerdings immer öfter die bewusste Suche der Kunden nach Abwechslung, die als „Variety Seeking" bezeichnet wird, gegenüber (siehe Abschnitt 2.1.3.2. in diesem Kapitel). Diese Suche nach Abwechslung steht dabei immer häufiger im Mittelpunkt des Konsums und stellt somit einen Selbstzweck im Konsumentenverhalten dar.

Stehen Kundenbeziehungen im Zentrum der Betrachtungen, ist es einerseits möglich, die gesamte Beziehung zum Kunden zu betrachten, wie dies bspw. im Konzept des Kundenbeziehungs-Lebenszyklus zum Ausdruck kommt (siehe Abschnitt 5.5.1 in diesem Kapitel). Andererseits erscheint es naheliegend, den Prozess einer Kundenbeziehung in einzelne Phasen zu unterteilen. Wie bereits in Abschnitt 1.3.3 in diesem Kapitel ausgeführt, ist in diesem Zusammenhang eine Differenzierung in drei Phasen sinnvoll:

- die Vorkaufphase,
- die Kaufphase und
- die Nachkauf- und Nutzungsphase.

Vorteilhaft ist eine derartige Einteilung der Kundenbeziehung, weil hierdurch der Ablauf einer Transaktion, wie auch – bei wiederholter Betrachtung der Phasen – der Ablauf einer längerfristigen, mehrere Transaktionen umfassenden Kundenbeziehung analysiert werden kann. Vor allem ergibt sich hieraus die Option der phasenspezifischen Analyse des Kaufverhaltens und des darauf fußenden phasenspezifischen Einsatzes von Marketinginstrumenten. In diesem Sinne können die Phasen inhaltlich durch Zuordnung einzelner Teilprozesse ausdifferenziert werden. Exemplarisch visualisiert Übersicht 121 einen idealtypischen Prozess, bei dem die *Vorkaufphase* mit der Erkennung eines Bedürfnisses durch den Konsumenten beginnt. Abhängig davon, welche Kaufentscheidung ansteht, beginnt anschließend eine mehr oder weniger intensive Suche nach Informationen, woraufhin die Evaluierung von in Erwägung gezogenen Alternativen ausgelöst wird. Im Rahmen der *Kaufphase* wird nach der Identifikation der optimalen – bzw. im Falle sog. Satisficer (vgl. z. B. Malhotra 1982, S. 420) – nach Bestimmung der zufriedenstellenden Alternative eine Kaufintention gebildet und der Kauf abgewickelt. Die für den weiteren Verlauf der Kundenbeziehung entscheidende *Nachkauf-* und *Nutzungsphase* beginnt mit dem Konsum oder der Nutzung des Produkts, unter Umständen wird eine Beschwerde vorgebracht und schließlich erfolgt die Entsorgung oder Andersverwendung. In dieser Phase wird auch eine Evaluation der Leistungen des Unternehmens vorgenommen. Im Idealfall ergibt sich daraus Zufriedenheit, die dazu führt, dass der Beginn einer neuen Vorkaufphase begünstigt wird.

Übersicht 121: **Die drei Phasen des Kaufprozesses**

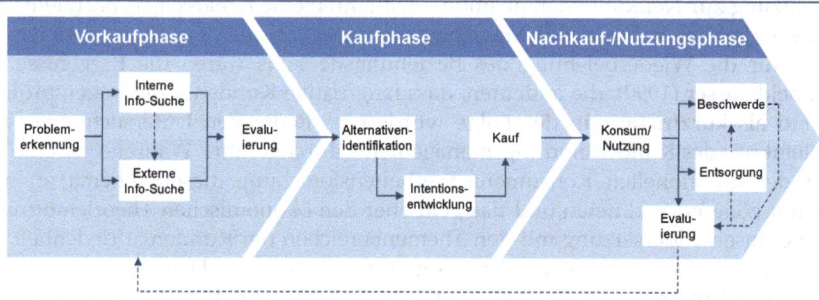

Die Struktur in Übersicht 121 erinnert an die in Abschnitt 1.3.1 in diesem Kapitel behandelten Totalmodelle. Bei der Strukturierung des Kaufprozesses bzw. der Kundenbeziehung in drei Phasen handelt es sich ebenso um eine idealtypische Einteilung, insb. hinsichtlich der Teilprozesse, die in der Realität nicht immer in der dargestellten Form vorliegen. Vielmehr sind die Teilprozesse in den jeweiligen Phasen bei unterschiedlichen Produkten bzw. Leistungen (z. B. Gebrauchs-, Verbrauchsgüter oder Dienstleistungen), beim Vorliegen unterschiedlicher Kaufentscheidungen (z. B. extensiv, impulsiv), bei verschiedenen Involvementintensitäten, in Abhängigkeit soziodemografischer Variablen (Foscht et al. 2009a, S. 218 ff.) usw. unterschiedlich ausgeprägt. Die genannten Beispiele verweisen darauf, dass der Kaufprozess nicht mit der Identifizierung eines Problems beginnen muss: Eine Kaufhandlung kann auch durch Emotionen ausgelöst werden, wie dies etwa beim Impulskauf (siehe Abschnitt 4.5 in diesem Kapitel) der Fall ist. Dann werden Teilprozesse der Vorkaufphase übersprungen – bei Gütern des täglichen Bedarfs entfällt die erste Phase des Kaufprozesses vielleicht gänzlich. Zentral ist für diesen Kaufentscheidungstyp demnach die Betrachtung der Kaufphase. Die Nachkaufphase kann in diesem Zusammenhang hingegen wieder große Bedeutung haben, nachdem es das erklärte Ziel vieler Unternehmen ist, die (akquirierten) Kunden ans Unternehmen zu binden. Werden hingegen extensive Kaufentscheidungen betrachtet, kann beobachtet werden, dass sich Konsumenten laufend mit der Kaufentscheidung beschäftigen. In diesem Fall zieht sich die Vorkaufphase sozusagen auch über die Kauf- und die Nutzungsphase. Darüber hinaus ist festzustellen, dass es bspw. bei Dienstleistungen vorstellbar ist, dass der Konsument in den Leistungserstellungsprozess eingebunden ist (z. B. beim Friseur) und somit die Kauf- sowie die Nachkauf- und Nutzungsphase zusammenfallen können. Die Dreiphaseneinteilung bewährt sich aber insofern, als sie einerseits die differenzierte Erklärung von unterschiedlichen Verhaltensweisen und andererseits die Erklärung der Wirkung bestimmter Marketingmaßnahmen – u. a. auch im Hinblick auf eine anzustrebende Kundenbindung – ermöglicht.

In der Unternehmenspraxis repräsentiert die Perspektive der Kundenbeziehung eine Denkhaltung, die zunehmend an Bedeutung gewinnt. Wenngleich in manchen Branchen und Wirtschaftssektoren die Beziehung zum Kunden traditionell im Mittelpunkt steht und auch entsprechende Informationen bspw. zur Anzahl der Bestellungen oder zum Cross-Buying-Verhalten vorliegen (wie z. B. im Versandhandel; vgl. dazu Foscht 2002, S. 184 ff.), ist zu beobachten, dass immer mehr Unternehmen die fundierte und systematische Analyse des Konsumentenverhaltens in den Mittelpunkt rücken. Aufbauend auf derartigen Analysen ist es möglich, phasenspezifische und phasenübergreifende Erkenntnisse zu gewinnen und diese dem Einsatz von spezifischen Instrumenten zu Grunde zu legen. Diesbezügl. ist auch zu berücksichtigen, dass es eine langjährige Kundenbeziehung erforderlich macht, die sich im Zeitablauf wandelnden Bedürfnisse und Interessen der Kunden zu analysieren und den Einsatz der Marketing- bzw. Kundenbindungsinstrumente auch darauf abzustimmen (vgl. z. B. Angerer/Foscht/Swoboda 2006, S. 397 ff.; Foscht et al. 2010c, S. 264 ff.).

Eine Best-Practice-Analyse wurde bspw. im Handel durchgeführt, wobei untersucht wurde, welche Instrumente innovative Handelsunternehmen im Einzelnen einsetzen (Liebmann/Angerer/Foscht 2001; Zentes et al. 2002, S. 35 ff., S. 415 ff.). Zu den Instrumenten bzw. Vorgehensweisen, die bspw. von Handelsunternehmen in den einzelnen Kaufphasen genutzt werden, zählen u. a. (vgl. hierzu auch Zentes et al. 2002, S. 423 ff.; Zentes/Swoboda/Morschett 2013, S. 227 f.):

- Vorkaufphase – zielgruppenspezifische Ansprache und Werbeelemente, Informationen zu Angeboten über Mailings, Kundenzeitschriften, Kundenabende mit Produkttestmöglichkeiten, Internet-Angebote usw.
- Kaufphase – Einbindung der Filialmitarbeiter in Aktionen, Förderung persönlicher Gespräche in Filialen, POS-Terminals, Regalstopper usw.
- Nachkaufphase – Kundenabende, Bonuspunkteprogramme, Kundenforen, Exklusivprämien, individualisierte Mailings, Kommunikation mit den Kunden über Social Media-Anwendungen (z. B. Blogs, Facebook) usw.

Das Kundenbeziehungsmanagement oder Customer Relationship Management (CRM) stellt ein kundenorientiertes, technologiegestütztes Managementsystem dar, das darauf abzielt, zwischen der Befriedigung von Kundenbedürfnissen und den Investitionen des Unternehmens in die Kundenbeziehung einen Ausgleich zu schaffen (Gronover/Kolbe/Österle 2004, S. 15). Es basiert auf drei Säulen, nämlich den Kundenbindungsprogrammen (Kundenkarten etc.), dem Kundenservice (Garantien etc.) und v. a. dem Kundeninformationsmanagement (als informationstechnische Grundlage zur Generierung von Kundeninformationen und deren Nutzung zur Ansprache der Kunden über die Bindungsprogramme und im Servicebereich) (Swoboda/Morschett 2002, S. 786 ff.). Vor diesem Hintergrund kann die Evaluation des Einsatzes der Marketing-Instrumente in den einzelnen Phasen bzw. Säulen erfolgen. Hinter diesen Überlegungen sollte die Betrachtung der gesamten Kundenbeziehung stehen. D. h., die Betrachtungsperspektive ist meist eine langfristige. Daraus folgt auch, dass nicht nur bei der Abschätzung des Potenzials, das ein Kunde aufweist, z. B. die mögliche Dauer der Kundenbeziehung herangezogen wird, sondern auch, dass Marketingaktivitäten langfristig angelegt werden sollten (Foscht 2002, S. 7 ff.). Gleiches gilt für die Beurteilung des Erfolges von Marketing-Aktivitäten – auch diese muss sich an einer langfristigen Betrachtung orientieren (siehe Abschnitt 5.5 in diesem Kapitel).

Bedeutung langfristiger Kundenbeziehungen

Reichheld/Sasser (1990, 1991) stellten mit dem Konzept des Kunden- bzw. Kundenlebenswertes (Customer Lifetime Value, CLV) die wirtschaftliche Bedeutung von Kundenbeziehungen in den Vordergrund. Sie postulieren, dass ein Kunde erst einige Zeit nach der Akquisition profitabel wird und geben auf der Basis ihrer Erfahrungen aus verschiedenen Branchen Hinweise darauf, woraus sich die Gewinne einer längerfristigen Geschäftsbeziehung zusammensetzen.

Die Gewinne können auch als Folge der Kundenloyalität angesehen werden, denn Gewinne aus erhöhter Kauffrequenz und höheren Umsätzen, aufgrund von geringeren Betriebskosten, Weiterempfehlungen und Preiszuschlägen sind auf die Dauer einer Geschäftsbeziehung, v. a. aber auf loyales Verhalten zurückzuführen. Die Zusammensetzung der Gewinne je nach Dauer der Kundenbeziehung ist in Übersicht 122 ersichtlich.

Übersicht 122: **Struktur der Gewinne betrachtet über die Dauer der Kundenbeziehung**

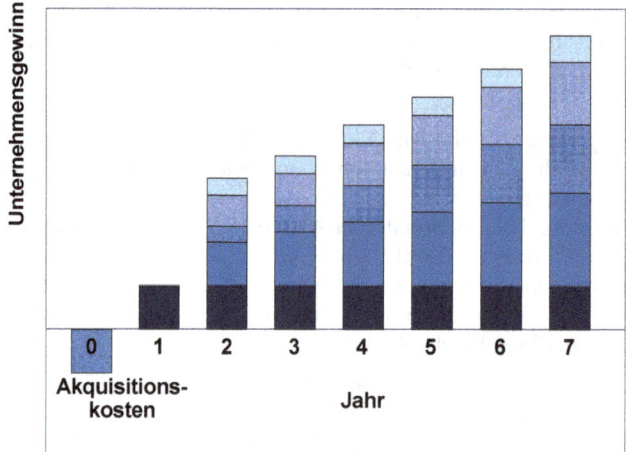

Generell wird zur Ermittlung des CLV (siehe Abschnitt 5.2.2 in diesem Kapitel) der Beitrag eines Kunden zur Zielerreichung des Unternehmens über die gesamte Dauer der Kundenbeziehung betrachtet (Bruhn 2013, S. 316). Dass der CLV bei loyalen Kunden höher ausfällt und der Kundenlebenswert mit zunehmender Dauer der Geschäftsbeziehung steigt, belegen auch aktuelle Studien (vgl. z. B. Zhang/Dixit/Friedmann 2010, S. 134).

Reichheld/Sasser (1990, 1991) betrachteten zudem, wie sich eine Senkung der Abwanderungsrate auf den Kundendeckungsbeitrag bzw. den Kundenwert auswirkt und kamen zu einem positiven Ergebnis. Bei einer Senkung der Abwanderungsrate um 5 % konnten Steigerungen des Kundenwertes zwischen 25 % (im Bereich Kreditversicherung) und 85 % (im Bereich Depotverwaltung) festgestellt werden.

5.2 Vorkaufphase

5.2.1 Theoretische Grundlagen und Charakteristika

> Die Vorkaufphase beginnt idealtypisch mit der Erkennung eines Bedürfnisses bzw. eines Problems durch den Konsumenten, reicht über die Informationssuche bis hin zur Evaluierung.

Die konkrete Ausgestaltung dieser Phase des Kaufprozesses hängt von einer Reihe von Determinanten ab. Hierzu zählen u. a. das Involvement, der Typ der Kaufentscheidung und – damit einhergehend – der Umstand, ob ein Erst- oder Wiederholungskauf getätigt wird. Weiterhin spielt der Neuigkeitsgrad der Produkte, die Transparenz des Angebots, die Formen der (kundenindividuellen) Informationen oder Ansprache und die zeitgerechte Information der Kunden eine Rolle. Ebenso ist es von Bedeutung, ob es sich um den Kauf eines physischen Produkts oder um die Inanspruchnahme einer Dienstleistung handelt.

Problem- und Bedürfniserkennung

> Ein Problem enthält drei Elemente, die den sog. Problemraum bilden (Gerrig 2015, S. 311 f.):
> - einen Ausgangszustand – die unvollständige Information, die zu Beginn gegeben ist bzw. der unbefriedigende Zustand, in dem sich jemand befindet,
> - einen Zielzustand – den Informationsstand bzw. den Zustand der Dinge, den jemand erreichen möchte und
> - eine Reihe von Operationen – die Schritte, die vom Ausgangszustand zum Zielzustand führen.

Die Erkennung eines Problems oder eines Bedürfnisses setzt grundsätzlich voraus, dass ein Mindestmaß an Aktivierung vorhanden ist. Diese Aktivierung resultiert generell aus dem Vergleich des aktuellen Zustands mit dem Idealzustand im Hinblick auf ein bestimmtes Problem (Solomon 2015, S. 69 f.). Sollte aus dem Vergleich resultieren, dass der Idealzustand vom aktuellen Zustand nicht abweicht, dass also keine Diskrepanz vorliegt, wird kein Bedürfnis erkannt (siehe Übersicht 123). Weicht der aktuelle Zustand vom Idealzustand ab, dann hängt es vom Ausmaß der Abweichung ab, ob ein Bedürfnis erkannt wird oder nicht. Letzteres kann bspw. anhand der Aktivierungs- bzw. Reizschwelle erfasst werden.

Eine *Bedürfniserkennung* liegt vor, wenn sich der aktuelle Zustand verändert, das Zufriedenheitsniveau also bei konstantem Idealzustandsniveau sinkt. Dieser Fall kann z. B. auftreten, wenn im Haushalt ein Produkt nicht mehr verfügbar ist (z. B. Geschirrspülmittel), wenn man mit einem Produkt nicht zufrieden ist (z. B. Farbe passt nicht) oder wenn neue Bedürfnisse geschaffen werden (z. B. bzgl. der Kleidung beim Eintritt ins Berufsleben) (Statt 1997, S. 230 f.; Assael 2004, S. 32 f.). Von einer *Gelegenheitserkennung* kann dann gesprochen werden, wenn sich das angestrebte Idealzustandsniveau erhöht. Dies kann z. B. dann der Fall sein, wenn eine Person ein besseres Produkt sieht oder die soziale Umgebung neue Idealbilder nahelegt. Grundsätzlich kann festgehalten werden, dass das Erkennen einer Gelegenheit oft durch Marketing- und insb. durch Kommunikationsmaßnahmen von Unternehmen angestoßen wird (Hoyer/MacInnis/Pieters 2013, S. 185 f.).

Übersicht 123: **Problem-/Bedürfniserkennungsprozess**

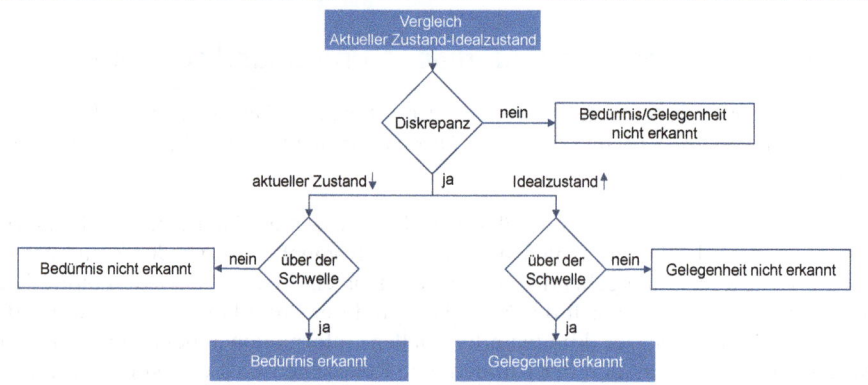

Eine weitergehende Strukturierung von Problemen kann wie in Übersicht 124 erfolgen. Charakteristisch für *offensichtliche Probleme* ist, dass diese abrupt auftreten und somit plötzlich erkannt bzw. wahrgenommen werden, obwohl es sich grundsätzlich um bekannte Probleme handelt (Typ 1) (Verbrauch von Lebensmitteln, abgenutzte Reifen usw.). Ein offensichtliches Problem kann auch entstehen, wenn eine für den Konsumenten neue Situation eintritt, also z. B. die Änderung der Lebenssituation durch Umzug oder Heirat (Typ 3).

Übersicht 124: **Problem-Typologie**

		Problem	
		offensichtlich	latent
Problem	bekannt	Typ 1 – basierend auf ... **Abnutzung Verbrauch**	Typ 2 – basierend auf ... **Sensibilisierungs-Marketing**
	neu	Typ 3 – basierend auf ... **Änderung der Lebenssituation**	Typ 4 – basierend auf ... **neuen Produkten/ neuen Technologien**

Quelle: In Anlehnung an Sheth/Mittal 2004, S. 282.

Latente Probleme hingegen treten langsamer zu Tage und erfordern zur Wahrnehmung auch kognitive Anstrengungen wie die Verarbeitung von Informationen oder das Führen von Diskussionen. Bekannte latente Probleme (Typ 2) wären die jährliche Überprüfung des Autos, regelmäßige Gesundheitsuntersuchungen usw. Für diese Probleme können die Konsumenten auch emotional und/oder kognitiv sensibilisiert werden („*Sensibilisierungs-Marketing*"). Neue latente Probleme (Typ 4) werden den Konsumenten oft erst dadurch bewusst, dass es für eine Problemlösung neue Technologien/Produkte gibt. Bspw. hätten Konsumenten auch schon vor Jahren gerne gewusst, wer sie anruft. Als (lösbares) Problem wurde dies aber erst dadurch erkannt, dass es nun technisch möglich ist (durch Unterstützung der Netzbetreiber bzw. entsprechende Endgeräte), die Nummer des Anrufers anzeigen zu lassen. Schließlich sei darauf verwiesen, dass die Bedeutung und Tragweite eines Problems auch mit dem Ort zusammenhängt, an dem Produkte bzw. Leistungen konsumiert werden, z. B. in der eigenen Wohnung oder auf öffentlichen Plätzen.

Informationssuche

> Die Suche nach relevanten Informationen zur Lösung eines Problems erfolgt zunächst im Gedächtnis (intern) und danach in der Umwelt des Konsumenten (extern).

Vor allem die interne Suche wurde bereits im Rahmen der kognitiven Prozesse behandelt (siehe Abschnitt 2.2.2 in diesem Kapitel). Bei dieser Form der Informationssuche greift der Konsument auf Erfahrungen zu, die er im Laufe seines (Konsumenten-) Lebens gemacht hat. Grundsätzlich kann festgehalten werden, dass das Ausmaß an Informationssuche mit zunehmender Erfahrung abnimmt (Statt 1997, S. 234 ff.; Sheth/Mittal 2004, S. 289 f.).

Zu den Faktoren, die v. a. das Ausmaß der externen Suche beeinflussen, z. B. die Anzahl erwogener Marken, besuchter Läden, kontaktierter Freunde, Onlinesuche und/oder gelesener Fachzeitschriften, zählen u. a. der Nutzen der Suche, das wahrgenommene Risiko (siehe Abschnitt 2.2.2 in diesem Kapitel), der Kaufentscheidungstyp, zeitliche Faktoren, das vorhandene Wissen oder die Problemlösungskompetenz (Blackwell/Miniard/Engel 2006, S. 122 ff.; Solomon 2015, S. 70 ff.). Übersicht 125 verdeutlicht bspw., dass die Intensität der externen Suche nach Informationen je nach *Kaufentscheidungstyp* variiert.

Übersicht 125: **Ausmaß der Informationssuche in Abhängigkeit vom Kaufentscheidungstyp**

Gegenstand der Suche	Entscheidungsprozess			
	extensiv	limitiert	habitualisiert	impulsiv
Anzahl Marken	hoch	niedrig	eine	niedrig
Anzahl Geschäfte	hoch	niedrig	wenige	wenige
Anzahl Produktattribute	hoch	niedrig	eines	niedrig
Anzahl (externer) Informationsquellen	hoch	niedrig	keine	keine
Zeitaufwand	hoch	niedrig	minimal	minimal

Quelle: In Anlehnung an Blackwell/Miniard/Engel 2001, S. 112.

Im Wesentlichen kann festgehalten werden, dass die Suche nach Informationen umso umfangreicher ausfällt, je komplexer die bevorstehende Entscheidung ist. D. h., dass bei umfangreicheren Entscheidungen mehrere Marken, Geschäfte, Produktattribute oder Informationsquellen herangezogen werden und mehr Zeit in die Suche investiert wird.

Die *verfügbare Zeit* kann eine ausgiebige Suche nach Informationen ermöglichen. Steht wenig Zeit zur Verfügung, kann dies zu einer Einschränkung der Informationssuche führen. D. h., dass im Extremfall für die Informationssuche keine Zeit verbleibt, weil es sich um einen Notfall handelt, wie z. B. wenn ein Tiefkühlschrank defekt wird, sodass wahrscheinlich kaum eine intensive Informationssuche nach einem entsprechenden Reparaturdienst eingeleitet wird.

Hinsichtlich der Suchhäufigkeit, des Suchzeitpunkts und der Suchdauer lassen sich im Wesentlichen zwei Fälle der externen Informationssuche unterscheiden (Bloch/Sherrell/Ridgway 1986, S. 120):

- Die einmalige Informationssuche vor dem Kauf resultiert häufig direkt aus einem zu lösenden Problem. Es geht also darum, für die unmittelbar bevorstehende Kauf-

entscheidung eine möglichst gute Entscheidungsbasis zu schaffen und damit letztendlich nach dem Kauf eine möglichst hohe Zufriedenheit zu erreichen.
- Für die laufende Informationssuche existiert kein unmittelbar zu lösendes Problem; sie erfolgt häufig aus intrinsischer Motivation. In diesem Zusammenhang liegt in der Suche ein Selbstzweck, da diese Spaß und Freude auslöst, d. h., das Ziel der Suche liegt im Aufbau einer Wissensbasis – u. U. für künftige Kaufentscheidungen.

Wahrnehmung von Unterschieden

Die Kommunikation von Argumenten zur Kaufanregung, zur Risikoreduktion oder die Kommunikation der Produkteigenschaften wird tendenziell immer schwieriger, da sich Konsumenten einer Informationsüberlastung gegenübersehen (siehe hierzu Abschnitt 2.2.1.2 in diesem Kapitel). Dies gilt nicht nur für die Quantität (z. B. Anzahl von Werbespots), sondern auch für die Qualität von Informationen. Um das Untergehen von Informationen in der Masse zu vermeiden, müssen die Reize immer stärker werden. D. h., ein Werbespot muss z. B. noch auffälliger gestaltet sein, indem er gegen bisherige Konventionen verstößt oder er muss unterhaltsamer sein, der Geschmack von Lebensmitteln muss intensiviert werden usw. Den Hintergrund für diese Dynamisierung der Reize liefern die Gesetze von Weber, Fechner und Stevens (siehe Übersicht 126).

Übersicht 126: **Die Gesetze von Weber, Fechner und Stevens**

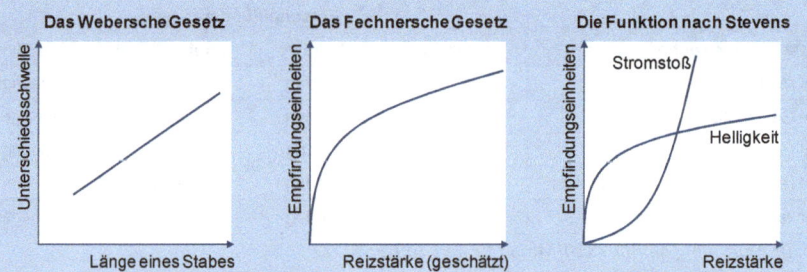

Das *Gesetz von Weber* postuliert, dass die Reizzunahme – um unterschiedlich wahrgenommen zu werden – umso stärker sein muss, je größer der Standardreiz ist. Oder umgekehrt: Je schwächer der Standardreiz ist, umso weniger muss dieser erhöht werden, damit ein Unterschied bemerkt wird. Dabei unterstellte Weber einen linearen Zusammenhang. Das *Fechnersche Gesetz* geht von den gleichen Grundlagen aus, berücksichtigt aber, dass die gleichmäßige Steigerung eines Reizes anfangs zu einem beträchtlichen Anstieg der sensorischen Empfindungen führt – im Bereich größerer Reizstärke allerdings immer größere Zuwächse erforderlich sind, um gleich große Empfindungsänderungen hervorzurufen. Für diesen Zusammenhang hatte Fechner eine logarithmische Funktion aufgestellt. *Stevens* setzte zur Messung der Reizstärke eine andere Methode ein, die auf einer direkten Beurteilung der Reizstärke beruht und kam – in Abhängigkeit von der Art des Reizes – teils zu anderen Ergebnissen als Weber oder Fechner. Ähnliche Resultate wie Fechner brachte er z. B. für Reize wie Helligkeit hervor, deutlich unterschiedlich waren die Ergebnisse für Reize wie z. B. Stromstöße (Gerrig 2015, S. 118 f.; Fröhlich 2010, S. 193 f., S. 457 f.).

Das *vorhandene Wissen* geht über die vorhandenen Erfahrungen hinaus, indem es auch subjektive Wahrnehmungen, Überzeugungen über Produktattribute usw. einschließt (siehe Abschnitt 2.2.4 in diesem Kapitel). Es kann davon ausgegangen werden, dass das Ausmaß der Informationssuche mit zunehmendem Produktwissen bis zu einem Extrempunkt ansteigt und danach wieder abnimmt (Solomon 2015, S. 72 f.). Bspw. wird sich ein hoch involvierter Konsument, der sich für ein Produkt (z. B. für ein Snowboard) interessiert, intensiv mit dem Produkt und den damit zusammenhängenden Entwicklungen (z. B. in der Snowboard-Szene) informieren. Diese Informationssuche kann intrinsisch oder extrinsisch motiviert sein. Ab einem bestimmten Wissensniveau wird er unbewusst zum Experten; für eine Kaufentscheidung sinkt ab diesem Punkt der Aufwand für die Informationssuche, da der Konsument bereits mehr weiß als die Masse der Kunden und Informationen nur mehr selektiv nachfragt.

Eng mit dem Wissen hängt die *Problemlösungskompetenz* zusammen. Diese entsteht dadurch, dass eine Repräsentation des Problems gefunden wird, in der jede Operation mit den vorhandenen Verarbeitungsressourcen durchgeführt werden kann. Wenn öfters ähnliche Probleme gelöst werden müssen, können alle Teile der Lösung geübt werden, sodass im Laufe der Zeit weniger Ressourcen zur Problemlösung erforderlich sind (Gerrig 2015, S. 315).

Evaluierung von Alternativen

> Unter der Evaluierung der Alternativen wird jener Prozess verstanden, in dem der Konsument aus der vorhandenen Alternativenmenge jene Option herausfiltert, die für ihn den höchsten persönlichen Nutzen bringt.

Das Ausmaß der Evaluierung von Alternativen hängt, der kognitiven Sichtweise entsprechend, davon ab, wie intensiv nach Informationen gesucht wurde – der Evaluierungsprozess ist damit auch abhängig vom wahrgenommenen Risiko, dem Typ der Kaufentscheidung, der verfügbaren Zeit, dem Wissen etc. Grundsätzlich gilt daher, dass die Evaluierung umso extensiver ist, je umfangreicher die bevorstehende Kaufentscheidung ist (z. B. Haus- oder Autokauf). Bzgl. der Evaluierung stehen den Konsumenten grundsätzlich sämtliche Alternativen, die am Markt verfügbar sind (Available Set oder Total Set), zur Verfügung. Wie bereits im Zuge der limitierten Kaufentscheidungen dargestellt (siehe Abschnitt 4.3 in diesem Kapitel), belegen empirische Untersuchungen, dass nur eine relativ geringe Anzahl von Alternativen (Evoked Set) näher in Betracht gezogen wird, wenn der Konsument bereits über Kauferfahrungen in der betreffenden Produktgruppe verfügt.

Aus „suchstrategischer Perspektive" (insb. im Rahmen der systematischen Suche) ist die Frage interessant, wie Konsumenten bei der Evaluierung von Alternativen mit subjektiv fehlenden Informationen umgehen. Im Mittelpunkt der Betrachtung stehen dabei bspw. interattributive Inferenzen, d. h., der Konsument schließt von einigen vorhandenen Attributen auf fehlende (Sheth/Mittal 2004, S. 286 f.; siehe dazu auch Abschnitt 2.2 in diesem Kapitel):

- Beim interattributiven Rückschluss wird das fehlende Attribut auf der Basis eines anderen, vorhandenen Attributs ersetzt (z. B. wird bei einem Pullover von der Dicke des Materials auf die Knitterfreiheit geschlossen).

- Im Rahmen der konsistenten Evaluation wird aufgrund der vorhandenen Attribute auf das fehlende Attribut geschlossen. Wird ein Produkt z. B. hinsichtlich aller Kriterien positiv beurteilt, wird in Bezug auf das fehlende Attribut angenommen, dass dieses ebenso positiv zu beurteilen sein wird. Im Fall einer Digital-Kamera wird z. B. von allen anderen positiv beurteilten Kriterien darauf geschlossen, dass ein solches Produkt auch mit allen gängigen Software-Systemen kompatibel sein wird.
- Häufig wird ein subjektiver Mittelwert durch Berücksichtigung der entsprechenden Attributausprägung bei allen anderen Marken zur Einschätzung des fehlenden Wertes herangezogen. Dieses Vorgehen wird dann gewählt, wenn die Ausprägungen des betreffenden Kriteriums zwischen den unterschiedlichen Produktalternativen nur gering schwanken.
- Schließlich kann die fehlende Information negativ ausgelegt werden. Dies kann dazu führen, dass der Konsument das betreffende Kriterium entsprechend niedrig einschätzt oder die Produktalternative mit fehlenden Informationen verwirft.

Im Rahmen der Evaluierung von Alternativen und im Hinblick auf den höchsten persönlichen Nutzen wird von den Konsumenten also eine Reihe von Kriterien herangezogen, die u. a. vom Kontext der jeweiligen Kaufentscheidung abhängen und daher vielfältig sein können. Z. B. wird die Sicherheit beim Kauf eines Feuerlöschers ein zentrales Kriterium sein, beim Kauf eines Bleistifts hingegen eine untergeordnete Rolle spielen. Eine zentrale Bedeutung kommt – über verschiedene Kaufsituationen hinweg – u. a. den Eigenschaften des Produkts, dem Preis, der Marke und der Herkunft des Produkts zu.

Hinsichtlich der *Eigenschaften des Produkts* ist anzuführen, dass die Kernleistungen bzw. -funktionen eines Produkts heute nur noch in geringem Maße zur Unterscheidung von Produkten beitragen können. Deshalb werden darüber hinausgehende Charakteristika wie die physikalischen, die ästhetischen, die symbolischen Eigenschaften des Produkts sowie die geleisteten Services (siehe Übersicht 127) immer wichtiger.

Übersicht 127: **Elemente eines Produkts**

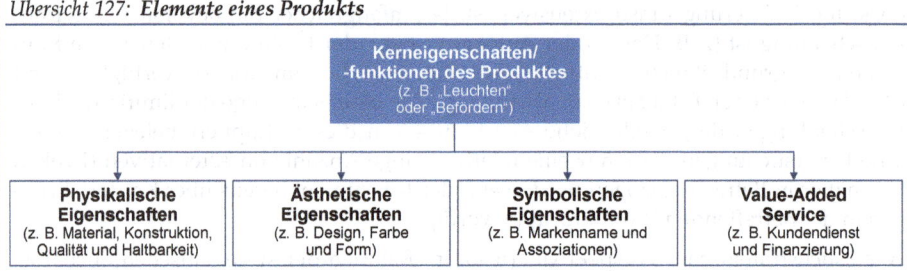

Quelle: In Anlehnung an Meffert/Burmann/Kirchgeorg 2015, S. 418.

Aufgrund der Tatsache, dass sich Produkte im Bereich des Grundnutzens immer ähnlicher und damit vergleichbar werden, kommt insb. dem Zusatznutzen der Produkte („Value Added") im Rahmen der Evaluierung eine steigende Bedeutung zu.

In diesem Zusammenhang sind die Ästhetik und das Design für die Beurteilung durch die Konsumenten in vielen Bereichen zentral geworden. Dabei kann die Auffassung der Begriffe sehr weit ausfallen. Peters (1995) führt diesbezügl. 142 Auffassungsmöglichkeiten an (siehe auch Schmitt/Simonson 1997, S. 20). Die Ästhetik bezieht sich im

Marketing-Bereich im Wesentlichen auf drei Dimensionen, nämlich auf die Dimension „Produktdesign und grafisches Design", die Dimension „Kommunikation" sowie die Dimension „räumliches Design".

Urteilsheuristiken

Urteilsheuristiken sind kognitive „Eilverfahren", die bei der Reduzierung des Bereichs möglicher Antworten oder Problemlösungen nützlich sind, indem „Faustregeln" als Strategie angewandt werden. Heuristiken erhöhen im Allgemeinen die Effizienz der Denkprozesse (Gerrig 2015, S. 323). Im Rahmen von Urteilsheuristiken können unterschiedliche Überlegungen der Konsumenten zum Tragen kommen. In Übersicht 128 sind einige ausgewählte Ansätze dargestellt.

Übersicht 128: Merkmale unterschiedlicher Wahlheuristiken

	kompensatorisch/ nicht- kompensatorisch	attributwei- ses/alternativen- weises Vorgehen	quantitative/ qualitative Ver- arbeitung	Gesamturteil ja/nein
Linear kompen- satorische Heuristik	kompen- satorisch	alternativen- weise	quantitativ	ja
Additive Differenz- heuristik	kompen- satorisch	attribut- weise	quantitativ	ja
Attribut- Dominanzheuristik	kompen- satorisch	attribut- weise	quantitativ	ja
Konjunktive Heuristik	nichtkompen- satorisch	alternativen- weise	qualitativ	nein
Lexikographische Heuristik	nichtkompen- satorisch	attribut- weise	qualitativ	nein
Sequenzielle Elimina- tion	nichtkompen- satorisch	attribut- weise	qualitativ	nein
Häufigkeits- heuristik	kompen- satorisch	alternativen- weise	quantitativ	ja

Quelle: In Anlehnung an Bettman/Johnson/Payne 1991, S. 61; Kuß/Tomczak 2007, S. 145.

Unter kompensatorischen Heuristiken sind solche zu verstehen, welche die Kompensation der Nachteile hinsichtlich eines Kriteriums einer zur Wahl stehenden Alternative durch Vorteile bei anderen Kriterien zulassen (z. B. könnte der Weg zum Laden länger sein als bei anderen Geschäften (Nachteil), die Preise aber im Vergleich niedriger (Vorteil)). Im Rahmen der alternativenweisen Betrachtung werden alle zur Wahl stehenden Alternativen einzeln bewertet. Dagegen werden im Zuge der attributiven Betrachtung die Alternativen jeweils paarweise hinsichtlich der relevanten Eigenschaften verglichen.

Wird eine Alternativenbewertung quantitativ vorgenommen, führt dies meist zu einer Punktbewertung. Eine qualitative Beurteilung von Alternativen fällt meist selektiver aus. Schließlich können Heuristiken auch danach eingeteilt werden, ob sie ein Gesamturteil (also ein Urteil in Form eines Gesamtwertes über alle Kriterien) zulassen oder nicht.

Um den wahrgenommenen Nutzen bei Gebrauchsgütern zu erfassen, kann auf die sog. Perceived Value Scale (PERVAL) von Sweeney/Soutar (2001) zurückgegriffen werden, die auf der Basis empirischer Studien vier Nutzendimensionen identifizierten:

- emotionaler Nutzen, der durch die Emotionen bestimmt wird, die durch den Besitz/die Verwendung des Produkts ausgelöst werden,
- sozialer Nutzen, der durch die Möglichkeit festgelegt wird, dass das Selbstkonzept des Konsumenten durch den Besitz/die Verwendung eines Produkts verbessert wird,
- funktioneller Nutzen durch die Qualität/Leistung eines Produkts und
- funktioneller Nutzen aufgrund des Preises/der Preiswürdigkeit eines Produkts.

Die Bedeutung des *Preises* bei der Evaluierung von Alternativen ist in den meisten Fällen grundsätzlich hoch, wenngleich diese über verschiedene Produktkategorien und unterschiedliche Typen von Konsumenten auch stark differieren kann. Je nachdem, worauf der Konsument den jeweiligen Preis bezieht, kann von einem *Preiswürdigkeitsurteil* oder von einem *Preisgünstigkeitsurteil* gesprochen werden. Bezieht der Konsument im Rahmen der Preisbeurteilung den Preis auf den vom Produkt zu erwartenden Nutzen, liegt ein Preiswürdigkeitsurteil vor (z. B. Preis-Leistungs-Verhältnis). Wird der Preis dagegen mit den Preisen von konkurrierenden Unternehmen verglichen (z. B. bis hin zur Gegenüberstellung von Fahrtkosten), liegt ein Preisgünstigkeitsurteil vor. Neben der Preiswürdigkeit und Preisgünstigkeit sind auch die Preistransparenz, die Preissicherheit und die Preiskonstanz für das Entstehen der Preiszufriedenheit von Bedeutung (Diller 2008, S. 160). Diese resultiert aus einer Gegenüberstellung der Preiserwartung und der Preiswahrnehmung. Die Preiswahrnehmung und Preisbeurteilung selbst können von einer Reihe von Einflussfaktoren determiniert werden, die sich in drei Gruppen, nämlich in motivationale, kognitive und situative Faktoren, untergliedern lassen (siehe Übersicht 129).

Übersicht 129: **Determinanten der Preiswahrnehmung und -beurteilung**

Motivationale Faktoren	Kognitive Faktoren	Situative Faktoren
■ persönliche Beteiligung (Involvement) ■ Streben nach sozialer Anerkennung, Qualität, kognitiver Konsistenz ■ Bequemlichkeit beim Einkauf ■ Sparsamkeit ■ archaische Faktoren (Brot-, Milchpreis etc.)	■ Fähigkeit zur Qualitätsbeurteilung ■ Gedächtniskapazität (Preiskenntnis, Preiserinnerung) ■ geistige Fähigkeiten (Preisvergleiche, Umrechnungen etc.) ■ Erfahrungen ■ Vertrauen in Anbieter ■ Selbstvertrauen ■ Anwendung vereinfachter Entscheidungsregeln (Markentreue etc.)	■ Art der Preisdarbietung (Form, Preisstruktur, Mengenbezug etc.) ■ Beziehung von Einkauf – Gebrauch – Zahlungsvorgang ■ Zahlungsmodus ■ Zeitdruck ■ Konkurrenzangebot/-preise ■ Komplexität der Einkaufsaufgabe ■ Variabilität der Preise

Quelle: In Anlehnung an Diller 2008, S. 150; Simon/Fassnacht 2009, S. 172 f.

Eine *Marke* kann als ein in der Psyche des Konsumenten fest verankertes, unverwechselbares Vorstellungsbild von einem Produkt oder einer Dienstleistung definiert werden (Esch/Wicke/Rempel 2005, S. 11). Dieses Markenverständnis umfasst sämtliche Arten von Marken, also nicht nur traditionelle Herstellermarken, sondern auch Handels-, Unternehmens- oder Dienstleistungsmarken. Für Konsumenten reduzieren Marken das Kaufrisiko. Markentreue kann auch als Bequemlichkeitsverhalten bzw. als Versuch, die Komplexität des Angebots zu reduzieren, interpretiert werden. Welchen Nutzen eine Marke aus Nachfragersicht und aus Unternehmenssicht repräsentiert, ist in Übersicht 131 dargestellt.

Kaufprozesse bei Konsumenten

„Theorie der feinen Leute" – Der Veblen-Effekt

Grundsätzlich wird im Rahmen von unternehmerischen Preisüberlegungen von einem mehr oder weniger rational handelnden Nachfrager ausgegangen, sodass die Nachfrage – traditionellen Preis-Absatz-Funktionen entsprechend – bei einer Preiserhöhung zurückgeht, bei einer Preissenkung hingegen steigt. In manchen Fällen tritt der umgekehrte Effekt auf, d. h., trotz einer Preiserhöhung wird mehr abgesetzt. Einen möglichen Grund hierfür bietet der sog. Veblen-Effekt, der vorwiegend beim Kauf von demonstrativen Produkten beobachtet werden kann (also z. B. bei Automobilen, Kleidung, Uhren, etc.), bei denen Konsumenten zeigen wollen, dass sie sich das Produkt trotz des hohen Preises leisten können (siehe Übersicht 130).

Übersicht 130: **Auswirkungen des Veblen-Effekts**

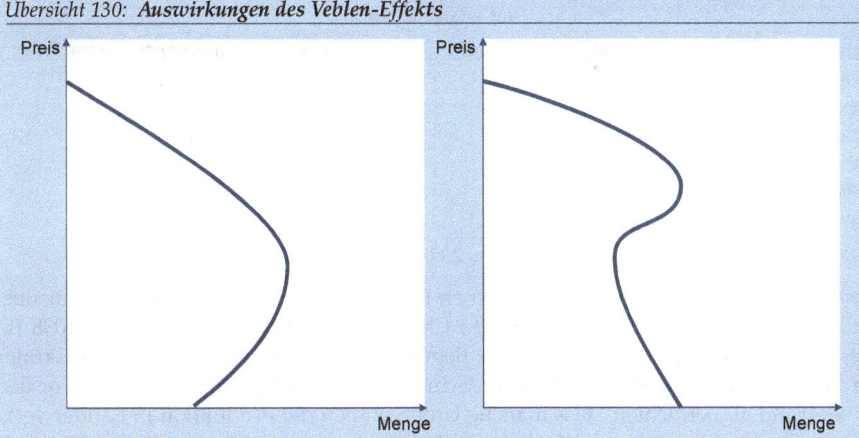

Andererseits kann beim Auftreten des Veblen-Effekts beobachtet werden, dass bei sinkenden Preisen die Nachfrage nicht ansteigt, sondern aus den genannten Gründen ebenso fällt. Analysiert und dokumentiert hat Veblen diesen Zusammenhang bereits im Jahre 1899 in seiner „Theorie der feinen Leute" (Veblen 2000).

In den letzten Jahren hat insb. die Bedeutung der Handelsmarken stark zugenommen. Aktuelle Studien belegen, dass Handelsmarken aus Konsumentensicht mittlerweile als echte Alternative zu den Herstellermarken wahrgenommen werden (Nielsen 2014, S. 5). Insb. das Preisniveau und das Preis-Leistungs-Verhältnis werden von Konsumenten bei Handelsmarken besser bewertet (vgl. hierzu Foscht/Brandstätter/Swoboda 2009; Foscht et al. 2010b). Dabei werden mit der Einführung von Handelsmarken – neben den in Übersicht 131 angeführten Funktionen einer Marke aus Unternehmenssicht – v. a. folgende Ziele verfolgt (vgl. z. B. Mills 1995, S. 509 ff.; Gröppel-Klein 2005, S. 1123 f.; Martos-Partal/González-Benito 2011, S. 298 ff.):

- Verbesserung der Verhandlungsmacht gegenüber den Herstellern und damit größere Unabhängigkeit,
- Profilierung bei den Kunden durch die Verankerung der Handelsmarke in der Gefühls- und Erfahrungswelt der Konsumenten und damit Erhöhung der Einkaufsstättenloyalität,
- Verbesserung der Ertragslage durch den höheren Einfluss auf die Gewinnspanne,

5 Konsumentenverhalten in Kundenbeziehungen

- Erhöhung der Preiskompetenz auf der Basis von Preisgünstigkeit oder Preiswürdigkeit und
- Stärkung der Retail Brand, wobei im Rahmen des sog. Retail Branding das Einzelhandelsunternehmen selbst als Marke positioniert wird (z. B. IKEA) (zum Retail Branding bzw. zur Retail Brand vgl. z. B. Swoboda/Foscht/Morschett 2004, S. 298 ff.; Zentes/Swoboda/Morschett 2013, S. 218 f.).

Aus Konsumentensicht bieten Handelsmarken z. B. die Möglichkeit, preisgünstige Produkte zu erwerben, aus innovativen Sortimenten zu wählen oder ein Substitut für nicht verfügbare Herstellermarken zu erhalten (Gröppel-Klein 2005, S. 1125).

Übersicht 131: **Nutzen der Marke**

Nutzen der Marke ...	
... aus Nachfragerperspektive	... aus Unternehmensperspektive
■ Orientierungsfunktion	■ Wertsteigerung des Unternehmens
■ Entlastungsfunktion	■ preispolitischer Spielraum
■ Qualitätssicherungsfunktion	■ Plattform für neue Produkte
■ Identitätsfunktion	■ segmentspezifische Marktbearbeitung
■ Prestigefunktion	■ Kundenbindung
■ Vertrauensfunktion	■ Differenzierung gegenüber der Konkurrenz

Quelle: In Anlehnung an Burmann/Meffert/Koers 2005, S. 10 f.

Auch die *Herkunft eines Produkts* kann einen Einfluss auf die Kaufentscheidung ausüben (vgl. z. B. Xu/Leung/Yan 2013, S. 285 ff.; Chen/Mathur/Maheswaran 2014, S. 1038 ff.). Dieses Phänomen, das auch unter dem Begriff des *Country of Origin*-Effekts diskutiert wird (siehe hierzu z. B. Zentes/Swoboda/Schramm-Klein 2013, S. 26, S. 63 f.), ist vor dem Hintergrund zu betrachten, dass manche Unternehmen die Produktion in Länder verlagern, in denen entsprechende Kostenvorteile genutzt werden können. In der Wahrnehmung der Konsumenten wird die Qualität der im Ausland produzierten Produkte jedoch häufig niedriger eingeschätzt als bei Produkten, die im Inland hergestellt werden. Manche Länder haben im Extremfall das Image, dass dort lediglich Produkte niedriger Qualität zu niedrigen Preisen produziert werden, dass Kinderarbeit geleistet wird oder sie gelten als Billiglohnländer. Jene Unternehmen, die in Ländern produzieren, die mit einem bestimmten Image bei der entsprechenden Zielgruppe behaftet sind, versuchen daher hervorzuheben, dass ihre Produkte z. B. „Made in Germany", „Made in Austria" oder „Made in Switzerland" sind. Damit wird versucht, sich von Konkurrenz-Unternehmen zu differenzieren und insb. einem zweifelhaften Qualitätsimage zu begegnen, indem eine höhere Qualität der Produkte angedeutet wird.

Aber nicht nur hinsichtlich der Qualität kann es für Konsumenten von Bedeutung sein, woher ein Produkt kommt. Bspw. werden Parfums und Kosmetikprodukte oftmals mit Frankreich assoziiert und Designprodukte mit Italien, wenngleich es hier oft nur „Designed in Italy" heißt und die Herkunft bzw. das Land der Produktion im Verborgenen bleibt. Wird jedoch auf die Herkunft Bezug genommen, kann das jeweilige Länderimage auch genutzt werden, um die Marke „anzureichern". Für manche Konsumenten ist es ferner von Bedeutung, bei einem heimischen Unternehmen zu kaufen. Vor diesem Hintergrund stellt z. B. das österreichische Lebensmittelhandelsunternehmen Spar in seiner Kommunikation in den Vordergrund, eines der wenigen rein österreichischen Einzelhandelsunternehmen zu sein.

5.2.2 Bedeutung und Messung

Da sich alle Teilprozesse der Vorkaufphase gezielt gestalten lassen, bieten sich entsprechend viele Ansatzpunkte für unternehmerische Maßnahmen zur Gestaltung der Vorkaufphase bzw. ihrer Teilprozesse – konkret der Problem-/Bedürfniserkennung, der Informationssuche und der Alternativenevaluierung. In Bezug auf die Messung sei auf die Messung der Konstrukte (z. B. Aktivierung, Motivation, Einstellung) und Prozesse (z. B. Informationsaufnahme und -verarbeitung) verwiesen, die in Abschnitt 2 in diesem Kapitel diskutiert wurde und auf die an dieser Stelle nicht nochmals eingegangen wird.

Marketing-Maßnahmen lassen sich generell danach unterscheiden, ob bestehende oder neue Kundenbeziehungen vorliegen, wobei in diesem Abschnitt die Bedeutung von Marketingmaßnahmen in der Vorkaufphase diskutiert wird:

- In *neuen Kundenbeziehungen* gilt es aus Unternehmenssicht, (latent) vorhandene Wünsche zu wecken und dadurch die Vorkaufphase einzuleiten sowie die jeweils von den (potenziellen) Kunden zu Grunde gelegten (Evaluations-) Kriterien möglichst gut bzw. besser als die Konkurrenz zu erfüllen.
- In *bestehenden Kundenbeziehungen* kommt es – neben der gleichermaßen bedeutsamen Bedürfnisorientierung – darauf an, in der Vorkaufphase Maßnahmen zur Erhöhung der Zufriedenheit bzw. zur Bindung der Konsumenten zu setzen.

Im Kontext des Kundenbeziehungsmanagements bildet die Vorkaufphase für Unternehmen einen Ansatzpunkt für Marketingaktivitäten; dies gilt sowohl für die Neukundengewinnung wie auch die Kundenbindung. Wenngleich die Zufriedenheit und die Loyalität im Verlauf der gesamten Beziehung bzw. nach der Nachkaufphase entstehen, müssen die Kundenbindungsmaßnahmen der Unternehmen auch auf die Vorkaufphase abzielen, da in dieser wichtige Weichen für die Kundenbeziehung gestellt werden.

Die Vielfalt an denkbaren Marketing-Aktivitäten, die im Rahmen des Marketing Mix – z. B. im Bereich der Angebotserstellung oder Kommunikation (Werbung, persönlicher Verkauf, Public Relations, Verkaufsförderung, Web-Präsenz) – zu setzen sind, kann an dieser Stelle nicht vollständig abgebildet werden (zum Marketing Mix vgl. z. B. Van Waterschoot/Foscht 2010, S. 185 ff.). Es sollen aber im Folgenden ausgewählte Aspekte jener Instrumente hervorgehoben werden, die in der Vorkaufphase häufig relevant sind:

- Gestaltung und Kommunikation der Leistungseigenschaften (wobei der Fokus vorwiegend auf der Leistung liegt),
- Preis- und Konditionengestaltung,
- Aspekte des Designs, der Ästhetik und der Attraktivität der Leistung,
- markenrelevante Aspekte und
- Individualisierung der Leistungen sowie der Kommunikation (wobei der Fokus vorwiegend auf den Kunden gelegt wird).

Diesbezügl. ist zu berücksichtigen, dass die Gestaltung und Kommunikation der Leistungseigenschaften tendenziell v. a. in der Anbahnung neuer Kundenbeziehungen eine wichtige Rolle spielt, wogegen die Individualisierung der Leistungen und der Kommunikation eher in bestehenden Kundenbeziehungen von Bedeutung ist.

5 Konsumentenverhalten in Kundenbeziehungen

Gestaltung und Kommunikation der Leistungseigenschaften

In der Vorkaufphase ist die v. a. in Abschnitt 2 in diesem Kapitel thematisierte Bedeutung einer aktivierend und kognitiv wirkenden Gestaltung und Kommunikation von Leistungen relevant. Entsprechend der Teilprozesse sind die Ziele bspw. darauf auszurichten,

- die Problem- und Bedürfniserkennung anzuregen oder zu unterstützen,
- die vorhandenen oder aktiv gesuchten Informationen zu untermauern bzw. entsprechende Informationen bereit zu stellen und
- den Konsumenten eine adäquate Hilfestellung für die Evaluation von Alternativen zu geben.

Grundsätzlich lässt sich festhalten, dass es im Falle der Neukundengewinnung bzgl. sämtlicher Maßnahmen darum geht, das Interesse der Konsumenten zu wecken bzw. einen erstmaligen Kauf auszulösen. Um sich von den Konkurrenten zu differenzieren und die Aufmerksamkeit der Konsumenten auf sich zu ziehen, greifen Unternehmen auch auf neuere Marketing-Ansätze, wie jene des sog. Reverse Psychology Marketing, zurück (vgl. z. B. Foscht/Sinha 2007, S. 36 ff.). Im Rahmen dieses innovativen Ansatzes werden Marketinginstrumente im Allgemeinen und Instrumente der Kommunikationspolitik im Speziellen auf scheinbar paradoxe Weise eingesetzt (Foscht/Brandstätter/Sinha 2010, S. 18 ff.). Bspw. können in der Werbung sog. paradoxe Appelle (z. B. „Denken Sie nicht an das Produkt XY") Anwendung finden, um das Gegenteil des eigentlich intendierten Verhaltens zu proklamieren (Schulz von Thun 2009, S. 237 ff.).

Bei bereits bestehenden Kundenbeziehungen geht es hingegen in erster Linie darum, diese einerseits zu erhalten und zu stabilisieren bzw. andererseits zu intensivieren. Vor diesem Hintergrund ist unter der Intensivierung der Kundenbeziehungen bspw. das Cross-Selling, also der Kauf von weiteren Produkten oder Zusatzprodukten desselben Unternehmens, oder die Nutzung der Möglichkeit, dass zufriedene Kunden das Unternehmen weiterempfehlen (WOM) und damit neue Kunden für das Unternehmen „anwerben", zu verstehen.

In Massenmärkten dient v. a. die Massenkommunikation dazu, die Bedürfnisse von (potenziellen) Kunden anzuregen bzw. die intern vorhandenen Gedächtnisstrukturen über ein Produkt, eine Marke oder ein Unternehmen zu festigen, um sich aus der Masse der Produkt- bzw. Leistungsangebote, die am Markt verfügbar sind, hervorzuheben. In diesem Zusammenhang wurde die Bedeutung der aktivierenden, emotionalen und bildlichen Kommunikation behandelt (siehe z. B. die Abschnitte 2.1.1.2 und 2.1.2.2 in diesem Kapitel).

Vor dem Hintergrund der in der Vorkaufphase relevanten Vielfalt an Kommunikations- und Informationsquellen und der schon angeführten Informationsüberlastung (siehe Abschnitt 2.2.1.2. in diesem Kapitel) ist der selten beachtete Aspekt der Kreativität der Kommunikation eines Unternehmens erwähnenswert. Während für die Kreativität im Bereich der Käuferverhaltensforschung kaum entsprechende Ansätze vorliegen, existieren im Bereich der Psychologie Methoden, mit denen die Kreativität von Personen gemessen werden kann. Im Wesentlichen basieren diese auf projektiven Testverfahren. Zwei dieser Verfahren sind in Übersicht 134 dargestellt.

Kaufanregung in der Printkommunikation

In den folgenden Beispielen wird durch Kommunikation einer Problemlösung zum Kauf angeregt (siehe Übersicht 132). Im linken Beispiel wird das Problem (Bakterien in der Wäsche) thematisiert und die entsprechende Problemlösung („Persil Hygiene Spüler") angeboten. Im rechten Beispiel wird das Problems eines undichten Fensters angesprochen und den Konsumenten die Problemlösung in Form des „Pattex Power PU-Schaum" angeboten, der emissionsarm, für eine verbesserte Isolierung, ohne Abrutschen und mit höchster Festigkeit sorgen soll.

*Übersicht 132: **Beispiele für die Kaufanregung in der Printkommunikation***

Quelle: Henkel Central Eastern Europe GmbH 2015.

Kaufanregung am POS

Die Warenpräsentation und die Ladengestaltung nehmen eine zentrale Rolle als Instrumente des Einzelhandels ein. Das übergeordnete Ziel, die Verkaufsflächenrentabilität zu maximieren, wird erreicht, in dem eine Einkaufsatmosphäre geschaffen wird, die zur Aktivierung des vorhandenen Kaufpotenzials beim Kunden führt („kaufanregende Einkaufsatmosphäre"). In Übersicht 133 ist die Warenpräsentation der Obst- und Gemüseabteilung des Lebensmitteleinzelhändlers Spar dargestellt.

*Übersicht 133: **Beispiel für die Kaufanregung am POS***

Quelle: Spar Österreichische Warenhandels-AG 2015.

Übersicht 134: **Kreativitätstests**

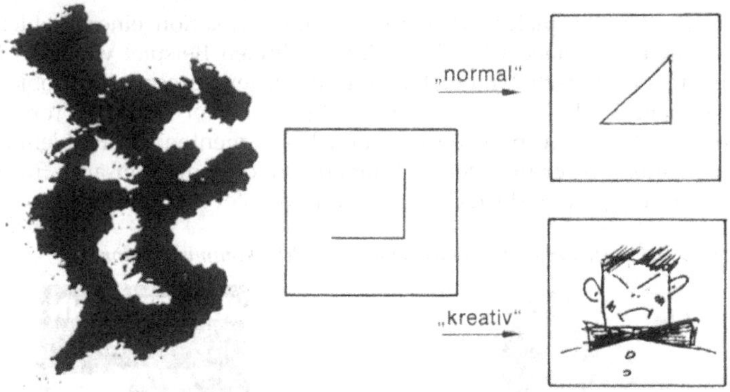

Quelle: In Anlehnung an Zimbardo/Gerrig 2004, S. 429 ff.

Bspw. soll im linken Bild der Übersicht 134 eine Testperson den Tintenklecksen Ordnung und Bedeutung verleihen (sog. Rorschach-Test). Ein kreativer Mensch wird eine eher außergewöhnliche Ordnung sehen (z. B. magnetisierte Eisenspäne), ein weniger kreativer Mensch wird eher dazu neigen, sich auf einfache, offensichtliche Züge zu konzentrieren (z. B. Flecken). Im rechten Bild findet sich ein Bilderergänzungstest, bei dem sich zeigt, dass weniger Kreative das Bild so ergänzen, dass es für sie Sinn macht. Kreativere neigen zu komplexeren und bedeutungsvolleren Varianten (Zimbardo/Gerrig 2004, S. 429 f.). Auch wenn mit diesen Verfahren die Kreativität bei der Kommunikation – bspw. in der Werbung – kaum gemessen werden kann, zeigen die Ergebnisse zumindest, wie unterschiedlich Kreativität ausgeprägt sein kann und wie unterschiedlich vor diesem Hintergrund „kreative" Werbung, Produkt-, Verpackungs- und Ladengestaltung etc. wahrgenommen werden können.

Wesentlich erscheint der Hinweis, dass der Kommunikation in der Vorkaufphase nicht ausschließlich eine passive Rolle zugesprochen wird, sondern dass sie für Konsumenten auch als Problemlöser und Informationsquelle zu verstehen ist. Dies gilt insb. für Kommunikationsinstrumente, die primär der Information dienen, wie z. B. Testberichte oder Produktvergleiche (bspw. durch die Stiftung Warentest, die Zeitschrift Ökotest oder den Verein für Konsumenteninformation). Da solche Instrumente allerdings von den Konsumenten, v. a. im Low Involvement-Bereich, eher weniger beachtet werden, kommt in diesem Zusammenhang der (Massen-) Kommunikation nach wie vor zentrale Bedeutung zu. Diese soll im Kontext der Vorkaufphase (z. B. bei der Neueinführung von Konsumgütern) informieren und zugleich auch kaufanregend wirken.

Hinsichtlich der passiven Information, also jener, die für Konsumenten bereitgestellt wird und von diesen sozusagen „abgeholt" werden kann, spielt das Internet seit langem eine beachtliche Rolle (Foscht 1998, S. 16 ff).

Durch dieses Medium ist es für Unternehmen relativ kostengünstig möglich, Informationen – auch in größerem Datenumfang – rund um die Uhr zur Verfügung zu stellen. Mittlerweile werden auf verschiedenen Unternehmens-Websites nicht nur allgemeine Informationen oder neue und verbesserte Programmversionen (Updates) für Computer

Kaufprozesse bei Konsumenten

oder Mobiltelefone bereitgestellt, sondern auch Informationen bzgl. der Produkte, deren Lieferbarkeit, zum Bestellstatus sowie vollständige Betriebsanleitungen oder Beschreibungen, wie z. B. evtl. auftretende Fehler oder Probleme behoben werden können. Im Internet ist es aber nicht nur für Unternehmen, sondern auch für Konsumenten möglich, Informationen einer breiten Öffentlichkeit zur Verfügung zu stellen. In den letzten Jahren wurden auch diverse Diskussions- und Beschwerdeplattformen für Konsumenten gebildet (siehe dazu Abschnitt 5.4.1 in diesem Kapitel). Darüber hinaus zeichnet sich gerade das Internet dadurch aus, dass nicht nur Informationen bereitgestellt werden können, sondern dass eine – der persönlichen Kommunikation sehr ähnliche – interaktive Kommunikation (z. B. in Chat-Foren) ermöglicht wird. Generell können Unternehmen über dieses Medium also eine One-to-Many-Kommunikation (z. B. Bereitstellung von Informationen auf der Website des Unternehmens), eine One-to-Few-Kommunikation (z. B. Aussendung von Informationen über den E-Mail-Verteiler) und eine One-to-One-Kommunikation (bspw. individuelle Informationen per E-Mail) betreiben.

Kaufanregung im E-Commerce

Ebenso wie im stationären Handel wird auf den Websites der Unternehmen zunehmend auf bevorstehende Anlässe (z. B. das Weihnachtsfest) hingewiesen. In den USA beginnt traditionell mit dem „Black Friday" – das ist der Freitag nach Thanksgiving – bei vielen Handelsunternehmen die Weihnachtssaison mit besonders günstigen Angeboten. In den letzten Jahren wird vermehrt auch den Internet-Usern die Möglichkeit geboten, Produkte vergünstigt zu erwerben. Bspw. bietet Blue Tomato, ein österreichisches Handelsunternehmen für Sport- und Freizeitartikel, im Online-Shop einen Black Friday-Sale an (siehe Übersicht 135), bei dem z. B. ausgewählte Accessoires um bis zu 40 % günstiger erworben werden können.

*Übersicht 135: **Beispiel für die Kaufanregung im E-Commerce***

Quelle: www.blue-tomato.com, 26. November 2014.

Preis- und Konditionengestaltung

Dem Preis kommt im Rahmen der Evaluierung von Alternativen häufig eine große Bedeutung zu. In diesem Zusammenhang zielen Unternehmen – insb. Discounter oder Fachmärkte – in ihrer Kommunikation mit wachsendem Erfolg auf das Preisempfinden der Konsumenten ab.

Preis als zentrale Botschaft in der Kommunikation

Insb. in verbrauchernahen, gesättigten Märkten, wie z. B. bei Elektro-/Elektronik-Fachmärkten oder im Lebensmitteleinzelhandel, steht häufig der Preis im Mittelpunkt der Kommunikation. Wie Übersicht 136 zeigt, setzt bspw. der Lebensmitteleinzelhändler Spar den Preis in den Vordergrund und informiert seine Kunden mittels Flugblättern/Handzettel über aktuelle Aktionen wie das „Prozent-Wochenend" bei dem alternierend auf verschiedene Produktgruppen ein Preisnachlass von 25 % gewährt wird oder den „Spar-Preishammer", der gemäß dem Slogan die Preise „klein klopft".

Übersicht 136: *Beispiele für preisorientierte Kommunikation*

Quelle: Spar Österreichische Warenhandels-AG 2015.

Demgegenüber werden von Unternehmen, die den Preis bei ihren Werbemaßnahmen nicht in den Vordergrund stellen, traditionell die Qualität, die Marke, das Preis-Leistungs-Verhältnis oder das klassische Design in den Vordergrund gestellt. Dies führt u. a. dazu, dass das Konstrukt der *Qualitätszufriedenheit* breit eingeführt und genutzt wird, während das der *Preiszufriedenheit* erst seit einigen Jahren verstärkt erforscht wird (vgl. z. B. Rothenberger 2005; Matzler/Renzl/Rothenberger 2006; Lymperopoulos/Chaniotakis 2008).

Um die Preise unterschiedlicher Internet-Anbieter (weltweit) zu vergleichen, können Konsumenten auf Preisvergleichsmaschinen im Internet zurückgreifen und Websites wie www.billiger.de oder www.idealo.at nutzen.

Im Rahmen der Kontrahierungspolitik wird neben dem Preis i. e. S. auch die Gestaltung von Konditionen wie Rabatte, Skonti etc. subsumiert, zu denen auch Garantien gezählt werden. Letztere haben in verschiedenen Branchen und Wirtschaftssektoren unterschiedliche Bedeutung.

Generell kann festgehalten werden, dass Garantien umso wichtiger sind, je eingeschränkter für Konsumenten die Möglichkeit ist, ein Produkt oder eine Leistung vor dem Kauf bzw. der Inanspruchnahme zu überprüfen – wenn also aus Sicht des Konsumenten ein Risiko vorliegt. Besonders hoch ist dieses bspw. bei diversen Dienstleistungen (z. B. beim Friseur), im klassischen Versandhandel oder im Bereich des E-Commerce. Unternehmen versuchen daher, das durch Kunden wahrgenommene Risiko zu minimieren bzw. zielen im Idealfall darauf ab, dass Kunden überhaupt kein Risiko wahrnehmen.

Garantien – stationärer Handel

In Branchen, in denen das Risiko für Konsumenten grundsätzlich eher gering ist, also z. B. im stationären Handel, in dem die physischen Produkte zumindest nach einigen Kriterien geprüft werden können, versuchen Unternehmen häufig, sich mittels Garantien zu profilieren. Dies ist insb. dann Erfolg versprechend, wenn Garantien in der jeweiligen Branche eher nicht zum Leistungsangebot gehören. Als Beispiel kann das Handelsunternehmen Globus angeführt werden, das sich u. a. durch folgende Garantien auszeichnet (www.globus.de):

- Bestpreis-Garantie
- Angebots-Garantie
- Herkunfts-Garantie
- Frische-Garantie
- Umtausch-Garantie
- Rücknahme-Garantie
- 3-Jahres-Garantie auf Elektroartikel

Garantien – Versandhandel

Eine besondere Rolle spielen Garantien bei Unternehmen, bei denen Produkte gekauft werden, die vorher nicht physisch geprüft werden können. Daher spielen Garantien insb. im Versandhandel und im Online-Handel eine zentrale Rolle. Einer Studie zufolge sind im Textilversandhandel unerfüllte Erwartungen, Fehler des Versanhandelsunternehmens (bspw. Lieferung eines falschen Artikels) und die falsche Produktgröße als Hauptgründe für Retouren anzuführen (Ernstreiter/Foscht 2010). Eine große Bedeutung dürfte somit etwaigen Rückgabe- oder Umtausch-Garantien zukommen. Das Versandhandelsunternehmen Otto bietet z. B. folgende Garantien an (www.ottoversand.at):

- Transport-Garantie
- Geld-zurück-Garantie
- Rückgabe-Garantie
- Umtausch-Garantie
- Garantie für beste Beratung rund um die Uhr
- Reparatur-Garantie im Schadensfall
- Ersatz-Garantie bei Geräteausfall
- Vorort-Garantie für PC-Hardware
- Langzeitgarantie für bestimmte Artikel

Garantien – E-Commerce

Im Bereich des E-Commerce spielen ähnliche Unsicherheitsfaktoren eine Rolle wie im Versandhandel. Hinzu kommt, dass sich die Situation im Internet noch intransparenter darstellt als im klassischen Versandhandel. Für den Konsumenten ist es z. B. schwieriger zu prüfen, ob ein Unternehmen überhaupt existiert, wo es seinen Sitz hat usw. Vor diesem Hintergrund ist Vertrauen im E-Commerce eines der zentralen Themen, das sowohl Konsumenten als auch Unternehmen beschäftigt. Einige Unternehmen haben in diesem Zusammenhang sozusagen zur Selbsthilfe gegriffen und unterschiedliche Qualitätssiegel entwickelt, die dem Konsumenten bestimmte Sicherheiten garantieren sollen. Bspw. wurde vom österreichischen Handelsverband ein Gütesiegel für E-Commerce bzw. Mobile Commerce eingeführt, das jene Unternehmen auf ihren Websites führen, die folgende Kriterien erfüllen (www.handelsverband.at):

- Vertrauen und Sicherheit (z. B. durch den Erwerb eines qualifizierten SSL-Zertifikats zur Datenverschlüsselung, Bereitstellung einer möglichst risikolosen und kundenfreundlichen Zahlungsabwicklung im Internet),
- Datenschutz (z. B. Aufnahme der Online-Datenschutzerklärung in die Allgemeinen Geschäftsbedingungen (AGB)),
- Bereitstellen von Informationen zum Bestell- und Kaufvorgang, zu den Produkten, zur Logistik und zum Rücktrittsrecht (z. B. Informationen zum Kaufvertrag, zu Form und Zeitpunkt bzw. Zeitraum der Lieferung),
- Information über die Online-Zahlungssysteme (z. B. elektronischer Warenkorb, elektronische Produktsuche),
- benutzerfreundliche Navigation, Bedienbarkeit und Design und
- Offenlegung von Informationen über das Unternehmen (z. B. Rechtsform des Unternehmens, vollständige Adresse des Unternehmenssitzes).

Aspekte des Designs, der Ästhetik und Attraktivität

Design und Ästhetik spielen im Marketing eine zentrale Rolle, wenn es um die Differenzierung von Produkten oder Marken geht. Besondere Bedeutung erlangen diese Gestaltungsaspekte in jenen Märkten, in denen die Kernprodukte oder Kerndienstleistungen mehr oder weniger austauschbar sind. Bspw. ist im Bereich der Mobiltelefone, deren Grundfunktionen bei Produkten verschiedener Hersteller durchaus als vergleichbar zu bezeichnen sind, zu beobachten, dass das Produktdesign zunehmend verkaufsentscheidend wird.

Design als Differenzierungsmerkmal

Die folgende Übersicht zeigt, wie ein Produkt mit einer einfachen Funktion (Knacken von Nüssen) durch sein Design doch relativ einzigartig werden kann, wobei die sieben Nussknacker-Varianten, der verschiedenen Anbieter, außer ihrer Kernfunktion relativ wenig gemeinsam zu haben scheinen.

Übersicht 137: Nussknacker-Varianten

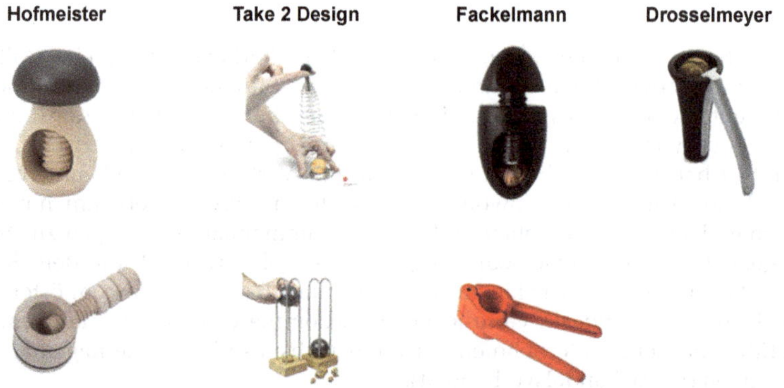

Kaufprozesse bei Konsumenten

Attraktivität eines Ladens

Wenngleich bei der Evaluierung eines Ladens im Prinzip dieselben Kriterien wie bei der Produkt-Evaluierung eine Rolle spielen, existiert dennoch eine Reihe von Einflussgrößen, die in diesem Kontext hinzukommt. Übersicht 138 stellt ausgewählte Kriterien zur Evaluierung von Läden dar.

Übersicht 138: **Kriterien für die Evaluierung eines Ladens**

Dimension	ausgewählte Kriterien
Ort	■ Verfügbarkeit von Parkplätzen ■ Erreichbarkeit mit öffentlichen Verkehrsmitteln ■ Lage (Innenstadt, Shopping Center)
Erscheinung	■ Architektur ■ Schaufenster ■ Eingangsbereich
Ladenlayout	■ Größe und Grundriss des Ladens ■ Länge und Breite der Gänge ■ Sonder-/Angebotsflächen
Preisniveau	■ Preisimage ■ Sonderangebote
Sortimentsbreite und -tiefe	■ Anzahl der Artikel insgesamt ■ Anzahl der Artikel pro Kategorie
Kompetenz und Freundlichkeit des Personals	■ Qualität der Beratung ■ Reaktion bei Beschwerden
Ladenatmosphäre	■ Farben ■ Gerüche ■ Musik
Publikum	■ Anzahl der Kunden im Laden ■ Sympathie gegenüber den anderen Kunden
Qualität der Produkte	■ Markenartikel ■ Garantien
Wartezeiten	■ Länge der Wartezeit ■ Gestaltung der Wartezeit (z. B. Verkürzung mittels Instore-TV)
Kommunikation	■ Handzettel/Flugblätter ■ Sonder-Displays

Quelle: In Anlehnung an Antonides/Van Raaij 1998, S. 416 f.

Wie die einzelnen Kriterien ausgeprägt sein müssen, um damit die Kunden zufrieden zu stellen, hängt u. a. davon ab, welche Erwartungen die Konsumenten haben. Diese werden von ihren Erfahrungen mit Unternehmen in derselben Branche, aber auch von Erfahrungen mit Unternehmen aus anderen Branchen geprägt.

Ähnliche Phänomene sind im Bereich der Dienstleistungen zu beobachten. Z. B. ist die Dienstleistung, die ein Hotel anbietet, nämlich eine Übernachtungsmöglichkeit, durchaus mit der Leistung anderer Hotels vergleichbar. Mittlerweile wurde von Hotelbetreibern auch auf diese Erkenntnis reagiert – manche Hotels nennen sich daher Design-Hotels und stellen in den Vordergrund, dass der Bau oder die Einrichtung besonderen Kriterien entspricht.

> ### Evaluierung eines Ladens
>
> Wenngleich eine Fülle von Kriterien für die Wahl eines Ladens relevant sein können, sind es in vielen Fällen letztlich einige wenige Aspekte, auf deren Basis Konsumenten entscheiden. Gerade im Lebensmitteleinzelhandel werden zur Auswahl oft die Kriterien „Nähe zum Wohnort" bzw. „Erreichbarkeit" sowie das Kriterium „Preis" bzw. „Preisnachlässe" herangezogen. In Übersicht 139 ist ein idealtypischer Entscheidungsprozess bzgl. der Ladenwahl dargestellt.
>
> *Übersicht 139:* **Entscheidungsprozess bei der Evaluierung eines Ladens**
>
>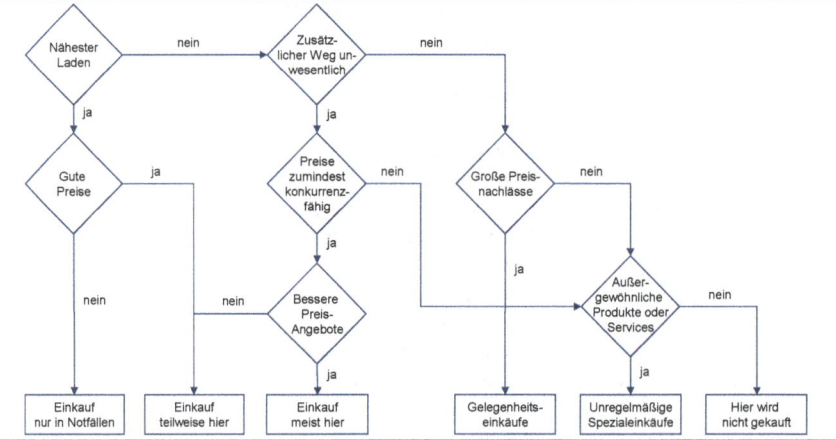
>
> *Quelle: Sheth/Mittal/Newmann 1999, S. 715.*
>
> Je nachdem, wie nahe und wie preisgünstig der Laden in der Wahrnehmung der Konsumenten ist, wird die jeweilige Einkaufsstätte für „Not-Einkäufe", für den gelegentlichen Einkauf oder für regelmäßige Einkäufe genutzt (Sheth/Mittal/Newmann 1999, S. 715; Morschett/Swoboda/Foscht 2005).

Hinsichtlich des Produktdesigns ist zu beachten, dass schemainkongruent gestaltete Produkte, also solche, die artfremde Formkomponenten beinhalten und sich daher nicht (sofort) einem Produktschema zuordnen lassen, ein stärkeres Aktivierungspotenzial aufweisen als schemakongruent gestaltete Produkte (Wöllenstein/Stüwe 2005, S. 258; zu den Schemata im Allgemeinen vgl. Abschnitt 2.2.4.1 in diesem Kapitel). Sie werden von den Konsumenten schneller wahrgenommen und ziehen die Aufmerksamkeit auf sich, weil sie Überraschung auslösen (Koppelmann/Wöllenstein 2005, S. 659). Grundsätzlich kann eine schemainkongruente Produktgestaltung *assimilative* oder *akkomodative Prozesse* bei den Konsumenten bedingen (zur Assimilation bzw. Akkomodation im Allgemeinen vgl. z. B. Piaget 2010): Treten leichte Inkongruenzen auf, werden die schemainkongruenten Informationen dem Schema angepasst (sog. Assimilation). Liegen hingegen starke Inkongruenzen vor, führt dies zur Ausbildung eines neuen Produktschemas (sog. Akkomodation). Im letzteren Fall erreicht das positive ästhetische Erleben der Konsumenten ein Maximum (Koppelmann/Wöllenstein 2005, S. 658). Vermieden werden sollte jedoch eine Produktgestaltung, die mehrere Produktschemata aktiviert, da hierdurch kognitive Konflikte bzw. kognitive Dissonanzen ausgelöst werden können (vgl. z. B. Wöllenstein/Stüwe 2005, S. 258 f.).

Design und Ästhetik spielen aber nicht nur im Rahmen der Gestaltung von Produkten oder Verpackungen eine zentrale Rolle, sondern auch im stationären Handel. Diesem Umstand tragen bereits viele Handelsunternehmen, aber auch Betreiber von Shopping Centern Rechnung. Das Design spielt dabei einerseits auf der Ebene der Außenarchitektur und andererseits auf der Ebene der Innenarchitektur und damit der Ladengestaltung i. e. S eine Rolle. Zentrales Kriterium aus Sicht der Unternehmen ist in diesem Zusammenhang ein konsistenter Gesamtauftritt i. S. einer *integrierten Kommunikation*.

Zudem ist bei der Ausgestaltung des Designs zu berücksichtigen, dass dieses nicht nur mit verschiedenen kommunikativen Maßnahmen, sondern auch mit anderen Marketinginstrumenten, wie z. B. der Preisgestaltung, abzustimmen ist. Bspw. werden die Konsumenten beim Kauf in einem Lebensmitteldiscounter auch hinsichtlich der Ladengestaltung andere Erwartungen haben als beim Betreten eines Feinkostladens. Letztendlich geht es für Unternehmen also darum, den Kunden ein möglichst konsistentes Gesamtbild zu vermitteln.

Markenrelevante Aspekte

Marken haben gerade im Rahmen der Vorkaufphase in mehrfacher Hinsicht große Bedeutung. Grundsätzlich können Marken dazu führen, dass das Ausmaß der Informationssuche der Konsumenten beeinflusst wird. Dabei ist der Zusammenhang zu beobachten, dass die Informationssuche umso geringer ausfällt, je größer die Loyalität einer Marke gegenüber ist – im Extremfall bleibt die Informationssuche sogar völlig aus, da überhaupt nur eine Marke in Erwägung gezogen wird. Ein ähnlicher Zusammenhang liegt vor, wenn Konsumenten erhöhte Unsicherheit oder Risiko empfinden – z. B. beim Einkauf über das Internet. Je größer die Unsicherheit ist, desto eher wird auf vertraute Marken zurückgegriffen. Bei den Überlegungen bzgl. der Bedeutung von Marken im Rahmen der Vorkaufphase sind wiederum die zwei erwähnten Fälle – nämlich eine Vorkaufphase, die ein völlig neuer Kunde durchläuft und eine Vorkaufphase, die sich auf einen bereits bestehenden Kunden bezieht – zu unterscheiden. Im ersten Fall ist davon auszugehen, dass ein potenzieller Kunde noch keine Erfahrung mit der Marke bzw. mit Produkten dieser Marke hat, zumindest aber eine bestimmte Einstellung zur Marke hat. Diese Einstellung kann z. B. durch entsprechende Kommunikationsmaßnahmen des Unternehmens oder durch Weiterempfehlungen von Freunden entstanden sein. Im zweiten Fall, wenn es also darum geht, dass ein Kunde die Marke wieder kauft, liegen zumeist – neben einer Einstellung zur Marke – auch Erfahrungen mit ihr vor. Es lässt sich also festhalten, dass Marken sowohl im Fall von neuen Kundenbeziehungen als auch in bestehenden Kundenbeziehungen eine wichtige Rolle spielen.

Zur Messung der Bedeutung einer Marke wurden unterschiedliche Verfahren mit unterschiedlichen Zielsetzungen entwickelt. Dabei kann grundsätzlich zwischen jenen Verfahren, die die Bedeutung einer Marke – den Markenwert – aus Sicht des Markeninhabers feststellen und jenen, die die Bedeutung aus Sicht der Konsumenten messen, unterschieden werden (siehe Übersicht 140). Die erstgenannte Perspektive erfasst den Markenwert somit anhand ökonomischer Größen, die in diesem Zusammenhang interessierende zweite Perspektive erfasst den Markenwert anhand psychologischer (vorökonomischer) Größen (vgl. dazu Morschett 2002).

Übersicht 140: Dimensionen des Markenwertes

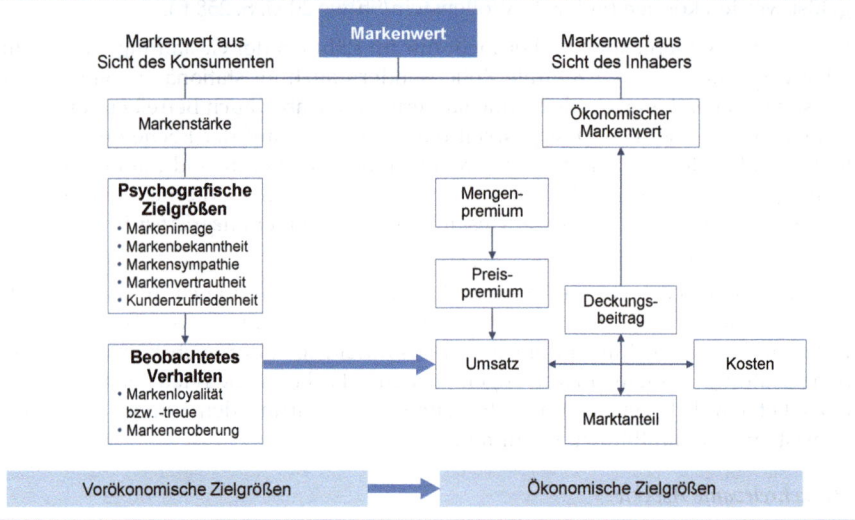

Quelle: In Anlehnung an Meffert/Koers 2005, S. 280.

Wenngleich die Berücksichtigung ökonomischer Zugänge ihre Berechtigung (z. B. beim Kauf/Verkauf von Unternehmen oder Marken sowie bei der Gestaltung von Markenportfolios) hat, sprechen gerade im Kontext des Konsumentenverhaltens einige Gründe für die Berücksichtigung psychologischer Größen und einen eher verhaltenswissenschaftlichen Zugang (Esch/Geus 2005):

- Der Markenwert ergibt sich demnach hauptsächlich aus Reaktionen von Konsumenten auf Marketinginstrumente.
- Er stellt in diesem Zusammenhang einen Indikator zur Steigerung der Marketing-Produktivität einer Marke dar (im Vergleich zu den entsprechenden Werten der Konkurrenz).

Übersicht 141: Operationalisierung des Markenwertes

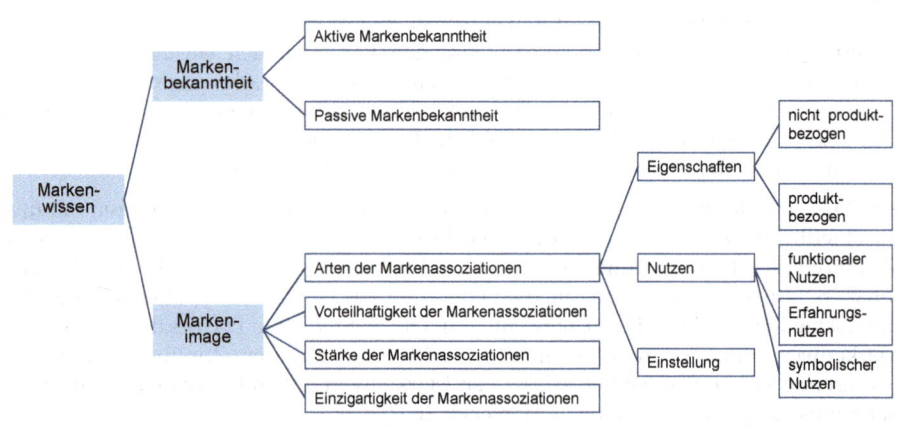

Kaufprozesse bei Konsumenten

Persönlichkeit einer Marke

Unter dem Begriff „Markenpersönlichkeit" wird die Gesamtheit menschlicher Eigenschaften, die mit einer Marke verbunden sind, verstanden. Dabei geht es um die Frage, inwieweit es eine Marke den Konsumenten erlaubt, ihr eigenes Ich, ihr ideales Ich oder spezifische Dimensionen ihres Ichs durch die Nutzung einer Marke auszudrücken. Das Konzept der Markenpersönlichkeit gründet sich auf die aus der Psychologie bekannten fünf Dimensionen der Persönlichkeit (sog. Big Five), um eine reliable, valide und allgemeingültige Skala entwickeln zu können. Auf der Basis dieser Skala können bspw. Vergleiche zwischen Marken – auch zwischen Retail Brands (vgl. Zentes/Morschett/Schramm-Klein 2008) – angestellt werden. In Übersicht 142 sind die Faktoren, Dimensionen und Items zur Messung der Markenpersönlichkeit dargestellt (Aaker 1997, S. 347 ff.; Aaker 2005, S. 172). In Bezug auf die Messung der Markenwahrnehmung im Allgemeinen bzw. der Markenpersönlichkeit im Speziellen sind jedoch auch kulturelle Unterschiede zu berücksichtigen. Eine Studie, die in sechs Ländern durchgeführt wurde, zeigte, dass die Markenpersönlichkeit eines Produkts – trotz gleicher Markenpositionierung – aufgrund kultureller Unterschiede unterschiedlich wahrgenommen wird (Foscht et al. 2008, S. 131 ff.).

Übersicht 142: **Messung der Markenpersönlichkeit**

Merkmal	Facette	Faktor	Merkmal	Facette	Faktor
bodenständig	bodenständig		zuverlässig	zuverlässig	
familienorientiert			hart arbeitend		
kleinstädtisch			sicher		
ehrlich	ehrlich	Aufrichtigkeit	intelligent	intelligent	Kompetenz
aufrichtig			technisch		
echt			integrativ		
gesund	gesund		erfolgreich	erfolgreich	
ursprünglich			führend		
heiter	heiter		zuversichtlich		
gefühlvoll			vornehm	vornehm	Kultiviertheit
freundlich			glamourös		
gewagt	gewagt	Erregung/ Spannung	gut aussehend	charmant	
modisch			charmant		
aufregend			weiblich		
temperamentvoll	temperamentvoll		weich		
cool			naturverbunden	naturverbunden	Robustheit
jung			männlich		
phantasievoll	phantasievoll		abenteuerlich		
einzigartig			zäh	zäh	
modern	modern		robust		
unabhängig					
zeitgemäß					

Somit kann festgehalten werden, dass vor diesem Hintergrund der Wert einer Marke nicht im Unternehmen liegt, sondern sich in den Köpfen der Konsumenten widerspiegelt. Die Messung eines verhaltenswissenschaftlich orientierten Markenwertes zielt im Wesentlichen auf die Erfassung des *Markenwissens* ab, das aus den Dimensionen *Markenbekanntheit* und *Markenimage* besteht. Während sich die Markenbekanntheit auf die Fähigkeit eines Konsumenten bezieht, sich an eine Marke zu erinnern (Keller 1993, S. 3), sind unter dem Markenimage alle Assoziationen zu verstehen, die ein Konsument mit einer bestimmten Marke verbindet (Keller 1993, S. 3). In manchen Fällen, insb. bei geringem Involvement, reicht bereits die Markenbekanntheit aus, um positive Reaktionen der Konsumenten auszulösen. Meist spielen jedoch das Image und – damit einhergehend – die Assoziationen, die mit einer Marke verbunden werden, eine wichtige Rolle. Eine mögliche Operationalisierung des Markenwertes findet sich in Übersicht 141. Dabei bezieht sich die Vorteilhaftigkeit der Markenassoziationen auf Assoziationen, die zur Bevorzugung der betreffenden Marke gegenüber Konkurrenzmarken führen, also aus Konsumentensicht wichtig sind und positiv bewertet werden (Keller 2005, S. 1310). Die Stärke der Assoziationen basiert auf der Quantität und Qualität der Informationsverarbeitungsprozesse, wobei persönlich relevante und konsistent dargebotene Markeninformationen starke Assoziationen begünstigen. Letztlich resultiert die Einzigartigkeit der Markenassoziationen aus der Unterscheidbarkeit der Assoziationen von solchen, die durch Konkurrenzmarken evoziert werden.

Eine stärker ausdifferenzierte Operationalisierung schlagen Esch/Geus (2005, S. 1272) vor, die hinsichtlich der Markenassoziationen die Art, Stärke, Repräsentation, Zahl, Einzigartigkeit, Relevanz, Richtung und Zugriffsfähigkeit unterscheiden.

Im Rahmen der Messung werden sowohl quantitative Verfahren (z. B. Messung der ungestützten oder gestützten Erinnerung mittels Befragung) als auch qualitative Verfahren (z. B. Assoziationstechniken oder Projektive Techniken) eingesetzt (Keller 2005, S. 1312 ff.).

Individualisierung der Leistungen und Kommunikation

Die Individualisierung der Leistungen und Kommunikation stellt einen wichtigen Ansatzpunkt zur Differenzierung von Unternehmen und damit zum Aufbau bzw. zur Intensivierung von Kundenbeziehungen dar. Auch im Bereich der Individualisierung – häufig wird in diesem Zusammenhang u. a. vom One-to-one-Marketing gesprochen – sind die bereits erwähnten zwei Fälle, nämlich neue und bereits bestehende Kundenbeziehungen, zu unterscheiden. Bei neuen Kundenbeziehungen liegen im Regelfall keine Informationen über Präferenzen bzw. über das Verhalten des Konsumenten in der Vergangenheit vor. Somit ist es relativ schwierig, individuell zu kommunizieren oder zu informieren. Bis zu einer bestimmten Informationstiefe können bei diversen Adressverlagen allerdings entsprechende Informationen, z. B. über soziodemografische Merkmale, Beruf, Hobbys etc., zugekauft werden. Angebotene Leistungen können hingegen durchaus individualisiert werden, da in diesem Zusammenhang meist entsprechende Anfragen der Konsumenten vorliegen. Im Fall von bestehenden Kundenbeziehungen sind der Individualisierung der Leistungen, Kommunikation und Information im Prinzip keine bzw. nur technische und wirtschaftliche Grenzen gesetzt.

> **Individualisierung durch Mass Customizing**
>
> Unter Mass Customizing („Massen-Maßproduktion") wird die preiswerte Herstellung individualisierter Produkte verstanden. Neben dem Bereich der Textilproduktion bzw. des Textilhandels erlangt das Mass Customizing vermehrt auch in anderen Feldern Bedeutung – etwa bei Musik, Sportartikeln oder Uhren.
>
> Ein Beispiel für ein Mass Customizing-Konzept bildet der Webstore von Nike. Dieser wird unter der Marke „Nike ID", wobei ID für „individually designed" steht, geführt. Im Shop können Nike-Schuhe zu Preisen ab etwa 120,-- EUR bestellt werden, die individuell gestaltbar sind. Bspw. kann aus verschiedensten Modellen (spezifisch je nach Sportart) und Farben die gewünschte Kombination gewählt werden. Darüber hinaus ist es möglich, bis zu zwei Mal sechs Buchstaben – z. B. einen Namen – in das Design des Schuhs zu integrieren. Ähnliche Individualisierungsmöglichkeiten werden auch für andere Nike-Produkte, z. B. für Rucksäcke, angeboten. Als Serviceleistungen werden eine Hotline, die Kontaktaufnahme via Social Media-Kanälen sowie ein Live-Chat mit einem Mitarbeiter angeboten. Die Lieferzeit für die derartig individualisierten Produkte beträgt laut Unternehmensangaben in etwa vier Wochen (www.nike.com).

Die Bandbreite von individualisierten Kommunikationsangeboten reicht von individualisierten klassischen Mailings bis hin zu kundenindividuellen Websites (Foscht/Jungwirth 1998; Zentes et al. 2002, S. 46 ff.). Bspw. wird auf der Titelseite einiger Versandhauskataloge der Name des jeweiligen Kunden einschließlich eines Individualisierungsvermerks („Ihr persönlicher Katalog für Sie, liebe Frau ...") aufgedruckt. In Bezug auf die individualisierten Kommunikationsangebote bei Websites sind unterschiedliche Ausmaße der Individualisierung zu beobachten. Handelsunternehmen, wie der Buchhändler Amazon, bieten z. B. kundenindividuelle Websites an, deren Inhalte sich an den zuvor bekannt gegebenen Präferenzen und/oder den bis dahin getätigten Bestellungen orientieren. Bspw. erhält der Kunde, sofort nachdem er sich legitimiert hat, Informationen über Buch-Neuerscheinungen in den für ihn interessanten Bereichen. Ähnliche Individualisierungsmöglichkeiten werden auch im Dienstleistungsbereich angeboten. Bspw. eröffnen Medienunternehmen die Möglichkeit, sich ein individuelles Informationsangebot, sozusagen eine individuelle Zeitung, mit Inhalten aus jenen Bereichen, die den persönlichen Interessen entsprechen (z. B. Sportnachrichten nur aus den interessierenden Sportarten), zusammenzustellen. Es ist aber zu beobachten, dass viele Unternehmen die hohe Bedeutung der Informationen, die durch die Individualisierung gewonnen werden können und damit das Potenzial individualisierter Kommunikationsangebote noch nicht vollständig erkannt haben.

5.3 Kaufphase

5.3.1 Theoretische Grundlagen und Charakteristika

> *Die Kaufphase ist durch die Alternativenidentifikation, die Intentionsentwicklung und den Kauf i. e. S. – also durch die Kaufentscheidung an sich und die Abwicklung des Kaufs – gekennzeichnet.*

Diese idealtypischen Teilprozesse können der Kaufphase zugeordnet werden, zumal der Kauf nicht nur aus der Willensäußerung gegenüber einem Verkäufer, der Warenübernahme und der Bezahlung besteht (Sheth/Mittal/Newmann 1999, S. 544 f.):

- Im ersten Schritt wird auf der Basis des Evaluierungsprozesses jene Alternative identifiziert, die für den Konsumenten am besten geeignet erscheint. Der Konsument denkt sich „Ja, das ist die Alternative, die mir gefällt und die ich bevorzuge".
- Im nächsten Schritt wird dann die Intention, die Leistung auch tatsächlich zu kaufen, entwickelt. Die Intention ist somit die Verhaltensabsicht. Der Konsument denkt sich „Wenn ich wieder in den Supermarkt komme, werde ich das Produkt (wieder) kaufen" und schreibt das Produkt vielleicht auf die Einkaufsliste.
- Schließlich wird im letzten Schritt der Kauf umgesetzt, d. h., das Produkt wird meist physisch übernommen und bezahlt.

*Übersicht 143: **Gründe für die zeitliche Verzögerung bzw. für die Fortsetzung des Kaufprozesses***
(Bedeutung von 1 ... sehr große Bedeutung bis 5 ... keine Bedeutung)

Gründe für die Zeitverzögerung	Bedeutung*
Zeitdruck – zu beschäftigt	2,09
Weitere Informationen waren erforderlich	2,57
Zeit war nicht verfügbar	2,81
Unsicherheit bzgl. der Notwendigkeit	3,25
Soziales oder psychologisches Risiko bei falscher Produktwahl	3,30
Gefühl, dass es ein anderes vorhandenes Produkt „auch tut"	3,30
Funktionales oder finanzielles Risiko bei falscher Produktwahl	3,35
Erwartete Preisreduktion oder Produktmodifikation in naher Zukunft	3,48
Zustimmung weiterer Personen war erforderlich	3,59
Einkaufen wurde als unangenehm empfunden	3,66
Gründe für die Fortsetzung des Kaufprozesses	**Bedeutung***
Entscheidung für eine andere Alternative	2,16
Zeit gefunden	2,38
Bedürfnis/Problem war nur vorübergehend vorhanden	2,49
Produkt wurde zu niedrigerem Preis angeboten	2,90
Keine Lust zum weiteren Einkaufen	3,30
Gutes Geschäft gefunden	3,59
Es war möglich, die Ausgabe zu rechtfertigen	3,68
Erforderlichen Ratschlag erhalten	3,86
Positive Empfehlungen/Ratschläge	3,99

* Mittelwert über alle Befragte

Quelle: In Anlehnung an Sheth/Mittal/Newmann 1999, S. 547.

Idealtypisch wird bei einem extensiven Entscheidungsprozess die Vorkaufphase fortgeführt, d. h., nachdem der Konsument Informationen gesammelt und die Evaluierung der Alternativen beendet hat, wird auf dieser Basis die für den Einkauf in Betracht kommende Alternative identifiziert und gekauft. Generell kommt der Kaufphase also eine „ausführende" Rolle zu, weshalb sie in der Literatur auch selten umfassend betrachtet wird. Die Kaufphase kann aber auch stärker affektiv geprägt sein und z. B. durch situative Gegebenheiten am POS eingeleitet werden (z. B. beim Impulskauf) (Hoyer/MacInnis/Pieters 2013, S. 259 f.).

Die Unterteilung der Kaufphase in die drei Teilprozesse und deren differenzierte Betrachtung ist von Bedeutung, da zwischen den Schritten zwei (der Bildung der Intention) und drei (dem Kauf i. e. S.) mehr oder weniger Zeit vergehen kann. In dieser Zeitspanne ist der Konsument im Regelfall vielen Einflüssen ausgesetzt (wie z. B. persönlichen Kontakten, Print-Medien, TV, POS-Materialien, ggf. neuen Informationen), was im Extremfall zu einer Änderung der bereits vorhandenen Kaufintention führen kann (zu möglichen Kaufbarrieren und deren Auswirkungen auf Handelsunternehmen vgl. z. B. Foscht/Angerer 2007). Gedacht sei in diesem Zusammenhang v. a. an Kaufanregungen am POS, wodurch der Handel z. B. zusätzliche Impulskäufe oder einen Wechsel der vom Kunden ausgewählten Alternative zu Gunsten einer Alternative anregen will, die mit einem größeren Deckungsbeitrag für den Handel verbunden ist.

Mögliche Gründe für die Verzögerung des Kaufs sind in Übersicht 143 dargestellt. Befragt wurden Konsumenten, die kürzlich Produkte aus den Kategorien Bekleidung, Möbel, Sportartikel, Autos oder Elektronikartikel gekauft hatten. Hierbei handelt es sich allerdings primär um kognitiv geprägte (rationale), ex-post erhobene Antworten, wie sie für extensive Kaufentscheidungen typisch sind. Demgegenüber ist festzuhalten, dass in der Kaufphase speziell auf die Kaufbeeinflussung gerichtete Instrumente zum Einsatz kommen, die psychische Prozesse beim Konsumenten auslösen, wodurch es – wie bereits angeführt – zu einer Neuorientierung kommen kann.

Ferner kann es durch die zeitliche Verzögerung zwischen der Intentionsbildung – also der Kaufabsicht – und dem Kauf auch vorkommen, dass, trotz dem eine Entscheidung für eine bestimmte Alternative gefallen ist, letztendlich eine andere bevorzugt wird. Folgende Gründe können dafür ausschlaggebend sein (Sheth/Mittal/Newmann 1999, S. 547):

- Das ausgewählte Produkt ist nicht lieferbar bzw. verfügbar. Diese (Out-of-Stock-) Situation ist etwa für Hersteller von höchster Bedeutung. Wenn ein Konsument „sein" Produkt im Handel nicht vorfindet, dann wird er, abhängig von der Loyalität zum Produkt und von der Bedeutung der Kaufentscheidung, ein Ersatzprodukt kaufen, zu einem anderen Händler gehen oder warten, bis das Produkt wieder verfügbar ist. Im ersten Fall ist der Hersteller betroffen, wobei zu beachten ist, dass die so verlorenen Umsätze (aus Herstellersicht) nicht mehr nachzuholen sind, da die Konsumenten nach dem Kauf eines Ersatzprodukts ihren Bedarf bereits gedeckt und u. U. sogar ein neues Produkt entdeckt haben und beim nächsten Kauf auf das ursprünglich als Ersatzprodukt gedachte Produkt zurückgreifen. Im zweiten Fall, wenn der Kunde die Einkaufsstätte wechselt, wirkt sich dies kontraproduktiv auf die Einkaufsstättenbindung aus. In diesem Fall ist also das Handelsunternehmen leidtragend. Eine zeitliche Verschiebung des Kaufs tritt im dritten Fall ein.
- Informationen am POS, die der Konsument unmittelbar vor dem eigentlichen Kauf erhält, können eine neuerliche Evaluierungsphase auslösen. Dies kann z. B. passieren, wenn ein Konsument die Evaluierung auf nicht aktuellen oder nicht gänzlich relevanten Informationen aufgebaut hat und unmittelbar vor dem Kauf erfährt, dass es z. B. eine neue Technologie, ein neues, leistungsstärkeres Modell, eine preiswertere Variante o. Ä. gibt.

- Aspekte der Finanzierung werden erst beim Kauf bekannt. Dieser Fall liegt vor, wenn ein Konsument z. B. einen Kauf geplant hat und davon ausgeht, dass die Bezahlung mittels Kreditkarte oder Ratenzahlung möglich ist, sich dies aber als Fehlannahme herausstellt. In einer solchen Situation ist es nicht unwahrscheinlich, dass der Konsument einen anderen Anbieter sucht, der eine Kreditkarten- oder eine Ratenzahlung akzeptiert.

Generell kann für die Kaufphase festgehalten werden, dass diese insb. dann im beschriebenen (idealtypischen) Sinne abläuft, wenn ein Herstellerunternehmen betrachtet wird, das seine Produkte direkt an die Endverbraucher vertreibt. Konkret kann dies bspw. über eigene Outlets, Factory Outlet Center oder das Internet erfolgen. Sind Absatzmittler zwischengeschaltet, dann verfolgen diese weniger einen Produkt-, sondern vielmehr einen Sortiments- bzw. Betriebstypenfokus und damit eigene Kundenbindungs- und Profilierungsziele.

Da aber nach wie vor ein Großteil der Käufe von Konsumenten im stationären Handel getätigt wird, ist für die Betrachtung der Kaufphase v. a. das Verhalten der Konsumenten in der Einkaufsstätte entscheidend. Deshalb wird in den folgenden Ausführungen auf das Verhalten der Konsumenten in der Einkaufsstätte fokussiert, obwohl bzgl. des Kaufverhaltens auch das Verhalten von Versandhandelskunden beim Betrachten von Katalogen, das Verhalten von Internet-Usern beim Besuch der Website eines Unternehmens sowie bei der Nutzung von unternehmensspezifischen Applikationen (sog. Apps) auf Smartphones oder Tablet-PCs und das Verhalten der Konsumenten beim Kauf über den Vertriebsmitarbeiter eines Herstellers zu unterscheiden ist. Erneut wird in den Ausführungen auf die beiden Fälle einer neuen und einer bestehenden Kundenbeziehung Bezug genommen.

Zu den Kriterien, die für Konsumenten in der Kaufphase von Bedeutung sein können, zählen u. a. die einfache Kauf- bzw. Bestellabwicklung, die Transparenz im Laden, kurze Wartezeiten, Zahlungsmöglichkeiten und Öffnungszeiten (vgl. z. B. Houston/Bettencourt/Wenger 1998; Machleit/Meyer/Eroglu 2005). Zugleich geht es um die Führung von Verkaufsgesprächen, die Verkaufstechnik usw.

Im Hinblick auf die Bindungswirkung der Kaufphase kommt es zunächst auf eine Vereinfachung des Einkaufs für den Konsumenten an, dabei ist sowohl der Kernnutzen (z. B. Verfügbarkeit und schnelles Finden eines Produkts) als auch der Zusatznutzen (z. B. besondere Services wie Beratungsleistungen oder Erlebnis) von Bedeutung.

Vor allem der Bereich der Produktpräsentation, dem in der Analyse des Käuferverhaltens viel Beachtung geschenkt wurde, bietet vielfache Ansatzpunkte, was die Ausgestaltung der Kaufphase anbelangt. Hierzu können im Wesentlichen die Erkenntnisse der folgenden zwei Forschungsrichtungen genutzt werden:

- die kognitionsorientierte Forschung, die sich mit der Anordnung der Ladenelemente, den Wertigkeiten der Ladenelemente oder generell mit der Orientierung der Konsumenten im Laden beschäftigt und
- die emotionsorientierte Forschung, welche die erlebnisorientierte Gestaltung des Ladens im Fokus hat und zugleich aktivierende Elemente und Einflussfaktoren betrachtet, wie die Verweildauer, die Verbundpräsentation etc.

Insb. im Zusammenhang mit der Orientierung im Laden spielen *kognitive Ansätze* eine wichtige Rolle. Dabei geht es v. a. darum, dass der Konsument seine Umwelt verstehen möchte, um sich in ihr zu orientieren. Einen wesentlichen Beitrag dazu leisten sog. *Cognitive Maps*, die das Wissen um räumliche Anordnungen repräsentieren. Sie sind sozusagen gedankliche Lagepläne von Umwelten, die aufgrund von Erfahrungen in einem Laden entstanden sind (Esch/Billen 1996, S. 320 f.). Bei der Orientierung im Laden werden einzelne Elemente wiedererkannt und dem größeren Kontext des Ladens zugeordnet, wobei ein Zugriff auf bestehende kognitive Strukturen erfolgt. Unterstützt wird dieser Prozess durch zusätzlich wahrgenommene Informationen wie z. B. Hinweisschilder. Die Orientierung im Laden erfolgt also sowohl durch Gedächtnisleistungen, indem auf bestehende Strukturen zurückgegriffen wird, als auch durch die Nutzung äußerer Reize.

Hinsichtlich des Verhaltens der Konsumenten in der Einkaufsstätte kommt Erlebnissen eine besondere Bedeutung zu. Die erlebnisorientierte Einkaufsstättengestaltung ermöglicht nicht nur die Profilierung des Geschäfts, sondern auch die Einflussnahme auf das Käuferverhalten. Die Erklärung des Prinzips der Erlebnisvermittlung durch Umweltreize ist für das Ladenumfeld u. a. mit dem *umweltpsycholgischen Verhaltensmodell* von Mehrabian und Russell (1974) möglich (siehe Übersicht 144). Diesem Modell zufolge lösen die Umweltreize (S) in der Erlebnissphäre Gefühle (I) aus, die zusammen mit kognitiven Wirkungen als intervenierende Variable das konkrete Kaufverhalten (R) bestimmen. Persönlichkeitsunterschiede oder bestehende Prädispositionen (P) führen zu unterschiedlichen Reaktionen.

Übersicht 144: **Umweltpsychologisches Verhaltensmodell**

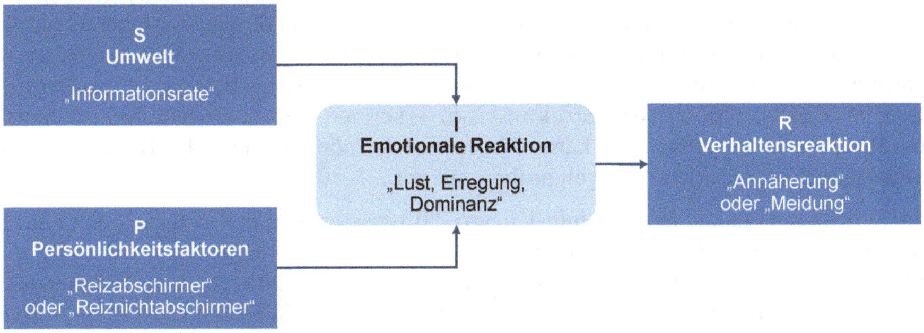

Quelle: Mehrabian/Russell 1974, S. 8.

Die *Stimulusvariablen (S)* stellen Einzelreize verschiedener Arten, wie bspw. Farben, Formen, Beleuchtung (visuelle Modalität) oder Musik (akustische Modalität), dar. Die Menge an Informationen, die in der Umwelt pro Zeiteinheit enthalten ist (objektive Komponente) bzw. wahrgenommen wird (subjektive Komponente), bestimmt die sog. *Informationsrate* der Umwelt. Dabei gilt: „Je mehr Informationen in Form von Reizen vom Beobachter verarbeitet werden müssen, desto größer ist die Informationsrate" (Mehrabian 1978, S. 16).

Darüber hinaus wird die Informationsrate auch durch die Neuartigkeit und Komplexität der Umwelt beeinflusst. Umwelten, die selten wahrgenommen werden und daher ungewohnt, überraschend, asymmetrisch aufgebaut, bewegt oder besonders nah sind, können grundsätzlich als reizstärker eingestuft werden als Umwelten ohne diese Eigenschaften (Kroeber-Riel/Gröppel-Klein 2013, S. 514). Zur Erzielung einer gewünschten Wirkung ist auf eine konsistente Reizkonstellation bzw. auf Verbundwirkungen von Reizen zu achten. In diesem Zusammenhang ist z. B. zu berücksichtigen, dass Farben Geschmacks- und Farbeindrücke bestimmen oder Temperaturempfindungen beeinflussen können.

Neben den Stimulusvariablen, wird die emotionale Reaktion (I), als intervenierende Variable, auch von der Persönlichkeit des Konsumenten bzw. vom *Persönlichkeitstyp (P)* des Individuums bestimmt. Dies erklärt, weshalb Personen auf dieselben Reize unterschiedlich reagieren. In diesem Zusammhang verweist Mehrabian (1978, S. 30 f.) auf die Unterscheidung der Persönlichkeitstypen „Reizabschirmer" bzw. „Reiznichtabschirmer". Während Ersterer eher versucht, das Reizvolumen zu vermindern und nur selektiv die für ihn interessanten Reize verarbeitet, verhält sich der Reiznichtabschirmer gegenüber Reizen aus der Umwelt eher aufgeschlossen: Er setzt sich diesen eher aus, reagiert auf die Umwelt stärker und anhaltender, aber weniger selektiv als der Reizabschirmer.

Die *intervenierenden Variablen (I)*, also die durch die Stimulusvariable hervorgerufenen Gefühle, werden auf drei grundlegende Gefühlsdimensionen zurückgeführt:

- Erregung – Nichterregung,
- Lust – Unlust und
- Dominanz – Nichtdominanz/Unterwerfung.

Die Stärke der emotionalen Reaktion spiegelt sich in der *Erregung – Nichterregung* wider, die auch als Aktivierung interpretiert werden kann. Zur Messung dieser Dimension können Items wie z. B. aktiv, angeregt, aufgeregt bzw. müde, träge, gelangweilt herangezogen werden, sofern die Arousal-Subskala der PAD-Skala (siehe Abschnitt 2.1.1.2 in diesem Kapitel) herangezogen wird. Bzgl. der Gestaltung von Reizen ist zu beachten, dass ein bestimmtes Reizvolumen nicht überschritten werden sollte. Es muss dem Betrachter möglich sein, Strukturen zu erkennen, die er in bereits bestehende kognitive Schemata einordnen kann. Nur so ist es möglich, dass der Betrachter eine emotionale Beziehung zur Umwelt aufbauen kann.

Die Gefühlsdimension *Lust – Unlust* liefert Hinweise auf die Richtung der Gefühle (positiv vs. negativ). Geeignete Items zur Messung dieser Dimension sind z. B. vergnügt, glücklich, zufrieden bzw. verärgert, unglücklich, unzufrieden. Wenn einem Konsumenten die Umwelt gefällt, führt das zu positiven Gefühlen dieser gegenüber. Zu berücksichtigen ist dabei allerdings auch die Beziehung zwischen den Dimensionen Lust und Erregung im Hinblick auf die Leistungsfähigkeit, die in der Lambda-Funktion zum Ausdruck kommt (siehe Abschnitt 2.1.1.1 in diesem Kapitel).

Das subjektive Gefühl eines Individuums, in bestimmten Situationen frei, unabhängig, überlegen oder kontrolliert und unterlegen zu sein, spiegelt die Dimension der *Dominanz – Nichtdominanz/Unterwerfung* wider (Kroeber-Riel/Gröppel-Klein 2013, S. 515). Zur Erfassung können Items wie überlegen oder einflussreich bzw. eingeschüchtert oder mit Vorschriften eingedeckt herangezogen werden (Gröppel 1991, S. 127). Diese Dimension hat sich allerdings in empirischen Untersuchungen kaum bewährt – sie scheint eher Ausdruck kognitiver Prozesse zu sein. Daher wurde sie auch in späteren Anwendungen des Modells ausgenommen (Russell/Pratt 1980, S. 313).

Ein Individuum kann sich von einer Umwelt angezogen fühlen. In diesem Fall möchte es diese näher erforschen und kennen lernen, wenn sie Erregung, Lust (und Dominanz) vermitteln kann. Dies stellt letztlich eine Ausprägung der *Reaktionsvariablen (R)* dar. Dem positiven Annäherungsverhalten steht entsprechend die negative Ausprägung, das Meidungsverhalten, gegenüber, die zu einem abweisenden Verhalten gegenüber der Umwelt führt (Mehrabian 1978, S. 11 f.). Die Reaktion des Individuums kann sich in motorischen (die Umwelt aufsuchen) und spezifischen Verhaltensweisen (wie Erkunden oder Suchverhalten) äußern.

Um das Verhalten der Konsumenten in der Einkaufsstätte besser verstehen zu können und insb. die Reaktionen der Konsumenten auf Faktoren, die während des Einkaufs Stress auslösen können (sog. Stressoren), aufzuzeigen, wird mittlerweile auch die Stress- und Stressbewältigungsforschung in die Konsumentenverhaltensforschung integriert. Bspw. zeigte eine Studie, dass Konsumenten beim Einkauf in Supermärkten auf den durch ein Produktüberangebot ausgelösten Stress v. a. mit einer Vereinfachung des Entscheidungsprozesses reagieren, die Kaufentscheidung verschieben oder zu einem Konkurrenzunternehmen wechseln (Brandstätter/Foscht 2011). Sind sie hingegen einem Gedränge ausgesetzt, versuchen sie dem dadurch hervorgerufenen Stress zu begegnen, indem sie insb. ihren Emotionen freien Lauf lassen (Brandstätter/Foscht/Maloles 2011).

Verkaufsraumgestaltung

Die Gestaltung des Verkaufsraums ist für die Zufriedenheit der Konsumenten mit der Kaufphase, aber auch für die Förderung der Verweildauer und damit die Steigerung der Ausgabebereitschaft sowie für das Auslösen von Impulskäufen von höchster Bedeutung. Der Anteil an Impulskäufen wird je nach Produktkategorie unterschiedlich, insgesamt aber hoch eingeschätzt. Untersuchungen ergaben, dass ca. 60 % der Käufe nicht geplant sind (Block/Morwitz 1999, S. 343), wobei angenommen wird, dass sich die Zahl der echten Impulskäufe (siehe hierzu Abschnitt 4.5 in diesem Kapitel) auf ca. 10 % bis 20 % (Kroeber-Riel/Gröppel-Klein 2013, S. 496) beläuft. Zu den Instrumenten der Verkaufsraumgestaltung gehören (Zentes/Swoboda/Foscht 2012, S. 528 ff.):

- Ladenlayout – Zur Gestaltung des Ladenlayouts zählen einerseits die Aufteilung des Raums in unterschiedliche Funktionszonen im Rahmen der Raumaufteilung (z. B. Warenfläche, Kundenfläche und restliche Verkaufsfläche) sowie andererseits die Anordnung in Funktionszonen im Rahmen der Raumanordnung (z. B. Zwangsablauf oder Individualablauf).
- Qualitative und quantitative Raumzuteilung – Im Rahmen der qualitativen Raumzuteilung geht es um die Anordnung der einzelnen Warengruppen innerhalb des Verkaufsraums und um die qualitative Artikelplatzierung. Im Rahmen der quantitativen Raumzuteilung steht die Entscheidung, welcher Warengruppe bzw. welchem Artikel wie viel der knappen Regalfläche zur Verfügung gestellt wird, im Vordergrund.
- Atmosphärische Ladengestaltung – Hierzu zählen die visuelle Kommunikation (Beleuchtung, Farben und Dekoration), die akustische Kommunikation (Hintergrundmusik), Gerüche, Düfte und Temperatur.
- Gestaltung des Ladenumfelds – Dazu zählen die Gestaltung der Schaufenster und des Eingangsbereichs, die Parkmöglichkeiten, Wege und die Erreichbarkeit mit öffentlichen Verkehrsmitteln.

5.3.2 Bedeutung und Messung

Aus der Perspektive des Kundenbeziehungsmanagements stellt die Kaufphase eine wichtige, wenn auch zeitlich häufig kurze Phase dar. Konkret stehen in der Kaufphase meist folgende Aktivitäten am POS – bzw. im übertragenen Sinne auch in Webshops – im Mittelpunkt der Marketingüberlegungen:

- Verkaufsraumgestaltung,
- Verkaufsgespräch,
- Verbundkäufe sowie Cross-Buying und
- Services.

Zudem geht es insb. im Handel in dieser Phase häufig darum, den Kauf zu ermöglichen oder zum (Zusatz-) Kauf anzuregen, was u. a. auch den hohen Stellenwert der Verkaufsförderung als Kommunikationsinstrument im Handel erklärt. In diesem Zusammenhang ist auch die zunehmende Bedeutung von Coupons im deutschsprachigen Raum herauszustellen (zum Couponing als Verkaufsförderungsinstrument vgl. z. B. Foscht/Ernstreiter/Angerer 2011). Aus Herstellersicht ist in diesem Zusammenhang auf die Verfügbarkeit von Produkten zu achten. Im Distanzhandel (klassisch oder über das Internet) ist die Reduktion der Unsicherheiten und des Risikos von Bedeutung. Daneben sind in dieser Phase häufig spezifische Aktivitäten beobachtbar. Dazu zählen die Förderung persönlicher Gespräche in Filialen (persönlicher Verkauf), die Anregung von (Zusatz-) Käufen durch Verkaufsförderung, Regalstopper, POS-Terminals und Orientierungsleitsysteme, Maßnahmen, um Wartezeiten (subjektiv und objektiv) zu verkürzen (z. B. Getränke, Videofilme oder Spielmöglichkeiten für Kinder), aber auch das Zurverfügungstellen von (Bestell-) Statusinformationen (sog. Order Tracking Service) im Distanzhandel. Die Instrumente werden mit unterschiedlicher Ausrichtung für neue bzw. bestehende Kundenbeziehungen genutzt.

Verkaufsraumgestaltung

Im Bereich des Handels wurden zahlreiche Versuche unternommen, das umweltpsychologische Modell von Mehrabian/Russell (1974) im Rahmen der Ladengestaltung anzuwenden. Diese Untersuchungen zielten allerdings meist auf die Erklärung einzelner ausgewählter Beziehungen des Modells und nicht auf das Gesamtmodell ab. Bspw. wurde analysiert, welche Gefühle die Ladenatmosphäre als intervenierende Variable hervorrufen kann und wie dadurch das Käuferverhalten beeinflusst wird (I-R-Beziehung) (Donovan/Rossiter 1982; Donovan et al. 1994). Es zeigte sich, dass die Ladenatmosphäre insb. auf die emotionalen Eindrücke „Vergnügen" und „Erregung" wirkt und diese wiederum einen positiven Einfluss auf die Reaktionen „Verweildauer" und „Ausgabebereitschaft" hatten. Darüber hinaus stellte sich heraus, dass abwechslungsreiche Ladenumwelten einen positiven Einfluss auf die Stimmung haben (S-I-Beziehung) (Bost 1987). Im Hinblick auf die Gestaltung von Online-Stores wurde die Wirkung einzelner atmosphärischer Reize untersucht (vgl. hierzu z. B. die Studie von Cheng/Wu/Yen 2009). Dabei zeigte sich, dass eine schnellere Hintergrundmusik bei den Besuchern einer Website mehr Vergnügen und eine stärkere Erregung auslöste.

Wird das Gesamtmodell in den Mittelpunkt der Betrachtungen gestellt, ist es zunächst naheliegend, Verbundpräsentationen einzusetzen, da die räumlich getrennte Produktpräsentation natürliche Assoziationen zersplittert (Mehrabian 1978, S. 178). Darüber hinaus konnte empirisch belegt werden, dass es wirkungsvoll ist, die Verbundpräsentation durch themenbezogene Dekorationsgegenstände (kontextbezogene Verbundpräsentation) zu ergänzen (Gröppel 1991, S. 232 ff.). Derartige Verbundpräsentationen führten i. d. R. zu einem – in emotionaler Hinsicht – positiveren Eindruck von der Einkaufsstätte, einer besseren funktionalen Beurteilung der Ware, einer größeren Orientierungsfreundlichkeit, einer positiveren Stimmung und einer individuelleren Ausstrahlung des Verkaufsraumes. Ähnliche Erkenntnisse konnten auch bzgl. der erlebnisbetonten Verbundpräsentation im Rahmen von Webshops gewonnen werden (Diehl 2002, S. 285 f.).

Zur Messung der aktivierenden Wirkung eines Verkaufsraumes bzw. Shopping Centers eignet sich bspw. die in Abschnitt 2.1.1.2 in diesem Kapitel angeführte EDA, wobei es mobile Geräte auch ermöglichen, Untersuchungen im Feld durchzuführen. Weiterhin kann die Arousal-Subskala (Erregung – Nichterregung) der PAD-Skala eingesetzt werden, um die Aktivierung mittels Befragung zu erschließen (siehe hierzu die Abschnitte 2.1.1.2 und 5.3.1 in diesem Kapitel bzw. zum Einsatz der PAD-Skala im Allgemeinen vgl. Bosch/Schiel/Winder 2006, S. 186 ff.).

Käuferverhalten im Laden

Aus verschiedenen Studien zum Käuferverhalten am POS (sog. Kundenlaufstudien) geht hervor, dass Konsumenten (Zentes/Swoboda/Foscht 2012, S. 533)

- Außengänge bevorzugen, sich vorwiegend rechts halten und eher entgegen dem Uhrzeigersinn laufen,
- einen gewissen Geschwindigkeitsrhythmus haben, und zwar zu Beginn des Einkaufs eher schnell, dann langsam und gegen Ende des Einkaufs wieder schneller werden,
- Kehrtwendungen und Ladenecken so weit es geht vermeiden und
- ihren Blick vornehmlich nach rechts lenken.

Vor dem Hintergrund dieser Verhaltensweisen lassen sich für Handelsunternehmen einige Rückschlüsse für die Bedeutung einzelner Verkaufszonen ziehen (siehe Übersicht 145).

Übersicht 145: Charakteristika hoch- und minderwertiger Verkaufszonen

hochwertige Verkaufszonen	minderwertige Verkaufszonen
■ Hauptwege des Geschäfts	■ Mittelgänge
■ rechts vom Kundenstrom liegende Verkaufsflächen	■ links vom Kundenstrom liegende Verkaufsflächen
■ Auflaufflächen, auf die der Kunde automatisch blickt	■ Einlaufzonen, die schnell passiert werden
■ Gangkreuzungen	■ Sackgassen des Verkaufsraums
■ Kassenzonen	■ Räume hinter den Kassen
■ Zonen um Beförderungseinrichtungen (z. B. Lifte oder Treppen)	■ höhere und tiefere Etagen

Die im Verkaufsraum bzw. in einem Shopping Center evozierten Emotionen können z. B. durch die Pleasure-Subskala (Lust-Unlust) der PAD-Skala verbal erfasst werden. Dabei werden Items wie glücklich, vergnügt bzw. unglücklich, gelangweilt verwendet.

Erlebnisorientierte Gestaltung von Flagship-Stores

Im Jahre 2011 eröffnete der Süßwarenhersteller Mars Inc. den Flagship-Store M&M's World in London. Mit einer Größe von 3.250 m² verteilt auf vier Etagen zählt er zu den weltweit größten Süßwarengeschäften. An der sogenannten „Wall of Chocolate" können die Konsumenten aus über 100 verschiedenen Sorten von M&M's wählen, die in farblich sortierten Spendern angeboten werden. Das Geschäft ist ausgestattet mit zahlreichen bunten M&M's Figuren, u. a. auch im landestypischen Stil (siehe Übersicht 146). Die Mitarbeiter sorgen mit Tanzeinlagen und M&M's Kostümen für gute Laune. Zusätzlich werden Merchandise-Artikel rund um die bunte Welt der M&M's angeboten, die von Textilwaren über Küchenutensilien bis hin zu Schmuckwaren reichen.

Übersicht 146: M&M's Flagship-Store in London

Quelle: M&M's World, Mars Incorporated 2015.

Darüber hinaus haben die Konsumenten die Möglichkeit ihre M&M's individuell zu gestalten. Dabei können unterschiedliche Textnachrichten, Clip Arts oder Fotos auf die M&M's gedruckt und verschiedene Farben und Verpackungen gewählt werden. Es werden Produktgestaltungen zu bestimmten Anlässen wie Geburtstag, Hochzeit, Geburt oder Business Events angeboten. Außerdem besteht im Rahmen eines unterhaltsamen Quiz die Möglichkeit zur Bestimmung des eigenen Geschmackstyps.

Darüber hinaus können Emotionen im Feld bspw. auch über Beobachtungen gemessen werden. Für weitere Verfahren zur Messung von Emotionen sei abermals auf die entsprechenden Ausführungen in Abschnitt 2.1.2.2 in diesem Kapitel verwiesen.

Neben der Aktivierung und den ausgelösten Emotionen kann das Kaufverhalten am POS (z. B. die Verweildauer und damit die Ausgabebereitschaft) auch durch die wahrgenommene Kontrolle über die Kaufsituation beeinflusst werden. Um diese wahrgenommene Kontrolle zu messen, kann bspw. die Dominance-Subskala (Dominanz – Nichtdominanz/Unterwerfung) der PAD-Skala genutzt werden. Dabei werden Items wie einflussreich, autonom bzw. beeinflusst, gelenkt herangezogen. Diese Subskala erklärt jedoch meist nur einen geringen Teil der Varianz (Russell/Weiss/Mendelsohn 1989, S. 494) und wird deshalb in empirischen Studien, wie bereits erwähnt, nicht immer einbezogen.

Bei der Ladengestaltung ist eine integrierte und systematische Kombination von Reizen zu einem multisensualen Konsumerlebnis von zunehmender Bedeutung. Dies ist auch damit zu begründen, dass das Shopping (bzw. der Erlebniskauf) mehr und mehr zu einem komplexen sozialen Prozess wird, der teilweise einen Selbstzweck darstellt und in Wohlstandsgesellschaften u. a. auch dem Zeitvertreib dient. Vor diesem Hintergrund wurden in der jüngeren Vergangenheit nicht nur Läden erlebnisorientierter gestaltet, sondern es haben sich spezielle erlebnisorientierte Betriebstypen entwickelt, wie z. B. Shopping Center mit Erlebniskomponenten oder Urban Entertainment Center (Zentes/Swoboda/Foscht 2012, S. 358 ff.).

erlebnisbetonten Ladengestaltung eignen sich insb. die Gestaltungselemente Ladenlayout, Dekoration, Farbwahl, Musik und Umfeldgestaltung. Diese physische Umwelt beeinflusst die Ladenatmosphäre, die als emotionale Reaktion hierauf ausgelöst wird. Die Ladenatmosphäre, eine intervenierende Variable (I) i. S. des umweltpsychologischen Modells, beeinflusst ihrerseits wiederum das Verhalten beim Einkauf. Empirische Untersuchungen (z. B. jene von Donovan/Rossiter 1982; Diller/Kusterer 1986; Busch 2000) bestätigten diesen Zusammenhang, wenngleich noch offene Fragestellungen bestehen. Im Hinblick auf empirische Studien zu diesem Themenbereich, gestaltet sich insb. die Messung der emotionalen Ladenatmosphäre schwierig. Konkret werden zur Messung bspw. sog. Anmutungsprofile (Diller/Kusterer 1986) oder Bilderskalen eingesetzt (Gröppel 1991) (vgl. hierzu auch Abschnitt 2.1.2.2 in diesem Kapitel).

Zudem besteht insb. in Bezug auf die Beziehungen zwischen den einzelnen Reizen noch Forschungsbedarf. In diesem Zusammenhang sollte aber auch nicht übersehen werden, dass die Ladenatmosphäre letztlich nur eine Determinante des Kaufverhaltens ist. Hinzu kommen bspw. noch Wirkungen der Preise, des Sortiments und der Käufer-Verkäufer-Interaktion, sodass bei der Ladengestaltung ein Schwerpunkt auf die Angebotsleistung zu legen ist (vgl. dazu Swoboda 1998, S. 317 ff.).

Verkaufsgespräch

Persönliche Verkaufsgespräche können in Abhängigkeit der Branche und des Erklärungsbedarfs der Produkte ein zentrales Kommunikations- und Verkaufsinstrument und somit in der Kaufphase von entscheidender Bedeutung sein. Ein klassischer Ansatz, der ein Verkaufsgespräch in mehrere Phasen unterteilt, ist die AIDA-Formel (Attention, Interest, Desire und Action), die von Lewis im Jahre 1898 entwickelt wurde.

Wenngleich hinsichtlich der zeitlichen Strukturierung des Verkaufsprozesses eine Vielzahl von Phasenmodellen existiert, lassen sich drei Grundphasen identifizieren, die den meisten Modellen gemein sind (Bänsch 2013, S. 44 ff.):

- In der *Kontaktphase*, die der Geschäftsanbahnung dient, versucht der Verkäufer, ein positives Gesprächsklima zu schaffen und einen guten, ersten Eindruck zu vermitteln. Dabei kann – neben etwaigen Vorrecherchen über den Kunden – eine Reihe von Faktoren wichtig sein, zu denen z. B. gesprächspartnerspezifisches und situationsspezifisches Sprechen, aktives Zuhören, entsprechende Gestik, Mimik und Kleidung gezählt werden können. Zudem ist in dieser Phase auf eine adäquate Gestaltung des Verkaufsumfeldes zu achten, damit eine positive Atmosphäre geschaffen werden kann.

- In der *Aufbau- und Hinstimmungsphase*, der Phase der Geschäftsverhandlungen, muss der Verkäufer zuerst auf das Verkaufsthema überleiten, bevor er den Kunden über das Produkt- oder Leistungsangebot informiert. In dieser Phase geht es auch darum, herauszufinden, welche konkreten Motive dem vom Kunden erkannten Problem eigentlich zu Grunde liegen. Ziel ist es letztendlich, den Kunden davon zu überzeugen, dass ein Produkt angeboten wird, das die Anforderungen des Kunden gut erfüllen kann. Dabei sind Einwände seitens des Kunden als Interesse zu deuten und abzuschwächen oder auszuräumen.

Kommunikationselemente im persönlichen Verkauf

Im Rahmen des persönlichen Verkaufs (sog. personal selling) spielen eine Reihe von Kommunikationselementen eine Rolle. In Übersicht 147 sind diese strukturiert dargestellt.

Übersicht 147: **Kommunikationselemente der persönlichen Kommunikation**

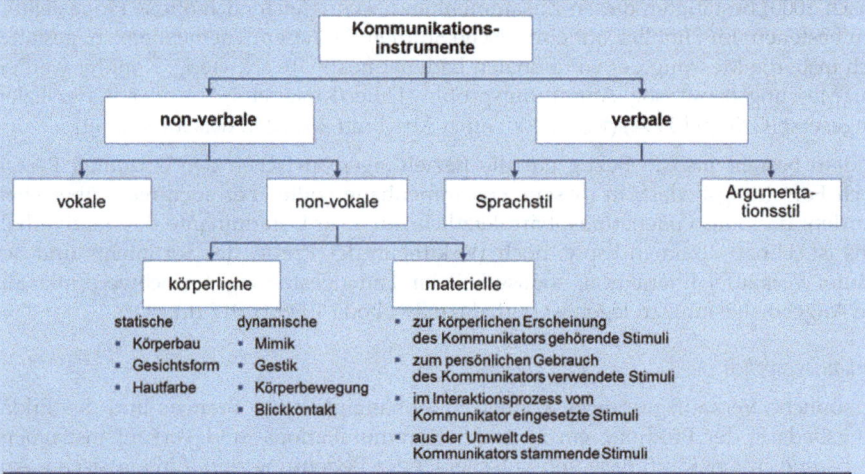

Quelle: In Anlehnung an Weinberg 1986, S. 85.

Grundsätzlich kann zwischen non-verbalen und verbalen Elementen unterschieden werden. Hinsichtlich der verbalen Elemente kann weiter zwischen dem Sprachstil und dem Argumentationsstil, bei den non-verbalen Elementen zwischen vokalen und non-vokalen Elementen differenziert werden.

- In der *Abschluss- und Weiterführungsphase*, die auf den Geschäftsabschluss und die Anbahnung weiterer Geschäfte fokussiert, ist es von Bedeutung, den Wunsch des Konsumenten zu erkennen und entsprechend zu handeln. Bei einem Konsumenten, der sich entschieden hat und das Gespräch beenden will, würde man mit einer weiteren Argumentation Reaktanz auslösen. Diese könnte wiederum dazu führen, dass der bereits vorhandene Kaufwunsch wieder verworfen wird. Charakteristische Signale für die Abschlussbereitschaft sind sprachlich artikulierte Signale, wie z. B. eine konkrete Kaufäußerung, Fragen nach den Garantieleistungen, nach dem Kundendienst oder nach Referenzen, und am Verhalten erkennbare Signale, wie z. B. verstärktes Kopfnicken, Ergreifen des Produkts oder tiefes Durchatmen. Nach einem etwaigen Verkaufsabschluss muss der Verkäufer das Verkaufsgespräch evaluieren. Sollte es zu einem Kauf gekommen sein, steht in dieser Phase die Zufriedenheit des Kunden im Mittelpunkt, weshalb u. a. Maßnahmen der Kundenbindung oder des Beschwerdemanagements von Bedeutung sind.

Faktoren wie Mimik, Gestik und Körpersprache haben als Elemente der non-verbalen Kommunikation in allen Phasen eines Verkaufsgespräches höchste Bedeutung. Aus Verkäufersicht insb. deshalb, weil aus der unbewussten Körpersprache eines Kunden u. U. wichtige Hinweise auf seine Denkhaltung gewonnen werden können (vgl. hierzu auch Abschnitt 2.1.2.2 in diesem Kapitel), die der Kunde nicht bzw. nicht direkt artikulieren würde.

Aus Sicht des Kunden spielt die Körpersprache des Verkäufers eine wichtige Rolle, auch wenn diese nicht bewusst wahrgenommen wird. Sie sollte mit den verbalen Informationen übereinstimmen, um ein konsistentes und glaubwürdiges Bild des Angebots zu bekommen. Problematisch und schwerwiegend sind vor diesem Hintergrund Fehler, die ein Verkäufer in seiner non-verbalen Kommunikation macht. Während Fehler in der verbalen Kommunikation zumindest in einem gewissen Rahmen verbal wieder korrigiert werden können, können solche in der non-verbalen Kommunikation praktisch nicht mehr korrigiert werden. In Übersicht 148 finden sich auszugsweise Ansatzpunkte, wie bestimmte Körperhaltungen interpretiert werden können.

Übersicht 148: **Interpretation unterschiedlicher Körperhaltungen**

Körperhaltung	Interpretation
Kopf ruckartig zurückwerfen	Trotz, Ablehnung oder Ungläubigkeit
Kopf einziehen (Schultern hochziehen)	Angst, Nervosität oder Verkrampfung
Stirn runzeln	Entrüstung
Augenbrauen heben	Ungläubigkeit oder Arroganz
durch den Gesprächspartner hindurchschauen	geistesabwesend
Gesprächspartner mit geradem Blick anschauen	interessiert
keinen Blickkontakt halten	Unsicherheit oder Arroganz
häufig die Lider bewegen	Nervosität
Brille hochschieben	Versuch, Zeit zu gewinnen
Brille (hastig) abnehmen	Nervosität oder Angriff
kurz an die Nase greifen	ertappt werden oder Verlegenheit
sich die Nase reiben	Nachdenklichkeit
den Mund öffnen	Erstaunen oder Wunsch nach Unterbrechung
immer leiser (langsamer) sprechen	Unsicherheit oder Unwilligkeit
Lippen zusammenpressen	verhaltener Zorn oder Starrsinn

Quelle: In Anlehnung an Weinberg 1986, S. 106 f.; Nerdinger 2001, S. 217 f.

Im Rahmen von zahlreichen v. a. auf Praxiserfahrung beruhenden Veröffentlichungen wurden für die Gestaltung von Verkaufsgesprächen Empfehlungen entwickelt, die unter dem Begriff „Verkaufstechnik" diskutiert werden (vgl. dazu u. a. Nerdinger 2001, S. 180 ff.; Diller/Haas/Ivens 2005, S. 208 f.). Diese beinhaltet Empfehlungen, die als Eröffnungs-, Einwandbehandlungs-, Frage-, Preisargumentations- sowie Abschlusstechnik bezeichnet werden.

In Bezug auf die Fragetechniken, sind der Inhalt und die Form der Frage sowie die Häufigkeit der gestellten Fragen für ein erfolgreiches Verkaufsgespräch von Bedeutung, wobei sich je nach der damit verbundenen Zielsetzung unterschiedliche Fragetypen unterscheiden lassen (siehe Übersicht 149).

Generell muss in diesem Zusammenhang allerdings hervorgehoben werden, dass die Vorstellung, durch Anwendung von Verkaufstechniken und einfachen Verkaufsformeln automatisch zum Verkaufserfolg zu gelangen, überholt ist.

Übersicht 149: Fragetypen im Verkaufsgespräch

	Wirkung	Beispiel
Informationsfragen	Sollen Informationen über die Situation und Ausgangslage des Gesprächspartners in Erfahrung bringen. Sie sind kurz zu halten und können offen oder geschlossen sein.	„Haben Sie schon von unserem Produkt XY gehört?"
Suggestivfragen	Sollen den Gesprächspartner i. S. des Verkäufers beeinflussen. Allerdings muss darauf geachtet werden, dass die Fragen den Partner nicht negativ berühren.	„Sie als Fachmann auf dem Gebiet der ... haben sicher schon gehört, dass ..."
Alternativfragen	Sollen dem Gesprächspartner die Möglichkeit zwischen zwei potenziellen Entscheidungen geben, die beide für den Verkäufer positiv sind.	„Möchten Sie das Auto lieber in schwarz oder in silber?"
Gegenfragen	Sollen dem Verkäufer die Möglichkeit geben, nach einer Frage des Kunden wieder die Initiative zurückzugewinnen.	„Wann können Sie liefern?" – „Bis wann brauchen Sie die Maschine?"
Rhetorische Fragen	Dienen primär dazu, die Aufmerksamkeit des Gesprächspartners zu erhalten bzw. zu gewinnen.	„Sie werden sicher fragen, was kostet diese Lösung ... diese Lösung, so wie hier angeboten, kostet ..."
Kontrollfragen	Bieten die Möglichkeit, im Laufe des Verkaufsgesprächs festzustellen, inwieweit Übereinstimmung zwischen den Gesprächspartnern besteht. Sie werden meist als geschlossene Fragen gestellt.	„Wir können also davon ausgehen, dass ein Bedarf von ... besteht?"
Feststellungsfragen	Sollen vom Gesprächspartner eine Information „herausholen", um zu wissen, ob und wie man einen Verkaufserfolg erreichen kann.	„Habe ich Sie richtig verstanden, dass Sie die Maschine im Januar kaufen wollen?"
Motivationsfragen	Sollen den Gesprächspartner dazu bringen, seine wahren Beweggründe zu offenbaren bzw. aktiv zu werden.	„Warum wollen Sie diesen Vorsprung der Konkurrenz gegenüber nicht wahrnehmen?"

Quelle: In Anlehnung an Weis 2010, S. 288 ff.

Zu den Konzepten, die dazu eingesetzt werden, Verkaufsgespräche und die Verhaltensweisen der handelnden Personen zu analysieren und zu erklären, zählen:

- Die *Transaktionsanalyse*, die auf Berne (2001) zurückgeht, zielt darauf ab, die Kommunikation zwischen zwei Personen zu erklären. Dazu werden einerseits die Strukturanalyse und andererseits die Funktionsanalyse eingesetzt. Im Rahmen der Strukturanalyse wird untersucht, aus welchem Ich-Zustand heraus kommuniziert wird. Konkret wird zwischen drei Ich-Zuständen unterschieden: dem Eltern-Ich, dem Erwachsenen-Ich und dem Kindheits-Ich. Gegenstand der Transaktionsanalyse i. e. S. ist es dann, festzustellen, ob alle an der Kommunikation beteiligten Personen den gleichen Ich-Zustand haben. Dies wird als Parallel-Transaktion bezeichnet.

Ist dies nicht der Fall, wird von einer überkreuzten Transaktion gesprochen. Kommunizieren die Personen nur scheinbar auf der Ebene der gleichen Ich-Zustände miteinander, verfolgen aber im Hintergrund eine andere Absicht, liegt eine verdeckte Transaktion vor. Die Funktionsanalyse beschäftigt sich hingegen damit, wie sich Ich-Zustände in Gesprächen zeigen und wodurch sie erkennbar bzw. beobachtbar sind. Grundsätzlich kann festgehalten werden, dass die Transaktionsanalyse theoretisch gut fundiert ist und sich im praktischen Einsatz bewährt hat. Sie basiert nicht nur auf einer Kommunikationstheorie, sondern enthält eine Theorie der menschlichen Persönlichkeit und beschäftigt sich auch mit allen drei Ausdrucksweisen menschlichen Verhaltens, nämlich dem Denken, dem Fühlen und den darauf basierenden verbalen und non-verbalen Äußerungen (Schulze 2000, S. 266 ff.).

- Die *Neurolinguistische Programmierung* (NLP), die u. a. von Bandler/Grinder (2013) begründet wurde, geht davon aus, dass es grundsätzlich drei Typen von Menschen gibt: den visuellen, den auditiven und den kinästhetischen Typ. Diese Wahrnehmungstypen nehmen Informationen aus der Umwelt entweder bevorzugt über das Sehen, das Hören oder über die körperliche Empfindung auf und unterscheiden sich deshalb auch bei ihrer verbalen sowie non-verbalen Kommunikation. Eine der Grundideen der NLP besteht darin, sich auf den jeweiligen Wahrnehmungstyp des Gegenübers einzustellen und einen guten Kontakt zwischen den Kommunikationsteilnehmern, einen sog. Rapport, herzustellen. D. h., dass bspw. ein Verkäufer versucht, das Verkaufsgespräch auf einem Niveau zu führen, das dem Käufer entspricht. Um zu diesem Rapport zu gelangen, können Techniken des Pacing oder des Spiegelns eingesetzt werden. Während sich das sog. Spiegeln auf das Nachahmen der Mimik, Gestik und Körperhaltung beschränkt, ist das sog. Pacing weitreichender und umfasst bspw. auch das Pacen von Einstellungen oder Verhaltensweisen. Ziel des Rapports ist es letztendlich, durch das sog. Leading das eigene Ziel (z. B. das Verkaufsziel), besser verfolgen zu können: Der Gesprächspartner (z. B. der Kunde) wird in die gewünschte Richtung „geführt". Darüber hinaus wird im Rahmen der NLP von der Methode des Ankerns (dem Auslösen einer bestimmten Wahrnehmung z. B. durch Sprache) und des Reframings (das Problem „in einen anderen Rahmen stellen") gesprochen. Generell kann festgehalten werden, dass die NLP einfache Handlungsanleitungen enthält, die differenziert zu betrachten sind. Hinsichtlich der theoretischen Fundierung bleibt dieser Ansatz einiges schuldig.

Verbundkäufe und Cross-Buying

Sowohl für die Industrie als auch für den Handel spielen bei der Produktprogramm- bzw. Sortimentsgestaltung – neben den Kriterien Kosten und Kapazität – auch die Beziehungen zwischen Produkten und Produktgruppen eine Rolle. Sind diese Verbundwirkungen bekannt, können daraus Konsequenzen für die Programm- bzw. Sortimentsgestaltung und für die Warenpräsentation abgeleitet werden. Grundsätzlich lassen sich Verbundwirkungen in drei Gruppen strukturieren (Theis 2007, S. 302 ff.):

- Der *Bedarfsverbund* ist durch den gemeinsamen Ge- oder Verbrauch der Produkte charakterisiert. Als Beispiele für einen Bedarfsverbund können etwa Kaffee und Kaffeefiltertüten, Computer und Drucker, Anzug und Hemd oder CDs und CD-Player angeführt werden.

- Ein *Nachfrageverbund* liegt dann vor, wenn Produkte gemeinsam nachgefragt werden. Dieser Umstand kann auf einen Bedarfsverbund zurückzuführen sein, kann aber auch durch das Bedürfnis der Konsumenten nach Bequemlichkeit oder durch situative Variablen begründet sein. Als Beispiele können Verbrauchermärkte angeführt werden, die darauf abzielen, dass ein Konsument alle Produkte des täglichen Bedarfs in einer Einkaufsstätte (sog. One-Stop-Shopping, Multipurpose-Shopping) erwerben kann (vgl. hierzu auch Foscht/Van Waterschoot/De Haes 2009).
- Beim *Kaufverbund* werden mehrere Produkte in einem Kaufakt erworben. Dieser Verbundtyp ist jener, der für Unternehmen am einfachsten erkennbar ist, da nur tatsächliche Käufe miteinbezogen werden.

Wenngleich alle drei Verbundarten von Bedeutung und bei Entscheidungen zu berücksichtigen sind, ist der Kaufverbund jener Bereich, der in Unternehmen am besten erforscht ist. Im Handel lassen sich auf der Basis von Scannerdaten Warenkorbanalysen durchführen, mittels derer Verbundkäufe identifiziert werden können. Während viele Verbundwirkungen beim Kauf intuitiv nachvollziehbar sind (z. B. Katzenfutter und Katzenstreu) kann die Kaufverbundanalyse durchaus auch überraschende Ergebnisse liefern (z. B. die Verbundwirkung von Babywindeln und Bier).

Verbundwirkungen können für Hersteller und Handel von großer Bedeutung sein. Grundsätzlich ist die Kenntnis von Bedarfs-, Nachfrage- oder Kaufverbünden für die Gestaltung des Produktprogramms bzw. des Sortiments unerlässlich. Darüber hinaus können Verbundwirkungen im Handel weitreichende Konsequenzen für die Warenpräsentation haben (*Verbundpräsentation*). Die Grundidee besteht dabei darin, dass jene Produkte, die gemeinsam gekauft werden, auch gemeinsam präsentiert werden sollten. Der Konsument hat dadurch den Vorteil, dass er nicht zweimal suchen muss, sondern z. B. Kaffee und Filtertüten in demselben Regal vorfindet. Aus betriebswirtschaftlicher Perspektive ist die Tatsache besonders interessant, dass zufriedene Konsumenten nicht nur ein Produkt oder eine Dienstleistung, sondern häufig mehrere Leistungen desselben Unternehmens beziehen. Von Interesse ist dieses Phänomen nicht nur, weil dadurch höhere Umsätze generiert werden können, sondern v. a. deshalb, weil dadurch hinsichtlich der Profitabilität von Kundenbeziehungen oftmals bessere Ergebnisse erzielt werden können. Das Phänomen kann aus Kundensicht als Cross-Buying bezeichnet werden. Oft wird in diesem Zusammenhang aber von der Unternehmensperspektive ausgegangen und es wird daher vom sog. Cross-Selling gesprochen. Übersicht 150 gibt Auskunft darüber, welche Zusatzprodukte eines Finanzdienstleisters mit welchem Einstiegsprodukt verkauft wurden.

Übersicht 150: **Verbundmatrix**

		Zusatzprodukt				
		Kreditkarte	Bausparvertrag	Hypothek	Aktienfonds	Hausratversicherung
Einstiegsprodukt	Girokonto	0,6	0,3	0,1	0,4	0,1
	Kreditkarte	---	0,5	0,3	0,5	0,2
	Bausparvertrag	0,3	---	0,7	0,5	0,2
	Hypothek	0,1	0,3	---	0,1	0,8
	Aktienfonds	0,3	0,4	0,2	---	0,3

Quelle: In Anlehnung an Homburg/Schäfer/Schneider 2012, S. 198.

Für das Unternehmen bedeutet dies im konkreten Fall, dass jenen Kunden, die sich bereits für ein Einstiegsprodukt entschieden haben, das u. U. für das Unternehmen weniger profitabel ist (z. B. ein Girokonto), ein Zusatzprodukt, das im Idealfall profitabel ist, mit einer entsprechenden Erfolgswahrscheinlichkeit angeboten werden kann. Für den Konsumenten hat das den Vorteil, dass er sozusagen von den Erfahrungen anderer Kunden in ähnlichen Situationen profitieren kann.

Cross-Selling im E-Commerce

Im Kontext des Cross-Selling sind auch jene Produkt-Vorschläge zu verstehen, die mittlerweile den Besuchern von Webshops gemacht werden. Bspw. erhält man bei der Bestellung eines Buches in einem Internet-Buchshop (z. B. www.amazon.com) Hinweise darauf, welche weiteren Bücher andere Kunden des Unternehmens gleichzeitig mit dem gewählten Buch gekauft haben – wie also der Warenkorb der anderen Kunden gefüllt war (zur Umsatzwirkung der sog. Recommender-Systeme vgl. Pathak et al. 2010). Ähnlich aufzufassen sind jene Vorschläge, die den Kunden unterbreitet werden, sobald sie sich auf der jeweiligen Website authentifizieren, und die sich auf bisher gekaufte Produkte beziehen.

Um den Konsumenten entsprechende Vorschläge machen zu können, ist die möglichst genaue Kenntnis entsprechender Verbundbeziehungen erforderlich. Die Analyse dieser Verbundbeziehungen kann sich durchaus schwierig gestalten, wenn große Datenmengen und vielfältige bzw. komplexe Beziehungen vorliegen. Bspw. ist es im Buchhandel aufgrund des großen Sortiments und der entsprechend großen Anzahl an möglichen Verbundbeziehungen eine besondere Herausforderung, entsprechende Warenkorbanalysen durchzuführen. Häufig werden dazu Verfahren eingesetzt, die auch unter dem Begriff des Data-Mining diskutiert werden, wie z. B. Neuronale Netze oder Genetische Algorithmen.

Services

Mit zunehmender Vergleichbarkeit von Produkten oder Dienstleistungen kommt den Services eine immer größere Bedeutung zur Differenzierung im Wettbewerb zu. Obwohl Services auch in der Vorkaufphase (z. B. Information on Demand) und insb. in der Nachkaufphase (z. B. Service-Hotline) eine wichtige Rolle spielen (vgl. z. B. Van Waterschoot et al. 2010, S. 3 ff.), können Services auch gerade in der Kaufphase ein großes Differenzierungspotenzial aufweisen. Grundsätzlich geht es in der Kaufphase v. a. darum, den Kauf für den Kunden so einfach und bequem wie möglich zu machen.

Serviceleistungen können hinsichtlich des Leistungsinhalts in produktbezogene bzw. technische und in personenbezogene bzw. kaufmännische Serviceleistungen unterschieden werden. Darüber hinaus können Serviceleistungen hinsichtlich der Erwartungshaltung der Konsumenten differenziert werden. Zu unterscheiden sind dabei:

- *Muss-Serviceleistungen* – das sind jene Leistungen, die aus rechtlichen oder produktspezifischen Gründen zu erbringen sind. Ohne das Angebot von Muss-Serviceleistungen kann der Absatz der Kernleistung zumindest wesentlich erschwert werden. Zu diesen Serviceleistungen gehören z. B. Garantieleistungen.

- *Soll-Serviceleistungen* – das sind jene Leistungen, die nicht zwingend erforderlich sind, aber ergänzend zur Kernleistung erbracht werden. Das Vorhandensein von Soll-Serviceleistungen wird von den Konsumenten als angenehm und komfortabel empfunden. Zu dieser Art von Leistungen zählen etwa ein Transportservice oder Finanzierungsmöglichkeiten.
- *Kann-Serviceleistungen* – das sind jene Leistungen, die nicht erwartet werden (sog. Add-on-Leistungen), die aber die Attraktivität des Leistungsangebots erhöhen. Da mit diesen Leistungen die Erwartungen also übertroffen werden, kann gerade über diese Form von Serviceleistungen Kundenzufriedenheit erreicht und damit die Basis für eine langfristige Kundenbeziehung geschaffen werden.

In der Kaufphase wären bspw. im Handel kundengerechte Öffnungszeiten, Kinderbetreuungseinrichtungen, Effizienz des Checkouts oder etwa die Akzeptanz diverser bargeldloser Zahlungsmittel als charakteristische Serviceleistungen zu nennen (Zentes/Swoboda/Foscht 2012, S. 560 f.).

Messung der Dienstleistungsqualität – ServQual

Ein bekanntes Instrument zur Messung der Servicequalität ist die sog. ServQual-Skala (der Ausdruck „ServQual" steht für die Kombination der Begriffe „Service" und „Qualität"), die von Parasuraman/Zeithaml/Berry (1988) auf der Basis von Fokusgesprächen mit Konsumenten (Parasuraman/Zeithaml/Berry 1985) entwickelt wurde. Dieses Instrument misst die Differenz zwischen der erwarteten und der wahrgenommenen Servicequalität. Dabei bezieht sich die erwartete Servicequalität auf Dienstleistungsunternehmen der betreffenden Branche im Allgemeinen, d. h., es wird abgefragt, in welchem Ausmaß exzellente Unternehmen in der jeweiligen Branche die jeweils vorgegebenen Leistungen zu erbringen haben. Die wahrgenommene Servicequalität fokussiert dagegen auf das zu evaluierende Unternehmen. D. h., hier wird eruiert, inwieweit das spezifische Unternehmen die vorgegebenen Leistungen erfüllt. Sowohl die erwartete als auch die wahrgenommene Servicequalität werden über 22 Items abgefragt, die zu fünf branchenübergreifend gültigen Dimensionen verdichtet werden (Parasuraman/Zeithaml/Berry 1988, S. 23; Meyer/Ertl 1998, S. 227):

- Annehmlichkeit des tangiblen Umfeldes (Tangibles),
- Zuverlässigkeit (Reliability),
- Reaktionsfähigkeit (Responsiveness),
- Leistungskompetenz (Assurance) und
- Einfühlungsvermögen (Empathy).

Diese fünf Dimensionen wurden auch in der revidierten Fassung des ServQual beibehalten (Parasuraman/Berry/Zeithaml 1991, S. 446). Geändert wurden dagegen die Formulierung und der Inhalt einzelner Items. Einige Items der überarbeiteten ServQual-Skala zur Erfassung der wahrgenommenen Servicequalität (Parasuraman/Berry/Zeithaml 1991, S. 448 f.) sind in Übersicht 151 dargestellt.

Auch wenn die ServQual-Skala ursprünglich als branchenübergreifend anwendbar konzipiert wurde, zeigten empirische Studien, dass das Instrument an den jeweiligen Untersuchungskontext angepasst werden muss (vgl. z. B. Carman 1990, S. 36). Bspw. stellte sich in einer Studie von Finn/Lamb (1991, S. 487) heraus, dass die ServQual-Skala nicht zur Ermittlung der Servicequalität von Handelsunternehmen geeignet ist und Vázquez et al. (2001, S. 5 ff.) schlagen folgende Dimensionen zur Messung der Servicequalität im stationären Handel vor:

- Physische Aspekte (Physical Aspects), die die Erscheinung des Geschäftes und die Bequemlichkeit beim Kauf betreffen,
- Zuverlässigkeit (Reliability), die sich darauf bezieht, Versprechen einzuhalten und auf die reibungslose Erfüllung der Handelsfunktionen fokussiert,
- Persönliche Interaktion (Personal Interaction), die die Reaktionsfähigkeit und die vermittelte Sicherheit betrifft und
- Geschäftsstrategien (Policies), die die Qualität der angebotenen Produkte und das Sortiment (z. B. das Führen qualitativ hochwertiger Handelsmarken und bekannter Herstellermarken) betreffen.

Notwendige Anpassungen der ursprünglich entwickelten Skala zur Messung der Servicequalität werden aber nicht nur durch unterschiedliche Branchenkontexte, sondern auch durch die bei der Erbringung der Serviceleistung eingesetzten Technologien (z. B. Self-Service-Technologien) bedingt (vgl. z. B. Ding/Hu/Sheng 2011, S. 512; Aghdaie/Faghani 2012, S. 354; Orel/Kara 2014, S. 123).

Übersicht 151: **Beispiel-Items des ServQual**

Dimension	Beispiel-Items
Tangibles	■ … hat eine moderne Ausstattung. ■ Die Mitarbeiter von … haben ein gepflegtes Äußeres.
Reliability	■ Wenn … verspricht, etwas zu einer bestimmten Zeit zu erledigen, wird dies eingehalten. ■ Wenn ein Kunde ein Problem hat, zeigt … aufrichtiges Interesse daran, dieses zu lösen.
Responsiveness	■ Die Mitarbeiter von … sind immer gewillt, dem Kunden zu helfen. ■ Die Mitarbeiter von … sind nie zu beschäftigt, um Anfragen der Kunden zu beantworten.
Assurance	■ Man fühlt sich bei Geschäften mit … sicher. ■ Die Mitarbeiter von … verfügen über das Wissen, um Fragen zu beantworten.
Empathy	■ Die Öffnungszeiten von … sind für alle Kunden bequem. ■ Die Mitarbeiter von … verstehen die spezifischen Bedürfnisse der Kunden.

5.4 Nachkauf- und Nutzungsphase

5.4.1 Theoretische Grundlagen und Charakteristika

Im Rahmen der Nachkauf- und Nutzungsphase erfolgt zunächst der Konsum i. e. S. Danach folgt die Evaluierung der bis dahin erhaltenen Leistungen bzw. der gemachten Erfahrungen, die eine Beschwerde seitens des Konsumenten nach sich ziehen kann und damit für das weitere Bestehen der Kundenbeziehung zentral ist. Schließlich wird in dieser Phase über die Entsorgung i. w. S. entschieden.

5 Konsumentenverhalten in Kundenbeziehungen

In den folgenden Ausführungen wird nun auf den Konsum bzw. auf die Nutzung von Produkten und Dienstleistungen eingegangen, die Evaluierung und Beschwerde thematisiert sowie im Anschluss die Entsorgung von Produkten diskutiert.

Konsum/Nutzung

> Der Konsum i. e. S. bezieht sich auf den Ge- und Verbrauch von Produkten bzw. die Nutzung einer Dienstleistung.

Nach dem Kauf werden Konsumgüter (wie z. B. Lebensmittel) verbraucht, Dienstleistungen (wie z. B. eine Flugreise) konsumiert und Gebrauchsgüter (wie z. B. ein Auto) genutzt. Hinsichtlich des Konsums stehen den Konsumenten unterschiedliche Entscheidungsalternativen offen, wie der Konsum zum nächstmöglichen Zeitpunkt, die kurzfristige Lagerung mit dem Ziel eines späteren Konsums oder die langfristige Lagerung ohne ein bestimmtes Ziel bzgl. des späteren Konsums (Blackwell/Miniard/Engel 2001, S. 263 f.). Grundsätzlich lassen sich – entsprechend der unterschiedlichen Bedürfnisse – folgende zwei Arten des Konsums differenzieren (Assael 2004, S. 47):

- Utilitaristischer Konsum – diese Form des Konsums umfasst die Nutzung eines Produkts, um einen funktionalen Zweck zu erfüllen (z. B. ein Waschmittel zum Waschen von Wäsche).
- Hedonistischer Konsum – diese Form des Konsums umfasst die Nutzung eines Produkts, um Fantasien oder Emotionen zu befriedigen (z. B. Gesichtscreme, um „schön" zu sein).

Bzgl. der Art des Konsums ist festzuhalten, dass diese in erster Linie von der Motivation des Konsumenten abhängt (siehe Abschnitt 2.1.3.1 in diesem Kapitel). D. h., dass ein und dasselbe Produkt sowohl utilitaristisch als auch hedonistisch konsumiert werden kann.

In der Nachkauf- und Nutzungsphase kann auch eine sog. *Nachkaufdissonanz* auftreten, d. h., der Konsument hegt Zweifel, ob er die für ihn richtige Kaufentscheidung getroffen hat. Besonders wahrscheinlich ist es, dass nach dem Kauf Dissonanzen (siehe Abschnitt 2.1.4.2 in diesem Kapitel) entstehen, wenn

- die entsprechende Aktivierungs- bzw. Reizschwelle des Konsumenten überschritten wird,
- die Kaufentscheidung irreversibel ist,
- es nicht gewählte Alternativen gibt, die über gewünschte Eigenschaften verfügen und/oder
- die Kaufentscheidung aus freiem eigenen Willen erfolgt (der Konsument also z. B. nicht durch sozialen Druck beeinflusst wurde).

Tritt eine Nachkaufdissonanz auf, existieren für den Konsumenten zwei Strategien, um diese wieder abzubauen. Die erste Strategie besteht darin, die gefällte Entscheidung zu bestätigen. Die zweite Strategie besteht darin, die Entscheidung rückgängig zu machen, weil der Konsument festgestellt hat, dass die falsche Entscheidung gefällt wurde. Im Rahmen der erstgenannten Strategie der Bestätigung werden die Konsumenten nach entsprechenden, bestätigenden Informationen suchen. Für die Marketing-Bemühungen von Unternehmen bedeutet dies, dass entsprechende Informationen bereitgestellt, wenn nicht sogar proaktiv an die Käufer herangetragen werden sollen, wenn eine gewisse Wahrscheinlichkeit für das Auftreten von Nachkaufdissonanzen besteht. Ein typisches Beispiel für ein solches proaktives Vorgehen ist z. B. ein Brief, den ein Konsument nach dem Kauf eines Autos erhält und in dem „zur richtigen Entscheidung" gratuliert wird. Bei der zweitgenannten Strategie, wenn der Konsument also feststellt, dass er die falsche Entscheidung getroffen hat, besteht die Möglichkeit der Auflösung der Dissonanz z. B. darin, das Produkt zu retournieren. Für das Unternehmen der ungünstigere Fall wäre jener, wenn der Konsument das Gefühl hat, die falsche Entscheidung getroffen zu haben, das Produkt aber nicht retourniert werden kann und sich der Konsument negativ über das Unternehmen äußert (siehe dazu auch Abschnitt 5.4.2 in diesem Kapitel).

Der Konsum i. e. S. ist ein entscheidender Teilprozess im Rahmen der gesamten Kaufphasensequenz. Dennoch hat die Erforschung des Konsums an sich nach wie vor eine relativ geringe Bedeutung. Zentrale Fragen, die in diesem Zusammenhang zu diskutieren wären, sind (Kuß/Tomczak 2007, S. 165):

- Konsumierte Mengen,
- Häufigkeit des Konsums (regelmäßiger Konsum, gelegentlicher Konsum),
- Konsum-Situationen,
- Konsum-Anlässe und
- Probleme beim Gebrauch.

Neben den Überlegungen bzgl. des Konsums sind auch Probleme, die beim Konsumieren auftreten können, Gegenstand der Betrachtung der Nachkaufphase.

Evaluierung der Leistung

> Unter der Evaluierung der Leistung wird jener Prozess verstanden, in dem der Konsument die bislang erhaltenen Leistungen bzw. die bis dahin gesammelten Erfahrungen bewertet.

Im Zuge der Evaluierung wird das gekaufte Produkt, die gekaufte Marke, die in Anspruch genommene Dienstleistung bzw. das besuchte Geschäft einer Bewertung unterzogen, wobei der Evaluierung von Alternativen (siehe hierzu Abschnitt 5.2.1 in diesem Kapitel) in der Literatur bislang mehr Beachtung geschenkt wurde als der Evaluierung in der Nachkauf- bzw. Nutzungsphase (vgl. dazu schon Fisher Gardial et al. 1994). Dies obwohl sich gezeigt hat, dass in der Vorkauf- und Nachkaufphse unterschiedliche Bewertungskriterien herangezogen werden (vgl. Fisher Gardial et al. 1994, S. 548 f.): In der Nachkaufphase werden Produkte weniger auf der Basis einzelner Produktattribute, sondern stärker i. S. einer Overall-Evaluierung bewertet. Zudem werden in der Nachkaufphase häufig andere Marken als Vergleichsstandard herangezogen, um zu einem Urteil über ein Produkt bzw. eine Marke zu gelangen. „Interne" Vergleichsstandards, wie Idealleistungen oder gewünschte Leistungen, werden – im Vergleich zur Vorkaufphase – weniger oft genutzt. Dass in der Vorkauf- und Nachkaufphase unterschiedliche Bewertungskriterien zum Zuge kommen, gilt insb. für Dienstleistungen sowie für Produkte, deren Attribute sog. Erfahrungs- oder Vertrauenseigenschaften darstellen (vgl. hierzu Abschnitt 1.2.1 in diesem Kapitel).

Hinsichtlich der Evaluierung bspw. eines Geschäftes ist zu berücksichtigen, dass diese u. a. auch von der Stimmung beim Kauf bzw. davon beeinflusst wird, ob jemand eine Unternehmensleistung in Begleitung eingekauft bzw. in Anwesenheit anderer konsumiert hat oder nicht. Studien zeigten bspw., dass eine stärkere Übereinstimmung der beim „Konsum" erlebten positiven Emotionen von gleichzeitig anwesenden Personen eine positivere Evaluierung der Leistung nach sich zieht (vgl. Ramanathan/McGill 2007) – eine Erkenntnis, die sich auf die retrospektive Evaluierung eines Ladens übertragen lässt.

Auf der Basis der Evaluierung kann schließlich Zufriedenheit bzw. Unzufriedenheit mit dem Produkt, mit der Dienstleistung und/oder mit einem Anbieter ausgelöst werden und – im Falle der Zufriedenheit – Kundenloyalität begründet werden. Da die Kunden(un-)zufriedenheit und die Kundenloyalität zentrale Konstrukte der Kundenbeziehung darstellen, werden sie in den Abschnitten 5.4.2 bzw. 5.4.3 in diesem Kapitel gesondert diskutiert.

Beschwerde

> *Unter einer Beschwerde ist die Artikulation von Unzufriedenheit zu verstehen, die gegenüber Unternehmen oder Drittinstitutionen mit dem Zweck geäußert wird, auf ein subjektiv als schädigend empfundenes Verhalten eines Anbieters aufmerksam zu machen, Wiedergutmachung für erlittene Beeinträchtigungen zu erreichen und/oder eine Änderung des kritisierten Verhaltens zu bewirken (Stauss/Seidel 2014, S. 28).*

Im Gegensatz zu Reklamationen, bei denen der Konsument einen Rechtsanspruch auf bestimmte Leistungen hat, stellt die kundenfreundliche Behandlung einer Beschwerde grundsätzlich eine freiwillige Leistung des Unternehmens dar. Beschwerden sind eine mögliche Folge der Unzufriedenheit mit einer Leistung des Unternehmens (siehe Abschnitt 5.4.2 in diesem Kapitel). Letztlich bildet aber auch die Beschwerdebehandlung eine Unternehmensleistung und kann in das Zufriedenheitsurteil der Konsumenten einfließen.

Grundsätzlich ist festzuhalten, dass sich nicht alle Kunden, die unzufrieden sind, auch beschweren. Zu den Faktoren, die diese Entscheidung beeinflussen können, zählen (Chapa et al. 2014, S. 373 ff.; Stauss/ Seidel 2014, S. 46 ff.):

- Beschwerdekosten (Porto- oder Telefonkosten, geschätzter Zeitaufwand, prognostizierter Ärger, Transparenz bzgl. des Beschwerdeprozesses),
- Beschwerdenutzen (Wert der Problemlösung, Erfolgswahrscheinlichkeit der Beschwerde),
- Produktmerkmale (insb. Relevanz des Ereignisses bzw. Höhe des entstandenen Schadens),
- Problemmerkmale (objektive Nachweisbarkeit und Dokumentierbarkeit des Problems),
- Eindeutigkeit der Ursachenattribuierung (kann die Ursache des Problems eindeutig einem Anbieter zugeschrieben werden),
- personenspezifische Merkmale (meist sind Beschwerdeführer eher jünger, männlich, mit gehobener Ausbildung, mit mittlerem bzw. höherem Einkommen und erhöhtem Selbstbewusstsein),
- situationsspezifische Merkmale (Zeitdruck, Bemerkungen und Meinungen von Begleitpersonen, Beobachtung des Vorfalls durch Dritte) und
- kulturspezifische Merkmale (Zugehörigkeit zu einer individualistischen oder kollektivistischen Kultur).

In Abhängigkeit davon, wie konkret oder diffus bzw. wie konfliktär oder kooperativ sich ein Konsument verhält, lassen sich – neben Beschwerden – noch eine Reihe weiterer Verhaltensweisen von Kunden beobachten, die in Übersicht 152 dargestellt sind.

Übersicht 152: **Mögliche Kundenreaktionen**

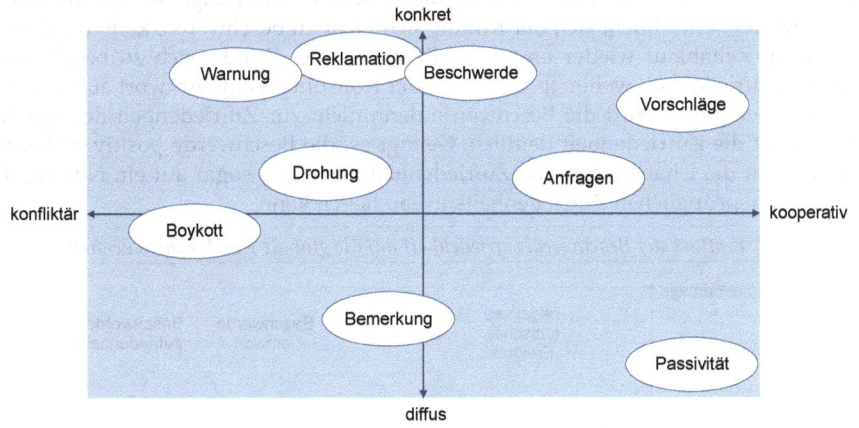

Quelle: In Anlehnung an Schütze 1992, S. 297.

Generell sollte es jedes Unternehmen positiv auffassen, wenn sich ein Kunde beschwert, denn indirekt gibt der Kunde dem Unternehmen damit die Chance, ein entstandenes Problem zu lösen und damit die Unzufriedenheit des Kunden abzubauen. Jene Kunden, die sich, obwohl sie unzufrieden sind, nicht beschweren, bilden für Unternehmen ein Gefahrenpotenzial, da diese Kunden anderen Konsumenten ihre Unzufriedenheit mitteilen können. In verschiedenen Studien wurde festgestellt, dass, je nach Branche, ca. 50 bis 80 % der unzufriedenen Kunden von einer Beschwerde absehen, weil sie davon ausgehen, dass die Beschwerde nichts ändert, nicht registriert wird oder kein Ansprechpartner bekannt ist (vgl. z. B. Barlow/Møller 1996, S. 84 f.).

Beschwerde- und Diskussionsplattformen im Internet

Eine neue Dimension bzgl. ihrer Bedeutung erfahren Beschwerden von Kunden, die im Internet veröffentlicht werden. Einerseits haben sich zu diesem Zweck Plattformen entwickelt, die Beschwerde- und Diskussionsforen über viele Produkt- und Leistungsbereiche hinweg anbieten und andererseits haben sich Plattformen gebildet, auf denen Beschwerden gepostet werden, die sich ausschließlich auf ein bestimmtes Unternehmen beziehen. Als Beispiele für den ersten Fall können die Plattformen www.ciao.de oder www.epinions.com angeführt werden und als Beispiel für den zweiten Fall kann die Plattform www.untied.com genannt werden, auf der sich Konsumenten über die Fluglinie „United" beschweren können. Dieser Entwicklung versuchen bereits einige Unternehmen proaktiv entgegen zu wirken, indem diese ihren Kunden entsprechende Beschwerde- bzw. Diskussionsplattformen auf der eigenen Website anbieten oder versuchen, über verschiedene Instrumente des Social Media Marketing (z. B. Blogs) mit den Kunden zu kommunizieren.

Neben den Beschwerden, die von den Kunden dem Unternehmen gegenüber nicht artikuliert werden, stellen auch jene Beschwerden ein Problem dar, die zwar artikuliert, aber im Unternehmen nicht entsprechend registriert und behandelt werden.

Tritt ein negatives Ereignis auf, ist hinsichtlich der Zufriedenheitsentwicklung davon auszugehen, dass die Zufriedenheit nach dem Auftreten des Ereignisses absinkt (siehe Übersicht 153). Entschließt sich der Kunde, sich nicht zu beschweren, kann die Zufriedenheit im Zeitablauf wieder ansteigen. Beschließt ein Kunde, sich zu beschweren, kann die Zufriedenheit weiter absinken, bis der Konsument eine Antwort auf seine Beschwerde bekommt. Wird die Beschwerde dann nicht zur Zufriedenheit des Kunden gelöst, sinkt die Zufriedenheit deutlich. Gelingt es, die Beschwerde positiv zu behandeln, besteht die Chance, dass die Zufriedenheit ansteigt – sogar auf ein Niveau, das über dem ursprünglichen Zufriedenheitsniveau liegen kann.

Übersicht 153: **Einfluss der Beschwerdezufriedenheit auf die globale Kundenzufriedenheit**

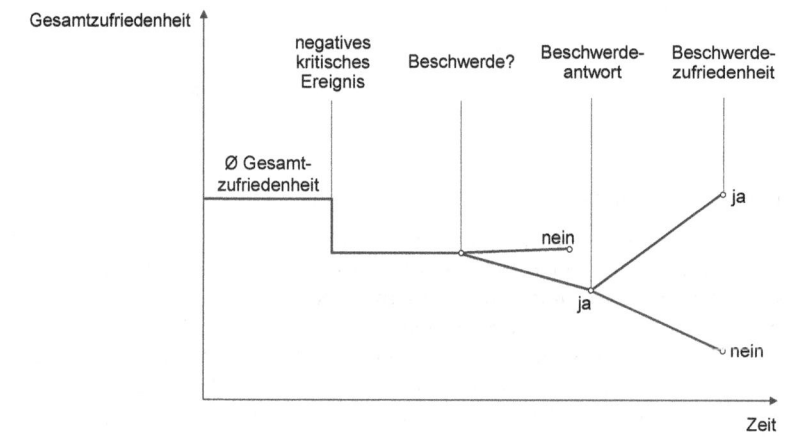

Quelle: In Anlehnung an Müller 1998, S. 207.

Für das Management von Beschwerden bedeutet dies, dass ein Unternehmen ein beschwerdefreundliches Klima schaffen muss, damit sich möglichst viele (unzufriedene) Kunden beim Unternehmen beschweren und nicht anderen (potenziellen) Kunden von ihren negativen Erfahrungen erzählen. Die Beschwerden sollen systematisch erfasst werden und die Beschwerdebehandlung sollte so erfolgen, dass Kundenzufriedenheit entsteht.

Entsorgung

> Die Entsorgung i. w. S. umfasst – neben dem Wegwerfen von Produkten, die aus Konsumentensicht keinen funktionalen, ästhetischen oder sozialen Nutzen mehr erfüllen – auch das Verschenken, Tauschen und Verkaufen von Produkten.

Das Problem, dass ein Produkt nach der Verwendung entsorgt werden muss, besteht seit jeher. Geändert hat sich aber das Bewusstsein der Konsumenten in dieser Frage. Zunehmend werden Produkte schon unter Berücksichtigung der Entsorgungsmöglichkeiten gekauft, zumindest aber wird versucht, bei der Entsorgung umweltbewusster vorzugehen – ein Verhalten, das auch unter dem Schlagwort des nachhaltigen Konsums diskutiert wird. Dieses nachhaltige Konsumieren setzt voraus, dass die eigenen Bedürfnisse befriedigt werden, die Lebens- und Konsummöglichkeiten der anderen Menschen und der zukünftigen Generationen aber dadurch nicht gefährdet werden (Balderjahn/Scholderer 2007, S. 148).

Dem Konsumenten stehen unterschiedliche Optionen der „Entsorgung" offen (siehe Übersicht 154). Grundsätzlich ist es vom jeweiligen Produkt, von der Beziehung, die ein Konsument zu diesem aufgebaut hat und von Persönlichkeitsprädispositionen (z. B. Umweltbewusstsein) abhängig, welche Entsorgungsmöglichkeiten in Erwägung gezogen werden.

Übersicht 154: **Produktentsorgungsmöglichkeiten**

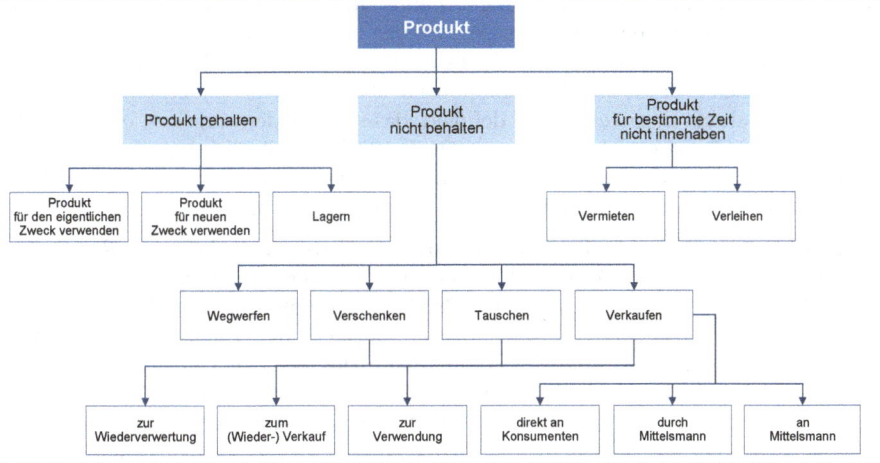

Quelle: In Anlehnung an Solomon et al. 2010, S. 214.

Demnach kann ein Produkt weggeworfen, verschenkt, getauscht oder verkauft werden. Der Verkauf kann dabei direkt oder indirekt über einen Mittelsmann an einen anderen Konsumenten erfolgen.

Da die Art der Entsorgung, wie angeführt, u. a. vom Produkt abhängig ist, ist in diesem Zusammenhang generell zwischen Gebrauchs- und Verbrauchs- (bzw. Konsum-) Gütern zu unterscheiden. Während Konsumgüter oft vollständig verbraucht werden und lediglich die Produktverpackung entsorgt wird, werden Gebrauchsgüter meist über eine längere Zeit hinweg verwendet und erst entsorgt, wenn sie nicht mehr funktionsfähig sind, ein neueres Modell angeschafft wird etc. In diesem Kontext sind auch Pfandsysteme zu sehen, deren Hauptziel es ist, Konsumenten dazu zu bewegen, recyclebare Verpackungen (z. B. Getränkeflaschen) zu retournieren und damit einer Wiederverwendung zuzuführen. Für die Marketing-Aktivitäten der Unternehmen bedeutet dies, dass Entsorgungsmöglichkeiten – angefangen bei der Produktentwicklung, über den Verkauf bis hin zur Beratung – bei Gebrauchs- und Verbrauchsgütern berücksichtigt werden müssen. Eine andere Situation liegt bei Dienstleistungen vor, die üblicherweise mit dem Konsum „untergehen".

5.4.2 Kundenzufriedenheit

> Die Kundenzufriedenheit kann als zentrales Konstrukt im Hinblick auf eine dauerhafte Beziehung zwischen Kunde und Unternehmen betrachtet werden. Sie ist das Ergebnis einer komplexen Informationsverarbeitung und entsteht letztendlich dadurch, dass – im Rahmen der Evaluierung der Unternehmensleistung – die gewählte Alternative die subjektiven Erwartungen erfüllt oder übertrifft.

Bei der Zufriedenheit handelt es sich um ein einstellungsähnliches Konstrukt (Stauss 1999, S. 12), das sich von Einstellungen im Wesentlichen dadurch unterscheidet, dass die Zufriedenheit an konkrete Erfahrungen gebunden ist, die Einstellung hingegen nicht (vgl. hierzu auch Abschnitt 2.1.4 in diesem Kapitel). Das Konstrukt der Zufriedenheit kann – im Konzept der Drei-Komponenten-Auffassung der Einstellung – i. e. S. der kognitiven Komponente der Einstellung zugeordnet werden, da der Informationsverarbeitungsprozess ein rein kognitiver Akt ist (Stauss 1999, S. 7). Es existieren aber ebenso Hinweise darauf, dass die Zufriedenheit eher die affektive Komponente abdeckt. Dementsprechend wird Zufriedenheit auch als ein positives Gefühl definiert, das sich aus dem Ergebnis einer Entscheidung oder Handlung ergibt (Dick/Basu 1994, S. 100 ff.). Schließlich wird in der vorherrschenden Literatur auch unterstellt, dass Zufriedenheit sowohl auf einer kognitiven Evaluation als auch auf einer affektiven Komponente basiert (vgl. z. B. Oliver 1993, 1994).

Wenngleich es hinsichtlich der Erklärung der Kundenzufriedenheit eine Reihe unterschiedlicher Ansätze gibt, kann festgehalten werden, dass das *Confirmation/Disconfirmation-Paradigma* (C/D-Paradigma) jener Erklärungsrahmen ist, der für eine Analyse des Käuferverhaltens in endverbrauchernahen Märkten am ehesten geeignet erscheint. Erwähnt werden muss in diesem Zusammenhang, dass die Anwendung des C/D-Paradigmas strenggenommen zwei Messungen voraussetzt (z. B. vor und nach der Nutzung eines Produkts zur Bestimmung der Produktzufriedenheit oder vor und nach dem Besuch einer Einkaufsstätte zur Ermittlung der Zufriedenheit mit einem Geschäft), was in bisherigen Studien aber meist unterbleibt.

Im Mittelpunkt des C/D-Konzeptes (siehe Übersicht 155) steht der Vergleich der wahrgenommenen Leistung (Ist-Leistung) mit einem Vergleichsstandard des Kunden (Soll-Leistung). Als Vergleichsstandard kann dabei u. a. die Erwartung oder Erfahrung des Kunden sowie das aus Kundensicht ideale Leistungsniveau dienen (Homburg/Stock-Homburg 2012, S. 20 f.).

In der Literatur existieren bzgl. der Art und der Anzahl der verwendeten Soll-Standards unterschiedliche Auffassungen. Es ist auch denkbar, dass Konsumenten mehrere verschiedene Vergleichsstandards sowohl gleichzeitig als auch sequentiell anwenden (Tse/Wilton 1988, S. 204 ff.). Meist wird jedoch explizit die Erwartung als Soll-Standard herangezogen (Stauss 1999, S. 6), wobei zwischen verschiedenen Erwartungsauffassungen unterschieden werden muss. Es kann z. B. zwischen dem wahrscheinlichen Leistungsniveau (Predictions) und normativen Standards, wie gewünschter Idealleistung (Ideal), Verdientes (Deserved Expectations) sowie gerade noch Akzeptables (Minimum Tolerable) differenziert werden. Das Hauptproblem, das mit unterschiedlichen Auffassungen in Bezug auf die Soll-Komponente im Allgemeinen und hinsichtlich der Erwartungen im Speziellen verbunden ist, besteht darin, dass Studien, die jeweils unterschiedliche Maßstäbe anlegen, kaum miteinander vergleichbar sind. Darüber hinaus kann es problematisch sein, dass Zufriedenheit bzw. Unzufriedenheit nur dann auftreten kann, wenn sie sich auf Aspekte einer Leistung bezieht, bzgl. derer ein Konsument schon vor dem Gebrauch eine Meinung (bzw. eine Einstellung) hat. Somit kann z. B. die Zufriedenheit eines Konsumenten mit einer Leistungseigenschaft, die ihm vorher nicht bewusst war, nicht erklärt werden. Schließlich müsste ein Kunde – diesem Verständnis entsprechend – auch dann zufrieden sein, wenn eine Leistung über – objektiv betrachtet – negative Leistungsmerkmale verfügt, der Kunde diese aber erwartet hat (Homburg/Stock-Homburg 2008, S. 29).

*Übersicht 155: **Grundprinzip des C/D-Paradigmas***

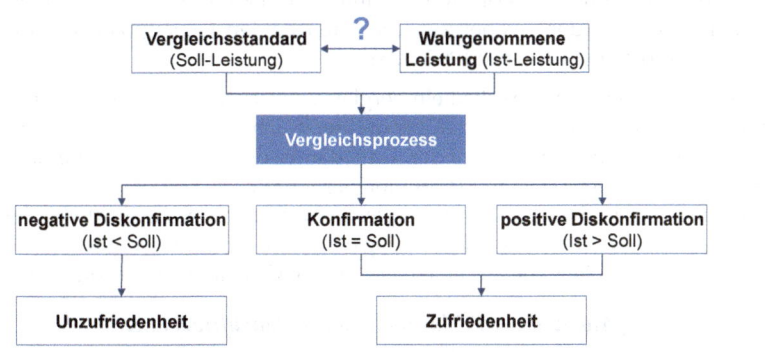

Quelle: In Anlehnung an Homburg/Becker/Hentschel 2013, S. 105.

Bzgl. der Ist-Komponente ist die Auffassung in der Marketingliteratur weniger differenziert. Grundsätzlich wird davon ausgegangen, dass es sich dabei um die vom Kunden wahrgenommene Leistung handelt (Kaas/Runow 1984, S. 452). Dabei kann zwischen der objektiven und der subjektiven Leistung unterschieden werden. Die objektive Leistung eines Produkts, also das tatsächliche Leistungsniveau, das für alle Kunden gleich ist, wird von jedem Kunden seinen Erwartungen entsprechend wahrgenommen, woraus die subjektive Leistung hervorgeht.

Stellt sich nun bei dem Vergleich zwischen Soll- und Ist-Leistung heraus, dass die wahrgenommene Leistung dem Vergleichsstandard (z. B. den Erwartungen des Kunden) entspricht, werden die Erwartungen bestätigt (Confirmation) und es entsteht Zufriedenheit. Werden beim Vergleichsprozess die Erwartungen übertroffen, spricht man von einer positiven Diskonfirmation (Disconfirmation), woraus in Folge ebenfalls Zufriedenheit resultiert. Unzufriedenheit wird hingegen ausgelöst, wenn eine negative Diskonfirmation vorliegt. Dies ist dann der Fall, wenn die wahrgenommene Leistung unter den Erwartungen liegt (Neal/Sirgy/Uysal 1999, S. 155).

In Bezug auf den Vergleichsprozess zwischen Soll- und Ist-Leistung und damit im Hinblick auf das Entstehen von Zufriedenheit oder Unzufriedenheit, spielt das Involvement eine wichtige Rolle. Dieses hat Einfluss darauf, wie viele Merkmale ein Konsument in den Vergleichsprozess mit einbezieht (Matzler 1997, S. 222). Bzgl. des Bestätigungsprozesses sind zwei weitere Überlegungen anzustellen. Einerseits existieren unterschiedliche Auffassungen hinsichtlich des Zusammenhangs zwischen der wahrgenommenen Leistung und der Zufriedenheit. Geht man von einem linearen Zusammenhang aus, bedeutet das, dass positiv und negativ bestätigte Erwartungen einen gleich großen Einfluss auf die Zufriedenheit haben. Andererseits wird angenommen, dass negativ bestätigte Erwartungen eine wesentlich größere Auswirkung auf die Zufriedenheit haben als positive. Darüber hinaus wird unterstellt, dass ein Sättigungsniveau existiert, bei dessen Überschreitung eine weitere Erhöhung des Leistungsniveaus nicht zu einer weiteren Steigerung der Zufriedenheit führt. Bspw. führt eine über den Bedarf hinausgehende Abstellung von Servicekräften nicht zu einer höheren Zufriedenheit der schon „versorgten" Kunden.

Im Rahmen des C/D-Paradigmas wird implizit davon ausgegangen, dass ein Konsument motiviert ist und über die Fähigkeiten verfügt, eine Leistung im Vergleich zur Soll-Leistung zu evaluieren. Vor diesem Hintergrund kann man zwei Formen von Zufriedenheit unterscheiden, wobei zwischen den beiden Gegenpolen ein Kontinuum postuliert wird (Bloemer/Kasper 1995, S. 315):

- Wird von einem Kunden explizit ein Vergleich zwischen wahrgenommener Leistung und erwarteter Leistung durchgeführt und setzt sich der Kunde somit bewusst kognitiv mit der Evaluation auseinander, kann daraus eine *manifeste Zufriedenheit* folgen, die aus einem hohen Grad an Elaboration hervorgeht.
- Führt ein Kunde keinen expliziten Vergleich durch, sei es mangels Motivation oder mangels entsprechender kognitiver Fähigkeiten, kann daraus lediglich eine *latente Zufriedenheit* entstehen, die aus einem geringeren Grad an Elaboration resultiert.

Ansätze zur Erklärung von Kundenzufriedenheit

Zur theoretischen Erklärung der Kundenzufriedenheit sind in der Literatur einige Ansätze zu finden. Einer der zentralen Zugänge zu diesem Thema ist die Theorie der kognitiven Dissonanz (siehe dazu Abschnitt 2.1.4.2 in diesem Kapitel). Die Dissonanztheorie ist in die Gruppe der Konsistenztheorien einzuordnen, die auf dem homöostatischen Prinzip beruhen und zu der auch die Balance-Theorie von Heider (1946), die Kongruenz-Theorie von Osgood und Tannenbaum (1953) sowie die Konsistenztheorie von Rosenberg und Abelson (1960) zählen. Im Vergleich zu den anderen Konsistenztheorien weist die Dissonanztheorie von Festinger (1957) einen Vorteil auf, der auch zur Verbreitung der Theorie in der Wissenschaft beigetragen hat: Während sich alle anderen Theorien lediglich auf die Konsistenz von verschiedenen Einstellungen konzentrieren, bezieht Festinger jede Form der Inkonsistenz, also auch die Inkonsistenz zwischen Einstellungen, Verhalten, Verhaltensentscheidungen und Commitment, in seine Überlegungen ein. Dissonanzen können grundsätzlich nicht nur im Wissens- und Einstellungsbereich auftreten, sondern auch im Emotions- und im Verhaltensbereich (Festinger 1957, S. 2). Um Dissonanzen zu vermeiden, sind folgende vier, schon in Abschnitt 2.1.4.2 in diesem Kapitel behandelten Strategien denkbar: Änderung der Annahme, Verhaltensänderung, Neueinschätzung des Verhaltens und Hinzufügen neuer Kognitionen.

Zusammenfassend liegen der Arbeit von Festinger somit zwei wesentliche Hypothesen zu Grunde (Festinger 1957, S. 3):

- Die Existenz einer Dissonanz, die psychologisch als unangenehm empfunden wird, motiviert den Menschen dazu, diese zu reduzieren und Konsonanz zu erzeugen.
- Wenn eine Dissonanz aufgetreten ist, dann wird die betroffene Person nicht nur versuchen, diese zu reduzieren, sondern auch in Zukunft bestrebt sein, Situatio-

nen und Informationen, die diese Dissonanz möglicherweise auslösen oder verstärken, zu vermeiden.

Aus der Kundenzufriedenheitsperspektive bedeutet dies, dass Kunden ihre Unzufriedenheit als unangenehm empfinden und einen Handlungsbedarf verspüren. Dieser kann von einer Beschwerde bis zur Abwanderung reichen.

Zufriedene Kunden hingegen nehmen Konsonanz wahr und befinden sich in einem psychischen Gleichgewichtszustand. Da dieser Zustand als angenehm wahrgenommen wird, wird versucht, diesen beizubehalten. Dies führt letztendlich dazu, dass sich Konsumenten dem Unternehmen gegenüber loyal verhalten. Weitere Ansätze zur Erklärung von Kundenzufriedenheit sind in Übersicht 156 zusammengestellt.

Übersicht 156: Theoretische Ansätze zur Erklärung von Kundenzufriedenheit

Theorieansatz	Charakteristika
Assimiliationstheorie (Mittal/Kumar/Tsiros 1999)	Bei einer Differenz zwischen wahrgenommener und erwarteter Leistung passt der Konsument seine Wahrnehmung oder Erwartung an, um Zufriedenheit herzustellen.
Kontrasttheorie (Helson 1964)	Bei einer Differenz zwischen wahrgenommener und erwarteter Leistung korrigiert der Konsument seine Wahrnehmung oder Erwartung nachträglich. Er neigt dazu, die Unterschiede zu übertreiben (im Gegensatz zur Dissonanztheorie).
Assimilations-Kontrast-Theorie (Sherif/Hofland 1961)	Bei einer geringfügigen Differenz gleicht (assimiliert) der Konsument seine Wahrnehmung an die Erwartungen an. Bei Überschreiten seines Toleranzbereichs setzt der Kontrasteffekt ein (höhere Erwartungen führen zu einer niedrigeren wahrgenommenen Leistung und verstärken die Unzufriedenheit).
Equity Theorie (Müller/Crott 1978)	Die Zufriedenheit des Konsumenten hängt von der Interpretation der „Gerechtigkeit" bzgl. der investierten Kosten und dem Nutzen eines Austauschvorgangs ab.
Anspruchsniveautheorie	Das Anspruchsniveau eines Handlungsziels steigt, wenn eine vorausgegangene gleichartige Handlung als erfolgreich erlebt wird.
Attributionstheorie (Kelley 1967)	Konsumenten schreiben dem Erfolg/Misserfolg eines Kaufs Gründe zu. Werden diese im Produkt/Anbieter gesehen, nicht in der Situation oder bei sich selbst, entsteht Zufriedenheit/Unzufriedenheit.
Prospect Theorie (Kahnemann/Tversky 1979)	Werden Erwartungen nicht erfüllt, führt dies in einem stärkeren Ausmaß zu Unzufriedenheit als die Übererfüllung der Erwartungen zur Zufriedenheit beiträgt.
Kano-Modell (Kano et al. 1984)	Nicht alle Leistungsparameter tragen gleichermaßen zur Entstehung von Kundenzufriedenheit bei. Während sog. Basisfaktoren bei Vorhandensein lediglich Unzufriedenheit vermeiden können, wird Zufriedenheit durch sog. Begeisterungsfaktoren ausgelöst. Inwieweit Zufriedenheit durch die sog. Leistungsfaktoren bedingt wird, hängt vom Grad ihrer Erfüllung ab.

Quelle: In Anlehnung an Homburg/Stock-Homburg 2012, S. 24.

Grundsätzlich weisen zufriedene Kunden eine erhöhte Kaufbereitschaft auf und verhalten sich letztlich treu und loyal. Abgesehen davon, dass Kundenzufriedenheit zu einer höheren Loyalität und einer erhöhten Resistenz gegenüber Angeboten von Konkurrenten führen kann, wurden in Untersuchungen noch die folgenden Konsequenzen einer hohen Kundenzufriedenheit festgestellt (vgl. hierzu z. B. Matzler/Stahl 2000, S. 629 ff.; Luo/Homburg 2007, S. 133 ff.; Foscht et al. 2009b, S. 67 ff.; Foscht et al. 2010a, S. 150 ff.; Hamza 2014, S. 63 ff.):

- Zufriedene Kunden kaufen tendenziell eher neue Produkte bei demselben Unternehmen bzw. ersetzen bei diesem alte Produkte durch neue.
- Zufriedene Kunden empfehlen das Unternehmen und seine Produkte weiter.
- Zufriedene Kunden sind weniger preissensibel.
- Zufriedene Kunden liefern dem Unternehmen häufig Ideen und Anregungen.
- Zufriedene Kunden verursachen geringere Kosten als neue Kunden, da Transaktionen zwischen Kunden und Unternehmen eher eingespielt sind.

Neben den Auswirkungen der Kundenzufriedenheit werden im Rahmen der Zufriedenheitsforschung auch jene der Unzufriedenheit betrachtet (siehe Übersicht 157).

Übersicht 157: Auswirkungen von Kunden(un)zufriedenheit

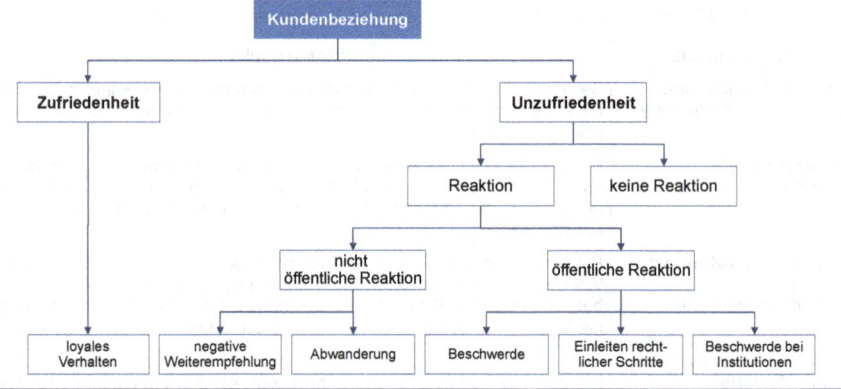

Quelle: In Anlehnung an Homburg/Stock-Homburg 2006, S. 23.

Unzufriedenheit kann grundsätzlich dazu führen, dass Kunden darauf reagieren oder nicht. Zeigen Kunden eine Reaktion, kann wiederum unterschieden werden, ob diese Reaktion in der Öffentlichkeit erfolgt oder nicht. Zu den nicht öffentlichen Reaktionen zählen die negative Weiterempfehlung, etwa im Freundes- und Bekanntenkreis und die Abwanderung (vgl. dazu auch Cooil et al. 2007). Zu den Reaktionen in der Öffentlichkeit zählen die Beschwerde beim Unternehmen (siehe Abschnitt 5.4.1 in diesem Kapitel), das Einleiten rechtlicher Schritte sowie die Beschwerde bei Institutionen, bspw. bei Konsumentenschutzorganisationen oder in entsprechenden Foren im Internet (Stauss 1998, S. 138 ff.).

Wechsel trotz Zufriedenheit

Wenngleich die Zufriedenheit von Kunden die Basisvoraussetzung für das Fortbestehen einer Kundenbeziehung sein dürfte, ist sie aber keinesfalls eine Garantie dafür. In vielen Fällen konnte beobachtet werden, dass gerade zufriedene Kunden die Marke bzw. den Anbieter wechseln. Die Gründe dafür können vielfältig sein. Z. B. ist es denkbar, dass die Stammmarke über einen längeren Zeitraum nicht verfügbar ist oder eine Konkurrenzmarke über einen längeren Zeitraum zu Sonderpreisen angeboten wird. Darüber hinaus ist auch in diesem Zusammenhang das Variety Seeking-Motiv – also die bewusste Suche nach Abwechslung (siehe Abschnitt 2.1.3.2 in diesem Kapitel) – als möglicher Grund für einen Wechsel trotz Zufriedenheit zu nennen (Michaelidou/Dibb 2009).

5.4.3 Kundenloyalität

> Kundenloyalität ist ein zweidimensionales Konstrukt. Sie basiert einerseits auf dem bisherigen (loyalen) Verhalten des Kunden (Verhaltensdimension) und andererseits auf der (loyalen) Einstellung zur Geschäftsbeziehung (Einstellungsdimension).

Die Loyalität von Kunden kann sich grundsätzlich auf unterschiedliche Objekte beziehen – dementsprechend können folgende Formen unterschieden werden:

- Customer-Loyalty – bezogen auf eine Geschäftsbeziehung,
- Brand-Loyalty – bezogen auf ein Marke,
- Item-Loyalty – bezogen auf ein Produkt, eine Packungsgröße oder eine Leistung und
- Store-Loyalty – bezogen auf ein Geschäft/einen Laden.

Nachfolgend steht die umfangreichste Form von Loyalität, nämlich die Customer-Loyalty, auf Deutsch würde man i. w. S. von Kundenloyalität sprechen, im Mittelpunkt der Betrachtung.

Grundsätzlich können Loyalitätsauffassungen in zwei Gruppen unterteilt werden:

- Auffassungen, die auf der behavioristischen Perspektive beruhen und
- Auffassungen, die auf der neo-behavioristischen Perspektive beruhen.

Auffassungen, die auf der *behavioristischen Perspektive* beruhen, beziehen sich ausschließlich auf Messgrößen, die dem tatsächlich beobachtbaren Kaufverhalten zugeordnet werden können. In dieser Gruppe spielen Größen wie Kaufintensität, Zuneigung, Treue, Kundendurchdringungsrate, Zeitdauer seit dem letzten Einkauf oder Kontaktdichte eine Rolle (Diller 1996, S. 86). Die auf einzelnen Faktoren basierenden Definitionen sind in der Literatur aber der Kritik ausgesetzt, dass diesen oftmals die konzeptionelle Basis fehlt und damit die hinter dem Verhalten liegenden Faktoren nicht identifiziert werden können. Bspw. kann das Wiederkaufverhalten auf situative Faktoren und geringe Wiederkaufraten auf geänderte Käufergewohnheiten bzw. auf den Wunsch nach Abwechslung zurückgeführt werden (Dick/Basu 1994, S. 100).

Bei den behavioristischen Loyalitätsauffassungen wird immer wieder auf das Verhalten der Konsumenten in der Vergangenheit zurückgegriffen. Es handelt sich somit um eine reine Ex-post-Betrachtung (Meyer/Oevermann 1995, S. 1344). Ein Grund für diese Vorgehensweise mag in der relativ einfachen Operationalisierung und im Vorteil der guten Datenverfügbarkeit liegen. Die Hypothese, die dieser Vorgehensweise zu Grunde liegt, bezieht sich auf den Zusammenhang zwischen bisherigem (loyalem) Verhalten und zukünftigem (loyalem) Verhalten bzw. auf die Annahme, dass bisheriges (loyales) Verhalten zukünftiges (loyales) Verhalten determiniert. Das bisherige Verhalten wird somit als „Ersatzindikator" für künftiges Verhalten herangezogen. Dies erscheint insb. bei relativ stabilen Kundenbeziehungen zulässig. Als Kritikpunkt kommt hinzu, dass bei der verhaltensbasierten Definition von Loyalität zirkuläre Effekte eine Rolle spielen können, wie z. B. das Phänomen, das als „Double Jeopardy" bezeichnet wird. Dabei kann beobachtet werden, dass Unternehmen mit sehr großen Marktanteilen dazu tendieren, eine größere Anzahl von Käufern, die öfter kaufen – und damit als loyaler eingestuft werden – zu haben (Bhattacharya 1997, S. 422). Umgekehrt bedeutet dies, dass Unternehmen mit geringen Marktanteilen tendenziell eher Kunden haben, die seltener einkaufen und damit als weniger loyal eingestuft werden.

Es herrscht Konsens darüber, dass die isolierte Betrachtung des bisherigen Verhaltens nur über einen eingeschränkten Erklärungsgehalt für die Bestimmung der Loyalität verfügt. Z. B. kann aufgrund des Wiederholungskaufverhaltens nicht erkannt werden, ob es sich um Loyalität oder um Pseudoloyalität (sog. Spurious Loyalty) handelt, die auf Zufälligkeiten oder situativen Faktoren beruht (Day 1969; Dick/Basu 1994).

Die zweite Gruppe von Loyalitätsauffassungen konzentriert sich daher in der Tradition des *Neo-Behaviorismus* auf psychische Komponenten und bezieht Messgrößen ein, welche die Verhaltensabsicht der Konsumenten charakterisieren und messen (z. B. die Wiederkaufabsicht). Es handelt sich somit um eine Ex-ante-Betrachtung. Diese Gruppe von Loyalitätsauffassungen lässt sich dadurch charakterisieren, dass sie sich auf Größen bezieht, die nicht direkt beobachtbar sind. Loyalität wird daher in diesem Kontext „als Einstellung eines Kunden zur Geschäftsbeziehung mit einem Anbieter" (Diller 1996, S. 83) definiert. Dabei handelt es sich um eine Einstellung zum künftigen Verhalten und somit zur Bereitschaft des Konsumenten, Folgetransaktionen durchzuführen.

Zusammenfassend kann Loyalität also hinsichtlich zweier Dimensionen (Day 1969) definiert werden. Loyalität basiert demnach auf loyalem bisherigem Verhalten dem Anbieter gegenüber und auf einer loyalen Einstellung zur Geschäftsbeziehung. Dabei ist unter loyalem bisherigem Verhalten ein bewusstes Wiederholungskaufverhalten zu verstehen. Grundsätzlich wird davon ausgegangen, dass sowohl aus dem bisherigen loyalen Verhalten als auch aus der loyalen Einstellung auf die Bereitschaft zu Folgetransaktionen bzw. letztlich auf Folgetransaktionen an sich geschlossen werden kann.

Legt man diese beiden Dimensionen einem Strukturierungsversuch zu Grunde (Dick/Basu 1994, S. 101; Baldinger/Rubinson 1996, S. 32), ergeben sich aus der Kombination aus Einstellung und Wiederkaufrate mit den Ausprägungen niedrig und hoch vier Typen von Loyalität (siehe Übersicht 158).

Übersicht 158: **Zusammenhang zwischen loyaler Einstellung und loyalem Verhalten**

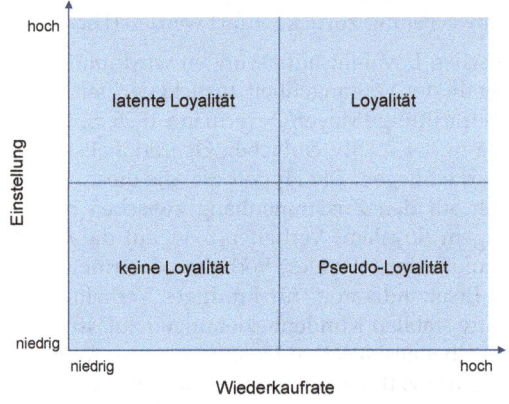

Eine relativ intensive positive Einstellung in Kombination mit niedrigen Wiederkaufraten charakterisiert die *latente Loyalität*, bei der subjektive Normen und situative Einflüsse eine wichtige Rolle spielen können. Denkbar ist aber auch, dass Konsumenten trotz hoher positiver Einstellung bewusst die Vielfalt suchen und daher weniger oft bei demselben Unternehmen einkaufen. Auf dieses immer häufiger zu beobachtende Verhalten, das auch als „Variety Seeking Behavior" bezeichnet wird, wurde im Rahmen der Ausführungen schon mehrmals verwiesen (siehe z. B. Abschnitt 2.1.3.2 in diesem Kapitel). Latente Loyalität kann aber insb. in der langfristigen Betrachtung von höchster Bedeutung für Unternehmen unterschiedlichster Branchen sein. Dies ist bspw. der Fall, wenn ein Student eine positive Einstellung zu einer Motorrad-, Auto- oder Uhrenmarke entwickelt, sich diese Produkte jedoch während des Studiums nicht leisten kann. Nach Abschluss des Studiums, bzw. sobald es die finanziellen Möglichkeiten erlauben, wird der Student aber genau jene Produkte kaufen, zu denen er – u. U. über Jahre – eine positive Einstellung entwickelt hat.

Im Fall der eigentlich interessierenden *Loyalität*, die gleichzeitig aus Unternehmenssicht den Idealfall darstellt, liegt eine intensive positive Einstellung und gleichzeitig eine hohe Wiederkaufrate vor. Loyalität kann somit also als zweidimensionales Konstrukt aufgefasst werden. Als Dimensionen werden dabei einerseits das bisherige Verhalten – aus der Ex-post-Perspektive – und andererseits die Einstellung des Konsumenten – aus der Ex-ante-Perspektive – herangezogen.

Keine Loyalität liegt dieser Typologie zufolge vor, wenn niedrige Wiederkaufraten mit einer geringen positiven Einstellung zusammentreffen. Die relativ niedrige positive Einstellung kann bspw. auf Mängel in der Kommunikation (z. B. keine für den Kunden klare Positionierung) oder auf Mängel im Rahmen der Leistungen (z. B. mangelnde Qualität) zurückgeführt werden. Darüber hinaus kann dieser Fall vor allem dann auftreten, wenn es sich um Märkte mit vielen ähnlichen und grundsätzlich austauschbaren Produkten handelt, da gerade auf diesen eine klare Positionierung von hoher Bedeutung sein kann. Bei der Beurteilung der Wiederkaufraten ist in diesem Fall auch das Potenzial, das der betrachtete Konsument aufweist, zu berücksichtigen. Bspw. ist es denkbar, dass ein Konsument bestimmte Produkte einmal im Jahr, ein anderer diese einmal wöchentlich benötigt bzw. kauft. Vor diesem Hintergrund werden Wiederkauf- und Kaufraten häufig relativ zum Potenzial betrachtet. Es wird dann vom Anteil am Budget des Konsumenten (z. B. Share of Wallet) gesprochen.

Pseudoloyalität kann durch eine geringe positive Einstellung und hohe Wiederkaufraten charakterisiert werden. Das Wiederkaufverhalten wird dabei offensichtlich von Größen beeinflusst, die nicht in den Bereich der Einstellungen fallen, wie z. B. subjektive Normen oder situative Einflüsse. Gleichzeitig spielt dabei auch die Bequemlichkeit der Konsumenten eine zentrale Rolle. Pseudoloyalität kann z. B. vorliegen, wenn ein Konsument aufgrund der Nähe des Standorts und mangels anderer Alternativen bei einem bestimmten Lebensmittelhändler einkauft, mit diesem aber höchst unzufrieden ist und eine dementsprechend negative Einstellung entwickelt hat. Die Pseudoloyalität stellt insofern eine „schlummernde" Gefahr für das jeweilige Unternehmen dar, da der Konsument abwandern könnte, sobald andere Optionen verfügbar sind.

Bei der Verhaltensdimension können die Faktoren Wiederkauf, Weiterempfehlung sowie Cross-Buying zur Bestimmung der Loyalität herangezogen werden. Die Einstellungsdimension besteht aus den Faktoren wahrgenommener Wert, Zufriedenheit, Commitment und den Intentionen für künftiges Verhalten (siehe Übersicht 159).

Übersicht 159: **Dimensionen von Loyalität**

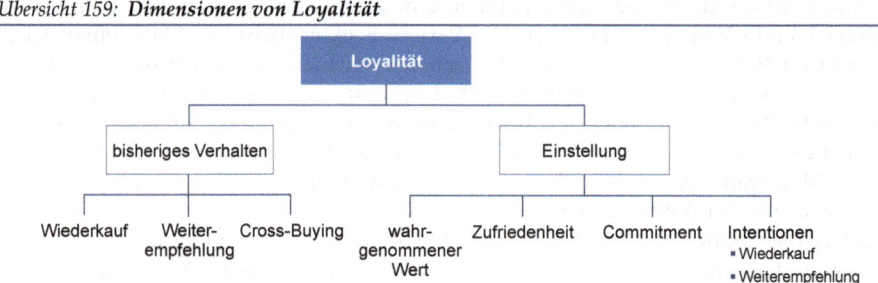

Quelle: Foscht 2002, S. 104.

Die Intentionen, also die Verhaltensabsichten, beziehen sich in Anlehnung an das bisherige Verhalten auf den Wiederkauf, die Weiterempfehlung und das Cross-Buying. Die Faktoren der Einstellungsdimension können teilweise einer Dimension, der Drei-Komponenten-Auffassung von Einstellungen entsprechend (siehe Abschnitt 2.1.4.1 in diesem Kapitel) aber auch mehreren Komponenten zugeordnet werden (vgl. dazu Foscht 2002, S. 72 ff.).

> **Kundentreue**
>
> Auch im Bereich der Konsumentenverhaltensforschung spielt die Treue – wie in vielen anderen Lebensbereichen – eine zentrale Rolle. Das Konstrukt der Treue wird in der Literatur oft sehr ähnlich wie das Konstrukt der Loyalität definiert. Grundsätzlich wird unter Treue der wiederholte Kauf eines Produkts (Produkttreue) oder einer Marke (Markentreue) bzw. der wiederholte Besuch eines Geschäftes (Geschäftstreue) verstanden. Auch bei der Treue, die generell durch das Wiederholungskaufverhalten charakterisiert wird, beginnt sich die Auffassung durchzusetzen, dass die rein behavioristische Betrachtung zu kurz greift und auch psychologisch evaluative Entscheidungsprozesse eine wichtige Rolle spielen (sog. Neo-Behaviorismus).
>
> Treue umfasst somit – ähnlich wie die Loyalität – eine Verhaltenskomponente und eine psychische Komponente. Ein wesentlicher Unterschied besteht allerdings, wenn zeitliche Aspekte berücksichtigt werden. Da bei der Treue Verhaltensintentionen keine Rolle spielen, handelt es sich um eine reine Ex-post-Betrachtung. Die Loyalität umfasst hingegen Ex-post- und Ex-ante-Komponenten.

Um das Loyalitäts-Konstrukt differenzierter zu erfassen, wurde von Oliver (2010, S. 433 ff.) ein Loyalitäts-Modell vorgeschlagen, das in vier aufeinanderfolgende Stufen unterteilt ist. Auf der ersten Stufe zeigt der Kunde *kognitive Loyalität*, welche die Vorziehenswürdigkeit bspw. eines bestimmten Anbieters widerspiegelt und letztlich darauf basiert, dass der Kunde bei diesem Anbieter einen höheren wahrgenommenen Nettonutzen erzielen kann (Blut 2008, S. 62). Die zweite Stufe ist durch eine *affektive Loyalität* des Kunden gekennzeichnet, die mehrmalige Transaktionen voraussetzt und nicht nur durch Kognitionen, sondern auch durch affektive Größen bestimmt ist – zumal sie aus der Zufriedenheit mit dem Anbieter hervorgeht. Sowohl kognitive als auch affektive Loyalität sind als relativ oberflächlich anzusehen.

Erklärungsansätze zur Loyalität

Übersicht 160: Ansätze zur Erklärung von langfristigen Kundenbeziehungen

	Theorie	Autoren	Erklärungsgegenstand
Neoklassik	Nutzentheorie	Implizite Anwendung durch eine Vielzahl von Publikationen im Marketing	Bedeutung von Qualität, Kundenzufriedenheit, wahrgenommener Wert und Beziehungsqualität im Rahmen des Relationship Marketing
	Gewinntheorie	Blattberg/Deighton 1996; Schleuning 1997; Bruhn et al. 2000	Bewertung von Kundenbeziehungen aus Unternehmenssicht
Neoinstitutionales Paradigma	Informationsökonomik	Klee 2000; Roth 2001; Schmitz 2001	Erklärung der Unsicherheit von Interaktionen und Ableitung von Strategien zur Unsicherheitsreduktion
		Ahlert/Kenning/Petermann 2001	Vertrauen als Erfolgsfaktor für Dienstleistungsunternehmen
	Transaktionskostenansatz	Klee 1999; Homburg/Bruhn 1999	Voraussetzungen für die Vorteilhaftigkeit der Initiierung von Geschäftsbeziehungen
		Grönroos 1994	Profitabilität langfristiger Kundenbeziehungen
	Principal-Agent-Ansatz	Grund 1998	Erklärung des Verhaltens von Kunden und Mitarbeitern in Kundenbeziehungen
Psychologische Theorien			
Neobehavioristisches Paradigma	Lerntheorie	Sheth/Parvatiyar 1995; Homburg/Bruhn 1999	Erklärung und Einflussfaktoren der Entstehung von Kundenbeziehungen
	Risikotheorie	Hentschel 1991; Sheth/Parvatiyar 1995	Erklärung und Einflussfaktoren der Entstehung von Kundenbeziehungen
		Fischer/Tewes 2001	Vertrauen und Commitment als vermittelnde Variablen in Dienstleistungsprozessen
	Dissonanztheorie	Sheth/Parvatiyar 1995; Kroeber-Riel/Weinberg 1996	Erklärung und Einflussfaktoren der Entstehung von Kundenbeziehungen
Sozialpsychologische Theorien			
	Interaktions-/Netzwerkansätze	IMP Group 1982; Grönroos 1994; Klee 1999	Strukturierung von Interaktionsprozessen
	Austauschtheorie	Houston/Gassenheimer 1987; Homburg/Bruhn 1999; Klee 2000	Entstehung und Beibehaltung von Kundenbeziehungen; Beurteilung, Langfristigkeit, Stabilität von Kundenbeziehungen
	Durchdringungstheorie	Georgi 2000	Entstehung und Entwicklung von Kundenbeziehungen

Quelle: Bruhn 2013, S. 22.

Auf der dritten Stufe kann von einer *konativen Loyalität* gesprochen werden, da der Kunde die Intention hat, wieder bei demselben Anbieter zu kaufen (Oliver 2010, S. 394). *Die aktionale Loyalität* bildet schließlich die letzte Stufe, in der die Verhaltensintention umgesetzt wird, also ein Kauf eines Produkts oder die Inanspruchnahme einer Dienstleistung bei demselben Unternehmen erfolgt.

Kundenbindung

Wenngleich der Begriff „Kundenbindung" in der deutschsprachigen Literatur zur Charakterisierung jenes Phänomens verwendet wird, das auch mit dem Begriff Loyalität beschrieben wird und die beiden Begriffe oft mehr oder weniger synonym verwendet werden, ergibt eine genauere Betrachtung, dass deutliche Unterschiede vorliegen. Grundsätzlich wird die Kundenbindung als ein Phänomen betrachtet, das sich auf eine Geschäftsbeziehung zwischen einem Anbieter und einem Kunden bezieht. Diese Auffassung ermöglicht zwei Betrachtungsperspektiven der Kundenbindung:

- die anbieterbezogene Sichtweise und
- die nachfragerbezogene Sichtweise.

Aus der Sicht des Anbieters wird Kundenbindung häufig i. S. von Kundenbindungsmanagement aufgefasst (Meyer/Oevermann 1995, Sp. 1344). Kundenbindung umfasst dabei jene Aktivitäten, die auf die Herstellung oder Intensivierung der Bindung aktueller Kunden gerichtet sind. Gemäß dieser Auffassung ist das Ziel der Kundenbindung daher, die Geschäftsbeziehung zu den Kunden möglichst eng zu gestalten. Im Rahmen der kundenbezogenen Sicht wird Kundenbindung i. S. von Treue aufgefasst. In diesem Sinne gebundene Kunden sind dem Anbieter gegenüber loyal. Unterschieden wird im Rahmen der Kundenbindungsdiskussion zwischen faktischer und psychologischer Kundenbindung (Meffert 2005, S. 145 ff.).

- Unter *faktischer Kundenbindung* kann die vertragliche Kundenbindung (zwingende Vereinbarungen wie z. B. Service-Verträge, Abonnement- oder Mindestbezugsvereinbarungen), die technisch-funktionale Kundenbindung (bei Erweiterungen oder Ersatzteilkäufen wie z. B. bei elektrischen Zahnbürsten oder Tonern für Laserdrucker) und die ökonomische Kundenbindung (bei einem Wechsel würden Informations- und Anbahnungskosten sowie kognitive Anstrengungen aufzuwenden sein) subsumiert werden. Eine faktische Kundenbindung zielt also grundsätzlich darauf ab, einen Kunden zumindest temporär an einem Hersteller- oder Markenwechsel zu hindern. Ein Wechsel würde materielle Kosten zur Folge haben.
- Im Rahmen der *psychologischen* (oder auch: *emotionalen*) *Kundenbindung*, bei der ein Wechsel grundsätzlich jederzeit möglich ist, wechselt ein Kunde das Unternehmen nicht, wenn er für das Unternehmen eine bestimmte Präferenz hat und mit dem Unternehmen zufrieden ist. Bei einem möglichen Wechsel würden daher immaterielle Wechselkosten entstehen.

Eine inhaltlich ähnliche Unterscheidung ist jene in Ge- und Verbundenheit. I. S. der Verbundenheit wird versucht, eine hohe Zufriedenheit zu erreichen und sicherzustellen, dass der Kunde Vertrauen zum Unternehmen gewinnt und sich diesem gegenüber loyal verhält, also nicht zur Konkurrenz wechselt, das Unternehmen weiterempfiehlt etc. Bestehen für einen Kunden Wechselbarrieren, die den Wechsel zu einem anderen Anbieter erschweren oder praktisch unmöglich machen, liegt hingegen Gebundenheit vor. Kundenbindung kann in Abgrenzung zur Loyalität als das allgemeinere Konstrukt aufgefasst werden, da es sowohl die anbieter- als auch die nachfragerbezogene Sichtweise umfasst. Loyalität stellt hingegen die Kundenperspektive in den Mittelpunkt der Betrachtung.

5.4.4 Bedeutung und Messung

Grundsätzlich gilt auch in der Nachkauf- und Nutzungsphase, dass die für die Kunden relevanten Kriterien wiederum möglichst gut zu erfüllen sind. In diese Phase der Kundenbeziehung fällt aber der für eine dauerhafte Kundenbeziehung wohl sensibelste Bereich, nämlich die Evaluierung. Aus dieser geht hervor, ob ein Kunde zufrieden ist oder nicht, was das weitere Verhalten determinieren kann. Ist der Kunde zufrieden, kann das eine neuerliche Vorkaufphase einleiten, ist der Kunde hingegen unzufrieden, kann das nicht nur zum Abbruch der Kundenbeziehung, sondern auch zu negativer WOM-Kommunikation führen. Unternehmen setzen daher u. a. folgende Aktivitäten:

- Schulungsangebote,
- Service-, Wartungs- und Reparatur-Angebote,
- Kundenzufriedenheitsmonitoring,
- Beschwerdemanagement,
- Websites mit Informationen, User-Foren, Newsletter, Frequently asked Questions (FAQs) und
- Werbung, Öffentlichkeitsarbeit.

Wie bereits im Rahmen der Diskussion der Vorkauf- und der Kaufphase angedeutet, müssen die jeweiligen phasenspezifischen Leistungen den Anforderungen bzw. Erwartungen der Konsumenten möglichst gut entsprechen bzw. diese im Idealfall übertreffen. Werden in diesen Phasen aus Sicht des Kunden Fehler gemacht, können diese in der Nachkaufphase nicht völlig kompensiert werden, wenngleich in dieser Phase gewisse Korrekturen von Fehlern, die in den Phasen davor wahrgenommen wurden, denkbar sind.

Kundenbindungsinstrumente

In Übersicht 161 sind ausgewählte Kundenbindungsinstrumente der vier klassischen Marketinginstrumente – abhängig von ihrem jeweiligen Fokus – dargestellt. Je nachdem, ob ein Unternehmen versucht, die Kunden eher emotional oder eher faktisch zu binden, liegt der Fokus der Kundenbindung bei der emotionalen Kundenbindung auf dem Einsatz interaktiver Instrumente sowie auf dem Setzen von Maßnahmen zur Steigerung der Kundenzufriedenheit und bei der faktischen Kundenbindung auf dem Aufbau von Wechselbarrieren.

Es existiert eine Reihe unterschiedlicher Möglichkeiten, um Kunden i. S. des Kundenbindungsmanagements an das Unternehmen zu binden. Zu den wichtigsten Instrumenten im Handel zählen bspw. (Foscht/Angerer/Swoboda 2005, S. 253 ff.; Zentes/Swoboda/Foscht 2012, S. 567 ff.): Kundenkarten, Kundenclubs, Bonus- und Treueprogramme, Beschwerdemanagement, Kundenzeitschriften, Rabatt-/Bonussysteme, Coupons und Events.

Offen bleibt beim Einsatz dieser Instrumente häufig die Frage, ob die Kunden überhaupt an das Unternehmen gebunden werden wollen. Dies hängt naheliegenderweise einerseits vom Unternehmen und den angebotenen Leistungen ab, kann aber andererseits auch in der Persönlichkeit des jeweiligen Kunden begründet sein.

Übersicht 161: **Ansätze zur Kundenbindung im Rahmen der Marketing-Instrumente**

	Fokus Interaktion	Fokus Zufriedenheit	Fokus Wechselbarrieren
Produkt-politik	■ Gemeinsame Produktentwicklung ■ Internalisierung/ Externalisierung	■ Individuelle Angebote ■ Qualitätsstandards ■ Servicestandards ■ Zusatzleistungen ■ Besonderes Produktdesign ■ Leistungsgarantien	■ Individuelle technische Standards ■ Value-Added-Services
Preis-politik	■ Kundenkarten (bei reiner Informationserhebung)	■ Preisgarantien ■ Zufriedenheitsabhängige Preisgestaltung	■ Rabatt-/Bonussysteme ■ Preisdifferenzierung ■ Preisbundling ■ Finanzielle Anreize ■ Kundenkarten (bei Rabattgewährung)
Kommuni-kations-politik	■ Direct Mail ■ Kundenkarten ■ Event-Marketing ■ Online-Marketing ■ Proaktive Kundenkontakte ■ Servicenummern ■ Kundenforen/-beiräte	■ Kundenclubs ■ Kundenzeitschriften ■ Telefonmarketing ■ Beschwerdemanagement ■ Persönliche Kommunikation	■ Mailings, die sehr individuelle Informationen (mit hohem Nutzenwert für den Kunden) übermitteln ■ Aufbau kundenspezifischer Kommunikationskanäle
Distributions-politik	■ Internet/Gewinnspiele ■ Produkt Sampling ■ Werkstattbesuche	■ Online-Bestellungen ■ Katalogverkauf ■ Direktlieferung	■ Abonnements ■ Ubiquität ■ Kundenorientierte Standortwahl

Quelle: In Anlehnung an Diller 1996, S. 82.

In diesem Zusammenhang existieren bereits erste Ansätze, die die unterschiedliche Bindungsneigung von Konsumenten auf der Basis von Bindungstheorien berücksichtigen (vgl. z. B. Foscht/Angerer/Swoboda 2004).

IKEA Family

Der IKEA Family Club ist kostenlos und umfasst folgende Angebote für Club-Mitglieder (www.ikea.com):

■ Produktangebote speziell für Mitglieder,
■ gratis Transportversicherung,
■ zeitlich unbegrenztes Umtausch- und Rückgaberecht (für unbenutzte Ware),
■ Umtausch ohne Rechnung,
■ Gratis-Kaffee und Preisvorteile im Restaurant,
■ kostenlose Papiertragetasche,
■ exklusive Events und Workshops,
■ Preisvorteile bei den Ikea Family Kooperationspartnern,
■ IKEA Family Paycard für die flexible Bezahlung,
■ IKEA Family Einrichtungsmagazin „Live",
■ Geburtstagsüberraschung für die Kinder der Clubmitglieder und
■ IKEA Family App z. B. Kundenkarte als QR-Code im Handy gespeichert.

Auswirkungen von Kundenzufriedenheit

Grundsätzlich herrscht Einigkeit darüber, dass ein positiver Zusammenhang zwischen Kundenzufriedenheit und Kundenloyalität besteht, wobei über den tatsächlichen Verlauf des Zusammenhangs (linear, progressiv, stufenförmig etc.) noch diskutiert wird (vgl. dazu Giering 2000; Homburg/Bucerius 2012, S. 56 ff.; Homburg/Becker/Hentschel 2013, S. 118 ff.).

Übersicht 162: **Zusammenhang zwischen Kundenzufriedenheit und Loyalität**

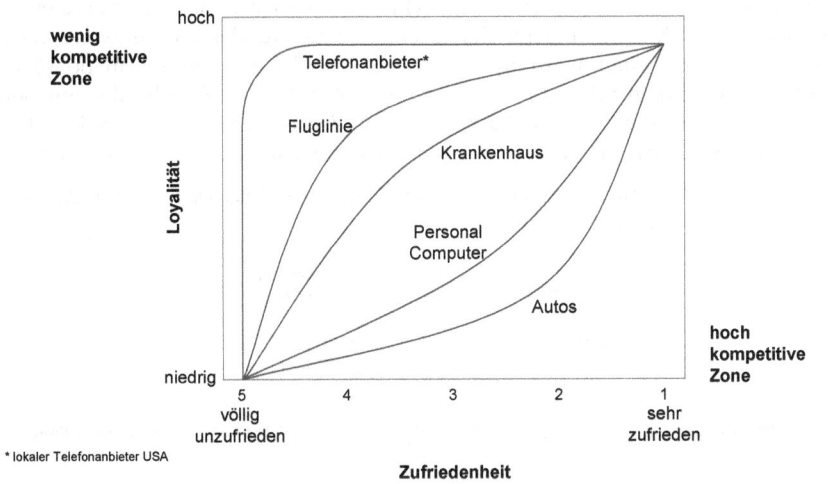

* lokaler Telefonanbieter USA

Die Form des Zusammenhangs kann durch unterschiedliche Größen beeinflusst werden. Von der Branche und vom kompetitiven Umfeld hängt es bspw. ab, wie die Zufriedenheit auf die Loyalität wirkt (siehe Übersicht 162). Im Bereich der hochkompetitiven Zone herrschen niedrige Wechselkosten sowie substituierbare und kaum differenzierbare Produkte vor. Dementsprechend leicht wechseln Konsumenten den Anbieter, wenn sich das Zufriedenheitsniveau ändert. In der wenig kompetitiven Zone sind meist hohe Wechselkosten, starke Marken, gute Bindungsprogramme und u. U. proprietäre Technologien oder monopolähnliche Situationen vorzufinden. In diesem Fall ist es für Konsumenten schwieriger bzw. im Extremfall unmöglich, den jeweiligen Anbieter bei Änderung des Zufriedenheitsniveaus zu wechseln (Jones/Sasser 1995, S. 91).

Neben der direkten Beziehung zwischen der Kundenzufriedenheit und der Kundenloyalität existieren auch noch Einflussfaktoren, die – je nach ihrer Ausprägung – den Zusammenhang zwischen Zufriedenheit und Loyalität verstärken oder abschwächen. Diese sog. moderierenden Variablen lassen sich, wie in Übersicht 163 dargestellt, in unterschiedliche Gruppen einteilen.

Die Moderatoren können konkret in die Gruppen Merkmale des Produkts, Merkmale des Anbieters, Merkmale des Marktumfeldes, Merkmale der Geschäftsbeziehung sowie Merkmale der Kunden unterteilt werden. An dieser Stelle werden nun zwei Moderatoren exemplarisch herausgegriffen und diskutiert:

- Der Zusammenhang zwischen der Zufriedenheit und der Loyalität wird durch das Produktinvolvement verstärkt, d. h., bei stark involvierten Kunden führt deren Zufriedenheit eher zu Loyalität als bei schwächer involvierten. Wenn bspw. das Auto für eine Person einen hohen Stellenwert hat, ist diese, wenn sie mit einer bestimmten Automarke zufrieden ist, stärker an diese gebunden, als jemand, der einem Auto relativ wenig Bedeutung beimisst.
- Auch die Eigenschaften des betreffenden Produkts haben Auswirkungen auf die Beziehung zwischen der Zufriedenheit und der Loyalität. Bspw. entstehen bei technologisch komplexen Produkten häufig technologische Wechselbarrieren, die eine Abwanderung auch bei geringerer Zufriedenheit eines Kunden eher unwahrscheinlich machen. Zudem bringt die Komplexität eines Produkts auch oft informationsbedingte Wechselbarrieren mit sich, da es für einen Kunden unmöglich oder mit hohem (zeitlichem oder finanziellem) Aufwand verbunden ist, sich die notwendigen Kenntnisse zur Evaluierung oder Nutzung von Konkurrenzalternativen zu besorgen.

Übersicht 163: *Mögliche Moderatoren des Zusammenhangs zwischen Kundenzufriedenheit und Kundenloyalität*

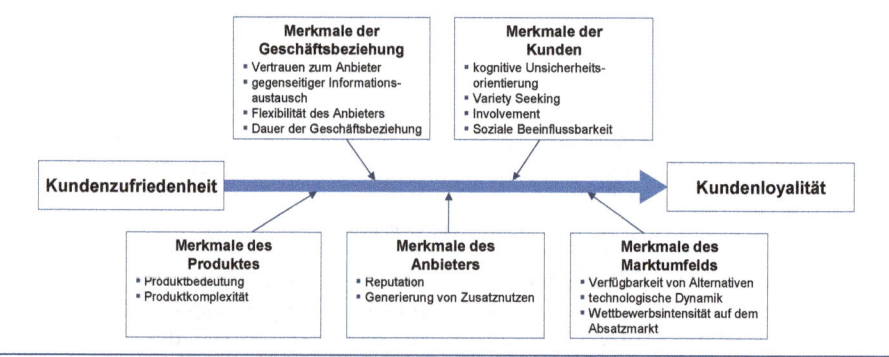

Quelle: In Anlehnung an Giering 2000, S. 103.

Auswirkungen von Kundenloyalität

Aus der Marketingperspektive ist aber nicht nur die Konzeption des Konstrukts der Loyalität interessant, sondern v. a. die Frage, ob bzw. inwieweit die so konzipierte Loyalität künftiges Verhalten determinieren bzw. erklären kann und welche Auswirkungen die Kundenloyalität für das Unternehmen hat. Übersicht 164 zeigt denkbare Konsequenzen.

Als Nachteile der Sicherheit bzw. stabiler Beziehungen werden eine gewisse Trägheit und Inflexibilität, als Nachteile des (einseitigen) Wachstums eine einseitige Kundenstruktur und – damit u. U. einhergehend – eine entsprechende negative WOM-Kommunikation genannt. Als Nachteile im Kostenbereich werden schließlich die für die Kundenbindung anfallenden Kosten angeführt.

Eine andere Zugangsweise zur Systematisierung möglicher Auswirkungen der Kundenloyalität ist die Strukturierung der Verhaltensweisen loyaler Kunden in direkt und indirekt profitabilitätswirksame Verhaltensweisen (siehe Übersicht 165). Beide Verhaltensweisen können sich einerseits auf der Erlösseite und andererseits auf der Kostenseite auswirken.

Übersicht 164: **Wirkungseffekte von Kundenloyalität**

	mehr Sicherheit	mehr Wachstum	mehr Gewinn/Rentabilität
Vorteile	■ mehr Stabilität der Geschäftsbeziehung ■ Habitualisierung ■ Immunisierung ■ Toleranz ■ mehr Feedback ■ Beschwerdebereitschaft ■ Auskunftsbereitschaft ■ Bereitschaft zur Mitarbeit ■ mehr Aktionsspielraum ■ mehr Vertrauen	■ bessere Kundenpenetration ■ Beschaffungskonzentration ■ Kaufhäufigkeit ■ Kaufintensität ■ Cross Buying ■ mehr Kundenempfehlungen ■ Adressenvermittlung ■ Referenzbereitschaft ■ Kundenvermittlung ■ positive WOM-Kommunikation	■ Kosteneinsparungen ■ bessere Amortisation von Akquisitionskosten ■ Opportunitätskosten der Kundengewinnung ■ geringere Kundenbearbeitungskosten ■ effizientere Orderverfahren ■ geringere Streuverluste ■ Erlössteigerungen ■ geringere Preiselastizität ■ Cross-Selling-Erlöse
Nachteile	■ Commitment ■ Inflexibilität ■ Trägheit ■ Reaktanzgefahr	■ einseitige Kundenstruktur ■ negative WOM-Kommunikation	■ Bindungskosten ■ zurechenbare Kosten ■ zurechenbare Erlösminderungen

Quelle: In Anlehnung an Diller 1996, S. 82.

Daher wird in Folge weiter in erlössteigernde Verhaltensweisen und in kostensenkende Verhaltensweisen unterschieden. Hervorzuheben ist diesbezügl., dass ein und dasselbe Ereignis sowohl erlössteigernd als auch kostensenkend sein kann. Z. B. kann eine Weiterempfehlung einerseits dazu führen, dass ein Konsument, der bisher nicht Kunde des Unternehmens war, zum Kunden wird (erlössteigernde Wirkung). Andererseits kann diese Weiterempfehlung darin resultieren, dass aufwändige Maßnahmen zur Neukundenakquisition eingespart werden können, da laufend genügend Neukunden zum Unternehmen stoßen (kostensenkende Wirkung).

Übersicht 165: **Verhaltensweisen loyaler Kunden**

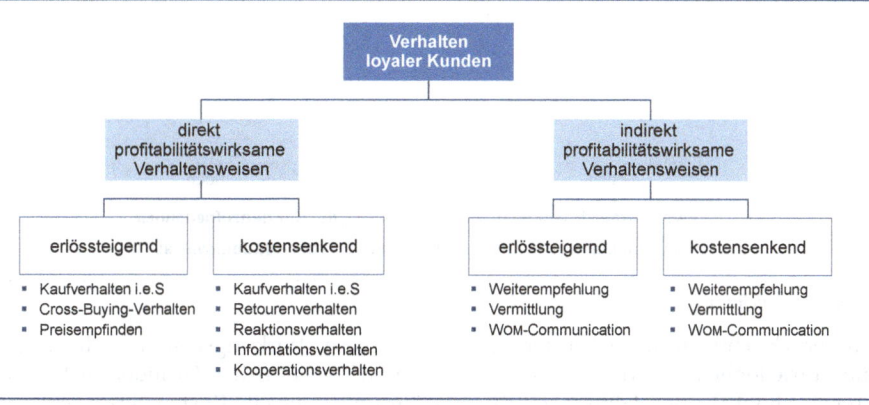

Quelle: Foscht 2002, S. 129.

Wird nun davon ausgegangen, dass Zufriedenheit, die aus der Beurteilung der Leistungen eines Unternehmens in der Vorkauf-, Kauf- und Nachkaufphase entsteht, die Basis für Loyalität ist bzw. häufig auch zu Kundenloyalität führt, dann resultiert dies in weiterer Folge und aus den genannten Gründen darin, dass am Ende der Wirkungskette für das Unternehmen ein Profit entsteht (siehe Übersicht 166). Dieser ist im Regelfall höher als jener, der mit nicht zufriedenen und nicht loyalen Kunden erwirtschaftet werden kann (Heskett et al. 1994, S. 166).

Übersicht 166: *Wirkungskette Produkt/Service, Kundenzufriedenheit, Kundenloyalität und Profitabilität (Service-Profit-Chain)*

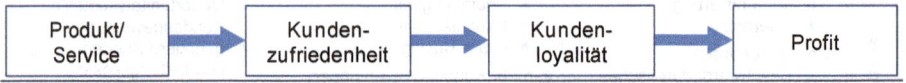

Auch im Rahmen dieser Wirkungskette spielen moderierende Einflussgrößen, also Variablen, die die Stärke des Zusammenhangs zwischen der Kundenzufriedenheit und der Kundenloyalität sowie zwischen der Kundenloyalität und der Profitabilität beeinflussen können, eine Rolle. Diese werden in unternehmensexterne und in unternehmensinterne moderierende Größen untergliedert. Zu den unternehmensexternen Moderatoren zählen bspw. das Image, die Heterogenität der Kundenerwartungen, die marktbezogene Komplexität oder die Anzahl an Alternativen. Unternehmensinterne Moderatoren stellen Faktoren wie die Mitarbeitermotivation, die Individualität der Leistung oder die Leistungskomplexität dar.

Übersicht 167: *Zusammenhang zwischen den Kosten für die Steigerung von Zufriedenheit bzw. Kundenloyalität und der Profitabilität*

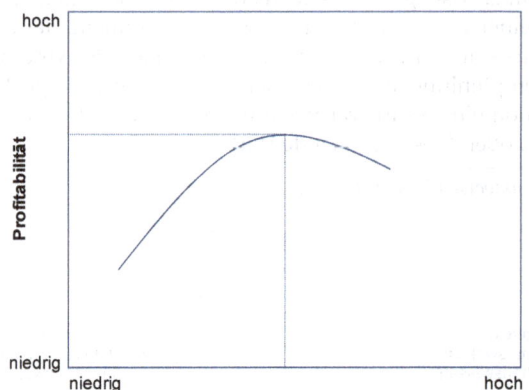

Quelle: In Anlehnung an Foscht 2002, S. 129.

Zu berücksichtigen bleibt bei der Betrachtung dieser Wirkungskette allerdings, dass die Zufriedenheit und die Kundenloyalität aus wirtschaftlichen Gründen nicht unbegrenzt erhöht werden können, da diese Steigerungen jeweils Kosten verursachen. Im Regelfall steigen die Kosten einer Erhöhung der Zufriedenheit sogar umso stärker an, je höher das bereits vorhandene Zufriedenheitsniveau ist. Die klassische Ausnahme bildet die Freundlichkeit der Mitarbeiter. Diese kann die Zufriedenheit der Kunden steigern, führt aber im Regelfall, wenn also bspw. nicht entsprechende Schulungen durchgeführt werden müssen, nicht unbedingt zu Kostensteigerungen.

Somit muss bei sämtlichen Aktivitäten des Unternehmens (bspw. bei der Verbesserung von Leistungen und Produkten, bei der Schulung der Mitarbeiter, beim Einsatz von Kundenbindungsinstrumenten etc.) berücksichtigt werden, ab welchem Niveau die dadurch verursachte Kostensteigerung nicht mehr zu einer weiteren Verbesserung des Profits beiträgt, d. h., das Optimum der Beziehung muss gefunden werden (siehe Übersicht 167). Wenngleich dieser Gedanke nachvollziehbar erscheint, ist das konkrete Finden dieses Optimums in der Realität meist nicht möglich. Dennoch erscheint es sinnvoll zu sein, diese Grundüberlegung beim Einsatz von Marketinginstrumenten im Rahmen von Kundenbeziehungen zu berücksichtigen.

Messung der Kundenzufriedenheit

Die Messung der Kundenzufriedenheit kann auf unterschiedliche Art und Weise erfolgen. In Übersicht 168 sind die wichtigsten Ansätze im Überblick dargestellt. Im Rahmen *objektiver Verfahren* werden Indikatoren wie der Umsatz, Marktanteil oder die Wiederkaufrate herangezogen, um von diesen auf die Zufriedenheit der Kunden zu schließen. Dieses Vorgehen hat sich in vielen Fällen als zulässig erwiesen, muss aber nicht immer zu gültigen Ergebnissen führen, da die Indikatoren nicht ausschließlich von der Zufriedenheit, sondern auch von anderen Faktoren beeinflusst werden.

Übersicht 168: **Ansätze zur Messung von Kundenzufriedenheit**

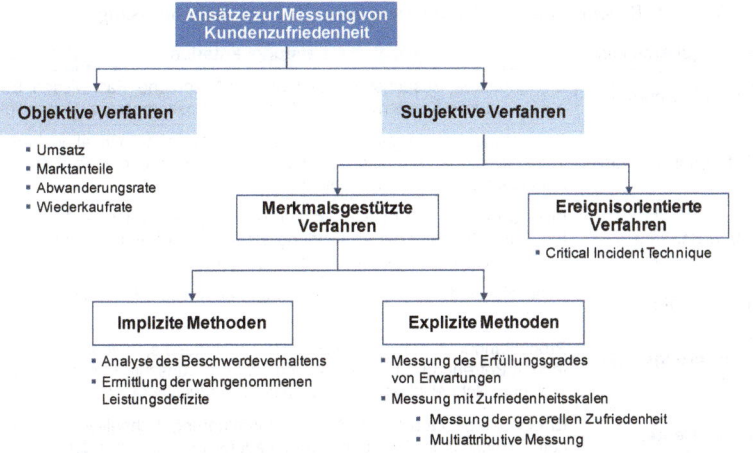

Quelle: In Anlehnung an Homburg/Stock-Homburg 2006, S. 48.

Einsatz *subjektiver Verfahren* wird auf die vom Konsumenten subjektiv wahrgenommene Zufriedenheit abgezielt. Dabei werden merkmalsorientierte Verfahren und ereignisorientierte Verfahren unterschieden. Im Bereich der merkmalsorientierten Verfahren kann weiter in implizite und explizite Methoden differenziert werden. Die Methode mit der wohl größten Bedeutung im Feld der impliziten Methoden ist die Analyse von Beschwerden – zu den impliziten Methoden gehört aber auch die Erfassung von Leistungsdefiziten wie z. B. die Registrierung der Anzahl an Reparaturen.

Bei den expliziten Methoden geht es einerseits um die Messung des Erfüllungsgrades der Erwartungen von Kunden und andererseits um die Messung mittels Zufriedenheitsskalen. Bei der letztgenannten Form der Messung kann zwischen der Messung der generellen Zufriedenheit („Wie zufrieden sind Sie mit Anbieter ... im Allgemeinen?") und der multiattributiven Messung (Frage 1: „Wie zufrieden sind Sie mit dem Produkt?", Frage 2: „Wie zufrieden sind Sie mit dem Service", Frage 3: „Wie zufrieden sind Sie mit den Öffnungszeiten" usw.) unterschieden werden.

Messung der Kundenzufriedenheit

Zur standardisierten Messung der Kundenzufriedenheit werden häufig Fragebögen eingesetzt. In Übersicht 169 sind beispielhafte Fragestellungen für die merkmalsorientierte Messung der Zufriedenheit mit dem Privatkundengeschäft eines Finanzdienstleisters dargestellt. Die Fragen bezogen auf die einzelnen Leistungskriterien, die bspw. auf einer Antwortskala von „sehr zufrieden" bis „überhaupt nicht zufrieden" beantwortet werden, werden jeweils mit „Wie zufrieden sind Sie mit der/dem ..." eingeleitet. Zu berücksichtigen ist, dass die Kundenzufriedenheit hinsichtlich aller Facetten des Konstrukts „Zufriedenheit" (im Beispiel: Zufriedenheit mit der Kundenbetreuung, mit dem Wertpapiergeschäft etc.) zu ermitteln ist. Dabei sind je nach dem Objekt der Zufriedenheit (im Beispiel: Finanzdienstleister) Anpassungen der Fragestellungen vorzunehmen.

Übersicht 169: **Beispiel einer merkmalsorientierten Zufriedenheitsmessung**

Leistungsparameter	Leistungskriterien
Kundenbetreuung	Erreichbarkeit, Besuchshäufigkeit, aktiven Ansprache, Fachwissen, Eingehen auf individuelle Kundenwünsche, Entscheidungskompetenz, Schnelligkeit
Wertpapiergeschäft	Produktangebot, Eingehen auf individuelle Wünsche, Innovationsfähigkeit, Transparenz des Produktangebots, laufenden Beratung, laufenden Betreuung, Marktgerechtigkeit der Konditionen
Online-Banking	Installation, Inbetriebnahme, Leistungsumfang der Software, Bedienungskomfort, Zuverlässigkeit der Anwendung, Beratung, Betreuung, Schnelligkeit der Fehlerbehebung, Verfügbarkeit des Systemzugangs
Geschäftsstelle	Schnelligkeit der Geschäftsabwicklung, Fachwissen, Freundlichkeit, Zuverlässigkeit
Finanzierungsgeschäft	Produktangebot, Transparenz des Produktangebots, laufenden Beratung, laufenden Betreuung, Eingehen auf individuelle Wünsche, Einfachheit der Abwicklung, Schnelligkeit der Entscheidungsfindung, Preis-Leistungs-Verhältnis
Service-Center	Erreichbarkeit, Qualität der Auftragsdurchführung, Schnelligkeit, Freundlichkeit, Flexibilität der Mitarbeiter, Informationsstand über Kundendaten

Quelle: In Anlehnung an Beutin 2008, S. 146.

Aufgrund der Tatsache, dass sich Konsumenten häufig nicht wirklich darüber bewusst sind, wie zufrieden sie mit einzelnen Kriterien sind und daher nur unter dem „Druck" der Befragungssituation auf detaillierte Fragen antworten, entstehen fallweise Artefakte. Vor diesem Hintergrund wurden Ansätze entwickelt, die Kundenzufriedenheit auch mittels Methoden des Conjoint-Measurements zu messen (vgl. hierzu z. B. Thelen/Koll/Mühlbacher 2009, S. 304 ff. bzw. zur Conjoint-Analyse im Allgemeinen Abschnitt 2.1.4.2 in diesem Kapitel). Zu den ereignisorientierten Verfahren zählt u. a. die Critical Incident Technique – die Methode der kritischen Ereignisse. Bei diesem Verfahren wird die Kundenbeziehung in einzelne Interaktions-Episoden zerlegt, die dann die Grundlage zur Ermittlung der Zufriedenheit bilden (Meyer/Ertl 1998, S. 232 f.).

Messung der Kundenloyalität

Bei der Messung der Kundenloyalität sind grundsätzlich die Einstellungs- und die Verhaltensdimension zu berücksichtigen. Von Unternehmen werden die Größen der Verhaltensdimension häufig isoliert herangezogen, da die entsprechende Datengrundlage meist vorliegt (z. B. durch Scannerkassen und den Einsatz von Kundenkarten). Schwieriger und v. a. kostenintensiver ist die Messung der Einstellungsdimension der Loyalität. Dazu sind im Regelfall Kundenbefragungen erforderlich (siehe dazu Abschnitt 2.1.4.2 in diesem Kapitel).

Wird das Modell von Oliver (2010, S. 433 ff.) herangezogen, sind bei der Messung der Loyalität die in Abschnitt 5.4.3 in diesem Kapitel erläuterten Stufen der kognitiven, affektiven, konativen und aktionalen Loyalität zu operationalisieren. Übersicht 170 gibt einen Überblick über die Charakteristika der vier Stufen der Kundenloyalität und zeigt beispielhafte Fragestellungen zur Ermittlung der Loyalität gegenüber einem Einzelhändler in der Do-it-yourself-Branche auf (Oliver 1999, S. 36; Blut et al. 2007, S. 730).

Übersicht 170: **Beispiel zur Messung der Loyalität**

Stufen der Loyalität	Charakteristika	Fragestellungen (Beispiele)
Kognitive Loyalität	Loyalität aufgrund von Informationen (z. B. Preis, Produktmerkmale), welche ein Unternehmen bzw. eine Marke vorziehenswert erscheinen lassen	Das Preis-Leistuns-Verhältnis der Produkte des Geschäfts XY ist gut. Das Geschäft XY ist attraktiv. ...
Affektive Loyalität	Loyalität aufgrund einer Vorliebe bzw. Einstellung („Ich kaufe in dem Geschäft, weil ich es mag.")	Aufgrund meiner bisherigen Erfahrungen bin ich mit dem Geschäft XY sehr zufrieden. Meine Einkaufserfahrungen in dem Geschäft XY waren immer angenehm. ...
Konative Loyalität	Loyalität i. S. einer Intention bzw. einer Verbundenheit („Ich bin bereit, in dem Geschäft wieder einzukaufen.")	Ich würde in dem Geschäft XY wieder einkaufen. Ich würde das Geschäft XY weiterempfehlen. ...
Aktionale Loyalität	Loyalität i. S. der Initiierung einer (Kauf-)Handlung, die bspw. auch mit dem Wunsch verbunden sein kann, etwaige Hindernisse zu überwinden	Wieviel Prozent Ihrer Gesamtausgaben für Do-it-yourself-Produkte geben Sie in dem Geschäft XY aus? ...

Die unterstellten Wirkungsbeziehungen in diesem Modell gestalteten sich derart, dass die kognitive Loyalität die affektive Loyalität bedingt, die zu konativer Loyalität führt. Die konative Loyalität determiniert letztendlich die aktionale Loyalität. Dabei kann die Stärke des Zusammenhangs von Moderatorvariablen beeinflusst werden. In einer Studie, in der die Loyalität gegenüber einem Handelsunternehmen untersucht wurde, wurde bspw. festgestellt, dass der soziale Nutzen, der aus der Interaktion mit dem Verkaufspersonal erwächst, den Zusammenhang zwischen dem Ausmaß der kognitiven Loyalität und jenem der affektiven Loyalität beeinflusst (Blut et al. 2007, S. 729). Ferner zeigte sich, dass die Attraktivität anderer Handelsunternehmen der betreffenden Branche den Zusammenhang zwischen affektiver und konativer Loyalität beeinflusst und die Wechselkosten Einfluss auf den Zusammenhang zwischen konativer und aktionaler Loyalität nehmen.

Messung der Treue

Die Treue von Konsumenten kann mittels verschiedener Konzepte gemessen werden. Diese beziehen sich meist auf die Marken- oder die Geschäftstreue bzw. auf das Marken- oder das Geschäftswechselverhalten (Foscht 2002, S. 52 f.).

- Im traditionellen Reihenfolgenkonzept wird die Sequenz, in der eine Marke gekauft oder eine Einkaufsstätte besucht wird, untersucht. Wenn ein Konsument seinen Bedarf an Gütern ausschließlich in einem Geschäft (A) deckt (Kauffolge: AAAA), spricht man von ungeteilter oder absoluter Geschäftstreue. Geteilte Geschäftstreue liegt beim abwechselnden Aufsuchen von Geschäften (z. B. bei der Kauffolge ABABA) vor, wogegen von einer instabilen Geschäftstreue z. B. bei der Kauffolge AABB zu sprechen ist. Schließlich zeigt bspw. die Kauffolge ABCD, dass keine Geschäftstreue vorliegt.
- Das Anzahlskonzept geht von der Annahme aus, dass die Treue von der Anzahl der Geschäfte, die ein Konsument für den Kauf eines bestimmten Produkts besucht, ableitbar ist. Die Treue ist demnach umso niedriger, je mehr Geschäfte zur Deckung eines bestimmten Bedarfs aufgesucht wurden.
- Ein weiteres Treuekonzept ist schließlich jenes, das von der Anzahl oder vom Anteil der Einkäufe ausgeht, die in unmittelbarer Folge, also ohne Anbieterwechsel, getätigt werden. Die Betrachtung kann sich auf die letzten Einkäufe oder auf die durchschnittlichen Einkäufe je Kaufsequenz beziehen.

RFM-Modell

Das RFM-Modell wurde für die Anwendung im Versandhandel entwickelt. Mittlerweile existieren weiterentwickelte Varianten des Modells, wie das folgende Beispiel in Übersicht 171 zeigt (Link/Hildebrand 1993, S. 49).

Übersicht 171: Beispiel für die Anwendung des RFM-Modells

Start	25 Punkte					
Zeit seit der letzten Bestellung	bis 6 Monate: + 40 Pkte.	bis 9 Monate: + 25 Pkte.	bis 12 Monate: + 15 Pkte.	bis 18 Monate: + 5 Pkte.	bis 24 Monate: - 5 Pkte.	> 24 Monate: - 15 Pkte.
Anzahl der Bestellungen während der letzten 18 Monate	Anzahl der Bestellungen multipliziert mit 6					
Durchschnittlicher Bestell-Betrag der letzten drei Bestellungen	bis EUR 5: + 5 Pkte.	bis EUR 10: + 15 Pkte.	bis EUR 20: + 25 Pkte.	bis EUR 30: + 35 Pkte.	bis EUR 40: + 40 Pkte.	mehr als EUR 40: + 45 Pkte.
Anzahl der retournierten Artikel während der letzten 18 Monate	0-1: 0 Pkte.	2-3: - 5 Pkte.	4-6: - 10 Pkte.	7-10: - 20 Pkte.	11-15: - 30 Pkte.	> 15: - 40 Pkte.
Anzahl der Kontakte seit der letzten Bestellung	Haupt-Katalog: jeweils - 12 Pkte.		Spezial-Katalog: jeweils - 6 Pkte.		Mailing: jeweils - 2 Pkte.	

Bzgl. der Messung der Verhaltensdimension des Loyalität-Konstrukts können auch Ansätze zur Messung der Treue herangezogen werden. Ein Ansatz, der in die Gruppe der Scoringmodelle eingeordnet werden kann und der sich bereits über Jahrzehnte v. a. im Versandhandel etabliert hat, ist das sog. RFM-Modell. In diesem Modell wird in der ursprünglichen Variante über die Vergabe von Punkten berücksichtigt, wie kürzlich (*Recency*), wie häufig (*Frequency*) und um welchen Betrag (*Monetary*) ein Konsument gekauft hat. Dabei gilt, dass Kunden, die kürzlich gekauft haben, häufiger Käufe getätigt haben bzw. mehr Geld beim Kauf ausgegeben haben, ein höherer Gesamtwert (Score) zugewiesen wird (siehe Übersicht 171).

5.5 Integrative Betrachtung von Kundenbeziehungen

5.5.1 Theoretische Grundlagen und Charakteristika

Nachdem in den vorangegangen Abschnitten eine einzelne Kaufphasensequenz (also das Durchlaufen der Vorkauf-, Kauf- bis hin zur Nachkaufphase) ausführlich dargestellt und diskutiert wurde, wird im Folgenden darauf eingegangen, wie sich Konsumenten im Laufe einer Kundenbeziehung verhalten. Diese Kundenbeziehung kann aus einer einzigen oder aus mehreren Kaufphasensequenzen bestehen.

- Eine *einsequenzielle Kundenbeziehung* liegt vor, wenn ein Bedarf bei einem Konsumenten nur einmal besteht (wie z. B. beim Kauf eines Hochzeitskleides) oder wenn die Erwartungen des Konsumenten hinsichtlich der Leistung eines Unternehmens nicht erfüllt wurden, der Konsument unzufrieden ist und es dieser deshalb ablehnt, noch einmal bei demselben Unternehmen zu kaufen.
- In den meisten Fällen besteht eine Kundenbeziehung aber aus einer Reihe von Kaufphasensequenzen. *Mehrsequenzielle Beziehungen* können sich über einen ganzen Bedarfslebenszyklus ziehen. D. h., ein Konsument kauft bspw. in demselben Geschäft, dieselbe Marke etc., solange er einen entsprechenden Bedarf hat, also z. B. einen bestimmten Sport betreibt und die entsprechende Ausrüstung benötigt, ein bestimmtes Gerät nutzt und von Zeit zu Zeit Ersatzteile bzw. ein neues Gerät kaufen muss oder z. B. mobil telefonieren möchte und daher ein Mobiltelefon sowie einen entsprechenden Dienstleister benötigt.

Nachdem die einsequenzielle Kundenbeziehung, auf die im klassischen Marketing fokussiert wird, eher einen Sonderfall darstellt und der einsequenzielle Fall schon dargestellt wurde, konzentrieren sich die folgenden Ausführungen ausschließlich auf die mehrsequenzielle Kundenbeziehung.

Im Rahmen eines Bedarfszyklus eines Konsumenten – aus Sicht der Unternehmen wird auch von einem Kundenlebenszyklus gesprochen (siehe Übersicht 11 in Abschnitt 1.1 in diesem Kapitel) – können eine Reihe von Ereignissen auftreten, die dazu führen, dass Konsumenten zufrieden sind, sich loyal verhalten und die Kundenbeziehung intensiviert wird. Im Idealfall führt dies auch dazu, dass die Kundenbeziehung für das jeweilige Unternehmen profitabler wird. Auf dem Weg zu einer höheren Intensität der Kundenbeziehung kann es aber auch Phasen geben, in denen die Kundenbeziehung bspw. aufgrund der Unzufriedenheit des Kunden gefährdet wird und die Intensität daher über einen gewissen Zeitraum nicht zunimmt. Im Extremfall kann dies dazu führen, dass die Beziehung gelöst wird.

> ### Vom Transaktions- zum Beziehungsmarketing
>
> In den frühen 1980er Jahren wurde das Konzept des Relationship-Marketing entwickelt. Dabei wird ein Paradigmenwechsel von einem auf Transaktionen basierenden – oftmals vorwiegend auf die Kundenakquisition abzielenden – hin zu einem auf Beziehungen fokussierenden Marketing thematisiert (siehe Übersicht 172).
>
> *Übersicht 172:* **Transaktions- vs. Beziehungsmarketing**
>
> | | Transaktionsmarketing | Beziehungsmarketing |
> |---|---|---|
> | Betrachtungsobjekt | Einzelne Transaktion | Beziehung |
> | Betrachtungsfristigkeit | Kurzfristigkeit | Langfristigkeit |
> | Marketingobjekt | Leistung | Leistung und Kunde |
> | Betrachteter Teilprozess | Vorkaufphase | zusätzlich: Kauf-, Nachkauf- und Nutzungsphase |
> | Dominierendes Marketingziel | Kundenakquisition | Kundenakquisition, Kundenbindung, Kundenrückgewinnung |
> | Strategiefokus | Information | Dialog |
> | Ökonomische Erfolgs- und Steuerungsgrößen | Gewinn, Deckungsbeitrag, Umsatz, Kosten | zusätzlich: Kundendeckungsbeitrag, Kundenwert |
>
> Quelle: In Anlehnung an Henning-Thurau/Hansen 2000, S. 5; Bruhn 2013, S. 16.
>
> Als zentrale Elemente des Beziehungsmarketing werden die Konzentration auf die Kundenpflege und damit einhergehend der verstärkte Fokus auf die Kaufphase und die Nachkaufphase, ein längerer Zeithorizont sowie gegenseitiges Vertrauen betrachtet. Die Beziehungsüberlegungen werden durch Wirtschaftlichkeitsüberlegungen auf Kundenebene (Kundendeckungsbeitrag, Kundenwert) ergänzt (vgl. dazu Palmatier et al. 2006).

Versucht man nun die unterschiedlichen Kaufentscheidungstypen in die Betrachtung des Beziehungs-Lebenszyklus einzubeziehen, ergibt sich, dass Kundenbeziehungen in vielen Fällen entweder mit extensiven oder mit impulsiven Kaufentscheidungen beginnen. Es ist z. B. denkbar, dass ein Konsument, der in eine neue Stadt zieht, zunächst umfangreich evaluiert, wo er seine Lebensmittel, seine Sportartikel usw. am günstigsten einkaufen kann oder, dass ein Konsument spontan einen Kaugummi kauft, der in einer sog. Zweitplatzierung unmittelbar vor der Kasse präsentiert wird. Beide Fälle (es handelt sich jeweils um eine Kaufphasensequenz) können Ausgangspunkte einer Kundenbeziehung sein.

Hat eine Kundenbeziehung begonnen und haben die Leistungen des Unternehmens die Erwartungen der Konsumenten erfüllt oder sogar übertroffen, kann davon ausgegangen werden, dass der Konsument wieder bei demselben Unternehmen oder dieselbe Marke kauft. Allerdings wird dann nicht mehr so umfangreich evaluiert (wie bei der ursprünglich extensiven Kaufentscheidung) bzw. nicht mehr so impulsiv gehandelt (wie bei der ursprünglich impulsiven Kaufentscheidung) wie in der ersten Sequenz der Kundenbeziehung. D. h., die Kaufentscheidungen können in einer zweiten Phase im Kundenlebenszyklus bspw. limitiert getroffen werden (siehe Übersicht 173). In einer dritte Phase der Kundenbeziehung, in der die Loyalität ihren Höhepunkt erreicht, denkt der Konsument nicht mehr intensiv nach, welches Produkt oder welche Marke er kaufen bzw. welche Einkaufsstätte er aufsuchen soll. Er trifft seine Kaufentscheidung habitualisiert. Bspw. fährt der Konsument, der in eine neue Stadt gezogen ist, nach einem Jahr mehr oder weniger automatisch zu Supermarkt X und jener, der ursprünglich impulsiv einen Kaugummi der Marke Y gekauft hat, greift dann automatisch immer wieder zu dieser Marke. Es liegt auf der Hand, dass es das Ziel jeden Unternehmens sein wird, möglichst viele Kunden zu haben, die die jeweilige Kaufentscheidung habitualisiert zu Gunsten des eigenen Unternehmens treffen bzw., dass Unternehmen bestrebt sind, Kunden zu motivieren, ihre Entscheidungen auf diese Art zu treffen.

Übersicht 173: **Kundenbeziehungs-Lebenszyklus und Kaufphasensequenzen**

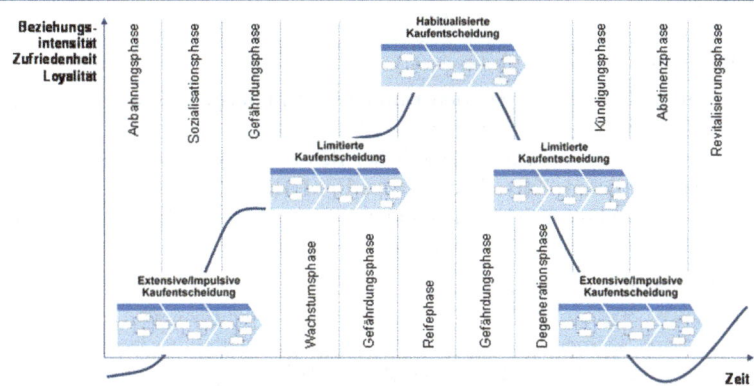

Tritt der Fall ein, dass in einer Kundenbeziehung eine bereits habitualisierte Kaufentscheidung wieder in Frage gestellt wird, kann dies – je nach Auslöser (Unzufriedenheit, Änderung der Lebensumstände etc.) – dazu führen, dass weitere Kaufentscheidungen im Rahmen der bestehenden Kundenbeziehung wieder limitiert oder sextensiv getroffen werden.

5.5.2 Bedeutung und Messung

Vor dem dargestellten Hintergrund erscheint es naheliegend, dass jedes Unternehmen versucht, Konsumenten, die einmal auf der Basis einer extensiven oder impulsiven Entscheidung gekauft haben, zu motivieren, ihre Entscheidung lediglich limitiert bzw. habitualisiert zu Gunsten des Unternehmens zu treffen. Zu berücksichtigen ist allerdings, dass auch dieses Lebenszyklusmodell idealtypisch ist und dass die Art der Kaufentscheidung nicht nur von der jeweiligen Phase in der Kundenbeziehung, sondern v. a. auch von der Bedeutung der jeweiligen Kaufentscheidung abhängt. Es ist durchaus denkbar, dass Entscheidungen immer wieder extensiv getroffen werden (z. B. die Entscheidung, ein Auto zu kaufen) und dass Käufe, die zu einem bestimmten Zeitpunkt habitualisiert erfolgen, davor noch nie extensiv oder impulsiv waren (z. B. kann die Entscheidung für eine bestimmte Milch-Marke darauf begründet sein, dass auch schon die Mutter dieselbe Marke gekauft hat). Im Mittelpunkt des Kundenbeziehungsmanagements muss also die Kundenorientierung und die langfristige Betrachtungsperspektive von Kundenbeziehungen stehen. Als zentrale Mess- und Steuerungsgröße für den Einsatz von Marketing- und Kundenbindungsinstrumenten haben sich der Kundendeckungsbeitrag sowie der Customer Lifetime Value (CLV) etabliert. Zur Segmentierung der Kunden auf der Basis des Kundenwertes lassen sich generell ein- und mehrdimensionale Ansätze unterscheiden (siehe Übersicht 174).

Übersicht 174: Ansätze zur Kundensegmentierung

		Zuordnung	
		individuelle Darstellung	kumulierte Darstellung
Bewertung	eindimensional	Qualitative Segmentierung Kundendeckungsbeitragsrechnung Customer Lifetime Value	Qualitatives Ranking aller Kunden ABC-Analyse
	mehrdimensional	Scoring-Ansätze (z. B. RFM-Modell) Radarchart	Scoring-Portfolio Klassisches Kundenportfolio

Quelle: In Anlehnung an Krafft 2007, S. 75.

Während eindimensionale Ansätze den Kundenwert mittels eines Kriteriums (z. B. Umsatz, Deckungsbeitrag) ermitteln, greifen mehrdimensionale Verfahren auf einen Kriterienkatalog (z. B. Kaufhäufigkeit, durchschnittlicher Retourenumsatz) zurück (siehe auch das in Abschnitt 5.4.4 in diesem Kapitel dargestellte RFM-Modell). Sowohl ein- als auch mehrdimensionale Ansätze lassen sich zudem danach unterscheiden, ob Kunden separat (individuelle Darstellung) oder gemeinsam (kumulierte Darstellung) bewertet werden.

Zu den eindimensionalen Segmentierungsansätzen, die einzelne Kunden fokussieren zählen die qualitative Segmentierung, die Kundendeckungsbeitragsrechnung und der CLV. Bei der qualitativen Segmentierung erfolgt vor einem Kaufabschluss bspw. eine Zuteilung des Kunden in die Gruppe der Lead User (Krafft 2007, S. 75), die sich u. a. dadurch auszeichnen, dass sie im Vergleich zur Masse der Kunden motiviert und befähigt ist, an Innovationen des Unternehmens mitzuwirken, weil sie Trends früher erkennen. Einen quantitativen Ansatz der Segmentierung stellt hingegen die Kundendeckungsbeitragsrechnung oder der CLV dar. Im Rahmen der Kundendeckungsbeitragsrechnung werden von den Bruttoerlösen, die ein Kunde dem Unternehmen in einer Periode einbringt, kundenspezifische Erlösschmälerungen, variable Kosten der Produkte, kundenbedingte Auftragskosten, indirekt kundenbezogene Marketing-Kosten und kundenspezifische Fixkosten der betrachteten Periode abgezogen. Der CLV fokussiert dagegen nicht auf einzelne, in der Vergangenheit liegende Perioden, sondern berücksichtigt zur Ermittlung des Kundenwertes auch die zu erwartenden Ein- und Auszahlungen der Kundenbeziehung. Im Zuge eines qualitativen Rankings aller Kunden, das eine kumulierte Darstellung des Kundenwertes repräsentiert, werden sämtliche Kunden auf der Basis eines Kriteriums in eine Rangfolge gebracht. Bei der ABC-Analyse werden die Kunden je nach Umsatz in A-, B- und C-Kunden eingeteilt, wobei A-Kunden dem Unternehmen den größten Umsatz bringen.

Im Rahmen von Scoring-Ansätzen, die den mehrdimensionalen Verfahren der Kundensegmentierung zuzurechnen sind, wird der Kunde auf der Basis mehrerer Kriterien bewertet – das Ergebnis bildet ein Gesamtwert (Score) (siehe Abschnitt 5.4.4 in diesem Kapitel). Bei Radarcharts werden die Kriterien nicht zu einem Gesamtscore verdichtet, sondern jedes Kriterium bildet in der grafischen Darstellung eine eigene Dimension. In Scoring-Portfolios werden potenzielle und bestehende Kunden je nach Kundenattraktivität (als Kriterien dienen bspw. die Zahlungsbereitschaft oder der beim Unternehmen gedeckte Bedarf) und Wettbewerbsposition (entsprechende Kriterien sind z. B. die Dauer der Geschäftsbeziehung oder die Kundenzufriedenheit) in einer Matrix positioniert (Krafft 2007, S. 82). Beim klassischen Kundenportfolio werden dagegen nur bestehende Kunden berücksichtigt.

Übergang vom extensiven zum habitualisierten Kaufverhalten

Kaas (1982) und Dieterich (1986) untersuchten das Durchlaufen verschiedener Kaufentscheidungsphasen von Konsumenten, innerhalb derer mittels Lernen extensive Kaufentscheidungen aufgrund von Gebrauchserfahrungen zunehmend habitualisiert werden. 1980 und 1981 wurden Mütter mit dem ersten Baby im Alter von bis zu 54 Wochen und werdende Mütter im 7. bis 9. Schwangerschaftsmonat hinsichtlich ihres Kaufverhaltens für Babywindeln befragt. Da eine Beobachtung einer Person über einen langen Zeitraum problematisch ist, wurden sog. Kohortenanalysen durchgeführt. Das grundsätzliche Ziel der Untersuchung bestand darin, das habitualisierte Kaufverhalten von Menschen zu erklären.

Die Auswahl der Versuchspersonen und der Produktgruppe erfolgte vor dem Hintergrund einer Konfrontation mit drei grundlegenden Problemen: Es galt, ein subjektiv innovatives Produkt zu finden, das zum Untersuchungszeitpunkt in den Markt eingeführt wird. Ferner musste eine phasenbegleitende Beobachtung des Habitualisierungsprozesses möglich sein und schließlich mussten einzelne Kaufphasen voneinander abgegrenzt werden können. Deshalb wurden ausschließlich Schwangere und Mütter eines Kindes befragt, die mit dem Befragungsgegenstand zum ersten Mal konfrontiert wurden und somit vor einen subjektiv neuen Bedarf gestellt waren. Windeln erschienen als zu testende Produktgruppe geeignet, da sie über einen längeren Zeitraum benötigt werden.

Die zentralen Ergebnisse der Studie können in komprimierter Form wie folgt dargestellt werden: Mit zunehmendem Alter des Babys, d. h. mit zunehmender Kauferfahrung der Mütter, sinkt bei diesen sowohl die Nutzungsintensität externer Informationsquellen als auch die der interpersonellen Kommunikation. Auch die Informationszeit nimmt im Laufe der Zeit ab, da der subjektive Informationsstand steigt und zunehmend auf eigene Produkterfahrungen zurückgegriffen werden kann. Das Awareness Set, d. h. alle Angebotsalternativen, die dem Nachfrager bei seiner Kaufentscheidung bewusst sind, umfasst ebenso wie das Inept Set, d. h. alle Angebotsalternativen, die negativ beurteilt werden und daher für die Kaufentscheidung nicht mehr relevant sind, im Zeitablauf mehr Marken. Für das Konsumentenverhalten im Speziellen lässt sich festhalten, dass mit zunehmendem Alter des Babys vermehrt Sonderangebotskäufe getätigt werden, größere Packungen gekauft werden und die Entscheidungszeit abnimmt.

Zusammenfassend ist festzuhalten, dass Habitualisierungsprozesse über das Informationsverhalten der Konsumenten erfasst werden können. Mit zunehmender Erfahrung mit einem bestimmten Produkt nimmt der Bedarf an Informationen und das Ausmaß an extensiven Auswahlüberlegungen ab. Nach und nach werden aus dem zur Verfügung stehenden Produktangebot einzelne Produkte akzeptiert, innerhalb einer Produktgruppe bestimmte Produkte präferiert, zunehmend habitualisiert und schlussendlich routinemäßig gekauft. Darüber hinaus kann festgestellt werden, dass auch hinsichtlich der präferierten Einkaufsstätten ein gewisser Wandel eintritt: Sobald sich die Konsumenten bei ihren Einkäufen sicherer werden, kann ein Trend der Abwanderung der Konsumenten von Fachgeschäften zu Supermärkten beobachtet werden (Kaas 1982, S. 3 ff.; Dieterich 1986, S. 188 ff.).

Vor diesem Hintergrund können Marketinginstrumente kunden- bzw. kundengruppenindividuell eingesetzt werden. Dies gilt für Marketinginstrumente, die bereits in den einzelnen Phasen dargestellt und diskutiert wurden (z. B. individuelle Informationsangebote), aber auch für Instrumente, die erst im Rahmen einer integrativen und langfristigen Betrachtung relevant erscheinen. Konkret handelt es sich dabei bspw. um das Kundenrückgewinnungsmanagement und um die Integration von Kunden im Wertschöpfungsprozess.

Kundenrückgewinnung

Wandert ein Kunde ab, kann in Abhängigkeit der Stärke der Reaktion und der Dauer der Abwanderung zwischen den – in Übersicht 175 dargestellten – vier Abwanderungs-Typen unterschieden werden.

Übersicht 175: **Abwanderungstypen**

		Länge des Abwanderungsprozesses	
		kurz	lang
Stärke der Reaktion	stark	Radikal-Abwanderung	Plan-Abwanderung
	schwach	Kurzschluss-Abwanderung	Zweifel-Abwanderung

Quelle: Bruhn 2013, S. 70.

Das Kundenrückgewinnungsmanagement ist ein wesentlicher Bestandteil eines umfassenden Kundenbeziehungsmanagements. Die hohe Bedeutung dieses Instrumentes erklärt sich einerseits aus der tendenziell sinkenden Loyalität der Konsumenten und andererseits aus der Tatsache, dass immer höhere Investitionen erforderlich sind, um neue Kunden zu akquirieren. Somit ergibt sich für Unternehmen die Situation, dass in neue Kunden investiert wird, diese aber häufig wieder abwandern, bevor sich die Investitionen (wenigstens) noch amortisiert haben. Es erscheint für Unternehmen daher sinnvoll, sich zuerst an jene Personen zu wenden, die bereits Kunden des Unternehmens waren und in die schon investiert wurde, bevor man sich an völlig fremde Personen wendet. Das Rückgewinnungsmanagement zielt also darauf ab, Kunden, die eine Geschäftsbeziehung kündigen wollen, zu halten bzw. Kunden, die die Geschäftsbeziehung bereits abgebrochen haben, zurückzugewinnen (Stauss/Friege 2006, S. 509 ff.).

Integration des Kunden in den Wertschöpfungsprozess

Neben den phasenbezogenen und wertorientierten Ansatzpunkten zum Aufbau und Erhalt von Kundenbeziehungen wird als Idealfall der Kundenbeziehung die Integration des Kunden in die Prozesse des Unternehmens betrachtet. Gelingt es, den Kunden in die Wertschöpfungsprozesse zu integrieren, kann davon ausgegangen werden, dass die Beziehung zwischen Unternehmen und Kunde intensiver und das Involvement der Kunden bzgl. des Produkts oder der Dienstleistung höher ist.

Die Integration des Kunden ist z. B. im Dienstleistungsbereich üblich, wenn etwa die Auftraggeber in die Planungsüberlegungen des Architekten miteinbezogen werden. Aber auch bei Automobilen scheint es en vogue zu sein, dass man seinen Neuwagen direkt im Werk abholen kann. Die Abholung wird zu einem Event gemacht, in dessen Rahmen auch das Werk besichtigt werden kann.

Customer Lifetime Value (CLV)

Die Grundidee der Berechnung eines Kundenlebenszeitwertes oder CLV besteht in der Übertragung von Verfahren der Investitionsrechnung auf die Kundenbeziehung. Dabei stellt der CLV den Vermögenswert eines bestehenden oder auch eines potenziellen Kunden dar. Grundsätzlich liegt der Berechnung des CLV die Kapitalwertmethode zu Grunde. Danach berechnet sich der Wert eines Kunden aus den diskontierten, dem Kunden direkt zurechenbaren Ein- und Auszahlungsströmen während einer gesamten Geschäftsbeziehung (Dwyer 1989). Es werden somit die prognostizierten Umsätze und die entsprechenden prognostizierten Kosten für die voraussichtliche Gesamtdauer einer Geschäftsbeziehung gegenübergestellt und auf den heutigen Zeitpunkt abdiskontiert. Der CLV kann folgendermaßen berechnet werden (Link/Hildebrand 1997, S. 165):

$$V_{kt} = \sum_{t=0}^{T} \frac{x_t(p-k) - M_t}{(1+r)^t}$$

- V_{kt} ... monetärer Wert von Kunde k zu Beginn der Periode t
- T ... voraussichtliche Zahl an Perioden, in denen ein (potenzieller) Kunde ein Kunde des Unternehmens bleibt
- x_t ... Abnahmeprognose für Periode t
- p ... (kundenindividueller) Produktpreis
- k ... Stückkosten
- M_t ... kundenspezifische Kosten für die Akquise und Pflege der Kundenbeziehung für Periode t
- r ... kalkulatorischer Zinssatz

Es wird hier also auf den langfristigen monetären Wert eines Kunden abgestellt. Dabei wird dem Investitionscharakter der Marketingkosten durch das Einnehmen einer langfristigen Perspektive Rechnung getragen. Dies entspricht auch den Grundsätzen des Relationship Marketing. Konkret können mit dem Konzept des CLV die Auswirkungen der Kosten für die Akquise eines Kunden bzw. jene für die Pflege der spezifischen Kundenbeziehung oder die Wirkung von Preiszugeständnissen auf den Mittelrückfluss kalkuliert werden. Auf dieser Basis kann entschieden werden, welche Investitionen für einen Kunden (noch) ökonomisch sinnvoll erscheinen (Link/Hildebrand 1997, S. 164). Damit kann insb. auch der Wert von Neukunden berechnet werden, die oftmals gerade kostendeckend oder nur unter Inkaufnahme von Verlusten gewonnen werden können. Neben dem Deckungsbeitrag – dem monetären Rentabilitätswert – können auch noch weitere Größen in die Berechnung des CLV einfließen. Von besonderem Interesse ist dabei jener Wert des Kunden, der dadurch entsteht, dass der Kunde die Neukundenakquisition durch Gespräche mit weiteren potenziellen Kunden oder durch Zurschaustellung seines Kaufverhaltens unterstützen kann. Dieser Teilwert wird auch als akquisitorischer oder kommunikativer Kundenwert bezeichnet. Darüber hinaus ist jener Wert des Kunden von Interesse, der dadurch begründet wird, dass Kunden durch Beschwerden oder Anregungen das Unternehmen über Mängel informieren und somit die Möglichkeit bieten, die Abwanderung von Kunden zu verhindern. Dieser Teilwert wird auch als informatorischer Kundenwert bezeichnet (Gierl/Kurbel 1997, S. 176 ff.).

Somit wird den Konsumenten der Eindruck vermittelt, bei der Produktion dabei gewesen zu sein, was letztendlich die Beziehung zum Unternehmen und v. a. zum gekauften Produkt stärkt. Neben diesen Formen der Integration, die im Wertschöpfungsprozess relativ spät ansetzen, sind auch solche denkbar, die am Beginn des Prozesses angesiedelt sind, wie z. B. die Institutionalisierung von Kundenparlamenten oder die Integration von Lead-Usern in Planungsprozesse (zum Lead-User-Konzept als Methode der frühen Kundeneinbindung vgl. z. B. Wecht 2006).

> **Kundenintegration**
>
> In der Autostadt von VW in Wolfsburg wird versucht, die Kunden von VW in den Wertschöpfungsprozess des Unternehmens zu integrieren. Dazu wurde für Neuwagen-Käufer die Möglichkeit geschaffen, dass sie ihr Fahrzeug direkt im Werk abholen können. Teil dieser Abholung ist aber auch eine Werksbesichtigung – sozusagen eine Besichtigung der Geburtsstätte des eigenen Fahrzeuges – sowie ein Besuch der gesamten Autostadt. Diese ist so gestaltet, dass der Besuch als Erlebnis für die ganze Familie in positiver Erinnerung bleibt (www.autostadt.de).
>
> Die Konsumenten in den Wertschöpfungsprozess des Unternehmens zu integrieren gestaltet sich aber oft schwierig. Betrachtet man z. B. den Handel, sind deutlich weniger Optionen der Kundenintegration denkbar. Wenngleich Kunden in manchen Bereichen schon fast selbstverständlich in den Wertschöpfungsprozess des Handels eingebunden sind, z. B. durch die Selbstbedienung, durch die Selbstabholung oder durch die Selbst-Montage von Möbeln, werden ständig weitere Optionen, wie z. B. das Scannen der gekauften Artikel durch den Konsumenten, implementiert und neue Möglichkeiten der Integration gesucht.
>
> Im Dienstleistungsbereich sind die Kunden traditionell in den Wertschöpfungsprozess eingebunden, da sie zumeist selbst Teil der Leistungserstellung sind. Als Beispiele können etwa der Besuch beim Friseur oder die Inanspruchnahme einer Personen-Transportdienstleistung (z. B. Flugreise) angeführt werden. Darüber hinaus sind aber auch Dienstleistungen denkbar, bei denen dies nicht der Fall ist, wie z. B. bei der Erstellung einer Übersetzung oder beim Transport von Gütern.

Die Integration von Kunden ins Unternehmen wird zunehmend im Rahmen des Electronic Business realisiert bzw. durch dieses erst in der Form ermöglicht. Dabei kann unter dem Begriff des Electronic Business die Gesamtheit der Verhaltensweisen verstanden werden, die durch den Einsatz neuer Informations- und Kommunikationstechnologien eine ressourcensparende Koordination bzw. Integration von Geschäfts-, Kommunikations- und Transaktionsprozessen auf der Markt- und Unternehmensebene ermöglicht (Weiber 2002, S. 1061 f.). Davon abzugrenzen ist der Begriff des Electronic Commerce – einem Teilbereich des Electronic Business – der die Anbahnung, Verhandlung, Abwicklung und Aufrechterhaltung von Austauschprozessen mittels elektronischer Netze umfasst (Weiber 2002, S. 1062).

Auch im Zusammenhang mit dem Electronic Business sei wieder auf den Automobilbereich verwiesen. Die Auto-Hersteller bieten z. B. auf ihren Websites die Möglichkeit an, mittels Car-Konfigurator das eigene Auto zu „bauen". Neben der Auswahl diverser Ausstattungsmerkmale und der entsprechenden Preisberechnung kann das Auto in der gewählten Variante auch bildhaft dargestellt werden, um so z. B. das Zusammenwirken der gewählten Farben o. Ä. zu überprüfen.

Durch den Einsatz des Internet ist eine Integration der Kunden mittlerweile auch in anderen als den angeführten Dienstleistungsbereichen, wie z. B. beim Transport von Paketen, möglich. Bspw. bieten Paketdienste sog. Order-Tracking-Systeme an, die es den Kunden ermöglichen, ihre in Auftrag gegebene Dienstleistung zu verfolgen. Der Kunde kann mit seiner Auftragsnummer zu jeder Zeit feststellen, wo sich sein Paket gerade befindet usw. Diese Transparenz der Prozesse und die Einbeziehung der Kunden können dazu beitragen, dass die Beziehung zum Unternehmen intensiviert wird.

Literatur

Aaker, J. L. (1997): Dimensions of Brand Personality, in: Journal of Marketing Research, 34. Jg., Nr. 8, S. 347-356.
Aaker, J. L. (2005): Dimensionen der Markenpersönlichkeit, in: Esch, F.-R. (Hrsg.): Moderne Markenführung, 4. Aufl., Wiesbaden, S. 165-176.
Aghdaie, S. F. A./Faghani, F. (2012): Mobile Banking Service Quality and Customer Satisfaction (Application of SERVQUAL Model), in: International Journal of Management and Business Research, 2. Jg., Nr. 4, S. 351-361.
Angerer, T./Foscht, T./Swoboda, B. (2006): Das Kundenalter als Einflussfaktor auf den Erfolg von Kundenbeziehungen im Handel, in: Jahrbuch der Absatz- und Verbrauchsforschung, 52. Jg., Nr. 4, S. 397-417.
Antonides, G./Van Raaij, W. F. (1998): Consumer Behavior – A European Perspective, Chichester.
Assael, H. (2004): Consumer Behavior, Boston.
Bänsch, A. (2013): Verkaufspsychologie und Verkaufstechnik, 9. Aufl., München.
Balderjahn, I./Scholderer, J. (2007): Konsumentenverhalten und Marketing. Grundlagen für Strategien und Maßnahmen, Stuttgart.
Baldinger, A. L./Rubinson, J. (1996): Brand Loyalty – The Link Between Attitude and Behavior, in: Journal of Advertising Research, 36. Jg., Nr. 6, S. 22-34.
Bandler, R./Grinder, J. (2013): Neue Wege der Kurzzeit-Therapie: Neurolinguistische Programme, 15. Aufl., Paderborn.
Barlow, J./Møller, C. (1996): Eine Beschwerde ist ein Geschenk: Der Kunde als Consultant, Wien.
Berne, E. (2001): Die Transaktions-Analyse in der Psychotherapie: Eine systematische Individual- und Sozial-Psychiatrie, Paderborn.
Bettman, J./Johnson, E./Payne, J. (1991): Consumer Decision Making, in: Robertson, T./Kasserjian, H.: Handbook of Consumer Behavior, Englewood Cliffs, S. 50-84.
Beutin, N. (2008): Verfahren zur Messung der Kundenzufriedenheit im Überblick, in: Homburg, C. (Hrsg.): Kundenzufriedenheit. Konzepte – Methoden – Erfahrungen, 7. Aufl., Wiesbaden, S. 121-171.
Bhattacharya, C. B. (1997): Is your brand's loyalty too much, too little, or just right?: Explaining deviations in loyalty from the Dirichlet norm, in: International Journal of Research in Marketing, 14. Jg., Nr. 5, S. 421-435.
Blackwell, R. D./Miniard, P. W./Engel, J. F. (2001): Consumer Behavior, 9. Aufl., Fort Worth.
Blackwell, R. D./Miniard, P. W./Engel, J. F. (2006): Consumer Behavior, 10. Aufl., Mason.
Bloch, P. H./Sherrell, D. L./Ridgway, N. M. (1986): Consumer Search: An Extended Framework, in: Journal of Consumer Research, 13. Jg., Nr. 1, S. 119-126.
Block, L. G./Morwitz, V. G. (1999): Shopping Lists as an External Memory Aid for Grocery Shopping: Influences on List Writing and List Fulfillment, in: Journal of Consumer Psychology, 8. Jg., Nr. 4, S. 343-375.
Bloemer, J. M. M./Kasper H. D. P. (1995): The complex relationship between consumer satisfaction and brand loyalty, in: Journal of Economic Psychology, 16. Jg., Nr. 2, S. 311-329.
Blut, M. (2008): Der Einfluss von Wechselkosten auf die Kundenbindung. Verhaltenstheoretische Fundierung und empirische Analyse, Wiesbaden.
Blut, M./Evanschitzky, H./Vogel, V./Ahlert, D. (2007): Switching Barriers in the Four-Stage Loyalty Model, in: Advances in Consumer Research, 34. Jg., Nr. 1, S. 726-734.
Bosch, C./Schiel, S./Winder, T. (2006): Emotionen im Marketing. Verstehen – Messen – Nutzen, Wiesbaden.
Bost, E. (1987): Ladenatmosphäre und Konsumentenverhalten, Heidelberg.
Brandstätter, M./Foscht, T. (2011): Overload Confusion, Stress and Coping in a Retail Setting, Academy of Marketing Science (AMS), World Marketing Congress, 19.-23. Juli, Reims, Frankreich.
Brandstätter, M./Foscht, T./Maloles, C. (2011): Coping with Crowding Stress in a Retail Setting, American Collegiate Retailing Association (ACRA), Spring Conference, 3.-5. März, Boston, USA.
Bruhn, M. (2013): Relationship Marketing, 3. Aufl., München.

Burmann, C./Meffert, H./Koers, M. (2005): Stellenwert und Gegenstand des Markenmanagement, in: Meffert, H./Burmann, C./Koers, M. (Hrsg.): Markenmanagement, 2. Aufl., Wiesbaden, S. 3-17.
Busch, A. (2000): Kommunikation im Einzelhandel, St. Gallen.
Carman, J. M. (1990): Consumer Perceptions of Service Quality: An Assessment of the SERVQUAL Dimensions, in: Journal of Retailing, 66. Jg., Nr. 1, S. 33-55.
Chapa, O./Hernandez, M. D./Wang, J. J./Skalski, C. (2014): Do individualists complain more than collectivists? A four-country analysis on consumer complaint behavior, in: Journal of International Consumer Marketing, 26. Jg., Nr. 5, S. 373-390.
Chen, C. Y./Mathur, P./Maheswaran, D. (2014): The Effects of Country-Related Affect on Product Evaluations, in: Journal of Consumer Research, 41. Jg., Nr. 4, S. 1033-1046.
Cheng, F.-F./Wu, C.-S./Yen, D. C. (2009): The effect of online store atmosphere on consumer's emotional responses – an experimental study of music and colour, in: Behavior & Information Technology, 28. Jg., Nr. 4, S. 323-334.
Cooil, B./Keiningham, T./Aksoy, L./Hsu, M. (2007): A Longitudinal Analysis of Customer Satisfaction and Share of Wallet: Investigating the Moderating Effect of Customer Characteristics, in: Journal of Marketing, 71. Jg., Nr. 1, S. 67-83.
Day, G. (1969): A Two-Dimensional Concept of Brand Loyalty, in: Journal of Advertising Research, 9. Jg., Nr. 3, S. 29-35.
Dick, A. S./Basu, K. (1994): Customer loyalty: Toward an integrated conceptual framework, in: Journal of the Academy of Marketing Science, 22. Jg., Nr. 2, S. 99-113.
Diehl, S. (2002): Erlebnisorientiertes Internetmarketing, Wiesbaden.
Dieterich, M. (1986): Konsument und Gewohnheit, Heidelberg.
Diller, H. (1996): Kundenbindung als Marketingziel, in: Marketing – ZFP, 13. Jg., Nr. 2, S. 81-94.
Diller, H. (2008): Preispolitik, 4. Aufl., Stuttgart.
Diller, H./Kusterer, M. (1986): Erlebnisbetonte Ladengestaltung im Einzelhandel, in: Trommsdorff, V. (Hrsg.): Handelsforschung, Wiesbaden, S. 105-123.
Diller, H./Haas, A./Ivens, B. (2005): Verkauf und Kundenmanagement, Stuttgart.
Ding, D. X./Hu, P. J.-H./Sheng, O. R. L. (2011): e-SELFQUAL: A scale for measuring online self-service quality, in: Journal of Business Research, 64. Jg., Nr. 5, S. 508-515.
Donovan, R./Rossiter, J. (1982): Store Atmosphere: An Environmental Psychology Approach, in: Journal of Retailing, 58. Jg., Nr. 1, 1982, S. 34-37.
Donovan, R./Rossiter, J./Marcoolyn, G./Nesdale, A. (1994): Store Atmosphere and Purchasing Behavior, in: Journal of Retailing, 70. Jg., Nr. 3, S. 283-294.
Dwyer, R. F. (1989): Customer Lifetime Valuation to Support Marketing Decision Making, in: Journal of Direct Marketing, 3. Jg., Nr. 4, S. 8-14.
Ernstreiter, K./Foscht, T. (2010): Return Behavior in the Mail Order Industry – An Exploratory Study, Handelsforschung, 25.-27. November, Berlin, Deutschland.
Esch, F.-R./Billen, P. (1996): Förderung der Mental Convenience beim Einkauf durch Cognitive Maps und kundenorientierte Produktgruppierungen, in: Trommsdorff, V. (Hrsg.): Handelsforschung 1996/1997, Wiesbaden, S. 317-337.
Esch, F.-R./Geus, P. (2005): Ansätze zur Messung des Markenwertes, in: Esch, F.-R. (Hrsg.): Moderne Markenführung, 4. Aufl., Wiesbaden, S. 1263-1305.
Esch, F.-R./Wicke, A./Rempel, J. E. (2005): Herausforderungen und Aufgaben des Markenmanagements, in: Esch, F.-R. (Hrsg.): Moderne Markenführung, 4. Aufl., Wiesbaden, S. 3-55.
Festinger, L. (1957): A Theory of Cognitive Dissonance, Stanford.
Finn, D. W./Lamb, C. W. (1991): An Evaluation of the SERVQUAL Scales in a Retailing Setting, in: Advances in Consumer Research, 18. Jg., Nr. 1, S. 483-490.
Fisher Gardial, S./Clemons, D. S./Woodruff, R. B./Schumann, D. W./Burns M. J. (1994): Comparing Consumers' Recall of Prepurchase and Postpurchase Product Evaluation Experiences, in: Journal of Consumer Research, 20. Jg., Nr. 4, S. 548-560.
Foscht, T. (1998): Interaktive Medien in der Kommunikation, Wiesbaden.
Foscht, T. (2002): Kundenloyalität – Integrative Konzeption und Analyse der Verhaltens- und Profitabilitätswirkungen, Wiesbaden.
Foscht, T./Angerer, T. (2007): Kaufbarrieren als Wachstumsbarrieren für Handelsunternehmen, in: Voithhofer, P./Gittenberger, E. (Hrsg.): Der österreichische Handel 2006: Daten – Fakten – Analysen, Wien, S. 195-210.
Foscht, T./Jungwirth, G. (1998): Interaktive Medien als neues Instrument der Kundenbindung, in: Trommsdorff, V. (Hrsg.): Handelsforschung 1998/99 – Innovationen im Handel, Wiesbaden, S. 227-246.
Foscht, T./Sinha, I. (2007): Reverse Psychology Marketing – Ein neuer Trend im Marketing?, in: Absatzwirtschaft, 51. Jg., Nr. 12, S. 36-39.

Foscht, T./Angerer, T./Swoboda, B. (2004): Interaktives Szene-Beziehungsmanagement als Ansatz zur Internationalisierung, in: Ahlert, D./Schröder, H./Olbrich, R. (Hrsg.): Jahrbuch Vertriebs- und Handelsmanagement, Frankfurt a. M., S. 153-167.
Foscht, T./Angerer, T./Swoboda, B. (2005): Customer Relationship Marketing (CRM) in Retailing, in: Kotzab, H./Bjerre, M. (Hrsg.): Retailing in a SCM-Perspective, Kopenhagen, S. 247-263.
Foscht, T./Brandstätter, M./Sinha, I. (2010): Reverse Psychology Marketing – Konsequent falsch und doch richtig, in: Marketing Review St. Gallen, Ausg. 6, S. 18-25.
Foscht, T./Brandstätter, M./Swoboda, B. (2009): Consumer Evaluations of Private Label Extensions: An Exploratory Study, in: Terlutter, R./Diehl, S./Karmasin, M./Smit, E. (Hrsg.): Proceedings of the 8th International Conference on Research Advertising (ICORIA), o. O.
Foscht, T./Ernstreiter, K./Angerer, T. (2011): Erfolg von Couponing: Einflussfaktoren und konsumentenspezifische Potentiale, in: Transfer – Werbeforschung & Praxis (in Druck).
Foscht, T./Van Waterschoot, W./De Haes, J. (2009): Some Reflections on the Nature and Importance of Multipurpose Shopping Modelling and Research, 16th International Conference on recent Advances in Retailing and Services Science, European Institute of Retailing and Services Science (EIRASS), 6. – 9. Juli, Niagara Falls, Ontario, Kanada.
Foscht, T./Maloles, C./Swoboda, B./Chia, S.-L. (2010a): Debit and credit card usage and satisfaction: Who uses which and why – evidence from Austria, in: International Journal of Bank Marketing, 28. Jg., Nr. 2, S. 150-165.
Foscht, T./Maloles, C./Swoboda, B./Morschett, D. (2008): The impact of culture on brand perceptions: a six-nation study, in: Journal of Product and Brand Management, 17. Jg., Nr. 3, S. 131-142.
Foscht, T./Schloffer, J./Maloles, C./Chia, S. L. (2009a): Assessing the outcomes of Generation-Y customer's loyalty, in: International Journal of Bank Marketing, 27. Jg., Nr. 3, S. 218-241.
Foscht, T./Brandstätter, M./Swoboda, B./Maloles, C./Strebinger, A. (2010b): Consumer Evaluations of Private Label Extensions: An Exploratory Study in the FMCG Categories, Korean Academy of Marketing Science (KAMS), Global Marketing Conference, 9.-12. September, Tokio, Japan.
Foscht, T./Maloles, C./Schloffer, J./Chia, S.-L./Sinha, I. (2010c): Banking on the youth: the case for finer segmentation of the youth market, in: Young Consumers, 11. Jg., Nr. 4, S. 264-276.
Foscht, T./Maloles, C./Schloffer, J./Swoboda, B./Chia, S.-L. (2009b): Exploring the Impact of Customer Satisfaction on Food Retailer's Evolution: Managerial Lessons From Austria, in: Journal of International Food and Agribusiness Marketing, 21. Jg., Nr. 1, S. 67-82.
Fröhlich, W. D. (2010): Wörterbuch Psychologie, 27. Aufl., München.
Gerrig, R. J. (2015): Psychologie, 20. Aufl., München.
Giering, A. (2000): Der Zusammenhang zwischen Kundenzufriedenheit und Kundenloyalität: Eine Untersuchung moderierender Effekte, Wiesbaden.
Gierl, H./Kurbel, T. M. (1997): Möglichkeiten zur Ermittlung des Kundenwertes, in: Link, J./Brändli, D./Schleuning, C./Hehl, R. E. (Hrsg.): Handbuch Database Marketing, 2. Aufl., Ettlingen, S. 174-189.
Gröppel, A. (1991): Erlebnisstrategien im Einzelhandel, Heidelberg.
Gröppel-Klein, A. (2005): Entwicklung, Bedeutung und Positionierung von Handelsmarken, in: Esch, F.-R. (Hrsg.): Moderne Markenführung, 4. Aufl., Wiesbaden, S. 1113-1155.
Gronover, S./Kolbe, L. M./Österle, H. (2004): Methodisches Vorgehen zur Einführung in CRM, in: Hippner, H./Wilde, K. D. (Hrsg.): Management von CRM-Projekten, Wiesbaden, S. 13-32.
Hamza, V. K. (2014): A Study on the Mediation Role of Customer Satisfaction on Customer Impulse and Involvement to Word of Mouth and Repurchase Intention, in: International Journal of Business Insights and Transformation, 7. Jg., Nr. 1, S. 62-67.
Heider, F. (1946): Attitudes and Cognitive Organization, in: The Journal of Psychology, 21. Jg., S. 107-112.
Henning-Thurau, T./Hansen, U. (2000): Relationship Marketing, in: Henning-Thurau, T./Hansen, U. (Hrsg.): Relationship Marketing, Berlin, S. 3-27.
Heskett, J. L./Jones, T. O./Loveman, G. W./Sasser, W. E., Jr./Schlesinger, L. A. (1994): Putting the Service-Profit Chain to Work, in: Harvard Business Review, 72. Jg., Nr. 2, S. 164-170.
Homburg, C./Bucerius, M. (2012): Kundenzufriedenheit als Managementherausforderung, in: Homburg, C. (Hrsg.): Kundenzufriedenheit, 8. Aufl., Wiesbaden, S. 17-52.
Homburg, C./Stock-Homburg, R. (2006): Theoretische Perspektiven zur Kundenzufriedenheit, in: Homburg, C. (Hrsg.): Kundenzufriedenheit, 6. Aufl., Wiesbaden, S. 17-50.
Homburg, C./Stock-Homburg, R. (2008): Theoretische Perspektiven zur Kundenzufriedenheit, in: Homburg, C. (Hrsg.): Kundenzufriedenheit, 7. Aufl., Wiesbaden, S. 17-51.
Homburg, C./Stock-Homburg, R. (2012): Theoretische Perspektiven zur Kundenzufriedenheit, in: Homburg, C. (Hrsg.): Kundenzufriedenheit, 8. Aufl., Wiesbaden, S. 17-52.
Homburg, C./Becker, A./Hentschel, F. (2013): Der Zusammenhang zwischen Kundenzufriedenheit und Kundenbindung, in: Bruhn, M./Homburg, C. (Hrsg.): Handbuch Kundenbindungsmanagement, 8. Aufl., Wiesbaden, S. 101-134.
Homburg, C./Schäfer, H./Schneider, J. (2012): Sales Excellence – Vertriebsmanagement mit System, 7. Aufl., Wiesbaden.

Houston, M. B./Bettencourt, L. A./Wenger, S. (1998): The Relationship Between Waiting in a Service Queue and Evaluations of Service Quality: A Field Theory Perspective, in Psychology & Marketing, 15. Jg., Nr. 8, S. 735-753.
Hoyer, W. D./MacInnis, D. J./Pieters, R. (2013): Consumer Behavior, 6. Aufl., Boston, New York.
Jones, T. O./Sasser, E. W. Jr. (1995): Why Satisfied Customers Defect, in: Harvard Business Review, 73. Jg., Nr. 12, S. 88-99.
Kaas, K. (1982): Consumer Habit Forming, Information Acquisition, and Buying Behavior, in: Journal of Business Research, 10. Jg., Nr. 1, S. 3-15.
Kaas, K. P./Runow, H. (1984): Wie befriedigend sind die Ergebnisse der Forschung zur Verbraucherzufriedenheit?, in: Die Betriebswirtschaft, 44. Jg., Nr. 3, S. 451-460.
Keller, K. L. (1993): Conceptualizing, Measuring, and Managing Customer-Based Brand Equity, in: Journal of Marketing, 57. Jg., Nr. 1, S. 1-22.
Keller, K. L. (2005): Kundenorientierte Messung des Markenwerts, in: Esch, F.-R. (Hrsg.): Moderne Markenführung, 4. Aufl., Wiesbaden, S. 1307-1327.
Koppelmann, U./Wöllenstein, A. (2005): Produktpolitik: Longlife-Produkte, in: WISU – Das Wirtschaftsstudium, Nr. 5, S. 655-660.
Krafft, M. (2007): Kundenbindung und Kundenwert, 2. Aufl. Heidelberg.
Kroeber-Riel, W./Gröppel-Klein, A. (2013): Konsumentenverhalten, 10. Aufl., München.
Kuß, A./Tomczak, T. (2007): Käuferverhalten, 4. Aufl., Stuttgart.
Liebmann, H.-P./Angerer, T./Foscht, T. (2001): Neue Wege des Handels – Durch strategische Erneuerung zu mehr Wachstum und Ertrag, Handelsmonitor, Frankfurt a. M.
Link, J./Hildebrand, V. G. (1993): Database Marketing und Computer Aided Selling: Strategische Wettbewerbsvorteile durch neue informationstechnologische Systemkonzeptionen, München.
Link, J./Hildebrand, V. G. (1997): Ausgewählte Konzepte der Kundenbewertung im Rahmen des Database Marketing, in: Link. J./Brändli, D./Schleuning, C./Kehl, R. E. (Hrsg.): Handbuch Database Marketing, 2. Aufl., Ettlingen, S. 159-174.
Luo, X./Homburg, C. (2007): Neglected Outcomes of Customer Satisfaction, in: Journal of Marketing, 71. Jg., Nr. 2, S. 133-149.
Lymperopoulos, C./Chaniotakis, I. E. (2008): Price satisfaction and personnel efficiency as antecedents of overall satisfaction from consumer credit products and positive word of mouth, in: Journal of Financial Services Marketing, 13. Jg., Nr. 1, S. 63-71.
Machleit, K. A./Meyer, T./Eroglu, S. A. (2005): Evaluating the nature of hassles and uplifts in the retail shopping context, in: Journal of Business Research, 58. Jg., Nr. 5, S. 655-663.
Malhotra, N. K. (1982): Information Load and Consumer Decision Making, in: Journal of Consumer Research, 8. Jg., Nr. 4, S. 419-430.
Martos-Partal, M./González-Benito, Ó. (2011): Store Brand and Store Loyalty: The Moderating Role of Store Brand Positioning, in: Marketing Letters, 22. Jg., Nr. 3, S. 297-313.
Matzler, K. (1997): Kundenzufriedenheit und Involvement, Wiesbaden.
Matzler, K./Stahl, H. K. (2000): Kundenzufriedenheit und Unternehmenswertsteigerung, 60. Jg., Nr. 5, S. 626-641.
Matzler, K./Renzl, B./Rothenberger, S. (2006): Measuring the Relative Importance of Service Dimensions in the Formation of Price Satisfaction and Service Satisfaction: A Case Study in the Hotel Industry, in: Scandinavian Journal of Hospitality and Tourism, 6. Jg., Nr. 3, S. 179-196.
Meffert, H. (2005): Kundenbindung als Element moderner Wettbewerbsstrategien, in: Bruhn, M./Homburg, C. (Hrsg.): Handbuch Kundenbindungsmanagement, 5. Aufl., Wiesbaden, S. 145-165.
Meffert, H./Koers, M. (2005): Identitätsorientiertes Markencontrolling – Grundlagen und konzeptionelle Ausgestaltung, in: Meffert, H./Burmann, C./Koers, M. (Hrsg.): Markenmanagement, 2. Aufl., Wiesbaden, S. 273-298.
Meffert, H./Burmann, C./Kirchgeorg, M. (2015): Marketing, 12. Aufl., Wiesbaden.
Mehrabian, A. (1978): Räume des Alltags oder wie die Umwelt unser Verhalten bestimmt, Frankfurt a. M., New York.
Mehrabian, A./Russell, J. A. (1974): An Approach to Environmental Psychology, Massachusetts.
Meyer, A./Ertl, R. (1998): Marktforschung von Dienstleistungs-Anbietern, in: Meyer, A. (Hrsg.): Handbuch Dienstleistungs-Marketing, 1. Bd., Stuttgart, S. 203-246.
Meyer, A./Oevermann, D. (1995): Kundenbindung, in: Tietz, B./Köhler, R./Zentes, J. (Hrsg.): Handwörterbuch des Marketing, Stuttgart, Sp. 1340-1351.
Michaelidou, N./Dibb, S. (2009): Brand switching in clothing: the role of variety-seeking drive and product category-level characteristics, in: International Journal of Consumer Studies, 33. Jg., Nr. 3, S. 322-326.
Mills, D. E. (1995): Why Retailers Sell Private Labels, in: Journal of Ecnomics and Management Strategy, 4. Jg., Nr. 3, S. 509-528.
Morschett, D. (2002): Retail Branding und Integriertes Handelsmarketing, Wiesbaden.

Morschett, D./Swoboda, B./Foscht, T. (2005): Perception of Store Attributes and Overall Attitude towards Grocery Retailers: The Role of Shopping Motives, in: International Review of Retail, Distribution and Consumer Research, 15. Jg., Nr. 4, S. 423-447.
Müller, S. (1998): Die Unzufriedenheit der „eher zufriedenen" Kunden, in: Müller, S./Strothmann, H. (Hrsg.): Kundenzufriedenheit und Kundenbindung, München, S. 197-218.
Neal, J. D./Sirgy, M. J./Uysal, M. (1999): The Role of Satisfaction with Leisure Travel/Tourism Services and Experience in Satisfaction with Leisure Life and Overall Life, in: Journal of Business Research, 44. Jg., Nr. 3, S. 153-163.
Nerdinger, F. W. (2001): Psychologie des persönlichen Verkaufs, München.
Nielsen (2014): The State of Private Label Around the World: Where It's Going, Where It's Not, And What The Future Holds, Nielsen Report, November, www.nielsen.com/us/en/insights, abgerufen am 24. Februar 2015.
Oliver, R. L. (1993): Cognitive, Affective, and Attribute Bases of the Satisfaction Response, in: Journal of Consumer Research, 20. Jg., Nr. 3, S. 418-430.
Oliver, R. L. (1994): Conceptual Issues in the Structural Analysis of Consumption Emotion, Satisfaction, and Quality: Evidence in a Service Setting, in: Advances in Consumer Research, 21. Jg., Nr. 1, S. 16-22.
Oliver, R. L. (1999): Whence Consumer Loyalty?, in: Journal of Marketing, 63. Jg., Nr. 4, S. 33-44.
Oliver, R. L. (2010): Satisfaction: A Behavioral Perspective on the Consumer, 2. Aufl., New York.
Orel, F. D./Kara, A. (2014): Supermarket self-checkout service quality, customer satisfaction, and loyalty: Empirical evidence from an emerging market, in: Journal of Retailing and Consumer Services, 21. Jg., Nr. 2, S. 118-129.
Osgood, C. E./Tannenbaum, P. H. (1953): Method and theory in experimental psychology, New York, Oxford.
Palmatier, R./Dant, R. P./Grewal, D./Evans, K. R. (2006): Factors Influencing the Effectiveness of Relationship Marketing: A Meta-Analysis, in: Journal of Marketing, 70. Jg., Nr. 4, S. 136-153.
Parasuraman, A./Berry, L. L./Zeithaml, V. A. (1991): Refinement and Reassessment oft he SERVQUAL Scale, in: Journal of Retailing, 67. Jg., Nr. 4, S. 420-450.
Parasuraman, A./Zeithaml, V. A./Berry, L. L. (1985): A Conceptual Model of Service Quality and its Implications for Future Research, in: Journal of Marketing, 49. Jg., Nr. 4, S. 41-50.
Parasuraman, A./Zeithaml, V. A./Berry, L. L. (1988): SERVQUAL: A Multiple-Item Scale for Measuring Consumer Perceptions of Service Quality, in: Journal of Retailing, 64. Jg., Nr. 1, S. 12-40.
Pathak, B./Garfinkel, R./Gopal, R. D./Venkatesan, R./Yin, F. (2010): Empirical Analysis of the Impact of Recommender Systems on Sales, in: Journal of Management Information Systems, 27. Jg., Nr. 2, S. 159-188.
Peters, T. (1995): Design is ..., in: Design Management Journal, Nr. 4, S. 29-33.
Piaget, J. (2010): Meine Theorie der geistigen Entwicklung, in: Fatke, R. (Hrsg.): Jean Piaget. Meine Theorie der geistigen Entwicklung, 2. Aufl., Weinheim, S. 41-156.
Raju, S./Unnava, H. R. (2005): Brand Commitment and Size of the Consideration Set, in: Advances in Consumer Research, 32. Jg., Nr. 1, S. 151-152.
Ramanathan, S./McGill, A. L. (2007): Consuming with Others: Social Influences on Moment-to-Moment and Retrospective Evaluations of an Experience, in: Journal of Consumer Research, 34. Jg., Nr. 4, S. 506-524.
Reichheld, F. F./Sasser, W. E. (1990): Zero Defections: Quality Comes to Services, in: Harvard Business Review, 68. Jg., Nr. 5, S. 105-111.
Reichheld, F/Sasser, W. E. (1991): Zero Migration: Dienstleister im Sog der Qualitätsrevolution, in: Harvard Manager, 13. Jg., Nr. 4, S. 108-116.
Rosenberg, M. J./Abelson, R. P. (1960): An Analysis of Cognitive Balancing, in: Rosenberg, M. J./Hovland, C. I./McGuire, W. J./Abelson, R. P./Brehm, J. W. (Hrsg.): Attitude organization and change - an analysis of constistency among attitude components, New Haven, S. 112-163.
Rothenberger, S. (2005): Antezedenzien und Konsequenzen der Preiszufriedenheit, Wiesbaden.
Russell, J. A./Pratt, G. (1980): A Description of the Affective Quality Attributed to Environments, in: Journal of Personality and Social Psychology, 38. Jg., Nr. 2, S. 311-322.
Russell, J. A./Weiss, A./Mendelsohn, G. A. (1989): Affect Grid: A Single-Item Scale of Pleasure and Arousal, in: Journal of Perosnality and Social Psychology, 57. Jg., Nr. 3, S. 493-502.
Schmitt, B./Simonson, A. (1997): Marketing Aesthetics, New York.
Schütze, R. (1992): Kundenzufriedenheit: After-Sales-Marketing auf industriellen Märkten, Wiesbaden.
Schulz von Thun, F. (2009): Miteinander reden, Bd. 1, Störungen und Klärungen, Allgemeine Psychologie der Kommunikation, Reinbek bei Hamburg.
Schulze, H. S. (2000): Erhöhung der Dienstleistungsqualität durch transaktionsanalytisch orientierte Personalschulungen, in: Bruhn, M./Stauss, B. (Hrsg.): Dienstleistungsqualität: Konzepte, Methoden, Erfahrungen, 3. Aufl., Wiesbaden, S. 261-285.
Sheth, J. N./Mittal, B. (2004): Customer Behavior – A Managerial Perspective, 2. Aufl., Mason.
Sheth, J. N./Mittal, B./Newmann, B. I. (1999): Customer Behavior – Consumer Behavior and Beyond, Fort Worth.

Simon, H./Fassnacht, M. (2009): Preismanagement, 3. Aufl., Wiesbaden.
Singh, J. (1988): Consumer Complaint Intentions and Behavior: Definitional and Taxonomical Issues, in: Journal of Marketing, 62. Jg., Nr. 1, S. 93-107.
Solomon, M. (2015): Consumer Behavior: Buying, Having, and Being, 11. Aufl., Upper Saddle River.
Solomon, M./Bamossy, G./Askegaard, S./Hogg, M. K. (2010): Consumer Behavior. A European Perspective, 4. Aufl., Harlow u. a.
Statt, D. (1997): Understanding the Consumer: A Psychological Approach, London.
Stauss, B. (1998): Internet-Kunden-Kommunikation: Globale Kundenkritik im World Wide Web und Newsgroups, in: Marktforschung & Management, 42. Jg., Nr. 4, S. 139-144.
Stauss, B. (1999): Kundenzufriedenheit, in: Marketing – ZFP, 21. Jg., Nr. 1, S. 5-24.
Stauss, B./Friege, C. (2006): Kundenwertorientiertes Rückgewinnungsmanagement, in: Günter, B./Helm, G. (Hrsg.): Kundenwert, 3. Aufl., Wiesbaden, S. 509-530.
Stauss, B./Seidel, W. (2014): Beschwerdemanagement, 5. Aufl., München.
Sweeney, J. C./Soutar, G. N. (2001): Consumer perceived value: The development of a multiple item scale, in: Journal of Retailing, 77. Jg., Nr. 2, S. 203-220.
Swoboda, B. (1998): Auswirkungen der Ladenwahrnehmung auf Kaufverhalten und Einkaufszufriedenheit, in: Trommsdorff, V. (Hrsg.): Handelsforschung – Kundenorientierung im Handel, Wiesbaden, S. 315-339.
Swoboda, B./Morschett, D. (2002): Electronic Business im Handel – Gestaltungsoptionen der marktorientierten Kernprozesse des Handelsmanagements, in: Weiber, R. (Hrsg.): Handbuch Electronic Business, 2. Aufl., Wiesbaden, S. 775-807.
Swoboda, B./Foscht, T./Morschett, D. (2004): Retail Branding – Das Handelsunternehmen als Marke, in: Boltz, D.-M./Leven, W. (Hrsg.): Effizienz in der Markenführung, Hamburg, S. 298-321.
Theis, H.-J. (2007): Handbuch Handelsmarketing: Erfolgreiche Strategien und Instrumente im Handelsmarketing, 2. Aufl., Frankfurt a. M.
Thelen, E./Koll, O./Mühlbacher, H. (2009): Prozessorientiertes Management von Kundenzufriedenheit, in: Hinterhuber, H. H./Matzler, K. (Hrsg.): Kundenorientierte Unternehmensführung, 6. Aufl., Wiesbaden, S. 299-317.
Tse, D. K./Wilton, P. C. (1988): Models of consumer satisfaction formation: An extension, in: Journal of Marketing Research, 25. Jg., Nr. 5, S. 204-212.
Vázquez, R./Rodríguez-Del Bosque, I. A./Díaz, A. M./Ruiz, A. V. (2001): Service quality in supermarket retailing: identifying critical service experiences, in: Journal of Retailing and Consumer Services, 8. Jg., Nr. 1, S. 1-14.
Van Waterschoot, W./Foscht, T. (2010): The Marketing Mix – a helicopter view, in: Baker, M. J./Saren, M. (Hrsg.): Marketing Theory, 2. Aufl., London, S. 185-208.
Van Waterschoot, W./Sinha, P. K./Burt, S./De Haes, J./Foscht, T./Lievens, A. (2010): The Classic Conceptualisation and Classification of Distribution Service Outputs – Time for a Revision?, in: European Retail Research, 24. Jg., Nr. 2, S. 3-32.
Veblen, T. (2000): Theorie der feinen Leute, 6. Aufl., Köln.
Wecht, C. H. (2006): Das Management aktiver Kundenintegration in der Frühphase des Innovationsprozesses, Wiesbaden.
Weiber, R. (Hrsg.) (2002): Handbuch Electronic Business, 2. Aufl., Wiesbaden.
Weinberg, P. (1986): Nonverbale Marktkommunikation, Heidelberg.
Weis, H. C. (2010): Verkaufsmanagement, 7. Aufl., Herne.
Wöllenstein, A./Stüwe, B. (2005): Metaphorische Produktgestaltung, in: Fröhlich-Glantschnig, E. (Hrsg.): Marketing im Perspektivenwechsel, Berlin, Heidelberg, S. 253-267.
Xu, H./Leung, A./Yan, R.-N. (2013): It is nice to be important, but it is more important to be nice: Country-of-origin's perceived warmth in product failures, in: Journal of Consumer Behaviour, 12. Jg., Nr. 4, S. 285-292.
Zentes, J./Morschett, D./Schramm-Klein, H. (2008): Brand personality of retailers – an analysis of its applicability and its effect on store loyalty, in: International Review of Retail, Distribution and Consumer Research, 18. Jg., Nr. 2, S. 167-184.
Zentes, J./Swoboda, B./Foscht, T. (2012): Handelsmanagement, 3. Aufl., München.
Zentes, J./Swoboda, B./Morschett, D. (2013): Kundenbindung im vertikalen Marketing, in: Bruhn, M./Homburg, C. (Hrsg.): Handbuch Kundenbindungsmanagement, 8. Aufl., Wiesbaden, S. 201-233.
Zentes, J./Swoboda, B./Schramm-Klein, H. (2013): Internationales Marketing, 3. Aufl., München.
Zentes, J./Janz, M./Kabuth, P./Swoboda, B. (2002): Best-Practice-Prozesse im Handel – Customer Relationship Management und Supply Chain Management, Frankfurt a. M.
Zhang, J. Q./Dixit, A./Friedmann, R. (2010): Customer Loyalty and Lifetime Value: An Empirical Investigation of Consumer Packaged Goods, in: Journal of Marketing Theory and Practice, 18. Jg., Nr. 2, S. 127-139.
Zimbardo, P. G./Gerrig, R. J. (2004): Psychologie, 16. Aufl., München.

Kapitel III

Kaufprozesse bei

Organisationen

1 Bezugsrahmen zur Analyse des Käuferverhaltens

1.1 Grundlagen

> *Organisationales Käuferverhalten vollzieht sich in einem Entscheidungsprozess, durch den Organisationen ihren Bedarf an Gütern und Dienstleistungen feststellen, Alternativen identifizieren, bewerten, eine Auswahl treffen und die Kaufentscheidung umsetzen (Ward/Webster 1991, S. 421).*

Betrachtungen des organisationalen Käuferverhaltens beschränken sich traditionell auf Industriegütermärkte und damit auf Unternehmen, die Güter nachfragen, die zur Leistungserstellung, i. e. S. zur (Weiter-) Be- oder Verarbeitung (Industriegüter), eingesetzt und längerfristig genutzt werden (Investitionsgüter). Demgegenüber bleibt das Verhalten jener Dienstleistungsunternehmen, die nicht nur Konsumenten, sondern auch Unternehmen oder Organisationen bedienen und die organisationale Beschaffung des Groß- und Einzelhandels, der Güter zur Leistungserstellung beschafft, diese aber ohne wesentliche Weiterverarbeitung (Handelsware) vertreibt, unberücksichtigt.

Ebenso wird – der klassischen Sichtweise entsprechend – das Verhalten öffentlicher Institutionen ausgeklammert, die für andere öffentliche Institutionen Dienstleistungen erbringen (Administration-to-Administration) oder von privaten Institutionen Leistungen anfordern können (Business-to-Administration).

In den folgenden Ausführungen bezieht sich das organisationale Käuferverhalten auf das Verhalten von privaten und öffentlichen Institutionen, die auf Business-to-Business-Märkten tätig sind (siehe Übersicht 176).

Übersicht 176: *Abgrenzung von Industriegüter-, Business-to-Business- und Konsumgütermärkten*

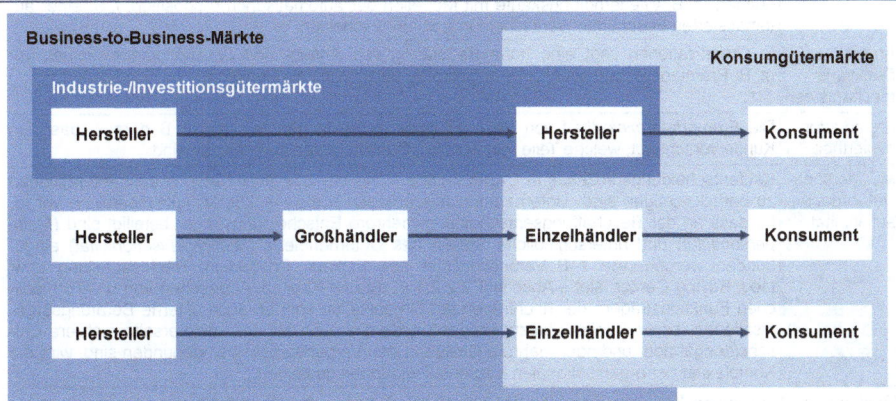

Von dieser Betrachtungsweise unberührt bleibt das Verhalten der Letztverbraucher auf Konsumgütermärkten.

Bezugsrahmen zur Analyse des Käuferverhaltens

Vor diesem Hintergrund erscheint es für das Gesamtverständnis sinnvoll, die in Kapitel I, Abschnitt 3.2 genannten Merkmale des organisationalen Kaufverhaltens in Übersicht 177 Kreis SiWi Workshop noch einmal hervorzuheben.

Übersicht 177: Präzisierung der Besonderheiten des organisationalen (industriellen) Kaufverhaltens

abgeleitete Nachfrage und Bezugsschwerpunkte	Bspw. zieht die wachsende Nachfrage der Konsumenten nach Lederwaren eine erhöhte Nachfrage nach Industriegütern, die zu deren Herstellung notwendig sind, nach sich. Bei komplexen Leistungen spielen – neben den materiellen Leistungen – *zusätzliche Dienstleistungen* (Services) eine besondere Rolle, denn der Kunde muss häufig auf die (technische) Hilfe des Anbieters zurückgreifen, im Extremfall auch noch Jahre nach dem Kauf.
(eher) transparente Märkte	Es besteht ein hoher *Individualisierungsgrad*, da organisationale Nachfrager häufig einen spezifischen Problemlösungsbedarf haben, der in gewissen Fällen nur durch ein individualisiertes Angebot befriedigt werden kann. Hierfür ist ein interaktiver Prozess zwischen Anbieter und Nachfrager von Nöten. In industriellen Geschäftsbeziehungen spielt ferner die *Reziprozität* eine Rolle, d. h., der Abnehmer wählt einen Lieferanten, der umgekehrt ebenfalls bei ihm kauft.
relative Langfristigkeit des Beziehungsgefüges	Eine Besonderheit liegt in der *Langfristigkeit der Geschäftsbeziehung*, die sich aus der Langlebigkeit der meisten Produkte und der Bedeutung der angesprochenen Dienstleistungen (kontinuierlicher Service) ergibt. Darüber hinaus sind oft zusätzliche Investitionen notwendig (z. B. für die Anpassung der Informationstechnologie an den Schnittstellen der beiden beteiligten Unternehmen, um den Beschaffungsprozess zu vereinfachen). Häufig sind die getätigten Investitionen auch nur bei langfristig angelegten Geschäftsbeziehungen sinnvoll und rentabel.
Prozessorientierung	Die *Prozessorientierung* der Beschaffungsentscheidung resultiert aus den in den Organisationen verwendeten Phasenschemata, die den Ablauf der Beschaffung (z. B. das Vorgehen bei der Alternativbewertung) festlegen.
Multitemporalität	Der Entscheidungsprozess läuft in mehreren Phasen ab, wobei die einzelnen Phasen nicht immer in der vorgegebenen Abfolge durchlaufen werden.
Multioperativität	Der Prozess der Beschaffung nimmt meist eine lange Zeitdauer in Anspruch und kann sich bspw. bei Anlagen über Jahre hinwegziehen.
Formalisierungsgrad	Tendenziell besteht in Organisationen ein hoher *Formalisierungsgrad* der Entscheidungsfindung und des Beschaffungsablaufs, d. h., es existieren bspw. Verfahrensregeln bzgl. der Investitionshöhe, bis zu der ein Einkäufer frei über den Mitteleinsatz verfügen kann und über die hinaus andere, z. B. höhere Instanzen einzuschalten sind.
EDV-Unterstützung	Organisationale Beschaffungsentscheidungen sind häufig durch eine große *EDV-Unterstützung* geprägt. Dabei ist zwischen computergestützten Beschaffungsentscheidungen (z. B. Bedarfsprognosen, aufgrund derer dann disponiert wird) und computerisierten Beschaffungsentscheidungen (z. B. Wiederholungskäufe mit Modellen der automatischen Disposition, i. S. einer automatisierten Beschaffungsentscheidung) zu unterscheiden.
Anreiz-/Sanktionsmechanismen	In Organisationen liegt eine hohe Bedeutung von *Anreiz- und Sanktionsmechanismen* vor (z. B. Prämiensysteme als Anreiz, angedrohte Versetzung als Sanktion).
Fremddeterminiertheit	Die *Fremddeterminiertheit* von Beschaffungsentscheidungen resultiert z. B. daraus, dass ein Kunde vorschreibt, welche Teile von welchen Sublieferanten zu beziehen sind.
Multipersonalität/-organisationalität	Kaufentscheidungsprozesse in Organisationen sind oft kollektiver Natur, sodass Interaktionen zu berücksichtigen sind. Unternehmensintern liegen komplexe Zuständigkeitsbereiche vor, d. h., dass an der Beschaffungsentscheidung mehrere Entscheidungsträger beteiligt sind (*Multipersonalität*) und unterschiedliche Stellen des Unternehmens (*Multiorganisationalität*) eingebunden werden, wie z. B. Verantwortliche aus Einkauf, Produktion, Rechtsabteilung usw. (sog. Buying Center; siehe Abschnitt 2.2.2.1 in diesem Kapitel). Abgesehen von unterschiedlichen Funktionsträgern der nachfragenden Organisation können auch externe Beratungsorganisationen (bspw. Banken) hinzugezogen werde. Da auch auf der Anbieterseite mehrere Entscheidungsträger und/oder mehrere Stellen in den Vergabeprozess eingebunden sind, wird die Komplexität der organisationalen Kaufentscheidungen gesteigert.

Quelle: In Anlehnung an Kleinaltenkamp/Saab 2009, S. 1 f.; Backhaus/Voeth 2010, S. 9 f.

Bedeutung der Beschaffung

Die Bedeutung der Beschaffung für den Gesamterfolg der Unternehmen ist heute unbestritten, während ihr früher im Vergleich zur Finanzierung, Produktion und zum Absatz eine eher operative Rolle zugesprochen wurde, die häufig auf den Einkauf reduziert wurde. Mittlerweile belaufen sich die Fremdbezugsanteile je nach Branche auf 50 bis 70 % der Wertschöpfung (Large 2014 S. 2 f.). Der wachsende Stellenwert der Beschaffung in Unternehmen wird u. a. auch durch die zahlreichen Restrukturierungsmaßnahmen, aktuelle Anpassungen der Positionen oder Gehälter offensichtlich (Lindner 2002, S. 1007 ff.). Zugleich liegt eine zunehmende Internationalisierung der Beschaffung vor, d. h., es erfolgt eine Entwicklung in Richtung einer strategischen, internationalen Beschaffung (sog. *Global Sourcing*, siehe Übersicht 178). Die Bestimmungsfaktoren dieser Entwicklung können wie folgt zusammengefasst werden (Eßig 1999, S. 18 ff.; Large 2014, S. 4; Heß 2010, S. 20):

- zunehmende Internationalisierung der Unternehmen und auch der Beschaffungsmärkte,
- wachsende (wahrgenommene) strategische Relevanz der Wertschöpfungsfunktion „Beschaffung" für den Unternehmenserfolg,
- Lean Production, Konzentration auf Kernkompetenzen und – damit verbunden – das Outsourcing nicht originärer Teile der Wertschöpfungskette an Lieferanten bis hin zur Aufgabe aller Fertigungsaktivitäten und
- Flexibilitätszunahme durch stärkere Einbindung von Lieferanten in die Supply-Chain-Management-Prozesse, usw.

*Übersicht 178: **Positionierung des Global Sourcing***

Quelle: In Anlehnung an Arnold 1990, S. 58.

Das Global Sourcing kann dem Ziel entspringen, den Kunden neue Produkte zugänglich zu machen (*Active Sourcing*), um damit gleichzeitig das Produktprogramm auszuweiten (*Wide Sourcing*). Dabei kann durchaus mit anderen Unternehmen zusammengearbeitet werden (*Cooperative Sourcing*), wenn im Unternehmen nur geringe Erfahrungen in bestimmten Marktregionen (wie bspw. Asien) vorliegen. Schließlich wird die Beschaffung – modernen Sichtweisen entsprechend – als Bestandteil des Supply-Chain-Prozesses mit drei Entscheidungsebenen verstanden (vgl. dazu im Einzelnen Eßig 1999; Zentes/Swoboda/Morschett 2004, S. 313 ff. und 529 ff.):

- Die *Konfiguration* umfasst die Entscheidungen bzgl. der Streuung bzw. Konzentration der Aktivitäten, bspw. des Standortes der Einkaufsorganisation. Dem vorgelagert sind die Entscheidungen für oder gegen eine Beschaffung auf internationa-

len Märkten (bis hin zum Global Sourcing) oder die Wahl konkreter Beschaffungsmärkte, mit der die Evaluation der Märkte verbunden ist.
- Die Entscheidungen bzgl. der *Transaktionsformen* umfassen die Optionen zwischen Markt und Hierarchie, d. h. im Wesentlichen zwischen Import und Eigenerstellung. Zugleich gewinnen kooperative Engagements an Bedeutung, wobei einerseits die vertikale Zusammenarbeit mit Lieferanten und andererseits die horizontale Zusammenarbeit im Vordergrund des Interesses stehen.
- Die Entscheidung bzgl. der *Koordination* umfasst strukturelle, technokratische und personenorientierte Parameter zur Abstimmung der interdependenten Aufgaben und Prozesse bzw. zur Harmonisierung und Steuerung der Organisationseinheiten im Hinblick auf die Beschaffungsziele. Dabei werden Strukturen (zentral vs. dezentral), Verantwortungen, Aufgabendefinition für Einkäufer, Informationstransfers, Abstimmung und Harmonisierung des Beschaffungsinstrumentariums und des Einkaufs usw. thematisiert. Angesichts der Arbeitsteilung z. B. zwischen Tochtergesellschaften, internationalen Lieferanten und horizontalen Beschaffungspartnern ist die Koordination v. a. bei der internationalen Beschaffung relevant.

„Aktives" Käuferverhalten – Ziele der Beschaffung

Die Beschaffung i. e. S. umfasst alle Tätigkeiten zur Versorgung des Unternehmens mit Waren, Material, Dienstleistungen, Rechten sowie Maschinen und Anlagen aus „unternehmensexternen" Quellen mit dem Ziel, Wettbewerbsvorteile zu erreichen. Das Beschaffungsmanagement beinhaltet die damit verbunden Planungs-, Steuerungs- und Kontrollprozesse (Kaufmann 2001, S. 39 f.). Übersicht 179 zeigt ausgewählte Ziele der organisationalen Beschaffung (Koppelmann 2004, S. 108 ff.).

Übersicht 179: **Ausgewählte Ziele der Beschaffung**

	Betriebswirtschaftliche Ziele		Sicherungs- und Erfolgsziele		Gemeinwohlorientierte Ziele	
Basisziele	■ Gewinnziele ■ Umsatzziele ■ Kostenziele		■ Potenzialerhaltungsziele ■ Unabhängigkeitsziele ■ Machtziele		■ Sozialethische Ziele ■ Gesamtwirtschaftliche Ziele	
	Beschaffungsziele		Produktionsziele		Absatzziele	
Funktions- bereichsziele	Senkung von ■ Beschaffungskosten ■ Beschaffungsrisiko Erhöhung von ■ Beschaffungsflexibilität ■ Beschaffungsqualität		Senkung von ■ Produktionskosten ■ Produktionsrisiken Erhöhung von ■ Produktionsflexibilität ■ Produktionsqualität		Senkung von ■ Absatzkosten ■ Absatzrisiko Erhöhung von ■ Absatzerlösen ■ Absatzflexibilität/-autonomie	
	Produktziele	Serviceziele	Bezugsziele	Entgeltziele	Kommunikationsziele
Instrumentalziele	■ Einzelprodukte ■ Billigprodukte ■ Normprodukte ■ innovative Produkte ■ Spezialprodukte	■ Erhöhung der Lieferbereitschaft ■ Verlängerung der Ersatzteileversorgung ■ Ausweitung des Garantieumfangs	■ Mengeneinhaltung ■ Kosten der Kapazitätsreservierung senken ■ Zentrallagerbezug reduzieren	■ Einkaufspreise unter Marktentwicklung ■ Festpreisanteil steigern ■ Zahlungstermine verlängern	■ Know-how-Transfer ■ Anteil der Normangebote ■ Leistungswettbewerbe

Strategien der Beschaffung

Um die gesetzten Ziele zu erreichen, können unterschiedliche Funktionalstrategien zum Einsatz kommen, die aus einer Kombination verschiedener Substrategien bestehen. Diese Substrategien (z. B. Beschaffungsobjektstrategie, Lieferantenstrategie) haben mindestens zwei Ausprägungen, die als *Sourcing-Konzepte* bezeichnet werden (Arnold 2002, S. 208) und die mit Hilfe der *Sourcing-Toolbox* verdeutlicht werden können (siehe Übersicht 180). Aufgabe des jeweiligen Unternehmens ist es, für jede Teilstrategie das subjektiv leistungsfähigste Sourcing-Konzept zu wählen, um darauf aufbauend die optimale Beschaffungsstrategie zu formulieren.

- Innerhalb der *Beschaffungssortiment- bzw. Beschaffungsprogrammstrategie* wird die Produktauswahl festgelegt. Dabei geht es in erster Linie um den Sortimentsumfang in qualitativer Hinsicht und nicht um die zeitliche Disposition, weshalb das *Narrow Sourcing* (Bezug eines engen Produktprogramms) und das *Wide Sourcing* (Bezug umfangreicher, unterschiedlichster Leistungsgruppen) zu unterscheiden sind.

Übersicht 180: **Beispiel einer Sourcing-Toolbox zur Bestimmung einer Beschaffungsstrategie**

Beschaffungssortiment/-programm	wide		narrow	
Beschaffungsobjekt	passive		active	
Lieferant	sole	single	dual	multiple
Beschaffungszeit	stock		stock reduced	stockless
Beschaffungssubjekt	individual		cooperative	
Beschaffungsareal	local		domestic	global
Beschaffungsorganisation	decentral		central	
Technologie	manual		electronic	

Quelle: In Anlehnung an Arnold 1997, S. 93 ff; Arnold 2002, S. 208 ff.

- Unter der *Beschaffungsobjektstrategie* ist die strategische Beschaffungsmarktbildung und -beeinflussung zu verstehen. Beim *Active Sourcing* versucht das Unternehmen, die Produktgestaltung, wie z. B. produktionspolitische, technologische Kalküle, markierungspolitische Überlegungen sowie die logistisch optimale Gestaltung von Verpackungen, zu beeinflussen. Im Falle des *Passive Sourcing* nimmt das Unternehmen Beschaffungsobjekte unverändert aus dem Markt auf. Im Falle einer Hersteller-Zulieferer-Beziehung kann auch eine Unterscheidung in *Unit Sourcing*, *Modular Sourcing* und *System Sourcing* vorgenommen werden. Während beim *Unit Sourcing* Objekte mit geringer Komplexität beschafft werden und der Abnehmer die wesentlichen Wertschöpfungsaufgaben übernimmt, werden im Zuge des *Modular Sourcing* komplexe, einbaufertige Module beschafft (Arnold 2002, S. 209). Schließlich werden beim *System Sourcing* auch F&E-Kapazitäten des Zulieferers eingebunden, der damit die Entwicklungsverantwortung übernimmt.
- Die *Lieferantenstrategie* bestimmt die Anzahl der Lieferanten, von denen Leistungen bezogen werden. Im Falle des *Sole Sourcing* existiert nur ein Lieferant, bspw. wenn Produktinnovationen nur von einem Unternehmen angeboten werden. Im Gegensatz dazu entscheidet sich ein Unternehmen beim *Single Sourcing* freiwillig für einen Lieferanten. Beim *Dual Sourcing* wird durch die Nutzung zweier Lieferquellen die Abhängigkeit von einem Lieferanten verrin-

Bezugsrahmen zur Analyse des Käuferverhaltens

gert. *Multiple Sourcing* sieht den Bezug ein und derselben Leistung von mehreren Lieferanten vor.
- Im Mittelpunkt der *Beschaffungszeitstrategie* steht die Frage, wie stark Beschaffung, Produktion und Absatz zeitlich auseinander fallen und inwieweit ein Lager gehalten wird. Beim *Stock Sourcing* wird auf eine Zeitüberbrückung fokussiert, angemessene Warenbestände werden aufgebaut. Sollen Sortiments- oder Produktprogrammteile in engen zeitlichen Spielräumen gerade noch vorhanden sein, liegt ein *Stock Reduced Sourcing* vor. Beim *Stockless Sourcing* wird auf ein Lager verzichtet. Im Falle höherwertiger Ge- und Verbrauchsgüter wird bei bestandsreduzierenden Strategien auch vom sog. *Demand Tailored Sourcing* gesprochen (Arnold 2002, S. 209).
- Die *Beschaffungssubjektstrategie* wirft die Frage nach der optimalen Struktur der beschaffenden Organisation auf. Dabei kann zwischen dem *Individual Sourcing* und der Einkaufskooperation mit anderen Unternehmen (*Collective Sourcing*) unterschieden werden.
- Im Rahmen der *Beschaffungsarealstrategie* wird die räumliche Ausdehnung des Beschaffungsmarkts festgelegt. Beim *Local Sourcing* erfolgt der Bezug von einer räumlich nahe gelegenen Beschaffungsquelle, beim *Domestic Sourcing* von inländischen Lieferanten und beim *Global Sourcing* von Lieferanten aus der ganzen Welt.
- Die *Beschaffungsorganisationsstrategie* beinhaltet Entscheidungen bzgl. einer dezentralen oder zentralen Beschaffungsstruktur. Umfassender betrachtet sind die strukturellen, technokratischen und personenorientierten Koordinationsinstrumente festzulegen.
- Schließlich wird im Zuge der *Technologiestrategie* bestimmt, ob die Beschaffung mittels moderner Informations- und Kommunikationstechnologien abgewickelt werden soll (*Electronic Sourcing*) oder nicht (*Manual Sourcing*).

Da das industrielle Käuferverhalten die Grundlage für die in diesem Kapitel angeführten theoretischen Erklärungsansätze bildet, wird auf diese, für das Gesamtverständnis grundlegenden, Ansätze rekurriert, die überwiegend in den 1970er Jahren formuliert wurden. Dadurch ergeben sich einige Herausforderungen: Erstens konzentrierten sich diese Ansätze, wie bereits angeführt, auf das Verhalten von Organisationen auf Industriegütermärkten. Um den Fokus auf Business-to-Business-Märkte auszuweiten, sind deshalb ergänzende Perspektiven zu diskutieren. Zweitens hat sich das Verständnis des organisationalen Käuferverhaltens in den letzten Jahrzehnten verändert. Das Kaufverhalten in Organisationen stellt eine „organisierte Aktivität" dar und die Beschaffung bildet heute meist eine *strategische, kooperativ gestaltete* und *international ausgerichtete Wertschöpfungsfunktion*. Damit gewinnen zum einen die, bei Industrieunternehmen bekannten, Interaktions-/Geschäftsbeziehungsansätze (z. B. bei Systemlieferanten) auch auf anderen Märkten an Bedeutung. Zu denken ist in diesem Zusammenhang an die – u. a. durch die Handelsemanzipation bedingten – Kooperationen auf Konsumgütermärkten. Zum anderen sind auch Fragen der internationalen Konfiguration und Koordination der Beschaffung sowie die Schnittstellen zwischen der Beschaffung und der Produktion bzw. Logistik im Supply-Chain-Prozess zu berücksichtigen. Generell steht somit bei Organisationen nicht ein Prozess i. S. des SR- oder SOR-Paradigmas im Vordergrund. Vielmehr sind es Interaktionen innerhalb der Anbieterorganisation und innerhalb der Nachfragerorganisation, zwischen der Anbieter- und

Nachfragerorganisation sowie i. w. S. zwischen allen, in einem Wertschöpfungssystem beteiligten Akteuren (zu Kooperationen vgl. Zentes/Swoboda/Morschett 2005; Foscht/Angerer/Seebacher 2010).

1.2 Güterkategorien und Geschäftstypen

Zur Analyse des Käuferverhaltens werden traditionell Güterkategorien, Kauf- bzw. Geschäftstypen gebildet, die mit unterschiedlichen Rahmenbedingungen für das Marketing und das organisationale Käuferverhalten einhergehen.

Wie angedeutet, stellen Investitionsgüter materielle und immaterielle Wirtschaftsgüter dar, die von gewerblichen Unternehmen oder sonstigen Organisationen nachgefragt und zum Zwecke der längerfristigen Nutzung eingesetzt werden. Im engeren Sinne bilden sie eine Teilmenge der Produktivgüter und sind durch die Merkmale des institutionellen Verbleibs sowie der längerfristigen Inanspruchnahme gekennzeichnet (Wagner 1978, S. 270). Bei weiter Begriffsfassung werden zu Investitionsgütern auch Produktionsgüter gezählt (Engelhardt/Günter 1981, S. 24). Investitions- bzw. Industriegüter bilden also keine homogene Gruppe von Wirtschaftsgütern.

Neben den Investitionsgütern sind für eine Betrachtung des organisationalen Käuferverhaltens auf Business-to-Business-Märkten auch Konsumgüter und Dienstleistungen relevant. Konsumgüter werden bspw. vom Einzelhandel angeschafft (siehe Abschnitt 1.1 in diesem Kapitel), um sie ohne wesentliche Be- und Verarbeitung an die Letztverbraucher abzusetzen. Dabei können diese Konsumgüter – je nach Dauer der Nutzenstiftung – in Ge- und Verbrauchsgüter differenziert werden. Dienstleistungen stellen Leistungsergebnisse dar, die (überwiegend) immaterielle Komponenten aufweisen und weiterhin durch die Mitwirkung des Kunden am Leistungserstellungsprozess (sog. Integrativität) zu charakterisieren sind (Fließ 2009, S. 9 ff.).

Die im Folgenden angeführten Güterkategorien bzw. -typologien entstammen der traditionellen Sichtweise und fokussieren daher auf Investitionsgüter. Da klassische Ansätze, wie bereits angeführt, für das Gesamtverständnis von Bedeutung sind, werden sie in den weiteren Ausführungen dennoch thematisiert.

Eine entsprechend sinnvolle und traditionelle Klassifizierung, die sich nach der *Beschaffungsentscheidung* richtet, umfasst drei Faktoren (Kirsch/Kutschker 1978, S. 56 ff.):

- Grad der Neuartigkeit des Gutes für das nachfragende Unternehmen, wobei bspw. zu unterscheiden ist, ob ein Erstkauf, d. h. eine Entscheidung mit einem hohen Neuheitsgrad, oder ein Routinekauf vorliegt.
- Ausmaß des organisationalen Wandels, den die Beschaffung im nachfragenden Unternehmen auslöst (bspw. organisationaler Wandel bedingt durch die Einführung eines EDV-Systems).
- Wert des Investitionsobjekts, gemessen am gesamten Investitionsvolumen des nachfragenden Unternehmens.

Aus der Kombination dieser drei Faktoren der Beschaffungsentscheidung resultieren drei Güterkategorien (Kirsch/Kutschker 1978, S. 60):

- Güter bzw. Beschaffungsentscheidungen vom Typ A sind durch geringe Ausprägungen bei allen drei Merkmalen charakterisiert. Sie werden eher von Einzelperso-

nen beschafft. Die Beschaffung hat Routinecharakter, läuft relativ rasch und unkompliziert ab. Es handelt sind um ein wenig komplexes Beschaffungsvorhaben.
- Die Beschaffung von Typ C-Gütern stellt eine Kaufentscheidung mit einer großen Wertdimension dar. Am komplexen Entscheidungsprozess sind mehrere Personen unterschiedlicher hierarchischer und fachlicher Ebenen beteiligt und aufgrund des Informationsbedarfs zieht sich dieser über einen längeren Zeitraum hin.
- Beschaffungsentscheidungen vom Typ B sind alle weiteren Zwischenformen.

Für den Anbieter besteht die Herausforderung darin, dass das gleiche Produkt als Typ A- und gleichzeitig als Typ C-Gut nachgefragt werden kann. Wagner (1978, S. 274 f.) nutzt die „Auftragsbezogenheit der Produktion" und die „Verwirklichung des Massenprinzips" als Gliederungskriterien, um die in Übersicht 181 dargestellten Gütertypen zu klassifizieren.

Übersicht 181: **Klassifizierung von Investitionsgütern**

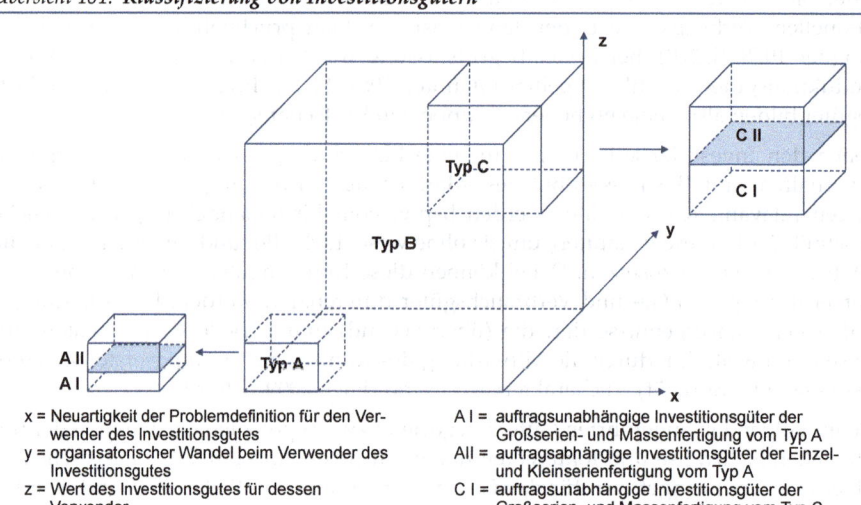

x = Neuartigkeit der Problemdefinition für den Verwender des Investitionsgutes
y = organisatorischer Wandel beim Verwender des Investitionsgutes
z = Wert des Investitionsgutes für dessen Verwender

A I = auftragsunabhängige Investitionsgüter der Großserien- und Massenfertigung vom Typ A
A II = auftragsabhängige Investitionsgüter der Einzel- und Kleinserienfertigung vom Typ A
C I = auftragsunabhängige Investitionsgüter der Großserien- und Massenfertigung vom Typ C
C II = auftragsabhängige Investitionsgüter der Einzel- und Kleinserienfertigung vom Typ C

Quelle: Wagner 1978, S. 275.

Erstens werden die Güter dahingehend unterschieden, ob sie für einen bestimmten Kunden, d. h. in Folge eines konkreten Auftrags, oder für den Markt gefertigt werden. Zweitens wird bei den Gütern zwischen Einzel-, Serien- und Massenfertigung differenziert und damit auf die Besonderheiten in Bezug auf die Produkt- und Produktionsplanung fokussiert. Dadurch werden Güter vom Typ A und vom Typ C in Investitionsgüter der Einzel- und Kleinserienfertigung und in solche der Großserien- und Massenfertigung unterteilt.

Abgesehen von dieser mehrdimensionalen Gütertypologie können auch eindimensionale Typologien angewendet werden, bei denen einzelne Merkmale der Investitionsgüter (z. B. der Wert des Investitionsobjekts) isoliert herangezogen werden.

Zur Differenzierung von *Geschäftstypen* werden bspw. in Übersicht 182 vier komplexe Kriterien herangezogen (vgl. im Folgenden Backhaus/Voeth 2010, S. 199 ff.).

Grundlegend für das Verständnis ist die Differenzierung zwischen Geschäften ohne erhebliche Ex-post-Unsicherheit und Geschäften mit Ex-post-Unsicherheit nach dem Vertragsabschluss, wobei jeweils die Anbieter- und Nachfragerseite berücksichtigt werden.

Übersicht 182: Abgrenzung von Geschäftstypen im Investitionsgüterbereich

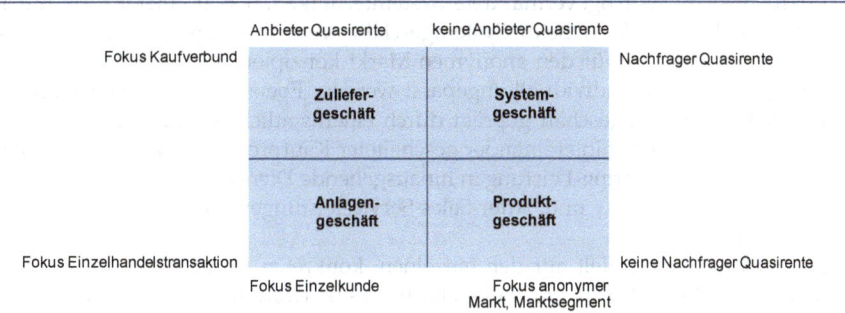

Quelle: Backhaus/Voeth 2010, S. 206.

Besteht eine Abhängigkeit nach dem Vertragsabschluss, wird von einer Ex-post-Unsicherheit gesprochen. Die faktische Bindung entsteht durch spezifische Investitionen des jeweiligen Vertragspartners. Aus Nachfragersicht kann eine derartige Bindung bspw. durch den Bezug eines spezifischen Softwaresystems begründet sein: Will er das System weiter ausbauen, ist er zu einem gewissen Grad auf den gleichen Anbieter angewiesen, um gleiche technische Standards etc. zu sichern. Andererseits ist denkbar, dass ein Anbieter eine kundenspezifische Lösung entwickelt, welche er nicht oder nur stark eingeschränkt an andere Nachfrager absetzen kann. In diesem Zusammenhang wird von der sog. *Quasirente* gesprochen, die den Ertrag auf jenen Teil des Kapitals darstellt, der spezifisch gebunden ist. Wie angedeutet ergibt sich die Quasirente auf der Nachfragerseite durch die Folgetransaktionen, die bei enger Bindung an den Anbieter erforderlich werden.

Die weiteren Kriterien, die zur Klassifizierung der Geschäftstypen herangezogen werden, beziehen sich darauf, ob es sich um einen auf eine Einzeltransaktion beschränkten Prozess handelt oder ob ein Kaufverbund zwischen Kaufprozessen vorliegt. Ferner wird danach unterschieden, ob sich der Anbieter mit seinem Angebot auf Einzelkunden fokussiert oder ob er sich an einen anonymen Markt richtet. Im letzteren Fall kann sich auf Anbieterseite keine Quasirente ergeben, da das Angebot nicht kundenspezifisch ist (vgl. alternative Systematiken bei Meyer/ Kern/Diehl 1998, S. 117 ff.).

Unter diesen Annahmen sind die vier Geschäftstypen wie folgt zu charakterisieren:

- Beim *Zuliefergeschäft* sind zwar Kaufverbunde von Bedeutung, aber dieser Geschäftstyp ist gezielt auf einzelne Kunden ausgerichtet: Im Rahmen einer Geschäftsbeziehung werden spezielle Leistungen für den Kunden entwickelt bzw. angepasst. Damit ist der Kunde i. d. R. in seinen Kaufprozessen längerfristig an diese einmalig entwickelte Lösung gebunden, weshalb die Produktions- bzw. die Beschaffungsprozesse des Anbieters und des Kunden häufig eng aufeinander abgestimmt werden (z. B. Zulieferer und Automobilhersteller). Die Partner arbeiten oft schon in der Entwicklungsphase eng zusammen. Generell sind die Merkmale des Zuliefergeschäftes demnach in der Leistungsindividualisierung und der damit einhergehenden Interaktionskomplexität sowie im langfristigen Kaufverbund zwischen den Einzeltransaktionen zu sehen (Backhaus/Voeth 2010, S. 493 ff.).

- Das *Systemgeschäft* steht für die Zusammenfassung von Funktionseinheiten zu komplexen Systemen mit Hilfe des Engineering für Kombinationstechnik und des Produktmanagements (sog. vermarktete Systemtechnik, z. B. Bau einer Fabrik mit Personalausbildung). Auch beim Systemgeschäft werden komplexe Leistungsbündel vermarktet, die aber für den anonymen Markt konzipiert und erst in der Vermarktungsphase kundenindividuell angepasst werden. Ebenso wie das Zuliefergeschäft ist auch das Systemgeschäft geprägt durch einen zeitlichen Kaufverbund i. S. einer sukzessiven Abfolge hintereinander geschalteter Kaufprozesse sowie durch umfangreiche, über Engineering-Leistungen hinausgehende Dienstleistungen. Dabei handelt es sich um Pre-Sales- und After-Sales-Serviceleistungen (Meyer/Kern/Diehl 1998, S. 159 ff.).
- Das *Anlagengeschäft* zielt auf den einzelnen, konkreten Kunden ab, wobei ein vermarktungsfähiges Hardware- oder Hardware-/Software-Bündel verkauft wird, das der Kunde zur Fertigung seiner Unternehmensleistungen benötigt. Somit bezieht sich das Anlagengeschäft auf die aus unterschiedlichen Komponenten bestehende Funktionseinheit (z. B. eine Maschine) und das Engineering für die Kombinationstechnik. Ein weiteres Merkmal dieses Geschäftstyps ist, dass der Vermarktungsprozess aufgrund der Individualität der Leistung vor dem Herstellungsprozess erfolgt. Zudem ist das Anlagengeschäft dadurch geprägt, dass kein zeitlicher Kaufverbund zu anderen Leistungen besteht. Zusammenfassend lassen sich folgende Charakteristika des Anlagengeschäftes anführen (vgl. dazu Backhaus/Voeth 2010, S. 325 ff.; Meyer/Kern/Diehl 1998, S. 144 ff.):
  - kundenindividuelle, komplexe Leistungserstellung als Auftrags- (Einzel-) Fertigung,
  - hoher Wert des Projekts, wodurch die Auftragsfinanzierung an Bedeutung gewinnt,
  - hohes Risiko für die Beteiligten,
  - Know-how-Gefälle zwischen Anbieter und Nachfrager,
  - langfristige Prozesse mit starker Phasendifferenzierung,
  - Variabilität des Lieferumfangs und Auftragsinhalts sowie damit endgültige Ausgestaltung des Projekts im Laufe des Interaktionsprozesses und
  - Zusammenarbeit in Anbieterkoalitionen und Einschaltung von Drittparteien.
- Beim *Produktgeschäft* handelt es sich i. d. R. um in Mehrfachfertigung hergestellte Leistungen, die auf einem anonymen Markt angeboten und von den Kunden im isolierten Einsatz verwendet werden, sodass keine Kaufverbunde entstehen. Zudem entfällt die Kundenindividualisierung, sodass das Produktgeschäft weniger komplex ist. Allerdings gewinnen auch flankierende Dienstleistungen, wie Beratung, Schulung und Lösungen für Schnittstellenprobleme an Bedeutung, sodass das Systemgeschäft an Relevanz gewinnt (Richter 2001, S. 20 ff.).

Übersicht 183 fasst die wesentlichen Merkmale der vier Geschäftstypen zusammen und zeigt auf, welche Besonderheiten beim Marketing zu berücksichtigen sind.

Übersicht 183: **Kernaufgaben in den vier Geschäftstypen bei Investitionsgütern**

	Prinzip	Beispiel	Marketing
Zuliefer-geschäft	Orientierung am Einzelkunden, langfristige Kaufverbunde, eng abgestimmte Produktions- und Beschaffungsprozesse.	Automobilindustrie	Anpassung an den Kunden, Kundenbeziehungsmanagement
System-geschäft	Durch die Entscheidung des Kunden für das gesamte System eines Lieferanten entsteht ein Abhängigkeitsverhältnis, ausgeprägter zeitlicher Kaufverbund, der Lieferant ist dagegen nicht auf einen Einzelkunden ausgerichtet.	Computersystem	Vertrauen in das System aufbauen
Anlagen-geschäft	Erbringung stark individualisierter Leistungen des Lieferanten, ein zeitlicher Verbund über mehrere Anlagen hinweg besteht üblicherweise nicht.	Kraftwerk Fabrik Anlage	Know-how-Vermittlung und Beratung – abgestimmt auf die jeweilige Phase des Beschaffungsprozesses
Produkt-geschäft	Ähnelt stark dem Konsumgütergeschäft: Vorproduzierte, weitgehend standardisierte Produkte werden auf anonymen Märkten angeboten, Kaufverbunde bestehen nicht oder kaum.	Kopierer Gabelstapler	Informationspolitik vor dem jeweiligen Einzelkauf

Quelle: In Anlehnung an Backhaus/Voeth 2010, S. 211 ff.

Die Investitionsgütersicht zeigt, dass Unternehmen vor der Entscheidung stehen, welche Stellung ihre Marketingstrategie zwischen den Polen der Vermarktung von Einzelaggregaten bzw. Komponenten und jener von integrierten Anlagen (Systemen) einnehmen soll. Bspw. kann ein Systemgeschäft in der Vermarktung schlüsselfertiger Gesamtanlagen (Turn-Key-Verträge) durch Anbieter oder Anbieterkoalitionen bestehen (vgl. dazu Günter 1998, S. 292 ff.; Zentes/Swoboda 2001, S. 16, 538 f.).

Teile-/Ersatzteilebeschaffung und -versorgung bei der Daimler AG

Eher dem Zuliefer- bzw. dem Produktgeschäft entspricht die Teile- und Ersatzteilebeschaffung und -versorgung der Daimler AG, deren Einkaufsorganisation drei Einkaufsbereiche umfasst und im Jahre 2015 an über 50 Standorten weltweit vertreten war: Procurement Mercedes-Benz Cars and Vans, Procurement Daimler Trucks and Buses sowie International Procurement Services. Der letztgenannte Einkaufsbereich ist dabei für die Beschaffung des Nichtproduktionsmaterials zuständig. Angesichts der Finanz- und Wirtschaftskrise ist das Unternehmen bestrebt, durch die Standardisierung von Teilen und Komponenten Einsparungen zu erzielen.

Generell zielt die Daimler AG, auf eine leistungsbezogene und partnerschaftliche Zusammenarbeit mit den Lieferanten des Unternehmens ab, wozu im Jahre 2009 das Daimler Supplier Network – ein Lieferantenkooperationsmodell – eingeführt wurde. Auf der Basis dieses Modells werden die Lieferanten – je nach Einkaufsvolumen der Daimler AG, der Innovationsfähigkeit und Leistung des Lieferanten – in unterschiedliche Segmente eingeteilt: Lieferanten, Key Suppliers und Strategische Partner (www.daimler.com).

Neben der angeführten Einteilung von Geschäftstypen existieren weitere, marktseitenintegrierende Typologien, welche die Anbieter- und Nachfragersicht vereinen. Kleinaltenkamp (2001) unterscheidet – auf der Basis der Dimensionen „Integrativität" und „Intensität der Geschäftsbeziehung" bspw. folgende vier Transaktionstypen:

- Das *Customer Integration-Geschäft*, bei dem die Integrativität, also die Mitwirkungsintensität des Kunden hoch ist und gleichzeitig auf eine transaktionsübergreifende Geschäftsbeziehung fokussiert wird.
- Das *Anlagengeschäft*, bei dem die Integrativität hoch, die Intensität der Geschäftsbeziehung jedoch niedrig ist.
- Das *Spotgeschäft*, das sich durch eine geringe Integrativität und Intensität der Geschäftsbeziehung auszeichnet.
- Das *Commodity-Geschäft*, bei dem eine transaktionsübergreifende Geschäftsbeziehung relevant, die Mitwirkungsintensität des Kunden aber gering ist.

Zudem existieren auch Transaktionstypologien, die ausschließlich anbieter- oder nachfrageorientiert sind. Letzteren ist z. B. die in Kapitel II, Abschnitt 1.2.1 angeführte Typologie von Weiber/Adler (1995a; 1995b) zuzuordnen, die reine Vertrauenskäufe, reine Erfahrungskäufe und reine Suchkäufe unterscheiden.

1.3 Charakteristika des organisationalen Käuferverhaltens

Studien zeigen, dass – je nach Phase des Entscheidungsprozesses – unterschiedlich viele Personen aus verschiedenen Stellen des Unternehmens an der Beschaffungsentscheidung beteiligt sind (Spiegel-Verlag 1982, S. 11; siehe Übersicht 184):

- In Betrieben mit weniger als 100 Beschäftigten entscheiden durchschnittlich drei Personen über die Beschaffung eines Investitionsgutes.
- In Betrieben mit 100 bis 499 Beschäftigten weitet sich das Entscheidungsgremium auf durchschnittlich sechs bis sieben Personen aus.
- In Betrieben mit 500 bis 999 Beschäftigten erhöht sich die Beteiligtenzahl auf durchschnittlich elf.
- In Großbetrieben mit über 1.000 Beschäftigten entscheiden im Durchschnitt 34 Personen.

Die Dauer des Entscheidungsprozesses wird wie folgt charakterisiert (Spiegel-Verlag 1982, S. 11 f.):

- In Kleinbetrieben mit weniger als 50 Beschäftigten ist der Entscheidungsprozess nach durchschnittlich 15 Wochen abgeschlossen.
- Betriebe mit mindestens 50 höchstens 1.000 Beschäftigten benötigen 20 bis 22 Wochen bis zur endgültigen Entscheidung.
- In Großbetrieben mit über 1.000 Beschäftigten und der größeren Zahl der am Prozess Beteiligten dauert die Entscheidungsfindung durchschnittlich 32 Wochen.

Übersicht 185 verdeutlicht die Ergebnisse einer Studie, in der die Zusammensetzung des Buying Centers (siehe Abschnitt 2.2.2.1 in diesem Kapitel) in Klein- (bis 99), Mittel- (100 bis 499) und Großbetrieben (500 und mehr Beschäftigte) analysiert wurden (O. V. 1997, S. 20; Backhaus/Voeth 2010, S. 93). Ausgewiesen sind die Mittelwerte der Buying Center-Mitglieder aller drei Betriebsgrößen. Zudem wird aufgezeigt, dass der Einfluss der Mitglieder unterschiedlicher Abteilungen im Buying Center je nach Kaufphase und Kaufgegenstand variiert.

Kaufprozesse bei Organisationen

Übersicht 184: **Entscheidungsprozess bei Investitionsgütern – Initiierer und Entscheider**

Basis: Stelle ist im Betrieb vorhanden jeweils Funktionen/Bereiche/Stellen	= 100 %	Anregungsphase %	letzte Entscheidungsphase %
Unternehmensleitung/Leitung des Betriebes	95	57	83
kaufmännische Leitung	76	34	23
Rechnungswesen	61	13	5
Vertrieb/Verkauf	61	19	6
technische Leitung	60	55	23
Einkauf/Beschaffung	59	16	12
Verwaltung/Organisation	51	23	6
Personalwesen	51	7	2
Fertigung/Produktion	47	23	6
Betriebsrat	44	8	2
Planung/Controlling/Finanzen	41	18	14
Arbeitsvorbereitung	36	11	9
zentrale Datenverarbeitung	32	8	7
Fertigungs-/Qualitätskontrolle/Labor	27	22	7
Konstruktion	25	9	6
Marketing/Werbung/Marktforschung	23	17	4
technischer Planungsstab	15	41	6
Forschung und Entwicklung	13	18	2
Energiewirtschaft/Entsorgung/Umwelttechnik	5	23	2
zusätzlich einbezogene externe Stellen soweit genannt jeweils:	= 100		
Stellen außerhalb des Betriebes jedoch im Unternehmen/Konzern	7	14	1
externe Berater (neutrale Dritte)	6	36	7
Vertriebsberater der Anbieter/Hersteller	6	100	0

Beispiel: 15 % der Betriebe haben einen technischen Planungsstab als eigenständige organisatorische Einheit. In 41 % dieser Betriebe gibt der technische Planungsstab die erste Anregung zur Investition, in 6 % der Betriebe trifft er die endgültige Entscheidung.

Quelle: Spiegel-Verlag 1982, S. 7.

- *Beschaffung von Antriebstechnik* – Die Konstruktion dominiert zunächst in der Phase der Projektbeschreibung, dann bestimmt der Einkauf bis zum Vertragsabschluss den Kaufprozess. Dabei ist die Konstruktion in mittelgroßen Betrieben bis zur Angebotseinholung stärker am Entscheidungsprozess beteiligt, während bei der Lieferantenauswahl und beim Vertragsabschluss der Einkauf entscheidet. Demgegenüber ist der Einkauf in Großunternehmen schon bei der Projektbeschreibung und Bedarfsermittlung stärker in den Entscheidungsprozess eingebunden. Bei der Angebotseinholung, Lieferantenauswahl und beim Vertragsabschluss hat der Einkauf in Mittel- und Großbetrieben die Federführung.
- *Beschaffung von EDV-Hardware* – Die EDV dominiert den Entscheidungsprozess von der Projektbeschreibung bis hin zur Angebotseinholung und der Einkauf bestimmt die Lieferantenauswahl und den Vertragsabschluss. Abweichend hierzu hat die Geschäftsleitung in Kleinunternehmen in der Projektbeschreibungsphase mit gut 46 % den maßgeblichen Einfluss, während deren Entscheidungsbeteiligung in den folgenden Phasen zwischen 15 und 27 % und bei Vertragsabschluss bei fast 40 % liegt.
- *Beschaffung von Transportdienstleistungen* – Es dominieren die Bereiche Einkauf und Logistik. Dabei spielt in Kleinbetrieben der Vertrieb im Vergleich zum Einkauf eine dominierende Rolle in allen Entscheidungsphasen. Demgegenüber hat der Vertrieb in Großunternehmen praktisch keine Bedeutung, wobei die Entscheidungsdominanz des Einkaufs besonders ausgeprägt ist. Insofern stellen die Trendkurven am ehesten den Entscheidungsprozess in Mittelbetrieben dar.

Übersicht 185: **Buying Center-Beteiligte in verschiedenen Phasen und Branchen bei organisationalen Beschaffungsprozessen**

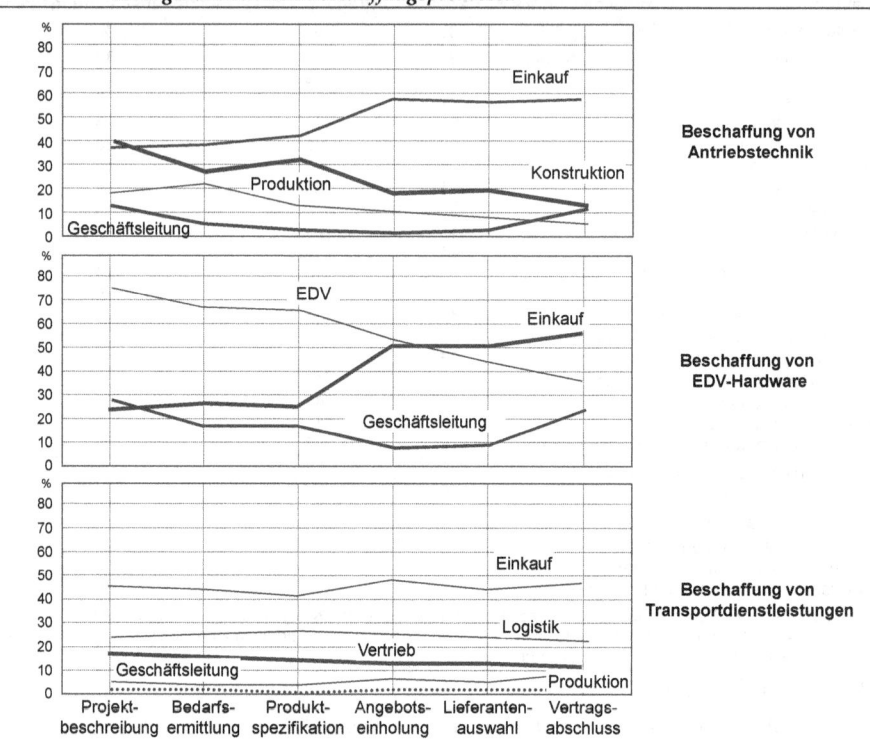

Quelle: O. V. 1997, S. 20; Backhaus/Voeth 2010, S. 93.

In Bezug auf die Zahl der Lieferanten, auf die zurückgegriffen wird, zeigen Homburg/Kuester (2001, S. 10 ff.), dass die finanzielle Bedeutung des Produkts für das beschaffende Unternehmen und die Komplexität der Kaufsituation determinierend wirken (siehe Übersicht 186).

Da die entsprechenden Angaben auf Komponenten- bzw. Produktebene erhoben wurden, lassen sie sich auf den Kauf von Investitionsgütern übertragen. Demnach wird in komplexen Kaufsituationen, in denen Produkte von geringer finanzieller Bedeutung angeschafft werden, auf wenige Lieferanten zurückgegriffen, wogegen in wenig komplexen Kaufsituationen, in denen Produkte mit großer finanzieller Bedeutung gekauft werden, viele Lieferanten beauftragt werden.

Insgesamt deuten die Ausführungen an, dass für eine Analyse der industriellen (Investitionsgüter-) Beschaffung v. a.

- die Produkte bzw. der Geschäftstyp (Art, Bedeutung usw.),
- die beteiligten Personen (Anzahl, Zusammensetzung, Rollen usw.) sowie
- die Kaufsituation (extern (z. B. Marktposition) und intern (z. B. Größe des Unternehmens)

von Bedeutung sind. Wenngleich bisher v. a. die Beziehungen zu Partnern bzw. zum Handel ausgeklammert wurden, könnten die genannten Determinanten auch beim Kauf von Nicht-Investitionsgütern und beim Kaufverhalten von Nicht-Industrieunternehmen (Handelsunternehmen, Dienstleistungsunternehmen, öffentliche Institutionen (Roodhooft/Abbeele 2006)) in Betracht gezogen werden.

Übersicht 186: Lieferantenportfolio in Abhängigkeit des Produkts und der Kaufsituation

		Komplexität der Kaufsituation	
		niedrig	hoch
Bedeutung des Produkts	hoch	Zahl der Lieferanten: **hoch** (durchschnittliche Anzahl: 4,01)	Zahl der Lieferanten: **mittel** (durchschnittliche Anzahl: 2,62)
	niedrig	Zahl der Lieferanten: **mittel** (durchschnittliche Anzahl: 3,50)	Zahl der Lieferanten: **niedrig** (durchschnittliche Anzahl: 2,16)

Quelle: Homburg/Kuester 2001, S. 21.

1.4 Synopse theoretischer Erklärungsansätze als Bezugsrahmen

Für die Erklärung des organisationalen Käuferverhaltens können unterschiedliche theoretische Ansätze (i. S. v. Forschungsrichtungen bzw. -traditionen) differenziert werden. Eine traditionelle Klassifikation beruht auf zwei Kriterien.

Auf der einen Seite ist die pragmatische Erkenntniszielsetzung der jeweiligen Theorieansätze bedeutend. Danach sind normative, deskriptive und explikative Ansätze zu unterscheiden, die in der genannten Anordnung eine Steigerung – gemessen an den Erfordernissen einer wissenschaftlichen Theorie – widerspiegeln (Kirsch/Kutschker/Lutschewitz 1980, S. 92):

- Normative Ansätze geben Empfehlungen für richtiges (i. S. von optimalem) Verhalten, d. h., sie beinhalten eine eindeutige Bewertung des untersuchten Phänomens.
- Deskriptive Ansätze enthalten sich einer solchen Bewertung, besitzen aber einen höheren empirischen Anspruch, da sie empirische Phänomene zu beschreiben versuchen.
- Explikative Ansätze – als anspruchsvollste, empirisch gehaltvollste Kategorie – umfassen in der Realität bestätigte, generelle Gesetzesaussagen mit prognostischer Relevanz. Diese bleiben aber aufgrund der Schwierigkeiten der Theoriebildung bei komplexen Erklärungssachverhalten häufig noch „Quasitheorien".

Auf der anderen Seite wird das Kriterium des Untersuchungsbereichs zur Differenzierung herangezogen. Ähnlich wie beim ersten Kriterium liegt eine Steigerung der Komplexität und des Problemgehalts vor, ausgehend vom organisationslosen über den monoorganisationalen bis zum multiorganisationalen Untersuchungsbereich. Es wird also im Wesentlichen danach unterschieden, ob ein expliziter Bezug auf den organisationalen Kontext erfolgt, oder ob zunächst davon abgesehen wird (Kirsch/Kutschker/Lutschewitz 1980, S. 93):

■ Organisationslose Ansätze abstrahieren von der organisatorischen und multipersonellen Umwelt, d. h., es werden fiktiv handelnde Personen losgelöst vom organisationalen Kontext unterstellt.

> **Besonderheiten der Beschaffung im Einzelhandel**
>
> In vielen Bereichen des Einzelhandels löst eine moderne Beschaffung zunehmend den klassischen Einkauf ab und verbindet Konditionenverhandlungen mit dem kundenorientierten Management der Versorgungskette. Für diese Entwicklung können verschiedene Gründe angeführt werden (vgl. dazu Zentes/Swoboda/Morschett 2004, S. 310 f.; Zentes/Swoboda/Foscht 2012, S. 209 f.; Swoboda/Foscht/Cliquet 2008, S. 63 ff.; Swoboda et al. 2009, S. 406 ff.):
>
> ■ Die *internationale Beschaffung* des Handels gewinnt an Bedeutung. Ein zunehmender Anteil der Sortimente, insb. der Markenartikel auf europäischer – und im Non-Food-Bereich auf weltweiter – Ebene wird international beschafft, sodass die Internationalisierung des Handels stärker auf der Beschaffungs- als auf der Absatzseite erfolgt (zur Internationalisierung des Handels auf Absatzseite vgl. z. B. Foscht/Swoboda/Morschett 2006, S. 556 ff.).
> ■ Ebenso werden strategische Allianzen bzw. *Einkaufsgemeinschaften des Handels* wichtig, die sowohl zum losen Erfahrungsaustausch, zum Austausch von Information als auch für gemeinsame Beschaffungsaktivitäten gegründet werden. Denn vor dem Hintergrund der Internationalisierung der Beschaffung und der Konzentrationstendenz im Handel werden horizontale Allianzen zunehmend zu einem Wettbewerbsfaktor.
> ■ Weiterhin kommt der Beschaffung eine *zunehmend strategische Bedeutung* zu. Angesichts der oft geringen Reserven in bestehenden Wertketten und dem damit einhergehenden Streben nach wertkettenübergreifenden Effizienzsteigerungspotenzialen gewinnen vertikale Partnerschaften an Bedeutung. Ferner steigt die (vertikale) Rückwärtsintegration des Handels, z. B. durch die Einflussnahme auf die Forschung und Entwicklung oder die Produktion (bspw. bei Eigenmarken). Diese Rückwärtsintegration ist verbunden mit einem Outsourcing einzelner Beschaffungsfunktionen, wobei die Gesamtkontrolle über die Wertschöpfungskette beim Handel verbleibt.
> ■ Schließlich wird die *Differenzierung der Beschaffungssituationen* bedeutsamer. Im Zuge eines situativen „Multi Channel Purchasing" gewinnen unterschiedliche Formen der Beschaffung – vom sog. Single Sourcing bis hin zum Multiple Sourcing oder einem flexiblen Wechsel der Lieferanten – an Bedeutung (Sharma/Mehrotra 2006, S. 21 ff.). Die strategische Relevanz der zu beschaffenden Produkte bzw. Warengruppen ist in diesem Zusammenhang die Vorsteuerungsgröße.
>
> Diese Rahmenbedingungen stellen neue Anforderungen an die Beschaffung, insb. auch durch die Einführung des Category (Warengruppen-) Managements. Best-Practice-Studien zeigen die Notwendigkeit zur differenzierten, situativ von den Anforderungen der Absatz- und Beschaffungsmärkte abhängigen Betrachtung der Beschaffungsprozesse auf. Gedacht sei in diesem Zusammenhang bspw. an die situationsspezifische Bedeutung der Beschaffung, die spezifische Gestaltung des Beschaffungsprozesses, die genutzten Beschaffungsquellen und die Anforderungen, die an die Beschaffungsverantwortlichen bzw. -teams gestellt werden.

- Monoorganisationale Ansätze beschränken ihren Untersuchungsbereich auf einzelne Elemente der Marketing- bzw. Beschaffungssysteme, d. h., es wird nur eine Organisation bzw. nur die Anbieter- oder die Verwenderseite betrachtet.
- Multiorganisationale Ansätze zeichnen sich durch die Einbeziehung aller an der Transaktion Beteiligten – i. d. R. Organisationen – aus, d. h., sowohl die Anbieter- als auch die Verwenderseite wird betrachtet.

Übersicht 187 zeigt die möglichen, unterschiedlichen Ausprägungen, die sich durch die Kombination von Pragmatik und Untersuchungsbereich ergeben.

Übersicht 187: **Theoretische Erklärungsansätze des organisationalen Käuferverhaltens**

Untersuchungsbereich	Pragmatik		
	normativ	deskriptiv	explikativ
organisationslos	mikroökonomische Investitionstheorie		Ansätze zum individuellen Kaufverhalten
monoorganisational	absatztheoretische und Marketing-Management Ansätze		Ansätze zum organisationalen Kaufverhalten
multiorganisational	?		Interaktionsansätze

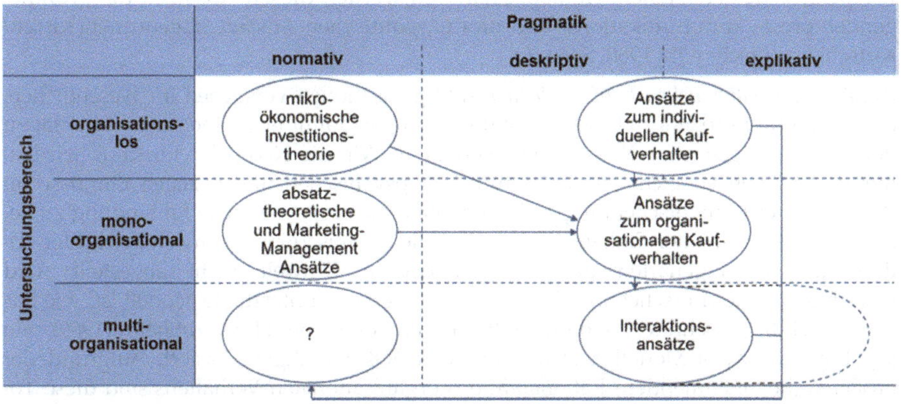

Quelle: In Anlehnung an Kirsch/Kutschker 1978, S. 26.

Die verbindenden Pfeile innerhalb der Matrix geben den erwarteten Entwicklungspfad eines Ansatzes des organisationalen Käuferverhaltens an. Aufgrund der Tatsache, dass die meisten explikativen Ansätze auf deskriptiven Aussagen aufbauen, sind die Grenzen zwischen deskriptiven und explikativen Ansätzen fließend (Kirsch/Kutschker 1978, S. 27). Die Pfeile in den normativ-multiorganisationalen Bereich deuten den angestrebten Verwertungszusammenhang theoretischer Erkenntnisse im Hinblick auf Empfehlungen und Handlungsanweisungen für die Praxis an. Obwohl Letzteres auf der Basis des Erkenntnisstands der 1980er Jahre (bspw. bei Kirsch/Kutschker/Lutschewitz 1980, S. 96) nur mit Vorbehalten geleistet werden kann und dies auch in der aktuelleren Literatur (bspw. bei Arnold 1997) nicht weiter fortgeführt wird, gibt die Systematik einen guten Überblick.

Die *klassische mikroökonomische Theorie* verfolgt eine modelltheoretische Vorgehensweise, die sich in Kalkülen der Investitionsrechnung niederschlägt und Handlungsweisen für Kaufentscheidungen geben will (z. B. Investitionen nur bei einem positiven Kapitalwert). Neben den investitionstheoretischen Modellen sind auch grundlegende kostenorientierte Modelle anzuführen: Das Modell des niedrigsten Einkaufspreises sieht den Preis als alleinigen Entscheidungsmechanismus des organisationalen Nachfragers. Beim Modell der niedrigsten Gesamtkosten wird unterstellt, dass die Beschaffungsentscheidungen auf der Basis der damit verbundenen Gesamtkosten gefällt werden. Die empirische Relevanz dieses Modells ist jedoch eingeschränkt, denn nichtökonomische Beweggründe werden nicht berücksichtigt (z. B. der Aspekt der sozialen Geltung oder das

Machtstreben). Obwohl Entscheidungen über Investitionsgüter in der Realität nicht nur auf der Basis rationaler Überlegungen gefällt werden, ist bspw. die Investitionstheorie auch für Unternehmen relevant, denn in Ausschreibungssituationen (auch bei manchen Internetauktionen) liegt üblicherweise eine genaue Spezifikation der erwarteten Leistung vor. Dadurch wird das Ziel verfolgt, leistungsbezogene Differenzierungsmöglichkeiten der Anbieter auszublenden, um zu einer rationalen Entscheidung zu gelangen. Diese Situation liegt z. B. bei der Vergabe von staatlichen Bauaufträgen häufig vor.

Absatztheoretischen und Marketing-Management-Ansätzen sind u. a. Ansätze des *Personal-Selling* zuzuordnen, die auf eine optimale Verkaufspolitik abzielen und die Perspektive des Herstellers wählen. Weiterhin werden diesen Ansätzen die grundlegenden preis-, kommunikations- und produktpolitischen Ansätze zugeordnet (Kirsch/Kutschker/Lutschewitz 1980, S. 40 ff.).

Ansätze zum individuellen Käuferverhalten in Organisationen versuchen im Wesentlichen, den realen Kaufprozess zu beschreiben und verfügen damit über eine starke Affinität zu den Überlegungen zum Konsumentenverhalten. Wie im Neo-Behaviorismus wird in diesen Ansätzen versucht, die Bedeutung der psychischen und sozialen Einflüsse im Rahmen einer Kaufentscheidung zu klären, ohne die organisationale Einbindung zu berücksichtigen. D. h., der Einkäufer wird ohne die organisationale Umwelt betrachtet, sodass auf die Eigenarten der organisatorischen Umwelt nicht abgestellt wird (Kirsch/Kutschker/Lutschewitz 1980, S. 56 ff.). Das dabei unterstellte Modell ist, wie das in Kapitel II, Abschnitt 1.3 dargestellte Totalmodell von Howard/Sheth (1969), ein sog. Buyer-Behavior-Modell, welches auf dem SOR-Paradigma basiert. Aufgrund der größeren (anzunehmenden) Rationalität des organisationalen Verhaltens sind diese Totalmodelle realistischer, wenn auch deskriptiver als jene des Konsumentenverhaltens.

Ansätze zum organisationalen Käuferverhalten betrachten den Beschaffungsablauf in der Organisation und bleiben auf eine Organisation beschränkt. Diese Ansätze sind durch eine stärkere Fokussierung auf die Prozessorientierung gekennzeichnet, wobei die Beschaffung in Organisationen als kollektiver Entscheidungsprozess betrachtet und analysiert wird (Buyer-Behavior-Modelle). Die Analyse der Interaktion beschränkt sich auf die Nachfragerseite. Ausgangspunkt der Modelle ist meistens die Annahme eines Buying Center als funktionales Subsystem einer Organisation, in dem alle an der Beschaffung beteiligten Entscheidungsträger zusammengefasst sind (z. B. Einkäufer oder Mitarbeiter der Produktion). Ziel dieser Ansätze ist es, kollektive Kaufentscheidungen zu erklären. Wie erwähnt, wird dabei nur die Seite der nachfragenden Unternehmung betrachtet, d. h., es werden i. d. R. nur die Prozesse im Buying Center untersucht (Kirsch/Kutschker/Lutschewitz 1980, S. 66 ff.).

Interaktionsansätze analysieren zwei oder mehrere Personen bzw. Gruppen, die an einem Vorgang (z. B. an der Beschaffung) beteiligt sind. Diese Ansätze gehen über die monoorganisationalen Ansätze hinaus, denn sie berücksichtigen die Tatsache, dass sich der Beschaffungsentscheidungsprozess in der Realität in einer komplexen interorganisationalen Interaktion vollzieht, die durch ein Wechselspiel zwischen mehreren Organisationen gekennzeichnet ist. Interaktionsansätze berücksichtigen demnach die Interaktionen zwischen Anbieter- und Verwenderseite – die Analyse beschränkt sich nicht wie bei den monoorganisationalen Ansätzen auf eine Organisation. Vielmehr stehen die wechselseitige Kommunikation und Beeinflussung im Mittelpunkt (Kirsch/Kutschker/Lutschewitz 1980, S. 76 ff.).

Im Wesentlichen bildet diese Synopse die Grundlage für die folgenden Betrachtungen zur Erklärung der einzelnen Typen organisationaler Kaufentscheidungen. Dabei wird eine identische Gliederung wie im zweiten Kapitel gewählt, d. h., es erfolgt eine Unterscheidung zwischen individuellen und den bei Organisationen vorherrschenden kollektiven Kaufentscheidungsansätzen, wobei Kollektivität nachfolgend pragmatisch i. S. der Beteiligung mehrerer Personen bzw. Organisationen an der Kaufentscheidung verstanden wird.

Besonderheiten öffentlicher Institutionen

Das Verhalten von öffentlichen Institutionen soll nicht ganz außer Acht gelassen werden, denn die Ausgaben der öffentlichen Haushalte belaufen sich in Deutschland auf nahezu eine Billion EUR und bilden damit einen wesentlichen Teil der volkswirtschaftlichen Gesamtaktivitäten. Dabei bezieht sich die öffentliche Beschaffung auf eine Vielzahl unterschiedlichster Güter und Dienstleistungen (z. B. den Kauf von Büroeinrichtungen, Fahrzeugen oder die Inanspruchnahme von Bauleistungen). Die Entscheidungsträger der öffentlichen Hand (bspw. in Ämtern, Ministerien) haben sich bei der Beschaffung an eine Reihe von Gesetzen und Verordnungen zu halten. Dies hat zur Folge, dass die Einkaufspraxis durch formale Regulierungen und Bedarfsbeschreibungen gekennzeichnet ist, weshalb die Beschaffung meist über öffentliche Ausschreibungen erfolgt, die den Prozess für den Anbieter komplex machen.

Übersicht 188: **Prozess einer öffentlichen Ausschreibung**

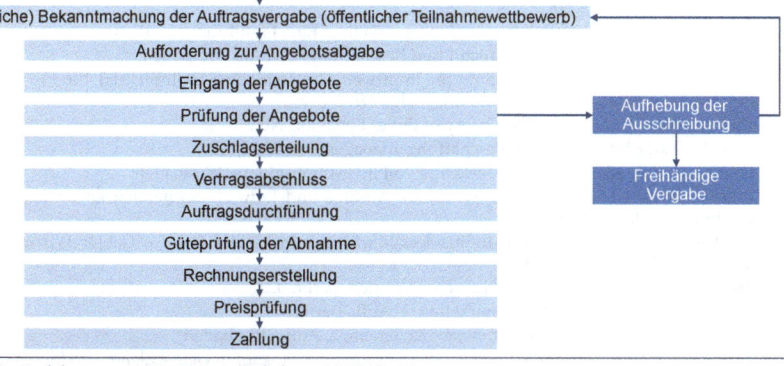

Quelle: In Anlehnung an Hammann/Lohrberg 1986, S. 61.

Das gilt insb. für EU-weite Ausschreibungen, die erforderlich sind, wenn das Auftragsvolumen von öffentlichen Liefer-, Dienstleistungs- oder Bauaufträgen die per

1 *Bezugsrahmen zur Analyse des Käuferverhaltens*

Verordnung der Europäischen Kommission festgelegten Schwellenwerte überschreiten (zu den Rechtsvorschriften und damit zum Vergabeverfahren vgl. Europäische Union 2011; BMWI 2015).

Zugleich wird der Beschaffungsprozess durch unterschiedliche Faktoren (bspw. politische Interessen) beeinflusst und erfolgt unter Beobachtung der Abgeordneten, des Bundes der Steuerzahler usw. Eine Auftragsvergabe sollte auf einer vollständig öffentlichen Ausschreibung basieren, d. h., die Zahl der Anbieter ist unbegrenzt. Sie werden durch eine Ausschreibungsveröffentlichung zum Angebot aufgefordert.

Der Prozess einer Ausschreibung ist in Übersicht 188 dargestellt. Der lange Instanzenweg wirkt auf die Anbieter häufig unüberschaubar und intransparent. Meist wird für sie nicht deutlich, welche Personen an diesem Kaufprozess auf Nachfragerseite direkt bzw. indirekt beteiligt sind und welche politischen Einflüsse zusätzlich zu beachten sind.

Literatur

Arnold, U. (1990): Global Sourcing, in: Welge, M. K. (Hrsg.): Globales Management, Stuttgart, S. 49-71.
Arnold, U. (1997): Beschaffungsmanagement, 2. Aufl., Stuttgart.
Arnold, U. (2002): Strategiedimensionen und Strukturanalyse, in: Hahn, D./Kaufmann, L. (Hrsg.): Handbuch Industrielles Beschaffungsmanagement, 2. Aufl., Wiesbaden, S. 201-220.
Backhaus, K./Voeth, M. (2010): Industriegütermarketing, 9. Aufl., München.
BMWI (2015): Öffentliche Aufträge, http://www.bmwi.de/DE/Themen/Wirtschaft/Wettbewerbspolitik/oeffent liche-auftraege.html, Stand: 10.01.2015.
Engelhardt, W. H./Günter, B. (1981): Investitionsgüter-Marketing, Stuttgart.
Eßig, M. (1999): Cooperative Sourcing, Frankfurt a. M.
Fließ, S. (2009): Dienstleistungsmanagement, Wiesbaden.
Foscht, T./Angerer, T./Seebacher, K. (2010): Kooperation mit der Pharmaindustrie und dem Pharmagroßhandel: Wunsch und Wirklichkeit, in: Österreichische Apothekerzeitung, 64. Jg., Nr. 17, S. 976-979.
Foscht, T./Swoboda, B./Morschett, D. (2006): Electronic commerce-based internationalisation of small, niche-oriented retailing companies – The case of Blue Tomato and the Snowboard industry, in: International Journal of Retail & Distribution Management, 34. Jg., Nr. 7, S. 556-572.
Günter, B. (1998): Projektkooperationen, in: Kleinaltenkamp, M./Plinke, W. (Hrsg.): Auftrags- und Projektmanagement, Berlin, S. 267-318.
Hammann, P./Lohrberg, W. (1986): Beschaffungsmarketing: Eine Einführung, Stuttgart.
Heß, G. (2010): Supply Strategien in Einkauf und Beschaffung, 2. Aufl., Wiesbaden.
Homburg, C./Kuester, S. (2001): Towards an Improved Understanding of Industrial Buying Behaviour, in: Journal of Business-to-Business Marketing, 8. Jg., Nr. 2, S. 5-33.
Howard, J. A./Sheth, J. N. (1969): The Theory of Buyer Behavior, New York.
Kaufmann, L. (2001): Internationales Beschaffungsmanagement, Wiesbaden.
Kirsch, W./Kutschker, M. (1978): Das Marketing von Investitionsgütern, Wiesbaden.
Kirsch, W./Kutschker, M./Lutschewitz, H. (1980): Ansätze und Entwicklungstendenzen im Investitionsgütermarketing, 2. Aufl., Stuttgart.
Kleinaltenkamp, M. (2001): Business-to-Business-Marketing, in: Gabler (Hrsg.): Gabler Wirtschafts-Lexikon, CD-ROM, 15. Aufl., Wiesbaden.
Kleinaltenkamp, M./Saab, S. (2009): Technischer Vertrieb, Berlin u. a.
Koppelmann, U. (2004): Beschaffungsmarketing, 4. Aufl., Berlin.
Large, R. (2014): Strategisches Beschaffungsmanagement, 5. Aufl., Wiesbaden.
Lindner, R. (2002): Aufgabenprofile und Gehaltsstrukturen im Einkauf in Deutschland, in: Hahn, D./Kaufmann, L. (Hrsg.): Handbuch Industrielles Beschaffungsmanagement, 2. Aufl., Wiesbaden, S. 1005-1026.
Meyer, M./Kern, E./Diehl, H. (1998): Geschäftstypologien im Investitionsgütermarketing – Ein Integrationsversuch, in: Büschken, J./Meyer, A./Weiber, R. (Hrsg.): Entwicklungen des Investitionsgütermarketing, Wiesbaden, S. 117-178.

O. V. (1997): Proportionale Beteiligung verschiedener Unternehmensbereiche an Beschaffungsentscheidungen, in: Beschaffung aktuell, 25. Jg., S. 20-23.
Roodhooft, F./Abbeele, A. (2006): Public procurement of consulting services, in: International Journal of Public Sector, 19. Jg., Nr. 5, S. 490-512.
Richter, H. (2001): Investitionsgütermarketing, München.
Sharma, A./Mehrotra, A. (2006): Choosing an optimal channel mix in multichannel environments, in: Industrial Marketing Management, 36. Jg., S. 21-28.
Spiegel-Verlag (1982) (Hrsg.): Der Entscheidungsprozess bei Investitionsgütern, Beschaffung, Entscheidungskompetenzen, Informationsverhalten, Hamburg.
Swoboda, B./Foscht, T./Cliquet, G. (2008): International value chain processes by retailers and wholesalers – A general approach, in: Journal of Retailing and Consumer Services, 15. Jg., Nr. 2, S. 63-77.
Swoboda, B./Foscht, T./Maloles, C./Schramm-Klein, H. (2009): Exploring how garment firms choose international sourcing and sales country-markets, in: Journal of Fashion Marketing and Management, 13. Jg., Nr. 3, S. 406-430.
Wagner, G. R. (1978): Die zeitliche Disaggregation von Beschaffungsentscheidungsprozessen aus der Sicht des Investitionsgütermarketings, in: Zeitschrift für betriebswirtschaftliche Forschung, 30. Jg., S. 266-289.
Ward, S./Webster, F. E. (1991): Organizational Buying Behavior, in: Robertson, T. S./Kassarjian, H. H. (Hrsg.): Handbook of Consumer Behavior, Englewood Cliffs, S. 419-458.
Weiber, R./Adler, J. (1995a): Informationsökonomisch begründete Typologisierung von Kaufprozessen, in: Zeitschrift für betriebswirtschaftliche Forschung, 47. Jg., Nr. 1, S. 43-65.
Weiber, R./Adler, J. (1995b): Positionierung von Kaufprozessen im informationsökonomischen Dreieck, in: Zeitschrift für betriebswirtschaftliche Forschung, 47. Jg., Nr. 2, S. 99-123.
Zentes, J./Swoboda, B. (2001): Grundbegriffe des Marketing – Marktorientiertes globales Management-Wissen, 5. Aufl., Stuttgart.
Zentes, J./Swoboda, B./Foscht, T. (2012): Handelsmanagement, 3. Aufl., München.
Zentes, J./Swoboda, B./Morschett, D. (2004): Internationales Wertschöpfungsmanagement, München.
Zentes, J./Swoboda, B./Morschett, D. (2005) (Hrsg.): Kooperationen, Allianzen und Netzwerke, 2. Aufl., Wiesbaden.

2 Typen von Kaufentscheidungen

2.1 Individuelle Kaufentscheidungen

Individuelle Kaufentscheidungen dominieren in der Beschaffung von Organisationen das Tagesgeschäft, wenngleich darin nicht der Fokus der Forschung (zum organisationalen Käuferverhalten) liegt, da sich individuelle Kaufentscheidungen bspw. meist auf häufig eingekaufte Güter beziehen, die ggf. nach bestehenden Richtlinien beschafft werden. Die Beschaffung ist in diesem Fall geprägt durch Einkäufer, manchmal lediglich durch Disponenten, deren Aufgaben eher im Bereich der Ordertätigkeit liegen. Zu unterscheiden ist dabei

- das Verhalten einzelner Einkäufer in einem unipersonalen Einkaufsprozess und
- das Verhalten und Zusammenwirken mehrerer Einkäufer bzw. Personen in einem multipersonalen Einkaufsprozess.

Letzteres stellt eine Form der kollektiven Kaufentscheidungen im hier betrachteten Sinne dar (siehe dazu bspw. die dyadisch-interpersonellen Ansätze in Abschnitt 2.2.3.2 in diesem Kapitel, die sich mit der Ähnlichkeit zwischen Einkäufern und Verkäufern beschäftigen). Nachfolgend sind also prinzipiell Einkäufer in Industrieunternehmen, Handelsunternehmen und sonstigen Institutionen zu betrachten. Grundsätzlich könnte hierzu eine Parallele zum individuellen Verhalten der Konsumenten gezogen werden. Wesentlich erscheint aber der strukturelle Organisationsrahmen. Aus Sicht des Kunden, also des beschaffenden Unternehmens, sind weniger Fragen des individuellen Verhaltens, sondern jene der Koordination bzw. Steuerung vordringlich.

> **„Irrationale" Faktoren bei individuellem Investitionsgütereinkauf**
>
> Nicht nur bei Investitionsgütern spielen Faktoren wie das Prestigedenken (vgl. z. B. Frenzen/Krafft 2004, S. 883) eine Rolle, wobei Büroeinrichtungen in Chefetagen oder Dienstwagen im Außendienst klassische Beispiele darstellen (siehe Kapitel I, Abschnitt 3.2). Darüber hinaus sind bspw. Marken für das organisationale Käuferverhalten von Bedeutung, wobei sich ähnliche Effekte wie beim Verhalten der Konsumenten beobachten lassen: Bekannte Marken werden vorgezogen und es liegt eine höhere Zahlungsbereitschaft des Käufers bei präferierten Marken vor (Hutton 1997, S. 428 ff. bzw. zur Relevanz von Marken auf Industriegütermärkten im Allgemeinen vgl. z. B. Backhaus/Sabel 2004, S. 779 ff.). Da der Bedarf in Organisationen aber meistens determiniert ist und quantitative Ergebnisaussagen einfacher möglich sind, hat der Einkäufer eher die Möglichkeit, Entscheidungen objektiv zu fällen.

In der Literatur wird generell mehr auf die Grenzen einer ausschließlichen Betrachtung der Merkmale der (Ein-) Käufer eingegangen, denn auf ihre Potenziale. Dies ist mit Blick auf den Erfolg von Interaktionen festzustellen (Kern 1990, S. 19; siehe Abschnitt 2.2.3.2 in diesem Kapitel), denn dabei steht bspw. die interpersonale Kommunikation von Käufer und Verkäufer im Vordergrund (Dwyer/Tanner 2009, S. 298). Zudem ist es überraschend, dass bspw. zum Vertrieb, zur Vertriebssteuerung, zum Key

Account Management (siehe Abschnitt 2.2.3.3 in diesem Kapitel) oder auch zum Trade Marketing eine Fülle von Forschungsbeiträgen vorliegt, nicht allerdings zum Einkauf, zur Einkäufersteuerung usw.

Beschaffungsaufgaben und deren Wandel

Prinzipiell können strategische und operative Beschaffungsaufgaben unterschieden werden (siehe Übersicht 189), die in den Zuständigkeitsbereich der Beschaffungsmanager fallen.

Übersicht 189: Ausgewählte Beschaffungsaufgaben

strategisch	operativ
■ Marktmonitoring (Aufspüren neuer Produkte, Innovationen, Trends) ■ Lieferantenmanagement/-entwicklung ■ Konditionenmanagement/-sicherung ■ Führung strategischer Kooperationen mit Schlüssellieferanten	■ Stammdatenerfassung/-pflege ■ Qualitätssicherung/-management (produktbezogen) ■ Einkaufscontrolling (Einkaufs-/Verkaufskalkulation, Budgetüberwachung) ■ Planung Einmalware

Bei der Personalentwicklung von Einkäufern steht oft die fachliche Qualifikation im Vordergrund. In diesem Zusammenhang ändern sich die Anforderungen eines klassischen Einkäufers in Richtung eines Beschaffungsleiters, also eines im Beschaffungsmarketing geschulten Mitarbeiters. Scholz (2002, S. 993) sieht eine generell steigende strategische Relevanz der konkreten Arbeitsinhalte; gleichzeitig nimmt das Ausmaß der notwendigen Mitbestimmung des Beschaffungsmanagers zu (siehe Übersicht 190). Im Kern erfordert das Berufsbild des Beschaffungsmanagers – als strategischer Beziehungs- und Supply-Manager – Fähigkeiten zum unternehmerischen Denken (vgl. auch Kaufmann 2001, S. 216).

Übersicht 190: Wandel der Arbeitsinhalte der Beschaffungsmanager

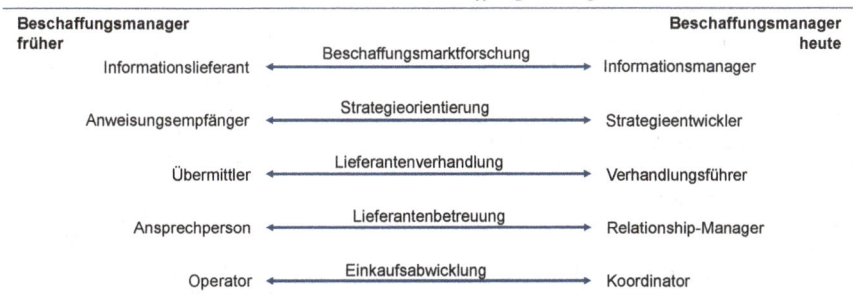

Quelle: In Anlehnung an Scholz 2002, S. 993.

Gerade in internationalen Unternehmen hat die Koordination der Personen aus unterschiedlichen Markt- und Kulturkreisen eine hohe Bedeutung, denn Mitarbeiter aus unterschiedlichen Ländern handeln kulturspezifisch bzw. situativ unterschiedlich. Damit einhergehend wird auch die interkulturelle Kompetenz der Mitarbeiter eines Unternehmens immer wichtiger. Diese beschreibt „die Fähigkeit, sich an eine fremde Kultur anzupassen und in ihr effektiv zu handeln" (Zentes/Swoboda/Schramm-Klein 2013, S. 583).

2 Typen von Kaufentscheidungen

Einen der wenigen Zugänge zum Einkäuferverhalten bildet im Investitionsgütermarketing das *Informationsverhalten der Einkäufer* (vgl. dazu Strothmann 1979, S. 92 ff., der ein literarisch-wissenschaftliches, ein objektiv-wertendes und ein spontan-passives Informationsverhalten unterscheidet). Ebenso können *Nutzenvorstellungen* betrachtet werden, wobei zwischen Grund- und Zusatznutzen zu unterscheiden ist. Der Grundnutzen ist weitgehend rational, durch den organisatorischen Rahmen bestimmt und ergibt sich durch die Eignung eines Gutes für die ihm zugedachte Verwendung, während der Zusatznutzen z. B. in der leichten Bedienbarkeit oder in der Eignung des Gutes als Repräsentationsobjekt liegt. In diesem Zusammenhang werden die Steuerung des Verhaltens der Einkäufer und die Rolle von Anreizsystemen hervorgehoben (Anderson/Chambers 1985, S. 9). Dabei wird von der Annahme ausgegangen, dass Interaktionspartner (Einkäufer) ihr Verhalten nur an Kosten-Nutzen-Überlegungen orientieren, d. h., sie versuchen, ihr Verhalten an der Erhöhung der Belohnung/Gratifikation auszurichten (Homans 1972). Ein dritter Zugang kann über den *organisatorischen Rahmen* erfolgen, welcher die Bedingungen für die Einkäufertätigkeit umreißt und zugleich der Koordination der Beschaffungsaufgaben dient. Zu betrachten sind dabei v. a. folgende Faktoren (Arnold 1997, S. 200 ff.; Backhaus/Voeth 2010, S. 82 ff.):

- Grad der Zentralisation
- Grad der Entscheidungskompetenz
- Größe der Organisation
- Zeitdruck und subjektiv empfundenes Kaufrisiko
- Erfahrungen mit bestehenden Herstellern (Lieferantentreue)

Übersicht 191 zeigt exemplarisch den Zentralisierungsgrad der Beschaffung, womit auch die Zuweisung von Verantwortlichkeiten bzgl. der Entscheidungsfindung verbunden ist.

Übersicht 191: **Ebenen der Entscheidungs- und Verantwortungsbereiche in der Beschaffung**

Ebenen der Beschaffungsentscheidung	Kritische Erfolgsfaktoren	Verantwortung
Strategische Entscheidungen ■ Definition von Erfolgsfaktoren ■ Grundsätze der Planung von Bedarf/Beschaffungsleistung ■ Marktanalyse und -auswahl ■ Spezifikationen für Produkte und Lieferantenauswahl/-bewertung ■ Führung strategischer Lieferantenbewertung ■ Einkaufspolitik und Konditionenmanagement	■ Einkaufsmacht oder Partnerschaften ■ Größenvorteile ■ Produktrisiko ■ Lieferantenrisiko ■ Vereinbarte Ziele	Zentrale Aufgabenbereiche
Operative Entscheidungen ■ Kriterien für die Leistungsmessung, z. B. produktbezogene Qualitätssicherung ■ Einkaufscontrolling (Kalkulation, Budgetüberwachung) ■ Bestellpolitik und Disposition, z. B. Bestellungen, Abrufe, Terminierung, Terminverfolgung	■ Lieferantenzertifikat ■ Lieferzeit ■ Lieferzuverlässigkeit ■ Leistungskontrolle	Dezentrale Aufgabenbereiche

Quelle: Zentes/Swoboda/Morschett 2004, S. 352 f.

Eine *zentrale Beschaffungsorganisation* gewährleistet die Durchsetzung und Kontrolle der Beschaffungsstrategie wie auch eine einheitliche Vorgehensweise im Gesamtunternehmen. Im Gegensatz dazu ist eine *dezentrale Beschaffung* flexibler. Infolge der Parallelität ähnlicher Beschaffungsprozesse entstehen aber mehrfache Prozesskosten bzw. indirekte Beschaffungskosten. Aufgrund der Spezifika sind strategische Beschaffungsaufgaben eher in zentralen Beschaffungsorganisationen beheimatet, während

Kaufprozesse bei Organisationen

operative Beschaffungsaufgaben möglichst dezentral (vielleicht von vielen Einkäufern) durchgeführt werden.

2.2 Kollektive Kaufentscheidungen

2.2.1 Arten kollektiver Kaufentscheidungen

Kollektive Kaufentscheidungen sind für Business-to-Business-Märkte charakteristisch und sind dadurch gekennzeichnet, dass bei der Entscheidung mehrere, sich gegenseitig beeinflussende Personen mitwirken (*Multipersonalität*) und/oder unterschiedliche Organisationen in einer Interaktion stehen (*Multiorganisationalität*).

Bei einer auf eine Organisation begrenzten Perspektive bilden zunächst *intraorganisationale Interaktionen* den Fokus. Neben dem grundlegenden *Buying Center-Konzept* erfolgt aufgrund der Komplexität und Dauer der Kaufprozesse eine Auseinandersetzung mit den Strukturen und Phasen dieser Prozesse. Dabei wird mittels *Strukturmodellen* versucht, die Determinanten des Verhaltens abzubilden, während *Prozessmodelle* die Kaufentscheidung mit einer Phasendifferenzierung verbinden. Diese zuerst zu betrachtenden Perspektiven können anhand von drei Fragen präzisiert werden (Backhaus/Voeth 2010, S. 41):

- Welche Personen(-gruppen) sind wie stark an der Kaufentscheidung beteiligt?
- Inwieweit kann die Kaufentscheidung in Organisationen als ein Prozess verstanden werden, der in Phasen zerlegt und phasenspezifisch untersucht werden kann?
- Welche Einflussfaktoren wirken sich auf den Ablauf des Kaufprozesses aus?

Multiorganisationale Ansätze gehen bei der Betrachtung von beschaffenden Unternehmen über die Perspektive von *monoorganisationalen Ansätzen* hinaus und tragen der Tatsache Rechnung, dass sich der Beschaffungsentscheidungsprozess in der Realität in einer komplexen interorganisationalen Interaktion vollzieht. Dabei werden v. a. Interaktionsprozesse zwischen mehreren Organisationen betont.

2.2.2 Struktur und Prozess monoorganisationaler Kaufentscheidungen

2.2.2.1 Buying Center-Konzept

> *Ein Buying Center (Einkaufsgremium) umfasst alle Personen einer Organisation, die während des Kaufentscheidungsprozesses miteinander in Interaktionsbeziehungen stehen (Webster/Wind (1972a, S. 77). Es handelt sich somit um ein funktionales Subsystem der Organisation, in dem alle an der Beschaffung Beteiligten (gedanklich) zusammengefasst sind.*

Das Buying Center ist, wie hervorgehoben, keine bestimmte Abteilung im Unternehmen, sondern es umfasst Mitarbeiter verschiedener Abteilungen, z. B. aus Produktion, Einkauf und Finanzierung, die teils unterschiedlichen Hierarchieebenen angehören (vgl. auch Backhaus/Büschken 1995). Die Größe und Zusammensetzung des Buying Centers wird v. a. von der Kaufsituation und von der Art der zu beschaffenden Leistung bestimmt.

2 Typen von Kaufentscheidungen

Rollenkonzept nach Webster/Wind

Bei der Abgrenzung der Mitglieder des Buying Centers und zur Analyse der interpersonalen Beeinflussungen ist es nötig, die Funktionsträger des Einkaufsgremiums konzeptionell zu differenzieren. Diesbezüglich werden fünf Rollen unterschieden (Webster/Wind 1972a, S. 78 ff.):

- Benutzer/Verwender (*Users*) sind diejenigen Personen, die nach dem Kauf mit dem beschafften Produkt oder der Dienstleistung im Rahmen ihres Aufgabenfeldes letztendlich arbeiten müssen, bspw. der Produktionsleiter/-mitarbeiter bei der Beschaffung einer neuen Maschine für seinen Bereich. Häufig geht der Anstoß des Beschaffungsprozesses vom Benutzer aus. Außerdem kommt ihm aufgrund seines spezifischen Wissens eine Schlüsselstellung zu, die über den Kauf hinausgeht. Nach dem Kauf bestimmt er durch sein Verhalten, ob das beschaffte Gut zweckmäßig eingesetzt und die Anschaffung damit als erfolgreich angesehen wird. Falls der Benutzer bspw. eine von ihm nicht befürwortete Lösung aufoktroyiert bekommt, könnte er versucht sein, im Nachhinein zu beweisen, dass er im Recht war.
- Beeinflusser (*Influencers*) sind diejenigen Personen, die Informationen und Kriterien/Normen (z. B. Mindestgröße) zur Bewertung des Produkts liefern und den Kaufprozess somit direkt oder indirekt beeinflussen. Innerhalb eines Unternehmens können diese Rolle unterschiedliche Personen einnehmen, bspw. Entwicklungsingenieure, Produktionsleiter oder Controller. Denkbar sind ferner „influencer", die nicht dem beschaffenden Unternehmen angehören. Zu denken ist in diesem Zusammenhang insb. an externe Berater.
- Einkäufer (*Buyers*) sind diejenigen Personen, die den formalen Auftrag haben, Lieferanten auszuwählen, Verhandlungen zu führen und Kaufverträge abzuschließen. Sie sind in den meisten Fällen der Einkaufsabteilung zuzuordnen.
- Entscheider (*Deciders*) sind diejenigen Personen, die unabhängig von der formalen Kompetenzverteilung die Macht haben, über die Auftragsvergabe bzw. die Auswahl der Lieferanten zu entscheiden. Wer diese Rolle einnimmt, hängt von der zu beschaffenden Leistung ab. Bei Großinvestitionen nimmt zumeist ein Mitglied der Geschäftsleitung diese Rolle ein, wobei diese Kompetenz auch bei den Nutzern (wenn die Spezifikationen des Produkts im Mittelpunkt stehen) oder bei den Einkäufern (wenn der Preis das entscheidende Kaufkriterium ist) liegen kann.
- Informationsselektierer (*Gatekeepers*) sind diejenigen Personen, die den Informationsfluss im Buying Center kontrollieren und steuern (z. B. Assistenten von Entscheidungsträgern, denen die Entscheidungsvorbereitung obliegt). Sie üben einen eher indirekten Einfluss auf die Kaufentscheidung aus, haben aber die Möglichkeit, die Entscheidung durch die bewusste Informationsauswahl (oder die Informationsmanipulation) entscheidend zu beeinflussen.

Um eine sechste Rolle, die des *Initiators*, ergänzt Bonoma (1982, S. 113) das Rollenkonzept nach Webster/Wind (1972a). Der Initiator erkennt bspw., dass ein aktueller Zustand durch eine mögliche Investition verbessert werden kann und setzt somit den Kaufprozess in Gang.

Zwischen den Beteiligten des Buying Centers bestehen formale (aufgrund der fachlichen und hierarchischen Stellung) und informale Kommunikationsbeziehungen (ungeachtet der Stellung). Die relativen Machtpositionen der Rollenträger sind dabei letztlich dafür ausschlaggebend, wie die Entscheidung ausfällt. Darin ist zugleich ein zentrales Problem zu sehen – bspw. wenn eine möglichst objektive, z. B. nur auf Kosten-Nutzen-Überlegungen basierende Entscheidung getroffen werden soll.

Hinsichtlich der angeführten Rollen im Buying Center ist zu berücksichtigen, dass jede Person gleichzeitig oder in verschiedenen Phasen des Beschaffungsentscheidungsprozesses mehrere Funktionen übernehmen kann. Bspw. fällt die Rolle des Benutzers mit der des Beeinflussers häufig zusammen. Weiterhin können mehrere Personen die gleiche Rolle einnehmen.

Eine Erweiterung des klassischen Buying Center-Konzepts stellt der *Buying Network-Ansatz* dar, in dem auch die Beziehung zwischen den Beteiligten des Buying Centers berücksichtigt wird: Die Verhaltensweisen der Buying Center-Mitglieder und ihr Einfluss auf den Entscheidungsprozess werden nicht isoliert betrachtet, sondern als Ergebnis der direkten und indirekten Beziehungen innerhalb des Buying Centers interpretiert (Bristor 1993, S. 64). Demnach fokussiert das Buying Network nicht nur auf alle Beteiligten des Kaufprozesses, sondern berücksichtigt zusätzlich deren Beziehungen untereinander sowie direkte und indirekte Kontakte zu Dritten. Diese Beziehung kann anhand der Kommunikationsstruktur innerhalb eines Unternehmens bzw. innerhalb eines Buying Centers beschrieben werden (siehe Übersicht 192) (Johnston/Bonoma 1981a, S. 146 ff.). Dabei können die unterschiedlichen Strukturen innerhalb eines Buying Centers anhand von fünf unterschiedlichen Dimensionen spezifiziert werden:

- Das *vertikale Involvement* nennt die Anzahl der Hierarchiestufen, die im relevanten Buying Center vertreten sind.
- Das *laterale Involvement* zeigt auf, wie viele Abteilungen des Unternehmens an dem Beschaffungsprozess beteiligt sind.
- Der *Umfang des Buying Centers* wird anhand der Zahl der Mitglieder bestimmt.
- Die *Verbundenheit* innerhalb eines Buying Centers beschreibt die Intensität des aufgabenbezogenen Kontaktes der Mitglieder. Bestimmt wird diese Dimension durch das Verhältnis zwischen der tatsächlichen Kommunikationsbeziehung der Mitglieder untereinander und aller möglichen Kommunikationsbeziehungen. Dies ist in empirischen Untersuchungen nur schwer erfassbar.
- Die *Zentralität* des formellen Einkäufers innerhalb des Buying Centers lässt erkennen, wie der Einkäufer in den Entscheidungsprozess eingebunden ist. Dies wird anhand des Verhältnisses der Kommunikationsbeziehungen bestimmt.

Für den Anbieter ist es bedeutend, die inneren Strukturen des Buying Centers zu kennen, um evtl. auftretenden Problemen, wie bspw. einer fehlenden Kommunikation zwischen den Abteilungen, entgegentreten zu können (Barclay 1991, S. 155). Eine wichtige Information, die aus den Beziehungsstrukturen nur indirekt abzulesen ist, stellt die Einflussstärke der Beteiligten dar. Diese ergibt sich einerseits aus den unterschiedlichen Machtbasen (Belohnungs-, Bestrafungs-, Legitimations-, Referenz-, Experten-, Informations- sowie Abteilungsmacht) der Mitglieder (vgl. hierzu Fließ 2000, S. 331 ff.) und anderseits aus deren Zugang zu relevanten Informationen sowie aus der Qualität und dem Umfang der persönlichen Beziehungen zu anderen Mitgliedern, welche zur Präferenz- und Verhaltensbeeinflussung genutzt werden können (Backhaus/Voeth 2010, S. 70).

In diesem Kontext wären ferner die von Fließ (2000, S. 337) betrachteten unterschiedlichen Machtbasen (Merkmale, Ressourcen, Maßnahmen im Kaufprozess, Motiv des

2 Typen von Kaufentscheidungen

Unterlegenen) und Informationen zu Netzwerkstrukturen und -rollen (Isolierte, Liaisons, Brücken, Boundary Roles, Zentrale usw.) und Verhaltensweisen (Gatekeeping, Advocacy Behavior, Bildung von Koalitionen) zu betrachten.

Übersicht 192: *Buying Center – Struktur und Kommunikationsbeziehungen*

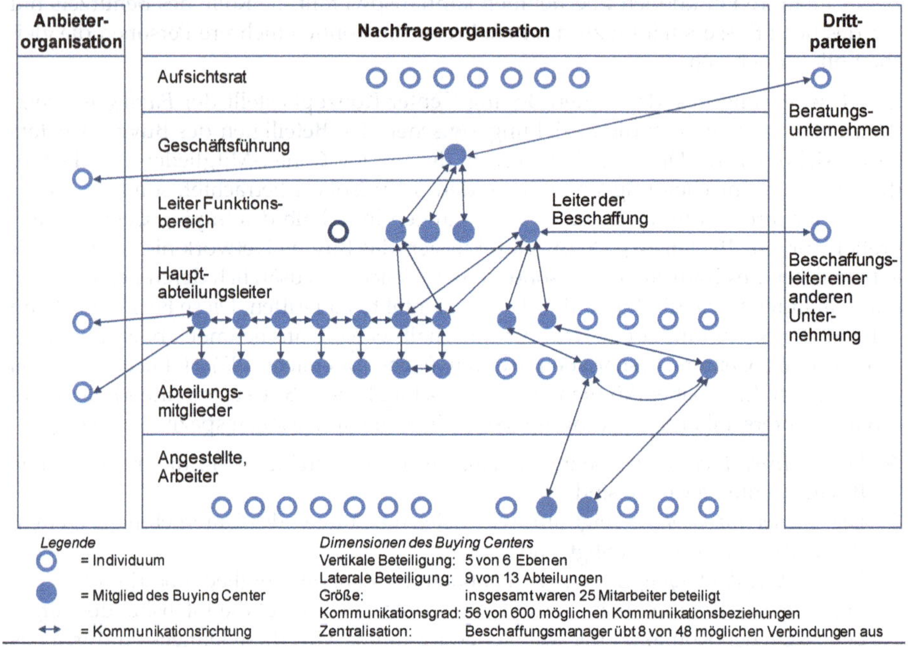

Promotoren-/Opponenten-Konzept

Einen traditionellen Ansatz, welcher auf die Rollenstruktur innerhalb eines Buying Centers eingeht und die Mitglieder charakterisiert, stellt das Promotoren-/Opponenten-Konzept dar, das ursprünglich für Innovationsentscheidungen entwickelt und dann auf andere Formen von Entscheidungen übertragen wurde. Grundlage dieses Ansatzes, der in der Literatur auch als Potenzialkonzept bezeichnet wird (Pepels 2005, S. 182), bildete die Frage, welche Kräfte unternehmenspolitische Entscheidungsprozesse fördern, die durch multipersonale und multioperationale geistige Arbeitsabläufe gekennzeichnet sind, die der Anregung, Steuerung und Koordination bedürfen (Witte 1976, S. 319).

In Unternehmen liegen den Entscheidungen selten rationale Strukturen zu Grunde, sondern eher habituelle psychologische Verhaltensmuster. Die Gründe dafür sind darin zu sehen, dass Personen vielfach dazu neigen, Entscheidungsprozesse zu verzögern, das Treffen von Entscheidungen zu vermeiden oder Entscheidungsprozesse zu vereinfachen. Insb. Innovationsprozesse und damit innovative Beschaffungsentscheidungen werden durch den Einfluss der Promotoren bestimmt.

Promotoren sind Personen, die einen Innovationsprozess aktiv und intensiv fördern bzw. solche Mitglieder des Buying Centers, die den Beschaffungsprozess aktiv fördern und von der Initiierung bis zum Kauf beeinflussen.

Die Promotoren lassen sich nach ihrem Prozessförderungspotenzial in Macht- und Fachpromotoren unterscheiden (Witte 1999, S. 16 ff.):

- Der *Machtpromotor* fördert den Innovationsprozess durch sein hierarchisches Potenzial, d. h. durch seinen formalen Einfluss. Er verfügt über Entscheidungsmacht und kann aufgrund seiner hierarchischen Position Entscheidungen durchsetzen – muss aber hinsichtlich der konkreten Beschaffungsentscheidung kein Experte sein.
- Der *Fachpromotor* verfügt dagegen über objektspezifisches Fachwissen, das er gezielt einsetzt, um für die Beschaffung zu argumentieren. Fachpromotoren sind diejenigen Mitglieder eines Buying Centers, die in Bezug auf die konkrete Entscheidung als Fachexperten gelten und sich unabhängig von ihrer hierarchischen Position durch objektbezogenes Fachwissen auszeichnen. Deshalb kommt ihnen im Rahmen der Beschaffungsentscheidung eine bedeutende Rolle zu.

Übersicht 193: **Rollenmodelle der Macht-, Fach- und Prozesspromotoren**

	Machtquellen	Leistungsbeiträge	Barrieren
Macht-promotoren	■ hohe hierarchische Position	■ stellt organisationale Ressourcen bereit ■ legt Ziele fest ■ gewährt Anreize ■ sanktioniert Akteure ■ blockiert Opponenten	■ Willensbarrieren ■ Hierarchiebarrieren
Fach-promotoren	■ Expertenkompetenz	■ evaluiert neuartige und komplexe Probleme ■ beurteilt und entwickelt Problemlösungsvorschläge ■ realisiert Problemlösungen ■ initiiert und fördert fachspezifische Lernprozesse	■ fachspezifische Fähigkeitsbarrieren
Prozess-promotoren	■ Organisationskenntnisse ■ organisationsinterne Kommunikationspotenziale	■ sammelt, filtert, übersetzt und interpretiert Informationen und leitet diese gezielt an Akteure weiter ■ fördert Kommunikationsbeziehungen und Koalitionen	■ organisatorische und administrative Barrieren

Quelle: Walter 1998, S. 106 ff.

Innovationen und damit innovative Beschaffungsentscheidungen werden häufig nicht von einem der beiden Promotorentypen allein, sondern von einem Promotorengespann durchgesetzt, d. h., Macht- und Fachpromotoren verbünden sich im Hinblick auf das gemeinsame Ziel. Ebenso kann eine Person beide Rollen gleichzeitig einnehmen. Effiziente Beschaffungsentscheidungsprozesse (schneller Ablauf und hohe Qualität der erzielten Entscheidung) kommen zustande, wenn Macht- und Fachpromotoren gleichermaßen aktiv sind. Dies wird auch von empirischen Befunden unterstrichen, wonach die einseitige Machtstruktur (nur Machtpromotor) bzw. die einseitige Fachstruktur (nur Fachpromotor) weniger effizient ist (Witte 1976, S. 323). Eine einseitige Machtpromotorenstruktur führt zwar zu einer schnellen Entscheidung, die aber durch einen geringen Innovationsgrad und ein geringes Problemlösungspotenzial gekennzeichnet ist. Im entgegengesetzten Fall zieht sich der Entscheidungsprozess lange hin und die Lösung weist einen geringen Innovationsgrad auf, hat aber ob des langen Entscheidungsprozesses ein höheres Problemlösungspotenzial. Der Ansatz von Witte (1976, 1999) wurde später um eine weitere

Rolle ergänzt (Hauschildt/Kirchmann 1997, S. 68 ff.; Hauschildt/Chakrabarti 1999, S. 78):

- Der *Prozesspromotor* hat die Organisationskenntnis und das Kommunikationspotenzial und stellt die Beziehung zwischen Machtpromotor und Fachpromotor her. Er muss in der Lage sein, „[...] die Sprache der Technik in die Sprache zu übersetzen, die in der Unternehmung gesprochen und verstanden wird. Er wirbt für das Neue. [...] Er hat diplomatisches Geschick weiß, wie man unterschiedliche Menschen individuell anspricht und gewinnt" (Hauschildt/Chakrabarti 1999, S. 78). Seinen Einsatz findet der Prozesspromotor, wenn in einem Prozess komplexe und vielfältige Informationsbeziehungen zu aktivieren, organisatorische, fachliche und sprachliche Distanzen zu überbrücken sind und weder Macht- noch Fachpromotor diese Überbrückungsfunktion ausüben können.

Übersicht 193 differenziert die Fach-, Macht- und Prozesspromotoren zusammenfassend dahingehend, welche Machtquellen sie besitzen, welche Leistungsbeiträge sie erbringen und welche Barrieren sie überwinden helfen.

Eine andere Erweiterung des Promotoren-/Opponenten-Konzepts, durch das die dyadische Modellvorstellung ebenfalls zu einer Triade wird, sehen Gemünden/Walter (1999, S. 119 ff.) vor:

- Der *Beziehungspromotor* führt Gespräche mit Personen, mit denen eine direkte Interaktion nicht möglich oder nicht erwünscht ist, bringt Gesprächsparteien zusammen und unterstützt sie dabei, interdisziplinäre und zwischenmenschliche Distanzen zu überwinden. Sie können auch in multiorganisationalen Beziehungen von Bedeutung sein, indem sie zwischen den beteiligten Unternehmen vermitteln.

Im Rahmen von Innovationsentscheidungen im Allgemeinen und von innovativen Beschaffungsentscheidungen im Speziellen sind i. d. R. Willens- und Fähigkeitsbarrieren zu überwinden, die sich in Form sachlicher und organisatorischer Schwierigkeiten zeigen und durch die Rolle der Opponenten offensichtlich werden (Witte 1976, S. 321 f.).

> *Opponenten sind Personen, die den Innovationsprozess hemmen oder verhindern wollen bzw. solche Mitglieder des Buying Centers, die den Beschaffungsprozess verzögern oder die Beschaffung behindern wollen.*

Neben der Komplexität der Problemstrukturen müssen die Promotoren den Widerstand der *Opponenten* bewältigen. Auf Seiten dieser den Beschaffungsprozess hemmenden Personen sind auch *Macht-, Fach- und Prozessopponenten* zu unterscheiden. Sie arbeiten z. T. als Opponentengespann oder Triade, teils aktiv, teils durch passives Unterlassen gegen die Entscheidung. Während Promotoren offen agieren, ist eine Unterscheidung in offene und stille Opponenten möglich (Witte 1988, S. 168). Dabei sind die Argumente der Opponenten unterschiedlichster Natur (Fließ 2000, S. 318 ff.). Neben technologischer Unsicherheit, bspw. der Infragestellung der Funktionsfähigkeit des Beschaffungsobjekts, und der Unsicherheit bezogen auf den ökonomischen Vorteil, der durch das Beschaffungsobjekt zu erzielen ist, werden u. a. auch ökologische Argumente vorgebracht (Backhaus/Voeth 2010, S. 55 f.). Witte (1976, S. 321) betont, dass die Funktion der Opponenten nicht in der Verhinderung des Neuen besteht, sondern, dass sie das Risikobewusstsein und Sicherheitsstreben im Unternehmen verkörpern. Ihre Aktivitäten können auch posi-

Kaufprozesse bei Organisationen

tiv wirken, da der Widerspruch sachlich begründet sein kann und bei den Promotoren produktive Kräfte freisetzen kann. Demnach können Opponenten als Herausforderung angesehen werden, welche die Promotoren zu einer stärker prozessfördernden Leistung zwingt. Deshalb können Entscheidungsprozesse, bei denen Promotoren- und Opponentengespanne zusammenwirken, eine höhere Effizienz aufweisen als solche, bei denen keine Opponenten in Erscheinung treten (Witte 1976, S. 325 f.).

Insgesamt kann das Promotoren-Opponenten-Konzept zur Analyse von Buying Centern herangezogen werden. Für Anbieter ist es bedeutsam zu erkennen bzw. herauszufinden, wie die Rollenverteilung beim potenziellen Nachfrager aussieht. Die Opponenten gegen ein Beschaffungsvorhaben müssen erkannt und deren Bedenken gegenüber der Innovation analysiert werden. Der Anbieter muss jedoch nicht nur die Opponenten, sondern auch die Promotoren des Buying Centers berücksichtigen. Wird der Rollenverteilung sogar organisatorisch bspw. im Selling Team bzw. Selling Center entsprochen, dann könnte von Interaktionsbeziehungen i. e. S. ausgegangen werden (siehe Abschnitt 2.2.3 in diesem Kapitel).

Reagierer-Konzept

Nach Strothmann (1979) lassen sich die Mitglieder eines Buying Centers auch nach ihrem Informationsverhalten unterscheiden. Er unterscheidet folgende Typen (Strothmann 1979, S. 99 f.):

- Der *Fakten-Reagierer (faktenzerlegender Clarifier)* sammelt für die anstehende Beschaffungsentscheidung umfassende Informationen, da er das mit der Beschaffung verbundene Risiko reduzieren möchte. Für ihn ist eine detaillierte Argumentation wichtig.
- Der *Image-Reagierer (imagesammelnder Simplifier)* entscheidet anhand weniger, wesentlicher Informationen. Er ist somit an verdichteten Informationen interessiert, die er leicht verarbeiten kann.
- Der *Reaktionsneutrale* repräsentiert einen Mischtyp. Für ihn sind Detailinformationen zu wichtigen Aspekten der Beschaffung bei gleichzeitiger Wahrung des Gesamtüberblicks von Bedeutung. Dieser Mischtyp kann auch auftreten, wenn bspw. Fakten-Reagierer aufgrund situativer Gegebenheiten (z. B. Zeitdruck) keine umfassende Informationssuche durchführen können (Rolfes 2007, S. 59).

Für Anbieter ist es in diesem Zusammenhang wesentlich, dem unterschiedlichen Informationsbedarf der verschiedenen Typen im Buying Center gerecht zu werden.

2.2.2.2 Strukturmodelle des organisationalen Kaufverhaltens

Da die Komplexität des Kaufverhaltens nicht nur aus der Zusammensetzung des Buying Centers resultiert, wurden Totalmodelle vorgestellt, welche v. a. die vielfältigen (unternehmensexternen und -internen) Einflussfaktoren betrachten. Anzusprechen sind in diesem Zusammenhang Strukturmodelle und Prozess- bzw. Phasenmodelle. Letztere werden in Abschnitt 2.2.2.3 behandelt.

> *Strukturmodelle des Käuferverhaltens versuchen, die verschiedenen Einflussfaktoren auf das organisationale Beschaffungsverhalten zu ordnen und in Modellen abzubilden. Der Hauptzweck eines Strukturmodells besteht demnach in der Systematisierung der Einflussgrößen, die auf das organisationale Käuferverhalten einwirken können.*

2 Typen von Kaufentscheidungen

Übersicht 194: Webster/Wind-Modell

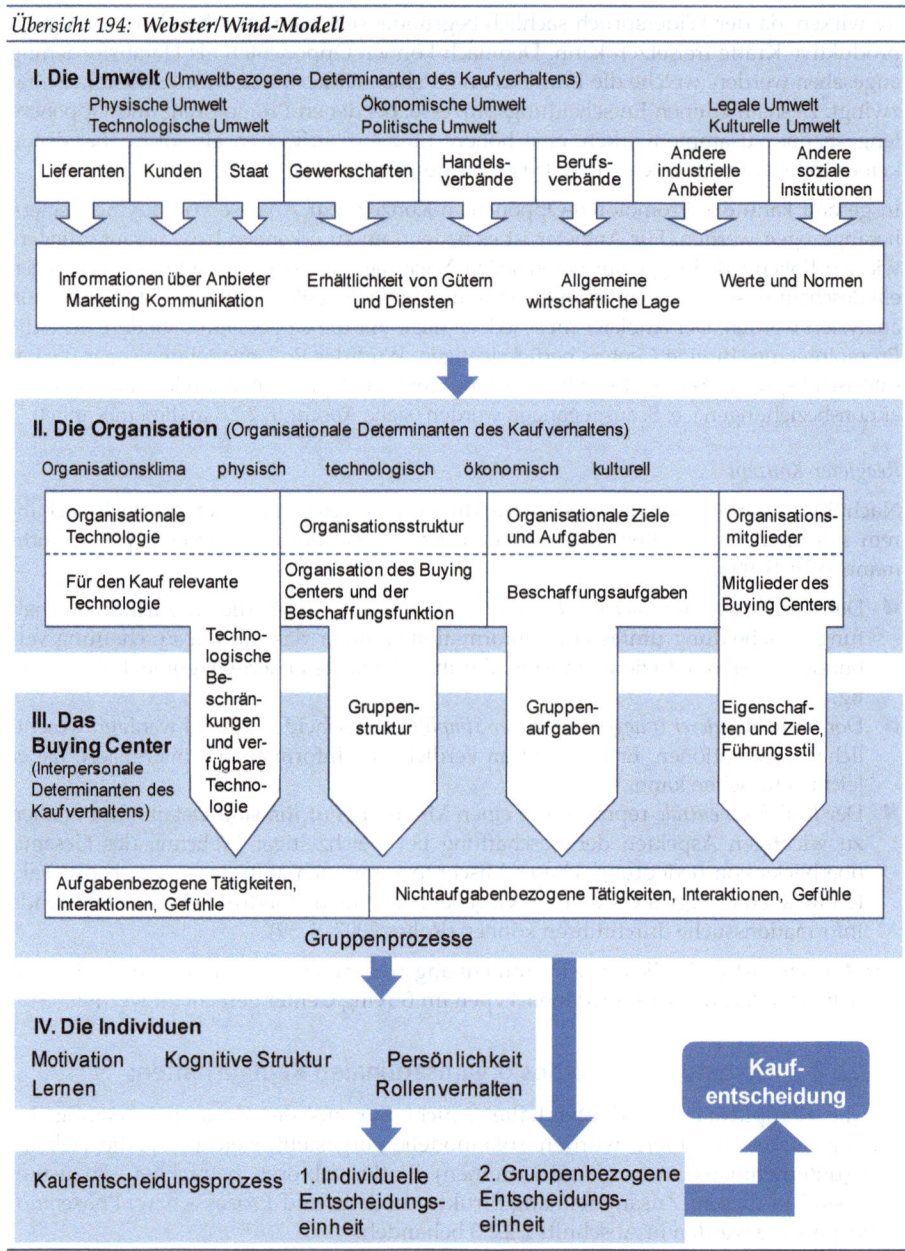

Webster/Wind-Modell

Das Modell von Webster/Wind (1972a; 1972b, S. 12 ff.) stellt eines der ersten Strukturmodelle dar, wobei das Buying Center das Kernelement dieses Modells bildet. Grundsätzlich

Kaufprozesse bei Organisationen

lassen sich Parallelen zum SOR-Paradigma erkennen (siehe Kapitel II, Abschnitt 1.3), wobei umweltspezifische Stimuli auf das Buying Center bzw. das Unternehmen einwirken. Das Buying Center wird nicht – wie beim behavioristischen SR-Paradigma – als Black-Box verstanden, sondern beinhaltet die intra- und interpersonellen Determinanten, die unmittelbar auf die Kaufentscheidung einwirken („Organism"). Als Ergebnis („Response") folgt die Beschaffungsaktivität bzw. Kaufentscheidung (Arnold 1997, S. 31 f.). Im Modell werden vier Gruppen von Einflussfaktoren unterschieden (siehe Übersicht 194):

- umweltbedingte Einflussfaktoren,
- organisations- bzw. unternehmensbedingte Determinanten,
- interpersonelle Determinanten im Buying Center und
- intrapersonelle Determinanten.

Die *umweltbedingten Einflussfaktoren* sind vielschichtig und teilweise schwer zu bestimmen. Enthalten sind etwa politische, technologische, ökonomische, kulturelle und gesetzliche Faktoren, die von den verschiedensten Arten von Organisationen (Lieferanten, Abnehmern, Konkurrenten, Staat, Verbänden und Parteien) auf den Nachfrager einwirken. Diese verschiedenen Faktoren haben Einfluss darauf,

- welche Güter und Dienstleistungen grundsätzlich erhältlich sind,
- welches Geschäftsklima herrscht (u. a. konjunkturelle Lage, politische und wirtschaftspolitische Situation),
- welche elementaren Werte und Normen gelten, die sich insb. auf die interorganisationalen und -personalen Beziehungen zwischen Nachfragern und Anbietern, zwischen Konkurrenten und auf die Beziehungen innerhalb des Buying Centers auswirken und
- wie Informationen über den Anbieter in die Organisation gelangen und dadurch das Käuferverhalten beeinflussen (Webster/Wind 1972b, S. 14).

Die *organisations- bzw. unternehmensbedingten Determinanten* zeigen, dass die Individuen in einem bestimmten sozialen Gefüge agieren, welches ihr Käuferverhalten beeinflusst.

In diesem Zusammenhang werden vier Faktorengruppen unterschieden: die organisationale Technologie, die Organisationsstruktur, die Ziele und Aufgaben sowie die Mitglieder-Organisation. Diese Einflussfaktoren, die sich gegenseitig bedingen, bilden den strukturellen, formalen Rahmen für das organisationale Käuferverhalten.

Die *interpersonellen Determinanten* beziehen sich auf die in Abschnitt 2.2.2.1 beschriebenen Rollen der Buying Center-Mitglieder. Die Mitglieder sind dabei sowohl von ihren aufgabenbezogenen als auch von ihren nicht-aufgabenbezogenen Motiven und Zielvorstellung geprägt, die sie bei der Beschaffungsentscheidung umzusetzen versuchen. Ein nicht-aufgabenbezogenes Motiv wäre bspw. eine Einstellung, die ein Mitglied des Buying Centers aufgrund des privaten, sozialen Engagements hat.

Die Einbeziehung der *intrapersonellen Determinanten* in den Kaufentscheidungsprozess von Organisation betont die Tatsache, dass auch bei Gruppenentscheidungen das individuelle Verhalten nicht außer Acht gelassen werden kann, da die Entscheidungen letztlich von Individuen getroffen werden. Zur Erläuterung des Einflusses der intrapersonellen Determinanten wird z. T. auf die Erkenntnisse des Konsumentenverhaltens zurückgegriffen (Webster/Wind 1972b, S. 18 f.).

Faktoren eines marktzentrierten Beschaffungsverhaltens im Handel

Im Handel besteht die Notwendigkeit zur differenzierten, situativ determinierten Betrachtung der Beschaffungsprozesse, wobei der strukturelle Einfluss anhand eines marktorientierten Beschaffungskonzepts mit zwei Gliederungskriterien verdeutlicht werden kann (vgl. zum Verhalten des Handels z. B. Hansen/Skytte 1998, S. 277 ff.; Johansson 2001, S. 329 ff.):

- die Anforderungen der Absatzmärkte, besonders die (Profilierungs-) Rolle einer Category (Warengruppe) (inkl. der Ansprüche an Servicegrad, Bedarfsdeckung, Ausfallabsicherung, Komplexität der Kundenbedürfnisse usw.) und
- die Anforderungen der Beschaffungsmärkte, v. a. ihre Komplexität (inkl. der Transparenz und Anzahl möglicher Beschaffungsquellen, der Kontinuität und Leistungsfähigkeit der Lieferanten, dem Konzentrationsgrad, dem Routinegrad des Beschaffungsvorganges, der Umschlagsgeschwindigkeit der Ware usw.).

Übersicht 195 zeigt vier idealtypische Ausrichtungen der Beschaffung im Handel.

Übersicht 195: Marktorientierte Ausrichtung der Beschaffung im Handel

	Anforderungen des Absatzmarktes niedrig	Anforderungen des Absatzmarktes hoch
Anforderungen des Beschaffungsmarktes hoch	einkaufsgesteuerte/ angebotsorientierte Ausrichtung	gleichgewichtige Ausrichtung
Anforderungen des Beschaffungsmarktes niedrig	fallweise Ausrichtung	Category-Management-gesteuerte/ nachfrageorientierte Ausrichtung

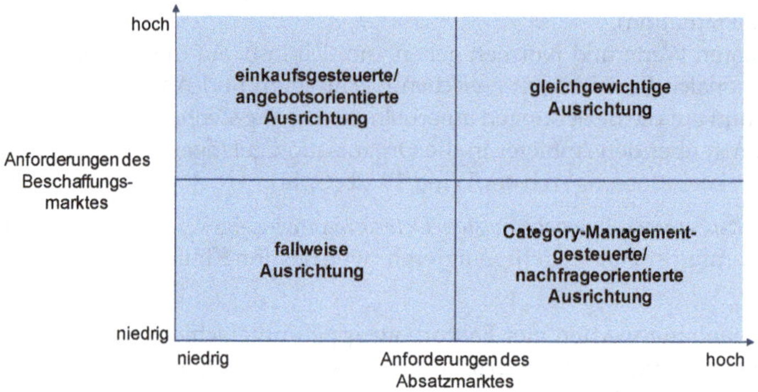

Quelle: In Anlehnung an Swoboda/Morschett 2002, S. 792.

Insb. bei Markenartikeln, bei denen dem Handel nur wenige Produzenten gegenüberstehen, sind die Anforderungen des Beschaffungsmarkts gering, selbst wenn sich das Handelsunternehmen mit den Marken profilieren wollte. Strategische Beschaffungsaufgaben, wie das Finden und die Evaluation von Beschaffungsquellen, das Lieferanten- und Qualitätsmanagement u. Ä., sind aufgrund des hohen Vertrauens in die Hersteller von Markenartikeln von relativ geringer Relevanz. Konsequenterweise ist die Beschaffung in diesem Fall dem absatzmarktorientierten Warengruppenmanagement untergeordnet, wobei auch zunehmend Partnerschaften (Kooperationen) eingegangen werden.

In anderen Sortimentsbereichen, bspw. im Handelsmarkenbereich, sind die Anforderungen der Beschaffungsmärkte hoch und erhalten aufgrund der großen Zahl an Beschaffungsoptionen einen strategischeren Charakter. Profiliert sich ein Unternehmen primär über Handelswaren, wäre eine gleichgewichtige Ausrichtung anzunehmen.

Insgesamt werden in diesem Modell wichtige Einflussfaktoren systematisiert, deren generelle Relevanz für das organisationale Käuferverhalten bestätigt wurde (vgl. hierzu bspw. Lichtenthal/Shani 2000, S. 219 ff.). Die Systematisierung der Determinanten ist aber komplex, sodass – wie bei den in Kapitel II, Abschnitt 1.3.1 behandelten Totalmodellen – auch bei diesem Modell die empirische Prüfbarkeit des Gesamtzusammenhangs, die Erfassbarkeit der Variablen und die postulierten Wirkungsbeziehungen kritisch zu bewerten sind. Zu diesen Schwächen tritt hinzu, dass die Beziehungen zwischen Anbieter und Nachfrager nicht berücksichtigt werden. Ferner wären Konflikte sowie die Dynamik in einem Buying Center (vgl. dazu Ghingold/Wilson 1998, S. 96) anzusprechen. Strukturmodelle besitzen aber dennoch einen deskriptiven Charakter.

> **Das Internet als Informations- und Beschaffungsquelle**
>
> Im Rahmen der Beschaffungsmarktforschung greifen immer mehr Entscheider bzw. Entscheidungsbeteiligte auf das Internet als unternehmensexterne sekundäre Quelle zurück, um lieferanten- und produktbezogene Informationen zu erhalten.
>
> Zugleich nutzen Unternehmen das Internet zunehmend als Beschaffungskanal (sog. Electronic Sourcing), indem bspw. elektronische Ausschreibungen eingesetzt oder Waren auf elektronischen Marktplätzen beschafft werden. Bei diesen Marktplätzen kann in horizontale und vertikale Marktplätze unterschieden werden (vgl. hierzu z. B. Flockerzi/Klönne 2002, S. 82). Während auf Ersteren branchenübergreifende Waren und Dienstleistungen angeboten werden (z. B. Mercateo), konzentrieren sich Letztere auf Angebote für eine spezifische Industrie (z. B. Covisint für die Automobilbranche).

Sheth-Modell

Das Sheth-Modell wird häufig als der Ansatz genannt, der die Forschung im Bereich des organisationalen Käuferverhaltens am tiefgreifendsten beeinflusst hat. Sheth zeigte – neben den inhaltlichen Aspekten – Wege der Herangehensweise an eine Problemstellung und deren Strukturierung im organisationalen Käuferverhalten auf (Anderson/Chambers 1985, S. 7). Das Modell in Übersicht 196 ist in Bezug auf die Systematisierung der Einflussgrößen des Käuferverhaltens im Vergleich zu dem von Webster/Wind differenzierter. Weiterhin stellt es nicht nur die kollektive Entscheidung in den Vordergrund, sondern zeigt auch die Möglichkeit einer individuellen Entscheidung auf. Dadurch ist eine gewisse Parallele zum Modell des Konsumentenverhaltens von Howard/Sheth zu erkennen (siehe Kapitel II, Abschnitt 1.3). Zu betonen ist aber, dass das Modell von Howard/Sheth allgemeiner gehalten und auf individuelle Kaufentscheidungsprozesse bezogen ist sowie eine größere Anzahl an (Einfluss-) Variablen umfasst (Sheth 1973, S. 51 f.).

Sheth (1973, S. 52) erklärt das organisationale Käuferverhalten mit drei Kernelementen:

- die psychologischen Entscheidungsdeterminanten (die psychologische Welt) der an der Entscheidung mitwirkenden Personen (1),
- die Bedingungen, die zur gemeinsamen Entscheidung der Beteiligten führen (2) und
- die Konflikthandhabung bzw. die Konfliktlösungsmechanismen (3).

Zentrales Element des Modells sind die Erwartungen (1b) der Entscheidungsbeteiligten hinsichtlich der Lieferanten und der Marken. Diese unterschiedlichen Erwartun-

Typen von Kaufentscheidungen

gen entstehen aufgrund des Erfahrungshorizontes (1a) der jeweiligen Individuen (bedingt durch Unterschiede in ihrer Ausbildung bzw. Erziehung, in ihrem organisationalen Rollenverhalten und in ihrem Lebensstil) und aufgrund ihrer Informationen, die sie durch aktive Informationssuche (1c), ev. beeinflusst durch gewisse Wahrnehmungsverzerrungen (selektive bzw. subjektive Wahrnehmung) (1d), aufnehmen.

Übersicht 196: Integratives Modell von Sheth

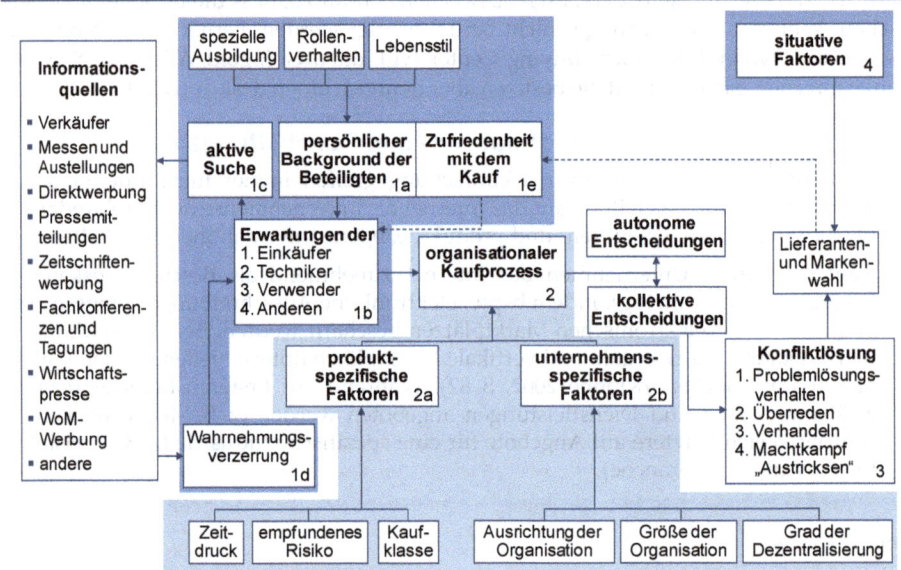

Diese Erwartungen, die darüber hinaus von der Zufriedenheit des Einzelnen mit zurückliegenden Käufen beeinflusst (1e) werden, bestimmen wiederum den organisationalen Kaufentscheidungsprozess (2). Ob im Unternehmen die eigentliche Kaufentscheidung autonom von einer Person oder im Kollektiv gefällt wird, wird durch produkt- und unternehmensspezifische Faktoren beeinflusst. Zu den produkt- bzw. leistungsspezifischen Faktoren (2a) zählen die jeweiligen Kaufklasse (bspw. Neukauf oder habitualisierter Kauf), das subjektiv empfundene Risiko (bspw. Auswirkung einer evtl. Fehlentscheidung) und der spezifische Zeitdruck. Die unternehmensspezifischen Faktoren (2b) beziehen sich auf die Ausrichtung des Unternehmens (bspw. dominante technologische Ausrichtung), die Unternehmensgröße und den Zentralisationsgrad (Sheth 1973, S. 54).

Aus Modellsicht entstehen bei den meisten kollektiven Entscheidungen Konflikte, die sich aufgrund unterschiedlicher Ziele oder unterschiedlicher Wahrnehmungen der Beteiligten ergeben. Zur Lösung dieser Probleme bzw. Konflikte bestehen grundsätzlich vier unterschiedliche Möglichkeiten (3): In einigen Fällen lassen sich diese Probleme durch die Sammlung und Verarbeitung zusätzlicher Informationen oder durch rationales Überzeugen von „Abweichlern" durch stichhaltige Argumente lösen. Diese beiden Formen der Konfliktlösung werden empfohlen, wohingegen reines „Schachern" („bargaining") oder das „Austricksen" („politicking") der anderen Buying Center-Mitglieder als ineffizient gilt, um zu einer Lösung zu kommen (Sheth 1973, S. 54 ff.).

Abschließend werden unter dem komplexen Einflussfaktor „situative Faktoren" (4) Elemente wie ökonomische Konditionen, Streiks oder auch Mergers und Akquisitionen zusammengefasst, die einen Einfluss auf die Kaufentscheidung haben können.

Hinsichtlich der Bewertung des Ansatzes ist festzuhalten, dass dieses Totalmodell eher einen heuristischen Wert als einen realen Erklärungsgehalt besitzt. Es gibt eine Orientierungshilfe. Um aber einen verwertbaren Prognosegehalt für eine konkrete Situation zu bekommen, ist es notwendig, die angedeuteten, situationsspezifischen Faktoren zu konkretisieren, die Zusammenhänge zu klären und die Elemente genauer zu operationalisieren (Bänsch 2002, S. 192).

2.2.2.3 Prozess-/Phasenmodelle des organisationalen Kaufverhaltens

> Prozess- bzw. Phasenmodelle sind dadurch zu charakterisieren, dass primär der Ablauf des Beschaffungsprozesses im Vordergrund steht.

Buygrid-Konzept

Das Buygrid-Modell von Robinson/Faris/Wind (1967) ist ein komplexes Modell des organisationalen Käuferverhaltens, das für die Beschaffung von Investitionsgütern konzipiert wurde (Johnston 1994, S. 4). Es besteht aus der Kombination von Kaufklassen und Kaufphasen und ermöglicht als Rahmenkonzept eine differenzierte Betrachtung des organisationalen Beschaffungsverhaltens.

Dieses Modell nimmt also eine zweifache Differenzierung des Beschaffungsentscheidungsprozesses vor: Zum einen wird der Entscheidungsprozess in Kaufphasen unterteilt, zum anderen erfolgt eine Differenzierung nach den Klassen der Kaufentscheidung.

Übersicht 197: **Beispiele der Klassen von Kaufentscheidungen**

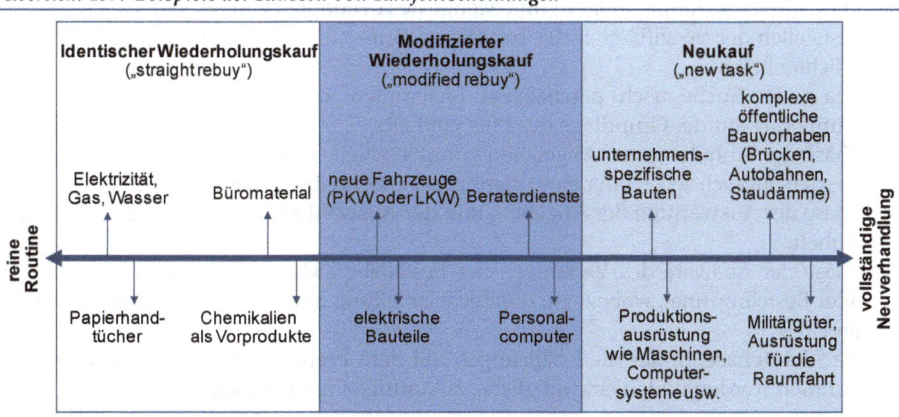

Quelle: In Anlehnung an Kotler et al. 2011, S. 332.

Im Modell werden drei typische Klassen von Kaufentscheidungen bei Beschaffungsprozessen von Organisationen unterschieden (Robinson/Faris/Wind 1967, S. 22 ff.):

2 Typen von Kaufentscheidungen

- *Neukauf* – Erstmalige Beschaffung eines bestimmten Investitionsgutes. Da sich das Problem zum ersten Mal stellt, verfügt die Organisation nicht über bewährte Entscheidungsmuster.
- *Modifizierter Wiederholungskauf* – Die Organisation verfügt über bestimmte Entscheidungsmuster, d. h., es findet eine Wiederbeschaffung eines Investitionsgutes mit Abweichungen zur ersten Beschaffungssituation statt, das Kaufobjekt ist modifiziert.
- *Identischer Wiederholungskauf* – Ein bestimmtes Produkt wird nachdisponiert, d. h., es liegt eine Routineentscheidung bzw. die Wiederbeschaffung unter gleichen Beschaffungsbedingungen vor.

Übersicht 197 zeigt beispielhaft die unterschiedlichen Kaufklassen von Industriegütern.

Diese drei Kaufentscheidungsklassen lassen sich im Kern durch lediglich drei Dimensionen unterscheiden: die Neuartigkeit des Problems, den Informationsbedarf und die Zahl der jeweils betrachteten Alternativen (siehe Übersicht 198) (Robinson/Faris/Wind 1967, S. 23 f.).

Übersicht 198: **Charakterisierung der drei Kaufklassen**

		Dimension		
		Neuheit des Problems	Informationsbedarf	Betrachtung neuer Alternativen
Kaufklasse	Neukauf	hoch	maximal	bedeutend
	modifizierter Neukauf	mittel	eingeschränkt	begrenzt
	identischer Neukauf	gering	minimal	keine

Die zweite Dimension des Modells bezieht sich auf die Entscheidungsphasen des organisationalen Käuferverhaltens. Beim Phasenkonzept wird der *Beschaffungsentscheidungsprozess* zeitlich differenziert, d. h., in einzelne identifizierbare Phasen eingeteilt. Die Phasen der Kaufentscheidung sind (Robinson/Faris/Wind 1967, S. 13 ff.):

- Phase des Erkennens eines Problems (aus Sicht der nachfragenden Organisation),
- Phase der Bestimmung der Art und Menge des benötigten Gutes,
- Feststellen der Spezifikation des benötigten Gutes, d. h., das Unternehmen stellt ein Pflichtenheft aus,
- Phase der Suche nach potenziellen Lieferanten, d. h. unternehmensinterne Ausschreibung auf der Grundlage des Pflichtenhefts,
- Phase der Einholung von Angeboten von potenziellen Lieferanten, d. h., Lieferanten werden angeschrieben oder eine öffentliche Ausschreibung wird durchgeführt,
- Phase der Auswertung der Angebote und der Auswahl auf der Grundlage des Pflichtenhefts,
- Phase der Auswahl des Verfahrens zur Bestellabwicklung (z. B. einmaliger Auftrag oder Bestellroutine), wobei evtl. die Rechtsabteilung bzw. Vorstand einzuschalten ist und
- Nachkaufphase, in der die Erfahrungen mit dem Produkt und dem Lieferanten gesammelt werden und in eine mögliche, zukünftige Entscheidung einfließen.

Bei echten Kaufentscheidungen ist Phase (4), d. h. die aktive Suche nach Lieferanten, am stärksten ausgeprägt. Bei routinemäßigen Kaufentscheidungen sind die Phasen (5) und (6) dadurch gekennzeichnet, dass sich die Auswahl auf eine begrenzte Anzahl von Lieferanten beschränkt (analog zum Evoked Set beim Konsumentenverhalten).

Kaufprozesse am Beispiel der Beschaffung eines Bohrwerkzeugs

Die Auswirkungen des Kaufklassenansatzes auf die Buying Center-Struktur, die Komplexität und die Dauer des Beschaffungsprozesses deutet Übersicht 199 an. Die Beschaffung eines Bohrwerkzeugs verdeutlicht, dass das gleiche Produkt – in Abhängigkeit der entsprechenden Kaufklasse (Neukauf, modifizierter, reiner Wiederkauf) – auf äußerst unterschiedliche Art und Weise beschafft werden kann (Robin/Faris/Wind 1967, S.33).

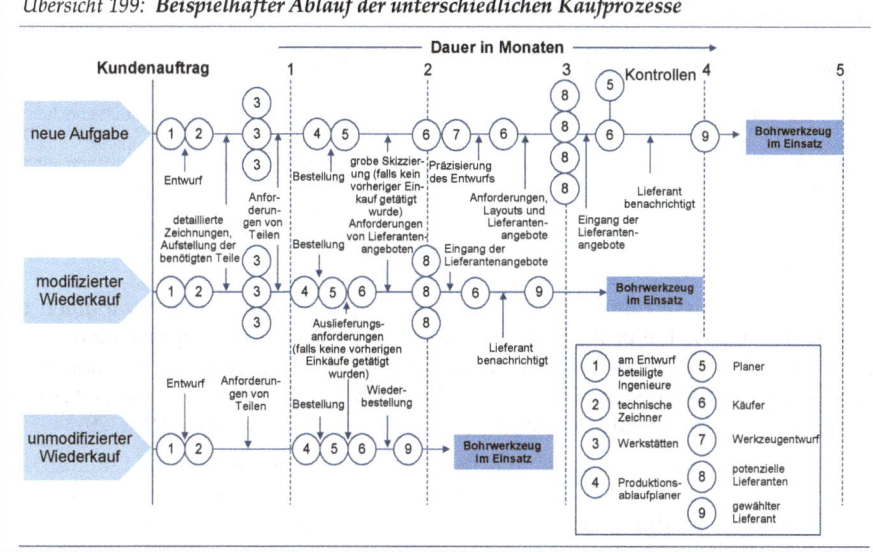

Übersicht 199: *Beispielhafter Ablauf der unterschiedlichen Kaufprozesse*

Insgesamt liegt dieser zweidimensionalen Gliederung die Annahme zu Grunde, dass die einzelnen Phasen je nach Entscheidungstyp eine unterschiedliche Bedeutung und Ausprägung aufweisen. Dies gilt insb. im Hinblick auf die unterschiedliche Routinisierung des Kaufprozesses und die an der Kaufentscheidung Beteiligten. Übersicht 200 visualisiert – auf der Basis einer von Brand (1972) durchgeführten Studie – den Zusammenhang zwischen den beiden Differenzierungsmerkmalen Kaufklassen (der Lieferantenwechsel wird als modifizierter Wiederholungskauf interpretiert) und Kaufphasen und deren Einfluss auf die Zusammensetzung des Buying Centers (siehe auch Abschnitt 1.3 in diesem Kapitel).

Der Vorteil dieses Konzepts besteht darin, dass es eine relativ einfache Struktur aufweist und insb. die Kaufklassen als kauftypologisierendes Merkmal betrachtet (Backhaus 2010, S. 77). Der Allgemeingültigkeitsanspruch des Modells (Robinson/Faris/Wind 1967, S. 193 f.) ist aber fraglich. Dies gilt insb. für Güter vom Typ CII (siehe Abschnitt 1.3 in diesem Kapitel), bei denen es zu mehrfachen Informationsgewinnungsprozessen und Alternativenbewertungen kommt, die dem Idealbild des Buygrid-Modells nicht entsprechen (Wagner 1978, S. 283). Deshalb verfeinerten viele Kritiker das Modell. Bspw. differenzierten Choffray/Lilien (1978) das Modell nach verschiedenen Produktklassen (z. B. Anlagegüter oder Teile) und Johnston/Bonoma (1981b) nach Wertklassen (z. B. der Neukauf einer Glühbirne oder eines Fuhrparks).

2 Typen von Kaufentscheidungen

Übersicht 200: **Kaufentscheidungsbeteiligte**

Kaufphasen	Erstkauf	Lieferantenwechsel	Wiederholungskauf
Problemerkennung	Geschäftsführung	Einkäufer	Lagerkontrolle
Festlegung d. Produkteigenschaften (Anforderungen)	technisches Personal	–	–
Beschreibung der Produktionseigenschaften	technisches Personal	–	–
Lieferantensuche	technisches Personal	Einkäufer	(geprüfte Lieferanten)
Beurteilung der Lieferanteneigenschaften	technisches Personal	technisches Personal + Einkäufer	(geprüfte Lieferanten)
Einholung von Angeboten	technisches Personal + Einkäufer	Einkäufer	Einkaufsabteilung (evtl. Delegation/EDV)
Bewertung von Angeboten	technisches Personal	Einkäufer	Einkaufsabteilung (evtl. Delegation/EDV)
Auswahl von Lieferanten	tech. Personal, Geschäftsführung, Einkäufer	Einkäufer	Einkaufsabteilung (evtl. Delegation/EDV)
Abwicklungstechnik (Festlegung, Handlungsanweisung)	Einkäufer	Einkäufer	Einkaufsabteilung (evtl. Delegation/EDV)
Ausführungskontrolle und -beurteilung	technisches Personal + Einkäufer (informal)	Einkäufer (informal) System (formal)	Einkäufer (informal) System (formal)

Quelle: In Anlehnung an Brand 1972, S. 71.

Zahlreiche Ergebnisse führen zu der Einschätzung, dass die Situationsvariablen des Buygrid-Ansatzes keine primär erklärungsrelevanten Konstrukte repräsentieren, sondern dass die Unterschiede im Beschaffungsverhalten bei Neukäufen, bei modifizierten Wiederholungskäufen sowie bei reinen Wiederholungskäufen auch auf andere, tiefer liegende Konstrukte zurückgeführt werden können (McQuiston 1989, S. 70).

Hierbei wird insb. die Komplexität der Beschaffungssituation als Variable identifiziert (Anderson/Chu/Weitz 1987, S. 80). Diese Komplexität ist in Neukaufsituationen höher als in Situationen modifizierter oder gar reiner Wiederholungskäufe, da das Informationsdefizit bei einem Neukauf i. d. R. am größten ist.

In ähnlicher Weise wird argumentiert, dass die Bedeutung eines Produkts letztlich determiniert, ob in einer Neukaufsituation tatsächlich ein hoher Informationsbedarf entsteht oder ob eine entsprechende Beschaffungsentscheidung aufgrund der geringen Relevanz auch komplexitätsreduzierend getroffen wird (McQuiston 1989, S. 68).

Prozessmodell von Choffray/Lilien

Dieses Modell stellt den kollektiven, organisationalen Kaufprozess ebenfalls anhand einzelner Entscheidungsphasen dar, tut dies jedoch in einer operationalisierten Form, indem die *Haupteinflussgrößen isoliert* und zu *kontrollierbaren Variablen* in Beziehung gesetzt werden (Choffray/Lilien 1978, S. 20 ff.). Im Gegensatz zu den bereits diskutierten Modellen fokussiert dieser Ansatz auf wenige Elemente und reduziert den Kaufentscheidungsprozess auf drei Hauptphasen (siehe Übersicht 201):

- Alternativenauswahl – Eliminierung von Alternativen, die den Unternehmensanforderungen nicht gerecht werden,
- Präferenzbildung bei den Entscheidungsträgern des Buying Centers und
- Präferenzbildung bei der gesamten Organisation.

Übersicht 201: Prozessmodell des organisationalen Käuferverhaltens von Choffray/Lilien

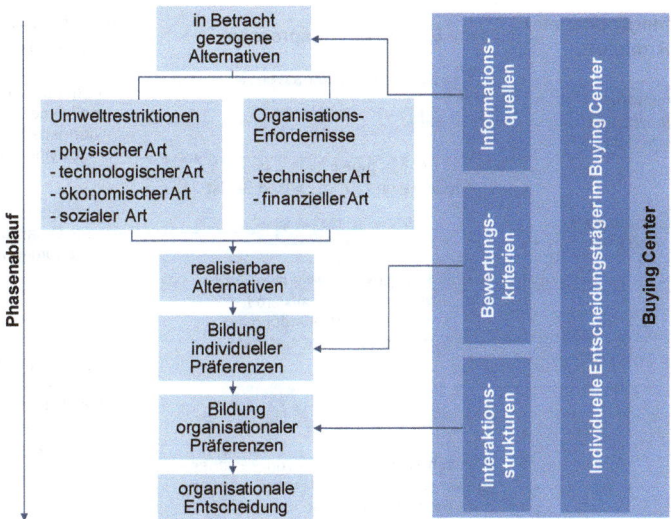

Diesen drei Phasen werden die individuellen und kollektiven Verhaltenswirkungen zugeordnet und es wird hieraus ein Modell abgeleitet, welches die Grundbeziehungsstrukturen des organisationalen Käuferverhaltens abbildet. Der Kaufprozess beginnt – dem Modell entsprechend – mit der Auswahl einer bestimmten Anzahl von in Betracht gezogenen Kaufalternativen. Diese werden durch das Informationsverhalten der Mitglieder des Buying Centers und die zur Verfügung stehenden Informationsquellen determiniert. Choffray/Lilien (1978, S. 22) bezeichnen diese in Frage kommenden Alternativen als Evoked Set (das i. S. v. Kapitel II, Abschnitt 4.3 eher dem Awareness Set entspricht). Welche Kaufalternative als realisierbare Alternative in den Entscheidungsprozess einbezogen wird, hängt von Umweltrestriktionen, bspw. gesetzlichen Umweltverträglichkeitsbestimmungen, sowie bestimmten Anforderungen der betrachteten Organisation, wie der Höhe des verfügbaren Budgets, ab. Nach der Vorselektion bilden die Mitglieder des Buying Centers aufgrund persönlicher Bewertungskriterien Präferenzen für die verbliebenen Entscheidungsalternativen. Die eigentliche Kaufentscheidung wird kollektiv gefällt. Sie ist von den Interaktionsstrukturen und den faktischen Machtverhältnissen innerhalb des Buying Centers abhängig.

Um dem zweiten Anspruch – der Operationalisierung des Kaufprozesses – gerecht zu werden, werden verschiedene Entscheidungsmodelle genutzt (siehe Übersicht 202) (Choffray/Lilien 1978, S. 23 ff.; Backhaus/Voeth 2010, S. 96 ff.):

■ Das *Awareness-/Bewusstseins-Modell*, das die Marketingaktivitäten der Anbieter und das Kommunikationsverhalten der Mitglieder des Buying Centers berücksichtigt, um die Wahrscheinlichkeit zu berechnen, dass ein Produkt x aus der Alternativenmenge X in das Evoked Set aufgenommen wird. Dies geschieht bspw. mit Hilfe einer Regressionsanalyse (als unabhängige Variable können u. a. die Aufwendungen für den Service herangezogen werden, die abhängige Variable bildet die Wahrscheinlichkeit der Aufnahme ins Evoked Set).

Übersicht 202: **Response-Modell nach Choffray/Lilien**

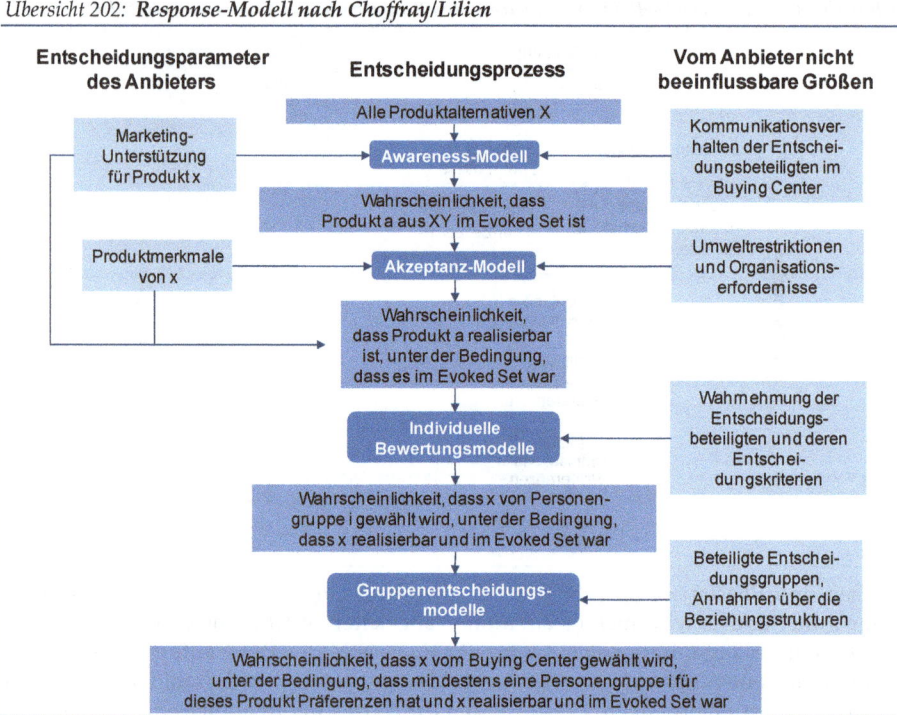

- Das *Akzeptanz-Modell*, wobei zur weiteren Alternativenauswahl bzw. zur Berechnung, ob das Produkt x realisierbar ist, die umwelt- und organisationsbedingten Einflussfaktoren in Verbindung mit den jeweiligen Produkteigenschaften herangezogen werden. Hierfür werden bspw. Simulationen und Logit-Regressionen vorgeschlagen.
- Das *individuelle Bewertungsmodell*, wobei die Präferenzen der Mitglieder des Buying Centers unter Einbeziehung des Einflusses von Anbieteraktivitäten und von Wahrnehmungsunterschieden bestimmt werden. Bspw. soll mit Regressionsmodellen die Wahrscheinlichkeit berechnet werden, ob Person i das Produkt x favorisiert.
- Das *Gruppenentscheidungsmodell*, das abbilden soll, wie sich die unterschiedlichen Präferenzen – unter dem Einfluss der Machtstrukturen zwischen den Mitgliedern bzw. Interessengruppen im Buying Center – zu einer organisationalen, kollektiven Kaufentscheidung verdichten. Hierfür können bspw. gewichtete Wahrscheinlichkeitsmodelle herangezogen werden.

Die Aussagekraft dieses Gesamtmodells hängt von der Frage ab, inwieweit die vier Submodelle die Realität abbilden können und die Messmethoden eine empirische Überprüfung ermöglichen. Aufgrund der im Vergleich zu anderen Strukturmodellen geringen Anzahl an Einflussgrößen weist das Modell von Choffray/Lilien (1978) aber eine höhere Praktikabilität auf, wobei fraglich ist, ob die im Modell benannten Größen tatsächlich die Haupteinflussfaktoren darstellen (Arnold 1997, S. 39; Backhaus/Voeth 2010, S. 97).

2.2.2.4 Zusammenfassendes Modell unter besonderer Berücksichtigung des Einflusses des wahrgenommenen Risikos

Johnston/Lewin (1996) versuchten die Erkenntnisse der Basisarbeiten der 1970er Jahre, die seitdem Inhalt von 165 Artikeln in sechs Marketing-Journals waren, zusammenzuführen. Sie ergänzten die bestehenden Modelle um zwei Faktoren (siehe Übersicht 203):

- *Entscheidungsregeln,* worunter formale und informale Prozeduren der Entscheidungsfindung im Falle eines Konflikts verstanden werden. Dabei sind formale Prozeduren schriftlich fixierte Regeln für die Bewertung von bzw. die Auswahl zwischen mehreren Alternativen. Informale Prozeduren beruhen dagegen auf Erfahrungen der Entscheidungsträger. Sie haben einen geringeren Verbindlichkeitsgrad für andere Organisationsmitglieder, können aber im Zeitverlauf einen höheren Verbindlichkeitsgrad erlangen, wenn sie bspw. schriftlich fixiert werden.
- *Rollenkonflikte,* die aus Unklarheiten und fehlenden Informationen innerhalb des Buying Centers resultieren, die sich auf die Erwartungen an die Beschaffungsentscheidung, die Methoden zur Erfüllung bekannter Erwartungen an die Beschaffungsentscheidung oder auf die Konsequenzen des Rollenverhaltens beziehen.

Übersicht 203: **Integriertes Modell des organisationalen Käuferverhaltens von Johnston/Lewin**

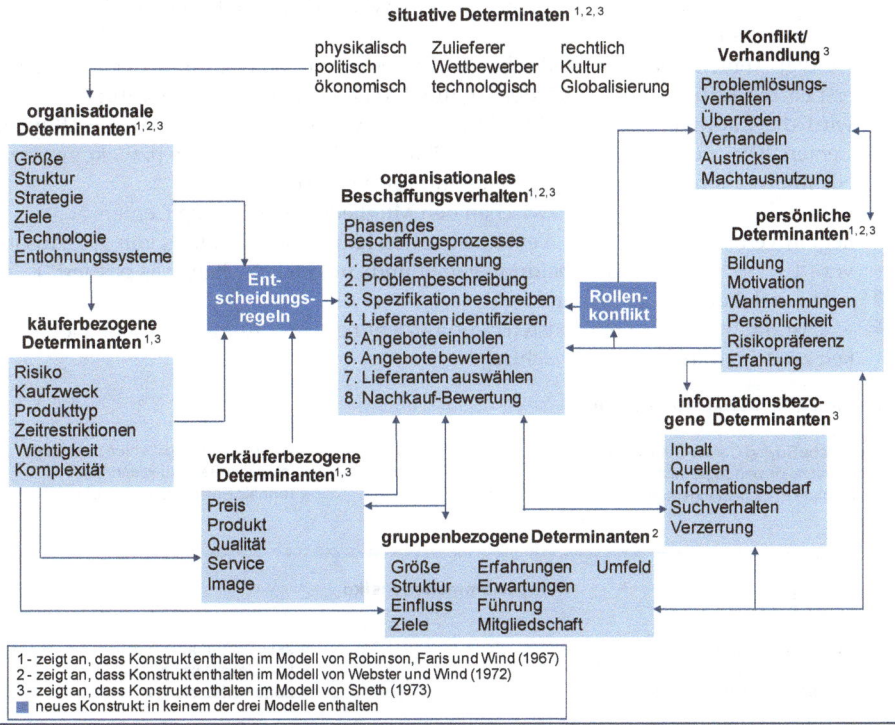

Der generelle Einfluss dieser Größen konnte nachgewiesen werden (Johnston/Lewin 1996, S. 3 f.). Prinzipiell fokussiert dieses Modell auf Prozesse innerhalb einer beschaffenden Organisation, ergänzt um die Beziehung zwischen Lieferanten und Kunden. Im Kontext der Entscheidungsregeln und Rollenkonflikte wird darüber hinaus die Bedeutung der Existenz und der Stärke intra- und interorganisationaler Kommunikationsnetzwerke aufgezeigt (Johnston/Lewin 1996, S. 5). Schließlich entwickelten die Autoren das „Risk continuum"-Modell, in dem der Einfluss unterschiedlicher (unternehmensinterner und -externer) Bestimmungsfaktoren (i. e. S. der genannten Determinanten) auf das organisationale Käuferverhalten aus einer Makro-Sicht analysiert wird. Dabei wird auch das wahrgenommene Risiko einbezogen – zumal davon ausgegangen wird, dass dieses die meisten Unterschiede im organisationalen Käuferverhalten bedingt. Das wahrgenommene Risiko selbst, wird durch die situativen Einflussfaktoren determiniert und spiegelt sich in der Bedeutung des Kaufvorhabens, der Komplexität der Beschaffungsentscheidung, der Ungewissheit über die erfolgreiche Lösung des Problems und im empfundenen Zeitdruck wider (Johnston/Lewin 1996, S. 5; Backhaus/Voeth 2010, S. 100).

Hinsichtlich des wahrgenommenen Risikos gehen Johnston/Lewin (1996, S. 9) von einem Risiko-Kontinuum aus (siehe Übersicht 204). Mit Zunahme des wahrgenommenen Risikos

- steigt die Komplexität und Größe des Buying Centers, da eine größere Anzahl von Abteilungen bzw. Interessen betroffen ist,
- verfügen die Beteiligten über eine größere Wissensbasis (inkl. eines höheren Bildungsstands),
- werden Anbieter bevorzugt, die bewährte Lösungen anbieten, und der Preis wird erst bei der Erfüllung der Anforderung durch mehrere Anbieter vordergründig,
- wird die Informationssuche aktiv bzw. extensiv von den Mitgliedern des Buying Centers betrieben, wobei in den frühen Phasen insb. unpersönliche bzw. kommerzielle Informationsquellen (z. B. Fachliteratur) gesucht werden,
- nimmt das Konfliktpotenzial zwischen den Mitgliedern des Buying Centers zu,
- liegt in Verbindung mit einer Neukaufsituation häufig ein „decide as you go"-Ansatz vor (d. h., es wird eine Entscheidung gefällt und „man wird sehen, was passiert"),
- nehmen Rollenkonflikte zu und
- wächst die Bedeutung der Existenz von Beziehungs- und Kommunikationsnetzwerken zwischen Anbieter und Nachfrager.

Übersicht 204: **Risiko-Kontinuum**

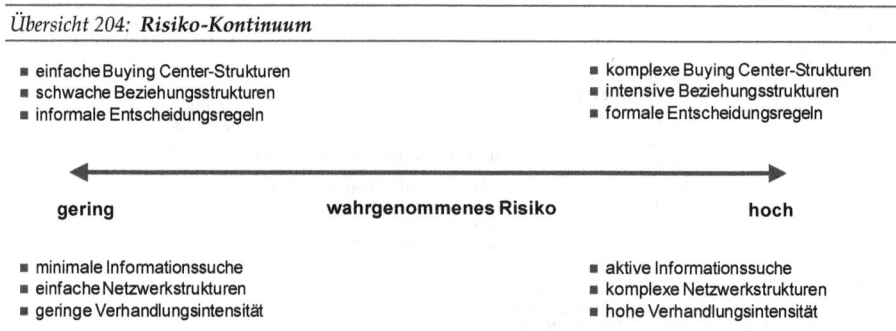

Quelle: Johnston/Lewin 1996, S. 9.

Kaufprozesse bei Organisationen

Die Bedeutung dieses Modells liegt darin, dass die in anderen Modellen häufig angeführten Einflussfaktoren des organisationalen Käuferverhaltens im Hinblick auf das Problem der Konfliktlösung strukturiert und der Einfluss des wahrgenommenen Risikos auf das Käuferverhalten sowie die Determinanten des Risikos thematisiert werden. Die Tatsache, dass viele der Beziehungszusammenhänge empirisch in Einzelanalysen überprüft wurden, steigert den Wert dieses Modells (Backhaus/Voeth 2010, S. 102). Dennoch konnten die von Johnston/Lewin formulierten Annahmen nicht in allen Studien bestätigt werden. Bspw. kamen Thompson/Mitchell/Knox (1998, S. 700 ff.) nicht zu dem Ergebnis, dass Rollenkonflikte vermehrt auftreten, wenn mit der Beschaffung ein höheres wahrgenommenes Risiko verbunden ist. Herausgestellt haben sie allerdings die Bedeutung von interorganisationalen Beziehungen und interorganisationaler Kommunikation, wobei Professionalität, Vertrauen oder der kulturelle Fit der beteiligten Organisationen den Erfolg der Anbieterorganisation determinierten.

Ergänzend zu betrachten wären bspw. unterschiedliche Risikodimensionen (Bunn/Liu 1996, S. 441 ff.). Interessant wäre darüber hinaus die Berücksichtigung weiterer Faktoren, die den Entscheidungs- bzw. Kaufprozess beeinflussen können (Bunn 1993, S. 38), wobei unterschiedliche theoretische Ansätze zu Grunde gelegt werden können (Buvik 2001, S. 439). Auch könnte die Interaktion zwischen den Unternehmensebenen berücksichtigt werden (Katrichis 1998, S. 135). Denn Kommunikationsnetzwerke sind im Rahmen von Beschaffungsentscheidungen auch innerhalb einer Organisation von Bedeutung.

2.2.3 Struktur und Ablauf poly- bzw. multiorganisationaler Kaufentscheidungen – Interaktionsansätze

2.2.3.1 Überblick

> *Die Beeinflussung der Marktpartner erfolgt bei der Interaktion zwischen Anbieter- und Verwenderseite nicht nach dem SR- oder einem SOR-Paradigma, sondern nach einem Interdependenz-Paradigma, das die Verhandlungen zwischen Unternehmen im Kauf- und Verkaufsprozess als Interaktion begreift.*

Es ist nicht verwunderlich, wenn durch eine isolierte Betrachtung des Beschaffungsverhaltens einer Organisation z. T. keine befriedigenden Ergebnisse erzielt werden. Die monoorganisationalen Ansätze haben darin ihre Schwäche. Um den Unterschied zwischen den monoorganisationalen Ansätzen und den Interaktionsansätzen aufzuzeigen, können folgende Aspekte herausgestellt werden (Håkansson 1982, S. 10 f.):

- Im *monoorganisationalen Ansatz* will ein Unternehmen ein Gut in einer bestimmten Menge kaufen und tritt dementsprechend als Nachfrager auf. Es fasst die Situation des Anbieters als gegeben auf, wertet zur Zielerreichung Informationen aus und setzt Instrumente ein. Analog ist die Analyse der Anbieter möglich, wobei diese dann die Situation des beschaffenden Unternehmens als unbeeinflussbar auffasst.
- Im *Interaktionsansatz*, in dem die Interaktion zwischen Anbieter und Nachfrager betrachtet wird, wird die Situation des Anbieters oder Nachfragers vom jeweils anderen Geschäftspartner nicht als gegeben gesehen. Sowohl Anbieter als auch Nachfrager handeln – unter Einsatz eines Instrumentariums – zielorientiert, woraus ein bestimmtes Verhalten resultiert. Nach dem Interdependenz-Paradigma reagiert der

Nachfrager jedoch nicht auf ein bestimmtes Instrument, das der Anbieter einsetzt, sondern Kauf- und Verkaufsanstrengungen erfolgen als Prozesse wechselseitiger Beeinflussung, in deren Verlauf Leistung und Gegenleistung konkretisiert werden. Dabei dürfen die Beteiligten nicht isoliert gesehen werden, sondern als Mitglieder einer sozialen Gruppe, die voneinander abhängig sind.

Dass Interaktionsansätze v. a. im Rahmen des Investitionsgütermarketing (vgl. z. B. auch Kirsch/Kutschker/Lutschewitz 1980, S. 76 ff.) diskutiert werden, kann damit erklärt werden, dass bei Investitionsgütertransaktionen vielfältige Interaktionsbeziehungen auftreten. Demgegenüber werden Interaktionsbeziehungen zwischen Herstellern und Händlern (seit einer halben Dekade unter Einbezug von Konsumenten, siehe Kapitel I, Abschnitt 3.1) erst seit Mitte der 1990er Jahre verstärkt umgesetzt.

Interaktionsprozesse zeichnen sich durch folgende Merkmale aus (Kern 1990, S. 9):

- Mindestens zwei Partner treten miteinander in Kontakt,
- orientieren ihre verbalen und nonverbalen Aktionen aneinander, wobei sich
- eine zeitliche Abfolge von Aktionen und Reaktionen ergibt und
- die Handlungen der Partner interdependent sind.

Transaktionen und Austauschbeziehungen

In *Interaktionstheorien* wird die Transaktion, d. h. die Interaktion, deren Anlass der Tausch von Gütern ist, als Basiskonzept verstanden (Kern 1990, S. 9). Ziel des Marketing ist es demnach, Austauschprozesse zu erleichtern, wobei Transaktionen als einmalige und Austauschbeziehungen als dauerhafte Beziehungen zwischen den Marktpartnern anzusehen sind.

Eine Interaktionsbeziehung wird aufrechterhalten, solange beide Parteien von dieser Beziehung profitieren (Leitprinzip der Gratifikation gemäß der Anreiz-Beitrags-Theorie). Die *soziale Austauschtheorie* führt die Evolution interorganisationaler Beziehungen auf das absichtsvolle Streben prinzipiell selbstständiger Organisationen zurück, einen die Kosten des Austauschs übersteigenden Nutzen zu erzielen. Sie führt, wie die *Transaktionskostentheorie*, als individualistisches Konzept, die Entstehung bspw. kooperativer Beziehungen allein auf das Nutzenkalkül der Akteure zurück. Dabei wird die besondere Bedeutung sozialer Beziehungen berücksichtigt, sodass sich hiermit vornehmlich symmetrische (Kooperations-) Beziehungen erklären lassen. Asymmetrische Beziehungen, die für vertikale Beziehungen bzw. Kooperationen typisch sind, bedürfen anderer Ansätze. Gedacht sei in diesem Zusammenhang bspw. an den aus der sozialen Austauschtheorie entwickelten Resource-Dependence-Ansatz (Swoboda 2005, S. 51 f.).

2.2.3.2 Typen der Interaktion

Die Interaktionsansätze werden traditionell in personale und organisationale Ansätze unterschieden. Während die Beteiligten in personalen Ansätzen als einzelne Personen, d. h. losgelöst von ihrer organisationalen Umwelt, betrachtet werden, werden sie in organisationalen Ansätzen als Personen in einer organisationalen Umwelt betrachtet (Kirsch/Kutschker/Lutschewitz 1980, S. 76 ff.).

Kaufprozesse bei Organisationen

Untersuchungsgegenstand der *personalen Interaktionsansätze* ist die *Käufer-Verkäufer-Dyade* als einfachstes soziales System. Käufer und Verkäufer werden dabei nicht isoliert als Individuen, sondern als soziale Gruppe betrachtet. Ihr Verhalten ist kein individuelles (Entscheidungs-) Verhalten, sondern eine interpersonale Interaktion. Daneben steht der *multipersonale Interaktionsansatz*, der die Beziehungen zwischen mehreren Personen, z. B. die Koalitionenbildung, analysiert.

Die *organisationalen Interaktionsansätze* tragen dem Sachverhalt Rechnung, dass Käufer und Verkäufer in Organisationen eingebunden sind und viele interorganisationale Interaktionen begründet werden. Diese Interaktionen treten nicht nur zwischen Käufer- und Verkäuferorganisationen auf (*dyadisch-organisationaler Interaktionsansatz*), sondern auch zwischen verschiedenen Verkäuferorganisationen und mit Drittparteien (*multiorganisationaler Interaktionsansatz*).

Übersicht 205 stellt eine traditionelle Systematik der Interaktionsansätze dar, die diese nach der Anzahl der beteiligten Parteien und der Art der Beteiligten differenziert.

Übersicht 205: **Systematik der Interaktionsansätze**

		Zahl der Beteiligten	
		zwei	mehr als zwei
Art der Beteiligten	Personen	dyadisch-personale Interaktionsansätze	multipersonale Interaktionsansätze
	Organisationen	dyadisch-organisationale Interaktionsansätze	multiorganisationale Interaktionsansätze

Quelle: In Anlehnung an Kern 1990, S. 18.

Dyadisch-personale Interaktionsansätze

Dyadisch-personale Interaktionsansätze sind, historisch betrachtet, die ersten Ansätze, die sich mit der Interaktion von Personen beschäftigt haben, wobei bekannte traditionelle Ansätze von Evans (1963), Schoch (1969) oder Bagozzi (1974) stammen. Der Fokus dieser Ansätze liegt auf den Verkäufer-Käufer-Interaktionen, den sog. Dyaden.

Zudem werden Käufer und Verkäufer nicht isoliert als Individuen betrachtet, sondern als soziale Gruppe. Ihr Verhalten ist daher kein individuelles Entscheidungsverhalten, sondern eine interpersonale Interaktion mit dem Ziel der gegenseitigen Beeinflussung. Kauf und Verkauf selbst werden als soziales Handeln interpretiert und spielen insb. im Bereich des „Personal Selling" eine bedeutsame Rolle (siehe auch Abschnitt 2.1 in diesem Kapitel).

Bspw. ging bereits Evans (1963) in seinen „Matching Studien" auf die Bedeutung der *wahrgenommenen Ähnlichkeit* von Käufer und Verkäufer ein. Er stellte fest, dass die Wirksamkeit der Interaktion umso größer ist, je stärker die demografischen, persönlichkeitsbezogenen und kognitiven Merkmale der Interaktionspartner übereinstimmen. Je geringer also die subjektiv wahrgenommene soziale Distanz ist, desto größer ist die Wahrscheinlichkeit eines Kaufabschlusses (vgl. auch Wilson 1978, S. 36). Dadurch dass die subjektiv wahrgenommene Ähnlichkeit von Bedeutung ist, ergeben sich Potenziale für die Schulung des Verkaufspersonals – sonst wäre anzunehmen, dass bestimmte Verkäufertypen nur bei bestimmten Käufertypen erfolgreich sein dürften. Ein Verkäufer muss sich auf unterschiedliche Rollenerwartungen einstellen können. Bspw. muss er gegenüber einem industriellen Einkäufer und einem Vertreter einer Behörde unterschiedliche Rollen einnehmen, um zu einem erfolgreichen Verkaufsabschluss zu gelangen. Als weiterer Indikator für den Ausgang einer Käufer-Verkäufer-Interaktion werden die Machtbeziehungen zwischen den Beteiligten genannt. Macht steht dabei für die Möglichkeit, den Anderen und dessen Überlegungen – den eigenen Zielen entsprechend – zu beeinflussen. Sie kann bspw. in einem Wissensvorsprung des Verkäufers begründet sein, durch den es ihm gelingt, den Käufer zu überzeugen. Neben diesem Expertenwissen können aber auch Sympathie, Ehrlichkeit und die Empathiefähigkeit des Verkäufers den Ausgang der Interaktion beeinflussen.

Das Harvard-Konzept der Verhandlungsführung

Das Harvard-Konzept (Fisher/Ury/Patton 2009) stellt eine Methode sachbezogenen Verhandelns dar, bei der im Rahmen der Kommunikation bewusst zwischen der Sach- und der Beziehungsebene unterschieden wird. Während sich Erstere auf den Verhandlungsgegenstand bezieht, fokussiert Letztere auf die Beziehung zwischen den Verhandlungspartnern und deren Emotionen.

Kennzeichen dieser Verhandlungstechnik ist es, dass der Nutzen beider Verhandlungsparteien im Vordergrund steht, also eine Win-Win-Situation angestrebt wird, die durch die Einhaltung folgender Prinzipien der Verhandlungsführung (Fisher/Ury/Patton 2009, S. 41 ff.) erreicht werden soll:

- getrennte Behandlung von Menschen und Problemen, wobei es die Verhandlungstechnik gebietet, „hart in der Sache, aber weich gegenüber den Menschen" zu verhandeln, denn die Verhandlungspartner sind zuallererst Menschen, die von Gefühlen und Wertvorstellungen geleitet werden.
- Konzentration auf die Interessen der Beteiligten und nicht auf deren (Verhandlungs-) Position, denn die Interessen (Wünsche, Ängste etc.) stellen die stillen Beweggründe dar, die hinter den Verhandlungspositionen stehen und die in Einklang zu bringen sind.
- Entwicklung von Entscheidungsmöglichkeiten (Optionen), die für beide Verhandlungspartner Vorteile bringen.
- Anwendung neutraler Beurteilungskriterien in Situationen, in denen sich die Interessen der Vertragsparteien widersprechen.

Dabei schlagen Fisher/Ury/Patton (2009, S. 102 ff.) zur Entwicklung zusätzlicher Lösungsoptionen vor, ein konkretes Problem zuerst beschreibend zu analysieren, indem bspw. die Ursachen des Problems und mögliche Hindernisse, die der Problemlösung entgegenstehen, festgehalten werden. Im Anschluss daran sollen Ideen – bspw. mittels Brainstorming – zur Problemlösung entwickelt werden, die dann in konkrete Einzelschritte überführt werden.

Multipersonale Interaktionsansätze

Bei *multipersonalen Interaktionsansätzen* werden Triaden (drei Personen) und Tetraden (vier Personen, die sich im Beziehungsgefüge befinden) betrachtet. Diese Ansätze tragen der Tatsache Rechnung, dass an einem Transaktionsprozess auf Business-to-Business-Märkten i. d. R. mehrere Individuen mit teilweise divergierenden Zielsetzungen beteiligt sind. Dabei weisen Interaktionsbeziehungen, an denen mehr als zwei

Personen beteiligt sind, folgende Unterschiede zu jenen in einer Dyade auf (Kern 1990, S. 27 ff.; Backhaus/Voeth 2010, S. 107 f.):

- Mit zunehmender Zahl der Interaktionsbeteiligten können verstärkt Statusprobleme auftreten (z. B. kann sich ein Vorstandsmitglied im Buying Center abgewertet fühlen, weshalb er die Interaktion u. U. hemmt).
- Die Machtverhältnisse können sich im Kaufprozess aufgrund der Bildung von Koalitionen (Absprachen) verschieben und den Interaktionsprozess beeinflussen. Probleme können v. a. dann auftreten, wenn Koalitionen zwischen Mitgliedern der Käufer- und Verkäuferseite begründet werden, sich also bspw. ein Außendienstmitarbeiter eher mit seinen Kunden als mit seiner Zentrale solidarisiert.
- Durch die Zunahme der Mitgliederzahl werden vermehrt indirekte Beziehungen relevant. Dies führt zu verdeckten Einflussbeziehungen, die schwer zu erfassen und zu kontrollieren sind, denen aber im Hinblick auf den Verlauf des Interaktionsprozesses eine große Bedeutung zukommt.

Es ist festzuhalten, dass der Rollenstruktur innerhalb des Buying und Selling Centers mit zunehmender Anzahl an interagierenden Organisationsmitgliedern eine wachsende Bedeutung zukommt (siehe hierzu die in Abschnitt 2.2.2.1 beschriebenen Rollenkonzepte). Dabei kann das Selling Center als Verkaufsgremium, also als gedankliche Zusammenfassung aller am Verhandlungsprozess des Anbieters beteiligten Personen betrachtet werden.

Im Gegensatz zu monoorganisationalen Ansätzen wird bei Interaktionsansätzen allerdings eher von einem zeitlich begrenzten, aufgabenorientierten, aus Mitgliedern des Buying und Selling Centers bestehenden System zwischen den beteiligten Interaktionspartnern ausgegangen. Gerade der Verkauf von Investitionsgütern, aber auch von manchen Handelsgütern (bspw. im Falle des Category Managements) geht heute in ein „Team Selling" über, d. h., er vollzieht sich in Wertschöpfungspartnerschaften (Zentes/Swoboda/Foscht 2012, S. 271 f.). Insgesamt fokussieren die personalen Interaktionsansätze nur auf einen Teilbereich der Transaktionsprozesse. Um eine realitätsnahe Analyse der Interaktionsprozesse bei der Beschaffung gewährleisten zu können, sind organisationale Einflussfaktoren zu integrieren.

Dyadisch-organisationale Interaktionsansätze

Die *dyadisch-organisationalen Interaktionsansätze* tragen dem Sachverhalt Rechnung, dass Käufer und Verkäufer in ihre jeweilige Organisation eingebunden sind. Diejenigen, die am Kaufprozess bzw. am schlussendlichen Vertragsabschluss beteiligt sind, agieren (bei der Beschaffung) i. d. R. nicht völlig frei. Deshalb sind bei den organisationalen Interaktionsansätzen – neben den intraorganisationalen Beziehungen, welche die interne Entscheidungsfindung determinieren – interorganisationale Beziehungen zwischen der Anbieter- und der Nachfragerorganisation bedeutsam (Kern 1990, S. 31). Um die Besonderheiten der dyadisch-organisationalen Ansätze und die Erfolgsbedingungen für den Interaktionsprozess zu verdeutlichen, wird im Folgenden auf zwei zentrale empirische Studien eingegangen:

Koch (1987, S. 532 ff.) bestätigt in seiner Arbeit die Ergebnisse von Evans (1963), wonach es für den Verhandlungsverlauf von Vorteil ist, wenn sich Buying und Selling Center bzgl. des Verhandlungsrahmens (Funktions-, Hierarchie- und Entscheidungs-

Typen von Kaufentscheidungen

strukturen) und des Verhandlungsinhaltes entsprechen. Bspw. wird der Prozess beschleunigt, wenn auf beiden Seiten die gleichen Funktionsträger beteiligt und diese mit den gleichen Entscheidungsbefugnissen ausgestattet sind.

Gemünden (1980, S. 26 ff.) kommt zu dem Ergebnis, dass die gesamte Interaktion in zwei Teilbereiche unterteilt werden kann:

- *Problemlösungsinteraktion* – Es werden Alternativen zur (technisch-organisatorischen) Problemlösung entwickelt, ausgewählt und implementiert.
- *Konfliktlösungsinteraktion* – Vertragliche Leistungsvereinbarungen werden getroffen und ev. auftretende Meinungsverschiedenheiten werden bewältigt.

Um zu einer für beide Interaktionspartner effizienten Lösung zu kommen, sollten das Anspruchsniveau und ein entsprechendes Interaktionsmuster bestimmt werden. Diesbzgl. werden zwei Interaktionsmodelle unterschieden, die diese Bedingung erfüllen – das Delegationsmodell und das Zusammenarbeitsmodell. Handelt es sich um eine relativ anspruchslose, einfache Problemstellung mit einer begrenzten Interaktion zwischen Anbieter und Nachfrager, erweist sich das Delegationsmodell als vorteilhaft: Der Nachfrager gibt die Rahmenbedingungen vor und überlässt dem Anbieter die konkrete operative Umsetzung und Ausgestaltung des Angebots. Bei anspruchsvollen Problemstellungen bietet sich hingegen das Zusammenarbeitsmodell an, das durch einen intensiven Interaktionsprozess gekennzeichnet ist.

Multiorganisationale Interaktionsansätze

Aufgrund der Tatsache, dass viele Kaufprozesse über die dyadische Konstellation hinausgehen und mehr als zwei Organisationen daran beteiligt sind, berücksichtigen die *multiorganisationalen Interaktionsansätze*, dass Käufer und Verkäufer in Organisationen integriert sind und dass es nicht nur zwischen Verkäufer- und Käuferorganisation, sondern auch mit *Drittparteien* (sog. Multiorganisationalität) (Woodside 2003, S. 309 ff.) zu vielfältigen interorganisationalen Interaktionen kommt. Drittparteien können dabei Banken und Versicherungen, staatliche Stellen, Beratungsunternehmen etc. sein. Das Zustandekommen des Kaufabschlusses ist in diesem Fall dadurch gekennzeichnet, dass es in ein sozialökonomisches Umfeld eingebettet ist.

Alle an der Investitionsgütertransaktion beteiligten Organisationen bilden ein multiorganisationales System bzw. Netzwerk (Kern 1990, S. 47). Auf Seiten der Verwenderorganisationen kann auch von einem multiorganisationalen Buying Center gesprochen werden. Die Drittparteien werden zum Buying Center gerechnet, wenn sie als Berater oder Agent des Nachfragers auftreten und im Wesentlichen mit Aufgaben betraut sind, die sonst der Nachfrager übernehmen würde. Zur Anbieterseite und damit zum Selling Center sind analog diejenigen Drittparteien zu zählen, die am Akquisitions- und Verhandlungsprozess des Anbieters beteiligt sind. In manchen Fällen geht durch die Einschaltung von Drittparteien auf der Abnehmerseite der unmittelbare Einfluss des Anbieters auf den Abnehmer verloren. Dies bspw. dann, wenn Planungsbüros die Planung und Verantwortung für ein Projekt übernehmen und über den Kauf einzelner Erzeugnisse entscheiden (Plinke 1997a, S. 120).

Traditionelle Ansätze in diesem Bereich sind jene von Kirsch/Kutschker (1978) bzw. Kirsch/Kutschker/Lutschewitz (1980) und jener der IMP-Group (Industrial Marketing and Purchasing Group) (Håkansson 1982; Thorelli 1986; Turnbull/Valla 1986). Diese

Ansätze betrachten Transaktionsepisoden integriert in einem übergeordneten, fortlaufenden Prozess, wodurch sie prinzipiell in der Lage sind, Geschäftsbeziehungen (siehe Abschnitt 2.2.3.3 in diesem Kapitel) in den Interaktionsansätzen zu berücksichtigen (Backhaus/Voeth 2010, S. 116). Beide Ansätze können als Übergang von der kurzfristigen, transaktionsorientierten zur geschäftsbeziehungsorientierten Sicht betrachtet werden. Im Fokus des Modells von Kirsch/Kutschker (1978, S. 34 ff.) steht das Ziel, alle an einer Industriegütertransaktion beteiligten Organisationen im Rahmen eines gemeinsamen Problemlösungsprozesses („joint decision process") darzustellen. Dabei steht die Unterscheidung in Transaktionsepisoden und -potenziale im Mittelpunkt:

- Die *Episoden* des Interaktionsprozesses umfassen die Planungs-, Entscheidungs- und Verhandlungsprozesse zwischen und innerhalb der Organisationen in allen Phasen des Entscheidungs- bzw. Kaufprozesses.
- Die *Potenziale* des Interaktionsprozesses beziehen sich auf Erfahrungen, die der Interaktionspartner bei Entscheidungen in der Vergangenheit gemacht hat und die den aktuellen Transaktionsprozess beeinflussen. Eine Transaktionsepisode ist nicht isoliert zu betrachten, sondern frühere Verhaltensweisen der Interaktionspartner und bspw. das daraus entstandene Vertrauen sind zu berücksichtigen. Es wird der Geschäftsbeziehungsansatz deutlich.

Zusammenfassend lässt sich die Struktur des Interaktionsprozesses wie in Übersicht 206 darstellen. In Verhandlungen (aktuelle Transaktionsepisode) legen der Hersteller, der Verwender und die Drittparteien die für die spezielle Episode geltenden Entscheidungsgrößen (Leistungsumfang, Preis etc.) fest. Unabhängig von der konkreten Transaktion setzen der Hersteller wie auch der Verwender allgemeine Marketingmaßnahmen zum Aufbau und zur Pflege von Potenzialen ein (1). Diese Potenziale beeinflussen wiederum die aktuelle Episode (2), und die Erfahrungen aus dieser Episode haben ihrerseits ebenfalls Ausstrahlungen auf die jeweiligen Potenziale (3). Die Potenziale sind allerdings nicht alleiniges Ergebnis von bewussten Marketingaktivitäten bzw. von gemachten Erfahrungen, sondern auch das Ergebnis von Entwicklungen exogener Art, die nicht unter der Kontrolle der beteiligten Organisationen stehen, wie bspw. Veränderungen der rechtlichen Standards (4).

Übersicht 206: **Wirkungszusammenhang von Episoden und Potenzialen**

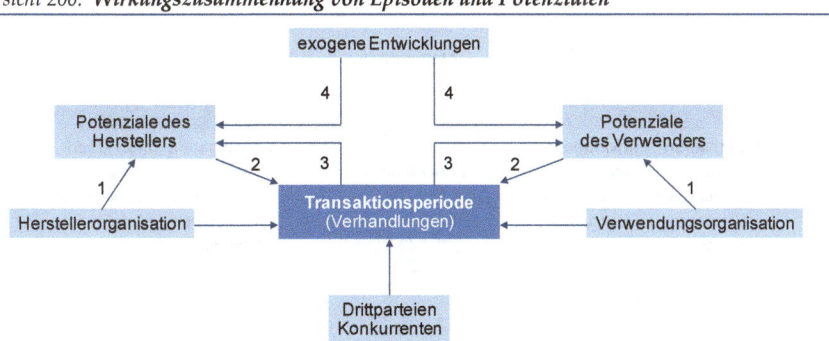

Quelle: In Anlehnung an Kirsch/Kutschker 1978, S. 40.

Das *Interaktionsmodell der IMP-Group* integriert Ideen des Ansatzes von Kirsch/Kutschker (1978) in ein multiorganisationales Netzwerk-Konzept, welches insb. auf der

Prämisse basiert, dass organisationale Beschaffungsprozesse in langfristige Geschäftsbeziehungen eingebettet sind. Der Interaktionsprozess besteht aus vier Hauptelementen (Håkansson 1982, S. 15):

- Interaktionsprozess,
- Teilnehmer/Parteien des Interaktionsprozesses,
- Atmosphäre des Interaktionsprozesses und
- Umwelt des Interaktionsprozesses.

Im Zentrum des Modells steht der Interaktionsprozess, der wiederum in Transaktionsepisoden und langfristige Beziehungen unterschieden wird (siehe Übersicht 207). In den Episoden werden Güter oder Dienstleistungen, Informationen, finanzielle Mittel und „soziale Austauschelemente" transferiert. Insb. die soziale Interaktion zwischen den beteiligten Parteien ist bedeutsam, da sie dem langfristigen Aufbau von Vertrauen, der Festigung der Geschäftsbeziehung und der Reduktion von Unsicherheit dient und somit eine langfristige Beziehung aufgebaut/intensiviert werden kann.

Die Episoden können zeitlich parallel oder auch nacheinander ablaufen und sind in ein Beziehungsgeflecht zwischen den Interaktionspartnern (mit den jeweiligen organisationsspezifischen Charakteristika) eingebettet. Dieses Beziehungsgeflecht wird – dem Verständnis der IMP-Group entsprechend – als Atmosphäre bezeichnet. Das abstrakte Konstrukt beinhaltet Aspekte wie Macht- und Abhängigkeitsverhältnisse zwischen den beiden Organisationen, Kooperationsbereitschaft und organisationale Nähe. Aufgrund der Tatsache, dass die Interaktion nicht isoliert betrachtet werden kann, ist diese in eine Umwelt eingebettet. Bspw. kann ein Nachfrager aufgrund der Marktstrukturen gewissermaßen dazu gezwungen sein, eine enge Geschäftsbeziehung zu einem Anbieter aufzubauen, da keine adäquaten Alternativen vorhanden sind (Håkansson 1982, S. 18 ff.).

*Übersicht 207: **Das Interaktionsmodell der IMP-Group***

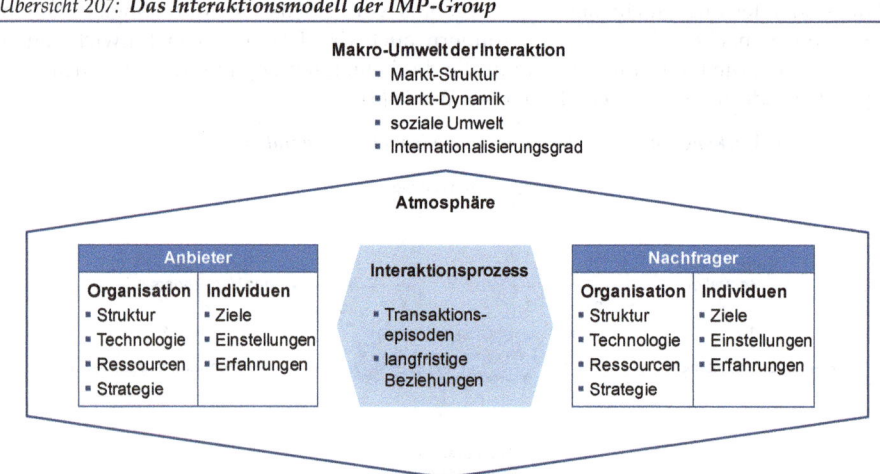

Quelle: In Anlehnung an Håkansson 1982, S. 24.

Der Fortschritt, der durch diesen Ansatz begründet wird, besteht in der Bereitstellung eines Bezugsrahmens zur systematischen Analyse einzelner organisationaler Beschaf-

Kaufprozesse bei Organisationen

fungsprozesse wie auch langfristiger Beziehungen (Kern 1990, S. 55). Der ursprünglich von seiner Grundstruktur her eher dyadische Ansatz der IMP-Group wurde im Folgenden zu einem (multiorganisationalen) Netzwerk-Ansatz weiterentwickelt (Anderson/Håkansson/Johanson 1994, S. 2). Zusammenfassend lässt sich sagen, dass v. a. die beiden diskutierten multiorganisationalen Ansätze eine breite Basis für die Analyse der Interaktionsprozesse bieten und darüber hinaus die Möglichkeit eröffnen, die Transaktionsepisoden als Teil eines „Ongoing Process" einer Geschäftsbeziehung zu interpretieren. Einschränkend ist zu betonen, dass eine immer breitere Betrachtung der multiorganisationalen Interaktionsprozesse und der interagierenden Partner zwar zu immer höheren Erklärungsbeiträgen führt, aber die inter- und intraorganisationalen Strukturen immer weniger fassbar werden (Backhaus/Voeth 2010, S. 116).

Die Kultur, die das gemeinsam geteilte Wissen einer gegebenen Gemeinschaft darstellt und explizite sowie implizite Denk- und Verhaltensmuster umfasst, die durch Symbole vermittelt werden (siehe Kapitel II, Abschnitt 3.4.2), beeinflusst das Verhalten der Menschen im Allgemeinen und den Kommunikations- und Verhandlungsstil im Speziellen. Vor dem Hintergrund, dass bei der Beschaffung zunehmend auf internationale Anbieter zurückgegriffen wird (siehe Abschnitt 1.2 in diesem Kapitel) und angesichts der Tatsache, dass den erwähnten multiorganisationalen Netzwerken teils auch Mitglieder angehören, die anderen Kulturkreisen entstammen, gewinnt der kulturelle Hintergrund als Determinante des organisationalen Käuferverhaltens immer stärker an Bedeutung (vgl. hierzu Hofstede 2001 sowie Kapitel II, Abschnitt 3.4.2).

2.2.3.3 Geschäftsbeziehungen und Kooperationen

Viele Unternehmen streben engere Bindungen zu ihren Partnern an, um durch die Zusammenarbeit gemeinsame Wertschöpfungspotenziale zu generieren. Die Bedeutung und die Unerlässlichkeit einer engen, über die einmalige Transaktion hinausgehenden Geschäftsbeziehung wurden schon bei der Vorstellung des System- und Zuliefergeschäftes hervorgehoben (siehe Abschnitt 1.3 in diesem Kapitel). Da der Aufbau von Geschäftsbeziehungen allerdings kein passiver Vorgang ist, resultieren diese auch aus den (Beschaffungs-) Aktivitäten der Kunden, sodass treffender von (strategischen) Kooperationen bei der Beschaffung bzw. beim Absatz zu sprechen wäre. Als Phasen der Kooperation sind dabei die Phase der Anbahnung (Entscheidung, Partnersuche) und jene der Umsetzung (Gründung, Management) zu unterscheiden (vgl. z. B. Swoboda 2000, S. 112). I. e. S. beschäftigt sich der Geschäftsbeziehungsansatz mit den Motiven der Kunden, Geschäftsbeziehungen einzugehen, wobei neben der Kostenreduktion durch enge Zusammenarbeit und Abstimmung von Prozessen die Möglichkeit des gemeinsamen Lernens und die Verringerung des Beschaffungsrisikos als Ziele genannt werden (Homburg 2015, S. 159 f. Verstanden als strategischer Kooperationsansatz steht i. w. S. die Realisierung von Wettbewerbsvorteilen – aus Kundensicht bei der Beschaffung – im Vordergrund der Zusammenarbeit.

> *Eine Geschäftsbeziehung (bzw. eine strategische Kooperation im angeführten Sinne) stellt eine Folge von Markttransaktionen zwischen einem Anbieter und einem Nachfrager dar, wobei zwischen den Markttransaktionen eine innere Verbindung vorliegt – also auf Anbieter- und/oder Nachfragerseite Gründe vorliegen, die eine planmäßige Verknüpfung der Markttransaktionen sinnvoll bzw. notwendig erscheinen lassen (Plinke 1997b, S. 23).*

2 Typen von Kaufentscheidungen

Generell ist in der Forschung zum organisationalen (insb. zum industriellen) Käuferverhalten ein Paradigmenwandel hin zu einer Fokussierung auf langfristige Geschäftsbeziehungen zu beobachten. Die Ausgangsbedingungen dieser Geschäftsbeziehungen sind auf Industriegüter-, Business-to-Business- und Konsumgütermärkten jedoch unterschiedlich:

- Geschäftsbeziehungen im Industriegüterbereich sind bspw. bei Just-in-Time-Lieferungen oder Zuliefer- und Systemgeschäften stärker durch Abhängigkeiten geprägt, wobei v. a. Letztere deutlich machen, dass auf Industriegütermärkten häufig eine mehr oder weniger unfreiwillige Bindung vorliegt: Wurde bspw. einmal ein Zulieferer für Maschinen gewählt, ist ein Wechsel zu einem anderen Anbieter vergleichsweise aufwändig.
- Demgegenüber basieren die Geschäftsbeziehungen im Konsumgüterbereich insofern stärker auf freiwilligen Bindungen, als ein Lieferantenwechsel einfacher zu bewerkstelligen ist. Problematisch erweist sich in diesem Zusammenhang allerdings die traditionelle, vom Hersteller ausgehende Sicht, denn in vielen Branchen ist der Handel mittlerweile der dominante Partner, ein aktiver Kunde oder der Auftraggeber für die Produktion (etwa bei Handelsmarken).

Um dem angeführten Paradigmenwechsel zu entsprechen, muss auch das Marketing eine Veränderung erfahren. Übersicht 208 zeigt die vier idealtypischen Erscheinungsformen des Marketing auf Business-to-Business-Märkten. Da das Transaction Marketing und das Relationship Marketing sowohl auf einen einzelnen Kunden als auch auf ein Marktsegment bzw. den Gesamtmarkt ausgerichtet sein können, lassen sich bzgl. beider Verhaltensprogramme jeweils zwei Ausgestaltungsformen unterscheiden (Plinke 1997b, S. 19): Beim Transaction Marketing kann weiter in das Projekt- und das Markt(segment)-Management differenziert werden, wogegen beim Relationship Marketing in das Key Account Management und das Kundenbindungsmanagement unterschieden werden kann. Der Fokus liegt nachfolgend auf dem Key Account Management und v. a. auf dem Kundenbindungsmanagement.

Übersicht 208: Erscheinungsformen des Business-to-Business-Marketing

		Anbieterfokus	
		Markt(segment)	Einzelkunde
Verhaltens-programm des Anbieters	Transaction Marketing	Markt(segment)-Management	Projekt-Management
	Relationship Marketing	Kundenbindungs-Management	Key Account Management

Quelle: Plinke 1997b, S. 19.

Das Key Account Management (KAM) bildet eine traditionelle Form der Kundenbeziehungsgestaltung (siehe hierzu bspw. traditionelle Instrumente des Kontraktmarketing, des Trade Marketing aus Anbietersicht in Kapitel I, Abschnitt 3.1 oder des Reverse Marketing aus Kundensicht in Zentes/Swoboda 2001, S. 55 f., 296 f., 527 f.; Swoboda 1997, S. 449 ff.). In der Unternehmenspraxis wird das KAM nicht durch ein Kundenbindungsmanagement ersetzt, sondern steht neben spezifischen Instrumenten der Kundenbindung.

Kaufprozesse bei Organisationen

Key Account Management (KAM)

Das Key Account Management (KAM) stellt eine kundenorientierte Sekundärorganisation in einem Unternehmen dar, die als strukturelle Ergänzung zur Primärorganisation eingerichtet wird und (meist) gleichberechtigt neben dieser besteht (sog. duale Organisation) (vgl. hierzu Zentes/Swoboda/Foscht 2012, S. 740 ff.).

Um der Bedeutung der sog. Key Accounts, also der Schlüssel- bzw. Großkunden, mit denen ein Unternehmen einen beträchtlichen Teil seines Umsatzes erzielt und die damit für ein Unternehmen erfolgskritisch sind (Richards/Jones 2009, S. 305), gerecht zu werden, werden alle Beziehungen zu einem Kunden organisatorisch zusammengefasst. Dabei lassen sich drei Varianten der Einbindung in die bestehende Aufbauorganisation unterscheiden: Wird das KAM als *Linienorganisation* implementiert, bilden die Abnehmer(-gruppen) das primäre Strukturierungskriterium der Marketingorganisation. Die Einrichtung des KAM als *modifizierte Linienorganisation* (z. B. als Stabsstelle) ermöglicht eine stärkere Berücksichtigung horizontaler kundenspezifischer Koordinierungserfordernisse durch die Key Account Manager. Die dritte Variante der organisationalen Einbindung stellt schließlich die *Matrixorganisation* dar, bei der die Key Account Manager nicht nur eine koordinierende Funktion erfüllen: Sie sind den Leitern der Funktionsbereiche hierarchisch gleichgestellt und können den Mitarbeitern des Unternehmens Weisungen erteilen (Zentes/Swoboda/Foscht 2012, S. 731 f.).

Das KAM trägt dem Stellenwert der Großkunden auch dadurch Rechnung, dass eine Konzentration der Marketingaktivitäten auf diese Kunden erfolgt. Aufgabe des Key Account Managers ist es dann, die auf einen Kunden oder eine Kundengruppe gerichteten Marketingaktivitäten zu planen, zu koordinieren und zu kontrollieren (Backhaus/Voeth 2010, S. 281). Dabei werden u. a. folgende Ziele verfolgt (vgl. hierzu auch Homburg/Workman/Jensen 2002, S. 46 ff.; Ojasalo 2002; S. 304 ff.; Wengler 2006, S. 38 ff.):

- Erhöhung der Lieferantentreue,
- Verbesserung der Kommunikation und Koordination,
- Festigung der Interaktionsbeziehungen und damit Verbesserung der Geschäftsbeziehungen,
- Verbesserung des After-Sales-Marketing und des Servicemarketing,
- Minimierung des Koordinationsaufwands,
- Verbesserung der Marktstellung,
- Stärkung der vertikalen Marktposition,
- Verbesserung der Verkaufseffizienz und
- Erhöhung des Umsatzanteils bei den Key Accounts und Partizipation an deren Entwicklung.

Die Effektivität der Beziehung zwischen dem Key Account Manager und dem Großkunden und damit auch der ökonomische Erfolg des Key Account Managers werden bspw. von folgenden Faktoren beeinflusst (Richards/Jones 2009, S. 310 ff.):

- Strategischer und operativer Fit zwischen den beteiligten Unternehmen,
- unternehmerisches Verhalten des Key Account Managers,
- Qualität der Kommunikation zwischen dem Key Account Manager und dem Schlüsselkunden,
- Ausmaß der großkundenbezogenen Aktivitäten im Unternehmen des Key Account Managers und

- Unterstützung des Key Account Managers mit intangiblen und tangiblen Ressourcen.

Angesichts der zunehmenden Internationalisierung ist auch auf das internationale KAM zu verweisen. Dieses ist mit weitreichenderen Konsequenzen für den Hersteller und seine Unternehmenspolitik verbunden als das nationale KAM, weil es nicht nur Auswirkungen auf die Ländergesellschaften hat, sondern die gesamte internationale Unternehmensgruppe betrifft. Da die Ziele unter den einzelnen Ländergesellschaften abgestimmt werden müssen, kommt ihnen ein stärkerer strategischer Charakter zu, als das beim nationalen KAM der Fall ist. Dabei wird die Effizienz und damit der Erfolg des internationalen KAM in der Konsumgüterbranche v. a. durch die Struktur des KAM (insb. durch das Ausmaß der Zentralisierung internationaler Entscheidungen) beeinflusst (vgl. hierzu z. B. Swoboda et al. 2010).

Charakteristika der Kundenbindung bei Organisationen

Gute Geschäftsbeziehungen sind sowohl für den Anbieter als auch für den Kunden von Vorteil. Folgende Vorteile sind u. a. für den Anbieter denkbar (Belz 1998, S. 24):

- Kundennähe und Informationsvorteile,
- Korrekturchancen durch zusätzliche Interaktion,
- Akquisitionswirkung,
- Aufnahme in das „Evoked Set" der Entscheidungspersonen und Beeinflusser,
- Beeinflussung von Machtkonstellationen außerhalb formalisierter Entscheidungsprozesse und
- „persönliche Differenzierung" auswechselbarer Leistungen.

Für den Nachfrager sind andererseits nachstehende Vorteile anzuführen:

- höhere Entscheidungssicherheit durch „Bekanntes",
- Leistungsvorteile (Individualisierung, Zeit, Qualität, Innovationen),
- Konditionenvorteile,
- interne Profilierung von Führungskräften durch Beziehungen und
- Gegenleistungen für frühere oder zukünftige Dienste außerhalb des Geschäftes.

In Geschäftsbeziehungen zwischen Organisationen kommt – in Abgrenzung zu den Beziehungen eines Unternehmens mit den Endverbrauchern – den „erzwungenen" neben den freiwilligen Austauschprozessen bzw. Geschäftsbeziehungen eine höhere Bedeutung zu. Idealtypisch können Kunden danach unterschieden werden, ob sie in der Geschäftsbeziehung (zumindest kurz- oder mittelfristig) bleiben müssen und wie sie sich in der Geschäftsbeziehung „fühlen", d. h., ob sie die Beziehung von sich aus weiterführen möchten, weil sie mit ihr zufrieden sind und deshalb keinen Grund für deren Beendigung sehen (Plinke 1997b, S. 50 f.). Aus diesen Überlegungen resultiert die in Übersicht 209 dargestellte Typologie.

Eine Situation, in welcher der Kunde nicht weiter bei demselben Anbieter kaufen will und dies auch nicht muss, ist dem Transaction Buying zuzuordnen, das in den Geschäftsbeziehungsansätzen ausgeklammert wird. Der Kunde in der „Überzeugungs"-Position ist von der Leistung des Partners überzeugt, er sieht bspw. keine bessere Alternative und wird auch zukünftig die Geschäftsbeziehung aufrechterhalten bzw. sogar versuchen, diese möglichst zu intensivieren (Dwyer/Schurr/Oh 1987, S. 19). Es besteht also eine freiwillige Bindung zum Anbieter (analog zur emotionalen Bindung im Konsumentenverhalten; siehe Kapitel II, Abschnitt 5.4.3), die häufiger im *Konsumgüterbereich* anzutreffen ist, da in diesem Bereich eher „freiwillige" Kooperationen zwischen Herstellern und Händlern sowie auch (horizontal) zwischen Handelsunternehmen (sog. Verbundgruppen) zu beobachten sind. Bei diesen Kooperationen gibt es häufig keinen zentralen Systemkopf (d. h. kein dominierendes Unternehmen), sondern weitgehend gleichberechtigte Unternehmen oder Systeme (vgl. dazu Zentes/Swoboda/Morschett 2013, S. 211 ff.) arrangieren sich. Insgesamt liegen die Ziele des Anbieters in dieser Position darin, seine Marktposition zu verteidigen und zugleich die Bindungen des Kunden stetig zu fördern. Von der „Überzeugungs"-Position kann sich der Kunde zur „Soll"-Position hin entwickeln. Dabei kommt zur Zufriedenheit eine weitergehende, z. B. langfristige, vertragliche, Bindung hinzu. Ist der Kunde mit der Geschäftsbeziehung nicht zufrieden, kann diese aber nicht beenden, dann liegt eine „Marktmacht"-Position des Anbieters vor.

Übersicht 209: **Positionierung der Kunden nach der Art ihrer Bindung**

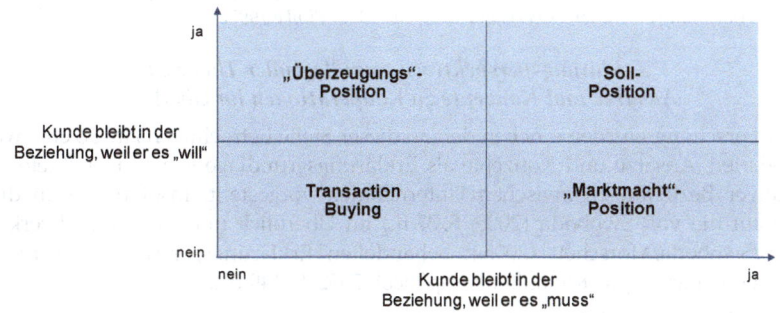

Quelle: In Anlehnung an Plinke 1997b, S. 50.

Wichtig ist die Auseinandersetzung mit den Bindungsursachen und -instrumenten. Letztere dienen dem Ziel, die Geschäftsbeziehung auszubauen und den Kunden enger an das Unternehmen zu binden. Wie in Übersicht 210 skizziert, sind freiwillige und unfreiwillige Bindungsursachen und -instrumente zu unterscheiden. Es wird verdeutlicht, dass an dieser Stelle die Instrumente, die eine faktische Bindung des Kunden zum Ziel haben, überwiegen bzw. diesen eine größere Bedeutung zukommt als im Konsumgüterbereich.

Die menschliche, persönliche bzw. psychische Bindung ist in ihrer Bedeutung nicht zu unterschätzen. Zu ihrer Pflege werden die Bedeutung von persönlichen Kontakten, Verhandlungen und „flankierenden Nebensächlichkeiten" (bspw. Geschenke) betont (Belz 1998, S. 84 ff.). Insgesamt spielen für den Erfolg einer Geschäftsbeziehung vielfältige Faktoren eine Rolle. Hierin liegt eine deutliche Parallele zur Kooperationsforschung und den dort theoretisch unterschiedlich fundierten Faktoren von Stabilitäts- oder Erfolgsbeziehungen. Bspw. werden im konsistenztheoretischen Ansatz als Erfolgsbedingungen strategischer Partnerschaften subjektive „Fits" in den Organisationsstrukturen sowie in den Kernprozessen und – folgt man empirischen Befunden – v. a. der „Fit" der (Beziehungs-) Kultur identifiziert.

Übersicht 210: **Kundenbindungsursachen bzw. -instrumente**

	Bindungsursachen und -instrumente	Beispiel
unfreiwillige Bindungsursachen	institutionelle Bindungen	■ Kapitalbeteiligung (z. B. Minderheitsbeteiligungen, Joint Venture) ■ Mandate in Aufsichtsgremien
	vertragliche bzw. rechtliche Bindungen	■ Rahmenvereinbarungen bzw. -verträge ■ Vertriebs-, Ausschließlichkeitsbindungen und Exklusivverträge ■ Lizenzen, Patente, Managementkontrakte ■ Wertschöpfungspartnerschaften (z. B. gemeinsame F&E-Projekte)
	technologische Bindungen	■ C-Technologien ■ Just-in-Time-Systeme ■ Computerized Buying ■ Systembindungen
	sonstige Bindungen	■ ökonomische: z. B. hohe bzw. unvorteilhafte Wechselkosten ■ situative: z. B. günstiger Standort
freiwillige	menschliche, persönliche bzw. psychologische Bindungen	■ persönliche Beziehungen ■ Habitualisierung bzw. Präferenzen ■ Schulung von Kundenpersonal

Quelle: In Anlehnung an Meyer/Oevermann 1995, Sp. 1342; Plinke 1997b, S. 52.

Erklärungsperspektiven grundlegender Theorien,
Ansätze und Konzepte zu Kooperationen im Überblick

In der Forschung wurden – neben den an dieser Stelle betrachteten Ansätzen – weitere Theorien, Ansätze und Konzepte als Erklärungsgrundlage v. a. (ungerichteter) kooperativer Beziehungen zwischen Unternehmen vorgestellt. Insofern sei an dieser Stelle auf die von Swoboda (2005, S. 37 ff.) im Überblick und im Sammelwerk von Zentes/Swoboda/Morschett (2005a) behandelten Erklärungsperspektiven verwiesen (vgl. hierzu auch bspw. Kleinaltenkamp/Jacob 2002, S. 149 ff.):

■ Neoklassisch-produktionstheoretische Sicht
■ Wettbewerbstheorie und Industrieökonomik
■ Spieltheorie
■ Neue Institutionenökonomik
  ■ Transaktionskostentheoretische Sicht
  ■ Principal-Agent-Theorie
■ Ansätze der Managementforschung
  ■ Interaktionstheorie, insb. Soziale Austauschtheorie
  ■ Resource-Dependence-Ansatz
  ■ Systemtheorie, Kontingenztheoretische und Konsistenztheoretische Ansätze
  ■ Netzwerkorientierter Ansatz

Prozess der Entwicklung einer Geschäftsbeziehung

Ähnlich wie die Bildung von Kooperationen gemäß der Kooperationsforschung, wird auch die Entwicklung einer Geschäftsbeziehung als Prozess betrachtet (zur Kooperationsforschung, bei der darüber hinaus das Management der Geschäftsbeziehung im Fokus steht, vgl. bspw. Zentes/Swoboda/Morschett 2005b, S. 14). Bei Geschäftsbeziehungen zwischen Organisationen werden vier Phasen der Entwicklung unterschieden (Dwyer/Schurr/Oh 1987, S. 21; Dwyer/Tanner 2009, S. 43 ff.; Homburg 2015, S. 160). Dabei wird jeder Übergang von einer Phase zur anderen von den beteiligten Unternehmen als entscheidende, einschneidende Weiterentwicklung wahrgenommen (siehe Übersicht 211):

- Die erste Phase wird als Phase der *Awareness (Bewusstseinsbildung)* bezeichnet. Dabei wird der Organisation bewusst, dass bestimmte andere Organisationen potenzielle Partner darstellen. Es kommt noch zu keiner Interaktion.
- Die zweite Phase stellt eine *Such- und Versuchsphase (Exploration)* dar, in der die potenziellen Geschäftspartner die Vorteile und Verpflichtungen einer möglichen Geschäftsbeziehung abwägen, diese aber bereits ernsthaft in Betracht ziehen. Im Zuge dessen kommt es bspw. zu ersten Probekäufen. An dieser Stelle ist es bedeutsam, die gegenseitigen Erwartungen zu kommunizieren sowie die Leistungsfähigkeit und Zuverlässigkeit der anderen Organisation auszuloten. Es entwickeln sich erste Normen, an denen sich die beiden Partner orientieren. Weiterhin ist zu klären, welche Machtverhältnisse zwischen den Partnern bestehen, d. h., ob anzunehmen ist, dass sich ein einseitiges Abhängigkeitsverhältnis für eines der beiden Unternehmen entwickeln könnte. Prinzipiell ist die Beziehung jedoch noch lose, weshalb bereits geringe Unstimmigkeiten zu einem Abbruch führen können.
- Die dritte Phase, die *Expansion (Ausweitung)*, ist durch eine kontinuierliche Erhöhung des gegenseitigen Nutzens sowie der Abhängigkeit gekennzeichnet. Aufgrund der Zufriedenheit mit der bisherigen Geschäftsbeziehung und insb. wegen des Anstiegs des gegenseitigen Vertrauens, sind die Geschäftspartner bereit, die Geschäftsbeziehung zu intensivieren und verstärkt in sie zu investieren.
- In der Phase des *Commitments (Bindung)* liegt zwischen den Geschäftspartnern eine (ausdrücklich formulierte oder stillschweigende) Übereinkunft vor, die Geschäftsbeziehung fortzusetzen. Es besteht eine hohe Bereitschaft, spezifische Investitionen in die Geschäftsbeziehung zu tätigen und sich dadurch in gewissem Ausmaß vom Partner abhängig zu machen.

Übersicht 211: **Phasen der Entwicklung einer Geschäftsbeziehung zwischen Organisationen**

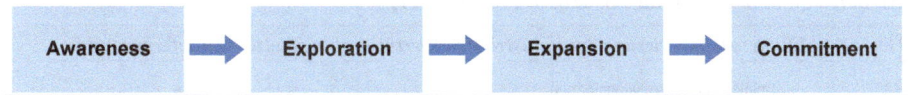

Beschaffungsaktivitäten und Wertschöpfungseinbindung von Kunden

Geschäftsbeziehungen stellen aus Sicht der Kunden eine aktive Beschaffungsentscheidung dar, wobei – neben dem traditionellen Einkauf und der individuellen Beschaffung – die beiden kooperativen Varianten einer

- „operativen", traditionellen Einkaufskooperation (z. B. Verbundgruppe) und eines
- „strategischen" Cooperative Sourcing

unterschieden wird (Eßig 1999, S. 112). Dabei kann zusätzlich zum Beziehungsgedanken die Dimension der Internationalisierung als Entwicklungstendenz integriert werden. Die Beschaffung beschränkt sich dann nicht mehr auf den lokalen Heimatmarkt und einzelne Transaktionen, sondern auf internationale Märkte und Beziehungen (Sheth 1996, S. 11). Vor diesem Hintergrund kann das Geschäftsbeziehungsmanagement – als Teil der Wertschöpfungsaktivitäten – an den unterschiedlichen Formen der (strategischen) Kooperation gespiegelt werden.

2 Typen von Kaufentscheidungen

> *Beschaffungsallianzen sind Formen horizontaler und/oder vertikaler Kooperationen, d. h. Formen der Zusammenarbeit zwischen rechtlich selbstständigen Unternehmen in der Beschaffung (Zentes/Swoboda/Morschett 2004, S. 336).*

Neustrukturierung der Wertschöpfungskette als Anstoß zur Bildung von Kooperationen bzw. Allianzen

Eine Studie über die europäische, amerikanische und japanische Automobilindustrie des Massachusetts Institute of Technology (MIT) kam zu dem Schluss, dass japanische Hersteller „von allem weniger einsetzen, ... die Hälfte des Personals, die Hälfte der Produktionsfläche, die Hälfte der Investition in Werkzeuge, die Hälfte der Zeit für die Entwicklung eines neuen Produktes" (Womack/Jones/Roos 1994, S. 19). Der dabei geprägte Begriff der Lean Production macht deutlich, dass dies nur über eine Neustrukturierung (Verschlankung) der Wertschöpfungskette möglich ist, d. h. ein zunehmendes Outsourcing bei gleichzeitig intensiver Einbindung wichtiger Zulieferpartner. In den letzten Jahren wurden viele industrielle Wertschöpfungsprozesse entsprechend neu strukturiert, gefördert durch die Konzentration auf Kernkompetenzen (Arnold/Eßig 2003, S. 704 ff.).

Zwar bedingt jeder Beschaffungsvorgang einen Lieferantenkontakt und damit irgendeine Form der Lieferantenbeziehung, *Allianzen* sind aber als längerfristige, intensive Beziehungen zwischen einem Lieferanten und einem Abnehmer angelegt (Stölzle 2000, S. 7). Ansatzpunkte für die Begründung von Beschaffungsallianzen finden sich dabei in losen Kontrakten, wie *Rahmenverträgen* bzw. *-vereinbarungen*, oder auch in sog. *Abrufaufträgen* und *Sukzessivbelieferungsverträgen*. Nachfolgend wird der Fokus auf „Systempartnerschaften" – als „echte" (Wertschöpfungs-) Partnerschaften – gelegt. Andere Formen der vertikalen Kooperation und horizontale Allianzen werden an dieser Stelle ausgeklammert (zur Erfolgswirkung von Allianzen bei Klein- und Mittelbetrieben vgl. z. B. Swoboda/Foscht/Morschett 2011).

Übersicht 212: Neustrukturierung der industriellen Wertschöpfungskette – Zulieferpyramide

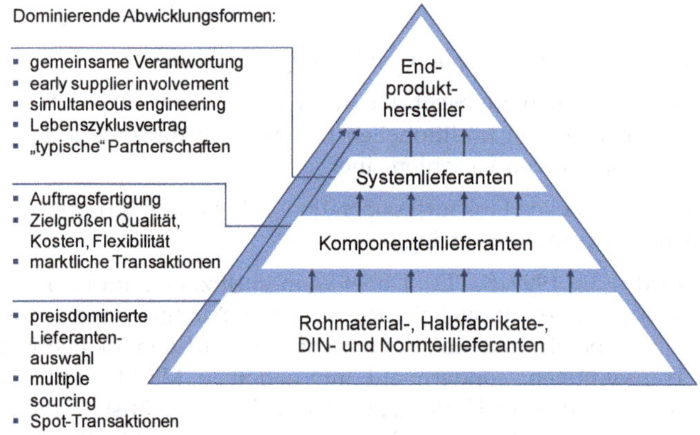

Dominierende Abwicklungsformen:

- gemeinsame Verantwortung
- early supplier involvement
- simultaneous engineering
- Lebenszyklusvertrag
- „typische" Partnerschaften

→ Endprodukthersteller

- Auftragsfertigung
- Zielgrößen Qualität, Kosten, Flexibilität
- marktliche Transaktionen

→ Systemlieferanten
→ Komponentenlieferanten

- preisdominierte Lieferantenauswahl
- multiple sourcing
- Spot-Transaktionen

→ Rohmaterial-, Halbfabrikate-, DIN- und Normteillieferanten

Quelle: In Anlehnung an Bogaschewsky 1994, S. 107.

Kaufprozesse bei Organisationen

Eine Ursache für die Entstehung von Allianzen im *Industriegüterbereich* ist die Reduzierung der Fertigungstiefe, die eine Neustrukturierung der Wertschöpfungskette erfordert, um die Koordinationsprobleme der Zulieferer zu puffern (siehe Übersicht 212).

Im Rahmen eines derartigen *System Sourcing* werden unterschiedliche Wertschöpfungsaktivitäten auf den Zulieferer verlagert: Der Lieferant montiert und liefert komplette Systeme, sodass es sich um eine Form der Auftragsproduktion handelt, er erbringt eine logistische Integrationsleistung durch Steuerung der Vor- bzw. Sublieferanten und übernimmt häufig auch einen Teil der Entwicklungsverantwortung.

Dieses Vorgehen erfordert eine enge Abstimmung sowie den Einsatz von Koordinationsmechanismen, wobei u. a. auf unternehmensübergreifende Teams und wechselseitige Planungen zu verweisen ist. Der Anbieter ist wegen der vertikalen Kooperationsrichtung nicht mehr ein Einzelunternehmen i. e. S., sondern ein *Netzwerk*, in dem nur der gemeinsame Erfolg der Kooperation zu einer individuellen Besserstellung führt (Arnold/Eßig 2003, S. 707 f.). Die Koordination geht also mit Eingriffen in die Beschaffungs- und Produktionsautonomie der Beteiligten einher (Corsten 2002, S. 947).

Sourcing-Konzepte

Sourcing-Konzepte gehen mit einer unterschiedlich starken Bindung an die Lieferanten einher. Eine enge Partnerschaft (zum Lieferanten) wird durch die folgenden, in Übersicht 213 dargestellten Konzepte begründet:

- Im Rahmen des *Unit Sourcing* erfolgt eine Einzelfertigung mit einem geringen Entwicklungs- und Montagebeitrag des Lieferanten.
- Beim *Modular Sourcing* sind die Lieferanten Bestandteil einer Zulieferpyramide, während die Abnehmer nur mit den Modullieferanten zusammenarbeiten. Letztere erbringen im Wesentlichen eine Montageleistung, indem sie die Komponenten verschiedener Lieferanten just-in-time zu einem einbaufertigem Modul (bspw. den kompletten Motorblock eines Autos) zusammenfügen.
- Wie angedeutet, werden beim *System Sourcing* komplette Systeme vom Lieferanten entwickelt und montiert.
- Ein weiteres Sourcing-Konzept stellt die *Entwicklungspartnerschaft* dar, bei der insb. auf dem Gebiet der F&E eine enge Zusammenarbeit mit den Zulieferern besteht. Eine wesentliche Rolle spielt dabei die Frage, in welchem Umfang die Lieferanten bei der Entwicklung von Produkten und Fertigungstechnologien einbezogen werden.

Übersicht 213: **Unit, Modular und System Sourcing**

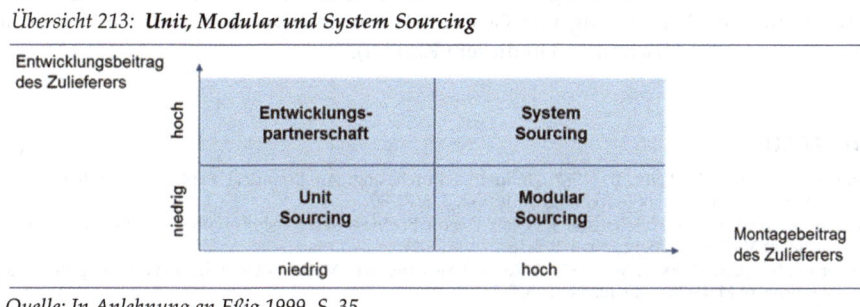

Quelle: In Anlehnung an Eßig 1999, S. 35.

2 Typen von Kaufentscheidungen

Auch in diesem Zusammenhang wäre eine Reihe weiterer Konzepte erwähnenswert, bspw. sog. Relationship Connectors (Cannon/Perreault 1999, S. 445 ff.), dyadische Systeme oder Netzwerke (Cannon/Homburg 2001, S. 31 ff.; Tanner 1999, S. 245 ff.; Zentes/Swoboda/Morschett 2005b, S. 22 ff.). Insgesamt sollte deutlich geworden sein, dass die Verhaltensgrenzen zwischen Marketing und Beschaffung verschwimmen, wie im Integrierten Modell der Käufer-Verkäufer-Beziehungen (Wilson 1995, S. 6 ff.) dargestellt wurde. Ähnlich wie zum Abschluss der Betrachtungen zum Konsumentenverhalten, werden auch an dieser Stelle die Möglichkeiten der Integration der Kunden in die Wertschöpfungsprozesse des anbietenden Unternehmens hervorgehoben (vgl. dazu Kleinaltenkamp 1996), wobei diese Kundenintegration auch die Intensität der jeweiligen Geschäftsbeziehung determiniert. Grundsätzlich gilt in diesem Zusammenhang: Je spezifischer und individueller die Wertschöpfungsaktivitäten auf den Kunden abgestimmt sind, umso enger ist die Geschäftsbeziehung (siehe Übersicht 214).

Übersicht 214: **Formen der Kundenintegration**

Achsen: Grad der Kundenintegration in die Wertschöpfungskette / Anzahl der kundenspezifischen Wertschöpfungskettenaktivitäten (vertikal); Vielzahl der Marketingaktivitäten (horizontal).

- **Entwicklung auf Bestellung** („developement-to-order"): Kundenindividuelle Produktentwicklung gefolgt von kundenindividueller Produktion
- **Produktion auf Bestellung** („made-to-order"): Produktion von kundenspezifischen Produkten (einschließlich Komponentenfertigung)
- **Assembling auf Bestellung** („assemble-to-order"): Assemblierung von kundenspezifischen Produkten aus standardisierten und vorgefertigten Teilen
- **Leistungsbündel auf Bestellung** („bundle-to-order"): Bündeln von existierenden Produkten zu einem kundenspezifischen Produkt
- **Erfüllung von Bestellungen** („match-to-order"): Auswahl von existierenden Standard-Produkten entsprechend den Anforderungen der Kunden
- **Produktion auf Lager** („made-to-stock"): Produktion und Handel von standardisierten Produkten für anonyme Kunden

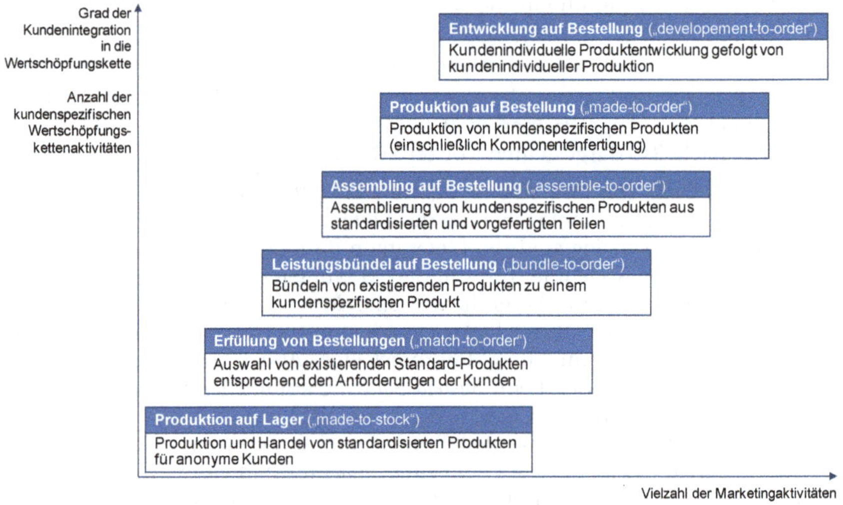

Quelle: In Anlehnung an Reichwald/Piller 2002, S. 35; Meyer/Blümelhuber 1997, S. 64.

Diese Formen der Kundenintegration sind letztendlich als eine differenzierte Weiterentwicklung der Abgrenzung von Geschäftstypen im Investitionsgüterbereich zu interpretieren (siehe Abschnitt 1.3 in diesem Kapitel).

Literatur

Anderson, E./Chu, W./Weitz, B. (1987): Industrial Purchasing: An Empirical Exploration of the Buyclass Framework, in: Journal of Marketing, 51. Jg., Nr. 3, S. 71-86.

Anderson, J./Håkansson, H./Johanson, J. (1994): Dyadic Business Relationships within a Network Context, in: Journal of Marketing, 58. Jg., Nr. 4, S. 1-15.

Anderson, S. F./Chambers, T. M. (1985): A Reward/Measurement Model of Organizational Buying Behaviour, in: Journal of Marketing, 49. Jg., Nr. 2, S. 7-23.

Arnold, U. (1997): Beschaffungsmanagement, 2. Aufl., Stuttgart.

Kaufprozesse bei Organisationen

Arnold, U./Eßig, M. (2003): Kooperationen in der industriellen Beschaffung, in: Zentes, J./Swoboda, B./ Morschett, D. (Hrsg.): Kooperationen, Allianzen und Netzwerke, 2. Aufl. Wiesbaden, S. 701-724.

Backhaus, K. (2003): Industriegütermarketing, 7. Aufl., München.

Backhaus, K./Büschken, J. (1995): Organisationales Kaufverhalten, in: Tietz, B./Köhler, R./Zentes, J. (Hrsg.): Handwörterbuch des Marketing, 2. Aufl., Stuttgart, Sp. 1954-1966.

Backhaus, K./Sabel, T. (2004): Markenrelevanz auf Industriegütermärkten, in: Backhaus, K./Voeth, M. (Hrsg.): Handbuch Industriegütermarketing, Wiesbaden, S. 779-797.

Backhaus, K./Voeth, M. (2010): Industriegütermarketing, 9. Aufl., München.

Bänsch, A. (2002): Käuferverhalten, 9. Aufl., München.

Bagozzi, R.P. (1974): Marketing as an Organized Behavioral System of Exchange, in: Journal of Marketing, 38. Jg., Nr. 4, S. 77-82.

Barclay, D. (1991): Interdepartmental Conflict in Organizational Buying, in: Journal of Marketing Research, 28. Jg., Nr. 2, S. 145-159.

Belz, C. (1998): Management von Geschäftsbeziehungen, St. Gallen.

Bogaschewsky, R. (1994): Rationalisierungsgemeinschaften mit Lieferanten, in: Bloech, J./Bogaschewsky, R./ Frank, W. (Hrsg.): Konzernlogistik und Rationalisierungsgemeinschaften mit Lieferanten, Stuttgart, S. 95-115.

Bonoma, T. V. (1982): Major Sales: Who Really Does the Buying?, in: Harvard Business Review, 60. Jg., Nr. 3, S. 111-119.

Brand, G. (1972): The Industrial Buying Decision: Implications for the Sales Approach in Industrial Marketing, London.

Bristor, J. M. (1993): Influence Strategies in Organizational Buying, in: Journal of Business-to-Business Marketing, 1. Jg., Nr. 1, S. 63-98.

Bunn, M. (1993): Taxonomy of Buying Decision Approaches, in: Journal of Marketing, 57. Jg., Nr. 1, S. 38-56.

Bunn, M./Liu, B. (1996): Situational Risk in Organizational Buying, in: Industrial Marketing Management, 25. Jg., Nr. 5, S. 439-452.

Buvik, A. (2001): The Industrial Purchasing Research Framework, in: Journal of Business & Industrial Marketing, 16. Jg., Nr. 6, S. 439-450.

Cannon, J./Homburg, C. (2001): Buyers-Supplier Relationships and Customer Firm Costs, in: Journal of Marketing, 65. Jg., Nr. 1, S. 29-43.

Cannon, J./Perreault, W. (1999): Buyer-Seller Relationships in Business Markets, in: Journal of Marketing Research, 36. Jg., Nr. 4, S. 439-460.

Choffray, J./Lilien, G. (1978): Assessing Response to Industrial Marketing Strategy, in: Journal of Marketing, 42. Jg., Nr. 2, S. 20-31.

Corsten, H. (2002): Herausforderungen an das Supply Chain Management im internationalen Unternehmensverbund, in: Macharzina, K./Oesterle, M-J. (Hrsg.): Handbuch Internationales Management, 2. Aufl., Wiesbaden, S. 943-968.

Dwyer, F. R./Schurr, P. H./Oh, S. (1987): Developing Buyer-Seller Relationships, in: Journal of Marketing, 51. Jg., Nr. 2, S. 11-27.

Dwyer, F. R./Tanner, J. F. (2009): Business Marketing: Connecting Strategy, Relationships, and Learning, 4. Aufl., Boston u. a.

Eßig, M. (1999): Cooperative Sourcing, Frankfurt a. M.

Europäische Union (2011): 06.30 Öffentliches Auftragswesen, http://eurlex.europa.eu/de/legis/latest/chap0630. htm, abgerufen am 4. Januar 2011.

Evans, F. B. (1963): Selling as a Dyadic Relationship, in: The American Behavioral Scientist, 65. Jg., Nr. 6, S. 76-79.

Fisher, R./Ury, W./Patton, B. (2009): Das Harvard-Konzept: Der Klassiker der Verhandlungstechnik, 23. Aufl., Frankfurt a. M.

Fließ, S. (2000): Industrielles Kaufverhalten, in: Kleinaltenkamp, M./Plinke, W. (Hrsg.): Technischer Vertrieb, 2. Aufl., Berlin, S. 251-370.

Flockerzi, H. K./Klönne, S. (2002): Sachkosten-Management durch den Einsatz elektronischer Marktplätze, in: Voegele, A. R./Zeuch, M. P. (Hrsg.): Supply Network Management. Mit Best Practice der Konkurrenz voraus, Wiesbaden, S. 81-100.

Frenzen, H./Krafft, M. (2004): Vertriebssteuerung, in: Backhaus, K./Voeth, M. (Hrsg.): Handbuch Industriegütermarketing, Wiesbaden, S. 863-890.

Gemünden, H. G. (1980): Effiziente Interaktionsstrategien im Investitionsgütermarketing, in: Marketing – ZFP, 2. Jg., Nr. 1, 21-32.

Gemünden, H. G./Walter, A. (1999): Beziehungspromotoren – Schlüsselpersonen für zwischenbetriebliche Innovationsprozesse, in: Hauschildt, J./Gemünden, H. G. (Hrsg.): Promotoren: Champions der Innovation, 2. Aufl., Wiesbaden, S. 113-132.

Ghingold, M./Wilson, D. T. (1998): Buying Center Research and Business Marketing Practice, in: Journal of Business and Industrial Marketing, 13. Jg., Nr. 2, S. 96-108.

Håkansson, H. (1982): International Marketing and Purchasing of Industrial Goods, Chichester.
Hansen, H./Skytte, H. (1998): Retailer buying behaviour: A Review, in: The International Review of Retail, Distribution and Consumer, 8. Jg., Nr. 3, S. 277-303.
Hauschildt, J./Chakrabarti, A. K. (1999): Arbeitsteilung im Innovationsmanagement, in: Hauschildt, J./Gemünden, H. G. (Hrsg.): Promoten. Champions der Innovation, 2. Aufl., Wiesbaden, S. 67-87.
Hauschildt, J./Kirchmann, E. (1997): Arbeitsteilung im Innovationsmanagement. Zur Existenz und Effizienz von Prozeßpromotoren, in: Zeitschrift Führung und Organisation, 66. Jg., Nr. 2, S. 68-73.
Hofstede, G. (2001): Lokales Denken, globales Handeln. Interkulturelle Zusammenarbeit und globales Management, 2. Aufl., München.
Homans, G. (1972): Elementarformen sozialen Verhaltens, 2. Aufl., Opladen.
Homburg, C. (2015): Marketingmanagement, 5. Aufl., Wiesbaden.
Homburg, C./Workman, J. P./Jensen, O. (2002): A Configurational Perspective on Key Account Management, in: Journal of Marketing, 66. Jg., Nr. 2, S. 38-60.
Howard, J. A./Sheth, J. N. (1969): The Theory of Buyer Behavior, New York.
Hutton, J. G. (1997): A Study of Brand Equity in an Organizational-Buying Context, in: The Journal of Product and Brand Management, 6. Jg., Nr. 6, S. 428-439.
Johansson, U. (2001): Retail Buying: Process, Information and IT use, in: The International Review of Retail, Distribution and Consumer Research, 11. Jg., Nr. 4, S. 329-359.
Johnston, W. (1994): Organizational buying behavior – 25 years of knowledge and research, in: The Journal of Business & Industrial Marketing, 9. Jg., Nr. 3, S. 4-5.
Johnston, W. J./Bonoma, T. V. (1981a): The Buying Center, in: Journal of Marketing, 45. Jg., Nr. 3, S. 143-156.
Johnston, W./Bonoma, T. V. (1981b): Purchase Process for Capital Equipment and Services, in: Industrial Marketing Management, 10. Jg., Nr. 4, S. 253-264.
Johnston, W./Lewin, J. (1996): Organizational Buying Behaviour: Toward an Integrative Framework, in: Journal of Business Research, 35. Jg., Nr. 1, S. 1-16.
Katrichis, J. M. (1998): Exploring Departmental Level Interaction Patterns in Organizational Purchasing Decisions, in: Industrial Marketing Management, 27. Jg., Nr. 2, S. 135-146.
Kaufmann, L. (2001): Internationales Beschaffungsmanagement, Wiesbaden.
Kern, E. (1990): Der Interaktionsansatz im Investitionsgütermarketing, Berlin.
Kirsch, W./Kutschker, M. (1978): Das Marketing von Investitionsgütern, Wiesbaden.
Kirsch, W./Kutschker, M./Lutschewitz, H. (1980): Ansätze und Entwicklungstendenzen im Investitionsgütermarketing, 2. Aufl., Stuttgart.
Kleinaltenkamp, M. (1996): Customer Integration: Von der Kundenorientierung zur Kundenintegration, Wiesbaden.
Kleinaltenkamp, M./Jacob, F. (2002): German Approaches to Business-to-Business Marketing Theory, in: Journal of Business Research, 55. Jg., Nr. 2, S. 149-155.
Koch, F.-K. (1987): Verhandlungen bei der Vermarktung von Investitionsgütern, Mainz.
Kotler, P./Armstrong, G./Saunders, J./Wong, V. (2011): Grundlagen des Marketing, 5. Aufl., München.
Lichtenthal, D. J./Shani, D. (2000): Fostering Client-Agency Relationships in Business Markets, in: Journal of Business Research, 49. Jg., Nr. 3, S. 213-228.
McQuiston, D. (1989): Novelty, Complexity, and Importance as Causal Determinants of Industrial Buyer Behavior, in: Journal of Marketing, 53. Jg., Nr. 2, S. 66-79.
Meyer, A./Blümelhuber, C. (1997): Marketing orientiert sich zu wenig am Kunden, in: Belz, C. (Hrsg.): Kompetenz für Marketing-Innovationen, St. Gallen, S. 58-74.
Meyer, A./Oevermann, D. (1995): Kundenbindung, in: Tietz, B./Köhler, R./Zentes, J. (Hrsg.): Handwörterbuch des Marketing, 2. Aufl., Stuttgart, Sp. 1340-1351.
Ojasalo, J. (2002): Customer Commitment in Key Account Management, in: Marketing Review, 2. Jg., Nr. 3, S. 301-318.
Pepels, W. (2005): Käuferverhalten. Basiswissen für Kaufentscheidungen von Konsumenten und Organisationen, Berlin.
Plinke, W. (1997a): Bedeutende Kunden, in: Kleinaltenkamp, M./Plinke, W. (Hrsg.): Geschäftsbeziehungsmanagement, Berlin, S. 113-158.
Plinke, W. (1997b): Grundlagen des Geschäftsbeziehungsmanagements, in: Plinke, W./Kleinaltenkamp, M. (Hrsg.): Geschäftsbeziehungsmanagement, Berlin, S. 1-62.
Reichwald, R./Piller, F. (2002): Der Kunde als Wertschöpfungspartner, in: Albach, H./Kaluza, B./Kersten, W. (Hrsg.): Wertschöpfungsmanagement als Kernkompetenz, Wiesbaden, S. 27-51.
Richards, K. A./Jones, E. (2009): Key Account Management: Adding Elements of Account Fit to an Integrative Theoretical Framework, in: Journal of Personal Selling & Sales Management, 29. Jg., Nr. 4, S. 305-320.
Robinson, S. J./Faris, C. W./Wind, Y. (1967): Industrial Buying and Creative Marketing, Boston.
Rolfes, L. (2007): Die Rolle des Verwenders im Buying-Center: Das Beispiel der Beschaffung und Vermarktung biotechnologischer Verbrauchsprodukte, Wiesbaden.

Schoch, R. (1969) : Der Verkaufsvorgang als sozialer Interaktionsprozess, Winterthur.
Scholz, C. (2002): Vergütung und Entwicklung: Motivationskonzepte für das Beschaffungsmanagement, in: Hahn, D./Kaufmann, L. (Hrsg.): Handbuch Industrielles Beschaffungsmanagement, 2. Aufl., Wiesbaden, S. 987-1004.
Sheth, J. N. (1996): Organizational Buying Behavior: Past Performance and Future Expectations, in: Journal of Business & Industrial Marketing, 11. Jg., Nr. 3/4, S. 7-24.
Sheth, J. N. (1973): A Model of Industrial Buyer Behaviour, in: Journal of Marketing, 37. Jg., Nr. 4, S. 50-56.
Stölzle, W. (2000): Beziehungsmanagement, in: Hildebrandt, H./Koppelmann, U. (Hrsg.): Beziehungsmanagement mit Lieferanten, Stuttgart, S. 1-23.
Strothmann, K.-H. (1979): Investitionsgütermarketing, München.
Swoboda, B. (1997): Wertschöpfungspartnerschaften in der Konsumgüterwirtschaft, in: Wirtschaftswissenschaftliches Studium, 26. Jg., Nr. 9, S. 449-454.
Swoboda, B. (2000): Bedeutung internationaler strategischer Allianzen im Mittelstand – Eine dynamische Perspektive, in: Meyer, J.-A. (Hrsg.): Jahrbuch der KMU-Forschung, München, S. 107-129.
Swoboda, B. (2005): Kooperation: Erklärungsperspektiven grundlegender Theorien, Ansätze und Konzepte im Überblick, in: Zentes, J./Swoboda, B./Morschett, D. (Hrsg.): Kooperationen, Allianzen und Netzwerke, 2. Aufl., Wiesbaden, S. 35-64.
Swoboda, B./Morschett, D. (2002): Electronic Business im Handel – Gestaltungsoptionen der marktorientierten Kernprozesse des Handelsmanagements, in: Weiber, R. (Hrsg.): Electronic Business, 2. Aufl., Wiesbaden, S. 775-807.
Swoboda, B./Foscht, T./Morschett, D. (2011): International SME Alliances – The Impact of Alliance Building and Configurational Fit on Success, in: Long Range Planning, S. 271-288.
Swoboda, B./Schlüter, A./Berg, B./Schramm-Klein, H. (2010): Impact of Retail Internationalization of KAM Centralization, in: Proceedings of the 39th European Marketing Association Conference (EMAC), Kopenhagen, S. 1-8.
Tanner, J. F. (1999): Organizational Buying Theories: A Bridge to Relationships Theory, in: Industrial Marketing Management, 28. Jg., Nr. 3, S. 245-255.
Thompson, K./Mitchell, H./Knox, S. (1998): Organisational Buying Behaviour in Changing Times, in: European Management Journal, 16. Jg., Nr. 6, S. 698-704.
Thorelli, H. B. (1986): Networks: Between Markets and Hierarchies, in: Strategic Management Journal, 7. Jg., Nr. 1, S. 37-51.
Turnbull, P. W./Valla, J.-P. (1986): Strategies for International Industrial Marketing, London.
Wagner, G. R. (1978): Die zeitliche Disaggregation von Beschaffungsentscheidungsprozessen aus der Sicht des Investitionsgütermarketings, in: Zeitschrift für betriebswirtschaftliche Forschung, 30. Jg., S. 266-289.
Walter, A. (1998): Der Beziehungspromotor, Wiesbaden.
Webster, F./Wind, Y. (1972a): Organizational Buying Behaviour, Englewood Cliffs.
Webster, F./Wind, Y. (1972b): A General Model for Understanding Organizational Buying Behaviour, in: Journal of Marketing, 36. Jg., Nr. 2, S. 12-19.
Wengler, S. (2006): Key Account Management in Business-to-Business Markets, Wiesbaden.
Wilson, D. (1978): Dyadic Interactions: Some Conceptualizations, in: Bonoma, T./Zaltman, G. (Hrsg.): Organizational Buying Behaviour, Chicago, S. 31-48.
Wilson, D. (1995): An Integrated Model of Buyer-Seller Relationships, in: Journal of the Academy of Marketing Science, 23. Jg., Nr. 4, S. 335-345.
Witte, E. (1976): Kraft und Gegenkraft im Entscheidungsprozess, in: Zeitschrift für Betriebswirtschaft, 46. Jg., Nr. 4/5, S. 319-326.
Witte, E. (1988): Kraft und Gegenkraft im Entscheidungsprozess, in: Witte, E./Hauschildt, J./Grün, O. (Hrsg.): Innovative Entscheidungsprozesse, Tübingen, S. 162-169.
Witte, E. (1999): Das Promotoren-Modell, in: Hauschildt, J./Gemünden, H. G. (Hrsg.): Promotoren: Champions der Innovation, 2. Aufl., Wiesbaden, S. 9-41.
Womack, J. P./Jones, D.T./Roos, D. (1994): Die zweite Revolution in der Autoindustrie: Konsequenzen aus der weltweiten Studie des Massachusetts Institute of Technology, 8. Aufl., Frankfurt a. M.
Woodside, A. (2003): Middle-Range Theory Construction of the Dynamics of Organizational Marketing-Buying Behaviour, in: Journal of Business & Industrial Marketing, 18. Jg., S. 309-335.
Zentes, J./Swoboda, B. (2001): Grundbegriffe des Marketing – Marktorientiertes globales Management-Wissen, 5. Aufl., Stuttgart.
Zentes, J./Swoboda, B./Foscht, T. (2012): Handelsmanagement, 3. Aufl., München.
Zentes, J./Swoboda, B./Morschett, D. (2004): Internationales Wertschöpfungsmanagement, München.
Zentes, J./Swoboda, B./Morschett, D. (2005a) (Hrsg.): Kooperationen, Allianzen und Netzwerke, 2. Aufl., Wiesbaden.
Zentes, J./Swoboda, B./Morschett, D. (2005b): Kooperationen, Allianzen und Netzwerke – Entwicklung der Forschung und Kurzabriss, in: Zentes, J./Swoboda, B./Morschett, D. (Hrsg.): Kooperationen, Allianzen und Netzwerke, 2. Aufl., Wiesbaden.

Typen von Kaufentscheidungen

Zentes, J./Swoboda, B./Morschett, D. (2013): Kundenbindung im vertikalen Marketing, in: Bruhn, M./Homburg, C. (Hrsg.): Handbuch Kundenbindungsmanagement, 8. Aufl., Wiesbaden, S. 201-233.

Zentes, J./Swoboda, B./Schramm-Klein, H. (2013): Internationales Marketing, 3. Aufl., München.

Stichwortverzeichnis

A

Absolute Schwelle 39
Adoptionskurve 149
AdVisor-Verfahren 121
AFA-System 52
Affektantizipation 58
Affekte 46
AIDA-Formel 221
Aided Recall 121
AIO-Ansatz 141
Aktivierung 37 ff.
- Maximal- 39
- Messung 43 ff.
- Minimal- 38
- Normal- 38
- phasische 38 f., 45, 100
- tonische 38 f., 43, 45
- Über- 39
Aktualgenese 110
Akzeptanz-Modell 315
Arbeitsgedächtnis 85 f.
Association of Consumer Research 6
Ästhetik 204
Attraktivität 204
Attributionstheorie 47
Aufmerksamkeit 93
Austauschbeziehungen 318
Auswahlphase 31 f.
Auswahlprogramme 106
Available Set 173
Awareness-Modell 314

B

Bedarfsverbund 225
Bedürfnis(se) 56 ff.
Beeinflusser 299
Befragung(en) 65 f., 97 f.
Begründungszusammenhang 8
Behaviorismus 23 f.
Behavioristisches SR-Modell 29

Beobachtung 97 f.
Beschaffung
- Allianzen 333
- Aufgaben 296
- dezentrale 295
- Entscheidungsprozess 311
- Manager 294
- Organisation 295
Beschwerde 233
Bezugsgruppen 145 f.
Bezugsrahmen 32 ff.
Biologischer Ansatz 23
Black-Box Betrachtung 29
Blickaufzeichnung 98
Blog 94
Business-to-Business Marketing 325
Buygrid-Konzept 31 f.
Buying Center 287, 298, 324 f.
Buying Cycle 32, 34 f.
Buying Network 300

C

C/D-Paradigma 237 ff.
Click Rates 94
Cognitive Maps 215
Collage-Technik 66
Comparison Shopping 95
Conjoint-Analyse 83 ff.
Consumer Insight 21
Convenience Goods 19
Cooperative Sourcing 333
Country of Origin-Effekt 196
Cross-Buying 225
Cross-Selling 227
Customer Lifetime Value (CLV) 263
Customer Relationship Management (CRM) 185 f.

D

Decay Theory 120
Denken 85, 112

Design 204
Diffusionskurve 149
Diskussionsplattform 234
Display-Aktion 178
Dissonanztheorie 75, 238 f.
Drei-Komponenten-Theorie 71
Drei-Perspektiven-Theorie 72
Dreispeichersystem 85 ff.

E

Einkäufer 299
Einkaufskooperation 332
Einstellungen 69 ff.
Einstellungsmessung 76
- eindimensionale 77 f.
- mehrdimensionale 78 f.
Einstellungsmodell(e)
- ABC-Modell 72
- von Fishbein 79
- von Rosenberg 80
- von Trommsdorff 80
Einstellung-Verhaltens-Hypothese 73
Elektrodermale Reaktion (EDR) 45 f.
Emotionen 45 ff.
Entscheiden 85, 103
- Entscheider 299
- Prozess 286
- Regeln 316
Entsorgung 234
Episoden 324
Erfahrungseigenschaften 22
Erinnerungsverfahren 121
Erregungsvorgang 37 ff.
Evaluierung 191, 206
EV-Hypothese 73
Evoked Set 175 ff.
Explikative Ansätze 288

F

Fachpromotor 302
Familien 152 ff.
Familienzyklus 152 ff.
Faziale Elektromygraphie 53
Finanzierung 214

Fixationen 98
Fragetypen 224
Fremdgruppen 145
Freundesfamilie 152
Fundamentalemotionen 48
Fünf-Faktoren-Modell 135
Funktionelle Magnetresonanztomographie (FMRT) 45, 50, 173

G

Garantien 203
Gedächtnis 85, 112 ff.
Gedächtniswirkung 125
Gegenstandsbeurteilung 69
Geschäftsbeziehungen 58 ff.
- Ansatz 326
- Entwicklung 22
Gesellschaft für Konsumforschung (GfK) 62
Geschäftstypen 23 f.
Gesichtsausdruck 46, 52
Gestaltpsychologie 102
Global Sourcing 276
GLOBE-Studie 163
Gruppe 145 ff.
Gruppenentscheidungsmodell 315
Güterkategorien 19, 23 f.

H

Habitualisierung 175
Halo-Effekt 108
Handelsware 273, 306
Hemisphären
- Forschung 87
- Theorie 124
High-Involvement-Hierarchie 137
Hirnhemisphären 87
Homöostase 55
Hypothesen 10

I

Idealpunktmodell 81
Image 126 ff.

- Analyse 128
- Arten 126
- Transfer 126 ff.
Imagery-Forschung 124 ff.
Impulsives Kaufverhalten 177 ff.
Individualisierung 210
Individualismus 161
Industriegüter 272 ff.
Inept Set 161, 173
Inert Set 171, 173
Information
- absichtslose 89 ff.
- Aufnahme 85, 89 ff., 94
- passive 89 f.
- Quelle 90 ff., 315
- Selektierer 299
- Speicherung 85, 112 ff.
- Suche 189
- Suche, aktive 89
- Suche, externe 90
- Suche, interne 89
- Verarbeitung 85, 89, 99 ff.
- zufällige 89 f.
Informations-Display-Matrix 111 f.
Informationsökonomischer Ansatz 22, 91
Initiator 297
Innovation 149
Integration des Kunden 262
Integrative Betrachtung von
    Kundenbeziehungen 257
Interaktion in Familien 154 ff.
Interaktionsanalyse 155
Interaktionsansätze 37 ff., 291, 318
- Dyadisch-organisationale 52
- Dyadisch-personale 45 ff.
- intraorganisationale 298
- IMP-Group 55 ff.
- multiorganisationale 316 f.
- multipersonale 318 f.
- organisationale 318
- personale 318
- Typen 318
Interferenztheorie 121
Interkulturelle
    Konsumentenforschung 163 f.

Interview 156
Involvement 133, 136 ff., 300
- EGO- 136
- emotionales 138
- kognitives 138
- Persönlichkeits- 136
- Situations- 136
IPA-Analyse 155 f.

K

Käuferverhalten
- extensives 170 ff.
- habituelles 175 ff.
- i. e. S. 3
- impulsives 177 ff.
- individuelles 11, 25 ff.
- industrielles 272 ff.
- limitiertes 172 ff.
- Moderatoren 133 ff.
- organisationales 14, 273, 322 f.
- privates 14
- ungeplantes 177
Käufer-Verkäufer-Dyade 319
Kano-Modell 239
Kanten 116
Kaufanregung 199, 201
Kaufentscheidung
- Beteiligte 310 f.
- extensive 170 ff.
- Grundtypen 11
- habituelle 175 ff.
- impulsive 7 ff.
- individuelle 194 f.
- Klassen 310
- kollektive 11
- limitierte 174 ff.
- monoorganisationale 296 ff.
- multiorganisationale 316 ff.
- organisationale 273 ff.
- Typen 32 ff., 167 ff.
- Wiederholung 311
Kaufphase 183, 211
Kaufverbund 226
Kernfamilie 152

Stichwortverzeichnis

Key-Account-Management 326
Kindchenschema 49
Kognitionen 85 ff.
Kognitive
- Entscheidungsmustern 171 f.
- Konflikte 60
- Motivation 55
- Programme 91, 106 f.
- Prozesse und Zustände 85 ff.
- Psychologie 24
- Steuerung 175
- Theorien 120
- Werbewirkungsforschung 121 ff.
Kollektivismus 161
Kommunikation 147 ff.
Konditionierung 120, 126
Konflikt(e)
- Ambivalenz- 60 f.
- Appetenz- 60
- Aversions- 61
- Motivationaler 60
- Präferenz- 60
- Situationen 61
Konkurrenzprinzip 4
Konsum 230 ff.
Konsumentensozialisation 176
Konsumentenverhalten
- i. e. S. 3
- in Kundenbeziehungen 91
Konsumgüterkategorien 19
Kooperation 59, 329
Körpersprache 223
Kreativität 200 f.
Kritischer Rationalismus 7
Kultur 157 ff.
- Determinanten 133, 157 f.
- Dimensionen 161
- Hofstede 163
- Wertesystem 160
Kulturvergleichende
  Managementforschung 163
Kunden
- Artikulation im Internet 95
- Bindung 7 f., 247 ff., 331
- Integration 264, 333

- Loyalität 241, 250, 255
- Rückgewinnung 262
- Treue 244
- Zufriedenheit 236, 249, 253 ff.
Kundenbeziehung 183 ff., 257 ff.
Kurzzeitspeicher 88 f.

L

Laddering-Technik 66
Ladengestaltung 43, 207
Lamba-Hypothese 38
Langzeitspeicher 85, f.
Lasswell-Formel 147
Lebensstil 139 ff.
- Forschung 139
- Konzepte 142
- Untersuchungen 143
Lebenszyklus
- Familien 152
- Kundenbeziehung 20, 258
Leitertechnik 66
Lernen 85, 112 ff., 117 f.
- nach dem Kontiguitätsprinzip 120
- nach dem Verstärkungsprinzip 120
Lerntheorien 120
Lexikografische Regel 172
Log-Files 98
Low-Involvement 136

M

Machtopponenten 303
Machtdistanz 161
Machtpromotor 302
Marke(n) 196 ff.
- Namen 107
- Persönlichkeit 209
- Politik 31
- Wert 207
Maskulinität 162
Mass Customizing 211
Means-End-Analyse 58, 69, 79
Means-End-Chain 67
Mehrspeichermodell 85
Meinungsführer 148 ff.

Merkmalsausprägung 81
Messung
- Aktivierung 43 ff.
- Einstellung 75 ff.
- Emotionen 50 ff.
- Informationsaufnahme 92 ff.
- Informationsspeicherung 112 ff.
- Informationsverarbeitung 99 ff.
- Involvement 139
- Kognition 88
- Kundenloyalität 250 ff.
- Kundenzufriedenheit 6ff.
- Lernprozesse 121 ff.
- Motivation 64
Mikroökonomische Theorie 287
Milieu-Studien 144
Minimalaktivierung 38
Mitgliedschaftsgruppen 145
Modell
- Fünf-Faktoren 135
- der IMP-Group 321 ff.
- von Choffray/Lilien 32 ff.
- von Engel/Kollat/Blackwell 25 f.
- von Howard/Sheth 26 f.
- von Sheth 31
- von Trommsdorff 80 f.
- von Webster/Wind 297 ff.
Monoorganisationale Ansätze 290, 318
Monothematische Ansätze 58
Motiv(e) 56 ff.
- Arten 56
- hedonistische 56
- nützlichkeitsorientierte 56
- Theorien 58 ff.
Motorische Ebene 44
Motorisches Verhalten 97
Multiattributionsmodelle 109
Multiorganisationale Ansätze 290, 296
Multiorganisationalität 298
Multipersonale Ansätze 318 ff.
Multipersonalität 298

Nachfrageverbund 226
Nachkaufdissonanz 230

Nachkauf-Marketing 35
Nachkaufphase 31, 183, 229
Neobehaviorismus 23 f.
Netzwerkfamilie 152
Netzwerkmodelle 116
Neue Institutionenökonomik 22
Neukauf 311
Neurolinguistische Programmierung (NLP) 225
Neuromarketing 67
Neuropsychologie 49
Normalaktivierung 38
Normative Ansätze 21, 288
Nutzung 229 ff.
Nutzungsphase 183, 229 ff.
Nutzenvorstellungen 297

Objektinvolvement 136
Opponenten 303
Organisationales Verhalten 273 ff.
- Prozess-/Phasenmodelle 308 ff.
- Strukturmodelle 302 ff.
Organisationale Interaktionsansätze 320
Organisationslose Ansätze 289
Orientierung 160
Orientierungsreaktion 100
Out-of-Stock 213
Over-all-Messung 77

Page-Impressions 98
Party-Phänomen 40
Persönlich(e)(r)
- Determinanten 33, 133 ff.
- Interaktion 145, 229
- Kommunikation 147 f.
- Verkauf 222
Persönlichkeit(s) 133 ff.
- duale 15
- Merkmale 133
- psychodynamische 134
Personal-Selling 291
Phasenansätze 20

Stichwortverzeichnis

Phasenmodelle 31 f.
Physiologische(r)(s)
- Ansatz 23
- Indikatoren 44
- Risiko 96
Pleasure of Bargaining 63
Polythematische Motivtheorien 59
POS-Displays 93
Potenziale 324
Prädisposition 136, 168
Präferenzen 84
Preis
- Günstigkeitsurteil 194
- Qualitäts-Assoziationen 107
- Wahrnehmung und -beurteilung 194
- Würdigkeitsurteil 194
- Zufriedenheit 202
Primärgruppen 145 ff.
Programme
- Einfache 107
- Komplexe 108 f.
Produkt(e)
- Beurteilung 103 f., 108, 146
- Differenzierung 50 f.
- Elemente 192
- Geschäft 283
- Involvement 136
- Umfeldinformationen 103
- Wahrnehmung 103
Projektive Tests 65
Promotoren 302 ff.
Promotoren-/Opponenten-Konzept 301 ff.
Protokollierung 98
Protokoll des lauten Denkens 112
Prozedurales Wissen 113
Prozess(e)
- aktivierende 37 ff.
- Anregungsphase 31
- Kauf 19 ff.
- kognitive 85 ff.
- Modelle 308 ff.
- Promotor 301 f.
Psychische
- Determinanten 20, 33 ff.
- Erklärungskonstrukte 20, 33 ff.

- Lerntheorien 118
Psychologisches Risiko 96
Publikationsorgane 6

Q

Qualitative Verfahren 10
Quantitative Verfahren 10
Qualitätszufriedenheit 202

R

Reaktion
- elektrodermale 45 f.
- Orientierungs- 100
Realisierungsphase 31
Recall 121
Recognition-Test 122
Regel
- Disjuntive 171
- Konjunktive 171
Reiz(e)
- affektive 41
- äußere 41
- Diskrimination 118
- emotionale 49
- erotische 49
- Generalisation 118
- innere 41
- kognitive 41 f.
- physikalische 41
Reject Set 173
Relationship Management 185 f.
Relationship Marketing 262, 325
Retail Brand 31, 139
RFM-Modell 257
Risiko 95 f., 314
- Arten 96
- finanzielles 96
- funktionales 96
- Kontinuum 317
- physiologisches 96
- psychologisches 96
- zeitliches 96
Rolle (n)
- Attribute 151

- Interviews 156
- Konflikte 316
- Konzept 299
- Verhalten 151
- Verteilung 155
Roper-Consumer-Styles 143
Rorschach-Test 65
Rosenzweig-/Picture-Frustration-Test 66

S

Saccaden 98
Satzergänzungstest 66
Schalenmodell des Käuferverhaltens 33
Schemata 115 f.
Schicht 157
Schichtungskriterien 158
Schlüsselinformationen 104, 107, 112
Scoring-Modelle 258 ff.
Sekundärgruppen 145 ff.
Selbstkonzepttheorie 140 f.
Selbstverwirklichung 57
Selektivität 100
Selling Center 302, 324 f.
Semantische(s)
- Differenzial 78
- Netzwerke 115
- Wissen 113
Sensorische(r)
- Adaptation 88
- Informationsspeicher 85
Services 227
ServQual 228
Shopping Goods 19
Skalogramm-Methode 78
Skript 116
Social Media 95
Society for Consumer Psychology 6
Sozial(e)(r)
- Determinanten 133, 145
- Motive 56
- Risiken 96
- Rolle 151
- Schicht 158 f.
- Status 152

- Systeme 152
Soziologische Ansätze 24
Sourcing-Konzepte 334
Spannung 37
Speciality Goods 19
Speichermodelle 85 ff.
SR- und SOR-Modelle 28 ff.
Status 151 f., 158
Stiftung Warentest 109 f.
Stimmungen 46, 53
Store Brand 31
Strukturmodelle 28 ff., 298 ff.
Subjektivität 100f.
Subkultur 157 ff.
Suche
- Eigenschaften 22
- Kauf 170
- Phase 31
- Systematische 91
Systemgeschäft 283
System Sourcing 334

T

Tachistoskop 110
Team Selling 320
Thematischer Apperzeptionstest 65
Theorie(n)
- Appraisal- 47, 49
- Attributions- 47
- Biologische 48
- der dualen Codierung 124 f.
- der feinen Leute 195
- der kognitiven Dissonanz 75
- des geplanten Verhaltens 70
- des Lernens 120
- des sozialen Vergleichs 145
- verhaltenswissenschaftliche 23 ff.
Tiefenpsychologie 23
Total Set 172
Totalmodelle 25 ff.
Transaktionen 224, 319
Treue 257
Trieb 55

U

Umweltbedingte Einflussfaktoren 306
Umfeldentwicklung 5
Umweltdeterminanten 33
Umweltpsychologisches
　　Verhaltensmodell 215
Unaided Recall Test 121
Unbewusst 61
Unsicherheitsvermeidung 161
Unterschwellige Wahrnehmung 100
Urteilsheuristiken 193

V

VALS 144
Variety Seeking 64
Veblen-Effekt 62, 195
Vektormodell 81
Verbund
- Matrix 227
- Wirkungen 225
Vergessen 120
Vergleichende Verhaltensforschung 23
Verhalten
- divergierendes 5
- individuelles 19 ff., 293 ff.
- multioptionales 5, 159
- organisationales 273 ff.
Verkaufsgespräch 221 ff.
Verkaufsraumgestaltung 217 f.
Vertrauenseigenschaften 22
Verwender 297
Verwertungszusammenhang 8
Viral Marketing 148
Virtuelle Meinungsplattformen 95
Visits 98
Vorauswahlphase 31 f.
Vorkaufphase 183, 187

W

Wahrnehmung 85, 99 ff.
- Abwehr 105

- Test 110
- von Unterschieden 190
Weblog 95
Weisheit 113 ff.
Werbung 41
- Pretest Ad-Visor 122
- massierte 119
- verteilte 119
- Wirkung 68, 119, 121
Werte
- Dynamik 135
- Wandel 135
- Typologie nach Schwartz 160
Wertkettensystem 12
Wertschöpfungseinbindung 23 f.
Wettbewerbsvorteile 4
Wiedererkennungsverfahren 122
Wiederholungskauf
- identischer 309
- modifizierter 309
Wir-Bewusstsein 145
Wissen(s) 112 ff.
- episodisches 113
- deklaratorisches 113
- gespeichertes 89
- Kompilierung 117
- Repräsentation 116 ff.
- Strukturen 114 f.
- vorhandenes 191
Wortassoziationstest 66

Z

Zeit 189
Ziel-Mittel-Analyse 67, 69
Zuliefergeschäft 282
Zulieferpyramide 333
Zustände 37 ff.
Zweistufige Kommunikation 149 ff.

WILLKOMMEN IM TEAM

Peek&Cloppenburg